高等学校教材

Introduction to Environmental Science

环境学导论

第二版

周北海 陈月芳 袁蓉芳 施春红 等 编著

化学工业出版社

·北京·

内容简介

《环境学导论》(第二版)主要介绍了环境问题、水环境、大气环境、土壤环境、固体废物与环境、物理环境、人口与环境、食品生产与环境、能源与环境、自然资源开发利用与环境、环境污染与公众健康、生态学基础、生物多样性、工农业生态系统保护、城乡生态系统保护、生态文明理论与实践、可持续发展等方面的内容。在每一章前列出"本章要点",章末精心设计"习题与思考题";在重要章节中,设置有相关知识的专栏介绍。

《环境学导论》(第二版)可作为环境科学、环境工程、生态学等相关专业的本科生教材,也可供企事业单位科研管理人员以及对环境问题、环境生态有兴趣的读者参考。

图书在版编目(CIP)数据

环境学导论 / 周北海等编著. -- 2版. -- 北京:化学工业出版社,2024.11. --(高等学校教材).
ISBN 978-7-122-46595-5

Ⅰ.X

中国国家版本馆 CIP 数据核字第 20243X7K96 号

责任编辑:王淑燕　　　　文字编辑:扬子江　师明远
责任校对:张茜越　　　　装帧设计:韩　飞

出版发行:化学工业出版社
　　　　(北京市东城区青年湖南街 13 号　邮政编码 100011)
印　　装:大厂回族自治县聚鑫印刷有限责任公司
787mm×1092mm　1/16　印张 22¾　字数 603 千字
2024 年 12 月北京第 2 版第 1 次印刷

购书咨询:010-64518888　　　　售后服务:010-64518899
网　　址:http://www.cip.com.cn
凡购买本书,如有缺损质量问题,本社销售中心负责调换。

定　价:59.80 元　　　　　　　　　版权所有　违者必究

前言

自工业革命以来，世界经济迅猛发展，但其前提曾以环境破坏和污染为代价。水污染、大气污染、固体废物污染、物理性污染以及生态环境破坏、生物多样性破坏蔓延全球，这些问题至今尚在人们不断努力解决过程中。编写团队基于教学和科研实践，编写了该书，旨在提升全民的环境意识，促进环境治理水平不断迈向新台阶。

《环境学导论》（第二版）首先从环境基本概念介绍导入，接着站在全球环境的角度客观分析主要环境问题。让读者对环境学及国内外形势有宏观认知。在此基础上，本书基于水、大气、土壤（固体废物）三大环境问题，以物理、人口、食品生产、能源、自然资源、公众健康等与环境之间的关系为着重点，对环境学进行系统阐述。最后，从生态学，生物多样性，工农业、城乡生态系统保护，上升到生态文明理论与实践、可持续发展的重要意义。全书有概念、有问题、有方法、有模式、有实践，在内容安排上，力求系统、完整和新颖。本书较第一版增加了"环境污染与公众健康"，在同类书籍中较少有专门章节涉及；对"工业生态系统构建""农业生态系统保护""城市生态系统保护""农村生态系统保护"章节内容按照最新发展情况进行了调整，以期更加全面、系统，同时我国的环境发展状况也根据近五年的生态建设文明建设情况进行了补充和完善，以更切合实际，并与时俱进，在相应章节增加了学习贯彻党的二十大精神以更好地认识、做好环境治理工作的内容，另外，一些案例和知识拓展内容以专栏形式编排。

《环境学导论》（第二版）的出版得到了北京科技大学教材建设经费资助和北京科技大学教务处全程支持。本书由周北海教授、陈月芳副教授、袁蓉芳副教授、施春红教授组成编写团队，并有黄远奕博士、韩茹茹博士参与。本书由18章组成，全书编写分工如下：第1、2、13~16、18章由袁蓉芳编写；第3~11章由陈月芳编写；第12章由周北海、黄远奕、韩茹茹编写；第17章由施春红编写。全书由周北海策划、构思并统稿。

《环境学导论》（第二版）可作为环境科学、环境工程、生态学等相关专业本科生的教材。

环境学发展迅速，编写时虽竭尽全力，但书中不当之处在所难免，敬请各位专家和同行批评指正。

编著者

2023年11月

目 录

第 1 章 绪论

1.1 环境概述 ··· 1
  1.1.1 环境及其相关名词的概念 ·· 1
  1.1.2 环境的组成 ·· 5
  1.1.3 环境的特点 ·· 6
1.2 环境问题的产生 ·· 8
  1.2.1 环境问题及其分类 ··· 8
  1.2.2 环境问题的产生与变化 ·· 8
  1.2.3 环境问题的特点与实质 ·· 9
1.3 环境学的任务 ·· 10
  1.3.1 环境学的产生 ··· 11
  1.3.2 环境学的特点 ··· 11
  1.3.3 环境学的研究内容及基本任务 ································ 12
  1.3.4 环境学的学科体系 ··· 14
习题与思考题 ··· 15
参考文献 ·· 15

第 2 章 环境问题

2.1 全球环境问题 ·· 16
  2.1.1 气候变暖 ·· 16
  2.1.2 臭氧层破坏 ·· 19
  2.1.3 酸雨蔓延 ·· 21
  2.1.4 海洋污染 ·· 22
  2.1.5 危险废物越境转移 ··· 22
  2.1.6 森林锐减 ·· 23
  2.1.7 土地荒漠化 ·· 23
  2.1.8 生物多样性减少 ·· 24
  2.1.9 土壤侵蚀 ·· 26
  2.1.10 有毒有害化学品污染 ·· 27
  2.1.11 太空污染 ·· 28

2.2 我国的主要环境现状 …………………………………………… 29
　2.2.1 水污染情况好转 …………………………………………… 29
　2.2.2 大气污染缓解 ……………………………………………… 30
　2.2.3 土壤污染修复治理 ………………………………………… 31
　2.2.4 固体废物污染防治 ………………………………………… 31
　2.2.5 土地荒漠化缓解 …………………………………………… 32
　2.2.6 石质荒漠化减轻 …………………………………………… 32
　2.2.7 食品污染危害及治理 ……………………………………… 33
　2.2.8 生物多样性变化 …………………………………………… 34
习题与思考题 ………………………………………………………… 36
参考文献 ……………………………………………………………… 36

第3章 水环境

3.1 地球上的水 …………………………………………………… 37
3.2 水循环 ………………………………………………………… 38
　3.2.1 水的自然循环 ……………………………………………… 38
　3.2.2 水的社会循环 ……………………………………………… 39
　3.2.3 水的社会循环与自然循环关系 …………………………… 40
3.3 水污染及其主要来源 ………………………………………… 40
　3.3.1 水污染及其危害 …………………………………………… 40
　3.3.2 水污染物来源 ……………………………………………… 41
　3.3.3 水污染物种类 ……………………………………………… 42
　3.3.4 地表水体污染与防治 ……………………………………… 44
3.4 水污染控制 …………………………………………………… 50
　3.4.1 水环境标准 ………………………………………………… 50
　3.4.2 水处理模式 ………………………………………………… 52
　3.4.3 水污染控制技术 …………………………………………… 56
习题与思考题 ………………………………………………………… 60
参考文献 ……………………………………………………………… 60

第4章 大气环境

4.1 大气的组成与大气圈的结构 ………………………………… 62
　4.1.1 大气的组成 ………………………………………………… 62
　4.1.2 大气圈的结构 ……………………………………………… 63
4.2 大气污染及其危害 …………………………………………… 65
　4.2.1 大气污染概述 ……………………………………………… 65
　4.2.2 大气污染物的种类 ………………………………………… 66
　4.2.3 大气污染源分类 …………………………………………… 69

  4.2.4 大气污染的危害 ·· 69
 4.3 大气污染的主要类型 ·· 73
  4.3.1 煤烟型污染 ·· 73
  4.3.2 交通型污染 ·· 75
  4.3.3 酸沉降 ·· 76
  4.3.4 雾霾 ··· 77
 4.4 大气污染防治 ·· 78
  4.4.1 大气环境标准 ·· 78
  4.4.2 大气污染治理技术 ··· 79
习题与思考题 ·· 83
参考文献 ··· 83

第5章 土壤环境

 5.1 土壤的组成和基本性质 ··· 84
  5.1.1 岩石的风化与土壤的形成 ·· 84
  5.1.2 土壤的组成 ·· 85
  5.1.3 土壤的分类 ·· 86
  5.1.4 土壤的结构特性 ··· 87
  5.1.5 土壤的环境特性 ··· 88
 5.2 土壤退化 ··· 90
  5.2.1 土壤退化的现状 ··· 90
  5.2.2 土壤退化的主要类型 ··· 91
 5.3 土壤污染 ··· 93
  5.3.1 土壤污染物分类 ··· 93
  5.3.2 土壤污染类型 ·· 94
  5.3.3 土壤污染来源 ·· 94
  5.3.4 土壤污染特点 ·· 95
  5.3.5 土壤污染危害 ·· 95
 5.4 土壤自净作用 ·· 96
  5.4.1 土壤自净作用类型 ··· 96
  5.4.2 重金属在土壤中的一般迁移转化 ·· 98
  5.4.3 土壤对化学农药的净化作用 ·· 98
 5.5 土壤污染的防治 ··· 99
  5.5.1 土壤环境质量标准 ··· 99
  5.5.2 化肥污染防治 ·· 100
  5.5.3 农药污染防治 ·· 101
  5.5.4 重金属污染防治 ··· 101
习题与思考题 ·· 102
参考文献 ··· 102

第 6 章　固体废物与环境

- 6.1　固体废物的种类 …………………………………… 104
- 6.2　固体废物的危害 …………………………………… 105
- 6.3　典型固体废物危害 ………………………………… 106
  - 6.3.1　生活垃圾及其危害 …………………………… 106
  - 6.3.2　医疗垃圾及其危害 …………………………… 106
  - 6.3.3　矿业固体废物及其危害 ……………………… 107
  - 6.3.4　危险废物及其危害 …………………………… 107
- 6.4　固体废物污染控制 ………………………………… 108
  - 6.4.1　固体废物污染控制标准 ……………………… 108
  - 6.4.2　固体污染废物的"三化"原则 ………………… 110
  - 6.4.3　固体废物处理处置技术 ……………………… 111
- 6.5　固体废物资源化技术 ……………………………… 114
  - 6.5.1　矿业固体废物资源化技术 …………………… 114
  - 6.5.2　冶金及电力工业废渣资源化技术 …………… 116
  - 6.5.3　农业固体废物资源化技术 …………………… 117
  - 6.5.4　城市生活垃圾资源化技术 …………………… 119
- 习题与思考题 …………………………………………… 120
- 参考文献 ………………………………………………… 121

第 7 章　物理环境

- 7.1　噪声污染 …………………………………………… 122
  - 7.1.1　噪声的来源及分类 …………………………… 122
  - 7.1.2　噪声的特性 …………………………………… 123
  - 7.1.3　噪声的危害 …………………………………… 123
  - 7.1.4　噪声污染的控制 ……………………………… 124
  - 7.1.5　环境噪声标准 ………………………………… 125
- 7.2　热污染 ……………………………………………… 126
  - 7.2.1　热环境与热量来源 …………………………… 126
  - 7.2.2　典型的热污染及其危害 ……………………… 127
  - 7.2.3　热污染的危害 ………………………………… 127
  - 7.2.4　热污染的控制 ………………………………… 129
- 7.3　电磁辐射 …………………………………………… 130
  - 7.3.1　电磁辐射污染的来源 ………………………… 130
  - 7.3.2　电磁辐射污染的特性 ………………………… 131
  - 7.3.3　电磁辐射污染的危害 ………………………… 131
  - 7.3.4　电磁辐射污染的控制 ………………………… 132

7.4 光污染 ·· 134
　7.4.1 光污染的来源 ·· 134
　7.4.2 光污染的分类 ·· 134
　7.4.3 光污染的特性 ·· 134
　7.4.4 光污染的危害 ·· 135
　7.4.5 光污染的防治 ·· 136
7.5 放射性污染 ··· 136
　7.5.1 放射性污染的来源 ·· 136
　7.5.2 放射性污染的特性 ·· 137
　7.5.3 放射性污染的控制 ·· 137
7.6 振动污染 ·· 139
　7.6.1 振动污染源 ··· 139
　7.6.2 振动污染的特性 ·· 140
　7.6.3 振动污染的危害 ·· 140
　7.6.4 振动污染的控制 ·· 140
习题与思考题 ··· 141
参考文献 ··· 142

第8章 人口与环境

8.1 世界人口的增长与特点 ·· 143
　8.1.1 世界人口增长的特点 ·· 143
　8.1.2 世界人口增长的原因 ·· 146
　8.1.3 世界人口发展趋势 ·· 146
8.2 我国的人口发展特征与应对政策 ·· 147
　8.2.1 我国人口的现状和特点 ··· 148
　8.2.2 我国的人口控制政策 ·· 150
8.3 人口增长对自然环境的压力 ·· 152
　8.3.1 人口增长对土地资源的压力 ··· 152
　8.3.2 人口增长对水资源的压力 ·· 152
　8.3.3 人口增长对能源的压力 ··· 153
　8.3.4 人口增长对生物资源的压力 ··· 153
　8.3.5 人口增长对环境质量和环境承载力的压力 ···························· 153
8.4 我国人口发展特征与可持续性发展 ··· 154
　8.4.1 构建政策支持体系，全面鼓励生育 ······································ 154
　8.4.2 加强教育，提高人口素质 ·· 155
　8.4.3 加强人才培养，推动技术进步 ·· 156
　8.4.4 实施老龄事业工程，应对人口老龄化趋势 ···························· 157
习题与思考题 ··· 158
参考文献 ··· 158

第9章　食品生产与环境

- 9.1 粮食生产与环境 …… 160
  - 9.1.1 全球粮食安全的现状 …… 161
  - 9.1.2 粮食安全的重要意义 …… 161
  - 9.1.3 粮食安全面临的挑战 …… 162
  - 9.1.4 粮食生产与环境污染 …… 163
  - 9.1.5 我国粮食安全的现状 …… 165
  - 9.1.6 我国粮食安全面临的挑战 …… 168
  - 9.1.7 我国粮食生产发展战略 …… 169
- 9.2 水产养殖与环境 …… 170
  - 9.2.1 水产品安全现状 …… 170
  - 9.2.2 水产养殖与环境污染 …… 171
- 9.3 畜产养殖与环境 …… 174
  - 9.3.1 畜产品安全现状 …… 174
  - 9.3.2 畜产品质量安全面临的挑战 …… 175
  - 9.3.3 畜产品生产与环境污染 …… 175
- 习题与思考题 …… 177
- 参考文献 …… 178

第10章　能源与环境

- 10.1 能源的分类 …… 179
  - 10.1.1 按来源分类 …… 179
  - 10.1.2 按获得的方式分类 …… 180
  - 10.1.3 按是否再生分类 …… 180
  - 10.1.4 按使用类型分类 …… 180
  - 10.1.5 按是否产生环境污染分类 …… 180
  - 10.1.6 其他分类方法 …… 181
- 10.2 可再生能源 …… 181
  - 10.2.1 太阳能 …… 181
  - 10.2.2 生物质能 …… 181
  - 10.2.3 风能 …… 182
  - 10.2.4 水能 …… 182
  - 10.2.5 地热能 …… 183
  - 10.2.6 海洋能 …… 184
- 10.3 世界能源结构 …… 184
  - 10.3.1 化石常规燃料为主 …… 184
  - 10.3.2 能源消费结构随时间变化情况 …… 185

10.3.3 能源消费结构区域变化 ·········· 186
10.3.4 世界能源结构发展趋势 ·········· 189
10.4 全球能源消耗利用对环境的影响 ·········· 190
10.4.1 煤炭对环境的影响 ·········· 190
10.4.2 天然气、石油对环境的影响 ·········· 191
10.4.3 核能对环境的影响 ·········· 192
10.4.4 水力发电对环境的影响 ·········· 193
10.5 节能与减排 ·········· 195
10.5.1 交通节能减排 ·········· 195
10.5.2 家电节能减排 ·········· 195
10.5.3 能源的梯级利用 ·········· 196
10.5.4 建筑节能 ·········· 196
10.5.5 余热利用 ·········· 196
10.6 我国能源与环境 ·········· 197
10.6.1 我国能源消费结构 ·········· 197
10.6.2 我国能源利用与环境问题 ·········· 199
10.6.3 未来我国能源的需求分析 ·········· 200
10.6.4 解决我国能源问题的主要措施 ·········· 201
习题与思考题 ·········· 202
参考文献 ·········· 203

第11章 自然资源开发利用与环境

11.1 自然资源概述 ·········· 204
11.1.1 自然资源的定义 ·········· 204
11.1.2 自然资源的分类 ·········· 204
11.2 森林资源的开发利用 ·········· 206
11.2.1 森林资源的重要作用 ·········· 206
11.2.2 全球森林资源现状 ·········· 207
11.2.3 森林资源的过度开发和减少 ·········· 207
11.2.4 森林资源过度开发和利用引起的环境问题 ·········· 208
11.2.5 我国森林资源现状 ·········· 208
11.2.6 我国森林防护防治措施 ·········· 209
11.3 土地资源的开发利用 ·········· 210
11.3.1 土地资源开发利用引起的环境问题 ·········· 211
11.3.2 我国土地资源特点 ·········· 211
11.3.3 我国土地资源保护措施 ·········· 212
11.4 矿产资源的利用 ·········· 213
11.4.1 全球矿产资源现状 ·········· 213
11.4.2 我国矿产资源现状 ·········· 214

11.4.3　采矿所引起的矿山环境问题 …………………………………… 216
　　11.4.4　矿产利用过程中带来的环境问题 ………………………………… 216
　　11.4.5　矿产资源污染防治措施 …………………………………………… 217
习题与思考题 …………………………………………………………………… 218
参考文献 ………………………………………………………………………… 218

第 12 章　环境污染与公众健康

12.1　大气污染与健康 …………………………………………………………… 220
　　12.1.1　颗粒污染物对健康的危害 ………………………………………… 221
　　12.1.2　气态污染物对健康的危害 ………………………………………… 223
　　12.1.3　雾霾对健康的危害 ………………………………………………… 224
　　12.1.4　居住环境空气污染对健康的危害 ………………………………… 224
12.2　水污染与健康 ……………………………………………………………… 225
　　12.2.1　化学性污染对健康的危害 ………………………………………… 225
　　12.2.2　生物性污染对健康的危害 ………………………………………… 229
12.3　土壤污染与健康 …………………………………………………………… 234
　　12.3.1　土壤污染物的健康影响途径 ……………………………………… 234
　　12.3.2　土壤污染物对人类作用的影响因素 ……………………………… 235
12.4　环境污染的健康风险评价 ………………………………………………… 235
　　12.4.1　环境健康风险评价的基本概念 …………………………………… 235
　　12.4.2　环境健康风险评价方法 …………………………………………… 236
习题与思考题 …………………………………………………………………… 238
参考文献 ………………………………………………………………………… 238

第 13 章　生态学基础

13.1　生态学的含义及其发展 …………………………………………………… 240
　　13.1.1　生态学的概念 ……………………………………………………… 240
　　13.1.2　生态学的发展历史和发展趋势 …………………………………… 240
　　13.1.3　生态学的研究内容和研究方法 …………………………………… 242
13.2　生态系统的概念与功能 …………………………………………………… 244
　　13.2.1　生态系统的概念 …………………………………………………… 244
　　13.2.2　生态系统的能量流动 ……………………………………………… 245
　　13.2.3　生态系统的物质循环 ……………………………………………… 246
　　13.2.4　生态系统的稳定性 ………………………………………………… 247
13.3　生态问题与可持续发展 …………………………………………………… 248
　　13.3.1　全球生态问题 ……………………………………………………… 248
　　13.3.2　我国生态现状 ……………………………………………………… 251
　　13.3.3　可持续发展问题 …………………………………………………… 256

        13.3.4 生态学的环境保护实践 ··· 257
习题与思考题 ··· 259
参考文献 ··· 259

第14章　生物多样性

14.1 生物多样性概述 ··· 260
　　14.1.1 生物多样性的概念及其含义 ······································· 260
　　14.1.2 生物多样性的演化 ··· 261
　　14.1.3 生物多样性的价值 ··· 262
14.2 我国生物多样性的现状 ··· 263
　　14.2.1 生物多样性的一般特点 ·· 263
　　14.2.2 生物多样性受威胁现状 ·· 266
14.3 生物多样性损失及其原因 ·· 266
　　14.3.1 生物多样性损失 ·· 266
　　14.3.2 生物多样性损失的主要原因 ······································· 266
14.4 生物多样性保护 ·· 268
　　14.4.1 建设自然保护区完善保护制度 ···································· 268
　　14.4.2 外来入侵物种防治和建立外来物种管理法规体系 ·············· 269
　　14.4.3 生态示范区建设 ·· 269
　　14.4.4 国家合作与行动 ·· 269
　　14.4.5 增强宣传和保护生物多样性 ······································· 269
14.5 生物多样性保护优先领域与行动 ······································ 270
　　14.5.1 战略目标 ··· 271
　　14.5.2 生物多样性保护优先区域 ·· 272
习题与思考题 ··· 275
参考文献 ··· 275

第15章　工农业生态系统保护

15.1 工业生态系统保护 ··· 277
　　15.1.1 工业生态系统 ··· 277
　　15.1.2 生态工业体系构建 ·· 279
　　15.1.3 生态工业园区 ··· 283
15.2 农业生态系统保护 ··· 286
　　15.2.1 农业生态系统 ··· 286
　　15.2.2 农业生态保护 ··· 287
　　15.2.3 生态农业 ··· 293
习题与思考题 ··· 297
参考文献 ··· 297

第 16 章　城乡生态系统保护

16.1　城市生态系统保护 …………………………………………… 299
16.1.1　城市生态系统 ………………………………………… 299
16.1.2　城市生态系统存在的问题 …………………………… 302
16.1.3　城市生态系统的发展方向 …………………………… 303
16.2　农村生态系统保护 …………………………………………… 307
16.2.1　农村生态系统 ………………………………………… 307
16.2.2　农村生态系统健康的基本内涵 ……………………… 309
16.2.3　生态村建设的内容及模式 …………………………… 311
习题与思考题 ………………………………………………………… 317
参考文献 ……………………………………………………………… 317

第 17 章　生态文明理论与实践

17.1　生态文明理论 ………………………………………………… 319
17.1.1　生态文明的内涵 ……………………………………… 319
17.1.2　生态文明与原始文明、农业文明和工业文明 ……… 321
17.1.3　生态文明与物质文明、政治文明和精神文明 ……… 323
17.2　生态文明建设实践 …………………………………………… 327
17.2.1　生态文明建设的国际实践 …………………………… 327
17.2.2　生态文明建设的中国实践 …………………………… 331
习题与思考题 ………………………………………………………… 335
参考文献 ……………………………………………………………… 335

第 18 章　可持续发展

18.1　概述 …………………………………………………………… 337
18.1.1　可持续发展概念 ……………………………………… 337
18.1.2　可持续发展的三大原则 ……………………………… 338
18.1.3　可持续发展的基本内涵 ……………………………… 339
18.2　循环经济 ……………………………………………………… 340
18.2.1　循环经济的由来 ……………………………………… 340
18.2.2　循环经济的技术经济特征 …………………………… 340
18.2.3　3R 原则及其发展 …………………………………… 341
18.2.4　循环经济与传统经济的区别 ………………………… 342
18.3　清洁生产 ……………………………………………………… 342
18.3.1　清洁生产的产生背景 ………………………………… 342
18.3.2　清洁生产的内涵 ……………………………………… 343

  18.3.3 清洁生产的基本内容 …………………………………………… 344
  18.3.4 清洁生产审核 …………………………………………………… 345
 18.4 我国清洁生产审核实践 ………………………………………………… 347
  18.4.1 我国清洁生产立法的特点 ……………………………………… 347
  18.4.2 《清洁生产审核暂行办法》的原则 …………………………… 348
  18.4.3 清洁生产在我国的发展现状 …………………………………… 348
习题与思考题 …………………………………………………………………… 349
参考文献 ………………………………………………………………………… 349

第 1 章 绪 论

本章要点

1. 环境及其相关名词的概念；
2. 环境的组成和特点；
3. 环境问题的产生、特点和分类；
4. 环境学所研究的基本内容、基本任务及其学科体系。

1.1 环境概述

1.1.1 环境及其相关名词的概念

环境学，是研究人类生存的环境质量及其保护与改善方法的科学。环境学研究的对象，是以人类为主体的外部世界，即人类赖以生存和发展的物质条件的综合体，包括自然环境和社会环境。自然环境是直接或间接影响到人类的、一切自然形成的物质及其能量的总体。社会环境是指人类生存及活动范围内的社会物质、精神条件的总和。广义的环境包括整个社会经济文化体系，狭义的环境仅指人类生活的直接环境。

1.1.1.1 环境的概念

根据《中华人民共和国环境保护法》，环境是指"影响人类社会生存和发展的各种天然的和经过人工改造的自然因素的总体，包括大气、水、海洋、土地、矿藏、森林、草原、湿地、野生生物、自然遗迹、人文遗迹、自然保护区、风景名胜区、城市和乡村等"。

随着人类文明的发展，科学技术的进步，"环境"的概念也在不断深化。"环境"有两层含义：①指以人为中心的人类生存环境，关系到人类的毁灭与生存，同时又不是泛指人类周围一切自然的和社会的客观事物整体，如银河系并不包含在这个概念中。②随着人类社会的发展，环境的概念也在发展。譬如，现阶段没有把月球视为人类的生存环境，而随着宇宙航行和空间科学的发展，月球将有可能会成为人类生存环境的组成部分。

1.1.1.2 环境要素

环境要素也称环境基质，是构成人类环境整体的各个独立的、性质不同而又服从整体演化规律的基本物质组分。环境要素分为自然环境要素和人工环境要素。自然环境要素通常是指水、大气、生物、岩石、土壤、阳光等。有的学者认为，环境要素不包括阳光。因此，环境要素并不等于自然环境要素。

环境要素组成环境的结构单元,环境结构单元又组成环境整体或环境系统。例如,水组成水体,全部水体总称为水圈;大气组成大气层,全部大气层总称为大气圈;生物体组成生物群落,全部生物群落总称为生物圈。

环境要素具有一些重要的特点,主要包括:

① 最差(小)限制律。整体环境的质量不是由环境诸要素的平均状态决定,而是受环境诸要素中与最优状态差距最大的要素控制。这就是说,环境质量的好坏,取决于诸要素中处于"最差状态"的要素,而不能够因其他要素处于优良状态得到弥补。因此,环境要素之间是不能相互替代的。

② 等值性。各个环境要素,无论它们本身在规模上或者数量上如何不同,但只要是一个独立的要素,那么对于环境质量的限制作用无质的差异。也就是说任何一个环境要素,对于环境质量的限制,只有在他们处于最差状态时才具有等值性。

③ 整体性大于个体之和。一处环境的性质,不等于组成该环境各个要素性质之和,而是更为丰富复杂。

④ 相互联系,相互依赖。不同环境要素在地球演化史上虽出现有先后,但存在相互联系,并且相互依赖。

环境要素的这些特点,不仅影响着各环境要素间的相互联系、相互作用,也是认识环境、评价环境、改造环境的基本依据。

1.1.1.3 环境质量

环境质量是在一个具体的环境内,环境的总体或环境的某些要素对人类的生存和繁衍以及社会经济发展的适宜程度,是反映人类的具体要求而形成的对环境评定的一种概念,通常,用环境质量来反映环境污染程度。环境质量是环境系统客观存在的一种本质属性,是环境系统所处的状态,可进行定性或定量描述。环境质量包括自然环境质量和社会环境质量。

(1) 自然环境质量

自然环境质量可分为物理环境质量、化学环境质量及生物环境质量。

物理环境质量用来衡量周围物理环境条件,如气候、水文、地质地貌等自然条件的变化,放射性污染、热污染、噪声污染、微波辐射、地面下沉、地震及其他自然灾害等。

化学环境质量是指周围工业是否产生化学环境要素,如果周围的重污染工业较多,那么产生的化学环境要素就多一些,产生的污染也会较为严重,化学环境质量就比较差。

生物环境质量是自然环境质量中最主要的组成部分,鸟语花香是人们向往的自然环境,生物环境质量是针对周围生物群落的构成特点而言的。不同地区的生物群落结构及组成的特点不同,其生物环境质量就会显出差别。

(2) 社会环境质量

社会环境是人工创建的生态环境,既包括物质环境,也包括政治、精神环境。社会环境是物质文明和精神文明的标志,其会随着人类文明的演进而不断地丰富和发展。社会环境质量主要包括经济、文化和美学等方面的环境质量。

1.1.1.4 环境容量与环境承载力

(1) 环境容量

环境容量,是在人类生存和自然生态系统不致受害的前提下某一环境所能容纳的污染物的最大负荷量，或一个生态系统在维持生命机体的再生能力、适应能力和更新能力的前提下承受有机体数量的最大限度。就环境污染而言，若污染物存在的数量超过最大容纳量，这一环境的生态平衡和正常功能就会遭到破坏。

环境容量是在环境管理中实行污染物浓度控制时提出的概念，包括绝对容量和年容量两个方面。前者指某一环境所能容纳某种污染物的最大负荷量，后者指某一环境在污染物的积累浓度不超过环境标准规定的最大容许值的情况下，每年所能容纳的污染物最大负荷量。环境容量分为水环境容量和大气环境容量，其中水环境容量计算方法包括公式法、模型试错法、系统最优化法、概率稀释模型法和未确知数学法等五大类，大气环境容量计算方法包括 A-P 值法、模型模拟法、线性规划法等。

（2）环境承载力

环境承载力又称环境承受力或环境忍耐力，指在一定时期内，在维持相对稳定的前提下，环境资源所能容纳的人口规模和经济规模的大小。地球的面积和空间是有限的，资源也是有限的，因此它的承载力也是有限的。

人类赖以生存和发展的环境是一个大系统，既为人类活动提供空间和载体，又为人类活动提供资源并容纳废弃物。对于人类活动来说，环境系统的价值体现在它能对人类社会生存发展活动的需要提供支持。由于环境系统的组成物质在数量上有一定的比例关系、在空间上具有一定的分布规律，所以它对人类活动的支持能力有一定的限度。当人类社会经济活动对环境的影响超过环境所能支持的极限，即外界的"刺激"超过环境系统维护其动态平衡与抗干扰的能力，也就是人类社会行为对环境的作用力超过了环境承载力时，就会对环境产生破坏。

环境承载力的评价方法多样，包括生态足迹法、能值分析法、模糊综合评价法、聚类分析法等，其中生态足迹法是国内外学者在研究和评价环境承载力时最常使用的方法之一。

（3）环境容量与环境承载力的关系

从环境容量和环境承载力的定义和特征可以看出，环境承载力既不是一个纯粹描述自然环境特征的量，又不是一个描述人类社会的量，它与环境容量是有区别的。环境容量强调的是环境系统对自然和人类生产排污的容纳能力，侧重体现和反映环境系统的自然属性，即内在的自然秉性和特质。环境承载力则强调在环境系统正常结构和功能的前提下，环境系统所能承受的人类社会经济活动的能力，侧重体现和反映环境系统的社会属性，即外在的社会秉性和特质。环境系统的结构和功能是其承载力的根源。从一定意义上讲，没有环境容量，就没有环境承载力。

1.1.1.5 环境污染

环境污染指自然的或人类活动产生的有害物质或因子进入环境且超过环境的自净能力所引起环境系统的结构与功能发生变化，从而使环境的质量降低，对人类及其他生物的生存与发展产生不利影响的现象。造成环境污染的原因很多，主要包括化学型、物理型和生物型三个方面。

（1）环境污染的分类

环境污染多种多样，分类方式较多。按环境要素，分为水体污染、大气污染、土壤污染；按属性，分为显性污染和隐性污染；按人类活动，分为工业型污染、生活型污染、农业型污染；按污染物性质，分为化学污染、生物污染、物理污染（噪声、放射性、电磁波）、固体废物污染、能源污染。

环境污染源是环境污染的发生源，通常指人类活动引发的能产生物理的、化学的及生物的有害物质或能量的设备、装置或场所的环境污染发生源。环境污染源主要有工厂源、生活源、交通源、农业源、采矿源、空气源以及其他污染源。

(2) 环境污染的特点

环境污染是各种污染因素本身及其相互作用的结果。它的特点可归纳为：复杂性、潜伏性、持久性、广泛性。同时，环境污染还受社会评价的影响而具有社会性。

环境污染损害具有复杂性。首先，由于环境污染源来自生产生活的各个领域，产生的污染物种类繁多，并且这些污染物常常是经过转化、代谢、富集等各种反应后才导致污染损害，因此其原理十分复杂。其次，与一般民事违法行为所造成的损害不同，污染环境行为造成他人损害的过程非常复杂。

环境污染损害具有潜伏性。这是因为，环境本身具有消化污染物的自净能力，但如果某种污染物的排放量超过环境的自净能力，环境不能消化掉的那部分污染物会慢慢地蓄积起来，潜伏一段时间后才会导致损害的发生。

环境污染损害具有持久性。环境损害常常经过广阔的空间、长久的时间以及多种因素的复合积累后才形成，因此造成的损害是持续不断的。同时，由于受科学技术水平的制约，对一些污染损害缺乏有效的防治方法。因此，环境污染损害并不会因为污染物的停止排放而立即消除。

环境污染损害具有广泛性。一是受害地域的广泛性，如海洋污染往往涉及周边的数个国家；二是受害对象的广泛性，包括全人类及其生存的环境；三是受害利益的广泛性，环境污染往往同时侵害人们的生命、健康、财产等。

(3) 环境的自净

环境的自净，指环境受到污染后，在物理、化学和生物的作用下，逐步消除污染物实现自然净化的过程。环境自净按发生机理可分为物理净化、化学净化和生物净化三类。环境自净能力，指自然环境通过大气、水流的扩散、氧化以及微生物的分解作用，将污染物化为无害物的能力。

环境自净的物理作用有稀释、扩散、淋洗、挥发、沉降等。含有烟尘的大气可通过气流的扩散、降水的淋洗、重力的沉降等作用得到净化；浑浊的污水进入江河湖海后，物理的吸附、沉淀和水流的稀释、扩散等作用可使水体恢复到清洁的状态。

环境自净的化学反应有氧化和还原、化合和分解、吸附、凝聚、交换、络合等。例如，某些有机污染物可经氧化还原作用生成水和 CO_2 等。

生物的吸收、降解作用可使环境污染物的浓度和毒性降低或消失。例如，植物能吸收土壤中的酚、氰，并在体内转化为酚糖苷和氰糖苷，球衣菌可以把酚、氰分解为水和 CO_2；绿色植物可吸收 CO_2，放出 O_2。

(4) 环境污染的危害

环境污染会给生态系统造成直接的破坏和影响，如沙漠化、森林破坏，也会给人类社会造成间接的危害，有时这种间接危害比直接危害更大，也更难消除。

目前，在全球范围内都不同程度地出现了环境污染问题，其中具有全球影响的包括大气污染、海洋污染、城市环境问题等。随着经济和贸易的全球化，环境污染也日益呈现国际化趋势，危险废物越境转移问题便是这方面的突出表现。

环境污染对生物的生长发育和繁殖具有十分不利的影响。污染严重时，生物在形态特征、种群数量等方面都会发生明显的变化。根据污染物的来源，环境污染对人体健康的危害主要包括以下几方面：

① 大气污染与人体健康。大气污染主要是指大气的化学性污染。大气中化学性污染物的种类很多，对人体危害严重的多达几十种。我国的大气污染属于煤炭型污染，主要污染物是烟尘和 SO_2，此外还有 NO_x 和 CO 等。这些污染物通过呼吸道进入人体，不经肝脏的解毒作用就直接由血液运输到全身。所以，大气的化学污染对人体健康的危害很大。

大气中化学性污染物的浓度一般比较低，对人体主要产生慢性毒害作用。城市大气的化学性污染是慢性支气管炎、肺气肿和支气管哮喘等疾病的重要诱因。在工厂大量排放有害气体且无风多雾时，大气中的化学性污染物不易扩散，会使人急性中毒。

大气中具有致癌作用的化学性污染物有多环芳烃类和含Pb化合物等，其中苯并[a]芘引起肺癌的作用最强。燃烧的煤炭、行驶的汽车和香烟的烟雾中都含有很多苯并[a]芘。大气中的化学性污染物还会降落到水体、土壤以及农作物上，被农作物吸收和富集，进而危害人体健康。

大气污染还包括大气的生物性污染和大气的放射性污染。大气的生物性污染物主要有病原菌、霉菌孢子和花粉。病原菌能使人患肺结核等传染病，霉菌孢子和花粉能使一些人产生过敏反应。大气中的放射性污染物，主要来自原子能工业的放射性废弃物和医用X射线源等，这些污染物容易使人患皮肤癌和白血病等。

② 水污染与人体健康。河流、湖泊等水体被污染后，会对人体健康造成严重危害，主要表现在三个方面。第一，饮用污染的水和食用污水中的生物，会使人中毒，甚至死亡。例如，1956年日本熊本县水俣湾地区出现一些病因不明的患者，患者呈现痉挛、麻痹、运动失调、语言和听力障碍等症状，最后因无法治疗而痛苦地死去，人们称这种怪病为水俣病。这种病是由当地含Hg的工业废水造成的。Hg转化成甲基汞后，富集在鱼、虾和贝类的体内，人们如果长期食用这些鱼、虾和贝类，甲基汞就会引起以脑细胞损伤为主的慢性甲基汞中毒。第二，被人畜粪污和生活垃圾污染的水体，能够引起病毒性肝炎、细菌性痢疾等传染病，还会导致血吸虫病等寄生虫疾病。第三，一些具有致癌作用的化学物质，如As、Cr、苯胺等污染水体后，可在水体中的悬浮物、底泥和水生生物体内蓄积。长期饮用受其污染的水，容易诱发癌症。

③ 固体废物污染与人体健康。固体废物是指人类在生产和生活中丢弃的固体物质。应当认识到，固体废物只是在某一过程或某一方面没有使用价值，实际上往往可作为另一生产过程的原料被利用，因此，固体废物又叫"放在错误地点的原料"。但是，这些"原料"往往含有多种对人体健康有害的物质，如不及时处理或利用，长期堆放，就会污染生态环境，对人体健康造成危害。

④ 噪声污染与人体健康。噪声对人的危害是多方面的。第一，损伤听力。长期在强噪声中工作，听力会下降，甚至造成噪声性耳聋。第二，干扰睡眠。当人的睡眠受到噪声干扰时，就不能消除疲劳、恢复体力。第三，诱发多种疾病。噪声会使人处于紧张状态，心率加快、血压升高，甚至诱发胃肠溃疡和内分泌系统功能紊乱等疾病。第四，影响心理健康。噪声使人心情烦躁，难以集中精力学习和工作，并且容易引发工伤和交通事故。

1.1.2 环境的组成

人类的生存环境是一个复杂的巨系统，由自然环境和人工环境组成，不同的环境在功能和特征上存在很大差异。

1.1.2.1 自然环境

环境法中的自然环境，是指"对人类生存和发展产生直接或间接影响的各种天然形成的物质和能量的总体，如大气、水、土壤、日光辐射、生物等"。这些是人类赖以生存的物质基础，通常把这些因素划分为五个自然圈，即大气圈、水圈、生物圈、土壤圈、岩石圈。人类是自然的产物，而人类活动又影响着自然环境。自然环境，包括人类生活的一定的生态环境、生物环境和地下资源环境。

自然环境按人类对它们的影响程度以及它们所保存的结构形态和能量平衡，可分为原生环境和次生环境。原生环境受人类影响较少，物质的交换、迁移和转化，能量、信息的传递和物种的演化，基本上仍按自然界的规律进行，如某些原始森林、荒漠、冻原地区、大洋中心区等都是原生环境；次生环境是指在人类活动影响下，物质的交换、迁移和转化，能量、信息的传递等都发生重大变化的环境，如耕地、种植园、城市、工业区等。

自然环境又可分为非生物环境和生物环境。

(1) 非生物环境

太阳、大气、水体和土壤以各种不同的方式为生物组合成多种多样的无机环境，包括生物生存和生长所需的能源——太阳能和其他能源，气候——光照、温度、降水、风等，基质和介质——岩石、土壤、水、空气等，以及物质代谢原料——CO_2、水、O_2、N_2、无机盐、有机质等。

(2) 生物环境

生物环境包括植物、动物和微生物。按它们在环境中的功能与作用，可划分为生产者、消费者和分解者。生产者是指能以简单无机物制造食物的自养生物，包括所有绿色植物和能够进行光能和化能自养的细菌。它们能利用外界能源，以简单的物质为原料制造有机物质。消费者是指不能用无机物直接制造有机物，而是直接或间接依赖生产者所生产出的有机物的异养生物，可以分为食草动物、食肉动物、大型食肉动物或顶级食肉动物。消费者对初级产物起着加工、再生产的作用，并可以对生物种群的数量起到一定的调控作用。这对于维持系统的平衡稳定十分重要。分解者都是异养生物，包括细菌、真菌、放线菌以及原生动物和一些小型无脊椎动物等。它们把动物残体的复杂有机物分解为生产者能重新利用的简单化合物，并释放能量。分解者的作用极为重要，如果没有它们，动植物尸体将会堆积成灾，物质将不能循环，生物将失去生存空间，环境系统将不复存在。

1.1.2.2 人工环境

广义的人工环境，是指为满足人类的需要，在自然物质的基础上通过人类长期有意识的社会劳动进行加工和改造，创造物质生产体系，积累物质文化，最终形成的环境体系。

狭义的人工环境，是指由人为设置边界围合成的空间环境，如房屋围护结构围合成的民用建筑环境、生产环境和交通运输外壳围合成的交通运输环境（如车厢环境、船舱环境）等。

人工环境与自然环境在形成、发展、结构与功能等方面存在本质差别。随着人类改造自然能力的提高，人工环境的影响力度不断增强，范围逐渐扩大。正是人类充满智慧的劳动创造，才形成了堪比自然的、丰富多彩的环境，满足了人类不断增长的物质与文化需求。但也因为如此，人类与自然的矛盾也逐渐凸显，从而带来越来越多的环境问题。

1.1.3 环境的特点

1.1.3.1 环境的整体性

环境中的各种因素（物理的、化学的、生物的、社会的）不是孤立存在的，而是相互依存、相互影响、相互联系的。环境中的 C、O、N、S 等物质在全球的生物化学循环中与整体环境之间有着密不可分的联系。由于超音速飞机在平流层日益频繁地飞行，NO_x、卤代烃（氟利昂）等进入平流层，导致臭氧层破坏，从而减弱阻挡紫外线辐射的能力，削弱臭氧层对地面生物的保护作用；煤炭、石油等化石燃料的燃烧导致 CO_2 等气体在大气中的含量增加，引起温室效应加剧，导致地球平均气温上升；人口激增、资源滥用等社会因素也对整体环境产生着负面的影响。

1.1.3.2 环境的综合性

环境的综合性表现在两个方面。一是任何一个环境问题的产生，都是环境系统内多因素综合作用的结果，其中既有自然因素如温度、湿度及风的作用，也有人为因素如污染物的排放等作用，而且这些因素之间相互影响、相互制约。二是为了解决某一环境问题，往往会涉及多领域多学科。因此要在一个总体目标或方案的构架下，有针对性地将所涉及的各学科问题逐一解决。例如，为解决一条河流的污染问题，在调查污染物种类、性质时，要依靠环境化学、环境物理学、微生物学等学科的理论知识；要弄清污染危害程度、范围以及河流本身的自净能力，需借助该河流的水文地质资料以及生态学、土壤学、医学等方面的知识；制定治理方案前，需要考虑国家、地方的现行政策、法规和对经济发展的影响，以及资金筹措等经济、财政方面的因素。此外，还需运用系统工程学方法制定现实条件下的最佳方案。

1.1.3.3　环境的区域性

不同地区的环境呈现明显的地域差异，形成不同的地域单元，这被称为环境的区域性，其是由于环境中物质和能量的地域分异规律而形成的。

太阳辐射因地球形态和运动轨迹的特点在地表的辐射能量按纬度呈条带状分布，导致具有不同能量水平的环境体系按纬度方向延伸。

由于地表组成物质的不均匀性，特别是海洋、陆地两大物质体系的存在，使地表的能量和水分不断地进行再分配，引起环境按经线方向由海洋向内陆有规律地变化（湿润、半湿润、半干旱、干旱），从而使具有不同物质、能量水平按经线方向伸展的环境类型叠加于按纬线方向伸展的环境体系之上（沿海、内陆差异）。

地貌部位不同，往往会有不同的物质能量水平，相应地有不同的大气、水文和生物状况（高山、平原），最终导致环境类型更加复杂多样。

由于科学技术水平不同、生产方式不同，人类对自然开发和利用的性质、程度都显示出极大的差别，自然演化和人类干预使人类生存环境明显具有地域差异，形成不同的地域单元，表现出强烈的区域性。

1.1.3.4　环境的有限性

自然环境中蕴藏着大量的物质与能量，但这些资源大多是有限的。另外，环境对污染物的容纳量即环境容量也是有限的。环境的有限性要求人类必须改变传统的生产和生活方式，提高资源利用率，尽可能少向环境排放废物，改善人与自然的关系，构建和谐的人居环境，这样人类才能持续发展。

1.1.3.5　环境的稳定性

环境的稳定性是指在无外界因素影响的条件下，环境内部保持相对平衡的状态。环境的稳定性是一种动态平衡，是由物质循环、能量传递、信息交换所组成的。

稳态是一种动态，但整个生态系统的平衡状态维持能力是有范围的，超出系统自我调节的范围，系统就会崩溃。

1.1.3.6　环境变化的滞后性

自然环境受到外界影响后，其变化及影响往往是滞后的。环境受到破坏后，产生的后果很难及时反映出来，有些是难以预测的。环境一旦遭到破坏，所需的恢复时间长，尤其是超过阈值后，就很难恢复。例如，森林被砍伐后，对区域的气候、生物多样性的影响可能反应明显，但对水土保持的影响则是潜在的、滞后的。化学污染也是如此，日本水俣病是在污染物排放后 20 年才显现出明显的危害。这种污染危害的滞后性，一方面是由于污染物在生态系统内的各类生物中的吸收、转化、迁移和积累需要时间，另一方面与污染物的性质（如半衰期）有关。

1.2 环境问题的产生

1.2.1 环境问题及其分类

环境问题，是指由于人类活动作用于周围环境所引起的环境质量变化，以及这种变化对人类的生产、生活和健康造成的影响。人类在改造自然环境和创建社会环境的过程中，自然环境仍以其固有的自然规律变化着。社会环境受自然环境的制约的同时，也以其固有的规律运动着。人类与环境不断地相互影响和作用，最终产生环境问题。

环境问题多种多样，归纳起来有两大类。一类是自然演变和自然灾害引起的原生环境问题，也叫第一环境问题，如地震、洪涝、干旱、台风、崩塌、滑坡、泥石流等自然灾害，以及特殊的自然环境导致的地方病。另一类是人类活动引起的次生环境问题，也叫第二环境问题。次生环境问题一般又分为环境污染和环境破坏两大类，如乱砍滥伐引起的森林植被的破坏、过度放牧引起的草原退化、大面积开垦草原引起的沙漠化，以及工业生产造成的大气、水环境恶化等。

通常所说的环境问题，多指人为因素所作用的结果。环境问题这一概念是在20世纪50年代才提出来的，现已成为五大世界性问题（人口、粮食、资源、能源和环境）之一。近年来，人们又把由于人口发展、城市化以及经济发展而带来的社会结构和社会生活问题，称为第三环境问题。

当前人类面临着日益严重的环境问题，这里"虽然没有枪炮，没有硝烟，却在残杀着生灵"，但没有哪一个国家和地区能够逃避不断发生的环境污染和自然资源的破坏，它直接威胁着生态环境，威胁着人类的健康和子孙后代的生存。

1.2.2 环境问题的产生与变化

环境问题自古就有，并且伴随着生产力的发展而越发突出，由小范围向大范围发展，由轻度污染、轻度破坏、轻度危害向重度污染、重度毁坏、重度危害的方向发展。环境问题贯穿于人类发展的整个过程。在不同的历史阶段，由于生产方式和生产力水平的差异，环境问题的类型、影响范围和影响程度也不尽相同。根据产生的先后顺序和轻重程度，环境问题的产生与发展可大致分为三个阶段。

1.2.2.1 早期环境问题阶段

早期环境问题阶段，包括从人类诞生到工业革命之前的漫长历史时期。随着人类生产力水平的提高，出现了较为严重的局部环境问题，主要包括大量伐树、过度破坏草原、水土流失和土壤沙化。

在该阶段，人类经历了从以采集狩猎为生的游牧生活到以耕种养殖为生的定居生活的转变，人类从完全依赖大自然的恩赐转变到自觉利用土地、生物、陆地水体和海洋等自然资源。在原始社会时期，生产水平很低，人类依赖自然环境，过着以采集天然动植物为生的生活，很少有意识地改造环境。虽然当时已经出现环境问题，但并不突出，而且很容易被自然生态系统自身的调节能力所抵消。到了奴隶社会和封建社会时期，生产工具不断进步，生产力水平逐渐提高，人类学会了驯化野生动植物，出现耕作业和渔牧业的劳动分工，即人类社会的第一次劳动大分工。

由于耕作业的发展，人类的生活资料有了较以前稳定得多的来源，人类种群开始迅速扩大，因此利用和改造环境的力量愈来愈大。为了满足扩大物质生产规模的资源需要，人类社会开始出现烧荒、垦荒、兴修水利工程等改造活动，由此引起严重的水土流失、土壤盐渍化或沼泽化等问题。典型的例子是，古代经济发达的美索不达米亚，因不合理的开垦和灌溉而变成了不毛之地。但总的来说，这一阶段的人类活动对环境的影响还是局部的，主要体现在生态退化，没有达到影响整个生物圈的程度。

1.2.2.2 近代环境问题阶段

此阶段包括从工业革命时期到1984年英国科学家发现并于1985年被美国科学家证实南极上空出现"臭氧层空洞"的这段时期。

1785年瓦特改进纽科门蒸汽机（瓦特蒸汽机），从此迎来了英国产业革命，开创了以机器代替手工劳动的时代。工业革命是世界史一个新时期的起点，经济从农业占优势向工业占优势迅速过渡，环境问题也开始出现新的特点并日益复杂化和全球化。18世纪后期，欧洲的一系列发明和技术革新大大提高了人类社会的生产力，人类开始以空前的规模和速度开采和消耗能源和其他自然资源。新技术使欧洲和美国等地在不到一个世纪的时间里先后进入工业化社会，在世界范围内形成了发达国家和发展中国家的差别。

工业化社会的特点是高度城市化。这一阶段的环境问题随工业和城市同步发展：由于人口和工业密集，燃煤量和燃油量剧增，发达国家城市饱受空气污染之苦，环境公害事件频繁发生，同时城市问题日渐突出，出现了交通拥挤、供水不足和卫生状况恶劣等情况。

工业"三废"、汽车尾气更是加剧了这些污染。20世纪六七十年代，发达国家普遍加大对这些城市环境问题的治理力度，并把污染严重的工业搬到发展中国家，较好地解决了国内的环境污染问题。随着发达国家环境状况的改善，发展中国家却开始步发达国家的后尘，重走工业化和城市化的老路，城市环境问题有过之而无不及，同时伴随着严重的生态破坏。

近代环境问题阶段的特点，体现为由工业污染向城市污染和农业污染发展、点源污染向面源污染发展、局部污染向区域性和全球性污染发展，构成了第一次环境问题的高潮。震惊世界的"八大公害"就发生在这一阶段。

1.2.2.3 当代环境问题阶段

从科学家证实南极上空出现"臭氧层空洞"开始，人类环境问题发展到当代环境问题阶段，引发了第二次世界环境问题的高潮。这一阶段环境问题的特征是，在全球范围内出现了不利于人类生存和发展的征兆，集中表现为酸雨、臭氧层破坏和全球变暖这三大全球性大气环境问题。与此同时，发展中国家的城市环境问题和生态破坏及一些国家的贫困化愈演愈烈，水资源短缺在全球范围内普遍发生，其他资源（包括能源）也相继出现将要耗竭的信号。这一切表明，生物圈这一生命支持系统对人类社会的支撑已接近它的极限。与上一阶段环境问题的特征相比，当代环境问题的特征发生了很大变化，具有全球化、综合化、高科技化、累积化、社会化和政治化等新特点。

1.2.3 环境问题的特点与实质

1.2.3.1 环境问题的实质

人类是环境的产物。人类和其他一切生物一样，不可能脱离环境而存在，而是每时每刻都生活在环境之中，并且不断受到各种环境因素的影响，同时人类活动也不断影响着自然环境。从环境问题的发展历程来看，人为的环境问题随着人类的诞生而产生，并随着人类社会的发展而发展。人类为了维持生命，要从周围环境中获取生活资料和生产资料，随之也就开始不断地改造环境。也就是说，环境问题的实质是人与自然的关系问题，是人类经济活动索取资源的速度超过了资源本身及其替代品的再生速度，以及向环境排放废物的数量超过了环境的自净能力。

一方面，盲目发展、不合理开发利用资源造成了环境质量恶化和资源浪费、破坏甚至枯竭。另一方面，由于人口爆发式增长、城市化和工农业高速发展，排放的废物超过环境容量引起环境污染。

1.2.3.2 环境问题的特点

纵观全球环境的发展变化，当前环境问题的特点可以归纳为以下几个方面：

（1）全球化

以往环境问题的影响和危害主要集中于污染源附近或特定的生态环境里，特点是局部性或区域性，对全球环境影响不大。但近年来，一些环境污染具有跨国、跨地区的流动性。一些国际河流，上游国家造成的污染，可能危及下游国家；一个国家大气污染造成的酸雨，可能会降到别国等。当代出现的一些环境问题，如气候变暖、臭氧层空洞等，其影响是全球性的，产生的后果也是全球性的。当代许多环境问题涉及高空、海洋甚至外层空间，在影响空间尺度上具有大尺度、全球性的特点，已远非农业社会和工业化初期出现的一般环境问题可比。环境问题的全球化，决定了环境问题的解决要靠全球的共同努力。

（2）综合化

直到20世纪五六十年代，人类最关心的环境问题还是"三废"污染及其对健康的危害。但当代环境问题已远远超出这一范畴，涉及人类生存环境的各个方面，包括森林锐减、草原退化、沙漠扩展、土壤侵蚀、物种减少、水源危机、气候异常、城市化问题等，已深入到人类生产、生活的各个方面。

（3）高科技化

随着当代科技的迅猛发展，由高新技术引发的环境问题日渐增多，如原子弹，导弹试验，核反应堆的使用及其事故，电磁波引发的环境问题，超音速飞机导致的臭氧层破坏，航天飞行带来的太空污染等。生物工程技术的潜在影响以及大型工程技术的开发利用都可能产生难以预测的生态灾难。这些环境问题影响范围广、控制难、后果严重，已引起世界各国的普遍关注。

（4）累积化

虽然人类已进入现代文明时期，进入后工业化、信息化时代，但历史上不同阶段所产生的环境问题，在当今地球上依然存在。同时，现代社会又滋生出一系列的环境问题。结果，导致了从人类社会出现以来各种环境问题在地球上的累积、组合、集中爆发的复杂局面。

（5）社会化

当代环境问题已影响到社会的各个方面，影响到每个人的生存与发展。因此，当代环境问题已不是限于少数人、少数部门关心的问题，而成为全社会共同关心的问题。

1.3 环境学的任务

环境学是研究人类生存的环境质量及其保护与改善的科学。环境学研究的环境，是以人类为主体的外部世界，即人类赖以生存和发展的物质条件的综合体，包括自然环境和社会环境。环境学是发展迅速的一门综合性科学。它是在解决环境问题的社会需要推动下形成和发展起来的。环境学的概念和内涵，随着环境保护工作和环境学理论研究工作的发展而日益丰富和完善。

1.3.1 环境学的产生

作为一门科学，环境学产生于20世纪五六十年代，而人类关于环境必须加以保护的认识则可追溯到人类社会的早期。我国早在春秋战国时期就有所谓"天人关系"的争论。孔子倡导"天命论"，主张"尊天命""畏天命"，认为天命不可抗拒，成为近代地球环境决定论的先驱。荀子则与其相反，提出"天人之分"，主张"尊天命而用之"，认为"人定胜天"。在古埃及、古希腊、古罗马等地也有过类似的论述。但直至20世纪五六十年代，全球性的环境污染与破坏才引起人类思想的极大震动和全面反省。

20世纪60年代以前的报纸或书刊，几乎找不到"环境保护"这个词。这就是说，环境保护在当时并不是一个存在于社会意识和科学讨论中的概念。"向大自然宣战""征服大自然"等口号一直持续到20世纪都没有人怀疑它们的正确性。1962年，美国海洋生物学家R. Carson女士出版了《寂静的春天》一书，描述人类可能将面临一个没有鸟儿、蜜蜂和蝴蝶的世界。这部著作第一次对这一人类意识的绝对正确性提出了疑问，是标志着人类首次关注环境问题的著作，在世界范围内引起人们对野生动物的关注，唤起了人们的环境意识。以此为标志，近代环境学诞生并不断得到发展。

环境学在短短几十年内，出现了两个重要历史阶段。第一阶段是直接运用地学、生物学、化学、物理学、公共卫生学、工程技术科学的原理和方法，阐明环境污染的程度、危害和机理，探索相应的治理措施和方法，由此发展出环境地学、环境生物学、环境化学、环境物理学、环境医学、环境工程学等一系列新的边缘性分支学科。污染防治的实践活动表明，有效的环境保护同时还需依赖于对人类活动及社会关系的科学认识与合理调节，于是又涉及许多社会科学的知识领域，并相应地产生环境经济学、环境管理学、环境法学等。这些自然科学、社会科学、技术科学新分支学科的出现和汇聚标志着环境学的诞生。这一阶段的特点是直观地确定对象，直接针对环境污染与生态破坏现象进行研究。在此基础上发展起来的、具有独立意义的理论，主要是环境质量学说。其中，包括环境中污染物质迁移转化规律、环境污染的生态效应和社会效应、环境质量标准和评价等科学内容。与此相应，这一阶段的方法论是对系统分析方法的运用，寻求可对区域环境污染进行综合防治的方法，寻求局部范围内既有利于经济发展又有利于改善环境质量的优化方案。因此，这一阶段把环境学定义为关于环境质量及其保护与改善的科学。

由于环境问题实质上是人类社会行为失误造成的，是复杂的全球性问题，要从根本上解决环境问题，必须寻求人类活动、社会物质系统的发展与环境演化三者之间的统一。由此，环境学发展到一个更高一级的新阶段，即把社会与环境的直接演化作为研究对象，综合考虑人口、经济、资源与环境等主要因素对其的制约关系，从多层次乃至最高层次上探讨人与环境协调演化的具体途径。它涉及科学技术发展方向的调整、社会经济模式的改变、人类生活方式和价值观念的变化等。与之相应，环境学的定义是：研究环境结构、环境状态及其运动变化规律，研究环境与人类社会活动间的关系，并在此基础上寻求正确解决环境问题，确保人类社会与环境之间演化、持续发展的具体途径的科学。

在现阶段，环境学是主要研究环境结构与状态的运动变化规律及其与人类社会活动之间的关系，研究人类社会与环境之间协同演化、持续发展的规律和具体途径的科学。它的形成和发展过程，与传统的自然科学、社会科学、技术科学都有着十分密切的联系。

1.3.2 环境学的特点

环境学以"人类-环境"系统（人类生态系统）为特定的研究对象，具有如下特点。

(1) 综合性

环境学是在 20 世纪 60 年代随着经济高速发展和人口急剧增加形成的第一次环境问题高潮而兴起的一门综合性很强的重要学科。它涉及的学科面广，具有自然科学、社会科学、技术科学交叉渗透的广泛基础，几乎涉及现代科学的各个领域。同时，它的研究范围也涉及人类经济活动和社会行为的各个领域，包括管理、经济、科技、军事以及文化教育等人类社会的各个方面。环境学的形成过程、特定的研究对象以及非常广泛的学科基础和研究领域，决定了它是一门综合性很强、重要的新兴学科。

(2) 人类地位的特殊性

在"人类-环境"系统中，人与环境的对立统一关系具有共轭性，并呈正相关。人类对环境的作用和环境的反馈作用相互依赖、互为因果，构成一个共轭体。人类对环境的作用越强烈，环境的反馈作用也越显著。人类作用呈正效应时（有利于环境质量的恢复和改善），环境的反馈作用也呈正效应（有利于人类的生存和发展）；反之，人类将受到环境的报复（负效应）。

环境学理论的确证或否证既不同于自然科学，也不同于社会科学。因为人类社会存在于人类自身的主观决策过程中，一些环境学专家对未来的预测如果实现，无疑是对其理论的确证。如果未来环境问题的实际情况与预言的不一样，可能就否证了该理论。但是，由于人类有决策作用，可能正是由于预言的作用才提醒人们及早做出决策，采取有力措施避免出现所预言的不利于人类的环境问题（环境的不良状态）。从这个意义上说，即使是被否证的理论有时也是很有意义的。这是环境学的又一重要特点。

(3) 学科形成的特点

环境学主要是从经典学科中分化、重组、综合、创新而来的，它的学科体系形成不同于经典学科。在萌发阶段，多种经典学科运用本学科的理论和方法研究相应的环境问题，经分化、重组，形成环境化学、环境物理等交叉的分支学科，最后组成环境学。而后，以"人类-环境"系统（人类生态系统）为特定研究对象，进行自然科学、社会科学、技术科学跨学科的综合研究，创立人类生态学、理论环境学等理论体系，逐渐形成环境学特有的学科体系。

1.3.3 环境学的研究内容及基本任务

环境学研究的主要内容有四个方面：①环境质量的基础理论，包括环境质量状况的综合评价，污染物质在环境中的迁移、转化、增大和消失的规律，环境自净能力的研究，环境的污染破坏对生态的影响等；②环境质量的控制与防治，包括改革生产工艺，尽量减少或不产生污染物质以及净化处理技术，合理利用和保护自然资源，开展环境区域规划和综合防治等；③环境监测分析技术和环境质量预报技术；④环境污染与人体健康的关系，特别是环境污染的致癌、致畸和致突变的研究及防治。

从环境学总体来看，它研究人类与环境之间的对立统一关系，掌握"人类-环境"系统的发展规律，调控人类与环境间的物质流、能量流的运行、转换过程，防止人类与环境间关系失调，维护生态平衡；通过系统分析，规划设计出最佳的"人类-环境"系统，并把它调节控制到最优的运行状态。在广泛彻底地掌握环境变化过程的基础上，维护环境的生产能力，合理开发利用自然资源，协调发展与环境的关系，最终达到以下两个目的：一是可更新资源得以永续利用，不可更新的自然资源能以最佳的方式节约利用。二是使环境质量保持在人类生存、发展所必需的水平上，并趋向逐渐改善。这种旨在从总体上调控"人类-环境"系统的努力，自 20 世纪 70 年代以来一直在进行，主要有以下几方面的任务。

(1) 探索全球范围内自然环境演化的规律

全球性的环境包括大气圈、水圈、土壤圈、岩石圈、生物圈，它们在相互作用、相互影响中不断地演化，环境变异也随时随地发生。在人类改造自然的过程中，为使环境向有利于人类的方向发展，避免向不利于人类的方向发展，就必须了解和掌握环境的变化过程，包括环境系统的基本特征，结构和组成，以及演化的机理等。

(2) 探索全球范围内人与环境的相互依存关系

主要是探索人与生物圈的相互依存关系。近年来，生物圈这个词在国际上广泛使用。人类生存在生物圈内，生物圈的状况和变化情况是关系到人类生存与发展的大问题。因此，探索和深入认识人与生物圈的相互依存关系十分重要。

其一是研究生物圈的结构和功能，以及在正常状态下生物圈对人类的保护作用，作为农作物及野生动植物生长基础的作用，以及为人类提供生存空间和生存发展所需物质的支持作用等。其二是探索人类的经济活动和社会行为（生产活动、消费活动）对生物圈的影响，已产生的和将要产生的影响，有利或不利的影响，以及生物圈结构和特征发生的变化，特别是重大的不良变化及其原因分析，如酸雨、温室效应、气候变暖、臭氧层破坏以及大面积生态破坏等。其三是研究生物圈发生不良变化后，对人类的生存和发展已经造成和将要造成的不良影响，以及应采取的战略对策。

(3) 协调人类的生产、消费活动同生态要求之间的关系

在上述两项探索研究的基础上，需进一步研究协调人类活动与环境的关系，促进"人类-环境"系统协调稳定的发展。

在生产、消费活动与环境所组成的系统中，尽管物质、能量的迁移转化过程异常复杂，但在物质、能量的输入和输出之间总量是守恒的。生产与消费的增长，意味着取自环境的资源、能源和排向环境的废物相应地增加。环境资源是丰富的，环境容量是巨大的，但在一定的时空条件下环境承载力又是有限的。盲目发展生产和消费势必导致资源的枯竭和破坏，导致环境的污染和破坏，削弱人类的生存基础，损害环境质量和生活质量。因此，必须把发展经济和保护环境作为两个不可偏废的目标纳入综合经济活动决策中。在"人类-环境"系统中，人是矛盾的主要方面，必须主动调整人类的经济活动和社会行为（生产、消费的规模和方式），选择正确的发展战略，以求人类与环境的协调发展。如今，环境与发展的问题已成为世界各国关注的焦点。

(4) 探索区域污染综合防治的途径

运用工程技术和管理措施（法律、经济、教育及行政手段），从区域环境的整体上调控"人类-环境"系统，利用系统分析及系统工程的方法，寻求解决区域环境问题的最优方案。

① 综合分析自然生态系统的状况、调节能力，以及人类对自然生态系统的改造和所采取的技术措施。在调查原有生态系统的状况及需要改造的目标之后加以分析比较，即可了解技术的发展及外部能量的输入是否会超出生态系统的调节能力，综合考虑应对方法，尽可能利用生态系统的调节能力并采取相应的人为措施。人为措施包括防治污染破坏的技术措施和防治污染破坏的环境政策、立法，即技术调控和政策调控两方面。

② 综合考虑经济部门之间的联系，探索物质、能量在其间的流动过程和规律，优化结构和布局，寻求对资源的最佳利用方案。例如：电力部门需采掘工业的产品煤作原料，又需要化学工业的制品软化锅炉用水，它产生的电力可反向供应采掘工业和化学工业，粉煤灰又可供给水泥厂作原料。这种联络网组成一个各因素之间直接或间接的相互依赖关系。弄清这种体系的内在联系，有利于协调人类的生产、消费活动与环境保护的关系。

③ 以生态理论为指导研究制定区域（或国家）的环境经济规划。我国在1973年确定的"环

境保护工作三十二字方针"中，提出"全面规划、合理布局"的要求。1975年联合国欧洲经济委员会在鹿特丹经济规划生态对象讲座讨论会上也提出这个问题，之后为越来越多的人所重视。1983年12月31日，我国召开第二次全国环境保护会议，提出"经济建设、城乡建设、环境建设，同步规划、同步实施、同步发展，实现经济效益、社会效益和环境效益相统一"的战略方针。在1992年联合国环境与发展大会以后，我国制定了"中国环境与发展的十大对策"，在第一条"实行可持续发展战略"中重申了"三同步"的战略方针，并要求在制定和实施发展战略时编制环境保护规划。2021年联合国环境大会着重探讨如何通过"自然为本"的方式推动实现可持续发展目标。2022年全国生态环境保护工作会议强调，我国生态文明建设进入了以降碳为重点战略方向、推动减污降碳协同增效、促进经济社会发展全面绿色转型、实现生态环境质量改善由量变到质变的关键时期。

环境科学的研究领域，在20世纪五六十年代侧重于自然科学和工程技术方面，现已扩大到社会学、经济学、法学等社会科学方面。对环境问题的系统研究，要运用地学、生物学、化学、物理学、医学、工程学、数学以及社会学、经济学、法学等多种学科的知识。所以，环境科学是一门综合性很强的学科。它在宏观上研究人类同环境之间的相互作用、相互促进、相互制约的对立统一关系，揭示社会经济发展和环境保护协调发展的基本规律；在微观上研究环境中的物质，尤其是人类活动排放的污染物在有机体内迁移、转化和蓄积的过程及其运动规律，探索它们对生命的影响及其作用机理等。

1.3.4 环境学的学科体系

环境学主要运用自然科学和社会科学等有关学科的理论、技术和方法来研究环境问题。环境是一个有机的整体，环境污染又是极其复杂、涉及面相当广泛的问题。因此，在环境科学发展过程中，环境科学的各个分支学科虽然各有特点，但又互相渗透，互相依存，它们是环境科学整体不可分割的组成部分。属于自然科学方面的有环境地学、环境生物学、环境化学、环境物理学、环境医学、环境工程学等，属于社会科学方面的有环境管理学、环境经济学、环境法学等。按性质和作用，环境学大致可划分为三部分：环境科学、环境技术学及环境社会学（表1-1），每一部分又有许多细小的分支。

表1-1 环境学学科体系的组成及其作用

环境科学	环境化学	研究大气、水、土壤环境中潜在有毒有害化学物质含量的鉴定和测定、污染物存在形态、迁移转化规律、生态效应以及如何减少或消除其产生
	环境物理学	研究物理环境和人类之间的相互作用。主要研究声、光、热、电磁场和射线对人类的影响，以及消除其不良影响的技术途径和措施
	环境生态学	研究人为干扰下，生态系统内在的变化机理、规律和对人类的反效应，寻找受损生态系统恢复、重建和保护对策的科学。即运用生态学理论，阐明人与环境之间的相互作用及解决环境问题的生态途径
	环境生物学	研究生物与受人类干预环境之间相互作用的机理和规律
	环境地学	以人-地系统为对象，研究其发生和发展、组成和结构、调节和控制、改造和利用
环境技术学	环境工程学	运用工程技术的原理和方法，防治环境污染，合理利用自然资源，保护和改善环境质量
	环境医学	研究环境与人群健康的关系，特别是研究环境污染对人群健康的有害影响及其预防措施。具体内容包括探索污染物在人体内的动态和作用机理，查明环境致病因素和致病条件，阐明污染物对健康的早期危害和潜在的远期效应

		续表
环境社会学	环境管理学	研究采用行政、法律、经济、教育和科学技术等手段调整社会经济发展同环境保护之间的关系,处理国民经济部门、社会集团和个人有关环境问题的相互关系,通过全面规划和合理利用自然资源,达到保护环境和促进经济发展的目的
	环境经济学	运用经济科学和环境科学的原理和方法,分析经济发展和环境保护间的矛盾,以及经济再生产、人口再生产和自然再生产三者之间的关系,选择经济、合理的物质变换方式,以最小的劳动消耗为人类创造清洁、舒适、优美的生活和工作环境
	环境法学	研究关于保护自然资源和防治环境污染的立法体系、法律制度和法律措施,目的在于调解因保护环境而产生的社会矛盾
	环境伦理学	从伦理和哲学的角度研究人类与环境的关系,是人类对待环境的思维和行为的准绳
	环境美学	研究审美立体、环境意识、环境道德以及技术美的设计,从而满足人们对美感、审美享受的要求,使社会物质不断发展
	环境心理学	研究如何从心理学角度保持符合人们心愿的环境

 习题与思考题

1. 什么是环境？环境具有哪些特点？
2. 环境问题是如何产生的？当前人类所面临的主要环境问题有哪些？
3. 环境问题具有哪些特点？其实质是什么？
4. 环境学研究的对象和任务是什么？
5. 简述环境容量和环境承载力的关系与区别。

参考文献

[1] 王静,单爱琴.环境学导论[M].徐州:中国矿业大学出版社,2013.
[2] 刘克锋,张颖.环境学导论[M].北京:中国林业出版社,2012.
[3] 王淑莹,高春娣.环境导论[M].北京:中国建筑工业出版社,2022.
[4] 仝川.环境科学概论[M].北京:科学出版社,2021.
[5] 陈征澳,邹洪涛.环境学概论[M].广州:暨南大学出版社,2022.
[6] 胡筱敏.环境学概论[M].武汉:华中科技大学出版社,2021.
[7] 仝致琦,谷蕾,马建华.关于环境科学基本理论问题的若干思考[J].河南大学学报(自然科学版),2012,42(2):168-173.
[8] 李春景,徐飞.现代科学学科发展的聚散共生规律——以环境科学体系建构为例[J].科技导报,2004(4):21-25.
[9] 章申.环境问题的由来、过程机制、我国现状和环境科学发展趋势[J].中国环境科学,1996,16(6):401-404.
[10] 唐永銮,曹军建.中国环境科学理论研究及发展[J].环境科学,1993,14(4):2-8.
[11] 宋晓燕,王惠翔.中国环境科学专题文献研究[J].环境科学进展,1999,1(4):55-65.
[12] 朱玉涛,马建华.再论环境科学体系[J].河南科学,2006,24(1):129-133.
[13] 昝廷全,艾海山.环境科学的一个新原理——极限协同原理初探[J].甘肃环境研究与监测,1985(2):6-8.
[14] 董飞,刘晓波,彭文启,等.地表水水环境容量计算方法回顾与展望[J].水科学进展,2014,25(3):451-463.
[15] 孟浩贤,马婷婷.我国常用大气环境容量核算方法对比[J].区域治理,2020(4):211-213.
[16] 孟晓杰,柴莹莹,于华通.多尺度大气环境容量核算方法研究进展[J].环境污染与防治,2021,43(12):1602-1607,1613.
[17] 李华姣,安海忠.国内外资源环境承载力模型和评价方法综述——基于内容分析法[J].中国国土资源经济,2013,26(8):65-68.
[18] 周燕,罗雅文,禹佳宁,等.流域国土空间水资源承载力评价及保护方法研究[J].人民长江,2024(2):55.

第 2 章 环境问题

1. 全球环境问题的分类、产生、危害及其应对措施；
2. 我国环境问题的分类、产生、危害及其应对措施。

2.1 全球环境问题

全球环境问题，也称国际环境问题，指超越主权国家国界和管辖范围的区域性和全球性的环境污染和生态破坏问题。

20世纪80年代以来，具有全球性影响的环境问题日益突出，不仅发生了区域性的环境污染和大规模的生态破坏，而且出现了温室效应、臭氧层破坏、全球气候变化、酸雨、物种灭绝、土地荒漠化、森林锐减、越境污染、海洋污染、野生物种减少、热带雨林减少、土壤侵蚀等大范围和全球性的环境危机，严重威胁着全人类的生存和发展。

2.1.1 气候变暖

2.1.1.1 气候变暖的概念

自地球形成以来，温室效应就一直在起作用。如果没有温室效应，地球表面就会寒冷无比，温度会在-20℃，生命就不会形成。大气层，既让太阳辐射到达地面，同时又阻止地面辐射的散失。地球大气层就如同一个巨大的"玻璃温室"，使地表始终维持着一定的温度，形成适于人类和其他生物生存的环境。人们把大气对地面的这种保护作用称为大气的温室效应。

引起温室效应的气体称为"温室气体"，它们对太阳短波辐射具有高度的透过性，对地球反射出来的长波辐射（如红外线）具有高度的吸收性。这些气体包括 CO_2、CH_4、卤代烃、O_3、氮的氧化物和水蒸气等，其中与人类关系最密切的是 CO_2。

2.1.1.2 全球变暖的危害

全球变暖，指全球的气候变化以及这种变化对自然和人类生存环境的影响。其实，全球变暖这种说法本身有些误导性，因为它让人觉得气候会变热，而不是更干旱、更恶劣的天气。

气候变化会影响全球的水文和生物状况，或者说影响着一切，包括风、雨和温度。据世界气象组织（WMO）信息，2021年全球平均温度较 1850—1900 年的平均值高 1.11℃，是有记录以来最暖的七个年份之一，最暖的七个年份都出现在 2015 年以后，其中 2016 年、2019 年和 2020

年位列前三。随着气候变化的加剧，极端降水事件频发，降水量的时空分布变化也发生了明显改变，其中 400mm 和 800mm 等降水量线表现出的年际偏移特征，诱发了一系列资源、环境、农业和社会经济效益问题。

(1) 冰川消融

冰川是我们赖以生存的最主要的淡水来源，因为地下淡水储备很大部分也来自冰山融水。在气温平衡正常时，冰山的冰雪循环系统也能保持正常。冰山夏天融化，流向山下，渗入地下，给平原地区积累淡水。冬天，水分以水蒸气的形式回到山上，通过大量降水重新积累冰雪。整个循环过程为淡水的稳定平衡起到保障作用。全球变暖以及由此带来的冰雪加速消融，正在对人类以及其他物种的生存构成严重威胁。

(2) 海平面上升

气温升高会造成海冰和极地冰盖不断融化，使海洋水量增多，造成海平面升高。海平面上升，会导致降水重新分布，改变全球的气候格局。

目前，世界上有很多国家和城市都面临着海平面上升带来的威胁。格陵兰岛冰盖融化使科罗拉多河的流量增加 6 倍。如果格陵兰岛和南极的冰架继续融化，到 2100 年，海平面将比现在高出 6m。

(3) 热浪

热浪不仅抑制人体的一些功能，更能致人死亡。在最近的 50～100 年中，酷热热浪的发生频率比往常高出 2～4 倍。据预测，在未来 40 年里，热浪出现的频率将是现在的 100 倍。持续的热浪会导致火灾的频率发生，还会造成相关疾病的出现，地球平均气温也会升高。

(4) 飓风

全球气温上升会对降水造成影响。以北美为例，在短短 30 年里，4～5 级强烈飓风的发生频率几乎增加了 1 倍。飓风、海啸等灾难不但会直接破坏建筑物和威胁人类生命安全，也会带来次生灾难，尤其是飓风所带来的大量降雨，会导致泥石流、山体滑坡等，严重威胁交通安全和人们生命安全。

(5) 干旱

一些地方被风暴和泛滥的洪水袭击时，另一些地方却遭受干旱的威胁。旱情增加会导致农作物产量下降。这使得全球的粮食生产和供给处于危险之中，会有更多的人面临饥饿威胁。

(6) 疾病

世界卫生组织称，新生的或原有的病毒正在迅速传播中，它们会在跟以往不同的国家出现，一些热带疾病可能在寒冷的地方发生，比如蚊子就使加拿大人感染了西尼罗河病毒。每年大约有 15 万人死于跟气候变化相关的疾病，因气温上升而产生的心脏病和疟疾等疾病的发病率都处于增长之中。

(7) 经济损失

随着温度的增高，弥补因气候变化所造成损失的花费越来越多。严重的风暴和洪水造成的农业损失多达数十亿美元，同时治疗传染性疾病和预防疾病传播也需很多开销。以 2005 年破纪录的飓风"卡特里娜"为例，其在路易斯安那州登陆，夺走了 1800 多人的性命，造成财产损失至少 1350 亿美元。

塔夫茨大学全球发展与环境研究所的一项研究表明："如果在全球变暖的危机面前无所作为，人类将在 2100 年拿到一张 20 兆亿美元的罚单"。

(8) 战争隐患

由于粮食、水源和土地的减少，威胁全球安全的隐患增多，从而引起冲突和战争。安全问题专家称，苏丹达尔富尔地区的冲突表明，虽然全球变暖不是危机产生的唯一原因，但其根源可追溯到气候变化的影响，特别是现有自然资源的减少。达尔富尔暴力事件爆发在长期干旱的时期里，20年里只有微量降水，甚至毫无降水，其原因可能是印度洋周边气温的持续升高。

不稳定的食物供给会引发战争和冲突，表明暴力和生态危机之间存在关联。水资源短缺和食物缺乏会导致国家出现安全隐患，区域动荡、恐慌和侵略都有可能发生。

(9) 栖息地减少

如果年均气温保持 1.1~6.4℃ 的增长速度，到 2050 年，约 30% 动植物都会面临灭绝的威胁。为应对气候变化，野生动物会通过迁徙寻找维持其生存所需的栖息地。

气温升高，冰川消融，海平面升高。海平面上升威胁到人类的栖息地，根据现有的人口规模和分布状况，如果海平面上升 1m，全球将有 1.45 亿人的家园被海水吞没。

(10) 珊瑚白化

珊瑚白化仅仅是全球变暖对生态系统产生的有形影响之一。气候变化对自然生态系统产生影响，意味着世界上任何变化都与土地、水和生物生存的变化息息相关。科学家通过观察白化和死亡的珊瑚礁，发现这是海水变暖造成的。

(11) 食物链断裂

海洋温度上升会破坏大量以珊瑚为中心的生物链。最底层的食物消失，使海洋食物链从最底层开始向上迅速断裂，并蔓延至海洋以外。由于没有了食物，大量海洋生物和以海洋生物为食的其他生物也将日渐消亡。

温度上升，昆虫类生物会提早从冬眠中苏醒，而靠这些昆虫为生的长途迁徙动物便会错过捕食时机，从而大量死亡。昆虫们提前苏醒，成功避开了天敌，将会不受控制地吃掉大片森林和庄稼。没有森林，也就减缓了对 CO_2 的吸收，加速全球变暖，形成恶性循环。没有庄稼，人类也会失去食物的重要来源。

2.1.1.3 《联合国气候变化框架公约》

为阻止全球变暖趋势，联合国于 1992 年在里约热内卢再度召开大会，通过了《联合国气候变化框架公约》，这是继斯德哥尔摩会议和《我们共同的未来》报告之后又一个里程碑式的环境会议。它的最大成功在于促进了各国政府把政策目标转化为具体行动，并对于通过经济、行政以及制度的手段在管理环境上作出初步尝试。

会议取得了重要成果，设定地球宪章、行动计划、公约、财源、技术转让及制度六大议题，并成功通过了《里约环境与发展宣言》和《21 世纪议程》，签订了《生物多样性公约》《气候变化框架公约》《森林原则声明》等重要文件。在这次会议上，环境保护与经济发展的不可分割性被广泛接受，"高生产、高消费、高污染"的传统发展模式被否定。

2015 年 12 月 12 日，《联合国气候变化框架公约》缔约方会议第二十一次大会在法国巴黎布尔歇会场圆满闭幕，全球 195 个缔约方国家通过了具有历史意义的全球气候变化新协议——《巴黎协定》，成为历史上首个关于气候变化的全球性协定。协定指出，各方将加强对气候变化威胁的全球应对，把全球平均气温较工业化前水平升高控制在 2℃ 之内，并为把升温控制在 1.5℃ 之内努力。只有全球尽快实现温室气体排放达到峰值，在 21 世纪下半叶实现温室气体净零排放，才能降低气候变化给地球带来的生态风险以及给人类带来的生存危机。《巴黎协定》生效前提是由至少 55 个缔约方批准、接受、核准或加入文书后 30 日起生效，同时这些缔约方的温室气体排放总量至少占碳排放总量的 55%。在 2016 年 9 月 G20 杭州峰会上，中美两国分别向联合国交存参加《巴黎协定》的法律文书，为推动《巴黎协定》尽早生效作出了重大贡献。世界资源研究所最新统计,在中美宣布加入完成批约之后,共有 26 个国家宣布批准《巴黎协定》,将参加《巴黎协定》的国家排放量占全球排放的份额提高到近 40%。

2.1.2 臭氧层破坏

2.1.2.1 臭氧层的作用

臭氧层指大气平流层中臭氧浓度相对较高的部分,主要作用是吸收短波紫外线。自然界中的臭氧层大多分布在离地 20~50km 的高空。

臭氧层中的臭氧主要是紫外线照射产生的。氧气分子受到短波紫外线照射时会分解成原子。氧原子不稳定,极易与其他物质发生反应,与氧分子反应时就形成了臭氧。臭氧密度大于氧气,在逐渐降落过程中,随着温度上升,臭氧不稳定性愈趋明显,受到长波紫外线照射时又还原为氧气。臭氧层中保持着这种氧气与臭氧相互转换的动态平衡。

(1) 保护作用

臭氧层能够吸收波长小于 306.3nm 的紫外线(UV),主要是一部分中波紫外线(UV-B,波长 290~300nm)和全部的短波紫外线(UV-C,波长<290nm),保护人类和动植物免遭短波紫外线的伤害。经过臭氧层后,只有长波紫外线(UV-A)和少量的 UV-B 能够辐射到地面,UV-A 对生物细胞的伤害要比 UV-B 轻微得多。臭氧层很薄,假设将臭氧层移到地面(1 个大气压),厚度只有 3mm。

(2) 加热作用

臭氧吸收太阳光中的 UV 并将其转换为热能,从而加热大气。臭氧层存在于同温层。同温层又称平流层,由于臭氧层的加热作用,此层被分成不同的温度层,高温层位于上部,而低温层位于下部。它与位于其下贴近地表的对流层刚好相反,对流层是上冷下热。在中纬度地区,同温层位于离地表 10~50km 的高度,而在极地,此层则始于离地表 8km 左右。

2.1.2.2 臭氧层破坏的发现

1984 年,英国科学家首次发现南极上空出现臭氧层空洞。1985 年,美国"雨云-7 号"气象卫星监测到这个臭氧层空洞。同年,英国科学家法尔曼等在南极哈雷湾观测站发现,在过去 10~15 年间的春天,南极上空的臭氧浓度减少约 30%,有近 95% 的臭氧被破坏。从地面上观测,高空的臭氧层已极其稀薄,与周围相比像是形成一个"洞",直径达上千千米。2000 年 9 月,南极臭氧层空洞面积,达到历史最高纪录,为 $2.84\times10^7 km^2$,比南极大陆还大 1 倍。2022 年,南极臭氧层空洞最大面积为 $2.64\times10^7 km^2$,是最近几年最大的一次,但较 2000 年的峰值要小一些。2011 年,NASA 报告首次确认北极出现了类似南极上空的臭氧层空洞,面积最大时相当于 5 个德国或美国加利福尼亚州。2020 年春季,北极地区再次形成臭氧层空洞,臭氧低值区域面积约 $6.5\times10^6 km^2$,成为史上最大的北极臭氧空洞。臭氧层保护的紧迫性再次引发人们的关注。

2.1.2.3 臭氧层破坏的原因

当卤代烃悬浮在空气中时,因受到紫外线的影响分解并释放出氯原子。氯原子的活性极大,易与其他物质结合。氯原子遇到臭氧时,便产生化学变化。臭氧被分解成 1 个氧原子和 1 个氧分子,氯原子与氧原子相结合。当其他氧原子遇到氯氧化合分子时,又把氧原子抢回来,组成 1 个氧分子,而重新生成的氯原子又可破坏其他臭氧。

2.1.2.4 臭氧层破坏的影响

臭氧层破坏,会使太阳光中的紫外线大量辐射到地面。紫外线辐射增强,还将打乱生态系统中复杂的食物链，导致一些主要生物物种灭绝，使地球上 2/3 的农作物减产，还会导致全球气候变暖。

(1) 对健康的影响

UV-B 的增加对人类健康有严重的危害，潜在危险包括引发和加剧眼部疾病、皮肤癌和传染性疾病。对有些危险如皮肤癌已有定量评价，但其他影响如传染病等仍存在很大的不确定性。如果臭氧层中臭氧含量减少 10%，地面的紫外线辐射将增加 19%～22%，人类皮肤癌发病率将增加 15%～25%。据估计，大气层中臭氧含量每减少 1%，皮肤癌患者就会增加 10 万人。臭氧减少 1%，全球白内障的发病率将增加 0.6%～0.8%，由此引起失明的人数将增加 10000～15000 人。

(2) 对植物的影响

臭氧层破坏对植物的危害机制尚不如对人体健康的影响清楚。在已研究过的植物品种中，超过 50% 的植物会受到 UV-B 的负影响，如豆类、瓜类等作物会在生理和进化过程中受 UV-B 辐射的影响。植物具有一些缓解和修补这些影响的机制，在一定程度上可适应 UV-B 辐射的变化。森林和草地可能会改变物种的组成，进而影响不同生态系统的生物多样性分布。

(3) 对生态的影响

人类 30% 以上的动物蛋白质来自海洋。在海洋中，最基础的生产者之一——浮游植物的生长局限在光照区，即水体表层有足够光照的区域。暴露于 UV-B 下会影响浮游植物的定向分布和移动，从而降低这些生物的存活率。如果平流层臭氧减少 25%，浮游生物的初级生产力将下降 10%，这将导致水面附近的生物减少 35%。

UV-B 辐射对鱼、虾、蟹、两栖动物和其他动物的早期发育阶段也有危害作用，其中最严重的影响是使动物成体繁殖力下降和幼体发育不良。即使在现有的水平下，UV-B 也是生物繁育的限制因子。UV-B 照射量少量增加就会导致消费者生物的显著减少。

(4) 对循环的影响

对陆生生态系统，UV 增加会改变植物的生长和腐败速度，进而改变大气中重要气体的吸收和释放。当 UV-B 照射地表的落叶层时，这些生物质的降解过程被加速。植物的初级生产力随着 UV-B 辐射的增加而减少。

对水生生态系统，UV 也有显著作用。UV-B 会影响水生生态系统中的碳循环、氮循环和硫循环。此外，紫外辐射还会抑制海洋表层浮游细菌的生长，从而对海洋生物参与地球化学循环产生重要的潜在影响。

(5) 对材料的影响

臭氧损耗会导致阳光紫外辐射的增加，从而加速建筑、喷涂、包装及电线电缆等所用材料尤其是高分子材料的降解和老化变质。当这些材料尤其是塑料用于一些不得不承受日光照射的场所时，只能靠加入光稳定剂或进行表面处理来避免或减缓日光破坏。UV-B 辐射增加会加速这些材料的光降解，从而缩短使用寿命。短波 UV-B 辐射对材料的颜色和机械完整性有直接影响，特别是在高温和阳光充足的热带地区，这种破坏作用更为严重，每年全球造成的损失达数十亿美元。

2.1.2.5 国际社会的应对

1985 年 3 月在奥地利首都维也纳通过了有关保护臭氧层的国际公约——《保护臭氧层维也纳公约》。1987 年 9 月 16 日在加拿大蒙特利尔会议上通过了《蒙特利尔议定书》，以进一步对卤代烃类物质进行控制。

1989 年 3～5 月，联合国环境署连续召开了保护臭氧层伦敦会议与《保护臭氧层维也纳公约》和《蒙特利尔议定书》缔约国第一次会议——赫尔辛基会议，进一步强调保护臭氧层的紧迫性，5月2日通过了《保护臭氧层赫尔辛基宣言》，鼓励所有尚未参加《保护臭氧层维也纳公约》及《蒙特利尔议定书》的国家尽早参加。时任联合国秘书长潘基文发表致辞说，《蒙特利尔议定书》取得了很大成功，议定书的签署可能是迄今在环境问题上进行全球合作的最佳实例，各国政府必须继续履行保护臭氧层的承诺。

2.1.3 酸雨蔓延

2.1.3.1 酸雨的出现

酸雨，正式名称为酸性沉降，指 pH 值小于 5.6 的雨雪或其他形式的降水，分为湿沉降和干沉降。湿沉降指所有气状污染物或粒状污染物随着雨、雪、雾或雹等降水形态而落到地面，干沉降指在不下雨雪等的时间以降尘形式而落到地面。

（1）酸雨的发现

近代工业革命始于蒸汽机，此后火力电厂不断建设，燃煤数量日益猛增，同时大量排放 SO_2 和 NO_x。这些酸性物质，在高空中为雨雪冲刷溶解，导致酸雨形成。此前并没有发现酸雨这一现象，直到 1872 年，英国科学家史密斯分析伦敦市雨水成分，发现它呈酸性，且农村雨水中含碳酸铵，酸性不大；郊区雨水含硫酸铵，略呈酸性；市区雨水含硫酸或酸性的硫酸盐，呈酸性。于是，史密斯在他的著作《空气和降雨：化学气候学的开端》中最先提出"酸雨"这一专有名词。

（2）酸雨的类型

酸雨中的阴离子主要是 NO_3^- 和 SO_4^{2-}，根据两者在酸雨中的浓度可以判定降水的主要影响因素是 SO_2 还是 NO_x。SO_2 主要来自矿物燃料的燃烧，NO_x 主要来自汽车尾气等污染源。根据 SO_4^{2-} 和 NO_3^- 的浓度比值可将酸雨分为三类，分别为硫酸型或燃煤型（$SO_4^{2-}/NO_3^->3$）、混合型（$0.5<SO_4^{2-}/NO_3^-\leq 3$）和硝酸型或燃油型（$SO_4^{2-}/NO_3^-\leq 0.5$）。因此，可以根据一个地方的酸雨类型来初步判断酸雨的主要影响因素。燃煤多的地区酸雨属硫酸型酸雨，燃石油多的地区酸雨属硝酸型酸雨。

2.1.3.2 酸雨的危害

① 土壤酸化。酸雨能加速土壤矿物质等营养元素的流失，改变土壤结构，导致土壤贫瘠化，影响植物正常发育，此外还能诱发植物病虫害，使农作物大幅减产。

② 植被损害。当降水 pH 值小于 3.0 时，可对植物叶片造成直接损害，使叶片失绿变黄并开始脱落。野外调查表明，在降水 pH 值小于 4.5 的地区，马尾松林、华山松林和冷杉林等会出现大量黄叶并脱落。

③ 建材腐蚀。酸雨能使非金属建筑材料（混凝土、砂浆和灰砂砖）表面硬化，水泥溶解，出现空洞和裂缝。酸雨还是摧残文物古迹的元凶，如英国伦敦英王查理一世的雕像、德国慕尼黑的古画廊、科隆大教堂已被腐蚀得面目全非。

④ 健康危害。作为水源的湖泊和地下水酸化后，金属溶出，会对饮用者产生危害。

酸雨可使儿童免疫功能下降，慢性咽炎、支气管哮喘发病率增加，同时可使老人眼部、呼吸道患病率增加。含酸的空气能引发多种呼吸道疾病，巴西的库巴坦市由于酸雨的毒害，20%的居民患有气喘病、支气管炎或鼻炎，其中 5 岁以下儿童患病率高达 38%。1980 年，美国和加拿大有 5 万多人因受酸雨影响而死亡。

⑤ 国际纠纷。酸雨是一种超越国境的污染物，可随大气转移到 1000km 以外的地区。在人

们通常认为地球上最洁净的北极圈冰雪层中，也检测出浓度相当高的酸雨物质。因此，酸雨问题已不再是一个局部环境问题，它正在发展成国与国之间的一个日益尖锐的政治矛盾。

挪威、瑞典等北欧国家的酸雨，大部分是从西欧国家工业区的排放源传输过去的，其中瑞典南部大气中的硫有77%是"偷越国境"进来的。加拿大南部的酸雨，则是从美国北部工业区越境传播而来的。为此，瑞典和加拿大两国，都通过各种途径表达了对污染输出的坚决反对。

2.1.3.3 国际社会的应对

欧洲和北美许多国家在遭受多年的酸雨危害之后，终于认识到大气无国界，防治酸雨是一个国际性的环境问题，必须共同采取对策，减少SO_x和NO_x的排放量。

1979年11月，在日内瓦举行的联合国欧洲经济委员会的环境部长会议上通过了《控制长距离越境空气污染公约》。其中规定，到1993年底，缔约国必须把SO_2排放量削减到1980年排放量的70%。欧洲和北美的32个国家在公约上签字。为了实现许诺，多数国家已采取积极对策，制定了减少致酸物排放量的法规。例如，美国的《酸雨法》规定，密西西比河以东地区SO_2排放量需在1983年开始的10年内由2×10^7 t/a减少到1×10^7 t/a；加拿大要求SO_2排放量由1983年的4.7×10^6 t/a减少到2.3×10^4 t/a，等等。

2.1.4 海洋污染

2.1.4.1 海洋污染的概念

海洋污染通常是指人类改变海洋原来的状态，使海洋生态系统遭到破坏。海洋污染会损害生物资源，危害人类健康，妨碍人类的海上活动，损坏海水质量和环境质量等。海洋污染主要发生在靠近大陆的海湾，污染最严重的海域有波罗的海、地中海、纽约湾、墨西哥湾等。

2.1.4.2 海洋污染的类型

根据污染物的性质和毒性，以及对海洋环境造成的危害方式，主要污染物有以下几类：

① 石油污染，包括原油和从原油中分馏出来的溶剂油、汽油、煤油、柴油、润滑油、石蜡、沥青等，以及经过裂解、催化而成的各种产品；

② 重金属和酸碱污染，包括Hg、Cu、Zn、Co、Cd、Cr等重金属，As、S、P等非金属及各种酸和碱；

③ 农药污染，包括农业上大量使用的，含有Hg、Cu以及有机氯等成分的除草剂、灭虫剂，以及工业上应用的多氯酸苯等；

④ 有机物质和营养盐污染，包括工业排出的纤维素、糖醛、油脂、粪污、洗涤剂和食物残渣，以及化肥的残液等；

⑤ 放射性核素，是由核武器试验、核工业和核动力设施释放出来的人工放射性物质，主要是Sr-90、Cs-137等半衰期为30年左右的同位素；

⑥ 固体废物，主要是工业和城市垃圾、船舶废弃物、工程渣土和疏浚物等；

⑦ 工业废热，在局部海域，比正常水温高4℃以上的热废水常年流入时，就会产生热污染；

⑧ 赤潮，是在特定的环境条件下，海水中某些浮游植物、原生动物或细菌爆发性增殖或高度聚集而引起水体变色的一种有害生态现象；

⑨ 海洋倾倒，通过船舶、平台或其他载运工具向海洋处置废弃物或其他有害物质的行为。

2.1.5 危险废物越境转移

危险废物指国际上普遍认为具有爆炸性、易燃性、腐蚀性、化学反应性、急性毒性、慢性毒性、生态毒性和传染性等特性中一种或几种特性的生产性垃圾和生活性垃圾。前者包括废料、废渣、废水和废气等，后者包括食物残渣、废纸、废瓶罐、废塑料和废旧日用品等。

1988年6月，非洲的尼日利亚科科港发生有害废物非法进口导致多人中毒死亡的事件。也正是以这一事件为契机，国际社会经过艰苦谈判才通过了《控制危险废物越境转移及其处理的巴塞尔公约》（简称《巴塞尔公约》）。截至2019年5月，该公约共有187个缔约国。2019年5月17日，180个国家约1400名代表参加了在日内瓦举行的相关会议，修订了《巴塞尔公约》。

2.1.6 森林锐减

森林面积指由乔木树种构成，郁闭度0.2以上（含0.2）的林地或冠幅宽度10m以上的林带的面积。森林面积包括天然起源和人工起源的针叶林面积、阔叶林面积、针阔叶混交林面积和竹林面积，不包括灌木林地面积和疏林地面积。

（1）世界各地的森林面积

日本和韩国的森林覆盖率都超过60%，远超世界平均水平；欧洲、北美、新西兰、澳大利亚等西方国家的平均森林覆盖率为30%～35%，其中以爱好森林著称的德国和瑞士为30%～31%，印度的森林面积比例尚不到30%。

（2）森林面积的减少

人类对森林的过度采伐，导致森林资源在迅速减少。现在，全世界每年有$1.2\times10^7 hm^2$的森林消失。森林锐减地区多在发展中国家，由于贫困所迫，不得已用宝贵的森林资源换取外汇，如印度尼西亚、菲律宾、泰国等东南亚国家，出口木材是他们外汇收入的一大来源。除出口之外，在亚非拉一些发展中国家，有20多亿农村人口用木柴作生活燃料。森林锐减的另一个原因是毁林开荒。一些地区由于人多地少，当地农民便把坡度很陡的山坡都开垦为耕地。按规定坡度在25°以上不能作为耕地，但实际上一些地方甚至在坡度50°以上的地方耕种。

2020年全球森林覆盖率从2000年的31.9%降至31.2%，其中撒哈拉以南非洲和东南亚植被破坏产生的影响尤其严重。

2.1.7 土地荒漠化

在1994年通过的《联合国关于在发生严重干旱和/或荒漠化的国家特别是在非洲防治荒漠化的公约》中指出，荒漠化是指包括气候变异和人类活动在内的种种因素造成的干旱、半干旱和亚湿润干旱地区的土地退化。

狭义的荒漠化（即沙漠化）是指在脆弱的生态系统下，由于人为过度的经济活动，破坏其平衡，使非沙漠地区出现类似沙漠景观的环境变化过程。广义荒漠化则是指由于人为和自然因素的综合作用，使得干旱、半干旱甚至半湿润地区自然环境退化的总过程。

土地荒漠化是一个复杂过程，它是人类不合理经济活动和脆弱生态环境相互作用的结果。沙漠是干旱气候的产物，早在人类出现以前地球上就有沙漠。但是，荒凉的沙漠和丰腴的草原之间并没有不可逾越的界线。有水，沙漠上可以长起茂盛的植物，成为生机盎然的绿洲，而绿地如果没有水和植物，也会很快退化为一片沙砾。

2.1.7.1 全球荒漠化状况

20世纪六七十年代，非洲西部撒哈拉地区连年严重干旱，造成空前灾难，使国际社会密切关注全球干旱地区的土地退化。于是，"荒漠化"一词开始流传开来。非洲和亚洲是荒漠化现象最严重的地区。在非洲，46%的土地和4.85亿人口受到荒漠化威胁。亚洲一半以上的干旱地区受到荒漠化的影响，其中中亚地区尤为严重。

1996年，全球荒漠化土地达$3.6\times10^7 km^2$，占地球陆地面积的1/4，相当于俄罗斯、加拿大、中国和美国国土面积的总和。全世界受荒漠化影响的国家有100多个，尽管各国都在同荒漠化进行抗争，但荒漠化仍以每年$5\times10^4\sim7\times10^4 km^2$的速度不断扩大，到2022年，全球荒漠化土地达$3.75\times10^7 km^2$。

2.1.7.2 荒漠化的危害

世界上有21亿人口居住在沙漠或者旱地中。沙漠和旱地有着极其独特的价值，世界上50%的牲畜生长在沙漠和旱地的牧场中，44%的可耕地为旱地，而且旱地固存着全球46%的碳。荒漠化正影响着世界25%的陆地面积，威胁着大约100个国家的10亿人的生活。每年消失的土地可产粮食$2\times10^7 t$，因土地沙漠化和土地退化造成的经济损失达420亿美元。

时任联合国秘书长潘基文指出，为争夺不断减少的旱地资源还会引发地区冲突和更广泛的紧张局势，上百万人被迫迁徙会造成被遗弃地区的社会崩溃，并给日益拥挤的城镇带来不稳定的危险。

2.1.7.3 荒漠化的防治

为减少荒漠化的影响，2007年联合国大会宣布2010—2020年为"联合国荒漠及防治荒漠化十年"。2009年12月，联合国大会要求五大联合国机构针对这一计划发起相关活动。这五大机构分别为联合国环境规划署、联合国开发计划署、国际农业发展基金以及包括联合国秘书处新闻部在内的其他联合国机构。

2010年8月16日，联合国在巴西正式启动"联合国荒漠及防治荒漠化十年（2010—2020年）"计划，以进一步提高世界各国人民对荒漠化、土地退化以及旱灾威胁可持续发展及脱贫进程的认识。2017年9月15日，《联合国防治荒漠化公约》第十三次缔约大会通过了"2018—2030年战略框架"，112个国家承诺加入"土地退化零增长"自愿设定目标进程。

2.1.8 生物多样性减少

2.1.8.1 野生动植物减少与物种灭绝

野生动植物资源，是指一切对人类的生产和生活有用的野生动植物的总和。野生动植物资源具有很高的价值，不仅为人类提供许多生产和生活资料，提供科学研究的依据和培育新品种的种源，而且对维持生态平衡具有重要的作用。

（1）野生动植物资源的破坏

农耕和其他经济活动的发展，往往会造成野生动植物资源的破坏，特别是商业目的人为地滥捕滥杀和过度采集，使野生动植物资源不断减少，一些珍贵稀有野生动植物灭绝或者濒临灭绝，从而给人类的生产活动和生态环境造成极大的损害。

（2）物种灭绝

物种灭绝泛指植物或动物的种类不可再生性地消失或破坏。物种灭绝一直是生命进程中的一部分。自从6亿年前多细胞生物在地球上诞生以来，物种大灭绝已发生过5次。

第一次物种大灭绝发生在距今4.4亿年前的奥陶纪末期，约85%的物种灭绝。在距今约3.65亿年前的泥盆纪后期，发生第二次物种大灭绝，海洋生物遭到重创。距今约2.5亿年前二叠纪末期的第三次物种大灭绝，是地球史上最严重的一次，96%的物种灭绝。第四次发生在1.85亿年前，80%的爬行动物灭绝。第五次发生在6500万年前的白垩纪，统治地球1.6亿年的恐龙灭绝。

自工业革命开始,由于生境破坏、环境污染以及迅速的人口增长,致使每天都有几十种动植物灭绝,地球已进入第六次物种大灭绝时期。世界自然保护联盟发布的《受威胁物种红色名录》指出,目前世界上有1/4的哺乳动物、1200多种鸟类以及3万多种植物面临灭绝的危险。据统计,全世界每天有75个物种灭绝,每小时有3个物种灭绝。

前五次物种大灭绝,主要是由于地质灾难和气候变化造成的。第六次物种大灭绝,人类是罪魁祸首。美国杜克大学著名生物学家Stuart Pimm认为,如果物种以这样的速度减少下去,到2050年目前的1/4到一半的物种将会灭绝或濒临灭绝。

2.1.8.2 全球生物多样性的概况

生物多样性是指在一定时间和一定地区内,所有生物物种及其遗传变异和生态系统的复杂性总称。它包括基因多样性、物种多样性和生态系统多样性三个层次。

(1) 物种数量难以确定

目前,地球上究竟有多少物种还很难准确断定。被科学描述过的物种约140万种,其中脊椎动物4万余种、昆虫75万种、高等植物25万种以及其他无脊椎动物真菌和微生物等,但还有很多物种没有被发现。1980年,科学家被热带雨林昆虫多样性所震惊,仅对巴拿马的研究发现,全部1200种甲壳动物中的80%以前没有命名。这表明世界上的生物种类相当丰富,而且,人类尚未认知的占很大比例。

(2) 生物多样性分布不平均

全球生物多样性的分布不是平均的。陆地生物物种主要分布在热带雨林,占全球陆地面积7%的热带雨林却容纳全世界半数以上的物种;亚热带和温带也有较丰富的生物多样性。马达加斯加、巴西大西洋沿岸森林、厄瓜多尔等10个热带热点地区约占陆地总面积的0.2%,却拥有世界总种数27%的高等植物,其中13.8%是这些地区的特有物种。海洋也蕴藏着极其丰富的生物多样性。在门的水平上,海洋生态系统比陆地及淡水生物群落变化多,有更多的门及特有门。西大西洋、东太平洋、西印度洋等海域是世界生物多样性较集中的海域。

(3) 生物多样性危机加剧

由于人类活动的加剧以及长期对生物多样性保护的忽视,全球的生物多样性正在以惊人的速度衰减。在生态方面,据1997年世界资源所估计,全世界只剩下1/5的森林仍保持着较大面积和相对自然的生态系统,热带雨林正以每年$6.7×10^4 \sim 9.2×10^4 \text{km}^2$的速度消失,照此发展下去,蕴藏着世界一半以上陆地物种的热带雨林在未来25年内将彻底消亡。在物种方面,据专家估计,自恐龙灭绝以来,当前地球上生物多样性损失的速度比历史上任何时候都快。

2.1.8.3 全球生物多样性的保护

1972年,联合国大会决定设立环境规划署,各国政府签署了若干地区性和国际协议以应对如保护湿地、管理国际濒危物种贸易等议题。

1987年,世界环境和发展委员会得出发展经济必须减少破坏环境的结论,这份划时代的报告题为《我们共同的未来》,它指出人类已具备实现自身需要并且不以牺牲后代为代价的可持续发展的能力,同时呼吁"一个健康的、绿色的经济发展新纪元"。20世纪90年代初,联合国环境规划署首次评估生物多样性的结论是:如果按目前的趋势继续下去,在可预见的未来,5%~20%的动植物种群可能受到灭绝的威胁。在遗传方面,生境(又称栖息地)缩小和碎片化导致野生生物物种种内遗传多样性的严重丧失。

1992年，在巴西里约热内卢召开了由各国首脑参加的最大规模的联合国环境与发展大会，在此次"地球峰会"上签署了《生物多样性公约》。这是第一项生物多样性保护和可持续利用的全球协议。《生物多样性公约》的目标广泛，成为国际法的里程碑。截至2021年，该公约共有196个缔约国，是联合国地球生物资源领域最具影响力的国际公约之一。

2.1.9 土壤侵蚀

2.1.9.1 土壤侵蚀的概念和类型

水土流失指在水力作用下，土壤表层及其母质被剥蚀、冲刷搬运而流失的过程。土壤侵蚀是指土壤及其母质在水力、风力、冻融或重力等外营力作用下，被破坏、剥蚀、搬运和沉积的过程。土壤在外营力作用下产生位移的物质量，称土壤侵蚀量。衡量土壤侵蚀的数量指标主要采用土壤侵蚀模数，即每年每平方千米土壤流失量。单位面积单位时间内的侵蚀量称为土壤侵蚀速度（或土壤侵蚀速率）。

土壤侵蚀量中被输移出特定地段的泥沙量，称为土壤流失量。在特定时段内，通过小流域出口某一观测断面的泥沙总量，称为流域产沙量。美国、中国、俄罗斯、澳大利亚、印度等国是土壤侵蚀的主要分布国家，南美洲、非洲的一些国家也有较大面积的分布。

2.1.9.2 土壤侵蚀的影响因素

土壤侵蚀的影响因素分为自然因素和人为因素。自然因素是水土流失发生、发展的先决条件，或者叫潜在因素，人为因素则是加剧水土流失的主要原因。

气候因素特别是季风气候与土壤侵蚀密切相关。季风气候的特点是降雨量大而集中，多暴雨，因此会加剧土壤侵蚀。一般来说，暴雨强度愈大，水土流失量愈多。

地形是影响水土流失的重要因素，而坡度、坡长、坡形等都对水土流失有影响，其中坡度的影响最大，因为坡度是决定径流冲刷能力的主要因素。

植被破坏使土壤失去天然的保护屏障，成为加速土壤侵蚀的先导因子。据中国科学院华南植物研究所的试验结果，光板的泥沙年流失量为26902kg/hm², 桉林地为6210kg/hm², 阔叶混交林地仅3kg/hm²。

人为活动是造成土壤流失的主要原因，表现为植被破坏（如滥垦、滥伐、滥牧）和坡耕地垦殖（如陡坡开荒、顺坡耕作、过度放牧），或由于开矿、修路未采取必要的预防措施等，都会加剧水土流失。

2.1.9.3 土壤侵蚀的危害

（1）破坏土壤资源

据联合国《世界土壤资源状况》（2015）报告，世界上大多数土地资源状况仅为一般、较差或很差。更多实例显示，土壤恶化的速度远超其改善的速度，全球土壤整体面临着土壤侵蚀、土壤有机质丧失、土壤生物多样性丧失等十大威胁。威胁土壤的主要原因是人口增长、城市化和气候变化，而这些因素预计将在未来几十年里继续存在。

由于土壤侵蚀，大量土壤资源被蚕食和破坏，沟壑日益加剧，土层变薄，土地被切割得支离破碎，耕地面积不断缩小。

（2）生态环境恶化

严重的水土流失，导致地表植被破坏，自然生态环境失调恶化，洪、涝、旱、冰雹等自然灾害接踵而来，特别是干旱的威胁日趋严重。频繁的干旱严重威胁着农林业生产的发展。

由于风蚀的危害，致使大面积土壤沙化，经常形成沙尘暴天气，造成严重的大气环境污染。

（3）破坏设施

水土流失带走的大量泥沙，进入水库、河道、天然湖泊，造成河床淤塞并抬高，引起河水泛滥，这是平原地区发生特大洪水的主要原因。同时，泥沙淤积还会造成大面积土壤的次生盐渍化。一些地区由于重力侵蚀，崩塌、滑坡或泥石流等经常导致交通中断，道路桥梁破坏，河流堵塞，已造成巨大的经济损失。

2.1.10　有毒有害化学品污染

由于全球有毒化学品的种类和数量不断增加以及国际贸易规模的扩大，大多数有毒化学品对环境和人体的危害还不完全清楚，在环境中的迁移也难以控制。为了防止危险化学品和农药通过国际贸易可能给一个国家造成危害和灾难，国际上采用事先知情同意程序公约（即《关于在国际贸易中对某些危险化学品和农药采用事先知情同意程序的鹿特丹公约》）。

2.1.10.1　有毒有害化学品的侵入途径

随着工农业迅猛发展，有毒有害污染源随处可见，同时给人类造成的危害也属有毒有害化学品最为严重。化学品侵入环境的途径几乎是全方位的，其中最主要的侵入途径可分为四种：①人为施用直接进入环境；②在生产、加工、储存过程中，以废物形式排放进入环境；③在生产、储存和运输过程中因突发性事故而进入环境；④在燃料燃烧过程中以及日常生活使用中直接排入或者使用后作为废物进入环境。

联合国国际化学品安全规划署将 DDT、艾氏剂、狄氏剂、异狄氏剂、氯丹、七氯、六氯苯、灭蚁灵、毒杀芬九种农药以及多氯联苯、二噁英和苯并呋喃认定为持久性有机污染物。它们在环境中化学性质稳定，容易蓄积在鱼类、鸟类以及其他生物体内，最终通过食物链进入人体，对人类和环境构成极大的威胁。

2.1.10.2　有毒有害化学品的危害

化学品在推动社会进步、提高生产力、消灭虫害、减少疾病、方便人民生活方面发挥了巨大作用，但在生产、运输、使用、废弃过程中不免进入环境。人们最为关注的是那些对生物有急慢性毒性、易挥发、难降解、高残留、会通过食物链危害身体健康的化学品，他们对动物和人体有致癌、致畸、致突变的危害。这些危害主要表现在以下几方面：

① 环境激素类损害。国际上对环境激素研究很活跃，目前共筛选出大约 70 种化学品（如二噁英等）。欧、日、美等 20 个国家的调查表明，近 50 年来男子的精子数量减少了 50%，且活力下降，原因在于有害化学品进入人体后会干扰雄性激素的分泌，导致雄性退化。

② 致癌、致畸、致突变化学品类损害。约 140 多种化学品对动物有致癌作用，确认的致癌物和可疑致癌物约有 40 多种。人类患肿瘤病例的 80%～85% 与化学致癌物有关。而有致畸、致突变危害的化学品污染物就更多。

③ 有毒化学品突发污染类损害。有毒有害化学品突发污染事故频繁发生，严重威胁人民生命财产安全和社会稳定，有的还会造成严重的生态灾难。

专栏——世界十大环境事件

1. 马斯河谷烟雾事件

发生于 1930 年比利时的马斯河谷工业区，由于 SO_2 和粉尘污染对人体造成的综合影响，一周内近 60 人死亡，数千人患呼吸系统疾病。

2. 洛杉矶光化学烟雾事件

发生于 1943 年美国洛杉矶，当时该市 200 多万辆汽车排放大量的汽车尾气，在紫外线照射下产生光化学烟雾，大量居民出现眼睛红肿、流泪、喉痛等症状，死亡率飙升。

3. 多诺拉烟雾事件

发生于 1948 年美国宾夕法尼亚州的多诺拉镇，因炼锌厂、钢铁厂、硫酸厂排放的 SO_2 及氧化物和粉尘造成大气严重污染，使 5900 多居民患病。17 人于事件发生的第一天死亡。

4. 伦敦烟雾事件

发生于 1952 年英国伦敦，由于冬季燃煤排放的烟尘和 SO_2 在浓雾和空气中积聚不散，前两个星期死亡 4000 人，之后两个月内又有 8000 多人死亡。

5. 四日市哮喘病事件

发生于 1961 年前后的日本四日市，由于石油化工和工业燃烧重油排放的废气严重污染大气，引发大量居民产生呼吸道病症，尤其使哮喘病的发病率大大提高，50 岁以上的居民发病率约为 8%，死亡 10 人以上。

6. 水俣病事件

发生于 1953—1956 年间日本熊本县水俣市，因石油化工厂排放含 Hg 废水，人们食用了被 Hg 污染和富集甲基汞的鱼、虾、贝类等水生生物，造成大量居民中枢神经中毒，死亡率达 38%，Hg 中毒者达 283 人，其中 60 多人死亡。

7. 富山痛痛病事件

发生于 1955—1972 年间日本富山县神通川流域，因 Zn、Pb 冶炼厂等排放的含 Cd 废水污染河水和稻米，居民食用后中毒，1972 年患病者达 258 人，死亡 128 人。

8. 爱知米糠油事件

发生于 1968 年日本北九州市、爱知县一带，食用油厂在生产米糠油时使用多氯联苯作脱臭工艺中的热载体，这种毒物混入米糠油中被人食用后中毒，患者超过 10000 人，16 人死亡。

9. 博帕尔毒气事件

发生于 1984 年印度中央邦博帕尔市，由于设在该市的美国联合碳化物公司农药厂的储罐爆裂，大量剧毒物甲基异氰酸酯外泄，造成了 2.5 万人直接死亡，55 万人间接死亡，另有 20 多万人永久残疾。

10. 切尔诺贝利核污染事件

发生于 1986 年苏联普里皮亚季切尔诺贝利核电站，因反应堆爆炸，大量放射性物质外泄，直接死亡 31 人，十余万居民被迫疏散，污染范围波及邻国，核尘埃遍布欧洲。

2.1.11 太空污染

2.1.11.1 太空垃圾

太空垃圾又称空间碎片或轨道碎片，是宇宙空间中除正在工作着的航天器以外的人造物体，包括运载火箭和航天器在发射过程中产生的碎片与报废的卫星；航天器表面脱落的材料；表面涂层老化掉下来的油漆斑块；航天器逸漏出的固体、液体材料；火箭和航天器爆炸、碰撞过程中产生的碎片。

自苏联发射人类第一颗人造卫星斯普特尼克 1 号以来，全世界一共执行了超过 4000 次的发射任务，产生了大量的太空垃圾。虽然其中的大部分都落入大气层燃烧殆尽，但截至 2022 年仍有超过 7000t 的太空垃圾残留在轨道上。美国于 1958 年发射的尖兵 1 号人造卫星报废后至今仍在其轨道上运行，是轨道上现存历史最长的太空垃圾。

2.1.11.2 太空垃圾的危害

太空垃圾一般在距地表 300~450km 的近地轨道上以 7~8km/s 的速度运动，在 36000km 高度的地球静止轨道上的运动速度为 3km/s，根据轨道倾角，碰撞时的相对速度可高达 10km/s 以上，具有巨大的破坏力。太空垃圾若与运作中的人造卫星、载人飞船或空间站相撞，会危及设备甚至宇航员的生命。据计算，一块直径为 10cm 的太空垃圾就可以将航天器完全摧毁，数毫米大小的太空垃圾就有可能使它们无法继续工作，因此太空垃圾已备受国际关注。

2.1.11.3 太空污染的解决对策

（1）太空清洁

航天专家们已经开始研究限制太空垃圾的产生以及消除太空垃圾的办法，譬如，将停止工作的卫星推进到其他轨道上，以免与正常工作的卫星发生碰撞；用航天飞机把损坏的卫星带回地球，以减少太空中的大件垃圾。有一些科学家提出，可使用激光武器，将太空垃圾在太空中直接焚烧掉。

（2）探测控制

大一些的太空垃圾可以用监测导弹和间谍卫星系统进行监测。最初，美国和苏联的太空监测网络每天利用约 50 个雷达、光学或光电感应器对天空进行约 15 万次观察，但这一监测系统不能探测到小于 10cm 的物体。直到 1984 年，科学家才采取取样调查的方法，对这些小物体进行了分析，其中德国和美国的科学雷达可以探测到 2mm 大小的物体。美国国家航空航天局（NASA）统计，截至 2010 年 6 月 30 日，太空垃圾包括 3333 个还在运行和弃置不用卫星，以及 12217 个助推火箭和其他残片。到 2021 年，超过 27000 块轨道碎片或太空垃圾已被美国全球太空监视网络（SSN）传感器跟踪。

（3）雷达跟踪

日本本州岛冈山县设有一台远程控制雷达，该雷达自 2011 年 4 月 6 日起开始工作，主要作用是跟踪太空垃圾的移动，这是世界上第一台专门用来跟踪太空垃圾移动的雷达，该雷达能测定直径为 1m、高度达 600km 物体的位置，并能同时跟踪近十个物体。在其他一些国家，则是借助于军用雷达来记录或确定太空垃圾。

（4）躲避垃圾

太空垃圾飞行的速度很快，万一被撞击，空间站可能会受损。为躲避太空垃圾，空间站的位置可能需要做出调整。

总之，太空环境已经严重污染，太空垃圾主要产生者要负主要治理责任。在治理过程中，要加强国际合作、提高行为透明度至关重要。

2.2 我国的主要环境现状

近年来，我国环境问题有所好转。我国的主要环境现状表现在水污染情况好转、大气污染缓解、土壤污染修复治理、固体废物污染防治、土地荒漠化缓解、石质荒漠化减轻、食品污染危害及治理、生物多样性变化等方面。

2.2.1 水污染情况好转

2.2.1.1 地表水污染减轻

由于我国城市的扩建和工农业的快速发展，地表水源水质受到了很大冲击，但是随着政府和公众环保意识的提高，地表水污染情况有所好转。

2023年长江、黄河、珠江、松花江、淮河、海河、辽河等七大流域和浙闽片河流、西北诸河、西南诸河的国控断面中，Ⅰ类水质断面占9.6%，Ⅱ类占53.0%，Ⅲ类占29.2%，Ⅳ类占7.0%，Ⅴ类占0.9%，劣Ⅴ类占0.4%。

根据《全国地表水环境质量状况》可知，2024年1~6月，我国3641个国家地表水评价断面中，Ⅰ~Ⅲ类断面比例为88.8%，劣Ⅴ类断面0.8%，其中浙闽片河流、西北诸河、长江流域、珠江流域和西南诸河水质为优；黄河、辽河、淮河和海河流域水质良好；松花江流域为轻度污染。在210个主要湖（库）中，水质达到Ⅲ类水体及以上的湖库占比为79.5%，劣Ⅴ类的湖库占比为4.3%，分别同比下降了0.8和1.0个百分点；在监测富营养化状态的201个主要湖（库）中，中度富营养化和轻微富营养化占比分别为3.5%和18.4%。

2.2.1.2 地下水水质改善

《中国水资源公报》显示，地下水资源量为8.1957×10^{10} m^3，约占全国水资源总量的27.7%，地下水源供水量为8.538×10^{11} m^3，占供水总量的14.5%，是我国重要的饮用水源和战略资源，在区域经济社会发展和生态文明建设中具有重要意义。我国地下水污染总体趋势表现为：由点状污染、条带状污染向面上扩散，由浅层污染向深层污染渗透，由局部向区域扩散，从城区向周围蔓延，污染物的组分则由无机向有机发展。污染组分复杂，污染面积大，污染程度和污染深度增加的问题仍在解决过程中。

近10年来，随着我国对水体污染防治工作力度的不断加大，地下水体水质已得到极大改善。2018年，在全国10168个国家级地下水水质监测点中，Ⅳ类水质监测点占70.7%，Ⅴ类占15.5%。"十四五"期间设置了1912个国家地下水环境质量考核点位，2021年获得1900个国家地下水环境质量考核点位水质数据，Ⅰ~Ⅳ类水质点位占79.4%，Ⅴ类水质点位占20.6%。

2.2.1.3 海洋生态环境状况稳定

海洋是我国重要的资源，也是影响气候发展变化的重要因素。我国拥有1.8×10^4 km的海岸线和约3×10^6 km^2的海洋国土面积。我国海洋全域生态环境状况基本稳定，但也存在近岸海域存在水体富营养化问题以及溢油和化学品泄漏等突发性环境污染事故。

2023年夏季，我国Ⅰ类水质海域面积占管辖海域面积的97.9%，劣Ⅳ类水质海域面积为$42820km^2$。主要污染指标为无机氮和活性磷酸盐；近岸海域水质级别为一般，主要污染指标为无机氮和活性磷酸盐，优良（Ⅰ、Ⅱ类）水质海域面积比例为85.0%，劣Ⅳ类为7.9%。

2.2.2 大气污染缓解

2.2.2.1 酸雨情况好转

我国的酸雨属于硫酸型，主要是燃煤排放SO_2造成的。近年来，我国酸雨情况有极大改善。据《2023中国生态环境状况公报》，酸雨区面积约4.43×10^5 km^2，占国土面积的4.6%，其中较重酸雨区面积仅占国土面积的0.049%，主要分布在长江以南—云贵高原以东地区。比《2020中国生态环境状况公报》显示酸雨区面积减少2.3×10^4 km^2。

2.2.2.2 雾霾情况改善

空气中的灰尘、硫酸、硝酸、有机化合物等粒子使大气浑浊，视野模糊并导致能见度降低。如果水平能见度小于10000m时，这种非水成物组成的气溶胶系统造成的视程障碍称为霾或灰霾。

我国雾霾天气具有明显的季节性变化。1981—2010年，霾天气出现频率是冬半年明显多于夏半年，冬半年中的冬季霾日数占全年的比例为42.3%。

从时间跨度来看，1961—2013年，我国中东部地区（东经100°以东）平均年雾霾日数总体呈增加趋势。2013年，全国平均雾霾日数为4.7天，较常年同期（2.4天）多2.3天，是52年（1961—2013年）以来最多的一年。同年，为了改善空气污染状况，我国发布了《大气污染防治行动计划》，即"大气十条"，提出了十条防治大气污染的具体措施。根据调查显示，2017年，全国空气质量总体改善。2018年7月又发布了《打赢蓝天保卫战三年行动计划》，目标是明显改善空气质量。2019年，"2+26"城市优良天数明显增多。2023年12月，全国339个地级及以上城市平均空气质量优良天数比例为81.9%，比2019年12月上升4.9%。雾霾情况得到了极大的改善。

2.2.3 土壤污染修复治理

2.2.3.1 土壤盐渍化

土壤盐渍化是指土壤底层或地下水的盐分随毛管水上升到地表，水分蒸发后，使盐分积累在表层土壤中的过程。土壤次生盐渍化的形成很大程度上受到地下水带来的诸多影响。由于地下水超采使地下水位持续下降，沿渤海、黄海的沙质和基岩裂隙海岸地带，发生海水入侵，在有咸水分布的地区出现咸水边界向淡水区移动的现象。

目前，我国盐渍土总面积约$9.913 \times 10^7 hm^2$，主要发生在干旱、半干旱和半湿润地区。2022年《中共中央 国务院关于做好2022年全面推进乡村振兴重点工作的意见》提出研究制定盐碱地综合利用规划和实施方案，开展盐碱地种植大豆示范。

2.2.3.2 土壤板结

土壤团粒结构是土壤肥力的重要指标。土壤团粒结构的破坏会导致土壤的保水、保肥能力及通透性降低，造成土壤板结。

有机质含量是土壤肥力和团粒结构的一个重要指标，有机质降低会使土壤板结。土壤有机质的分解是通过微生物的活动来实现的。向土壤中过量施入氮肥后，微生物的氮素供应增加1份，消耗的碳素相应增加25份。而碳素来源于土壤有机质，因此若土壤有机质含量低，会影响微生物的活性，从而影响土壤团粒结构的形成。

土壤团粒结构是带负电的土壤黏粒和有机质通过带正电的多价阳离子连接而成的。多价阳离子以键桥形式将土壤微粒连接成大颗粒，形成土壤团粒结构。土壤中的阳离子以Ca^{2+}、Mg^{2+}为主，向土壤中过量施入磷肥时，PO_4^{3-}与Ca^{2+}、Mg^{2+}等阳离子结合形成难溶性磷酸盐，既浪费磷肥，又会破坏土壤团粒结构。

向土壤中过量施入钾肥时，由于K^+置换性特别强，能将形成土壤团粒结构的多价阳离子置换出来。但K^+不具有键桥作用，因此会导致土壤团粒结构的键桥被破坏，也就破坏了团粒结构。

2.2.3.3 黑土地变化

黑土地是一种性状好、肥力高、非常适合植物生长的土壤。以弯月状分布于黑龙江、吉林两省的黑土带是我国最肥沃的土地。东北黑土区在近百年的开发垦殖过程中，不断发生水土流失使肥沃的东北黑土地变得又"薄"又"黄"。

2022年《中共中央 国务院关于做好2022年全面推进乡村振兴重点工作的意见》提出，深入推进国家黑土地保护工程。实施黑土地保护性耕作8000万亩。

2.2.4 固体废物污染防治

固体废物按来源可分为生活垃圾、工业固体废物和危险废物三种。此外，还有农业固体废物、建筑废料及弃土等。固体废物具有两重性，在一定的时间、地点，某些物品对用户不再有用或暂不需要而被丢弃，成为废物，但对另一些用户或者在某种特定条件下，废物可能成为有用的甚至是必要的原料。

生活垃圾是指在城市日常生活中或为城市日常生活提供服务活动中产生的固体废物以及法律法规规定视为城市生活垃圾的固体废物，包括瓜果皮核、剩菜剩饭等有机类，饮料罐、废金属等无机类，废电池、荧光灯管、过期药品等有害类。

工业固体废物是指在工业、交通等生产活动中产生的固体废物，对人体健康或环境危害性较小，如钢渣、锅炉渣、粉煤灰、煤矸石、工业粉尘等排入环境的各种废渣、污泥、粉尘。工业固体废物如果没有严格按环保标准要求进行妥善处理或处置，对土地资源、水资源会造成严重的污染。

危险废物是指列入国家危险废物名录或者根据国家规定的危险废物鉴别标准和鉴别方法认定的具有危险特性的废物，即指具有毒性、腐蚀性、反应性、易燃性、浸出毒性等特性之一，它对人体健康和环境存在巨大危害，如引起死亡，或使严重疾病的发病率增高，或在管理不当时会给人类健康或环境造成重大急性或潜在危害等。

2023年发布的《中华人民共和国固体废物污染环境防治法》提出，固体废物污染环境防治坚持减量化、资源化和无害化的原则。对各类固体废物提出针对性的治理措施。

2.2.5　土地荒漠化缓解

荒漠化是由于干旱少雨、植被破坏、过度放牧、大风吹蚀、流水侵蚀、土壤盐渍化等因素造成的大片土壤生产力下降或丧失的自然（非自然）现象。

20世纪60~90年代期间，我国荒漠化形势严峻，是世界上荒漠化较为严重的国家之一。近年来，我国荒漠化和沙化土情况明显改善，可利用的土地资源有所回升，根据第六次全国荒漠化和沙化调查显示，截至2019年，我国荒漠化土地面积$2.5737\times10^6 hm^2$，沙化土地面积$1.6878\times10^6 hm^2$，与2014年相比分别净减少$37880 hm^2$、$33352 hm^2$。我国沙区植被状况持续向好。此外，2019年沙化土地平均植被盖度为20.22%，较2014年上升1.90个百分点；植被盖度大于40%的沙化土地呈现明显增加的趋势，5年间累计增加$7914500 hm^2$。

2013—2022年，我国春季（3~5月）沙尘天气年均8.5次，比20世纪60年代年均20.9次明显减少。我国荒漠化和沙化状况持续好转。通过持续、有效治理，全国荒漠化和沙化土地面积持续"双减少"、荒漠化和沙化程度持续"双减轻"，沙区生态状况呈现"整体好转、改善加速"态势，荒漠生态系统呈现"功能增强、稳中向好"态势。《联合国防治荒漠化公约》秘书处称赞："世界荒漠化防治看中国。"

2.2.6　石质荒漠化减轻

石质荒漠化是指在热带、亚热带湿润、半湿润气候条件和岩溶极其发育的自然背景下，受人为活动干扰，使地表植被遭受破坏，导致土壤严重流失，基岩大面积裸露或砾石堆积的土地退化现象，也是岩溶地区土地退化的极端形式，简称"石漠化"。石漠化发展最直接的后果就是土地资源的丧失，又由于石漠化地区缺少植被，不能涵养水源，往往伴随着严重的人畜饮水困难。

我国石漠化主要发生在以云贵高原为中心，北起秦岭山脉南麓，南至广西盆地，西至横断山脉，东抵罗霄山脉西侧的岩溶地区。行政范围涉及黔、滇、桂、湘、鄂、渝、川和粤8省（区、市）455个县5575个乡。该区域是珠江的源头，长江水源的重要补给区，也是南水北调水源区和三峡库区，生态区位十分重要。

第四次石漠化调查结果显示，截至 2021 年底，我国石漠化土地面积 $7.223\times10^6\,hm^2$，与 2016 年同口径相比，石漠化土地面积净减少 $3.331\times10^6\,hm^2$，年均减少 $6.66\times10^5\,hm^2$。石漠化扩展的趋势得到有效遏制，岩溶地区石漠化土地呈现面积持续减少，危害不断减轻，我国石漠化土地总体向"面积减少、程度减轻、生态状况稳定向好"的方向转变。监测结果还显示，林草植被保护和人工造林种草对石漠化逆转的贡献率达到 65.5%。

2.2.7　食品污染危害及治理

食品污染是指食品及其原料在生产和加工过程中，因农药、废水、污水各种食品添加剂、病虫害和家畜疫病所引起的污染，霉菌毒素引起的食品霉变，运输、包装材料中有毒物质和多氯联苯、苯并[a]芘所造成的污染的总称。食品是构成人类生命和健康的三大要素之一。食品一旦受到污染，就会危害人类的健康。

食品污染分为生物性、化学性、物理性及放射性四类污染。

(1) 生物性污染

生物性污染是指有害的病毒、细菌、真菌以及寄生虫污染食品。鸡蛋变臭，蔬菜腐烂，主要是细菌、真菌的作用。细菌有许多种类，有些细菌如变形杆菌、黄色杆菌、肠杆菌可直接污染动物性食品，也可能通过工具、容器、洗涤水等途径污染动物性食品，使食品腐败变质。

据调查，食物中黄曲霉毒素较高的地区，肝癌发病率比其他地区高几十倍。我国华东、中南地区气候温湿，易发生黄曲霉毒素污染，主要出现在花生、玉米上，其次是大米等食品。霉菌污染食品使其食用价值降低，甚至完全不能食用。霉菌毒素引起的中毒大多由被霉菌污染的粮食、油料作物以及发酵食品等引起。霉菌中毒往往表现出明显的地方性和季节性。

(2) 化学性污染

化学性污染是由有害有毒的化学物质污染食品引起的。农药是造成食品化学性污染的一大来源，还有含 Pb、Cd、Cr、Hg、硝基化合物等有害物质的工业废水、废气及废渣，食用色素、防腐剂、发色剂、甜味剂、固化剂、抗氧化剂等食品添加剂，作食品包装用的塑料、纸张、金属容器等。

在农田、果园中大量使用化学农药，是造成粮食、蔬菜、果品化学性污染的主要原因。这些污染物还可以随着雨水进入水体，然后进入鱼虾体内。

许多粮食、蔬菜、果品和肉类，都要经长途运输或储存，或者经多次加工后才送到人们面前。在这些食品的运输、储存和加工过程中，常常往食品中投放各种添加剂，如防腐剂、漂白剂、抗氧化剂、调味剂、着色剂等，其中部分添加剂具有一定的毒性。

(3) 物理性污染

主要来源于非化学性的杂物，虽然有的污染物可能并不威胁消费者的健康，但会严重影响食品应有的感官性状及营养价值，食品质量得不到保证，主要包括：来自食品产、储、运、销的污染物，如粮食收割时混入的草籽、液体食品容器池中的杂物、食品运销过程中的灰尘等。

(4) 放射性污染

食品中的放射性物质有来自地壳中的放射性物质，称为天然本底，也有来自核武器试验或和平利用核能所产生的放射性物质，即人为的放射性污染。某些鱼类能富集金属同位素，如 Cs 和 Sr，后者半衰期较长，多富集于骨组织中，而且不易排出。某些海产动物，如软体动物能富集锶，牡蛎能富集大量锌，某些鱼类能富集铁。放射性核素对食品的污染有三种途径：①核试验的沉降物；②核电站和核工业废物的排放；③意外事故泄漏。

2019 年发布的《关于深化改革加强食品安全工作的意见》提出，到 2020 年，基于风险分析和供应链管理的食品安全监管体系初步建立，并提出开展高毒高风险农药淘汰工作，5年内分期分批淘汰现存的10种高毒农药。该意见部署了食品安全放心工程建设攻坚行动，用5年左右时间，集中力量实施10项行动，以点带面治理"餐桌污染"，力争取得明显成效。

2.2.8 生物多样性变化

我国是世界上少数几个国土既有东西跨度，又有南北跨度，同时具备垂直高差的国家之一。在丰富的气候、地形、地貌等自然条件下，形成了丰富的物种资源。我国还拥有包括温带、寒温带、亚热带、高山、丘陵、湖泊、森林、海洋等众多的生态类型，孕育出各种生态类型中的大量物种，使生态系统具有多样性和遗传多样性都是地球上生物多样性最丰富的国家之一，因此我国生物多样性的保护也是世界生物多样性保护的重要部分。我国的生物多样性具有如下特点：

① 物种丰富。我国有高等植物3万余种，其中在世界裸子植物15科850种中，我国就有10科约250种，是世界上裸子植物最多的国家；在脊椎动物6347种中，占世界种数近14%。

② 特有属、种繁多。高等植物中特有种最多，约17300种，占我国高等植物总种数的57%以上。在6347种脊椎动物中，特有种667种，占10.5%。

③ 区系起源古老。由于中生代末我国大部分地区已上升为陆地，第四纪冰期又未遭受大陆冰川的影响，因此许多地区都不同程度保留着白垩纪、第三纪的古老残遗部分。例如，松杉类世界现存7个科，我国有6个科。在动物中大熊猫、白鳖豚、扬子鳄等都是古老孑遗物种。

④ 栽培植物、家养动物及其野生亲缘的种质资源非常丰富。我国有药用植物11000多种，牧草4215种，原产我国的重要观赏花卉超过30属2238种。我国是世界上家养动物品种和类群最丰富的国家，共有1938个品种和类群。

⑤ 生态系统丰富多彩。我国具有地球陆生生态系统，如森林、灌丛、草原和稀树草原、草甸、荒漠、高山冻原等各种类型，由于不同的气候、土壤等条件，又可进一步分为约600种亚类型。海洋和淡水生态系统类型也很齐全。

近年来，我国森林生物多样性保护取得一定成效。根据国家林业和草原局调查的森林生物多样性总指数，第一次清查（1973—1976年）为100，第五次清查（1994—1998年）为176.09，第八次清查（2009—2013年）为390.14，第九次清查（2014—2018年）为386.66。

我国湿地动植物资源极为丰富，有不少珍稀濒危物种和我国特有物种，如白鳖豚、扬子鳄等为我国特有的世界性濒危物种。就水禽而言，共有257种，占全国鸟类种数的20.6%。全球共有鹤类15种，在我国湿地分布有9种。我国湿地还是世界水禽的重要繁殖地、越冬地和候鸟迁徙的停留地，如东北的三江平原和松嫩平原是丹顶鹤的重要繁殖地，新疆的巴音布鲁克湿地是天鹅的重要繁殖地。

从20世纪50年代到2013年，湖北省百亩以上的湖泊从1332个锐减为574个，比20世纪50年代减少56.9%；5000亩以上的湖泊从322个减少到了110个。在山丘区生物多样性方面，山丘区多为经济发展落后的地区，当地居民为维持生存和发展经济而盲目开发资源，诱发生态系统的退化和生物多样性水平的降低。但是湖北省人民政府高度重视湿地保护工作，将湿地保护提高到生态文明建设的新高度，"十三五"期间，全省共实施湿地保护修复项目218个，投入资金约7.6亿元。项目资金覆盖全省湿地类自然保护地83个，共完成退化湿地修复7200hm²，退耕（垸、渔）还湿1.72×10⁴hm²，新增湿地5200hm²，有效改善了湿地生态环境状况。

海洋生物多样性方面，中国海域已记录20278个物种，但是，我国海洋生物多样性也同样面临危机。2023年10月修订的《中华人民共和国海洋环境保护法》提出，加强海洋生物多样性保护，健全海洋生物多样性调查、监测、评估和保护体系，维护和修复重要海洋生态廊道，防止对海洋生物多样性的破坏。

目前，数以百计的高等动植物被列入我国濒危动植物物种红色名单中。1988年12月国务院批准并公布的《国家重点保护野生动物名录》共257种，其中一级保护96种，二级保护161种。世界《濒危野生动植物物种国际贸易公约》所列的640种禁止或限制贸易的濒危动物中，我国被列入的就有156种。1984年国务院环委会公布、并于1987年国家环保局、中科院修订的《中国珍稀濒危保护植物名录（第一册）》中记载，我国第一批珍稀濒危保护植物共389种。2021年1月，全国划定32个陆地、3个海域共35个生物多样性保护优先区域，约占我国陆地国土面积的29%，维管植物数占全国总种数的87%，野生脊椎动物占全国总种数的85%。2021年2月5日，从林业和草原局、农业农村部获悉，经国务院批准，调整后的《国家重点保护野生动物名录》正式向公众发布。调整后的名录共列入野生动物和8类，其中国家一级保护野生动物234种和1类、国家二级保护野生动物746种和7类。

2021年国务院新闻办公室发表《中国的生物多样性保护》白皮书，从秉持人与自然和谐共生理念、提高生物多样性保护成效、提升生物多样性治理能力和深化全球生物多样性保护合作四个方面系统阐述了努力促进人与自然、人与人、人与社会和谐共生、良性循环、全面发展、持续繁荣的中国生物多样性保护理念、行动和成效。白皮书提出中国将生物多样性保护上升为国家战略，把生物多样性保护纳入各地区、各领域中长期规划，完善政策法规体系，加强技术保障和人才队伍建设，加大执法监督力度，引导公众自觉参与生物多样性保护，不断提升生物多样性治理能力。

专栏——新《环境保护法》解读

2014年4月24日，我国通过了《环保法修订案》，新法自2015年1月1日施行，被称为"史上最严厉"的环保法。本次修改明确了21世纪环境保护工作的指导思想，加强政府责任和责任监督，衔接和规范相关法律制度，以推进环境保护法及其相关法律的实施。新法共七章七十条，与1989版保护法的六章四十七条相比，有较大变化，其中凸显建立公共监测预警机制、扩大公益诉讼主体、明确政府监管职责等五方面亮点。

（1）新举措——建立公共监测预警机制

国家建立健全环境与健康监测、调查和风险评估制度；鼓励和组织开展环境质量对公众健康影响的研究，采取措施预防和控制与环境污染有关的疾病。

国家建立环境污染公共监测预警的机制。环境受到污染，可能影响公众健康和环境安全时，依法及时公布预警信息，启动应急措施。

国家建立跨行政区域的重点区域、流域环境污染和生态破坏联合防治协调机制。

（2）新规定——首次将生态保护红线写入法律

新法规定，国家在重点生态保护区、生态环境敏感区和脆弱区等区域，划定生态保护红线，实行严格保护。

（3）新主体——环境公益诉讼主体扩大

新法规定凡依法在设区市级以上人民政府民政部门登记的，专门从事环境保护公益活动连续五年以上且信誉良好的社会组织，都能向人民法院提起诉讼。

（4）新标准——按日计罚无上限

新法明确规定，企业事业单位和其他生产经营者违法排放污染物，受到罚款处罚，被责令改正，拒不改正的，依法作出处罚决定的行政机关可以自责令更改之日的次日起，按照原处罚数额按日连续处罚。

（5）新职责——明确政府监督管理

新法规定，县级以上人民政府环境保护主管部门及其委托的环境监察机构和其他负有环境保护监督管理职责的部门，有权对排放污染物的企业事业单位和其他生产经营者进行现场检查。领导干部虚报、谎报、瞒报污染情况，将会引咎辞职。出现环境违法事件，造成严重后果的，地方政府分管领导、环保部门等监管部门主要负责人，要承担相应的刑事责任。

习题与思考题

1. 全球环境问题主要有哪几种类型？其主要危害分别是什么？
2. 全球环境问题的主要防治对策有哪些？
3. 我国的环境现状是什么？产生的影响分别体现在哪些方面？
4. 你对目前我国环境保护持何种态度，有何观点？
5. 了解环境保护法的修订背景及修订内容。

参考文献

[1] 左玉辉. 环境学[M]. 2版. 北京：高等教育出版社，2010.
[2] 蒋展鹏，杨宏伟. 环境工程学[M]. 北京：高等教育出版社，2020.
[3] 王淑莹，高春娣. 环境导论[M]. 北京：中国建筑工业出版社，2022.
[4] 成岳，刘媚，乔启成，等. 环境科学概论[M]. 上海：华东理工大学出版社，2012.
[5] 仝川. 环境科学概论[M]. 北京：科学出版社，2021.
[6] 陈征澳，邹洪涛. 环境学概论[M]. 广州：暨南大学出版社，2022.
[7] 胡筱敏. 环境学概论[M]. 武汉：华中科技大学出版社，2021.
[8] 孙枢，李晓波. 我国资源与环境科学发展新趋势[J]. 地球科学进展，2022，37（4）：456-462.
[9] 李明，黄滢. 中国环境污染治理与经济增长的协同发展[J]. 经济学，2021，20（3）：345-350.
[10] 刘君侠. 我国民用散煤使用现状及治理措施综述[J]. 山东化工，2019，48（19）：57-59.
[11] Manney G, Santee M, Rex M, et al. Unprecedented arctic ozone loss in 2011[J]. Nature, 2011（478）：469-475.
[12] 樊后保. 全球酸雨研究最新进展[J]. 福建林学院学报，2022，42（2）：156-160.
[13] 江杨诚. 城市地下水污染现状及防治技术分析[J]. 科技经济导刊，2020，28（36）：126-127.
[14] 王莉果，乔明. 固体废物污染防控策略与实践[J]. 环境与发展，2023，35（2）：45-48.
[15] 徐淑民，陈瑛，滕婧杰，等. 中国一般工业固体废物产生、处理及监管对策与建议[J]. 环境工程，2019，37（1）：138-141.
[16] 中华人民共和国生态环境部. 2023年中国生态环境状况公报[R]，2024.
[17] 中华人民共和国生态环境部. 2020年中国生态环境状况公报[R]，2020.
[18] 陈亮. 我国海洋环境保护进展与挑战[J]. 环境保护，2022（6）：8-10.
[19] 陈茁新，张金池. 全球水土保持研究前沿与展望[J]. 南京林业大学学报（自然科学版），2023，47（2）：215-222.
[20] 张佳欣. 全球有记录以来最强热浪确定[N]. 科技日报，2022-05-06（004）.
[21] 任静，李娟，席北斗，等. 我国地下水污染防治现状与对策研究[J]. 中国工程科学，2022，24（5）：161-168.
[22] 巴淑萍，文婷，丁洞梅，等. 地下水污染防治现状与对策研究[J]. 清洗世界，2023，39（6）：132-134.
[23] 朱苇苇，沈琪. 美丽中国视域下雾霾防治政策文本探微[J]. 宜春学院学报，2022，44（10）：29-36.
[24] 唐林川雄，杨洁，朱巧丽. 我国土地荒漠化环境问题与对策研究[J]. 黑龙江环境通报，2022，35（2）：97-99.
[25] 吴协保. 继续推进岩溶地区石漠化综合治理二期工程的现实意义[J]. 中国岩溶，2016，35（5）：469-475.
[26] 王贝利，周文昌，郭青云，等. 湖北省湿地公园高质量发展对策[J]. 湖北林业科技，2023，52（3）：72-74.

第 3 章 水环境

本章要点

1. 水循环的意义和类型；
2. 水污染的来源、危害和分类；
3. 水污染的环境标准及控制技术。

3.1 地球上的水

水是自然生态环境中最积极、最活跃的因素，同时又是人类生存和社会经济活动不可缺少的物质。水是地球上所有生命的摇篮，在亿万年前的海里，孕育了最初的生命，从而开始了地球上漫长的生命旅程。

地球是由水圈、土壤圈、大气圈、岩石圈和生物圈组成的，而水圈是最活跃的一个圈层。水圈是由地球地壳表层、表面和围绕地球的大气层中液态、气态和固态的水组成的圈层。

在地球水圈中有约 $1.386 \times 10^9 \, km^3$ 水，它以液态、固态和气态形式分布于海洋、陆地、大气和生物体中。在全球总水量中，海洋水量约 $1.338 \times 10^9 \, km^3$，约占全球储水量的 96.54%。人类可利用的淡水量约为 $3.503 \times 10^7 \, km^3$，主要通过海洋蒸发和水循环而产生，占全球储水量的 2.53%；淡水中只有小部分分布在湖泊、河流、土壤和浅层地下水中，大部分则以冰川、永久积雪和多年冻土的形式存储着。其中，冰川与积雪约为 $2.406 \times 10^7 \, km^3$，约占全球总储水量的 1.74%，约占淡水总量的 69%；地下水（包括咸水和淡水）约 $2.340 \times 10^7 \, km^3$，约占全球总储水量的 1.69%，存于陆地河流、湖泊、沼泽等的地表水约 $5.06 \times 10^5 \, km^3$，仅占全球总储水量的 0.037%。表 3-1 是地球水圈中水储量的分布情况。

表 3-1 地球水圈中水储量的分布情况

水体	水储量		咸水		淡水	
	$10^3 \, km^3$	%	$10^3 \, km^3$	%	$10^3 \, km^3$	%
海洋	1338000.00	96.538	1338000.00	99.0400	—	—
冰川与永久积雪	24064.00	1.7362	—	—	24064.10	68.7697
地下水	23400.00	1.6883	12870.00	0.9527	10530.00	30.0606
冰冻层中冰	300.00	0.0216	—	—	300.00	0.8564
湖泊水	176.40	0.0127	85.40	0.0063	91.00	0.2598
土壤水	16.50	0.0012	—	—	16.50	0.0171

续表

水体	水储量		咸水		淡水	
	$10^3 km^3$	%	$10^3 km^3$	%	$10^3 km^3$	%
大气水	12.90	0.0009	—	—	12.90	0.0378
沼泽水	11.47	0.0008	—	—	11.47	0.0337
河流水	2.12	0.0002	—	—	2.12	0.0061
生物水	1.12	0.0001	—	—	1.12	0.0032
总计	1385984.6	100	1350955.4	100	35029.21	100

值得注意的是，在地球水圈中淡水仅占总水量的2.53%，且主要分布在冰川与永久积雪和地下。扣除目前暂时无法取用的冰川积雪及深层地下水，理论上可以开发利用的淡水不到地球总水量的1%。实际上，人类可以利用的淡水量远低于这一理论值，因为许多淡水人们还无法利用。

3.2 水循环

3.2.1 水的自然循环

（1）水循环及其意义

在太阳辐射能和地球表面热能的共同作用下，地表水不断被蒸发成为水蒸气，进入大气。水蒸气遇冷凝结成水、冰、雪等，在地球重力的作用下，以降水形式落至地表。这个周而复始的运动过程称为水循环。水循环是地球上最重要的物质循环之一，它不仅实现了全球的水量转移，而且推动了全球能量交换和生物地球化学循环，并为人类提供了不断再生的淡水资源。水循环的主要作用表现在：

水循环联系着地球的各个圈层，并在各个圈层间进行物质和能量交换，直接涉及自然界中一系列的物理、化学和生物过程。在垂直方向上，通过蒸发、降水、下渗、植物蒸腾等环节，把大气圈、水圈、生物圈、岩石圈联系起来；在水平方向上，通过水汽输送和径流输送，把陆地和海洋联系起来。

水循环的存在，使人类赖以生存的水资源得到不断更新，成为一种再生资源，可以永久使用，并使各个地区的气温、湿度等不断得到调整。人类的活动也在一定的空间尺度上影响着水循环。

水循环是自然地理环境中最主要的物质循环。形成水循环的内因是水的物理特性，即水的三态（固、液、气）转化，外因是太阳辐射和地心引力。在水循环的各个环节中，水运动始终遵循质量和能量守恒定律，表现为水量平衡和能量平衡。

（2）水量平衡

水量平衡是指在任一时段内研究区的输入与输出水量之差等于该区域内的储水量的变化值。水量平衡原理是物理学中"质量守恒定律"的一种表现形式。

地球上的水时时刻刻都在循环运动，地球表面的蒸发量同返回地球表面的降水量相等，处于相对平衡状态，总水量没有太大变化。但是，对某一地区来说，水量的年际变化往往很明显，河流的丰水年、枯水年常常交替出现。降水量的时空差异性会导致区域水量分布极其不均。

在水循环和水资源转化过程中，水量平衡是一个至关重要的基本规律。据估算，全球平均每

年海洋约有 $5.05\times10^5 km^3$ 的水蒸发到空中，而降水量约为 $4.58\times10^5 km^3$，降水量比总蒸发量少 $4.7\times10^4 km^3$，这同陆地注入海洋的总径流量相等。

(3) 能量平衡

能量守恒定律是水循环运动所遵循的另一个基本规律，水的三态转换和运移都伴随着能量的转换和输送。对于水循环系统而言，它是一个开放的能量系统，与外界有着能量的输入和输出。大气传送的潜热（水汽）作为一条联系能量平衡的纽带，贯穿于整个水循环过程中。

① 地球的辐射平衡。太阳辐射是水循环的原动力，也是地球-大气系统的外部能源。假设入射地球的太阳辐射量以 1 个单位计，其中有 30% 以短波辐射形式被大气和地表反射回太空，19% 被大气吸收，51% 在地球表面被吸收。由于地球是近乎热平衡的（无长期净增热），被吸收的 70% 太阳辐射最终以长波辐射形式被再度辐射回太空。在返回太空之前，这部分能量在地表与大气之间会经过复杂的再循环，这种再循环包括辐射能、感热通量（接触和对流输热）和潜热通量（水分蒸发吸热）。

② 热量传送。辐射到地球上的太阳能除很少一部分供植物光合作用外，约有 23% 消耗于海洋表面和陆地表面的蒸发中。水分不仅能从水面和陆地表层蒸发，而且也会通过植物叶面的蒸腾作用进入大气中。大气中的水遇冷则凝结成雨雪等，又落回地表。水汽凝结时，这些能量又被重新释放出来。

长期以来，在水循环这个开放的自然系统中，能量与物质的转换和输送处于动态平衡，以保持整个系统平均活动的均衡性，保持地球上生物生存环境的长期稳定。

(4) 水循环的类型

水循环分为海陆间循环、陆上内循环和海上内循环三种类型。

① 海陆间循环。也称大循环，指海洋水与陆地水之间，通过一系列过程所进行的相互转换运动。海洋表面水经过蒸发变成水汽，水汽上升到空中，随着气流运行被输送到大陆上空，其中一部分水汽凝结成降水。降落到地面的水，一部分形成地表径流，一部分形成地下径流，两种径流经过江河汇集，流入海洋，形成海陆间的水循环。陆地上的水，通过海陆间水循环不断得到补充，水资源得以再生，从而维持地球水的动态平衡，使地球各种水体处于不断更新状态。

② 陆上内循环。属于小循环，指陆面的水分通过陆面蒸发、水面蒸发和植物蒸腾形成水汽，在空中冷凝形成降水落到陆地上，从而完成水循环。通过陆上内循环，陆上的水可以得到少量的补充，重要的是这种循环影响全球的气候和生态，是地表形态的主要塑造者。

③ 海上内循环。也属于小循环，指海洋面上的水蒸发成水汽，进入大气后在海洋上空凝结，形成降水再回到海洋的局部水分交换过程。海上内循环是携带水量最大的水循环，是海陆间大循环的近 10 倍之多。

3.2.2　水的社会循环

除了自然条件的变化，人类活动很大程度上也能影响水资源的数量、质量以及时空分布。人类对水环境影响的方式可分为两种：一种是对水环境的间接干预，即通过人类活动引起环境的变化影响水资源系统的传输过程；另一种是以改变水循环系统结构方式直接干扰、改变水环境和水资源的自然状态。以上就是人类社会对水自然循环状态的干扰。

(1) 水社会循环概念

水的社会循环指在水的自然循环中，人类不断利用地下径流或地表径流满足生活与生产活动之需，使用后又排回自然水体的人工循环。最典型的社会水循环莫过于城市用水。城市从自然水体中取水，净化后供给工业、商业、市政和居民使用，污水（或废水）经排水系统输送到污水处理厂，处理后又排回自然水体。

（2）水社会循环组成

水的社会循环系统可分成给水系统和排水系统两大部分，两者是不可分割的统一有机体。给水系统是自然水的提取、加工、供应和使用过程，好比是社会水循环的动脉，而包含污水的收集、处理与排放的排水系统则是水社会循环的静脉。在水的社会循环中，污水的收集与处理系统是能否维持水社会循环可持续性的关键，是连接水的社会循环与自然循环的纽带。

3.2.3　水的社会循环与自然循环关系

水的社会循环是水自然循环的一个附加组成部分，是一个带有人类印记的特殊水循环类型，与自然循环产生强烈的相互交流作用，不同程度地改变着世界上水的循环运动。

水的自然循环和社会循环交织在一起。水的社会循环依赖于自然循环，又对水的自然循环造成不可忽视的负面影响。实际上，人类社会水循环不仅包括从河道取水供饮用和生活，也包括为了维持工农业生产和用于获取水力能源的用水循环，其循环流量往往更加庞大却又易于被忽视。

开发利用水资源是人类对水资源时空分布进行干预的直接方式。修建水库、水坝、引水渠、开采地下水等人为干预活动，使自然系统的结构以及质能传输过程发生改变，形成新的水文情势。但在人类大兴水利带来巨大生产效益、能源效益的同时，弊端也日益显现出来。

3.3　水污染及其主要来源

3.3.1　水污染及其危害

水污染是指水体因某种物质的介入，导致水的物理、化学、生物或者放射性等特性发生改变，从而影响水的有效利用，危害人体健康或者破坏生态环境，造成水质恶化的现象。水污染情况的不断恶化，加剧全球的水资源短缺，危及人类健康和环境健康，严重制约人类社会、经济与环境的可持续发展。

（1）对人类健康的危害

水被污染后，污染物可通过饮水或食物链进入人体，使人急性或慢性中毒。被寄生虫、病毒或其他致病菌污染的水，会引起多种传染病和寄生虫病。被重金属和有毒有机物污染的水，对人的健康也有极大危害，如被 Cd 污染的水，人饮用后，会造成肾、骨骼病变，摄入硫酸镉 20mg 就会造成死亡；Pb 造成的中毒，会引起贫血、神经错乱；人饮用含 As 的水，会发生急性或慢性中毒，造成机体代谢障碍，皮肤角质化，引发皮肤癌；有机磷农药会造成神经中毒；有机氯农药会在脂肪中蓄积，对人和动物的内分泌、免疫功能、生殖机能造成危害；多环芳烃多数具有致癌作用；氰化物是剧毒物质，进入血液后，与细胞的色素氧化酶结合，使呼吸中断，造成呼吸衰竭窒息死亡。

（2）对工农业生产的危害

水被污染后，工业用水须投入更多的处理费用，造成资源、能源的浪费。食品工业用水要求更为严格，水质不合格，会使生产停顿。这也是导致工业企业效益不高，产品质量不好的因素之一。农业使用污水，农田遭受污染，土壤质量下降，使作物减产，品质降低，甚至使人畜受害，农田遭受污染，土壤质量下降。海洋污染的后果也十分严重，如石油污染，可能造成海鸟和海洋生物死亡。

(3) 水的富营养化的危害

在正常情况下，氧在自然水体中有一定的溶解度。溶解氧不仅是水生生物得以生存的条件，而且其能参与水中的各种氧化还原反应，促进污染物转化降解，是天然水体具有自净能力的重要原因。污水中的有机物在水体中降解释出过多的氮、磷等植物营养元素，促进水生植物尤其是藻类的大量繁殖，使水体溶解氧下降，甚至出现无氧层，最终致使水生植物大量死亡，水体发黑、发臭，形成"死湖""死河""死海"，进而变成沼泽。这种现象称为水的富营养化。富营养化的水体臭味大、颜色深、细菌多，丧失了原有的使用价值。

3.3.2 水污染物来源

水污染源可分为自然污染源和人为污染源两类。水污染最初主要是由自然因素造成的，如地表水渗漏或者地下水流动将地层中某些矿物质溶解，使水中盐分、微量元素或放射性物质浓度偏高，导致水质恶化，但自然污染源一般只发生在局部地区，危害往往也表现出地区性。随着人类活动范围和强度的加大，人类活动逐步成为水污染的主要原因。

按污染物进入水环境的空间分布方式划分，人为污染源又可分为点污染源和面污染源。

3.3.2.1 点污染源

点污染源（点源）指集中由排污口排入水体的污染源，主要包括生活污水和工业废水。

(1) 生活污水

生活污水主要来自家庭、机关、商业以及城市公用设施的污水，包括冲厕排水、洗浴排水、厨房排水、洗涤排水等。一般生活污水的成分，99%为水，固体杂质不到1%，污染物以悬浮态或溶解态的有机物、无机物为主，此外还含有微量的金属，如 Zn、Cu、Cr、Mn、Ni 和 Pb 等，同时包括多种致病菌等。

生活污水中悬浮固体（SS）含量一般为 200~400mg/L，五日生化需氧量（BOD_5）一般为 100~700mg/L。随着经济的发展和人们生活水平的提高，生活污水量及污染物总量都在不断增加，部分污染物指标，如 BOD_5 甚至超过工业废水成为水环境污染的主要来源。

(2) 工业废水

工业废水是指工业生产过程中排出的废水和废液。按主要污染物的化学性质分类，工业废水可分为无机废水、有机废水、混合废水、重金属废水和放射性废水等；按工业企业的产品或加工对象可分为造纸废水、纺织废水、制革废水、农药废水、冶金废水、炼油废水等；按废水中所含污染物的主要成分可分为酸性废水、碱性废水、含酚废水、含铬废水、含有机磷废水和放射性废水等；按废水的发生源可分为工艺废水、设备冷却废水、洗涤废水及场地冲洗废水等。

3.3.2.2 面污染源

面污染源又称非点污染源（面源），指大范围排放污染物并输入到水体的污染源，通常表现为无组织性，主要包括农村灌溉水形成的径流、农村生活污水和地面雨水径流等。相对量小而分布很广的点污染源，也可视为面污染源。由于面污染源量大、面广、情况复杂，故对其的控制要比点污染源难得多。并且，随着对点污染源管制的加强，面污染源在水环境污染中所占的比重不断增加。据文献介绍，损害美国地表水的污染源中，河流水体和湖泊水体中面源污染贡献已分别达到 65% 和 75%。

(1) 农村面源

农村面源污染是指农业生产活动和农村生活中，溶解的或固体的污染物在降水和径流的冲刷作用下，通过非特定的农田地表径流、农田排水和地下渗漏，进入受纳水体所引起的污染。目前，农业已成为大多数国家水环境中最大的面污染源。

由于化肥和农药的过量使用，农田地表径流中含有大量的 N、P 等营养物质和农药。不合理地施用化肥和农药还会改变土壤的物理特性，降低土壤的持水能力，产生更多的农田径流并加速土壤的侵蚀。农田径流中氮的浓度一般为 $1\sim70mg/L$，磷的浓度一般为 $0.05\sim1.1mg/L$。

由于农业对化肥的依赖性增加，畜禽养殖业的动物粪污已从一种传统的植物营养物变成一种必须加以处置的污染物。畜禽养殖废水中常含有很高浓度的有机物，这些有机物易被微生物分解，但其中含氮有机物经过氨化作用形成氨，再被亚硝酸盐菌和硝酸盐菌转化为亚硝酸和硝酸后会引起地下水污染。

(2) 城市径流

在城市地区，大部分土地被屋顶、道路、广场所覆盖，地面渗透性很差。雨水降落并流过铺砌的地面，常夹带有大量的城市污染物，例如，汽车尾气中的重金属、轮胎磨损物、建筑材料腐蚀物、路面沙砾、建筑工地淤泥和沉淀物、动物排泄物中的细菌等。这些夹带大量污染物的城市地区的雨水一般直接进入雨水下水道，然后排入附近水体，所以城市径流对受纳溪流、河流、湖泊有较严重的影响。

3.3.3 水污染物种类

造成水体水质、水中生物群落以及水体底泥质量恶化的各种有害物质（或能量）都可叫作水体污染物。常见的污染物有如下几类。

(1) 固体悬浮物

在水质分析中习惯于将固体微粒分为两类，一类为能透过滤膜（滤膜孔径一般为 $0.45\mu m$）的固体，通常被称为溶解性固体；另一类是不能透过滤膜的固体，通常被称为悬浮物，溶解性固体和悬浮物通常合称为总固体。

固体悬浮物主要来自矿石处理、冶金、化工、化肥、造纸和食品加工等过程，部分还来自农田排水和水土流失等。

悬浮物的主要危害是：会使水体浑浊，从而影响水生植物的光合作用；会造成沟渠管道和抽水设备的堵塞、淤积和磨损；会造成水生生物呼吸困难，会危害水体底栖生物的繁殖，影响渔业生产；灌溉时悬浮物还会堵塞土壤的孔隙，不利于作物的生长。由于绝大多数废水中都含有数量不同的悬浮物，因此去除悬浮物就成为废水处理的一项基本任务。

(2) 耗氧污染物

耗氧污染物又称为需氧有机物，即能通过生物化学作用消耗水中溶解氧的化学物质。耗氧污染物包括无机耗氧污染物（主要有 Fe^{2+}、NH_4^+、S^{2-}、CN^- 等还原性物质）和有机耗氧污染物。

废水中的有机耗氧污染物一般包括：碳水化合物、蛋白质、氨基酸、脂肪酸、油脂等有机物以及其他可被生物降解的人工合成有机物。这些物质本身无毒，但排入水体后会在微生物作用下被分解，消耗水体中大量的氧，使水中溶解氧降低，故称为有机耗氧污染物。

在标准状况下，纯水中溶解氧的浓度约为 $9mg/L$，当水体中溶解氧降至 $4mg/L$ 以下时，将严重影响鱼类和水生生物的生存；溶解氧降低到 $1mg/L$ 时，大部分鱼类会窒息死亡；溶解氧降至零时，水中厌氧微生物占据优势，有机物将进行厌氧分解，产生 CH_4、H_2S、NH_3 和硫醇等难闻的有毒气体，造成水体发黑发臭，甚至使水中鱼类及其他水生生物窒息，还会影响城市供水及工农业用水、景观用水等。

(3) 植物性营养物

水体中植物性营养物，又被称为富营养物，主要指 N、P 化合物，N、P 是微生物和植物生长的主要营养。

其主要来源是化肥、农业废弃物、生活污水和造纸制革、印染、食品、洗毛等工业废水。

植物性营养物污染主要表现为水体富营养化。当水体中总 N 和总 P 的浓度分别超过 0.2mg/L 和 0.02mg/L 时，一般会引起富营养化，促使藻类迅速繁殖，在水面上形成大片水华或赤潮，消耗大量的氧气；当藻类大量死亡时，水中 BOD 猛增，导致水体腐败，恶化环境卫生，危害水产业。此外，生活污水经过处理以后，含 N、P 的有机物转化为无机的 N、P，也是造成营养性污染的主要途径。

(4) 重金属

作为水污染物的重金属，主要指 Hg、Cd、Pb、Cr 以及类金属 As 等生物毒性显著的元素，也包括具有一定毒性的一般重金属，如 Zn、Ni、Co、Sn 等。从重金属对生物与人体的毒性危害来看，重金属污染的特点表现为：

① 微量即可产生毒性，一般重金属产生毒性的浓度范围为 1~10mg/L，毒性较强的金属 Hg、Cd 等为 0.01~0.001mg/L。

② 重金属及其化合物的毒性几乎都需要通过与有机体结合才能发挥作用。

③ 重金属不能被生物降解，生物从环境中摄取的重金属会通过食物链而产生生物放大、富集现象，最终在人体内不断积蓄造成慢性中毒。如金属 Hg，淡水浮游植物能富集 100 倍环境浓度的 Hg，而淡水无脊椎动物及鱼类对 Hg 的富集作用可高达环境浓度的 10000 倍。

④ 重金属的毒性与金属的形态有关，如 Cr(Ⅵ) 的毒性是 Cr(Ⅲ) 的 10 倍。

(5) 难降解有机物

难降解有机物是指那些难以被自然降解的有机物，大多为人工合成的化学物质，如有机氯化合物、有机重金属化合物以及多环有机物等。

这些化学物质的特点是能在水中长期稳定地存留，并在食物链中进行生化积累。目前，人类仅对不足 2% 的人工化学品进行了充分的检测和评估，对超过 70% 的化学品尚缺乏健康影响信息的了解，而对其累积或协同作用的研究则更加匮乏。

专栏——莱茵河污染事件

莱茵河是一条国际河流，发源于瑞士阿尔卑斯山圣哥达峰下，自南向北流经瑞士、列支敦士登、奥地利、德国、法国和荷兰等，于鹿特丹港附近注入北海。全长 1360km，流域面积 $2.24 \times 10^5 km^2$。

巴塞尔位于莱茵河湾和德法交界处，是瑞士第二大城市，也是瑞士的化学工业中心。1986 年 11 月 1 日深夜，位于巴塞尔市的桑多兹（Sandoz）化学公司的一个化学品仓库发生火灾，剧毒农药储罐爆炸，S、P、Hg 等有毒物质随灭火水流进入下水道，排进莱茵河。

事故造成约 160km 范围内大量的鱼类死亡，约 480km 范围内的井水受到污染而不能饮用。污染事故警报传向下游瑞士、德国、法国、荷兰四国沿岸城市，沿河自来水厂全部关闭，改用汽车向居民定量供水。这次事故带来的污染使莱茵河的生态受到了严重破坏，常被称为莱茵河污染事件。

(6) 油类污染物

油类污染物包括石油类污染物和动植物油类污染物。石油类污染物指在开发、炼制、储运和使用中，因泄漏、渗透而进入水体的原油或石油制品；动植物油类污染物一般指生活污水和餐饮业污水中含有的动植物油类。

石油类物质除会引起火灾外，它的危害还在于原油或其他油类会在水面形成油膜，隔绝氧气与水体的气体交换，破坏了水体的氧气恢复；堵塞鱼类等动物的呼吸器官，黏附在水生植物或浮游生物上，导致水鸟和水生生物的死亡等。

（7）酸碱污染物

酸碱污染主要是酸类或碱类物质进入水中引起的，一般用pH值反映其效应。酸碱污染会改变水体的pH值，破坏水体的自然缓冲作用和水体生态系统的平衡。

酸性废水主要来自湿法冶金厂、金属酸洗工艺、矿山及化工厂等；碱性废水主要来自印染厂、炼铝工艺及制碱厂等。

（8）病原体

病原体指可造成人或动物感染疾病的微生物（包括细菌、病毒、立克次氏体、寄生虫、真菌）或其他媒介（微生物重组体，包括杂交体或突变体）。受污染后的水体，微生物的数量剧增，以病虫卵、致病菌和病毒为主，它们常常与其他细菌和大肠杆菌共存。因此，一般规定用细菌总数和大肠菌指数以及菌值数作为病原体污染的直接指标。传统的二级生化污水处理即使消毒后，某些病毒、病原微生物仍可存活下来。

生活污水，医院污水，皮毛、制革、屠宰、生物制品等工业行业废水，常常含有许多病原体，会使人患上如霍乱、伤寒、肠炎、胃炎、痢疾及其他多种病症及寄生虫病。

（9）热污染

工矿企业排放的高温废水使水体的温度升高，称为热污染，热污染是一种能量污染。

鱼类的生长都有一个最佳的温度区间，水温过高或者过低都不适合鱼类的生长，严重时会导致鱼类的死亡，所以应避免热污染对于水体的影响。

水体的温度升高会使水中溶解氧含量降低，影响鱼类的生存和繁殖；水体温度升高还会加快一些细菌和藻类的繁殖，通过厌氧菌发酵，导致水体发臭；水体温度升高会加快生化反应和化学反应的速度；水体温度升高还会提高某些有毒物质的毒性，破坏生态系统的平衡。

（10）放射性污染

水体放射性污染是放射性物质进入水体后造成的，对人体有危害的有X射线、α射线、β射线、γ射线以及质子束等。这类物质主要来自核电厂的冷却水、核爆炸物体的散落物、放射性废物、原子能发电、生产以及使用放射性物质的机构。水体中的放射性物质可被生物体表面吸附，也可以进入生物体内蓄积起来，还可以通过食物链对人体产生内照射。

3.3.4 地表水体污染与防治

人类直接或间接地把污染物质或能量引入江、湖、海、洋等水域，污染水体和底泥。水体污染是指：进入水体的污染物质的数量超过水体的容量或自净能力，使水质变劣，影响甚至失去水体原来的价值和作用的现象，称为水体污染。

《2023中国生态环境状况公报》显示，全国监测的3632个地表水国控断面中，优良（Ⅰ～Ⅲ）水质断面占89.4%，比2022年上升1.5个百分点；Ⅳ类占8.4%，比2022年下降1.3个百分点；Ⅴ类占1.5%，比2022年上升0.2个百分点；劣Ⅴ类水质断面占0.7%，与2022年持平。纵观2016—2023年，全国的优良（Ⅰ～Ⅲ）水质断面比例由67.8%升至89.4%，劣Ⅴ类水质断面比例由8.6%降至0.7%，下降7.9个百分点，我国在治理黑臭水体方面取得了较大进展。

3.3.4.1 地表河流水质及污染特征

(1) 我国河流生态环境总体状况

《2023 中国生态环境状况公报》显示，长江、黄河、珠江、松花江、淮河、海河、辽河等七大流域和浙闽片河流、西北诸河、西南诸河主要江河监测的 3119 个国控断面中，Ⅰ～Ⅲ类水质断面占 98.5%，比 2022 年上升 0.4 个百分点；Ⅳ类水质断面占 1.4%，比 2022 年下降 0.4 个百分点；Ⅴ类水质断面类占 0.1%，与 2022 年持平；劣Ⅴ类水质断面占 0.4%，与 2022 年持平。主要污染指标为化学需氧量、高锰酸盐指数和氨氮。2023 年我国十大流域水质类别比例见图 3-1。

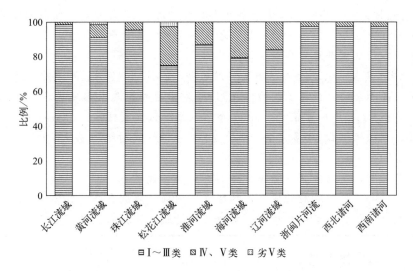

图 3-1　2023 年我国十大流域水质类别比例

① 长江流域。流域水质为优，其干流和支流水质均为优。在监测的 1017 个国控断面中，Ⅰ～Ⅲ类水质断面占 98.5%，Ⅳ类水质监测断面占 1.4%，Ⅴ类水质监测断面占比 0.1%，无劣Ⅴ类水质断面。

② 黄河流域。流域水质良好，其干流水质为优，支流水质良好。在监测的 266 个国控断面中，Ⅰ～Ⅲ类水质断面占 91.0%，Ⅳ类水质监测断面占 6.0%，Ⅴ类水质监测断面占比 1.5%，劣Ⅴ类水质断面占 1.5%。

③ 珠江流域。流域水质为优，其珠江干流、主要支流和海南诸河水质为优，粤桂沿海诸河水质良好。在监测的 364 个国控断面中，Ⅰ～Ⅲ类水质断面占 95.3%，Ⅳ类水质监测断面占 3.6%，Ⅴ类水质监测断面占比 1.1%，无劣Ⅴ类水质断面。

④ 松花江流域。流域轻度污染，其干流和图们江水系水质为优，主要支流和绥芬河水质良好，黑龙江水系和乌苏里江水系为轻度污染。在监测的 255 个国控断面中，Ⅰ～Ⅲ类水质断面占 74.9%，Ⅳ类水质监测断面占 18.4%，Ⅴ类水质监测断面占比 3.9%，劣Ⅴ类水质断面占 2.7%。

⑤ 淮河流域。流域水质良好，其淮河干流和沂沭泗水质为优，主要支流水质良好，山东半岛独流入海河流为轻度污染。在监测的 341 个国控断面中，Ⅰ～Ⅲ类水质断面占 87.1%，Ⅳ类水质监测断面占 12.3%，Ⅴ类水质监测断面占比 0.6%，与 2022 年一样无劣Ⅴ类水质断面。

⑥ 海河流域。流域水质轻度污染，其滦河水系水质为优；主要干流和冀东沿海诸河水系水质良好；徒骇、马颊河水系为轻度污染。在监测的 246 个国控断面中，Ⅰ～Ⅲ类水质断面占 79.3%，Ⅳ类水质监测断面占 20.3%，Ⅴ类水质监测断面占比 0.4%，与 2022 年一样无劣Ⅴ类

水质断面平。

⑦ 辽河流域。流域水质轻度污染，其大凌河水系、鸭绿江水系、辽东沿海诸河和辽西沿海诸河水质为优，主要支流和大辽河水系水质良好。辽河干流为轻度污染。在监测的192个水质断面中，Ⅰ～Ⅲ类水质断面占83.9%，Ⅳ类水质断面占13.5%，Ⅴ类水质断面占比2.1%，劣Ⅴ类水质断面占0.5%。

⑧ 另浙闽片河流水质为优，西北诸河水质为优，西南诸河水质为优。

专栏——"河长制"

"河长制"是指由我国各级党政主要负责人担任"河长"，负责组织领导相应河湖的管理和保护工作，主要任务包括加强水资源保护、加强河湖水域岸线管理保护、加强水污染防治、加强水环境治理、加强水生态修复和加强执法监管。

2003年，浙江省长兴县在全国率先实行河长制。2016年12月，中共中央办公厅、国务院办公厅印发了《关于全面推行河长制的意见》，并发出通知，要求各地区各部门结合实际，认真贯彻落实。截至2018年6月底，全国31个省（自治区、直辖市）已全面建立河长制，共明确省、市、县、乡四级河长30多万名，另有29个省份设立村级河长76万多名，打通了河长制"最后一公里"。

全面推行河长制，是以保护水资源、防治水污染、改善水环境、修复水生态为主要任务，全面建立省、市、县、乡四级河长体系，构建责任明确、协调有序、监管严格、保护有力的河湖管理保护机制，为维护河湖健康生命、实现河湖功能永续利用提供制度保障。

---

(2) 河流污染主要特点

① 污染程度随径流量而变化。在排污量相同的情况下，河流径流量愈大，污染程度愈低。径流量的季节性变化，导致污染程度产生时间上的差异。

② 污染物扩散快。河流的流动性，使污染的影响范围不限于污染发生区，上游污染会很快影响到下游，甚至会波及整个河道的生态环境。

③ 污染危害大。河水是主要的饮用水源，污染物通过饮水可直接危害人体，也可通过食物链和灌溉农田间接危及人体健康。

(3) 河流污染治理的主要措施

河流污染治理是我国目前面临的一个重大难题，可以从以下几方面入手：

① 控制污染源。控制污染源是控制河流污染最为直接的方法。工业废水、生活污水和雨水径流进入河道是河流污染的主要原因。污染源的控制应从河流水质的现状出发，追踪调查污染物的主要来源，确定各类污染物的排放情况，研究企业的排放规律，从而确定污染源的削减量，利用行政手段、经济手段以及市场机制来进行污染源的削减。

② 加强法治建设，完善奖惩制度。对于违法排污的企业加大惩罚力度，并建立统一有序、分工负责的工作机制，严肃查处擅自停运污染治理设备、偷排污染物的不法行为，确保水污染防治设施的运行。还可与税务部门协调联合，使企业在治污中获得利益，建立企业治污激励体制，使企业受益，以增加企业治污的积极性。

③ 大力推行清洁生产。工业部门要加快产业结构调整，合理调整工业布局，推动资源消耗小、效益高的高新技术产业发展。推行清洁生产，把清洁生产当作在可持续发展战略指导下的一次工业企业的全面改造。

④ 加强环保意识。为人们讲解环保知识，进行多种形式的宣传，使人们对河流污染的来源、

途径以及危害有一个直观的认识，人人从自身做起，减少对河流的危害。

3.3.4.2 湖泊水质及污染特征

湖泊往往是流域内地势相对比较低洼、流水汇集的地方，承担着调节河川、提供水源、防洪灌溉、生物栖息、维护生物多样性等多重任务。

(1) 我国湖泊生态环境总体状况

2021年《国家发展改革委关于加强长江经济带重要湖泊保护和治理的指导意见》中指出，目前我国湖泊具有水域面积广阔、水体交换缓慢、污染物易扩散等特殊规律，保护和修复较之长江干支流难度更大。2022年《中国湖泊生态环境研究报告》称，我国重要湖泊的生态环境趋于好转，生物多样性稳步提升，生态系统完整性和稳定性提高。我国湖泊水质的优良比例已经达到了70%以上，湖泊富营养化趋势得到明显遏制，水质总体状况趋好。

《2023中国生态环境状况公报》数据显示，2023年开展水质监测的209个重要湖泊（水库）中，Ⅰ～Ⅲ类湖泊（水库）占比上升到了74.6%，比2022年上升0.8个百分点；劣Ⅴ类湖泊（水质）占4.8%，与2022年持平。太湖和巢湖均为轻度污染，主要污染指标为总磷；滇池为轻度污染，主要污染指标为化学需氧量、总磷和高锰酸盐指数；洱海和白洋淀水质良好，丹江口水库水质均为优。综合来看湖泊主要污染指标为总磷、化学需氧量和高锰酸盐指数。

2023年开展营养状态监测的205个重要湖泊（水库）中，贫营养状态湖泊（水库）占8.3%，中营养状态湖泊（水库）占64.4%，轻度富营养状态湖泊（水库）占23.4%，中度富营养状态湖泊（水库）占3.9%。太湖和巢湖均为轻度富营养，滇池为中度富营养，丹江口水库、洱海和白洋淀为中营养。

(2) 湖泊污染的主要特点

① 污染物来源广、途径多、种类丰富。湖泊污染可能来源于多个途径，包括工业废水、农业排水、生活污水等，这些污染物种类繁多，包括有机物、重金属、营养物等，对湖泊生态系统造成影响。

② 湖水稀释和搬运物质的能力弱。由于湖泊水流迟缓，换水周期长，湖泊内的水一般流动性较差，这导致湖水对污染物的稀释和搬运能力较弱，污染物容易在湖泊中积累。

③ 流动缓慢的水面使水的复氧作用降低。湖泊水体的流动性较差，导致水的复氧作用降低，从而使湖水对有机物质的自净能力减弱。这种情况下，有机物质在湖泊中分解缓慢，进一步加剧了湖泊的污染程度。

3.3.4.3 海洋污染

海洋污染通常是指人类改变海洋原来的状态，使海洋生态系统遭到破坏。海洋污染会损害生物资源，危害人类健康，阻碍渔业发展和人类在海上的其他活动，降低海水质量和环境质量等。

(1) 海洋污染主要特点

① 污染源广。不仅人类在海洋中的活动可以污染海洋，而且人类在陆地和其他空间所产生的污染物，也会通过江河径流、大气扩散和降水等形式，最终汇入海洋。

② 持续性强。海洋不可能像大气和江河那样，通过一次暴雨或一个汛期，使污染物转移或消除。污染物一旦进入海洋，就很难再转移出去，往往会通过生物的富集作用和食物链传递，对人类造成潜在威胁。

③ 扩散范围广。全球海洋是相互连通的一个整体，一个海域遭到污染，往往会扩散到周边海域，甚至有的后期效应还会波及全球。

④ 防治难、危害大。海洋污染有很长的积累过程，往往不易及时被发现。一旦形成污染，治理费用大，需要长期治理才能消除影响，但其对人体产生的毒害难以彻底清除干净。

> **专栏——"埃克森·瓦尔迪兹"号溢油污染事故**
> 1989年3月24日，载有约$1.7×10^5$t原油的美国"埃克森·瓦尔迪兹"号油轮在阿拉斯加威廉王子湾布莱礁上搁浅，6小时内溢出超$3×10^4$t原油。阿拉斯加1100km的海岸线上布满了石油，对当地造成了巨大的生态破坏。
> 该地区一度繁盛的鲱鱼产业在1993年彻底崩溃，迄今仍未恢复。大马哈鱼种群数量始终处于相当低的水平，小型虎鲸群体濒临灭绝。据估计，该场溢油事件成为发生在美国水域内规模最大的溢油事故，造成大约$2.8×10^5$只海鸟、2800只海獭、300只斑海豹、250只白头海雕以及22只虎鲸死亡。生态系统恢复需要20多年，事故造成的全部损失近80亿美元。

(2) 我国海洋环境污染面临的挑战

海洋污染，主要可分为由陆源污染、海洋开发和海洋工程兴建（海水养殖、围海造地、海岸工程、深海开发）、湿地人为破坏、海洋石油勘探开发、废物倾倒、船舶排污以及海上事故等原因造成的污染。

根据我国《"十四五"海洋生态环境保护规划》，当前我国海洋生态环境保护面临的结构性、根源性、趋势性压力尚未得到根本缓解，海洋环境污染和生态退化等问题仍然突出，治理体系和治理能力建设亟待加强，海洋生态文明建设和生态环境保护仍处于压力叠加、负重前行的关键期。

本规划锚定2035年远景目标，坚持减污降碳协同增效，突出精准治污、科学治污、依法治污，以海洋生态环境持续改善为核心，聚焦建设美丽海湾的主线，统筹污染治理、生态保护、应对气候变化，健全陆海统筹的生态环境治理制度体系，提升海洋生态环境治理能力，协同推进沿海地区经济高质量发展和生态环境高水平保护，不断满足人民日益增长的优美海洋生态环境需要，为实现美丽中国建设目标奠定良好基础。

3.3.4.4 地下水污染

地下水是水环境系统的重要组成部分，是人类赖以生存的物质条件之一。地下水污染是指地下水的污染物质超过地下水的自净能力，从而使地下水的组成及其性质发生变化的现象。地表以下地层复杂，地下水流动极其缓慢，因此，地下水污染具有过程缓慢、不易发现和难以治理的特点。

(1) 地下水污染总体状况

《2023中国生态环境状况公报》显示，全国监测的1888个国家地下水环境质量考核点位中，Ⅰ～Ⅳ类水质点位占77.8%，Ⅴ类占22.2%；其中，潜水点位1084个，Ⅰ～Ⅳ类水质点位占75.2%，承压水点位804个，Ⅰ～Ⅳ类水质点位占81.2%，2023年主要超标指标为铁、硫酸盐和氯化物。

(2) 地下水污染源

引起地下水污染的各种物质来源称为地下水污染源。按产生污染物的行业或活动可划分为工业污染源、农业污染源、生活污染源。这种分类方法便于掌握地下水污染的特征。

① 工业污染源。工业污染源是地下水的主要污染来源，特别是未经处理的工业废水和固体废物的淋滤液直接渗入地下水中，会对地下水造成严重污染。其中，在工业生产和矿业开发过程中所产生的废气、废水、废渣（即"三废"）数量最大，危害最为严重。

工业废水是天然水体最主要的污染源之一，种类繁多，排放量大，所含污染物组成复杂；废气中所含各种污染物随着降雨、降雪落在地表，进而渗入地下，污染土壤和地下水；工业废渣及污泥中都含有多种有毒有害污染物，若露天堆放、填埋，都会受到雨水淋滤而渗入地下水中；储存装置和输送管道的渗漏，往往是一种连续性污染源，不易被发现；还有由于事故而产生的偶然性污染源，也会造成地下水污染。

② 农业污染源。我国农业生产污染地下水的途径主要包括三种：一是农药和化肥的过量使用。有很多农药中含有不易降解的有害物质以及化肥中过量的P、N、K残留在土壤中，可随雨水淋渗、地表径流或灌溉进入地下水，造成地下水污染。二是农业污染源，如渗井、粪坑等能够通过淋滤和渗透对浅层的地下水造成污染。三是不合理的污水灌溉，城市污水含有有机物、N、P、K等物质，所以污水灌溉可在一定程度上提高土壤肥力，但长期使用则会污染土壤和地下水并使农作物减产。

③ 生活污染源。生活污染源主要包括生活污水和生活垃圾。随着人口的增长和生活水平的提高，生活污水量逐渐增多，且生活污水成分复杂，除常规污染物外，常含有多种有毒物质，会对地下水水质产生影响。

生活垃圾对地下水的污染也很严重。填埋场一般是生活垃圾集中的地方，如防渗结构不合要求或垃圾渗滤液未经妥善处理就直接排放，均有可能对地下水造成污染。

（3）地下水污染的防治

我国地下水的污染防治工作正在持续推进，并取得了一定的成效。《"十四五"土壤、地下水和农村生态环境保护规划》中更细致地提出建立健全地下水污染防治管理体系，加强地下水污染源头预防，控制污染增量，削减存量，保障地下水型饮用水水源环境安全。

由于地下水污染具有隐蔽性、滞后性、复杂性、不确定性和难以修复等特点，污染防控和修复的难度较大，加强对地下水污染的控制尤为重要，具体有以下几方面的措施。

① 突出重点，加强水源保护。按照地下水"双源"（地下水型饮用水水源和地下水污染源）监管思路，以保护较高开发利用价值含水层为重点，加强水源水质保护，突出对地下水功能价值高且脆弱性高区域的污染源管控。坚持实事求是、兼顾当前与长远，避免保护不足，防止保护过度，并依据地下水型饮用水水源、地下水污染源荷载、地下水功能价值等因素的变化情况，结合地下水环境管理要求，适时对地下水污染防治重点区的划定结果进行调整。

② 分区管理、分级防治。按照国家《地下水管理条例》和地下水相关保护规划，规范地下水污染防治重点区划定，识别保护类区域和管控类区域，推动地下水环境分区管理、分级防治。

③ 搭建地下水采—测—预警业务化监管平台。针对地下水监测信息采集不全、有效性不足、监测成本高、代表性不强等问题，在综合考虑水文地质条件、地下水功能等影响因素下，结合地下水污染精准识别、地下水污染特征因子筛选实现"分区调整，全局考虑"，优化地下水监测井网布设。

④ 退役地块污染的调查与修复。基于污染场地土壤与地下水污染的分布特征，开展综合防控与修复技术的有效性分析，统筹退役地块或在产企业（园区）的水文地质特征，针对重度污染、中度污染和轻度污染，分别采用合适的污染物处理技术。

⑤ 持续夯实防渗改造。加快推进完成加油站、高风险化学品生产企业、工业集聚区、矿山开采区、尾矿库、危险废物处置场、垃圾填埋场等区域的防渗处理；开展地下水污染场地修复试点工作。京津冀等区域地方开展对环境风险大、严重影响公众健康的地下水污染场地开展修复试点。

⑥ 源头控制，加强防渗。加强对废水的无害化处理，严禁未经处理的污水排向地下；生产

中选用高效、低毒的农药，减轻农药对水体的污染；在废料堆放地等污染地带修建防渗构筑物；加强下水道封闭性，减少渗漏，防止污染水体的扩散。

⑦ 工业合理布局。排污量大的工矿企业要远离地面水体和地下水补给区；污染物需要深埋处理时，要研究填埋处的地质和水文地质条件。

3.4 水污染控制

3.4.1 水环境标准

水环境标准体系是对水环境标准工作全面规划，统筹协调相互关系，明确其作用、功能、适用范围而逐步形成的一个完整的管理体系。我国的水环境标准体系可概括为"五类三级"，"五类"指水环境质量标准、水污染物排放标准、水环境基础标准、水监测分析标准和水环境标准品标准五类，"三级"指国家级标准、行业级标准和地方级标准三级。

3.4.1.1 水环境质量标准

我国的水环境质量标准根据水域及其使用功能分别制定，主要有《地表水环境质量标准》（GB 3838—2002）、《海水水质标准》（GB 3097—1997）、《地下水质量标准》（GB/T 14848—2017）、《农田灌溉水质标准》（GB 5084—2021）、《渔业水质标准》（GB 11607—1989）等。

> **专栏——《中华人民共和国长江保护法》（简称《长江保护法》）**
>
> 2020年12月26日，中华人民共和国第十三届全国人民代表大会常务委员会第二十四次会议通过《长江保护法》，自2021年3月1日起施行。该法是我国第一部流域的专门法律，它对于贯彻落实习近平生态文明思想和党中央决策部署，加强长江流域生态环境保护和修复，促进长江经济带建设和发展，实现人与自然和谐共生、中华民族永续发展，具有重大意义。
>
> 该法分总则、规划与管控、水污染防治、生态环境修复等共计九章。该法所称长江流域，是指由长江干流、支流和湖泊形成的集水区域所涉及的青海省、四川省、西藏自治区、云南省、重庆市、湖北省、湖南省、江西省、安徽省、江苏省、上海市，以及甘肃省、陕西省、河南省、贵州省、广西壮族自治区、广东省、浙江省、福建省的相关县级行政区域。该法规定凡是在长江流域开展生态环境保护和修复以及长江流域各类生产生活、开发建设活动，应当遵守该法。

我国《地表水环境质量标准》（GB 3838—2002）依据地面水域使用功能和保护目标将其划分为五类功能区：Ⅰ类适用于源头水、国家自然保护区；Ⅱ类适用于集中式生活饮用水地表水源地一级保护区、珍稀水生生物栖息地、鱼虾类产卵场、仔稚幼鱼的索饵场等；Ⅲ类适用于集中式生活饮用水地表水源地二级保护区、鱼虾类越冬场、洄游通道、水产养殖区等渔业水域及游泳区；Ⅳ类适用于一般工业用水区及人体非直接接触的娱乐用水区；Ⅴ类适用于农业用水区及一般景观要求水域。污染程度已超过Ⅴ类的水被称为劣Ⅴ类水。

根据国家标准《海水水质标准》（GB 3097—1997），按照海域的使用功能和保护目标，将海水水质分为四类：一类适用于海洋渔业水域、海上自然保护区和珍稀濒危海洋生物保护区；二类适用于水产养殖区、海水浴场、人体直接接触海水的海上运动或娱乐区，以及与人类食用直接有关的工业用水区；三类适用于一般工业用水区、滨海风景旅游区；四类适用于海洋港口水域、海洋开发作业区。

3.4.1.2 污水排放标准

根据排放控制形式，污水排放标准一般分为浓度标准和总量控制标准。

（1）浓度标准

浓度标准规定向水体排放污染物的浓度限值，单位一般为 mg/L。我国现有的地方排放标准和国家排放标准基本上都是浓度标准。浓度标准的优点是指标明确，对每种污染指标都对应执行一个标准，管理方便，但未考虑排放量、受纳水体环境容量的大小、性状和要求等，因此不能确保水体的环境质量。当排放总量超过水体的环境容量时，受纳水质不能达标。另外，企业也可以通过稀释来降低排放水中的污染物浓度，造成水资源浪费，水环境污染加剧。

（2）总量控制标准

总量控制是指以控制一定时段内一定区域内排污单位排放污染物总量为核心的环境管理方法体系。它包含三个方面的内容：一是排放污染物的总量；二是排放污染物总量的地域范围；三是排放污染物的时间跨度。通常有三种类型：目标总量控制、容量总量控制和行业总量控制。目前，我国的总量控制基本上是目标总量控制。水体的水环境要求越高，环境容量则越小。

（3）国家污染物排放标准

国家排放标准按照污水排放去向，规定水污染物最高允许排放浓度及部分行业最高允许排水量。标准适用于现有单位水污染物的排放管理，以及建设项目的环境影响评价、建设项目环境保护设施设计、竣工验收及其投产后的排放管理。我国现行的国家排放标准主要有《污水综合排放标准》（GB 8978—1996）、《城镇污水处理厂污染物排放标准》（GB 18918—2002）、《污水海洋处置工程污染控制标准》（GB 18486—2001）等。

另外，根据行业排放废水的特点和治理技术发展水平，国家对部分行业制定了行业污染物排放标准，如《合成氨工业水污染物排放标准》（GB 13458—2013）、《电池工业污染物排放标准》（GB 30484—2013）、《石油化学工业污染物排放标准》（GB 31571—2015）、《合成树脂工业污染物排放标准》（GB 31572—2015）、《再生铜、铝、铅、锌工业污染物排放标准》（GB 31574—2015）、《船舶水污染物排放控制标准》（GB 3552—2018）、《电子工业水污染物排放标准》（GB 39731—2020）等。

（4）地方污染物排放标准

省、直辖市等根据经济发展水平和辖地水体污染控制需要，可依据国家法规制定地方污水排放标准，污染物控制指标数量只能增加不能减少，排放标准不能低于国家标准，如北京市《城镇污水处理厂水污染物排放标准》（DB 11/890—2012）、天津市《城镇污水处理厂污染物排放标准》（DB 12/599—2015）、辽宁省《污水综合排放标准》（DB 21/T 1627—2008）、《陕西省黄河流域污水综合排放标准》（DB 61/224—2018）、江苏省《农村生活污水处理设施水污染物排放标准》（DB 32/3462—2020）、上海市《污水综合排放标准》（DB 31/199—2018）、贵州省《农村生活污水处理水污染物排放标准》（DB 52/1424—2019）、江苏省《农村生活污水处理设施水污染物排放标准》（DB 32/3462—2020）、宁夏回族自治区《农村生活污水处理设施水污染物排放标准》（DB 64/700—2020）、湖南省《工业废水高氯酸盐污染物排放标准》（DB 43/3001—2024）等。在执行上地方污染物排放标准优先于国家污染物排放标准。

3.4.1.3 再生水回用标准

再生水是指对污水处理厂出水、工业排水、雨水等非传统水源进行回收，经处理后达到一定水质要求,并在一定范围内重复利用的水资源。2015 年以来,我国在国家层面确定了 50 个城市开展海绵城市建设试点示范工作,在缓解城市内涝的同时,开展雨水收集利用。

截至 2024 年 4 月,全国已建成 145 个国家节水型城市,对全国城市节水工作发挥了示范引领作用。根据住房和城市建设部统计数据,我国大陆地区城市再生水量逐年增长,全国再生水利用量达到 1.8×10^{10} m^3,再生水利用率达到 29%;从非常规水源(再生水、集蓄雨水、淡化海水、微咸水和矿坑水等)利用区域分布情况来看,山东、河北、江苏、新疆、河南、广东、北京、内蒙古、安徽和辽宁非常规水源利用量列居前十位。

《城市污水再生利用 城市杂用水水质》(GB/T 18920—2020)标准适用于冲厕、车辆冲洗、城市绿化、道路清扫、消防、建筑施工等杂用的再生水,目的是在城市水资源紧缺的背景下,通过对城市污水再生利用,扩大可用水资源并减少向环境排放的污染物总量,最终推动城市杂用水的安全应用和健康发展。再生水水质标准分为基本标准和选择性标准。选择性标准根据再生水回用的用途,分为五大类,即地下水回补用水选择性标准、工业用水选择性标准、农业用水选择性标准、城市用水选择性标准和景观环境用水选择性标准。

专栏——《中华人民共和国黄河保护法》

2022 年 10 月 30 日,第十三届全国人民代表大会常务委员会第三十七次会议通过《中华人民共和国黄河保护法》。主要内容为,对黄河流域水进行资源利用,坚持节水优先、统筹兼顾、集约使用、精打细算,优先满足城乡居民生活用水,保障基本生态用水,统筹生产用水;在黄河流域组织建设水沙调控和防洪减灾工程体系,完善水沙调控和防洪防凌调度机制,加强水文和气象监测预报预警、水沙观测和河势调查,实施重点水库和河段清淤疏浚、滩区放淤,提高河道行洪输沙能力,塑造河道主槽,维持河势稳定,保障防洪安全;加强黄河流域农业面源污染、工业污染、城乡生活污染等的综合治理、系统治理、源头治理,推进重点河湖环境综合整治;促进黄河流域高质量发展应当坚持新发展理念,加快发展方式绿色转型,以生态保护为前提优化调整区域经济和生产力布局等。

《中华人民共和国黄河保护法》第一章为总则,提出了立法目的、适用范围、基本原则、机制建设和部门职责等,提供了全面的法律保护。后续九章分别从规划与管控、生态保护与修复、水资源节约集约利用、水沙调控与防洪安全、污染防治、促进高质量发展、黄河文化保护传承弘扬、保障与监督和法律责任方面进行了规定,旨在推进黄河流域的可持续发展,实现人与自然和谐共生、中华民族永续发展的目标。为了便于贯彻落实,每项工作都明确了牵头单位和参与部门。

3.4.2 水处理模式

按照水处理的工作程序以及处理程度,水污染控制可概括为"三级控制"模式。

一级控制,即污染源头控制。源头控制主要是针对上游段,对废水等进行综合控制,削减污染物的排放,以避免污染的发生。控源重点是工业污染源和农村面源,进入城市污水管网的工业废水应满足规定的接管标准。

二级控制,即污水集中/分散处理。二级控制主要是针对中游段。对于人类活动高度密集的城市区域,除必要的分散控源外,还需要有组织、有计划、有步骤地建设污水处理厂,进行大规模集中式污水处理。城市污水截污管网的规划及配套建设也应该重视,尽量实现雨污分流。对于比较分散的农村、偏远地区、中小城镇以及一些经济技术落后的地区,可采取分散式处理。

三级控制，即尾水最终处理。尾水最终处理主要是针对下游段。一般而言，城市污水处理对常规污染物去除具有优势，但对于 N 和 P 及其他微量、难降解的有毒化学品的去除效果不佳。三级深度处理可以进一步解决城市尾水的处理问题，但三级处理的费用昂贵。目前国内外的研究和实践证明，以水生植物或土壤为基础的生态工程处理尾水较为理想，可作为一般城市污水集中处理的重要选择。

水污染控制的"三级控制"模式，是一个从污染发生源头到污染最终消除的水污染控制链。在控制过程中，要实现清污分流，实现节源减排，禁止污水流入清水流域，以确保水环境的安全。

专栏——《城市黑臭水体整治工作指南》

2015 年 9 月，由住房和城乡建设部牵头，会同生态环境部（原环境保护部）、水利部、农业农村部（原农业部）组织编定了《城市黑臭水体整治工作指南》，内容包括城市黑臭水体的排查与识别、整治方案的制订与实施、整治效果的评估与考核、长效机制的建立与政策保障等。

《城市黑臭水体整治工作指南》中确定，城市黑臭水体是指城市建成区内，呈现令人不悦的颜色和（或）散发令人不适气味的水体的统称，根据黑臭程度的不同，可将黑臭水体细分为"轻度黑臭"和"重度黑臭"两级。并规定，60%的老百姓认为是黑臭水体就应列入整治名单，至少 90%的老百姓满意才能认定达到整治目标。

这是国家层面首次制定包括排查、识别、整治、效果评估与考核在内的城市黑臭水体整治长效机制。住房和城乡建设部会同生态环境部等部门建立了全国黑臭水体整治监管平台，定期发布信息，接受公众举报，让老百姓参与到黑臭水体筛查、治理、评价等全过程中，监督地方政府对黑臭水体整治的成效，切实让老百姓满意。

3.4.2.1 水体污染的源头控制

源头控制的实质是污染预防，预防要比通过"末端治理"解决水污染问题更加经济有效。对于那些并非来自单一、可确定的污染源，如农村面源、城市径流及大气沉降等，"末端治理"法并不适用，因此，加强对水污染的预防尤为重要。

（1）生活污水污染控制

随着人们生活水平的提高，城镇生活污水排放量日益增加，甚至取代工业废水成为污染的主要来源。控制生活污水污染的具体措施包括：

① 合理规划。生活污水具有源头分散、发生不均匀的特点，很难从源头上对生活污水进行逐个治理。因此，可以从规划入手，实现居民入小区，对分散的人口进行适度集中，这样既符合社会经济的发展需要，也有利于污水的集中治理与控制。

② 宣传教育。现代的排水系统使公众逐渐对废物产生"一冲就忘"的想法，所以应该加强"绿色生活"的宣传教育，增强公众环保意识，养成节约用水习惯，减少家庭水污染物排放、降低城市污水处理负担。

（2）工业废水污染控制

工业废水排放量大，成分复杂。因此，工业废水污染的预防是水污染源头控制的重要任务。具体措施包括：

① 优化结构、合理布局。在产业规划和工业发展中，从可持续发展的原则出发制定产业政策，优化产业结构，明确产业导向，限制能耗物耗高、水污染重的行业发展，降低单位工业产品

的污染物排放负荷。工业布局应充分考虑对环境的影响,通过规划引导工业企业向工业区集中,为工业水污染的集中控制创造条件。

② 清洁生产。清洁生产是指采用避免或最大限度减少污染物产生的工艺流程、方法、材料和能源,将污染物尽可能地消除在生产过程之中,使污染物排放减少到最少的生产方式。在工业企业内部推行清洁生产的技术和管理方法,不仅可从根本上消除水污染,取得显著的环境效益和社会效益,而且往往还会取得良好的经济效益。

③ 就地处理。城市污水处理厂一般仅能去除常规有机污染物,而工业废水成分复杂,含有大量难降解的有毒有害物质,对污水处理厂的正常运行构成威胁。因此,必须采取对工业污染源就地处理或工业区废水联合预处理,达到污水处理厂的接管标准。同时,工业废水中的许多污染物往往可以通过处理、回收,获得一定的经济效益。

④ 政策鼓励、法律严控。进一步完善工业废水的排放标准和相关控制法规,依法处理工业企业的环境违法行为。建立积极的刺激和激励机制,如通过产品收费、税收、排污交易、公众参与等方法来控制污染,通过提高环境资源投入的价格,促使工业企业提高资源的利用效率。

(3) **农村农业面源污染控制**

农村农业面源种类繁多,布局分散,控制的首要任务就是控源,具体措施包括:

① 发展节水农业。农业是全球最大的用水部门,农业节水不仅可减少对水资源的占用,而且"节水即节污",能够降低农田排水,减少对水环境的污染。

② 减少土壤侵蚀。减少土壤侵蚀的关键是改善土壤肥力,具体措施包括调整化肥品种结构、科学合理施肥、增加堆肥、粪污等有机肥的施用,实行作物轮作,减少土壤肥力的消耗等。对于中等坡度土地,应重视开展土地的等高耕作制度,等高耕作较直行耕作可减少土壤流失50%以上。高侵蚀区(如大于25°的坡地)水土流失的解决办法是实行退耕还林、还草和还湿(湿地),这一措施旨在通过恢复或增加草地和湿地来减少水土流失,从而保护和恢复生态环境。

③ 合理利用农药。推广害虫的综合管理制度,最大限度地减少农药施用量,该模式包括各种物理技术、栽培技术和生物技术。例如,使用无草、无病抗虫品种,实行作物的间种和轮作,利用昆虫抑制害虫,选用低毒、高效、低残留的多效抗虫害新农药,合理施用农药等。

④ 截流农业污水。恢复水塘、生态沟、天然湿地和前置库等,以缓存农村污染径流,实现农村径流的再利用,并在径流到达当地水道之前对其进行拦截、沉淀,去除悬浮固体和有机物质等。

⑤ 畜禽粪污处理。现代畜禽饲养常常会产生大量的高浓缩废物,因此需对畜禽养殖业进行合理布局,推动其有序发展,同时加强畜禽粪尿的综合处理及利用,鼓励科学的有机肥还田。

⑥ 建设乡镇企业废水及村镇生活污水处理设施。对乡镇企业的建设应统筹规划,合理布局,积极推行清洁生产,对高能耗、高污染、低效益的乡镇企业实施严格管制。在乡镇企业集中的地区以及居民住宅集中的地区,逐步建设一些简易的污水处理设施。

> **专栏——《农业面源污染治理与监督指导实施方案(试行)》内容节选**
>
> 2021年3月,生态环境部、农业农村部联合印发了《农业面源污染治理与监督指导实施方案(试行)》。明确了"十四五"至2035年农业面源污染防治的总体要求、工作目标和主要任务等,对监督指导农业面源污染治理工作作出部署安排。
>
> 基本原则中指出:统筹推进,突出重点。统筹农业面源污染防治工作,以化肥农药减量化、规模以下畜禽养殖污染治理为重点内容,以防控农业面源污染对土壤和水生态环境影响为目标,以长江经济带和黄河流域为重点,兼顾珠江、松花江、淮河、海河、辽河等流域,在干

流和重要支流沿线、南水北调东线中线、湖库汇水区、饮用水水源地等环境敏感区（以下简称重点区域），强化农业面源污染防治。

该方案提出，到 2025 年，重点区域农业面源污染得到初步控制，农业生产布局进一步优化，化肥农药减量化稳步推进，规模以下畜禽养殖粪污综合利用水平持续提高，农业绿色发展成效明显。试点地区监测网络初步建成，监督指导农业面源污染治理的法规政策标准体系和工作机制基本建立。到 2035 年，重点区域土壤和水环境农业面源污染负荷显著降低，农业面源污染监测网络和监管制度全面建立，农业绿色发展水平明显提升。

该方案提出了三方面主要任务：一是深入推进农业面源污染防治；二是完善农业面源污染防治政策机制；三是加强农业面源污染治理监督管理。

该方案要求，要加强组织领导；强化队伍建设；加大资金投入；提升科技支撑；强化监督工作；加强宣传引导。

(4) 城市径流面源污染控制

在城市地区，暴雨径流携带的大量污染物是加剧水体污染的一个重要原因。减少和延缓暴雨径流的具体措施如下：

① 收集利用雨水。通过设立雨水收集桶、收集池等装置，将雨水收集用于城市的道路浇洒或绿化，既有利于减轻城市供水系统的压力，也有利于植物的生长。此外，在平坦的屋顶上建造屋顶花园，既能减少暴雨径流，又可在冬季减少楼房的热损失，在夏季保持建筑物凉爽。

② 减少硬质地面。用多孔表面（如砾石、方砖或其他多孔构筑）取代水泥和沥青地面，有利于雨水的自然下渗，减少径流量同时可滤除雨水中大量的污染物。但多孔表面没有传统铺筑地面耐久，因此更适合于交通流量少的道路、停车场和人行道。

③ 增加绿化用地。一般来说，城市中绿地越多，径流就越少。目前，国外很多城市通过暴雨滞洪地或湿地的建设延缓城市径流并去除污染物，这些系统可去除约 75% 的悬浮物及某些有机物质和重金属。这些地区往往还会建设城市公园，为某些野生动植物提供生境。

3.4.2.2 水污染的集中和分散处理

(1) 集中式污水处理

集中式污水处理是指建立集中式管网收集系统和大型污水处理厂，在此基础上再进行深度处理，然后回用于城市生活的各个方面，包括市政、绿化、消防、景观等。集中式污水处理已经从以前处理局部的、特殊的污水，发展到系统化、规模化的污水处理模式。它把生活污水、经预处理的工业废水和其他需要处理的污水通过城市排水管网收集，集中输往污水处理厂，采用适宜的措施进行处理，达标后再排入自然水系。集中处理最主要的特征是统一收集、统一输送、统一处理。

(2) 分散式污水处理

分散式污水处理是相对于污水的集中处理而言的，主要是指将污水进行原位处理，以达到排放或者回用的标准。对于居住比较分散的中小城市（镇）、广大农村及偏远地区，由于受到地理条件和经济等因素制约，不宜于进行生活污水的集中处理，此时应因地制宜地选择和发展生活污水分散式和就地处理技术。污水的分散处理技术已经成为国内外生活污水处理的一种理念。

3.4.2.3 尾水生态处理

随着经济的快速发展，城市生活污水以及工业废水的产生量越来越大，而且处理过程很难一步处理到位，即使是污水处理厂的出水，其中仍含有不少有毒有害污染物，因此利用生态环境对尾水进行再处理很有必要。

尾水生态处理就是利用土壤-植物-微生物复合系统的物理、化学等特性对可降解污染物进行净化，实现尾水的无害化和资源化。

(1) 土地处理系统

污水土地处理系统是一种污水处理的生态工程技术，其原理是通过农田、林地、湿地等土壤-植物-微生物系统的生物、化学、物理等固定与降解作用，实现污水净化并对污水及 N、P 等资源加以利用。在土地处理系统中，污染物通过多种方式去除，包括土壤的过滤截留、物理和化学的吸附、化学分解和沉淀、植物和微生物的摄取、微生物氧化降解等。根据处理目标和处理对象，将污水土地处理系统分为慢速渗滤、快速渗滤、地表漫流、湿地处理和地下渗滤五种主要工艺类型。土地处理系统造价低，工程造价及运行费用仅为传统工艺的10%～50%，并且处理效果好。

(2) 稳定塘

稳定塘是一种天然的或经过一定人工修整的有机废水处理池塘。按照优势微生物种属和相应的生化反应，可分为好氧塘、兼性塘、曝气塘和厌氧塘四种类型。其中，兼性塘是稳定塘中最常用的塘型，常用于处理城市一级或二级处理出水。由于兼性塘在夏季的有机负荷比冬季所允许的负荷高得多，因而特别适用于处理在夏季进行生产的季节性食品工业废水。

一般来说，尾水生态处理效果好、效率高，一般优于传统二级处理，有的指标甚至超过三级的处理水平，因而有时也用作污水二级处理。与一般的处理工艺相比，稳定塘需要的停留时间更长，占地面积更大。

3.4.3 水污染控制技术

废水的处理就是利用物理、化学、生物的方法对废水进行处理，使废水得到净化，减少污染，以达到排放或回用的标准。废水处理技术按照其作用原理可分为物理处理法、化学处理法、物理化学处理法和生物处理法四大类。

3.4.3.1 物理处理法

物理处理法是通过物理作用分离水中不溶解的呈悬浮状态的污染物（包括油膜和油珠）的废水处理方法，常用的有筛滤截留法、重力分离（沉淀）法、气浮法以及离心分离法等。

(1) 筛滤截留法

利用带孔眼的装置或由某种介质组成的滤层截留废水中悬浮固体的方法，这种方法使用的设备如下。

① 格栅：由一排平行的金属栅条做成的金属框架，斜置在废水流过的渠道上，用以截阻大块的固体物。

② 筛网：用以截阻、去除水中的纤维、纸浆等较细小的悬浮物。筛网一般用薄铁皮钻孔制成，或用金属丝编成，孔眼直径为0.5～1.0mm。筛网有转鼓式、圆盘式和帘带式等。

③ 布滤设备：以帆布、尼龙布或毛毡为过滤介质，用以截阻、去除水中的细小悬浮物，也用于污泥脱水。常用的布滤设备为真空转筒滤机。

④ 砂滤设备：以石英砂为滤料，用以过滤截留微细的悬浮物，一般作为保证后续处理单元稳定运行的装置。

(2) 重力分离（沉淀）法

重力分离（沉淀）法是利用水中悬浮的污染物和水存在密度差的原理，通过重力作用使悬浮物质沉淀或上浮，从而净化废水的一种废水处理方法。常见的处理设备有沉砂池、沉淀池和隔油池。

在污水的处理与再利用过程中，沉淀或上浮一般常作为其他处理的预处理。在生物处理设备前设初次沉淀池，能够去除大部分的悬浮物以减轻后续处理设备的负荷，保证生物处理设备净化功能的正常发挥。而且，在生物处理设备后设二次沉淀池，可以分离剩余污泥，使处理水得到澄清，保证出水水质。

（3）气浮法

气浮法是一种有效的固液和液液分离方法，常用于那些颗粒密度接近或小于水的细小颗粒分离。气浮法处理技术是在水中形成微小气泡形式，使微小气泡与悬浮颗粒黏附，形成水-气-粒三相混合体系，颗粒黏附于气泡后，形成表观密度小于水的悬浮絮体，絮体上浮至水面，形成浮渣层被刮除，实现固液分离。为了提高处理效果，有时需要向废水中投加混凝剂。

（4）离心分离法

离心分离法是利用装有废水的容器高速旋转形成的离心力，悬浮颗粒因和废水受到的离心力大小不同而被分离的方法。按离心力产生的方式，可分为水旋分离器和离心机两种类型。在分离过程中，悬浮颗粒质量由小到大，受到离心力的作用由外到内分布，通过不同的液体排出口从废水中分离出来。

3.4.3.2 化学处理法

化学处理法是利用化学反应和传质作用来分离、去除水中呈溶解态、胶体状态的污染物方法。这种方法通过投加药剂产生化学反应，包括混凝法、化学沉淀法、中和法、氧化还原法（包括电解）等处理单元。

（1）混凝法

混凝法是通过向废水中投加混凝剂，使水中的胶体和微细颗粒失去稳定性，发生凝聚和絮凝而分离出来，以净化废水的方法。混凝法主要处理废水中微小的悬浮物和胶体。常用的混凝剂有硫酸铝、碱式氯化铝、铁盐［主要指 $Fe_2(SO_4)_3$、$FeSO_4$、$FeCl_3$］等。混凝法可以降低废水的色度和浊度，大幅度提高有机污染物的去除效率，同时还能取得较好的除磷效果，改善污泥的脱水性能。

（2）化学沉淀法

化学沉淀法是向废水中投加某些化学物质，使它和废水中欲去除的污染物发生直接的化学反应，生成难溶于水的沉淀物而使污染物分离除去的方法。化学沉淀法经常用于处理含 Hg、Pb、Cu、Zn、Cr(Ⅵ)、S、CN^-、F、As 等有毒化合物的废水。利用向废水中投加氢氧化物、硫化物、碳酸盐等生成金属盐沉淀，向废水中投加钡盐可使含 Cr(Ⅵ) 的工业废水生成铬酸盐沉淀，向含 F 废水中投加石灰可生成氟化钙沉淀等。

（3）中和法

中和法是利用化学酸碱中和消除水中过量的酸和碱。中和法主要用于处理酸性废水和碱性废水。对于酸性废水，可与碱性废水中和，实现"以废治废"，如可将电镀厂的酸性废水和印染厂的碱性废水相互混合，达到中和的目的；在酸性废水中还可以投加药剂，如石灰、苛性钠或 Na_2CO_3 等，酸性废水也可以通过碱性滤料过滤得到中和。碱性废水处理常用酸性废水中和，或者采用投酸中和（如硫酸、盐酸等）、使用烟道气（含 SO_2、CO_2）中和。

（4）氧化还原法

氧化还原法是通过化学药剂与废水中的污染物进行氧化还原反应或利用电解时的阳极反应，

将废水中的有毒有害污染物转化为无毒或者低毒物质的方法,可分为药剂氧化法和药剂还原法两大类。在废水处理中常用的氧化剂有:空气、O_2、O_3、Cl_2、漂白粉、NaClO、$FeCl_3$ 等。例如,氰化物在 pH 值大于 8.5 的条件下用氯气进行氧化,可被氧化成无毒物质。常用的还原剂有 $FeSO_4$、$FeCl_2$、铁屑、锌粉、SO_2 等。药剂还原法主要用于处理含 Cr、含 Hg 废水,通过还原可将 Cr(Ⅵ) 转化为 Cr(Ⅲ),大大降低 Cr 的毒性。

3.4.3.3 物理化学处理法

物理化学处理法即运用物理和化学的综合作用使废水得到净化的方法。它是由物理法和化学法组成的废水处理系统,或是包括物理过程和化学过程的单项处理方法,如浮选、吹脱、结晶、吸附、萃取、电解、电渗析、离子交换、反渗透等。常用于工业废水处理的物理化学法有离子交换法、萃取法、膜分离法和吸附法等。

(1) 离子交换法

离子交换法是借助于离子交换剂中的交换离子同废水中的离子进行交换以去除废水中有害离子的方法。离子交换剂有无机和有机两类,前者如天然物质海绿石或沸石,后者如磺化煤和树脂。随着离子交换树脂生产和实用技术的发展,近年来在处理和回收工业废水中有毒物质应用中效果良好,且操作方便。在使用树脂处理污水时必须考虑树脂的性质及选择性,树脂对不同离子的交换能力是不同的。离子交换法可用来处理各种金属表面加工产生的废水,如含 Au、Ni、Cd、Cu 的废水等。此外,从核反应器、医院和实验室废水中回收和去除放射性物质,也可采用离子交换法。

(2) 萃取法

萃取法是一种向废水中加入不溶于水或难溶于水的溶剂(萃取剂),使溶解于废水中的污染物经过废水两液相间界面转入萃取剂中去,然后利用萃取剂和水的密度差,将污染物分离出来,以净化废水的方法。之后再利用溶剂与溶质的沸点差,将溶质蒸馏回收,再生后的溶剂继续循环利用。萃取处理法一般用于处理浓度较高的含酚或含苯胺、苯、醋酸等工业废水。

(3) 膜分离法

膜分离法是利用一种特殊的半透膜使溶液中的某些组分隔开,某些溶质和溶剂渗透而达到分离的目的。水处理中膜分离法通常可以分为电渗析、反渗透、纳滤、超滤、微滤等。

① 电渗析:指在外加直流电场的作用下,利用阴离子交换膜和阳离子交换膜的选择透过性,使溶液中的部分离子透过离子交换膜而迁移到另一部分溶液中,达到浓缩、纯化、分离的目的。电渗析法最先用于海水淡化制取饮用水和工业用水,海水浓缩制取食盐,以及与其他单元技术组合制取高纯水。目前,电渗析法在废水处理实践中应用最普遍的有处理碱法造纸废液并从浓液中回收碱,处理电镀废水和废液等。

② 反渗透:利用一种特殊的半透膜,在一定压力下促使水分子反向渗透,而溶解在水中的污染物被膜截留,污水被浓缩,而透过膜的水即为处理过的水。目前,该方法主要用于高纯度水的制备,化工工艺的浓缩、分离、提纯及配水制备,锅炉补给水除盐软水,海水、苦咸水淡化,造纸、电镀、印染、食品等行业用水及废水处理,城市污水深度处理等。

③ 纳滤:又称为低压反渗透技术,用于将分子量较小的物质,如无机盐或葡萄糖、蔗糖等小分子有机物从溶剂中分离出来。纳滤主要应用于饮用水和工业用水的纯化,废水净化处理,工艺流体中有价值成分的浓缩等方面。

④ 超滤:也是利用特殊半透膜的一种膜分离技术,以压力为推动力,使水溶液中的大分子物质与水分离,将溶液净化、分离或者浓缩。该方法常用于分离有机溶解物,如蛋白质、淀

粉、树胶、油漆等。

⑤ 微滤：又称微孔过滤，它属于精密过滤，能截留溶液中的砂砾、淤泥、黏土等颗粒和贾第虫、隐孢子虫、藻类和一些细菌等，而大量溶剂、小分子及大量大分子溶质都能透过膜。

3.4.3.4 生物处理法

生物处理法是利用微生物的代谢作用，使水中溶解态或胶体态的有机物被降解并转化为无机物质，以去除废水中有机污染物的一种方法。根据参与反应的微生物的种类和耗氧情况，生物处理法分为好氧生物处理法和厌氧生物处理法两大类。

(1) 好氧生物处理法

好氧生物处理法是指利用好氧微生物在有氧条件下将废水中复杂的有机物分解的方法。根据好氧微生物存在的处理系统所呈现的不同状态，好氧生物处理法可以分为活性污泥法、生物膜法、稳定塘处理法等。

① 活性污泥法：是处理城市污水最广泛采用的方法。该法是在人工充氧的条件下，对污水和各种微生物群体进行连续混合培养，形成活性污泥。利用活性污泥的生物凝聚、吸附和氧化作用，以分解去除污水中的有机污染物。然后，使污泥与水分离，大部分污泥再回流到曝气池，多余部分则排出活性污泥系统。它能从污水中去除溶解性的和胶体状态的可生化有机物以及能被活性污泥吸附的悬浮固体和其他一些物质，同时也能去除一部分磷素和氮素。

② 生物膜法：微生物附着在作为介质的滤料表面，生长成为一层由微生物构成的膜。污水流过滤料表面，溶解性有机污染物被生物膜吸附，进而被微生物氧化分解，转化为 H_2O、CO_2、NH_3 和微生物细胞质，污水得以净化。生物膜法通常无须曝气，微生物所需氧气直接来自大气。生物膜法常采用的构筑物有生物滤池、生物转盘、生物接触氧化池和生物流化床等。

③ 稳定塘处理法：属于生物处理法中的自然生物处理范畴。稳定塘是利用藻类和细菌的共生系统来处理污水的一种方法。污水中存在着大量的好氧菌和耐污的藻类，污水中的有机物被细菌利用，分解成简单的含 N、P 的物质。这些物质又为藻类的生长提供必要的营养物质，藻类白天利用阳光进行光合作用，释放 O_2，供细菌消耗和生长。这种相互共存的关系称为藻菌共生系统。稳定塘就是利用这一系统使污水得到净化。稳定塘便于因地制宜，基建投资少，运行维护方便，能耗较低，但占地面积过多，处理效果受气候影响较大。

(2) 厌氧生物处理法

厌氧生物处理法是利用兼性厌氧菌和专性厌氧菌将污水中大分子有机物降解为小分子化合物，进而转化为 CH_4、CO_2 的有机污水处理方法。该方法中有机物转化分为三部分：一部分被氧化分解为简单无机物，一部分转化为甲烷，其余少量有机物则被转化、合成为新的细胞物质。与好氧生物处理法相比，用于合成细胞物质的有机物较少，因而厌氧生物处理法的污泥增长率要小得多。

厌氧生物处理法具有处理过程消耗的能量少、有机物的去除率高、沉淀的污泥少且易脱水、可杀死病原菌以及不需投加 N、P 等营养物质等优点，近年来日益受到人们的关注。它不但可用于处理高浓度和中浓度的有机污水，还可以用于低浓度有机污水的处理。常见处理工艺中的构筑物有厌氧接触池、厌氧生物滤池、厌氧流化床、厌氧膨胀床、上流式厌氧污泥床反应器和生物转盘等。

3.4.3.5 污水处理的分级

污水处理一般来说包含三级处理：一级处理主要是机械处理，二级处理是生物处理，三级处理是污水的深度处理。

一级处理指去除悬浮物，调节 pH 值，减轻污水的腐化程度和后续处理工艺负荷的处理方法。一般作为污水处理的预处理手段。只有一级处理出水水质符合要求，才能保证二级生物处理运行平稳，进而确保二级出水水质达标。常见的有沉砂池、气浮池、隔油池等。

二级处理，以去除不可沉悬浮物和溶解性可生物降解有机物为主要目的，工艺构成多种多样，可分成活性污泥法、AB 法、A/O 法、A^2/O 法、SBR 法、氧化沟法、稳定塘法、土地处理法等多种处理方法。大多数城市污水处理厂都采用活性污泥法。

三级处理即深度处理，是指废水经二级处理后，主要去除营养性污染物及其他溶解物质或者残留的细小悬浮物、难生物降解的有机物、盐分等。它将经过二级处理的水进行脱氮、脱磷处理，用活性炭吸附法或反渗透法等去除水中的剩余污染物，并用臭氧或氯消毒杀灭细菌和病毒，然后将处理水送入中水道，作为冲洗厕所、喷洒街道、浇灌绿化带、工业用水、防火等水源。常用方法有过滤、膜处理、生物处理等方法。

习题与思考题

1. 什么是水循环？水循环的类型有哪些？
2. 水社会循环与自然循环的关系是什么？
3. 水污染的定义及其危害是什么？
4. 水污染物的来源有哪些？
5. 水中有哪些污染物并说明其危害。
6. 我国河流生态环境现状是什么？河流污染的主要特点是什么？
7. 我国湖泊和海洋污染的特点有哪些？
8. 简述我国的水环境标准体系。
9. 污水排放标准的分类及其各自的涵义是什么？
10. 简述我国再生水利用现状。
11. 我国地下水污染的特点有哪些？
12. 简述水处理的"三级控制"模式。
13. 尾水生态处理方式有哪些？
14. 在污水处理过程中常用的控制技术有哪些？
15. 如何合理利用和保护水资源？
16. 格栅、筛网属于什么处理？一般用于什么场合？
17. 混凝处理法的过程是什么？常用的混凝剂是什么？
18. 主要的膜分离技术有哪些？
19. 超滤与反渗透的异同有哪些？
20. 简述活性污泥法处理污水的过程。
21. 简述污水处理的"三级处理"的内涵。

参考文献

[1] 孙秀玲. 水资源利用与保护 [M]. 北京：中国建材工业出版社出版, 2020.
[2] 张自杰, 林荣忱. 排水工程 [M]. 5 版. 北京：中国建筑工业出版社, 2015.

[3]　北京市市政工程设计研究总院.给排水设计手册:城镇排水[M].3版.北京:中国建筑工业出版社,2017.
[4]　高廷耀,顾国维,周琪.水污染控制工程[M].5版.北京:高等教育出版社,2023.
[5]　谢冰.废水生化处理[M].上海:上海交通大学出版社,2020.
[6]　左其亭,王中根.现代水文学[M].郑州:黄河水利出版社,2019.
[7]　保罗·维里察.医疗废水:特征、管理、处理与环境风险[M].郑祥,程荣,译.北京:化学工业出版社,2023.
[8]　董哲仁.河湖生态模型与生态修复[M].北京:中国水利水电出版社,2022.
[9]　马林转.环境与可持续发展[M].北京:冶金工业出版社,2016.
[10]　冯宽利.工业废水处理技术与工程实践[M].北京:化学工业出版社,2020.
[11]　张慧敏.环境学概论[M].北京:清华大学出版社,2022.
[12]　胡洪营.环境工程原理[M].4版.北京:高等教育出版社,2022.
[13]　方淑荣,姚红.环境科学概论[M].3版.北京:清华大学出版社,2022.
[14]　王玲珍.运用循环经济理念控制农村面源污染[D].成都:四川大学,2006.
[15]　左玉辉.人与环境和谐原理[M].北京:科学出版社,2010.
[16]　路日亮.生态文化论[M].北京:清华大学出版社,2019.
[17]　刘大椿.科学技术哲学[M].北京:高等教育出版社,2019.
[18]　高学睿.基于水循环模拟的农田土壤水效用评价方法与应用[D].北京:中国水利水电科学研究院,2013.
[19]　张文艺.环境保护概论[M].2版.北京:清华大学出版社,2021.

第 4 章 大气环境

本章要点

1. 大气及大气圈的组成和结构；
2. 大气污染的分类和危害；
3. 大气污染的环境标准和防治技术。

大气环境是指生物赖以生存的空气的物理、化学和生物学特性。空气的物理特性主要包括温度、湿度、风速、气压和降水量等，这一切均由太阳辐射这一原动力引起。化学特性则主要取决于空气的化学组成。

地球上绝大部分生物都不能脱离大气而生存，成年人平均每天所需的粮食和水分别为 1kg 和 2kg，对空气的需求量则约 13.6kg（10m³）。

人类生活和工农业生产排出的 NH_4、SO_2、CO、氮化物与氟化物等有害气体会改变原有空气的组成，并引起污染，造成全球气候变化，破坏生态平衡。大气环境和人类生存密切相关，大气环境的每一个因素几乎都可影响到人类。

4.1 大气的组成与大气圈的结构

4.1.1 大气的组成

在自然科学中，大气和空气两词并没有实质性的差别，因此也没有完全把这两个词分开使用。在环境科学中，这两个词常分别使用，是为了便于说明一些环境问题。习惯上空气是指室内或者特指某个地方（如车间、厂区等）供生物生存的气体。对于这类场所气体的污染称作空气污染，并有相应的质量标准和评价方法。大气一词常用在大气物理、气象和自然地理的研究中，以大气区域或全球性的气流作为研究对象。这种范围的空气污染常称作大气污染，也有相应的质量标准和评价方法。

大气由气体和微粒组成，包括干洁空气、水蒸气、尘埃等。气体成分包括 N_2、O_2、CO_2 等常定气体成分，也有水汽、CO、SO_2 和 O_3 等变化很大的不定气体成分。微粒包括悬浮尘埃、烟粒、盐粒、水滴、冰晶、花粉、孢子、细菌等固体和液体的气溶胶粒子。空气的具体成分如表 4-1 所示。

表 4-1 干燥空气的气体成分

气体	含量/(μL/L)	气体	含量/(μL/L)
N_2	780700	Kr	1
O_2	209400	NO	0.5
Ar	9300	H_2	0.5
CO_2	315	Xe	0.08
Ne	18	NO_2	0.02
He	5.2	O_3	0.01~0.04
CH_4	1.0~1.2	其他	1.421

大气中组分含量变化的不定主要有两个来源：一是自然过程所带来的，如火山爆发、海啸、森林火灾、地震等，由此产生的污染物有尘埃、S、H_2S、SO_x、NO_x、盐类、恶臭气体等，当这些组分进入大气之后，会造成局部和暂时性的污染；二是人类活动过程所带来的，随着经济的发展、人口的增长和城市的扩张，大量工业生产排出的废气、汽车尾气等气体使大气中增加了许多不确定组分，如煤烟、尘、SO_x、NO_x 等。大气中的不定组分主要来自人类活动，即人类活动是造成大气污染的主要原因。

> **专栏——大气成分的变化**
>
> 大气成分随着地球的发展也处于不断的演变过程中。原始大气的主要组成元素有 H、He、C、N、O 等，初始成分以 CH_4、CO_2 和 N_2 为主。在三亿年前，绿色植物的大量出现导致大气中 CO_2 减少和 O_2 增加，增加的 O_2 又反作用于生命活动，形成了大气中 O_2 和 CO_2 的动力学平衡状态。
>
> 工业时代以来，人类活动造成大量温室气体排放，对大气成分造成了不小的影响。联合国政府间气候变化专门委员会（IPCC）第五次评估报告明确指出，自 1750 年起，人类活动已导致大气中 CO_2、CH_4 和 N_2O 等温室气体的浓度大幅增加。从 1750 年到 2011 年，人类活动导致的 CO_2 累计排放量为 (2040±310)Gt，而其中约 40% 的 CO_2 [约 (880±35)Gt] 都留在了大气中。此外，报告还指出了全球平均 CFCs（氯氟烃）含量减少，HCFCs（含氢氯氟烃）增加以及 1980 年以来全球平流层臭氧比 1980 年以前减少等大气成分变化。

4.1.2 大气圈的结构

大气厚度约 1000km，化学成分和物理性质在垂直方向上存在显著差异，因此可根据大气在各个高度上不同的特性分为若干层次。按分子组成可分为均质层和非均质层，按压力特性可分为气压层和外气压层（逸散层），按热状况可分为对流层、平流层、中间层、热成层和逸散层（图 4-1）。

（1）对流层

对流层与人类的关系最为密切。对流层是大气圈最低的一层，位于地面上，上界会随季节的变化而变化。对流层的平均厚度在赤道附近最高，约 17~18km，中纬度地区约 10~12km，两极附近最低，约 8~9km。通常情况下，对流层厚度冬季较薄，夏季较厚。对流层占大气质量的 3/4，几乎全部的水汽都集中在这一层，云、雾、雨等主要天气现象都发生在这一层。对流层有

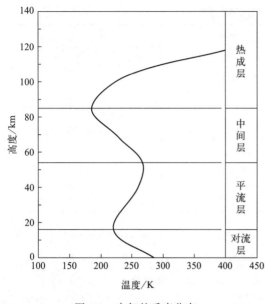

图 4-1 大气的垂直分布

以下几个特点：

① 气温随高度的增加而降低。平均每增高 100m，气温降低 0.65℃。对流层的能量主要来源于地面辐射，近地空气受热多，远地空气受热少，于是高度越高，气温就越低。

② 对流运动显著。对流层上部冷下部热，有利于空气的对流运动，该层因对流运动显著而得名。低纬度地区受热多，对流强烈，对流层高度可达 17~18km；高纬度地区受热少，对流层高度仅 8~9km。

③ 天气现象复杂多变。近地面的水汽和固体杂质通过对流运动向上空输送，在上升过程中随着气温的降低而成云致雨。空气水平运动时，遇到山地阻挡而被抬升，或是两种物理性质不同的气流相遇，暖空气沿锋面爬升，也能促使气流上升形成降水。

（2）平流层

从对流层顶到约 55km 的大气层为平流层，又称温层。平流层下部气温几乎不随高度变化而变化，称为同温层；平流层上部气温随高度增高而上升，称为逆温层。平流层是地球大气层里上热下冷的一层。在中纬度地区，同温层位于离地表 10~50km 的高度，而在极地，此层则始于距地表 8km 左右。

平流层集中着大气中大部分臭氧，并在 20~25km 高度上达到最大值，形成臭氧层。臭氧层能够吸收大量的太阳紫外辐射，从而保护地球上的生命免受紫外线伤害。臭氧在紫外线的作用下分解为原子氧和分子氧。当他们重新结合生成臭氧时，会释放大量的能量，因此这里升温很快，在约 50km 高空形成一个暖区。平流层中气流以水平运动为主，而且运动平稳，空气比下层稀薄，水汽和尘埃含量很少，几乎没有云、雨等现象发生。

（3）中间层

中间层位于平流层顶之上，层顶高度约为 80~85km。这一层的特点是气温随高度升高而降低，空气的对流运动强烈，垂直混合明显。该层内臭氧含量低，同时，能被氮、氧等直接吸收的太阳短波辐射大部分已被上层大气所吸收，所以温度垂直递减率很大，对流运动强烈。中间层顶附近的温度约为 -83℃。空气分子吸收太阳紫外辐射后可发生电离，习惯上称为电离层的 D 层，有时在高纬度、夏季、黄昏时会出现夜光云。

与对流层一样，中间层气温随高度按比例递减。在中间层底部，高浓度的臭氧吸收紫外线使平均气温徘徊在 -2.5℃，甚至会高达 0℃。但随着高度增加臭氧浓度会随之减少，所以在中间层顶的平均气温又会降至 -92.5℃ 的低温。因此，通常在中间层顶附近，即 80~85km 高度处，是地球大气层中最冷的地方，年均温度为 -83℃，夏季北极地区中间层顶的温度可低至 -100℃。中间层的平均气温递减率比对流层小，虽有少部分的对流活动发生，但相对稳定，甚少发生高气压、低气压的现象。

（4）热成层

热成层是从中间层顶至 800km 高度之间的大气层，亦称热层或电离层。本层空气密度很小，质量仅占大气总量的 0.5%。在 270km 高度上，空气密度约为地面空气密度的百亿分之一，在

300km 高度上只有地面密度的千亿分之一，再向上就更稀薄。随着高度的增高，气温迅速升高。在 300km 气温可达 1000℃ 以上，主要是由于氧和氮的分子和原子吸收波长短于 $0.2\mu m$ 的太阳紫外线辐射后发生离解，释放出热量。在这一层，氧分子和氮分子在太阳紫外线和宇宙射线的作用下被分解为原子，并处于电离状态，因此热成层里存在着大量的带电质点——带电的离子和电子，具有反射无线电波的能力。

（5）散逸层

散逸层又称逃逸层，是热成层以上，位于 800km 以上的大气层，也是地球大气的最外层。这层空气在太阳紫外线和宇宙射线的作用下，大部分气体分子发生电离，致使质子和氦核的含量大大超过中性氢原子。散逸层空气极为稀薄，密度几乎与太空密度相同，故又常称为外大气层。由于空气受地心引力极小，气体和微粒可从这层飞出地球引力场进入太空。散逸层的上界在哪里尚无一致的看法。实际上，地球大气与星际空间并没有截然的界限，散逸层的温度随高度增加而略有增加。

4.2 大气污染及其危害

4.2.1 大气污染概述

大气污染是指大气中一些物质含量达到有害程度，以至影响人类的正常生存和生态系统的持续发展，对人体、材料和生态造成危害的现象。大气污染物约有 100 多种，分为自然因素（如森林火灾、火山爆发等）和人为因素（如工业废气、生活燃煤、汽车尾气等）两种，并且后者为主要因素，尤其是工业生产和交通运输。

近年来，我国陆续制定出台了一系列与大气污染问题有关的政策和措施，取得了一定成效。《2023 中国生态环境状况公报》显示，全国 339 个地级及以上城市中，203 个城市环境空气质量达标，占全部城市数的 59.9%；136 个城市环境空气质量超标，占 40.1%。其中，105 个城市细颗粒物（$PM_{2.5}$）超标，占 31.0%；79 个城市 O_3 超标，占 23.3%；58 个城市可吸入颗粒物（PM_{10}）超标，占 17.1%，一个城市 NO_2 超标，占 0.3%；无 CO 和 SO_2 超标城市。

全国 339 个城市平均优良天数比例为 85.5%，平均超标天数比例为 14.5%，以 $PM_{2.5}$、O_3、PM_{10} 和 NO_2 为首要污染物的超标天数分别占总超标天数的 35.5%、40.1%、24.3% 和 0.2%，未出现以 CO 和 SO_2 为首要污染物的超标天。与 2019 年相比，SO_2 和 CO 超标天数比例持平，其他四项污染物超标天数比例均下降。《2023 中国生态环境状况公报》数据显示，全国城市环境空气质量优良天数比例从 2016 年的 83.1% 上升至 2023 年的 85.5%，上升了 2.4 个百分点。

公报中还指出，京津冀及周边地区中，"2+26" 城市优良天数比例范围为 54.5%～76.7%，平均为 63.1%，比 2022 年下降 3.6 个百分点。平均超标天数比例为 36.9%，其中轻度污染为 26.9%、中度污染为 6.4%、重度污染为 2.4%、严重污染为 1.2%。

> **专栏——大气污染传输通道 "2+26" 城市**
>
> 2012—2018 年，受国内经济"调结构、去产能"等供给侧结构性改革的影响，环境保护及污染治理成为现阶段国家经济发展过程中备受关注的重要前提，国家相关部门相继出台了一系列大气污染防治方面的政策。2017 年 2 月，环境保护部发布《京津冀及周边地区 2017 年大气污染防治工作方案》，明确了 "2+26" 城市大气污染治理的任务。2017 年 9 月，《京津冀及周边地区 2017—2018 年秋冬季大气污染综合治理攻坚行动方案》颁布，正式拉开了京津冀及

周边地区大气污染治理的攻坚战。

"2+26"城市是指京津冀大气污染传输通道，包括北京、天津、石家庄、太原、济南、郑州等城市。截至2017年10月，"2+26"城市的$PM_{2.5}$月均浓度为$61\mu g/m^3$，同比持平，其中17个城市$PM_{2.5}$月均浓度同比下降，降幅排名前三的城市为保定市、北京市和石家庄市，分别下降34.4%、32.1%和31.0%。2017年10月至2018年2月，$PM_{2.5}$平均浓度均同比下降，降幅均满足改善目标的进度要求；降幅排名前3的城市为北京市、石家庄市和廊坊市，同比分别下降54.5%、48.6%和48.0%。

京津冀大气污染传输通道"2+26"城市的面积占全国总面积不到3%，但排放的SO_2量占全国SO_2排放总量的10%以上，NO_x和一次颗粒物的排放量占总量的15%，排放强度高出全国平均水平的3~5倍，本地积累、区域传输二次转化是该区域秋冬季$PM_{2.5}$快速增长的成因。国家通过对"小散乱污"企业排查治理、冬季错峰生产、机动车限行及油改电等措施，取得了很大成效。

4.2.2 大气污染物的种类

大气污染物有多种分类方式，可分为一次污染物和二次污染物，也可分为天然污染物和人为污染物，还可根据大气污染物的存在状态，将其分为气溶胶态污染物和气态污染物。

专栏——《北京市打赢蓝天保卫战三年行动计划》

2018年9月15日，北京市印发的《北京市打赢蓝天保卫战三年行动计划》提出，到2020年北京市环境空气质量改善目标在"十三五"规划目标基础上进一步提高，氮氧化物、挥发性有机物比2015年减排30%以上；重污染天数比率比2015年下降25%以上。同时，按照"同步改善、功能区趋同"的原则，确定了各区细颗粒物（$PM_{2.5}$）年均浓度等目标。2018年，北京市进行第二轮$PM_{2.5}$源解析工作。结果显示，在本地污染来源中，机动车占比上升到45%，扬尘上升到16%，燃煤不是主要污染源。在蓝天保卫战三年行动计划中，重点针对重型柴油车、扬尘、挥发有机物展开治理。

2020年北京市$PM_{2.5}$平均浓度为$38\mu g/m^3$，创历史新低，$PM_{2.5}$浓度首次实现"30+"，与国家标准（$35\mu g/m^3$）的差距进一步缩小。同时，2020年北京蓝天数持续上升，平均每周7天就有6.3天为$PM_{2.5}$优良天，同比2019年多了36天。

"十四五"期间，北京市将深入实施绿色北京战略，加快推进碳减排碳中和，坚持$PM_{2.5}$和O_3污染治理相协同、温室气体和大气污染物排放控制相协同、本地污染和区域共治相协同。

（1）气溶胶态污染物

在大气污染中，气溶胶系指固体粒子、液体粒子或它们在气体介质中的悬浮体。从大气污染控制的角度，按照气溶胶的来源和物理性质，可将其分为粉尘、烟、飞灰、黑烟和雾等。

专栏——我国近几年大气污染治理系列措施

《大气污染防治行动计划》是首个提出的大气污染治理计划，自2013年9月10日起实施，通过减少污染物排放、调整优化产业结构、加快企业技术改造等措施，来改善空气质量。中国环境保护部宣称,自《大气污染防治行动计划》实施以来,全国城市空气质量得到了显著改善,$PM_{2.5}$、PM_{10}、NO_2、SO_2 和 CO 的年均浓度和超标率均呈现逐年下降的趋势。

为了进一步推进大气污染治理,国务院于 2018 年 6 月 27 日发布了《打赢蓝天保卫战三年行动计划》,旨在通过更具体的措施和更高的目标要求,持续改善空气质量。通过行动计划的实施,2020 年全国空气质量总体改善,全国地级及以上城市优良天数比率为 87%,$PM_{2.5}$ 未达标城市平均浓度比 2015 年下降 28.8%,该计划圆满收官。

为了持续改善空气质量,国务院于 2023 年 11 月 30 日印发了《空气质量持续改善行动计划》,强调要以改善空气质量为核心,扎实推进产业、能源、交通绿色低碳转型,加快形成绿色低碳生产生活方式,实现环境、经济和社会效益多赢。该计划明确了到 2025 年全国地级及以上城市 $PM_{2.5}$ 浓度比 2020 年下降 10% 的目标,并提出了优化产业结构、能源结构、交通结构等重点任务。

此外,为了进一步优化重污染天气应对机制,政府于 2023 年 12 月发布了《关于进一步优化重污染天气应对机制的指导意见》,规定了预警信息的发布和应急响应的启动条件,强调了区域应急联动的重要性,以提高应对效率。

这些政策共同构成了中国大气环境治理的综合策略,旨在通过长期和短期的措施相结合,系统推进产业、能源、交通结构的优化调整,减少污染物排放,从而改善空气质量,实现蓝天保卫战的目标。

① 粉尘指在一段时间内悬浮于气体介质中的小固体颗粒,但在重力作用下会发生沉降。它通常是在固体物质的破碎、研磨、分级、输送等机械过程中,或土壤、岩石的风化等自然过程中形成的。尺寸范围一般小于 $75\mu m$。属于粉尘类的大气污染物种类很多,如黏土粉尘、石英粉尘、煤粉、水泥粉尘、各种金属粉尘等。

② 烟一般指由冶金过程形成的固体颗粒气溶胶。它是熔融物质挥发后生成气态物质的冷凝物,在生成过程中总是伴有氧化反应。烟颗粒的尺寸很小,一般为 $0.01\sim 1\mu m$。产生烟是一种较为普遍的现象,如有色金属冶炼过程中产生的氧化铅烟、氧化锌烟等。

③ 飞灰指随燃料燃烧产生的烟气排出的分散较细的灰分。

④ 黑烟一般指由燃料燃烧产生的能见气溶胶,不包括水蒸气。黑烟的粒度范围为 $0.05\sim 1\mu m$。

⑤ 雾是气体中液滴悬浮体的总称。在气象中指造成能见度小于 1km 的小水滴悬浮体。在工程中,雾一般泛指小液体粒子悬浮体,它可能是由于液体蒸气的凝结、液体的雾化以及化学反应等过程形成的,如水雾、酸雾、碱雾、油雾等。

(2) 气态污染物

气态污染物系以分子状态存在的污染物。气态污染物的种类很多,总体上可按表 4-2 所示分类。

表 4-2 气态污染物的分类

污染物	一次污染物	二次污染物
含硫化合物	SO_2、H_2S	SO_3、H_2SO_4、MSO_4
含氮化合物	NO、NH_3	NO_3、HNO_3、MNO_3
碳氢化合物	$C_1\sim C_{10}$ 化合物	醛、酮、过氧乙酰硝酸酯、臭氧
碳氧化合物	CO、CO_2	无
卤素化合物	HF、HCl	无

注:MSO_4、MNO_3 分别指硫酸盐和硝酸盐。

① 硫氧化物主要指 SO_2，主要来自化石燃料的燃烧以及硫化物矿石的焙烧、冶炼等过程。火力发电厂、有色金属冶炼厂、硫酸厂、炼油厂以及所有烧煤或油的工业炉窑等都排放 SO_2 烟气。

② NO_x 有 N_2O、NO、NO_2、N_2O_3、N_2O_4 和 N_2O_5，用 NO_x 表示，其中污染大气的主要是 NO 和 NO_2。

③ 含碳化合物包括碳氧化物和有机化合物。碳氧化物中的 CO 和 CO_2 是大气污染物中发生量最大的一类污染物，主要来自燃料燃烧和机动车尾气。有机化合物种类很多，包括甲烷等烃类和长链聚合物等。

④ 硫酸烟雾系大气中的 SO_2 等硫氧化物，在水雾、含重金属的悬浮颗粒或 NO_x 存在时，发生一系列化学或光化学反应而产生的硫酸雾或硫酸盐气溶胶。硫酸烟雾引起的刺激作用和生理反应等危害要比 SO_2 气体大得多。

⑤ 光化学烟雾是在阳光照射下，大气中的 NO_x、碳氢化合物和氧化剂之间发生一系列光化学反应产生的蓝色烟雾（有时带些紫色和黄褐色），主要成分有臭氧、过氧乙酰硝酸酯、酮类和醛类等。光化学烟雾的刺激性和危害要比一次污染物强烈得多。

⑥ 臭氧是氧气的一种同素异形体。存在于距离地面 30km 左右的平流层。臭氧是重要的紫外线吸收剂，对大气具有保温作用，而低空的对流层臭氧则是光化学烟雾的重要组成部分之一，主要是由大气层中的 NO_x 和碳氢化合物等被太阳照射导致的光化学反应造成，易对人体健康产生不良影响。

> **专栏——马斯河谷烟雾事件**
>
> 1930 年 12 月 1~5 日发生在比利时马斯河谷工业区，是 20 世纪最早记录的大气污染惨案。当时，整个比利时大雾笼罩，气候反常。由于特殊的地理位置，马斯河谷上空出现了很强的逆温层，雾层尤其浓厚。
>
> 在这种逆温层和大雾的作用下，马斯河谷工业区内 13 个工厂排放的大量烟雾弥漫在河谷上空无法扩散，有害气体在大气层中越积越多，积存量接近危害健康的极限。第三天开始，在 SO_2 和其他几种有害气体以及粉尘的综合作用下，河谷工业区上千人发生呼吸道疾病，一个星期内就有 63 人死亡，是同期正常死亡人数的十多倍。许多家畜也未能幸免于难，纷纷死去。

> **专栏——《2020 年挥发性有机物治理攻坚方案》**
>
> 2020 年 6 月 23 日，生态环境部印发《2020 年挥发性有机物治理攻坚方案》，要求把夏季 VOCs 攻坚行动放在重要位置，作为打赢蓝天保卫战的关键举措。
>
> 方案中加强了组织实施，监测、执法、人员、资金保障等重点向 VOCs 治理攻坚行动倾斜，加强与相关部门、行业协会等协调配合，形成工作合力。要求京津冀及周边地区、长三角地区、汾渭平原、苏皖鲁豫交界地区及其他 O_3 污染防治任务重的地区相关省（市）生态环境厅（局）要督促相关城市加大工作力度，力争实现优良天数提高目标。
>
> 挥发性有机物（VOCs）是 $PM_{2.5}$ 和 O_3 污染的重要前体物。"十四五"规划纲要明确要推进 $PM_{2.5}$ 和 O_3 协同控制，提出加快挥发性有机物排放综合整治，挥发性有机物排放总量下降 10% 以上的任务目标。新形势下的蓝天保卫战迫切需要全面加强 VOCs 综合治理。

4.2.3 大气污染源分类

大气污染源是指向大气排放对环境产生有害影响物质的生产过程、设备、物体或场所。它具有两层含义：一方面是指"污染物的发生源"，另一方面是指"污染物的来源"。

大气污染源按污染物产生的类型可分为自然污染源和人为污染源两大类。自然污染源由自然原因（如火山爆发、森林火灾等）形成，人为污染源由人类从事生产和生活活动而形成。在人为污染源中，又可分为固定源（如烟囱）和移动源（如汽车）两种。由于人为污染源更为普遍，所以更为人们所关注。

（1）大气主要污染源

① 工业企业：工业企业是大气污染的主要来源，也是大气环境防治工作的重点之一。随着工业的迅速发展，大气污染物的种类和数量日益增多。由于性质、规模、工艺过程、原料和产品种类等不同，工业企业对大气污染的程度也不同。

② 生活炉灶与采暖锅炉：在居住区里，随着人口的集中，大量的民用生活炉灶和采暖锅炉需要耗用大量的煤炭，特别在采暖季节，污染地区常常是烟雾弥漫。

③ 交通运输：城市行驶的汽车日益增多，火车、轮船、飞机等客货运输频繁，已成为城市地区的主要大气污染源之一。其中，出现重大变化的是汽车排出的尾气。汽车污染大气的特点是，排出的污染物距人们的呼吸带很近，能直接被人吸入。汽车尾气主要含有 CO、NO_x、烃类（碳氢化合物）、铅化合物等。

（2）大气污染源按预测模式的模拟形式分类

为了研究大气污染的问题，将大气污染源按预测模式的模拟形式分为点源、面源、线源、体源四种类别。

① 点源：通过某种装置集中排放的固定点状源，如烟囱、排气筒等。

② 面源：在一定区域范围内，以低矮集中的方式自地面或近地面的高度排放污染物的源，如工艺过程中的无组织排放、储存堆、渣场、农田等排放源。

③ 线源：污染物呈线状排放或者由移动源构成线状排放的源，如城市道路的机动车排放源等。

④ 体源：因源本身或附近建筑物的空气动力学作用使污染物呈一定体积向大气排放的源，如焦炉炉体、屋顶天窗等。

4.2.4 大气污染的危害

据世界卫生组织和联合国环境署的一份报告，"空气污染已成为全世界城市居民生活中一个无法逃避的现实"。工业文明和城市发展，为人类创造出巨大的财富，同时也把数十亿吨计的废气和废物排入大气之中，人类赖以生存的大气圈成了垃圾库和毒气库。

大气污染物，主要包括颗粒物、SO_2、CO、NO_x、O_3 以及碳氢化合物如苯并[a]芘和一些重金属。这些污染物不仅对人的健康造成很大的危害，而且影响气候，腐蚀建筑物和物品，降低产品质量，此外还影响动植物生长和发育。

（1）颗粒物的危害

总悬浮颗粒物是大气质量评价中一个通用的重要指标，指空气动力学当量直径≤100μm 的颗粒物。粒径≤10μm 的颗粒物通称为可吸入颗粒物，简写为 PM_{10}，这一粒径范围的颗粒物可通过呼吸道进入人体。粒径≤2.5μm 的可吸入颗粒物常称细颗粒物，简写为 $PM_{2.5}$，通常占 PM_{10} 的 50%～70%。

固体颗粒物比较容易吸附重金属（如 Pb、Hg 等），还有可能吸附多环芳烃等致癌物以及对生育有影响的物质。大气中粒径小于 $2\mu m$（有时小于 $2.5\mu m$，即 $PM_{2.5}$）的颗粒物（气溶胶）主要来源有天然源和人为源两种，而后者的危害更大，其中很多是二次颗粒物，如由 SO_2 氧化生成的硫酸盐颗粒、NO_x 转化而成的硝酸盐颗粒等。

大于 $10\mu m$ 的颗粒物，一般被鼻腔、咽喉部的纤毛堵截在呼吸系统外面，不会进入人体内部，最后成为鼻涕、痰排出，但可以导致上呼吸道病症。此外，PM_{10} 能影响日照时间和地面的能见度，改变局部地区的小气候条件。

目前，$PM_{2.5}$ 已成为国内外最为关注的大气污染物之一，其危害主要表现在以下几个方面：

① 对人体健康的危害。$PM_{2.5}$ 粒径仅相当于人类头发的 1/20，可直接进入支气管和肺部深处，干扰肺部的气体交换，引发哮喘、支气管炎和心血管病等多种疾病。另外，这些颗粒携带的有害重金属通过支气管和肺泡溶解在血液中，对人体健康的伤害更大，甚至引发癌症。$PM_{2.5}$ 还可成为病毒和细菌的载体，引起呼吸道传染病，对青少年（10～18 岁）的肺功能发育有明显慢性影响，表现为第 1 秒钟最大呼气量（FEV1）的降低。

② 对大气环境的影响。光学理论表明，当物体直径和可见光波长相近时，物体对光的散射消光能力最强。可见光波长为 $0.4\sim 0.7\mu m$，而 $PM_{2.5}$ 的主要组成部分粒径恰恰在这个尺度附近。粗颗粒的消光系数约为 $0.6 m^2/g$，而 $PM_{2.5}$ 的消光系数则为 $1.25\sim 10.0 m^2/g$，是粗颗粒消光系数的 2～16 倍。由此可知，$PM_{2.5}$ 是能见度降低、灰霾天产生的主要原因，严重威胁地面汽车驾驶和飞机起降的安全，是造成交通事故和空难事故的主要元凶之一。

（2）硫氧化物的危害

硫氧化物是多种硫和氧的化合物的总称。通常，硫有四种氧化物，即二氧化硫（SO_2）、三氧化硫（SO_3，硫酸酐）、三氧化二硫（S_2O_3）、一氧化硫（SO）。此外，还有两种过氧化物：七氧化二硫（S_2O_7）和四氧化硫（SO_4）。在大气中比较重要的是 SO_2 和 SO_3，其混合物可用 SO_x 表示。硫氧化物是全球硫循环中的重要化学物质。

硫氧化物是无色、有刺激性臭味的气体，是大气的主要污染物之一，不仅危害人体健康和植物生长，而且还腐蚀设备、建筑物和名胜古迹。其危害主要表现在以下几个方面：

① 对人体的危害。硫氧化物在大气中的存在形式以 SO_2 为主，SO_2 气体是一种无色的酸性气体，有刺激性气味。SO_2 进入呼吸道后，因其易溶于水，故大部分被阻滞在上呼吸道，在湿润的黏膜上生成具有腐蚀性的亚硫酸、硫酸和硫酸盐，使刺激作用增强。上呼吸道的平滑肌因有末梢神经感受器，遇到刺激就会产生窄缩反应，使气管和支气管的管腔缩小，气道阻力增加。上呼吸道对 SO_2 的这种阻留作用，在一定程度上可减轻 SO_2 对肺部的刺激，但进入血液的 SO_2 仍可通过血液循环抵达肺部产生刺激作用。SO_2 可被吸收进入血液，对全身产生毒副作用，破坏酶的活力，显著影响糖类及蛋白质的代谢，对肝脏也有一定的损害。

若长期生活在大气污染的环境中，由于 SO_2 和飘尘的联合作用，可促使肺泡纤维增生。如果增生范围波及广泛，易形成纤维性病变甚至形成肺气肿。SO_2 还可以加强致癌物苯并[a]芘的致癌作用。

② 对自然界的危害。在低浓度 SO_2 的影响下，植物的生长机能受到影响，造成产量下降，品质变坏。在高浓度 SO_2 的影响下，植物会出现急性危害，叶片表面产生坏死斑，或直接枯萎脱落。

③ 对社会的危害。SO_2 在大气中会氧化溶于水，形成亚硫酸和硫酸随雨水一起降下，即形成酸雨，酸雨会腐蚀建筑物、名胜古迹、金属材料，并且会对生态环境造成很大的破坏。据估计，工业发达国家每年因金属腐蚀导致的直接经济损失占国民经济生产总值的 2%～4%。

专栏——日本四日市事件

四日市位于日本东部海湾。1955年后，四日市利用战前盐滨地区旧海军燃料厂遗址建成了第一座炼油厂，之后又相继兴建了10多家石油化工厂，形成重要的临海工业区，称为"石油联合企业之城"，产值占日本石油工业的1/4。全市工厂粉尘、SO_2年排放量达13万吨，大气中SO_2浓度超标5~6倍。因此，四日市整日笼罩在乌烟瘴气、臭水横流和噪声震耳的环境之中。之后，昔日晴朗的天空变得污浊不堪。

由于四日市的居民长年累月地吸入这种被SO_2及各种金属粉尘污染的空气，呼吸器官受到了损害，因此，很多人患有呼吸系统疾病，如支气管炎、哮喘、肺气肿、肺癌等。1961年，呼吸系统疾病开始在这一带发生，并迅速蔓延。1964年曾经3天烟雾不散，哮喘病患者中不少人因此死去。1967年一些患者因不堪忍受痛苦而自杀。该市的患者，1970年达500多人，1972年达871人（死亡11人），日本全国患者多达6376人。

(3) NO_x的危害

造成大气污染的氮氧化物（NO_x）主要是一氧化氮（NO）和二氧化氮（NO_2），其中NO_2的毒性比NO高4~5倍。

NO_x产生的原因可分为两个方面：自然发生源和人为发生源。自然发生源除雷电和臭氧的作用外，还有微生物细菌的作用。自然界形成的NO_x可达到生态平衡，对大气没有太大污染。人为发生源主要是燃料燃烧及化学工业生产导致，火力发电厂、炼铁厂、化工厂等有燃料燃烧的固定发生源和汽车等移动发生源以及工业流程中排放的NO_x占到人为排放总量的90%以上。全球每年排入大气的NO_x总量达5×10^7 t，而且还在持续增长。治理NO_x已成为国际环保领域的主要方向，也是我国"十四五"期间降低排放量的主要污染物之一。其危害主要表现在以下两个方面：

① 对人体和动物的危害。NO毒性不太大，但进入大气后可被缓慢地氧化成NO_2，当大气中有臭氧等强氧化剂存在时或在催化剂的作用下，氧化速度会加快。NO对血红蛋白的亲和力非常强，是氧的数十万倍。NO一旦进入血液，可从氧化血红蛋白中迅速将氧驱赶出来，然后与血红蛋白牢固地结合在一起。长时间暴露在1~1.5mg/L的NO环境中，容易引起支气管炎和肺气肿等病变。

NO_2对呼吸器官有强烈的刺激，会引起急性哮喘病。NO_2能侵入呼吸道深部细支气管及肺泡，并溶于肺泡表面的水分中，形成亚硝酸和硝酸，对肺部器官产生强烈的刺激和腐蚀作用。当NO_2参与大气的光化学反应，形成光化学烟雾后，其毒性更强。

② 对自然界的危害。NO_x排入大气中会导致光化学烟雾、酸雨的形成，造成一系列交通事故，引起人体疾病等，还会破坏臭氧层，是造成臭氧层空洞的原因之一。

专栏——洛杉矶光化学烟雾事件

美国洛杉矶光化学烟雾事件是世界有名的公害事件之一。在1952年12月的一次光化学烟雾事件中，洛杉矶市65岁以上老人死亡400多人。1955年9月，由于大气污染和高温，短短2天内65岁以上老人又死亡400余人，许多人出现眼睛痛、头痛、呼吸困难等症状。直到20世纪70年代，洛杉矶市还被称为"美国的烟雾城"。

洛杉矶在20世纪40年代就拥有250万辆汽车，每天消耗1100t汽油，排出约1000t碳氢化合物，约300t NO_x，约700t CO。另外，还有炼油厂、供油站等其他石油燃烧排放。这些化合物在太阳紫外线照射下引起化学反应，形成淡蓝色烟雾，使该市大多市民患了眼红、头疼病。后来人们称这种污染为光化学烟雾。

这次事件成了美国环境管理的转折点，催生了著名的《清洁空气法》，也起到环境管理的先头示范作用。经过近40年的治理，尽管洛杉矶的人口增长3倍、机动车增长4倍多，但该地区发布健康警告的天数却从1977年的184天下降到2004年的4天。

(4) 含碳化合物的危害

大气中含碳化合物主要包括CO、CO_2、挥发性有机化合物（VOCs）、过氧乙酰基硝酸酯（PAN）等。

① CO：是一种窒息性气体，对血液和神经系统毒性很强。CO进入大气后，由于大气的扩散稀释作用和氧化作用，一般不会造成危害。但在城市采暖季节或在交通繁忙的十字路口，当气象条件不利于排气扩散稀释时，CO浓度有可能达到危害人体健康的水平。CO对人的危害主要通过呼吸系统进入人体血液内，与血液中的血红蛋白、肌肉中的肌红蛋白、含二价铁的呼吸酶结合。这不仅会降低血细胞携带氧的能力，而且还抑制、延缓氧血红蛋白的解析和释放，导致机体组织因缺氧而坏死，严重时会危及人的生命。

② CO_2：为无毒气体，是植物光合作用的原料之一。由于大量化石燃料的燃烧，地球上CO_2浓度增加，使氧气含量相对减少，对人产生不良影响。CO_2是温室气体之一，"温室效应"已导致病虫害增加、海平面上升、气候反常、海洋风暴增多、土地干旱、沙漠化面积增大等恶果。

③ VOCs：VOCs（挥发性有机化合物）是指常温下沸点低于260℃的各种有机化合物。这些化合物在常温下易挥发，并且在大气中可以参与光化学反应，对环境和人类健康有一定影响。在我国，VOCs指常温下饱和蒸气压大于13.33Pa、低沸点、小分子量，且在常温下易于挥发的全部有机化合物。室外VOCs主要来自燃料燃烧和交通运输。室内VOCs主要来自燃煤和天然气等燃烧产物以及吸烟、采暖和烹调的烟雾等。VOCs参与大气中臭氧和二次气溶胶的形成，是城市灰霾和光化学烟雾的重要前体物。此外，大部分VOCs具有毒性、致畸性和致癌作用，特别是苯及其同系等芳香烃，例如多环芳烃类（PAHs）中的苯并[a]芘，就是一种强致癌物质。

④ PAN：具有强烈刺激眼睛的作用，使人眼睛红肿、流泪，呼吸系统症状表现为喉疼、喘息、咳嗽、呼吸困难，还会引起头痛、胸闷、疲劳感、皮肤潮红、心功能障碍和肺功能衰竭等一系列症状。PAN还会使植物叶子背面呈银灰色或古铜色，影响植物生长，降低植物对病虫害的抵抗力。

(5) 卤代烃的危害

臭氧层破坏的元凶，使人类的保护伞臭氧层出现空洞，致使紫外线能透过大气层对人体造成伤害。

(6) O_3的危害

低浓度的O_3可消毒，但超量的O_3则是个无形杀手。它强烈刺激人的呼吸道，造成咽喉肿痛、胸闷咳嗽，引发支气管炎和肺气肿；造成人的神经中毒，头晕头痛、视力下降、记忆力衰退；对人体皮肤中的维生素E起到破坏作用，致使人的皮肤起皱、出现黑斑；破坏人体的免疫机能，诱发淋巴细胞染色体病变，加速衰老，致使胎儿畸形；是光化学烟雾形成的主要因素之一。

专栏——深圳市空气质量

深圳市的空气质量一直位于一线城市中的前列，还曾排在全国城市前三。但在生态环境部发布的2019年全国环境空气质量榜单中，深圳排名有所滑落，仅位于第九名。深圳市生态环境局大气环境处负责人介绍说，其实近年来，深圳大气环境质量已经持续向好，特别是2019年$PM_{2.5}$浓度降至$24\mu g/m^3$，为2006年有监测数据以来最低水平，首次达到世卫组织第二阶段标准；灰霾天数进一步减少至9天，为1989年以来最低水平。

但与此同时，臭氧污染形势却不容乐观。自2013年以来，深圳臭氧评价浓度振荡上升，2019年升至$156\mu g/m^3$，接近国家标准$160\mu g/m^3$；2015年起臭氧超标天数开始超过$PM_{2.5}$且持续上升，2019年大气质量超标33天均为臭氧超标，AQI（空气质量指数）达标率有所下降，也是导致深圳空气质量全国排名滑落的主要原因。

但是自2021年以来，深圳大力推进挥发性有机物（VOCs）和氮氧化物（NO_x）协同减排，强化$PM_{2.5}$和O_3协同控制，加强扬尘管控，为我国首个达到世界卫生组织第三阶段指导值区间的城市。

专栏——2021年北京市空气质量首次全面达标，被联合国环境规划署誉为"北京奇迹"

2021年，北京市优良天数达到288天，占比78.9%，接近八成；较2013年增加了112天，相当于2021年的优良天数比2013年多了将近4个月。其中，2021年的一级优天数为114天，较2013年增加了73天。2013年以来，北京市大气环境中各项污染物浓度均显著下降。其中，$PM_{2.5}$、PM_{10}、SO_2、NO_2年均浓度分别下降63.1%、49.1%、88.7%、53.6%，CO浓度下降67.5%，O_3浓度下降18.8%。

北京市集中开展大气污染防治以来，在经济社会快速发展的同时实现了大气主要污染物浓度持续下降。2004年开始SO_2稳定达标，2019年开始可吸入颗粒物PM_{10}和NO_2持续达标。2021年，北京市$PM_{2.5}$年均浓度和O_3浓度分别为$33\mu g/m^3$、$149\mu g/m^3$，首次同步达到国家二级标准；PM_{10}、NO_2、SO_2年均浓度分别为$55\mu g/m^3$、$26\mu g/m^3$、$3\mu g/m^3$，CO浓度为$1.1mg/m^3$，均多年稳定达到国家二级标准。各项大气污染物实现协同改善，北京市空气质量首次全面达标。

4.3 大气污染的主要类型

4.3.1 煤烟型污染

煤主要由C、H、O、N、S和P等元素组成，此外还有极少数的其他元素。C、H、O三者总和约占有机质的95%以上。煤烟型污染就是由煤炭燃烧排放的烟尘、SO_2等一次污染物及其二次污染物所造成的大气污染问题。新中国成立以后的很长一段时间大气污染以煤烟型污染为主，主要污染物是烟尘和SO_2，此外还有NO_x和CO等。

（1）煤的燃烧过程

煤炭的燃烧一般经历四个阶段：水分蒸发阶段，当温度达到105℃左右时，煤炭中的水分被全部蒸发；挥发分燃烧阶段，温度持续上升，煤炭中的挥发物随之析出，达到着火点后，挥发分开始燃烧，这个阶段一般只占整个燃烧时段的1/10左右；焦炭燃烧阶段，煤炭中的挥发分燃烧殆尽后，余下的碳和灰组成的固体物即是焦炭，焦炭剧烈燃烧会放出大量的热量，煤的燃烧速度和燃烬程度主要都取决于这个阶段；燃烬阶段，在这个阶段灰渣中的焦炭开始燃烧，可降低不完全燃烧热损失，提高煤炭燃烧效率。

（2）煤燃烧污染物的形成

① 烟的形成。在煤燃烧过程中，氧化、升华、蒸发和冷凝等热过程所形成的细粒子统称为烟，粒径在 $1\mu m$ 以下。烟是由气相、固相和液相混合组成的气溶胶。气相成分为 N_2、CO_2、CO、O_2、NO_x、SO_2 等，液相主体为水，固相成分为燃烧产生的烟尘，还包括未燃尽的含碳化合物——黑烟。在黑烟的成分中，碳约占 96.2%，氢约占 0.8%，剩下的是氧。根据燃烧状况和烟气净化程度，排烟中的各成分也不同，如湿式除尘脱硫后的排烟含水分较多，因此烟气呈白色水雾状；炉窑以燃烧烟煤为主，净化效果不佳时会出现黑烟，呈黑色；干式除尘器除尘效果不好时，烟气中含大量烟尘，烟气呈褐色。

② 硫氧化物的形成。煤中硫以有机硫、硫酸盐、硫化物的形式存在。在燃烧过程中的第一、二阶段，煤的挥发分逸出，有机硫分解，并发生氧化反应生成 SO_2。随着温度的升高，硫化物和硫单质燃烧，与氧反应生成硫氧化物释放出来。在燃烧过程中，煤和煤渣的熔融可有效地抑制硫酸盐的分解，减少硫化物的释放。

③ 氮氧化物的形成。氮的化合物在燃烧过程中与氧发生反应生成氮氧化物，主要有 N_2O、NO、NO_2、NO_3、N_2O_3、N_2O_4、N_2O_5 等，常用 NO_x 表示。由于燃烧时间和条件不同，生成的各种氧化物的含量也不一样。燃烧产生的 NO_x 主要分为三类：第一类是热力型 NO_x，在高温燃烧时空气中的氮气和氧气反应生成的 NO_x；第二类是燃料型 NO_x，是燃料中有机氮经过化学反应生成的 NO_x；第三类是火焰边缘形成的快速型 NO_x，其生成量很少，一般可忽略。

④ 颗粒物的形成。煤进入炉膛后先经过加温，在燃烧第二、三阶段逸出挥发分后，出现大量孔穴。随着燃烧时间和温度的增加，燃烧由表向里进行，煤出现破裂，变成大小不等的颗粒。在热力和炉内风力的作用下，燃烧过程中形成的微小颗粒，称为飞灰，排出烟囱后称为烟尘，进入大气后形成大气污染物——总悬浮颗粒（TSP）。在煤炭燃烧的第四阶段，炉膛中煤出现软化熔融现象，此时飞灰产生量开始减少。

专栏——伦敦烟雾事件

20 世纪 50 年代，伦敦市区以煤为燃料的工厂如雨后春笋疯狂增加，这些工厂昼夜不停地向伦敦上空排放着大量烟雾，伦敦居民也因烧煤取暖向空中释放出大量烟雾。因此伦敦上空逐渐被灰蒙蒙的烟雾所笼罩，伦敦居民常年看不到蓝色的天空，一年里平均有七八十日处于"雾日"，可视距离不超过 1000m。

1952 年 12 月 5 日至 9 日，伦敦上空受反气旋影响，大量工厂生产和居民燃煤取暖排出的废气难以扩散，积聚在城市上空。伦敦被浓厚的烟雾笼罩，交通瘫痪，行人小心翼翼地摸索前进。市民不仅生活受到影响，健康也受到严重侵害。许多市民出现胸闷、窒息等不适感，呼吸道疾病发病率和死亡率急剧增加，直至 12 月 9 日，一股强劲而寒冷的西风吹散了笼罩在伦敦的烟雾。据统计，当月因这场大烟雾而死的人多达 4000 人，此次事件被称为"伦敦烟雾事件"。该事件是英国史上最为严重的一次空气污染事件之一，事件直接或间接导致多达 1.2 万人丧生，被认为是 20 世纪十大环境公害事件之一。

1956 年英国政府颁布了世界上第一部现代意义上的空气污染防治法——《清洁空气法案》，大规模改造城市居民的传统炉灶，逐步实现居民生活天然气化，减少煤炭用量，冬季采取集中供暖；在城市里设立无烟区，区内禁止使用可以产生烟雾的燃料。发电厂和重工业作为排烟大户被强制搬迁到郊区。

4.3.2 交通型污染

交通型污染是城市空气的主要污染源之一,是由交通工具运输过程中产生的废气导致的。汽车排放的废气中主要污染物有固体悬浮颗粒物、CO、CO_2、氮氧化合物(NO_x)、碳氢化合物(HC)、铅及硫氧化合物(SO_x)等,能直接侵袭人的呼吸器官,对人体健康的危害很大。

尾气中的一部分有害物质,主要由于燃料不完全燃烧或燃气温度较低而产生,尤其是在次序启动、喷油器喷雾不良、超负荷工作运行时,燃油不能很好地与氧化合燃烧,必定生成大量的CO、HC和烟尘。另一部分有害物质,是由于燃烧室内的高温、高压而形成的NO_x。汽车尾气的有害成分和危害主要表现在以下几个方面:

① 固体悬浮颗粒。尾气中的颗粒物,一般由直径 $0.1\sim40\mu m$ 的多孔性炭粒构成。它能黏附SO_2及苯并[a]芘等有毒物质,有臭味,对人体呼吸道极为有害。当固体悬浮颗粒随呼吸进入人体肺部后,以碰撞、扩散、沉积等方式滞留在呼吸道的不同部位,引起呼吸系统疾病;当悬浮颗粒物达到一定临界值时,还可能会引起恶性肿瘤。另外,悬浮颗粒物能直接接触皮肤和眼睛,阻塞皮肤的毛囊和汗腺,引起皮肤炎和眼结膜炎,甚至还可能造成角膜损伤。

② CO。CO是一种无色无味有毒的气体,主要是汽油不完全燃烧时产生的有害气体,它不易与其他物质发生反应,一般能停留2~3年,因而成为大气成分中比较稳定的组成部分,通常被认为是汽车尾气排放的第一公害。一氧化碳与血液中血红蛋白结合的速度比氧气快250倍。一氧化碳经呼吸道进入血液循环,与血红蛋白结合后生成碳氧血红蛋白,从而削弱血液向各组织输送氧的功能,危害中枢神经系统,造成人的感觉、反应、理解、记忆力等机能障碍,重者危害血液循环系统,产生生命危险。

③ HC。HC是未经燃烧或燃烧不充分的汽油,以气体形式直接排出的结果。HC化合物在大气上空,在太阳光紫外线作用下,会与氧化氮起光化学反应生成臭氧、醛等烟雾状物质,刺激人们的喉、眼、鼻等黏膜,同时还具有致癌作用。它不仅危害人类与动物,而且对生态环境也有严重的破坏,会影响农作物的生长,使农业减产。因此通常被认为是汽车尾气排放的第二公害。

④ NO_x。汽车尾气中的NO_x主要以NO的形式排放,其在大气中很容易被O_3氧化生成NO_2,NO_2在大气中被氧化生成硝酸会导致酸雨问题。NO_x还可使平流层中臭氧减少使得到达地球的紫外线辐射量增加,对人体健康产生不良影响;NO_x会和大气中其他污染物发生光化学反应形成光化学烟雾污染。

> **专栏——我国机动车保有量和大气污染问题**
>
> 《中国移动源环境管理年报(2023年)》统计,2018年我国机动车保有量为3.27亿辆,2023年,我国机动车保有量达4.35亿辆;2023年,汽车保有量达3.36亿辆,同比增长5.39%;新能源汽车保有量2041万辆,比2022年上升了2.7个百分点,占汽车总量的6.07%。
>
> 据《中国移动源环境管理年报(2023年)》,我国机动车(含汽车、三轮汽车和低速货车、摩托车等)四项污染物排放总量为1.466×10^7t,其中CO、HC、NO_x、PM排放量分别为7.43×10^6t、1.912×10^6t、5.267×10^6t、5.3×10^4t。汽车是污染物排放总量的主要贡献者,其排放的四项污染物超过90%。另外,柴油车NO_x和PM排放总量分别超过汽车排放总量的80%和90%,汽油车CO和HC排放量超过汽车污染物排放总量的80%。移动源污染已成为我国大中城市空气污染的重要来源,是造成细颗粒物、光化学烟雾污染的重要原因。

我国不断加大机动车污染防治力度，推行机动车排放标准升级，加速淘汰高排放车辆，大力发展新能源车，推动车用燃料清洁化，推进运输结构调整，积极倡导"绿色出行"理念，已经取得一定成效。例如在机动车保有量持续增加的情况下，四项污染物排放总量反而从2018年的4.065×10^7 t下降到1.466×10^7 t。

专栏——北京市提前实施国六机动车排放标准

为进一步加大机动车污染防治力度，持续改善北京市环境空气质量，北京市生态环境局等部门于2019年6月28日联合印发了《关于北京市提前实施国六机动车排放标准的通告》，将提前实施国六b排放标准。通告规定，自2019年7月1日起，重型燃气车以及公交和环卫重型柴油车执行国六b排放标准；自2020年1月1日起，轻型汽油车和重型柴油车执行国六b排放标准。

2020年6月28日，北京市生态环境局和北京市公安局公安交通管理局联合通告，宣布北京市将在继续实施轻型汽油车国六b排放标准的基础上，对轻型汽油车国六b排放标准中颗粒物数量限值（PN限值）的实施要求进行调整：在北京市生产、进口的国六b排放标准轻型汽油车PN限值6.0×10^{11}个/km的实施日期，由2020年7月1日调整为2021年1月1日。

4.3.3 酸沉降

酸沉降是指大气中的酸性物质以降水的形式或者在气流作用下迁移到地面的过程。酸沉降包括"湿沉降"和"干沉降"。湿沉降通常指pH值低于5.6的降水，包括雨、雪、雾、冰雹等各种降水形式，最常见的是酸雨。干沉降指大气中的酸性物质在气流的作用下直接迁移到地面的过程。目前，人们对酸雨的研究较多，常把酸沉降与酸雨的概念等同起来。

（1）来源与形成

降水的酸度是由降水中酸性和碱性化学物质间的平衡决定的。大气中可能形成酸的物质主要包括硫化合物、氮化合物以及氯化物等。硫化合物和氮化合物进入大气后，会经历扩散、转化、运输以及被雨水吸收、冲刷、清除等过程。气态的NO_x、SO_2在大气中可被催化氧化或光化学氧化成不易挥发的硝酸和硫酸，并溶于云滴或雨滴而成为降水成分。通常认为，主要的酸基质是SO_2和NO_x。

① 天然排放源。硫化合物与氮化合物的天然排放源可分为非生物源和生物源。非生物源排放，包括海浪溅沫、地热排放气体与颗粒物、火山喷发等。海浪溅沫的微滴以气溶胶形式悬浮在大气中，海洋中硫的气态化合物，如H_2S、SO_2、$(CH_3)S$在大气中被氧化，形成H_2SO_4。火山活动也是主要的天然硫排放源，内陆火山爆发喷发到大气中的S约为3×10^6 t/a。

生物源排放主要来自有机物腐败、细菌分解有机物的过程，以排放H_2S、DMS（二甲基硫醚）、COS（羰基硫）为主，它们可以被氧化为SO_2、NO_x而进入大气。

全球天然源硫排放估计为5×10^6 t/a，全球天然源氮的排放量因闪电造成的NO_x很难测定而难以估计准确。

② 人为排放源。大气中硫和氮的化合物大部分是由人为活动产生的，化石燃料造成的SO_2与NO_x排放是产生酸雨的根本原因。这已从欧洲、北美历年排放SO_2和NO_x的递增量与出现酸雨的频率及降水酸度上升趋势得到证明。由于燃烧化石燃料及施用农田化肥，全球每年约有$7\times10^7\sim8\times10^7$ t氮进入自然界，同时向大气排放约1×10^8 t硫。近一个多世纪以来，全球SO_2排放量一直在上升，近年来上升趋势有所减缓，主要是因为减少了对化石燃料的依赖，同时广泛

地采用了低硫燃料以及安装污染控制装置。

（2）酸雨的危害

酸沉降会以不同方式危害水生生态系统、陆生生态系统、材料和人体健康。

① 土壤酸化和营养流失。在酸雨的作用下，土壤中的营养元素钾、钠、钙、镁会流失出来，并随着雨水被淋溶掉，造成土壤中营养元素的严重不足，从而使土壤变得贫瘠。

② 对水生生态的影响。酸性物质进入水体，使水体pH值降低，导致鱼类死亡；酸雨浸渍土壤，侵蚀矿物，使铝元素和其他重金属元素沿着基岩裂缝流入水体，影响水生生物生长或使其死亡。例如，水中无机铝含量达到0.2mg/L时，就会致鱼类死亡。一些研究揭示，酸性水域的鱼体内汞浓度很高，若食用这些含有汞浓度很高的水生生物，势必会对人类健康带来有害影响。

③ 对森林生态的影响。近年来，人们普遍将大面积的森林死亡归因于酸雨的危害。酸雨对森林的危害主要由于土壤在酸雨的作用下物理化学性质发生了改变，营养流失变得贫瘠。此外，酸性条件有利于病虫害的扩散，危害树木安全生长；如树木遇到持续干旱等诱发因素，土壤酸化程度加剧，会引起根系严重枯萎，致使树木死亡。

④ 对材料的影响。酸雨会加速许多用于建筑结构、桥梁、水坝、工业装备、供水管网、地下贮罐、水轮发电机以及动力和通信电缆等材料的腐蚀。酸雨还能严重损害古迹，如雅典巴特农神殿和罗马的图拉真凯旋柱，都受到酸性沉积物的侵蚀。

⑤ 对人体健康的影响。酸雨对人体健康产生间接的影响。酸雨使地面水变成酸性，地下水中金属量会升高，饮用这种水或食用酸性河水中的鱼类会对人体健康产生危害。据报道，很多国家由于酸雨的影响，地下水中 Al、Cu、Zn、Cd 的浓度已上升到正常值的 10～100 倍。

专栏——酸雨危害事件

20世纪70年代开始，美国东北部及加拿大东南部地区的湖泊水质开始酸化，pH值一度降到1.4，污染程度较弱的湖泊仍有3.5。大面积湖泊停止呼吸，可谓一潭死水。

该地区的工业高度发达，年均 SO_2 排放量约 2.5×10^7 t，形成约 3.6×10^4 km^2 的酸雨区，区域内大约55%（9400km^2）的湖泊酸化变质。另据纽约州的阿迪龙达克山区数据记载，1930年那里只有4%的湖泊无鱼，1975年有50%的湖泊无鱼，其中200个已成死湖。

加拿大受酸雨影响的水域达 5.2×10^4 km^2，5000多个湖泊明显酸化。1979年多伦多地区湖水平均pH值为3.5，安大略省萨德伯里周围1500多个湖泊池塘中也总是漂浮死鱼，湖滨树木已然枯萎。

因为酸雨，到1983年德国（原联邦德国地区）原有的 7.4×10^6 hm^2 森林有34%染上枯死病，每年树木死亡率占新生率的21%。原来生机勃勃的繁荣景象一去不复返，换来的只是"黑森林"般的衰败。

4.3.4 雾霾

雾霾，是雾和霾的组合词，雾霾常见于城市。雾霾主要由二氧化硫、氮氧化物和可吸入颗粒物这三项组成，前两者为气态污染物，最后一项颗粒物才是加重雾霾天气污染的主要原因，它们会与雾气结合在一起，让天空瞬间变得阴沉灰暗。

雾霾是特定气候条件与人类活动相互作用的结果。高密度人口的经济及社会活动必然会排放大量细颗粒物（$PM_{2.5}$），一旦排放超过大气循环能力和承载度，细颗粒物浓度将持续积聚，此时如果受静稳天气等影响，极易出现大范围的雾霾。

(1) 雾霾成因

雾霾天气形成原因包括人为因素和气象因素。

① 人为因素。人为因素主要包括：工业生产排放的废气、机动车排放的尾气、冬季取暖烧煤产生的烟气、建筑工地和道路交通产生的扬尘、装修过程中产生的粉尘等，这些因素导致大气中的 PM_{10} 和 $PM_{2.5}$ 浓度增加，从而导致雾霾天气。人为因素是雾霾产生的重要因素。

② 气象因素。在秋冬季节，大气环流异常导致的静稳天气多。在静稳天气条件下，气压场较为均匀、风速较小，湍流受到抑制，特别是若出现逆温层，低空水汽和颗粒物不易扩散，极易形成雾霾天气。

(2) 雾霾的危害

① 对人体健康的危害。雾霾中含有各种对人体有害的细颗粒和有毒物质，特别是直径在 $0.01\mu m$ 以下的悬浮颗粒物，可直接通过呼吸系统进入支气管，甚至肺部，造成呼吸道疾病、脑血管疾病和鼻腔炎症等。雾霾天气时，由于空气流动性差，对有害细菌和病毒的稀释能力大大降低，还会导致疾病传播风险升高。

② 对交通的不利影响。雾霾天气时，空气质量差，能见度低，易导致交通堵塞，引发交通事故，造成较严重的人身安全伤害和经济损失。

4.4 大气污染防治

4.4.1 大气环境标准

大气污染对自然和社会造成了巨大的影响。为此，我国通过制定一系列国家标准、行业标准和地方标准来控制现代企业的污染物排放量，控制人为的环境破坏。

(1) 大气环境质量标准

为贯彻《中华人民共和国环境保护法》和《中华人民共和国大气污染防治法》，保护和改善生活环境、生态环境，保障人体健康，我国制定了《环境空气质量标准》(GB 3095—2012)、《乘用车内空气质量评价指南》(GB/T 27630—2011)和《室内空气质量标准》(GB/T 18883—2022)等标准。

《环境空气质量标准》(GB 3095—2012)规定了环境空气功能区分类、标准分级、污染物项目、平均时间及浓度限值、监测方法、数据统计的有效性规定及实施与监督等内容，适用于环境空气质量评价与管理。按照该标准环境空气功能区分为两类：一类区为自然保护区、风景名胜区和其他需要保护的区域；二类区为居住区、商业交通居民混合区、文化区、工业区和农村地区。一类区适用一级浓度限值，二类区适用二级浓度限值。

(2) 大气污染物排放标准

大气污染物排放标准，根据排放控制形式，排放标准一般分为浓度标准和总量控制标准，具体分类与水污染物排放标准类似。

《大气污染物综合排放标准》(GB 16297—1996)是国家环保总局 1996 年 4 月 12 日批准，1997 年 1 月 1 日开始实施的。规定了 33 种大气污染物的排放限值，同时规定了执行标准时的各种要求。在我国现有的国家大气污染物排放标准体系中，按照综合性排放标准与行业性排放标准不交叉执行的原则，适用于现有污染源大气污染物排放管理，以及建设项目的环境影响评价、设计、环境保护设施竣工验收及其投产后的大气污染物排放管理。

国家针对不同行业还制定了如《铸造工业大气污染物排放标准》(GB 39726—2020)、《储油库大气污染物排放标准》(GB 20950—2020)、《制药工业大气污染物排放标准》(GB 37823—2019)、《农药制造工业大气污染物排放标准》(GB 39727—2020)、《涂料、油墨及胶粘剂工业大气污染物排放标准》(GB 37824—2019) 和《挥发性有机物无组织排放控制标准》(GB 37822—2019) 等标准。

> **专栏——《大气污染防治行动计划》(简称"大气十条")**
>
> 2013年9月10日，国务院发布《大气污染防治行动计划》。其主要指标为，到2017年，全国地级及以上城市可吸入颗粒物浓度比2012年下降10%以上，优良天数逐年提高；京津冀、长三角、珠三角等区域细颗粒物浓度分别下降25%、20%、15%左右，其中北京市细颗粒物年均浓度控制在 $60\mu g/m^3$ 左右。
>
> "大气十条"以空气改善为核心，加大整治力度及整治范围，明确规定了具体的实施目标。严控"两高"行业产能总量控制，推进产业结构优化，压缩过剩产能，把大气污染防治作为转变经济发展方式的重要突破口，从经济结构根源上控制污染问题。行动计划提出，加快调整能源结构，增加清洁能源供应，从能源结构、产业结构等方面多管齐下。行动计划中还明确指出要控制煤炭消费总量。此次行动计划中明确规定了治污考核和惩罚规定，建立区域协作机制，分解目标任务，由国务院制定考核办法并进行考核。"大气十条"还提出建立政府统领、企业施治、市场驱动、公众参与的新机制，要求发挥市场调节机制的作用，完善环境经济政策、价格和税收体系。此外，行动计划突出强调要动员全民参与环保。

4.4.2 大气污染治理技术

近几十年，世界各国针对各种大气污染物开发出相应的治理技术，介绍如下。

> **专栏——《有毒有害大气污染物名录 (2018年)》**
>
> 化学品是人类有意生产的和自然界本身存在但经人类加工并利用的化学物质；化学污染物是进入环境的化学物质。目前，全球大约有10亿种化学物质，市场流通的有大约10万种化学品。有毒有害大气污染物进入大气环境，并通过人体吸入后，会对社会公众身体健康造成不利影响，世界主要发达国家通常都发布有毒有害大气污染物名录，进行严格管控。
>
> 我国生态环境部会同卫生健康委制定了《有毒有害大气污染物名录(2018年)》第一批有毒有害大气污染物名录，共有11种污染物，其中5种是重金属类物质，6种是挥发性有机物。分别为：二氯甲烷、甲醛、三氯甲烷、三氯乙烯、四氯乙烯、乙醛、镉及其化合物、铬及其化合物、汞及其化合物、铅及其化合物和砷及其化合物。
>
> 有毒有害大气污染物、有毒有害水污染物、重点控制的土壤有毒有害物质及优先控制化学品等名录，实质上都是基于风险评估方法，考虑化学物质固有危害和暴露情况，筛选出存在或者可能存在较高环境与健康风险的化学物质。

4.4.2.1 颗粒物治理技术

颗粒物治理技术即除尘技术，处理设备是除尘器，最常使用的几种除尘技术如下。

(1) 静电除尘技术

静电除尘器的工作原理：含粉尘的气体，在通过接有高压直流电源的阴极线（又称电晕极）和接地的阳极板之间形成的高压电场时，由于阴极发生电晕放电，气体被电离，带负电的气体离子，在电场力的作用下向阳极板运动，在运动中与粉尘颗粒相碰，使尘粒荷以负电，尘粒在电场力的作用下亦向阳极板运动，到达阳极板后放出所带的电子，尘粒则沉积于阳极板上，净化的气体排出除尘器外。

与其他除尘设备相比，静电除尘器耗能少，效率高，适用于去除 $0.01 \sim 50 \mu m$ 的粉尘，而且可用于烟气温度高、压力大的场合。处理的烟气量越大，静电除尘器的投资和运行费用越经济。

（2）布袋除尘技术

布袋式除尘器是一种干式滤尘装置。它适用于捕集细小、干燥、非纤维性粉尘。滤袋采用纺织的滤布或非纺织的毡制成，利用纤维织物的过滤作用对含尘气体进行过滤。含尘气体进入袋式除尘器后，颗粒大、相对密度大的粉尘由于重力作用沉降下来，落入灰斗，而较细小粉尘在通过滤料时被阻留，使气体得到净化。

布袋除尘器除尘效率高，一般在99%以上，出口气体尘含量在 $10 \sim 99 mg/m^3$ 之内，对亚微米粒径的细尘有较高的分级效率；处理风量范围广，造价低于电除尘器；结构简单，维护操作方便；对粉尘的特性不敏感，不受粉尘及电阻的影响。采用玻璃纤维、聚四氟乙烯、P84等耐高温滤料时，可在200℃以上的高温条件下运行。

（3）电袋复合式除尘技术

电袋复合除尘器，采用了静电除尘和布袋除尘的原理，克服了单一功能除尘器的弊端，对于 $PM_{2.5}$ 的吸收也具有良好的效果，这种复合型的除尘器吸尘率可高达70%～80%，而且更具环保的功效。其原理即在一个箱体内，前端安装一前级电场，后端安装布袋除尘器，烟尘先经过电场区，80%～90%的尘粒在电场区荷电下被收集下来，剩余10%～20%的细粉尘随烟气经电场出口、布袋入口的多孔板均流后，一部分烟气水平进入布袋除尘器，一部分烟气由水平流动折向滤袋下部，然后从下向上运动，进入布袋收尘器。

电袋复合式除尘器结合电除尘器及布袋除尘器两者的优点，是新一代的除尘技术，两收尘区域中任何一方发生故障时，另一区域仍保持一定的收尘效果，具有较强的相互弥补性，已得到大力推广。数据显示，2020年各类型除尘设备市场份额中电袋复合除尘设备占比最重。

4.4.2.2 硫氧化物治理技术

工程中硫氧化物的治理方法称为脱硫技术，脱硫方式主要分为湿法脱硫、半干法脱硫、干法脱硫。脱硫工艺大约有百种，但真正实现工业应用的仅有10多种。在已投运或正在计划建设的脱硫系统中，湿法烟气脱硫技术占80%左右。在湿法烟气脱硫技术中，石灰石/石膏法脱硫技术是最主要的技术。

（1）石灰-石膏法脱硫技术

石灰-石膏法脱硫技术是湿法中的一种，是目前世界上应用范围最广、工艺技术最成熟的脱硫工艺技术，是国际上通行的大机组火电厂烟气脱硫的基本工艺。

脱硫吸收剂采用价廉易得的石灰石或石灰，石灰石经破碎后磨成细粉，与水混合搅拌制成吸收浆液。在吸收塔内，吸收浆液与烟气接触混合，SO_2 与浆液中的 $CaCO_3$ 以及鼓入的空气发生化学反应，最终反应产物为石膏。脱硫后的烟气经除雾器除去带出的细小液滴，经换热器加热升温后排入烟囱，脱硫石膏浆经脱水后回收。吸收浆液可循环利用，因此脱硫吸收剂的利用率很高。近几年来，这一脱硫工艺也在工业锅炉和垃圾发电站得到应用。

该法的技术优点为：系统运行稳定，变负荷运行特性优良，可靠性高；脱硫效率高，可达95%以上；原料来源广泛、易取得、价格优惠；吸收剂利用率高（可大于90%）；容量可大可小，应用范围广；废物排放量少，并且可实现无废排放。

该法的技术缺点也比较明显。初期投资费用高、运行费用高、占地面积大、系统管理操作复杂、磨损腐蚀现象较为严重、副产物——石膏很难处理（由于销路问题只能堆放）、废水较难处理。

(2) 干法喷钙脱硫技术

干法喷钙脱硫技术是在传统炉内喷钙工艺的基础上发展起来的石灰石喷射脱硫工艺。传统的炉内喷钙工艺脱硫效率很低，仅为20%～30%，干法喷钙脱硫技术在除尘器前加装活化反应器，喷水增湿，使未反应的石灰转化成氢氧化钙，加快硫分转化成硫酸盐的速度，使烟气脱硫效率提高到70%～80%。

该工艺用于电厂烟气脱硫始于20世纪80年代初，与常规的湿式脱硫工艺相比有以下优点：投资费用较低，仅为湿法烟气脱硫工艺的50%；脱硫产物呈干态，并和飞灰相混；无须装设除雾器及再热器；设备不易腐蚀，不易发生结垢及堵塞。其缺点是：吸收剂的利用率低于湿式烟气脱硫工艺；用于高硫煤时经济性差；飞灰与脱硫产物相混可能影响综合利用；对干燥过程控制要求很高。

4.4.2.3 氮氧化物治理技术

氮氧化物治理技术在工程中称脱硝，目前已广泛应用于火电厂、炼钢厂等大型燃煤企业。脱硝技术一般分为化学法脱硝和生物法脱硝。常见的工艺有以下几种。

(1) 选择性催化还原脱硝技术

选择性催化还原法（SCR）是指在催化剂的作用下，利用还原剂（如NH_3、尿素）有选择性地与NO_x反应并生成氮气和水。该工艺运行稳定可靠，脱硝效率高，是应用最广泛的脱硝技术，世界上大部分火电厂都用此工艺脱硝。

(2) 选择性非催化还原脱硝技术

选择性非催化还原法（SNCR）是一种不用催化剂，在850～1100℃还原NO_x的方法，还原剂（常用氨或尿素）迅速分解或挥发成NH_3并与烟气中的NO_x进行反应，使得NO_x还原成N_2和H_2O，而且基本上不与O_2发生作用。

该法的优点是不需要催化剂，投资较SCR法小，比较适合于环保要求不高的改造机组。

(3) 生物法脱硝

生物法脱硝是利用微生物将NO_x转变为氮气、NO_3^-、NO_2^-以及微生物的细胞质。作为一种新型的脱硝方式，随着环保要求的提高，该脱硝技术将得到更广泛的应用。

4.4.2.4 CO_2治理技术

据报道2023年全球CO_2排放总量（来自化石燃料和土地利用变化）超过4.09×10^{10} t。CO_2虽然不是污染气体，但大量排放到空气中会引起温室效应，英国利兹大学领衔撰写的第二期《年度全球气候变化指标报告》显示，全球变暖的形势愈发严峻，2023年是有记录以来地表平均温度最高的一年，全年总变暖量已达到1.4℃。该报告团队估测其中1.3℃来自人类活动，余下的0.1℃归因于厄尔尼诺现象。因此，必须对CO_2等温室气体的排放量减少和控制，从而缓解人类的气候危机。

CO_2常见的治理方法主要包括碳捕集与贮存、碳捕集与能源化利用、碳捕集与资源化利用、CO_2资源化利用、发展清洁能源技术等。其中清洁能源在本书第10章介绍。

(1) 碳捕集与贮存

通过化学吸收和物理吸附等方法，将CO_2从各种燃烧和工业过程中分离出来，然后通过管道将其注入地下岩层中封存，贮存地点常为废弃油田或气田，防止其重新进入大气环境中。

(2) 碳捕集与能源化利用

将 CO_2 通过捕集技术从废气中分离出来以后，再将碳转化为燃料，实现其再次利用获取能量的目的。目前这一技术多限于实验研究阶段，也有少量在工业示范阶段。

(3) CO_2 资源化利用

CO_2 可以应用于化学品合成、造纸、石油开采等多个领域，通过将其转化为有用的化学品和能源，实现减排。例如 CO_2 作为水处理 pH 控制剂、焊接气体、植物生长刺激剂；CO_2 作为碳酸饮料、啤酒添加剂以及食品加工过程中的惰性保护气体等。

> **专栏——我国首个百万吨级 CCUS 项目启动 用 CO_2 把石油"赶"出来**
>
> CCUS 英文全称为 Carbon Capture Utilization and Storage，指 CO_2 捕集、利用与封存，是应对全球气候变化、控制温室气体排放的重要技术手段。联合国政府间气候变化专门委员会指出，如果没有 CCUS 技术，几乎所有气候模式都不能实现《巴黎协定》目标，且全球碳减排成本将成倍增加。
>
> 2022 年，我国首个百万吨级 CCUS 项目中国石化"齐鲁石化—胜利油田百万吨级 CCUS 项目"正式注气运行，每年约减排 $CO_2 1.0 \times 10^6 t$，相当于每年植树近 900 万棵，有力推动了能源绿色低碳转型。这项技术的应用不仅提高了石油采收率，也为碳减排和地质封存提供了重要途径，是实现碳达峰、碳中和目标的重要手段之一。
>
> 为什么选择 CO_2 驱油？这是由于 CO_2 有独特的性能，易于达到超临界状态。处于超临界状态时，其性质会发生变化，其密度近于液体，黏度近于气体，扩散系数为液体的 100 倍，具有较大的溶解能力。原油溶有 CO_2 时，原油流动性、流变性及油藏性质会得到改善。

4.4.2.5 VOCs 治理技术

VOCs 治理包括：源头减量、中间控制和末端治理。目前，我国已经由末端治理为主转化为源头削减、过程控制、末端治理三方面协同推进，进而实现全面减排。

(1) 焚烧法

焚烧法是将 VOCs 直接投入火炬、焚烧炉等系统中进行充分燃烧，最终生成 CO_2 和 H_2O。若 VOCs 浓度较低，则需加入辅助燃料，才能使 VOCs 充分燃烧。这种方法成本低，运用范围广，技术路线也比较成熟。

(2) 吸附法

吸附法是利用吸附剂的微孔结构，将 VOCs 气体吸附在表面，使其与气流主体分离。吸附剂又分为化学吸附剂和物理吸附剂两类，其中化学吸附剂多用于治理水相污染物，物理吸附剂如活性炭和沸石则在处理有机废气方面更有效。目前，吸附法常用于较低浓度废气的净化。

(3) 吸收法

吸收法是使用吸收剂与废气充分接触，对废气中的 VOCs 进行吸收。物理吸收剂主要凭借其相似相容特性，而化学吸收剂则是通过与 VOCs 发生化学反应，以达到净化废气的目的。利用直接回收、压缩冷凝回收等技术还可实现吸收剂处理后循环使用。

(4) 生物法

生物法利用厌氧菌和好氧菌对 VOCs 废气的分解能力，降低 VOCs 对大气环境的污染，是目前 VOCs 处理领域关注的重点。低浓度的 VOCs 在生物滤床中被生物膜填料吸附，分解成无害的 CO_2 和 H_2O 气体，最终排空。

习题与思考题

1. 简述大气对人类生活的重要性。
2. 什么是大气污染？请结合现实生活中的污染情况谈谈你对大气污染的认识。
3. 大气污染中主要污染物有哪些，主要来源和主要处理措施是什么？
4. 大气污染物有哪几种分类？其危害是什么？
5. 大气污染的主要类型有哪些？
6. 针对各类大气污染问题，还有哪些新的治理技术？
7. 酸雨是如何形成的？它对环境有什么影响？
8. "温室效应"的原理和机制是什么？
9. 气候变化对地球生态系统的影响有哪些？请结合现实生活列举其中一种影响。
10. 为了改善空气质量，个人应该怎么做？请列举两条具体建议。
11. 请列举大气保护的法律法规，并简要介绍其中一项法律法规。
12. 请解释"碳中和"的概念和意义。
13. 什么是光化学烟雾？请简述它的产生原理和危害。
14. 请简述全球变暖对人类的影响。
15. 请简述颗粒污染物和气态污染物控制方法和设备。
16. 影响大气污染物的地理因素有哪些？
17. 请简述大气污染综合防治的含义和措施。
18. 臭氧层破坏会带来什么危害？应对措施是什么？
19. 我国 CO_2 减排面临的挑战是什么？可以采取什么控制措施实现 CO_2 的持续减排？
20. VOCs 末端治理的主要技术有哪些？

参考文献

[1] 姜安玺. 空气污染控制 [M]. 2版. 北京：化学工业出版社，2003.
[2] 马广大. 大气污染控制技术手册 [M]. 北京：化学工业出版社，2010.
[3] 郝吉明，马广大. 大气污染控制工程 [M]. 4版. 北京：高等教育出版社，2021.
[4] 王纯，张殿印. 除尘设备手册 [M]. 2版. 北京：化学工业出版社，2019.
[5] 竹涛，徐东耀，于妍. 大气颗粒物控制 [M]. 北京：化学工业出版社，2013.
[6] 姜世中. 气象学与气候学 [M]. 2版. 北京：科学出版社，2020.
[7] 吴忠标. 大气污染控制工程 [M]. 2版. 北京：科学出版社，2022.
[8] 仇开涛. 大气颗粒物污染防治对策探讨 [J]. 中国资源综合利用，2020，38（3）：161-163.
[9] 王桂霞. 大气污染对环境保护的危害及应对策略探究 [J]. 资源节约与环保，2022（9）：23-26.
[10] 马凤萍. 大气环境颗粒污染物预防及治理措施探究 [J]. 环境与发展，2019，31（11）：38-39.
[11] 张全胜. 城市汽车尾气排放污染及其防治措施研究 [J]. 能源与节能，2021（11）：63-64.
[12] 程仁福. 城市雾霾天气成因危害分析及治理对策研究 [J]. 环境科学与管理，2022，47（5）：61-65.
[13] 刘丹，刘俊玲，郑宇婷，等. 大气污染联防联控政策对生态文明建设绩效的影响研究 [J]. 生态经济，2022，38（7）：212-219.
[14] 屈丹龙，陆诗建，林名桢，等. 新型烟气 CO_2 捕集吸收剂测试分析与优化 [J]. 天然气化工，2020，45（2）：95-99.
[15] 邵华，张俊平. 中国 VOCs 治理现状综述 [J]. 中国氯碱，2018（11）：29-32.

第 5 章 土壤环境

本章要点

1. 土壤的组成和基本性质；
2. 土壤退化；
3. 土壤污染的分类与危害；
4. 土壤自净；
5. 土壤污染的防治与修复对策。

5.1 土壤的组成和基本性质

土壤是指地球表面的一层疏松的物质，由各种颗粒状矿物质、有机物质、水分、空气、微生物等组成，能生长植物。土壤作为自然界中的独立自然体，并不是地球形成时就有的，它有自己的发生、发展历史。

5.1.1 岩石的风化与土壤的形成

土壤的最初来源是在地球形成以后，地壳表面坚硬的岩石在漫长的地质年代中，经过极其复杂的风化过程和成土过程而形成的。岩石或矿物要变成土壤，需经历两个过程。首先，由岩石、矿物风化分解，产生土壤母质。然后，土壤母质经成土过程形成土壤。这两个过程不是截然分开的，在自然界中这两个过程是互相联系、互相影响、同时进行的。

（1）岩石风化和成土母质

裸露在地球表面的岩石，由单一或多种矿物所组成。在外部环境和内在因素的相互作用下，坚硬的大块岩石逐渐变成疏松细小的颗粒或粉末，这个变化过程叫作岩石的风化过程。

自然界中引起岩石风化的原因很多，由其风化原因可分为物理风化、化学风化和生物风化三大类。

① 物理风化。物理风化指岩石只是破碎（崩解）成细小的颗粒，并不改变原来的化学组成。物理风化的影响因素很多，其中最主要的是温度。热胀冷缩使岩石的表面与内部受热不一样，里外膨胀的程度不一样，岩石中各种矿物质的膨胀程度也不一样，甚至同一结晶的三个轴向膨胀程度也不一样，这样长期胀缩就使大块的结晶岩产生裂缝，变成碎块，甚至粉碎。

② 化学风化。在物理风化作用进行的同时，岩石中所含的矿物质与大气中的水、CO_2、O_2 等发生化学作用，使岩石的粒屑分解，变得更细小，并且改变了岩石的化学成分，这种作用叫作化学风化。

在化学风化的过程中，水是最活跃的因素。水能使岩石中许多矿物质溶解，并与岩石中的矿物质发生化学变化，成为含水矿物质，使矿物质的体积增大。岩石成为易于崩碎的疏松状态会更加促进岩石的风化作用，特别是溶解有 CO_2 的水分会增加溶质的溶解度，进一步加速矿物质的分解，使原来的矿物质成分发生变化，产生次生的黏粒矿物。经化学风化后，一部分矿物质养分溶解释放出来，成为作物可吸收的养料，同时产生的黏粒可提高吸收保肥性能，从而改善水分、空气、养料等肥力因素的供应状况。

③ 生物风化。地球上出现生物之后，生物便开始参与岩石的风化过程，因生物作用而使岩石崩裂分解的过程叫作生物风化。

生物风化使岩石的风化过程更为复杂。例如，一些藻类和地衣直接生长在岩石的表面上，分泌的有机酸类可分解岩石，并从中吸取养料。在它们的作用下，岩石中的矿物质分解，不断淋失，造成岩石凹凸不平，有时还可出现细土堆积。

地壳表面的岩石经过长期风化作用后，便形成了疏松、粗细不同的风化产物。这些风化产物有的残留在原地，称为残积物。残积物经外力搬运和沉积，可以形成其他类型的堆积物。残积物和堆积物在岩石圈的上层构成一个薄薄的外壳，叫风化壳。在生物的作用和影响下，风化壳的上层可发育成土壤。由于风化壳的上层是形成土壤的重要物质或母体物质，所以称为成土风化壳或成土母质。也就是说，岩石的风化过程就是成土母质的形成过程，岩石的风化结果便是形成了成土母质。

(2) 土壤的形成

土壤的形成是在成土母质的基础上产生和发展土壤肥力的过程，也就是在成土母质基础上使植物生长发育所需要的养分、水分、空气、热量不断完备和协调的过程。这一过程实质是植物营养物质的地质大循环和生物小循环矛盾统一的过程。

物质的地质大循环是指地面岩石的风化、风化产物的淋溶与搬运、堆积，进而产生成岩作用，这是地球表面恒定的周而复始的大循环；而生物小循环是植物营养元素在生物体与土壤之间的循环；植物从土壤中吸收养分，形成植物体，后者供动物取食，而动植物残体回到土壤中，在微生物的作用下转化为植物需要的养分，促进土壤肥力的形成和发展。地质大循环涉及空间大，时间长，植物养料元素不积累；而生物小循环涉及空间小，时间短，可促进植物养料元素的积累，使土壤中有限的养分元素发挥作用。

地质大循环和生物小循环的共同作用是土壤形成的基础，无地质大循环，生物小循环就不能进行；无生物小循环，仅地质大循环，土壤也难以形成。在土壤形成过程中，两种循环过程相互渗透和不可分割地同时进行着，它们之间通过土壤相互连接在一起。

5.1.2 土壤的组成

土壤是一个相当复杂的物质体系，是由固体、液体和气体组成的疏松多孔的整体。土壤的固、液、气三相物质不是机械地混合在一起，而是互相联系、互相制约、互相影响的矛盾统一体。固相包括矿物质、有机质和生物等，液相指各种形态的水分，气相指存在于孔隙中的空气。每个组分都有自身的理化性质，相互之间具有相对稳定的比例及动态变化。

(1) 土壤矿物质

土壤矿物质是指土壤中大大小小的土粒，是岩石矿物经风化过程而形成的疏松物质，是土壤最基本的组成部分。矿物质所含的 P、K、Ca、Mg、Fe、S 等元素都是土壤中植物营养所必需的，同时它们又构成土壤的骨架，起着支撑作物生长的作用。

土壤矿物分成两类：一类是原生矿物，它们是各种岩石（主要是岩浆岩）受到程度不同的物理风化而未经化学风化的碎屑物，其化学组成和结晶结构都没有改变；另一类是次生矿物，大多数是由原生矿物经化学风化后形成的新矿物，其化学组成和晶体结构都有所改变。

原生矿物主要有石英、长石类、云母类、辉石、角闪石等。土壤中最主要的原生矿物有四类：硅酸盐类矿物、氧化物类矿物、硫化物类矿物和磷酸盐类矿物。其中，硅酸盐类矿物占岩浆岩质量的80%以上。

次生矿物的种类很多，不同土壤所含次生矿物的种类和数量也不尽相同。根据其性质与结构可分为三类：简单盐类、三氧化物类和次生铝硅酸盐类。

(2) 土壤有机质

土壤有机质是土壤中含碳有机物的总称，一般占土壤固相总质量的10%以下。有机质是土壤的重要组成部分，是土壤形成的主要标志，对土壤性质有很大影响。

土壤有机质主要来源于动植物和微生物残体。可以分为两大类：一类是组成有机体的各种有机物，称为非腐殖质，如蛋白质、糖、树脂、有机酸等；另一类是称为腐殖质的特殊有机物，如腐殖酸、富里酸和腐黑物等。

(3) 土壤生物

土壤生物包括微生物和动物两类。土壤微生物包括细菌、真菌、放线菌和藻类等生物，土壤动物包括环节动物、节肢动物、软体动物、线形动物和原生动物等无脊椎动物。

土壤微生物是土壤中最活跃的部分，它们的主要功能包括：分解土壤有机质，参与C、N、S、P等元素的生物循环；使植物需要的营养元素从有机质中释放出来，重新供植物利用；参与腐殖质合成与分解；促进土壤的发育和形成，改善土壤的营养状况。

(4) 土壤水分

土壤水分是土壤的重要组成部分，来源是大气降水、凝结水、地下水和人工灌溉水，主要来自大气降水和灌溉。水是把基本营养从土壤输送到植物根部及最远叶子中的基础介质。水进入土壤以后，土壤颗粒表面的吸附力和孔隙的毛细管力可将一部分水保持住。不同土壤保持水分的能力不同。砂土土质疏松，孔隙大，水分就容易渗漏流失；黏土土质细密，孔隙小，水分就不容易渗漏流失。

(5) 土壤空气

土壤空气主要来源于大气，其次是土壤中动植物与微生物生命活动产生的气体，还有部分来源于土壤中的化学过程，所以土壤空气与近地表的大气在组成上既相似，又存在一定的差异。

土壤空气的组成特点主要有以下几个方面：CO_2含量高于大气，O_2含量低于大气，水汽含量高于大气，有时含有少量还原性气体；组成不稳定，存在形态与大气不同。

5.1.3 土壤的分类

我国的土壤分类有两个系统，分别为中国土壤分类系统和中国土壤系统分类。现行的土壤分类系统是在学习和借鉴苏联土壤分类系统基础上，结合我国土壤具体特点建立起来的，属于地理发生学土壤分类体系。中国土壤系统分类是由中国科学院南京土壤所主持拟定的，主要依据诊断层和诊断特性，是系统化、定量化的土壤分类。

中国土壤系统分类共包括14个土纲、39个亚纲、141个土类和595个亚类。14个土纲检索情况见表5-1。

表5-1 中国土壤系统14个土纲检索简表

序号	诊断层或/和诊断特性	土纲
1	有下列之一的有机土壤物质[土壤有机碳含量≥180g/kg 或 ≥120g/kg＋(黏粒含量 g/kg×0.1)]：覆于火山物质之上/或填充其间，且石质或准石质接触面直接位于火山物质之下；或土表至50cm范围内，其总厚度≥40cm(含火山物质)；或其厚度≥2/3 的土层至准石质接触面总厚度，且矿质土层总厚度≤10cm；或经常被水饱和，且上界在土表至40cm范围内，其厚度≥40cm(高腐或半腐物质，或苔藓纤维＜3/4)或≥60cm(苔藓纤维≥3/4)	有机土

续表

序号	诊断层或/和诊断特性	土纲
2	其他土壤中有水耕层和水耕氧化还原层;或肥熟表层和磷质耕作淀积层;或灌淤表层;或堆垫表层	人为土
3	其他土层在土表下 60cm 范围内有灰化淀积层	灰土
4	其他土层在土表下 60cm 或更浅的石质接触面范围内 60% 或更厚的土层具有火山灰特性	火山灰土
5	其他土壤中有上界或在土表至 150cm 范围内的铁铝层	铁铝土
6	其他土壤中土表至 50cm 范围内黏粒≥30%,且无石质或准石质接触面土壤干燥时有宽度>0.5cm 的裂隙,和土表至 100cm 范围内有变性特征	变性土
7	其他土壤有干旱表层和上界在土表至 100cm 范围内的下列任一诊断层:盐积层、超盐积层、盐磐、石膏层、超石膏层、钙积层、超钙积层、钙磐、黏化层或雏形层	干旱土
8	其他土壤中土表至 30cm 范围内有盐积层,或土表至 75cm 范围内有碱积层	盐成土
9	其他土壤中土表至 50cm 范围内有一土层厚度≥10cm 有潜育特征	潜育土
10	其他土壤中有暗沃表层和均腐殖质特性,且矿质土层下 180cm 或至更浅的石质或准石质接触面范围内盐基饱和度≥50%	均腐土
11	其他土壤中有上界在土表至 125cm 范围内的活性富铁层	富铁土
12	其他土壤中有上界在土表至 125cm 范围内的黏化层或黏磐	淋溶土
13	其他土壤中有雏形层;或矿质土表 100cm 范围内有如下任一诊断层:漂白层、钙积层、超钙积层、钙磐、石膏层、超石膏层;或矿质土层下 20~50cm 范围内有一土层(≥10cm 厚)的 n 值<0.7;或黏粒含量<80g/kg,并有有机表层;或暗沃表层;或暗瘠表层;或有永冻层和矿质土表至 50cm 范围内有滞水土壤水分状况	雏形土
14	其他土壤	新成土

5.1.4 土壤的结构特性

(1) 土粒

土壤颗粒(土粒)是构成土壤固相骨架的基本颗粒,大小和形状各异,具有吸、供、保、调的能力。

土壤颗粒包括一系列形状大小各异的矿物物质。矿物在经历风化作用时,根据抵抗风化的能力不同,残留下来的颗粒大小也不同。抗风化能力强的矿物,残留的粒度较粗大,抗风化能力弱的矿物,残留的粒度较细小。所以,矿物颗粒的大小可体现矿物成分的差异。

石英抗风化的能力很强,常以粗粒存在,而云母、角闪石等抗风化能力弱,故多以较细土粒存在。矿物的粒级不同,化学成分有较大差异。在较细的土粒中,Ca、Mg、P、K 等元素含量较多。一般来说,土粒越细,所含养分越多,土粒越粗,所含的养分则越少。

土粒一般可分为石块和石砾、砂粒、粉粒和黏粒。

① 石块和石砾。石块和石砾多为岩石碎块,直径大于 1mm,常见于山区土壤和河漫滩土壤中。土壤含石块和石砾多时,其孔隙过大,水和养分易流失。

② 砂粒。砂粒主要为原生矿物,大多为石英、长石、云母、角闪石等,粒径为 0.05~1mm,常见于冲积平原土壤。土壤含砂粒多时,孔隙大,通气和透水性强,热容小,保水保肥能力弱,营养元素含量少,容易受到污染的危害。

③ 粉粒。粉粒也称作面砂,是原生矿物与次生矿物的混合体。原生矿物有云母、长石、角闪石等,其中白云母较多。次生矿物有次生石英、高岭石、含水氧化铁、铝,其中次生石英较

多。粉粒的粒径为 0.005～0.05mm，在黄土中含量较多。物理及化学性状介于砂粒与黏粒之间，胶结性差，分散性强，比砂砾的比表面积大，有微弱的毛细管力，有一定的保水保肥能力。

④ 黏粒。黏粒主要为次生矿物，粒径小于 0.005mm。含黏粒多的土壤，营养元素含量丰富，团聚能力较强，个体小，比表面积大，有良好的保水保肥能力，但通气和透水性较差。

（2）土壤结构

土壤结构是土粒（单粒和复粒）的排列、组合形式。土壤结构体或称结构单位，是土粒相互排列和团聚成一定形状和大小的土块或土团。

土壤结构体不仅能对空气和水分进行调节，还可以对温度、营养元素和其他化学物质的状态产生间接影响。良好的土壤结构体具有良好的孔隙性，即孔隙的数量（总孔隙度）多且大、小孔隙的分配和分布适当，有利于土壤水、肥、气、热状况调节和植物根系活动。

土壤结构体通常可以分成四种类型：块状结构体、片状结构体、棱柱状结构体以及团粒结构体。一般用土粒密度、土壤密度和孔隙度来表征土壤结构体的基本特征。土粒密度指以实体考虑而不计空隙时，土壤单位体积的质量，单位为 g/cm^3；土壤密度指单位体积的土壤质量，单位为 g/cm^3；土壤孔隙度指所有孔隙体积占整个土壤体积的比例，以百分数或小数表示，三者之间的关系为：土壤孔隙度＝（土粒密度－土壤密度）×100％/土壤密度。

5.1.5 土壤的环境特性

（1）土壤的胶体性质

土壤胶体是土壤形成过程中的产物，直径为 1～100nm；分散介质主要是水，因此，土壤胶体一般为水溶胶。一般将小于 $1\mu m$ 的土壤颗粒称为土壤胶体，这比一般胶体颗粒的上限大 10 倍，因为 $1\mu m$ 的土壤颗粒已经表现出强烈的胶体性质。

土壤胶体从形态上分为无机胶体、有机胶体以及有机-无机复合胶体。土壤无机胶体是指土壤黏土矿物，它包括次生的铝硅酸盐黏土矿物和氧化物，其中次生铝硅酸盐黏土矿物是组成土壤无机胶体的主要成分；分散相为土壤矿物和各种水合氧化物的胶体。土壤有机胶体来源于动植物和微生物的残体及其分解和合成产物，分散相主要是腐殖质。有机-无机复合胶体是由无机胶体和有机胶体通过离子间和分子间的作用力紧密结合成的，土壤中以此类胶体居多。

土壤胶体具有巨大的比表面和表面能，且带有电荷，土壤中的电荷主要集中在胶体部分。

（2）土壤的离子吸附与交换性质

土壤胶体以其巨大的比表面积和带电性，使土壤具有吸附性。土壤颗粒表面既能通过静电吸附的离子与溶液中的离子进行交换反应，也能通过共价键与溶液中的离子发生配位吸附。土壤的离子吸附与交换性质是土壤最重要的化学性质之一，是土壤具有供应、保蓄养分元素功能的保障，也是对污染元素、污染物具有一定自净能力和环境容量的根本原因，具有非常重要的环境意义。

离子从溶液转到颗粒上的过程，称为离子的吸附过程，吸附在颗粒上的离子转移到溶液中的过程，称为离子的解吸过程。离子交换作用包括阳离子交换吸附作用和阴离子交换吸附作用。土壤胶体的阳离子交换吸附是指土壤胶体吸附的阳离子与土壤溶液中的阳离子进行交换，阳离子交换过程是一种可逆过程，离子与离子之间进行等价交换并遵循质量作用定律。土壤胶体的阴离子交换吸附是指带正电荷的胶体所吸附的阴离子与溶液中阴离子的交换作用。阴离子的交换吸附比较复杂，它可与胶体微粒（如酸性条件下带正电荷的含水氧化铁、铝）或溶液中阳离子（Ca^{2+}、Al^{3+}、Fe^{3+}）形成难溶性沉淀而被稳定地吸附。

(3) 土壤的酸碱度

① 土壤的酸度。土壤的酸度是土壤的重要理化性质之一，可分为活性酸度和潜性酸度两类。土壤活性酸度指与土壤固相处于平衡状态的土壤溶液中的 H^+ 引起的酸度，是 H^+ 浓度的直接反映，通常用 pH 表示。土壤潜性酸度指吸附在土壤胶体表面的交换性致酸离子（如：H^+ 和 Al^{3+}）引起的酸度，交换性 H^+ 和 Al^{3+} 只有转移到溶液中，通过离子交换作用产生氢离子时才会显示酸性，故称潜性酸。

土壤潜性酸是活性酸的主要来源，它们始终处于动态平衡之中，属于一个体系。

② 土壤的碱度。土壤溶液中 OH^- 浓度超过 H^+ 浓度时表现为碱性，土壤的 pH 愈大，碱性愈强。土壤的碱性主要来自土壤 Na_2CO_3、$NaHCO_3$、$CaCO_3$ 以及胶体颗粒上的交换性 Na^+，它们的水解产物呈碱性。

土壤碱性除常用 pH 表示以外，总碱度和碱化度是另外两个反映碱性强弱的指标。碳酸盐碱度和重碳酸盐碱度的总和称为总碱度。碱化度是指土壤胶体吸附的交换性 Na^+ 占阳离子交换量的百分数。

③ 土壤的缓冲作用。土壤缓冲性是指土壤在一定范围内具有抵抗、调节土壤溶液 H^+ 或 OH^- 浓度改变的一种能力，是土壤的重要性质之一。它可以保持土壤 pH 的相对稳定，为植物生长和土壤生物的活动创造比较稳定的生活环境。

土壤溶液中含有碳酸、硅酸、磷酸、腐殖酸和其他有机酸等弱酸及其盐类，构成一个良好的缓冲体系，对酸碱具有缓冲作用。土壤胶体吸附有阳离子，其中盐基离子和氢离子能分别对酸和碱起缓冲作用。土壤缓冲能力的大小顺序为：腐殖质土＞黏土＞砂土。

(4) 土壤的氧化还原性

氧化还原反应是土壤中无机物和有机物发生迁移转化，并对土壤生态系统产生重要影响的化学过程。氧化还原反应是由电子在物质之间的传递引起的，表现为元素价态的变化。

土壤中参与氧化还原反应的元素有 C、H、N、O、S、Fe、Mn、As、Cr 以及其他一些变价元素，较为重要的是 O、Fe、Mn、S 和某些有机化合物，并以氧和有机还原性物质较为活泼，Fe、Mn 和 S 等的转化则主要受氧和有机质的影响。土壤中的主要氧化剂有 O_2、NO_3^- 和高价金属离子（如 Fe^{3+}、Mn^{4+}、V^{5+}、Ti^{6+}）等，主要还原剂为有机质和低价金属离子。

土壤中的氧化还原反应主要在干湿交替的条件下进行，其次是有机物质的氧化和生物机体的活动。土壤氧化还原能力的大小可用氧化还原电位（E_n）来衡量，其值取决于氧化态物质与还原态物质的相对浓度比。

土壤氧化还原反应影响土壤形成过程中物质的转化、迁移和土壤剖面的发育，控制土壤元素的形态和有效性，制约土壤环境中某些污染物的形态、转化和归趋，是土壤的重要化学性质之一。

专栏——第三次全国国土调查

2017 年 10 月 16 日，根据《中华人民共和国土地管理法》《土地调查条例》有关规定，国务院决定自 2017 年起开展第三次全国土地调查。

调查主要内容包括：实地调查土地的地类、面积和权属，全面掌握全国耕地、种植园用地、林地、草地、湿地、商业服务业、工矿、住宅、公共管理与公共服务、交通运输、水域及水利设施用地等地类分布及利用状况；细化耕地调查，全面掌握耕地数量、质量、分布和构成；开展低效闲置土地调查，全面摸清城镇及开发区范围内的土地利用状况；同步推进相关自然资源专业调查，整合相关自然资源专业信息；建立互联共享的，覆盖国家、省、地、县四级的、集影像、地类、范围、面积、权属和相关自然资源信息为一体的国土调查数据库，完善各级互联共享的网络化管理系统；健全国土及森林、草原、水、湿地等自然资源变化信息的调查、统计和全天候、全覆盖遥感监测与快速更新机制。

2021年8月26日上午，自然资源部召开新闻发布会，公布第三次全国国土调查主要数据成果。数据显示，我国耕地面积19.179亿亩，园地3亿亩，林地42.6亿亩，草地39.67亿亩，湿地3.5亿亩，建设用地6.13亿亩。数据还显示，10年间，生态功能较强的林地、草地、湿地河流水面、湖泊水面等地类合计增加了2.6亿亩，可以看出我国生态建设取得积极成效。

5.2 土壤退化

土壤退化是指在各种自然因素特别是人为因素影响下，导致土壤的农业生产能力或土地利用、环境调控潜力下降（包括暂时性的和永久性的），即土壤质量及其可持续性下降，甚至完全丧失其物理、化学和生物学特征的过程，包括过去的、现在的和将来的退化过程。土壤退化是土地退化中最集中的表现，是最基础也是最重要的具有生态环境连锁效应的退化现象。土壤退化，对农业而言意味着土壤肥力和生产力的下降，对环境而言是土壤质量的下降。

5.2.1 土壤退化的现状

（1）全球的土壤退化

土壤退化是一个全球性问题，它影响着人类的粮食安全、生物多样性和气候变化。据2024年2月21日德国波恩新闻报道，全球每年约有$1\times10^8 hm^2$的健康土地退化，相当于每秒钟就有四个足球场大小的土地流失。《联合国防治荒漠化公约》（UNCCD）指出，全球多达40％的土地已经退化，影响着全球近半数的人口。

不合理的人为活动所引起的土壤退化问题，严重威胁到农业发展的可持续性。联合国环境规划署年鉴（2012）指出，在过去25年里，由于不可持续的土地利用方式，全球24％的土地健康状况和生产力有所下降。由于一些传统型和密集型的农业生产方式，土壤退化速度是土壤自然形成速度的大约100倍。联合国期刊《自然资源论坛》（2014）上发表的一份报告显示，全世界$3.1\times10^8 hm^2$农业灌溉土地中，约有$6.2\times10^7 hm^2$为盐渍化土地，与20年前的$4.5\times10^7 hm^2$相比，相当于每天新增$2\times10^3 hm^2$以上的盐渍化土地。就分布地区来看，热带亚热带地区的亚洲、非洲土壤退化尤为突出。

根据2018年3月26日生物多样性和生态系统服务政府间科学—政策平台（IPBES）发布的《土地退化与恢复评估决策者摘要》报告，全球土地退化威胁着至少32亿人的生计，过去300年来全球有87％的湿地损失，自1900年以来全球有54％的湿地损失，仅2010年一年因土壤退化造成的经济损失估计超过全球年度总产值的10％。2021年由联合国粮食及农业组织与联合国环境规划署联合发布的《全球土壤污染评估》中显示，全球目前33％的土壤处于中度至高度退化状态，至2050年，土壤需要多产出60％的食物，才能满足人类的需求。

在2024年7月1日，联合国教科文组织（UNESCO）在国际土壤大会上发出紧急警告：如果不立即采取行动，到2050年，地球上90％的表层土壤可能会退化，这将对生物多样性和人类生活产生深远的影响。根据"世界荒漠化地图集"的数据，目前全球已有75％的土壤出现了退化现象,这直接影响了 32 亿人的生活。如果不采取行动,按照当前的趋势发展,到 2050 年,退化的土壤比例可能会激增至 90%。

(2) 我国的土壤退化

① 土壤退化现状。我国现有荒漠化沙化土地 44.78 亿亩,《2023 中国生态环境状况公报》数据显示,2022 年全国水土流失面积为 $2.6534\times10^6\,km^2$,其中,水力侵蚀面积为 $1.0906\times10^6\,km^2$,风力侵蚀面积为 $1.5628\times10^6\,km^2$,2023 年全国水土流失面积为 $2.6276\times10^6\,km^2$,其中,水力侵蚀面积为 $1.0714\times10^6\,km^2$,风力侵蚀面积为 $1.5562\times10^6\,km^2$,较 2022 年分别减少 $2.85\times10^4\,km^2$、$1.92\times10^4\,km^2$ 和 $6.6\times10^3\,km^2$。2022 年的《第六次全国荒漠化和沙化调查结果》显示,中国荒漠化土地面积为 $2.5737\times10^6\,km^2$,占国土面积的 26.81%。沙化土地面积为 $1.6878\times10^6\,km^2$,占国土面积的 17.58%。

② 土壤退化治理取得的成效。长期以来,我国荒漠化、石漠化防治工作坚持依法防治、科学防治,不断健全法律法规,优化顶层设计,持续深化改革,加强监督考核,实施重点工程治理,强化荒漠植被保护。据统计,我国已成功遏制荒漠化扩展态势,荒漠化、沙化、石漠化土地面积以年均 $2424\,km^2$、$1980\,km^2$、$3860\,km^2$ 的速度持续缩减,沙区和岩溶地区生态状况整体好转,实现了从"沙进人退"到"绿进沙退"的历史性转变。我国荒漠化治理在改善沙区生态环境的同时,也保护了耕地,带动畜牧养殖业和林果业发展,拓展了人们生产生活空间,促进了区域经济发展。

5.2.2 土壤退化的主要类型

土壤退化的主要类型有土壤侵蚀、荒漠化与沙化、盐碱化和酸化等。

(1) 土壤侵蚀

土壤侵蚀是指土壤及其母质在水力、风力、冻融、重力等外营力作用下,被破坏、剥蚀、搬运和沉积的过程。土壤侵蚀导致土层变薄、土壤退化、土地破碎,破坏生态平衡,并引起泥沙沉积、淹没农田、淤塞河湖水库等不利影响,对农牧业生产、水利、电力和航运事业产生危害。土壤水蚀还会输出大量养分元素,污染水体。

土壤侵蚀退化是对人类赖以生存的土壤、土地和水资源的严重威胁,主要类型有水力侵蚀、风力侵蚀、重力侵蚀和冻融侵蚀等。

① 水力侵蚀又称流水侵蚀,指降水和径流引起的土壤侵蚀。自然地貌类型、地表状况、土壤特征对侵蚀过程都有显著的影响。土壤水侵蚀通常可以分为面蚀、潜蚀、沟蚀和冲蚀。

② 风力侵蚀指风力作用引起的土壤侵蚀。风力侵蚀发生范围较广,容易发生在比较干旱、植被稀疏的条件下。当风力大于土壤的抗蚀能力时,土粒就会悬浮在气流中被带走。除了植被良好的地方和水田外,都有可能发生。

③ 重力侵蚀指斜坡陡壁上的风化碎屑或不稳定的土石岩块在重力作用下发生失稳移动的现象。重力侵蚀在地表表现为滑坡、崩塌和山剥皮等,多发生在深沟大谷的高陡边坡上。一般可分为泄流、崩塌滑坡和泥石流等类型。

④ 冻融侵蚀是指土壤及其母质孔隙中或岩石裂缝中的水分在冻结时体积膨胀,使裂隙随之加大、增多所导致整块土体或岩石发生碎裂,并顺坡向下方产生位移的现象,主要分布于冻土地带。由于温度和地表物质的差异,冻融侵蚀会引起冻土反复融化与冻结,从而导致土体或岩体的破坏、扰动、变形甚至移动。冻融作用表现形式主要为冰冻风化和冻融泥流。冻融侵蚀与水力侵蚀和重力侵蚀复合,对坡面、沟道的侵蚀影响非常大。

(2) 土壤荒漠化与沙化

荒漠化指由于气候变化和人类不合理的经济活动使干旱、半干旱和具有干旱灾害的半湿润地区发生的土地退化。荒漠化是一个复杂的土地退化过程，既包含土壤退化，也包括土壤生态与环境的退化。

荒漠化不仅使区域或者国家丧失大片的土地，直接威胁人类的生存基础，还会产生严重的环境影响，其中最为明显的是形成沙尘，严重影响大气环境质量。

"十三五"期间，我国累计完成防沙治沙任务 $1.0978\times10^7 hm^2$，完成石漠化治理面积 $1.6\times10^6 hm^2$，建成了沙化土地封禁保护区 46 个，新增封禁面积 $5\times10^5 hm^2$，国家沙漠（石漠）公园 50 个，落实禁牧和草畜平衡面积分别达 $8\times10^7 hm^2$、$1.73\times10^8 hm^2$，荒漠生态系统保护成效显著。2021 年，我国已成功遏制荒漠化扩展态势，荒漠化、沙化、石漠化土地面积以年均 $2424 km^2$、$1980 km^2$、$3860 km^2$ 的速度持续缩减，沙区和岩溶地区生态状况整体好转，实现了从"沙进人退"到"绿进沙退"的历史性转变，为全球荒漠化治理作出中国贡献。同时，水土流失状况持续改善。与第二次调查结果相比，岩溶地区水土流失面积减少 17.81%，土壤侵蚀模数下降 13.55%，土壤流失量减少 28.94%。

专栏——《全国防沙治沙规划（2021—2030 年）》

荒漠化防治是关系人类永续发展的伟大事业。"十四五"规划和 2035 年远景目标纲要明确提出，"科学推进水土流失和荒漠化、石漠化综合治理"。

按照区域防治与重点防治相结合的要求，该规划范围涉及 30 个省份 920 个县，其中沙化重点县 312 个，一般县 608 个，涵盖全部沙化土地。在总体布局上，该规划将我国沙化土地划分为五大类型区、23 个防治区域。五大类型区包括干旱沙漠及绿洲类型区，半干旱沙化土地类型区，青藏高原高寒沙化土地类型区，黄淮海平原半湿润、湿润沙化土地类型区，沿海沿江湿润沙化土地类型区。

根据沙化土地分布特点和水资源承载能力等，该规划确定 7 个重点建设区域，其中，优先治理区 3 个，优先预防区 4 个。优先治理区为内蒙古东部及京津冀山地丘陵、库布齐沙漠及毛乌素沙地、河西走廊及阿拉善高原 3 个区域。

本规划的基本原则包括：因地制宜，分区施策；保护优先，宜沙则沙；系统治理，科学治理；政府主导，社会参与；深化改革，创新机制。

该规划目标为：明确了今后一个阶段全国防沙治沙的目标任务，即到 2025 年，规划完成沙化土地治理任务 1 亿亩，沙化土地封禁保护面积 0.3 亿亩；到 2030 年，规划完成沙化土地治理任务 1.86 亿亩，沙化土地封禁保护面积 0.9 亿亩。

---

(3) 土壤盐碱化

土壤盐碱化又称土壤盐渍化或土壤盐化，指盐分不断向土壤表层聚积形成盐渍土地的自然地质过程。土壤盐碱化主要发生在干旱、半干旱和半湿润地区。次生盐碱化主要是由于人类不合理地漫灌，使地下水位上升，地下水顺着毛细管上升到地表，水分蒸发，从而造成土壤中盐分累积的现象。土壤盐碱化问题是全球农业生产和土壤资源可持续利用中存在的严重问题之一，尤其是灌溉地区的土壤次生盐渍化和碱化引起的土壤退化更应得到重视。

土壤盐碱化的形成条件：一是气候干旱和地下水位高（高于临界水位）。地下水含有一定的盐分，由于毛细作用上升到地表的水蒸发掉，便留下盐分。二是地势低洼，没有排水出路，洼地水分蒸发后，即留下盐分。

土壤盐碱化不仅危害作物赖以生存的土壤条件，而且危及作物的生长，造成作物缺苗或死亡，从而阻碍农业生产的发展。土壤盐碱化是当代发展农业经济的重要限制因素。我国盐碱地主要分布在西北、东北和华北等地，据统计，我国盐碱地面积约 15 亿亩，其中可利用的盐碱地约 5 亿亩，唤醒这一"沉睡"的资源，可有效提高土地增量，实现耕地资源扩容、提质、增效。

例如作为滨海盐碱地和冲积平原的典型代表——山东省东营市垦利区，盐碱土壤面积达 64.5 万亩，占全区耕地总面积的 79.5%。针对盐碱地的类型不同，可以参考重度盐碱地种植耐盐性强的植物，以生态保护为主；中度盐碱地可搭配种植耐盐作物，如棉花、高粱等；轻度盐碱地可以开展粮油作物种植，提倡粮食作物与棉花、大豆等轮作，用养结合实现可持续发展；同时加强盐碱地改良利用对于保障世界粮食安全意义重大。

5.3 土壤污染

土壤是人类赖以生存的最重要的自然资源之一。由于人口的急剧增长和工业的迅速发展，土壤污染问题在不断恶化。

土壤污染是指人类活动产生的环境污染物进入土壤并累积到一定程度，引起土壤环境质量恶化，并进而造成农作物中某些指标超过国家标准的现象。

土壤污染的实质是通过各种途径进入土壤的污染物，其数量和速度超过了土壤自净所能承受的数量和速度，破坏了自然动态平衡。其后果是导致土壤正常功能失调，土壤质量下降，影响作物的生长发育，引起产量和质量的下降。

土壤污染也包括由于土壤污染物质的迁移转化而引起的大气或水体污染，其可通过食物链，最终影响人类的健康。

5.3.1 土壤污染物分类

根据污染物性质，土壤污染物可分为有机污染物、重金属污染物、放射性物质、化学肥料以及病原微生物污染等。

（1）有机污染物

污染土壤的有机物种类很多，主要包括杀虫剂、除草剂、石油类和化工类污染物。在土壤中，杀虫剂毒性巨大，并会长期残留，如六六六、DDT、艾氏剂、狄氏剂、对硫磷、马拉硫磷、氨基甲酸酯等。在杀虫剂、杀菌剂和除草剂三者中，除草剂的占有率排在首位，代表物质为苯氧强酸类物质。石油类污染物主要来自炼油企业、采油区和油田废油，主要污染物为难降解芳烃物质。石油可使土壤的含氧量和透气性下降，进而使土壤中微生物无法生存。化工类污染物会影响植物和土壤微生物的生存，主要包括苯并[a]芘和酚类等。

（2）重金属污染物

重金属污染物是土壤污染物中最难治理的污染物之一，主要有 Hg、Cd、Pb、Cu、Zn、Ni、Cr、Co、Se 和 As 等。重金属主要通过农田污水灌溉、重金属冶炼厂废气的沉降和含重金属的农药化肥等途径进入土壤。实际中，重金属不能为土壤微生物所分解，反而可被生物所富集。因此，土壤一旦被重金属污染，就难被彻底消除，会对土壤环境形成长期威胁。

（3）化学肥料

在农业生产中化学肥料发挥着巨大作用，但同时也对农田造成严重危害。化学肥料的过度使用，使土壤有机质含量下降，导致土壤板结，破坏土壤结构，致使土壤肥力下降，影响农业的可持续发展。

(4) 放射性物质

放射性物质是指具有较强辐射的放射性元素,如 Cs、Sr、U 等,还包括一些放射性较强的同位素,如 I。放射性物质主要来源于核工业、核爆炸、核设施泄漏等。放射性物质不能被微生物分解,会残留在土壤中造成潜在威胁。

(5) 病原微生物

土壤中的病原微生物,主要来源于人畜的粪污以及用于灌溉的污水。人与污染的土壤接触时会被传染各种细菌及病毒,若食用被土壤污染的蔬菜、瓜果等即会影响人体健康。这些被污染的土壤经雨水冲刷,又可能污染水体。

5.3.2 土壤污染类型

根据土壤环境污染的途径,可把土壤污染类型分成水质污染型、大气污染型、固体废物污染型、农业污染型以及综合污染型。

(1) 水质污染型

水质污染型是指工矿企业废水、城市生活污水、农村生活污水和养殖废水等未经处理就直接排放到水体里,使水体遭到污染,这些水体再灌溉到农田里,造成土壤污染的类型。污水灌溉中的土壤污染物一般集中于土壤表层,但随着污灌时间的增长,污染物也会由土体表层向下部主体扩散和迁移,以致达到地下水深度而对地下水造成污染。

(2) 大气污染型

大气污染型主要指大气中的污染物通过干湿沉降的方式进入土壤,导致土壤污染的类型。其特点是以大气污染源为中心呈环状或带状分布,长轴沿主风向延展,污染的面积、程度和扩散距离取决于污染物质的种类、性质、排放量、排放形式以及风力大小等。主要污染物包括 SO_2、NO_x 以及含重金属、放射性物质和有毒有机物的颗粒物等。大气污染造成的土壤污染物主要集中在土壤表层。

(3) 农业污染型

农业污染型是指由于农业生产的需要,不断地施用化肥和农药、堆肥等引起的土壤污染的类型。污染物主要来自施入土壤的化学农药和化肥,污染程度与化肥、农药的数量、种类、施用方式及耕作方式等有关。残留在土壤中的农药和 N、P 化合物等在地面径流、地下水迁移或土壤风蚀时,会向其他环境转移,扩大污染范围,这一污染属于面源污染。

(4) 固体废物污染型

固体废物污染型主要是指工矿企业排出的尾矿、废渣、污泥和城市垃圾在地表堆放或处置过程中通过扩散、降水淋滤等方式直接或间接地影响土壤,造成土壤受污染的类型。污染特征属于点源性质,主要造成土壤环境的重金属、油类、病原菌和某些有毒有害有机物的污染。

(5) 综合污染型

上述土壤污染类型是相互联系的,它们在一定的条件下可以相互转化。土壤污染往往是多源性的。对于同一区域受污染的土壤,污染源可能同时来自受污染的地面、水体和大气,或同时遭受固体废物和化肥农药的污染。

5.3.3 土壤污染来源

土壤是一个开放体系,与其他环境要素间时时刻刻进行着物质和能量的交换。造成土壤污染的物质来源极为广泛,主要是工业"三废"以及化肥农药,偶尔还有放射性微粒等。

(1) 工业污染源

工业污染源主要包括工业废水、废气和废渣，污染物浓度一般都较高，一旦进入农田造成土壤污染，在短期内即可引起对作物的危害。直接由工业"三废"引起的土壤污染仅局限于工业区周围数千米、数十千米范围内。工业"三废"引起的大面积土壤污染往往是间接的，如以废渣等作为肥料施入农田，或以污水灌溉等经长期作用使污染物在土壤中累积，或排放的大气污染物经干、湿沉降的方式进入土壤，在土壤中累积造成污染。

(2) 农业污染源

农业污染源包括农药、化肥、除草剂等污染。这些物质的使用范围在不断扩大，数量和品种在不断增加。喷洒农药时，有相当一部分直接落于土壤表面，一部分则通过作物落叶、降雨而进入土壤。农药的施用是土壤污染物的一个重要来源。此外，农业地膜和农业废物的不合理利用也会造成农膜污染和病原微生物污染等问题。

(3) 生物污染源

生物污染源主要是指含有致病菌、病原微生物和寄生虫等物质，如生活污水、畜禽废弃物及屠宰废水、植物残茬、医院废水、垃圾以及不洁的河（湖）水等。这些物质如果不经过处理而直接施入土壤，都可能造成病原的传播，影响人畜的生命健康。

5.3.4 土壤污染特点

(1) 隐蔽性

土壤是一个以固相为主的不均质三相体系，土壤污染不像大气污染和水污染那样容易被人们发现。各种有害物质与土壤相结合，有的为土壤生物所分解或吸收，从而改变其本来面目而被隐藏在土体里，或自土体排出不易被发现。土壤还可以经食物链将有害物输送给人类和牲畜，并且土壤本身可能还继续保持生产能力，这使土壤污染具有隐蔽性而不易被人类察觉，往往要通过对土壤样品进行分析化验和农作物的残留检测，甚至通过研究对人畜健康状况的影响后才能确定。

(2) 累积性

土壤对污染物进行吸附、固定，其中也包括植物吸收，从而使污染物聚集于土壤中。污染物在土壤中并不像在大气和水体中那样容易扩散和稀释，而会在土壤中不断累积，渐渐超标。

(3) 不可逆转性

土壤污染具有不可逆转性，重金属对土壤的污染基本上是一个不可逆过程，而许多有机化学物质造成的污染也需要较长时间才能被降解。

(4) 难治理性

土壤污染很难治理，累积在土壤中的难降解污染物很难靠稀释作用和净化作用来消除。土壤污染一旦发生，无法通过切断污染源来恢复，有时需要靠换土、淋洗等方法才能解决，其他治理技术往往见效较慢。因此，治理土壤污染通常成本高、周期长。

5.3.5 土壤污染危害

土壤是一切陆地生物赖以生存的物质基础之一。一旦受到污染，不仅土壤质量变差，造成农作物减产和土壤生物多样性降低，更严重的是污染物会通过食物链影响牲畜和人类的生命健康。

(1) 影响土壤的结构和生态功能

污染物进入土壤后会显著改变土壤的酸碱度，尤其是一些酸性沉降物。此外，不合理使用农药和化肥也会改变土壤酸碱性，引起土壤板结，使农作物减产。

施入农田的农药,大部分会残留于土壤中。农药的使用虽然可抑制病虫害,但也对农作物及土壤微生物、昆虫、鸟类甚至鱼类产生潜在危害,由此使生物多样性降低,生态系统功能下降。

(2) 影响农作物的品质和质量

农作物一般需要生长在土壤中,当土壤被污染后,污染物会通过植物的吸收进入植物体内,并可长期累积富集,当污染物含量累积到一定量时,就会对农作物的品质和质量产生影响。土壤污染除影响食物的食用安全外,也明显影响到农作物的其他品质。有些地区的污灌使蔬菜的味道变差,易烂,甚至出现难闻的异味。

(3) 危害人类和动物的健康

土壤污染对人类和动物的危害主要指土壤受纳的有机废弃物或含毒废弃物过多,超过土壤的自净能力,从而在卫生学上和流行病学上产生有害影响。粮食、蔬菜和畜牧作物都直接或间接来自土壤,它们是人畜食物的主要来源,污染物在作物体内累积,并通过食物链富集到人体和动物体内,从而危害人畜健康。土壤对人畜健康的影响过程很复杂,一般是间接的长期慢性影响。

随着人类对土壤的利用强度的增大,土壤污染问题仍然严重,土壤污染防治与修复已经是土壤学和环境科学领域的重要研究方向。土壤污染防治是防止土壤遭受污染和对已污染土壤进行改良、治理的活动。《2023中国生态环境状况公报》显示,2021年我国土壤环境风险得到基本管控,土壤污染加重趋势得到初步遏制。全国受污染耕地安全利用率稳定在90%以上,污染地块安全利用率达到93%以上,根据农用地土壤污染状况详查结果,全国农用地土壤环境状况总体稳定,重点建设用地安全利用得到有效保障。

> **专栏——《土壤污染防治行动计划》**
>
> 2016年5月28日,国务院印发《土壤污染防治行动计划》(以下简称《行动计划》),以切实加强土壤污染防治,逐步改善土壤环境质量。《行动计划》提出,到2020年,全国土壤污染加重趋势得到初步遏制,土壤环境质量总体保持稳定,农用地和建设用地土壤环境安全得到基本保障,土壤环境风险得到基本管控。到2030年,全国土壤环境质量稳中向好,农用地和建设用地土壤环境安全得到有效保障,土壤环境风险得到全面管控。到21世纪中叶,土壤环境质量全面改善,生态系统实现良性循环。
>
> 《行动计划》确定了十个方面的措施:一是开展土壤污染调查,掌握土壤环境质量状况。二是推进土壤污染防治立法,建立健全法规标准体系。三是实施农用地分类管理,保障农业生产环境安全。四是实施建设用地准入管理,防范人居环境风险。五是强化未污染土壤保护,严控新增土壤污染。六是加强污染源监管,做好土壤污染预防工作。七是开展污染治理与修复,改善区域土壤环境质量。八是加大科技研发力度,推动环境保护产业发展。九是发挥政府主导作用,构建土壤环境治理体系。十是加强目标考核,严格责任追究。

5.4 土壤自净作用

土壤自净是指进入土壤的污染物,在土壤矿物质、有机质和微生物的作用下,经过一系列的物理、化学及生物化学反应过程,其浓度降低或其形态改变,从而其活性、毒性降低的现象。

5.4.1 土壤自净作用类型

土壤的自净作用对维持土壤生态平衡起着重要的作用。当少量有机污染物进入土壤后,通过土壤的自净作用可降低其活性变为无毒物质。进入土壤的重金属通过吸附、沉淀、配合、氧化还原等化学作用可变为不溶性化合物，使某些重金属暂时退出生物循环，脱离食物链。

土壤自净作用主要有物理净化作用、化学净化作用和生化净化作用。

(1) 物理净化作用

土壤经过机械阻留、稀释、迁移、挥发、扩散、固体表面物理吸附等方式使污染物减少或固定的过程，称为物理自净作用。土壤黏粒、有机质具有巨大的表面积和表面能，有较强的吸附能力，是物理净化的主要载体。

土壤是多孔介质，进入土壤的污染物可以通过渗滤作用排出土体。某些有机污染物亦可通过挥发扩散方式进入大气。水迁移则与土壤颗粒组成、吸附容量密切相关。但是，物理净化作用只是污染物的迁移，只能使土壤污染物的浓度降低，而不能使污染物从整个自然界消失。

(2) 化学净化作用

土壤中污染物经过络合-螯合、沉淀、氧化还原、酸碱中和、水解等反应，或者发生光化学降解使其浓度降低的过程，称为化学净化作用，其可使污染物分解为无毒物质或营养物质。

酸碱反应和氧化还原反应在土壤自净过程中起着主要作用，许多重金属在碱性土壤中易沉淀，同样在还原条件下大部分重金属离子可与 S^{2-} 形成难溶性硫化物沉淀，从而降低污染物的毒性。通过化学净化作用可以使污染物分解为无毒物质或营养物质。但对于性质稳定的化合物如多氯联苯、稠环芳烃、塑料和橡胶等，难以被化学净化；重金属通过化学净化不能被降解，只能使其迁移方向发生改变，降低它们的生物毒性，但污染物并没有被真正消除，只是缓冲重金属离子的生物毒性。

(3) 生化净化作用

有机污染物在微生物及其酶的作用下，通过生物降解被分解为简单小分子而消散的过程，称为生化净化作用。从净化机理看，生化净化是真正的净化。不同分子结构的化学物质，在土壤中的降解历程不同，主要有水解、氧化还原、脱卤、脱烃、异构化、芳环羟基化等过程。有机污染物在生物转化的过程中，有些中间产物的毒性可能比母体更大。

总之，土壤的自净作用是各种物理化学过程共同作用、互相影响的结果，但土壤的自净能力是有限的。

专栏——切尔诺贝利核泄漏事件对土壤的污染

切尔诺贝利核电站事故于 1986 年 4 月 26 日发生在乌克兰境内的普里皮亚季市。该电站第四发电机组爆炸，核反应堆全部炸毁，大量放射性物质泄漏，成为核电时代以来最大的事故。切尔诺贝利核事故使周围约 $5\times10^4 km^2$ 的土地受到污染，320 万人遭受核辐射的侵害，距离核电站 30km 以内的地区被划为隔离区，常称"死亡区"。事故后前 3 个月内有 31 人死亡，之后 15 年内有 6 万~8 万人死亡，方圆 30km 地区的 11.5 万余名民众被迫疏散。

核泄漏造成俄罗斯、乌克兰、白俄罗斯 $1.25\times10^5 km^2$ 的土地放射性铯水平超过 $37kBq/m^2$，$3\times10^4 km^2$ 土地放射性锶水平高于 $10kBq/m^2$，其中 $5.2\times10^4 km^2$ 为农业用地。此外，紧靠事故地点西边和南边的一大片松树林受到严重影响，因受照剂量超过 100Gy，这片森林全部死亡。该处森林由绿色变为红色，故又称"红色森林"。

核泄漏使周围大片土地受到放射性污染，严重破坏了当地的生态和居住环境，特别是长半衰期的放射性核素，难以从土壤中去除，其对环境和健康的影响可持续上百年之久。目前，虽然发生泄漏事故的反应堆核原料已经处于封存状态，但它的放射危险性将持续 10 万年。

5.4.2 重金属在土壤中的一般迁移转化

重金属在土壤中的迁移转化是指在自然环境空间位置的移动和存在形态的变化,以及由此引起的富集与分散过程。重金属在土壤中的迁移转化主要有三个过程:物理迁移和转化、物理化学迁移和转化以及生物迁移和转化。

(1) 物理迁移和转化

重金属在土壤中是相对较难迁移的污染物。重金属在土壤中进行物理迁移和转化的主要形式有:重金属被吸附于无机悬浮物和有机悬浮物上,或被包含于矿物颗粒或有机胶体内,随水分流动而被迁移转化;在重力作用下发生沉淀,或积蓄于其他无机或有机沉淀物中;随土壤空气运动,如单质汞可转化为汞蒸气而扩散。

(2) 物理化学迁移和转化

重金属在土壤中通过氧化与还原、沉淀与溶解、吸附与解吸、络合与解络等一系列物理化学作用发生迁移和转化过程。这些过程决定重金属的存在形态、累积状况和污染程度,是重金属在土壤中最重要的运动形式。

土壤中的重金属能以吸附或络合-螯合形式和土壤胶体结合而发生迁移转化。一般认为,当金属离子浓度较高时,以吸附作用为主,而在低浓度时,以络合-螯合为主。

土壤的pH值、氧化还原电位(E_h)和其他物质会影响重金属在土壤中的迁移转化。一般而言,土壤溶液pH<6时,迁移能力强的主要是在土壤中以阳离子形式存在的重金属;在pH>6时,由于重金属阳离子可生成氢氧化物沉淀,所以迁移能力强的主要是以阴离子形式存在的重金属。碱金属阳离子和卤素阴离子的迁移能力,在广泛的pH范围内都是很高的。随着氧化还原电位的降低,有些重金属(如Cd、Zn、Cu等)随水迁移的能力和对作物可能造成的危害减小,有的(如As等)则相反。

(3) 生物迁移和转化

土壤中的生物迁移转化主要是指植物通过根系从土壤中吸收某些化学形态的重金属,并在植物体内累积。这可以看成是生物体对土壤重金属污染物的净化,也可看作是重金属通过土壤对生物的污染。如果受污染的植物残体再进入土壤,会使土壤表层进一步富集重金属。除植物的吸收外,土壤微生物以及土壤中动物对重金属含量较高表土的吸收利用,也是重金属发生迁移转化的一种途径。

5.4.3 土壤对化学农药的净化作用

化学农药最常用的使用方法是直接向土壤或植物表面喷洒,是造成土壤污染的主要原因之一。农药对环境的污染是多方面的,包括大气、水体、土壤和作物。进入环境的农药和农作物表面、土壤表面及水中残留的农药在环境各要素间迁移、转化并通过食物链富集,最后对生物和人体造成危害。

(1) 土壤对化学农药的吸附

进入土壤的化学农药可以通过物理吸附、化学吸附、氢键结合和配位键结合等形式吸附在土壤颗粒表面,从而降低农药的毒性。

土壤胶体的种类和数量、胶体的阳离子组成、化学农药的成分和性质等都直接影响到土壤对农药的吸附能力。吸附能力大小依次为:有机胶体>蛭石>蒙脱石>伊利石>绿泥石>高岭石。pH值也是影响农药吸附的重要因素,在不同酸碱度条件下,农药可解离成有机阳离子或有机阴离子。

土壤对农药的吸附作用,从某种意义上可以说是土壤对农药的净化和解毒作用,但这种净化作用是不稳定的,也是有限度的。农药既可以被土壤吸附,也可以释放到土壤中去,它们之间是动态平衡的。因此,土壤对农药的吸附作用只是在一定条件下起净化和解毒的作用,并没有使其完全降解。

(2) 土壤对化学农药的降解

农药在化学和生物化学作用下逐渐分解,最后转化为无机物的过程称为化学农药的降解过程。依据农药降解速率的快慢和在土壤中停留时间的长短,又可以将化学农药分为低残留农药和高残留农药。农药在土壤中的降解作用,主要包括光化学降解、化学降解和微生物降解等。

① 光化学降解。指土壤表面接受太阳辐射能和紫外线等光谱能流而引起的农药分解作用。光化学降解是化学农药非生物降解的重要途径之一。由于农药分子吸收光能,使分子具有过剩的能量而呈现激发状态。这种过剩的能量可产生光化学反应,使农药分子发生光分解、光氧化或光异构化反应,其中光分解反应是最重要的一种。紫外线的能量足以使农药分子结构中碳碳键和碳氢键发生断裂,引起农药分子结构的转化,这可能是农药转化或消失的一个重要途径。

② 化学降解。化学降解主要是指土壤中的农药通过氧化还原、水解等反应降解,其中水解反应是许多农药降解的一个重要途径。由于土壤吸附对水解反应的馏化作用,有些农药在土壤中的水解比在水中的水解更快。

③ 微生物降解。土壤中微生物对农药的降解起着重要作用,是一些农药在土壤中迁移转化的主要方式,如DDT、对硫磷、艾氏剂等。农药微生物降解的主要途径包括氧化、还原、水解、脱卤缩合、脱羧、异构化等。

(3) 化学农药在土壤中的迁移

存在于土壤中的农药除了被土壤固相吸附,还可通过气体挥发和水的淋溶在土体中扩散迁移,导致大气、水和生物的污染。主要包括如下作用。

① 气迁移。挥发性农药可通过分子扩散从土壤表面逸出,进入大气。农药本身的蒸气压、扩散系数、水溶性,土壤的吸附作用、温度、湿度,农药的喷洒方式以及气候条件等都会影响农药的挥发。

② 水迁移。农药以水为介质进行迁移,主要方式有两种:一种是直接溶于水,另一种是被吸附于土壤固体细粒表面上随水分移动而进行物理迁移。农药的水溶性、土壤的吸附性能等都会影响农药的迁移。一般而言,农药在吸附性能小的砂性土壤中容易移动,而在黏粒含量高或有机含量多的土壤中则不易移动,大多累积于土壤表层 30cm 土层内。有人指出,农药对地下水的污染是不大的,其主要会由于土壤侵蚀,通过地表径流流入地面水体造成地表水体的污染。

5.5 土壤污染的防治

5.5.1 土壤环境质量标准

土壤环境质量标准规定了土壤中污染物的最高允许浓度值和风险管控值,主要有《土壤环境质量 农用地土壤污染风险管控标准(试行)》(GB 15618—2018)、《土壤环境质量 建设用地土壤污染风险管控标准(试行)》(GB 36600—2018)、《温室蔬菜产地环境质量评价标准》(HJ 333—2006)等。

(1)《土壤环境质量 农用地土壤污染风险管控标准(试行)》(GB 15618—2018)

为保护农用地土壤环境,管控农用地土壤污染风险,保障农产品质量安全、农作物正常生长和土壤生态环境，生态环境部制定并批准实施了《土壤环境质量 农用地土壤污染风险管控标准（试行）》（GB 15618—2018）。该标准规定了农用地土壤污染风险筛选值和风险管制值，以及监测、实施与监督要求。与《土壤环境质量标准》（GB 15618—1995）相比，本次修订主要增加了Cd、Hg、As、Pb等基本项目以及六六六、DDT、苯并[a]芘等其他项目的风险筛选值和风险管制值。

（2）《土壤环境质量 建设用地土壤污染风险管控标准（试行）》（GB 36600—2018）

为贯彻落实《中华人民共和国环境保护法》，加强建设用地土壤环境监管，管控污染地块对人体健康的风险，保障人居环境安全，生态环境部土壤环境管理司与科技标准司制定了《土壤环境质量 建设用地土壤污染风险管控标准（试行）》（GB 36600—2018）。该标准规定了保护人体健康的建设用地土壤污染风险筛选值和风险管制值，以及监测、实施与监督要求，自 2018 年 8 月 1 日起实施。

5.5.2 化肥污染防治

（1）合理施用化肥

防止化肥污染，掌握施肥时间、次数和用量，应采用分层施肥、深施肥等方法减少化肥散失，提高肥料利用率。防止化肥污染是农业可持续发展的重要一环。首先，避免长期过量使用同一种肥料，这可能导致土壤营养失衡和有害物质积累。其次，掌握正确的施肥时间、次数和用量，根据作物的生长周期和土壤条件来调整施肥计划。此外，采用分层施肥和深施肥等方法，以减少化肥的散失，提高肥料的利用率，从而减少对环境的负面影响。

（2）增施有机肥

化肥与有机肥配合使用，增强土壤保肥能力和化肥利用率，减少水分和养分流失，使土质疏松，防止土壤板结。在农业生产中，合理搭配化肥和有机肥使用是提升土壤质量的关键。通过这种组合，不仅可以增强土壤的保肥能力，提高化肥的利用率，还能有效减少水分和养分的流失。此外，有机肥的加入有助于使土壤更加疏松，改善土壤结构，防止土壤板结，从而促进作物根系的健康发展，提高作物的产量和品质。

（3）配方施肥，监控硝酸盐含量

进行测土配方施肥，合理增加磷肥、钾肥和微肥的比重，通过土壤中P、K及各种微量元素的作用，降低农田中硝酸盐的含量，提高农作物品质；实施测土配方施肥是一种科学的农业管理方法。通过分析土壤中P、K及各种微量元素的含量，合理调整肥料的配比，可以显著降低农田中硝酸盐的含量，减少环境污染。同时，这种精准施肥方式还能提高作物的营养价值和品质，增强作物的抗病能力，促进健康生长。这不仅提升了农产品的市场竞争力，也为消费者提供了更安全、更健康的食物选择。

（4）规范与加强法治管理

制定防止化肥污染的法律法规和无公害农产品施肥技术规范，使农产品生产过程中肥料的使用有章可循、有法可依，以有效控制化肥对土壤、水源和农产品的污染。制定严格的防止化肥污染的法律法规和无公害农产品施肥技术规范，对于保障农产品质量和环境安全至关重要。这些规定应明确肥料使用的数量、种类和方法，确保农业生产者在施肥过程中有明确的指导和法律依据。这些规范的实施可有效控制化肥对土壤、水源和农产品的潜在污染。同时，这也有助于提高农产品的市场竞争力，增强消费者对农产品安全的信心。

5.5.3 农药污染防治

(1) 合理使用农药

解决农药残留问题，必须从根源上杜绝农药残留污染。加强技术指导，严格按照《农药合理使用准则》(GB/T 8321.10—2018)，科学合理使用农药，不仅可有效控制病虫草害，而且可减少农药的使用量，减少浪费，最重要的是可避免农药残留超标。

(2) 推广应用无公害农药

大力研制高效、低毒、低残留的农药新品种，积极推广应用生物防治措施，大力发展高效生物农药。与常规农药相比，生物农药不仅杀虫范围广，效率高，而且使用安全，对人畜无毒害，对环境无污染，对作物无残留，不杀伤益虫，使害虫不产生抗药性，并且有助于作物品质的提高，促进作物早熟高产。鉴于DDT和六六六的高毒性，我国自1983年禁止DDT和六六六的生产，1993年全面停止使用DDT和六六六。

(3) 改变耕作制度

通过土壤耕作改变土壤环境条件，可消除某些污染物的危害，如旱田改水田。如早期使用的农药DDT与六六六在旱地中的降解速度慢，累积明显，在水田中DDT的降解速度加快，利用这一性质实行水旱轮作，是减轻或消除农药污染的有效措施。

(4) 加强农药残留监测

加强对农药的监督监测。将农药监测纳入日常的例行监测中，发挥环境管理的监督作用。开展全面、系统的农药残留监测工作，不仅能及时掌握农产品中农药残留的状况和规律，查找农药残留形成的原因，而且能为政府部门提供及时有效的数据，为政府职能部门制定相应的规章制度和法律法规提供依据。

(5) 加强法制管理

加强对《农药管理条例》《农药管理条例实施办法》《食品安全国家标准 食品中农药最大残留限量》(GB 2763—2021)等有关法律法规的贯彻执行，加强对违反有关法律法规行为的处罚，是防止农药残留超标的有力保障。

5.5.4 重金属污染防治

(1) 重金属污染源控制

控制与消除土壤污染源是防止污染的根本措施。在工业生产中大力推广清洁生产、循环经济，以减少或消除工业"三废"排放。在农业生产中，加强对污灌区的例行监测及管理，防止因不当污灌引起土壤污染。合理施用化肥与农药，避免引起土壤污染和土壤理化性质恶化，降低土壤自净能力。

(2) 施加改良剂

施加改良剂的主要目的是使重金属固定在土壤中，如施加石灰、磷酸盐、硅酸钙等，可与重金属生成难溶化合物，降低重金属在土壤和植物中的迁移能力。此方法只起临时性的抑制作用，时间过长会引起污染物的累积，同时在条件变化时重金属又会转成可溶性，因而只在污染较轻地区使用。

(3) 控制土壤氧化还原状况

加强水浆管理，控制土壤氧化还原条件，可有效减少重金属的危害。例如，淹水可明显抑制水稻对Cd的吸收，落干则促进水稻对Cd的吸收。但As则相反，随着土壤氧化还原电位的降低,其毒性增加。

(4) 客土翻土

去除土壤重金属的根本办法是彻底挖除污染土层、换上新土的排土法与客土法。如果是地区性的污染,采用客土法是不现实的。耕翻土层,即采用深耕,将上下土层翻动混合,可使表层土壤重金属含量减低,这种方法动土量较少,但在严重污染的地区不宜采用。

(5) 农业生态工程措施

可在污染土壤上种植非食用的经济作物或种属,从而减少污染物进入食物链的途径。或利用某些特定的动植物与微生物较快地吸收或降解土壤中的污染物质,从而达到净化土壤的目的。

(6) 工程治理

利用物理(机械)、物理化学原理治理污染土壤,主要有隔离法、清洗法、热处理、电化法等。这是一种最为彻底、稳定、治本的措施,但投资大,适于小面积的重度污染区。

习题与思考题

1. 土壤自净的定义是什么?土壤自净的主要类型有哪些?
2. 土壤污染的定义是什么?造成土壤污染的主要物质有哪些?
3. 简述重金属在土壤中的生物迁移和转化过程以及防治措施。
4. 农药在土壤中的降解途径有哪些?
5. 土壤退化的含义是什么?土壤退化的类型有哪些?
6. 简述土壤污染的防治对策。
7. 土壤由哪些基本成分组成?这些成分如何影响土壤的物理、化学和生物学性质?
8. 土壤侵蚀对土壤质量和环境健康有哪些长期影响?分析土壤侵蚀的成因、过程以及防治措施。
9. 土壤修复技术中,物理修复、化学修复和生物修复各有哪些优缺点?
10. 土壤盐渍化是如何形成的?讨论土壤盐渍化的原因、影响及其对农业和生态系统的潜在危害。
11. 基于土壤污染的来源,提出一系列预防土壤污染的策略,并讨论它们的实施可行性。
12. 分析当前关于土壤保护和污染治理的法律和政策,并讨论它们在实际执行中可能面临的挑战。

参考文献

[1] 关连珠. 普通土壤学[M]. 2版. 北京:中国农业大学出版社,2016.
[2] 黄昌勇. 土壤学[M]. 3版. 北京:中国农业出版社,2010.
[3] 陈怀满,朱永官,董元华,等. 环境土壤学[M]. 3版. 北京:化学工业出版社,2018.
[4] 吕贻忠,李保国. 土壤学[M]. 2版. 北京:中国农业出版社,2020.
[5] 张辉. 土壤环境学[M]. 2版. 北京:化学工业出版社,2018.
[6] 孙向阳. 土壤学[M]. 2版. 北京:中国林业出版社,2021.
[7] 赵烨. 土壤环境科学与工程[M]. 北京:北京师范大学出版社,2012.
[8] 何艳,徐建明. 土壤有机/生物污染与防控[M]. 北京:科学出版社,2020.

[9] 耿增超,贾宏涛. 土壤学[M]. 2版. 北京:科学出版社,2020.

[10] 洪坚平. 土壤污染与防治[M]. 4版. 北京:中国农业出版社,2019.

[11] 贾建丽,于妍,王晨. 环境土壤学[M]. 北京:化学工业出版社,2012.

[12] 中华人民共和国生态环境部,国家市场监督管理总局. 土壤环境质量农用地土壤污染风险管控标准(试行)[S]. 北京:中国环境科学出版社,2018.

[13] 中华人民共和国生态环境部. 土壤环境质量 建设用地土壤污染风险管控标准[S]. 北京:中国环境科学出版社,2018.

[14] 中华人民共和国生态环境部. 农药使用环境安全技术导则[S]. 北京:中国环境科学出版社,2010.

[15] 国家卫生健康委员会,中华人民共和国农业农村部,国家市场监督管理总局. 食品安全国家标准 食品中农药最大残留限量[S]. 北京:中国标准出版社,2021.

[16] 金擎,王雁南. 土壤污染防治技术手册[M]. 北京:化学工业出版社,2023.

[17] 王小林,徐伟洲,卜耀军. 土壤环境指标测定方法与分析指导[M]. 北京:中国农业出版社,2022.

[18] 严金龙,全桂香,崔立强. 土壤环境与污染修复[M]. 北京:中国科学技术出版社,2021.

[19] 王子豪,梁红怡,张冬寒,等. 中国设施土壤重金属积累特征与污染阻控技术研究进展[J]. 农业工程学报,2020(9):1-14.

[20] 毛庆,刘祖文. 土壤污染阻控技术研究进展[J]. 应用化工,2024(6):1388-1393.

[21] 魏潇淑,柏杨巍,王晓伟,等. 国内外土壤污染防治法律法规与技术规范概述及思考[J]. 环境工程技术学报,2023,13(5):1643-1651.

第 6 章　固体废物与环境

本章要点

1. 固体废物的种类和危害；
2. 固体废物的处置原则和技术；
3. 固体废水资源化利用。

6.1　固体废物的种类

我国《固体废物鉴别标准　通则》（GB 34330—2017）规定，固体废物是指在生产、生活和其他活动中产生的丧失原有利用价值或者虽未丧失利用价值但被抛弃或者放弃的固态、半固态和置于容器中的气态的物品、物质以及法律、行政法规规定纳入固体废物管理的物品、物质。

应当强调指出的是，固体废物的"废"具有时间和空间的相对性。在某一生产过程或一方面可能是暂时无使用价值的，但并非在其他生产过程或其他方面无使用价值。

固体废物来源广泛，种类繁多，组分复杂，分类方法亦有多种。为了便于管理，通常按其来源分类，在《中华人民共和国固体废物污染环境防治法》中将固体废物分为生活垃圾、工业固体废物、建筑垃圾、农业固体废物和危险废物五类。它们的来源及主要物质组成列于表 6-1。

表 6-1　固体废物的分类、来源、主要组成

分类	来源	主要组成
生活垃圾	居民生活	食物、废纸、衣物、庭院修剪物、金属、玻璃、塑料、陶瓷、炉渣、碎砖瓦、废弃物、粪污、杂物、废旧电器等
	商业/机关	废纸，食物，管道、碎砌体、沥青及其他建筑材料，废汽车，废器具，含易爆、易燃、腐蚀性、放射性的废物，以及类似居民生活厨房类的各类废物等
	市政维护与管理	碎瓦片、树叶、污泥、脏土等
工业固体废物	冶金工业	高炉渣、钢渣、铜/铅/镉/汞渣、赤泥、废矿石、烟尘、各种废旧建筑材料等
	矿业	废矿石、煤矸石、粉煤灰、烟道灰、炉渣等
	石油/化学工业	废油、浮渣、含油污泥、炉渣、碱渣、塑料、橡胶、陶瓷、纤维、沥青、油毡、石棉、涂料、废催化剂和农药等

续表

分类	来源	主要组成
工业固体废物	轻工业	食品糟渣、废纸、金属、皮革、塑料、橡胶、布头、线、纤维、染料、刨花、锯末、碎木、化学药剂、金属填料、塑料填料等
	机械/电子工业	金属废屑、炉渣、模具、润滑剂、酸洗液、导线、玻璃、木材、橡胶、塑料、化学药剂、研磨料、陶瓷、绝缘材料以及废旧汽车、家用电器等
	建筑行业	钢筋、水泥、黏土、陶瓷、石膏、砂石、砖瓦、纤维板等
	电力行业	煤渣、粉煤灰、烟道灰等
建筑垃圾	建筑施工、土地开挖、交通施工、旧建筑拆除等	碎石、砖块、混凝土、钢筋等
农业固体废物	种植业	稻草、麦秆、玉米秆、落叶、根茎、烂菜、废农膜、农用塑料、农药等
	养殖业	畜禽粪污、死禽死畜、死鱼死虾、脱落的羽毛等
	农副产品加工业	畜禽内容物、鱼虾内容物、菜叶、菜梗、稻壳、玉米芯、瓜皮、贝壳等
危险废物	核工业/化学工业/医疗单位/科研单位等	放射性废渣、粉尘、污泥、医疗废物、化学药剂、制药废渣、废弃农药、炸药、废油等

6.2 固体废物的危害

固体废物的排放量十分惊人,对环境的危害非常严重,其污染往往是多方面、多环境要素的。

(1) 侵占土地

据 2020 年《全国大、中城市固体废物污染环境防治年报》,2019 年全国 196 个大、中城市的一般工业固体废物产生量为 1.38×10^9 t,工业危险废物产生量为 4.50×10^7 t,医疗废物产生量为 8.43×10^5 t,城市生活垃圾产生量为 2.36×10^8 t。据估算,每亿吨固体废物平均占地 895 hm^2。我国 2019 年一般工业固体废物综合利用量占利用处置及贮存总量的 55.9%,处置和贮存分别占比 20.4% 和 23.6%。固体废物堆放侵占大量土地,造成极大的经济损失,并且严重地破坏地貌、植被和自然景观。

(2) 污染土壤

废物任意堆放或无适当防渗措施的填埋会严重污染处置地的土壤。固体废物中的有害组分容易通过风化、雨雪淋溶、地表径流侵蚀,产生有毒液体渗入土壤,杀害土壤中的微生物,破坏微生物与周围环境构成的生态系统;还会使土壤盐碱化,破坏植物、农作物赖以生存的基础,以至于田地废毁而无法耕种。

未经严格处理的生活垃圾直接还田时,垃圾中大量玻璃、金属、碎砖瓦、碎塑料薄膜等杂质,会破坏土壤的团粒结构和理化性质,致使土壤保水保肥能力降低,若被农作物吸收,通过食物链进入人体,还将危及人类。很多国家都有固体废物堆放造成土地、草原受污染,致使居民被迫搬迁的沉痛教训。

(3) 污染水体

固体废物可以通过多种途径污染水体:废物通过直接倾倒进入水体;露天堆放的废物可随地表径流进入水体;空气或地表粉尘、粉尘状固体废物随风飘入地表水或随降水、降雪进入水体;

露天堆放的有毒物质在降水、降雪的水淋溶作用下，将有毒物质和元素溶出，并通过渗透作用下进入土壤，从而进一步污染地下水等。

1987年，美国在地下水中检出175种有机物，这些物质都来自地面或地下填埋设施的渗漏。

（4）污染大气

如果固体废物在运输、处理、利用和处置过程中未进行封闭处理，有害气体和粉尘会直接污染大气。在适宜的温度条件下，废物自身蒸发、升华或发生化学反应会产生CH_4、H_2S、NH_3等有害气体污染大气，甚至会产生爆炸等危害。例如煤矸石的自燃曾在各地煤矿多次发生，散发出大量SO_2、CO_2、NH_3等气体，造成严重的大气污染；由固体废物进入大气的放射尘，一旦侵入人体，还会形成内辐射而引起各种疾病。

6.3 典型固体废物危害

固体废物有共同的危害特性，但因其类型不同，危害特点也有所差异。

6.3.1 生活垃圾及其危害

城市生活垃圾又称城市固体废物，主要来源于居民生活、商业、市政维护与管理过程中产生的固体废物。城市生活垃圾的特点是成分复杂、有机物含量高，主要成分有厨余、废纸、玻璃、塑料、砖瓦、粪污、废旧电器、沥青及其他建筑材料、树叶、污泥等。生活垃圾的产生量及组成与人口、经济发展水平、收入和消费水平、燃料结构、地理位置和消费习惯等因素有关。

生活垃圾的危害主要表现在以下几个方面：

① 危害人体健康。生活垃圾随意弃置，散发恶臭，破坏城市景观，危害人类身体健康。垃圾含有蛋白质、脂类和糖类化合物，在常温条件下微生物分解有机物会产生NH_3、H_2S及有害的碳氢化合物气体，具有明显的恶臭和毒性，直接危害人体。并且会在视觉上给人类带来不快的感受。

② 滋生虫害。生活垃圾为害虫提供了丰富的食物来源和繁殖场所。蚊、蝇、鼠等害虫的大量繁殖不仅会传播疾病，还会对居民的日常生活造成干扰。例如，蚊虫可以传播疟疾、登革热等疾病，而鼠类则可能携带鼠疫等病原体。

③ 污染环境。生活垃圾污染土壤、水体和空气。垃圾渗滤液渗入土壤，重金属和有机污染物会对土壤造成污染，并且可以通过土壤污染地下水。空气中的有害气体和颗粒物也会降低空气质量，影响人类的呼吸健康。

④ 垃圾堆存在爆炸隐患。随着城市垃圾中有机质含量的提高和由露天分散堆放变为集中堆存和简单覆盖，容易形成厌氧环境，如果垃圾堆存不当，沼气的积聚可能导致爆炸事故，对周边环境和居民安全构成威胁。

6.3.2 医疗垃圾及其危害

医疗垃圾是医疗废物的俗称，指医疗机构在相关医疗活动中产生的具有直接或间接感染性、毒性以及其他危害性的废物，如用过的棉球、纱布、胶布、废水、一次性医疗器具、术后废弃品、过期药品等。医疗垃圾具有空间污染、急性传染和潜伏性污染等特征，危害是多方面的。

① 医疗垃圾常常携带肉眼难以察觉的致病细菌、病毒，危害性是普通生活垃圾的几十、几百甚至上千倍。

② 医疗垃圾中的有机物不仅会滋生蚊蝇，造成疾病传播，并且在腐败分解时释放出NH_3、

H_2S 等恶臭气体以及其他有害气体，污染大气，危害人体健康。同时，会造成医院内交叉感染和空气污染。

③ 医疗垃圾携带的病原体、重金属和有机污染物会经雨水和生物水解产生渗滤液，对地表水和地下水造成严重污染。

6.3.3 矿业固体废物及其危害

矿业固体废物主要包括废石、煤矸石、尾矿等。废石是指各种金属、非金属矿山开采过程中从主矿上剥离下来的围岩和夹石。煤矸石是煤炭生产和加工过程中产生的固体废物。尾矿是在选矿过程中提取精矿后剩下的矿渣。

矿业固体废物的危害主要包括以下几个方面：

① 占用大量土地。矿山废石和尾渣的堆放，占用大量土地，破坏地貌和植被。一座中型尾矿坝一般占地数百亩或更大。

② 污染水体和大气。废石和尾矿风化形成的碎屑，或被水冲刷进入水域，或溶解后渗入地下水，或被大风刮入大气和土壤，对水体和大气造成污染。

③ 危害人体健康。在这些废物中，有的含有 As、Cd 等剧毒元素，有的含有放射性元素。可通过饮水、饮食等进入人体，危害人体健康。

④ 易发生安全生产事故。尾矿流失、尾矿坝基坍塌及陷落会引发严重的滑坡、泥石流等地质灾害，危及人身和财产安全。

⑤ 造成资源浪费。矿石堆、废石堆、精矿粉堆及尾矿坝等会流失大量的金属，且会造成污染。

6.3.4 危险废物及其危害

危险废物是指被列入国家危险废物名录或者根据国家规定的危险废物鉴别标准和鉴别方法认定的具有危险特性的废物。废物本身具有或含有有毒有害的成分，能对人体健康和环境产生严重危害，同时还具有燃烧、爆炸、腐蚀等其他危险特性。危险废物的危险特性是指毒害性、腐蚀性、易燃性、反应性和传染性等特殊的危害性质。

危险废物的产生来源广泛而复杂，涉及各行各业和日常生活。按照危险废物产生的行业，可将其划分为：

① 工业危险废物，是指来自工业领域的生产环节、制造过程中产生的危险废物，涉及的行业主要有冶金、矿业、能源、石油和化工等。

② 农业危险废物，指主要用于防治病虫害过程中喷洒的残余农药、农药废弃包装等。

③ 生活危险废物，指来自人类日常生活中产生的废物，如废旧家电、废旧通信工具、废荧光灯管、废含镉镍和含汞电池、废油漆及其包装、废溶剂等。

> **专栏——美国拉夫运河剧毒化学废物污染事件**
>
> 拉夫运河位于纽约州尼亚加拉瀑布附近，是一条废弃的运河。1942 年，美国一家电化学公司买下这条废弃运河，当作垃圾库来倾倒工业废物，在 11 年里向河道倾倒各种废物达 8×10^6 t，其中致癌废物达 4.3×10^4 t。1953 年，这条被各种有毒废物填满的运河被填埋覆盖后转赠给当地的教育机构。此后，纽约州政府在这片土地上陆续开发房地产，盖起大量住宅和两所学校。
>
> 厄运从此降临到居住在这些建筑物中的居民身上。从 1977 年开始，当地居民不断出现各

种怪病，孕妇流产，儿童夭折，婴儿畸形，癫痫、直肠出血等病症也频频发生。1987 年，地面开始渗出黑色液体，其中含有氯仿、三氯酚、二溴甲烷等多种有毒物质。这些激起了当地居民的愤慨，卡特总统宣布封闭当地住宅，关闭学校，并将居民撤离。事出之后，当地居民纷纷起诉，但因当时尚无相应的法律规定，该公司又在多年前将运河转让出去，诉讼失败。直到 20 世纪 80 年代，环境对策补偿责任法在美国通过后，这一事件才得以盖棺定论，以前的电化学公司和纽约州政府被认定为加害方，赔偿受害居民经济损失和健康损失费达 30 亿美元。

危险废物对环境带来的主要危害包括：

① 破坏生态环境。随意排放、贮存的危险废物在雨水、地下水的长期渗透、扩散作用下，会污染水体和土壤，降低所在地区的环境功能等级。

② 影响人类健康。危险废物会通过摄入、吸入、皮肤吸收、眼接触而对人体产生毒害作用，或引起燃烧、爆炸等危险性事件；长期暴露还存在致癌、致畸、致变等危险。

③ 制约可持续发展。危险废物不处理或不规范处理处置会带来大气、水源、土壤等污染，制约区域经济活动的正常进行。

6.4 固体废物污染控制

6.4.1 固体废物污染控制标准

目前，我国有包括《生活垃圾焚烧污染控制标准》(GB 18485—2014)、《一般工业固体废物贮存和填埋污染控制标准》(GB 18599—2020)、《危险废物贮存污染控制标准》(GB 18597—2023) 等一系列标准。

(1)《生活垃圾焚烧污染控制标准》

《生活垃圾焚烧污染控制标准》由原环境保护部 2014 年 4 月 28 日批准并发布，规定了生活垃圾焚烧厂的选址要求、技术要求、入炉废物要求、运行要求、排放控制要求、监测要求、实施与监督等内容。标准要求新建生活垃圾焚烧炉自 2014 年 7 月 1 日、现有生活垃圾焚烧炉自 2016 年 1 月 1 日起执行本标准。

2019 年，生态环境部发布《生活垃圾焚烧污染控制标准》修改单，主要增加了多项废气污染物的测定方法，如二噁英、氯化氢等。

(2)《一般工业固体废物贮存和填埋污染控制标准》

为贯彻《中华人民共和国固体废物污染环境防治法》，防治一般工业固体废物贮存、处置场地的二次污染，国家环境保护总局于 2020 年 12 月 24 日批准并发布了《一般工业固体废物贮存和填埋污染控制标准》。此标准规定了一般工业固体废物贮存场、填埋场的选址、建设、运行、封场、土地复垦等过程的环境保护要求，替代贮存、填埋处置的一般工业固体废物充填及回填利用环境保护要求，以及监测要求和实施与监督等内容。标准适用于新建、改建、扩建的一般工业固体废物贮存场和填埋场的选址、建设、运行、封场、土地复垦的污染控制和环境管理，现有一般工业固体废物贮存场和填埋场的运行、封场、土地复垦的污染控制和环境管理，以及替代贮存、填埋处置的一般工业固体废物充填及回填利用的污染控制及环境管理。

(3)《危险废物贮存污染控制标准》

《危险废物贮存污染控制标准》是由生态环境部和国家市场监督管理总局联合发布的最新版国家标准，于 2023 年 1 月 20 日发布，并于 2023 年 7 月 1 日起正式实施。本标准旨在贯彻《中华人民共和国环境保护法》和《中华人民共和国固体废物污染环境防治法》等法律法规，防止环境污染，改善生态环境质量，规范危险废物贮存环境管理。

相较于 2001 年发布的 GB 18597—2001 版本的标准，本次修订增补完善了相关术语和定义，增加了总体要求，细化了危险废物贮存设施的分类，补充了贮存点相关环境管理要求，完善了危险废物贮存设施的选址和建设要求，修订了污染防治、运行管理和退役要求，补充了环境应急要求，并删除了医疗废物有关要求及附录 A 和附录 B。

新标准规定了危险废物贮存污染控制的总体要求、贮存设施选址和污染控制要求、容器和包装物污染控制要求、贮存过程污染控制要求，以及污染物排放、环境监测、环境应急、实施与监督等环境管理要求。它适用于产生、收集、贮存、利用、处置危险废物的单位新建、改建、扩建的危险废物贮存设施选址、建设和运行的污染控制和环境管理，也适用于现有危险废物贮存设施运行过程的污染控制和环境管理。历史堆存危险废物清理过程中的暂时堆放不适用本标准。国家其他固体废物污染控制标准中针对特定危险废物贮存另有规定的，执行相关规定。

此外，新标准强调了贮存设施的环境监测要求，要求贮存设施的所有者或运营者根据相关法律法规和标准制订监测方案，对污染物排放状况开展自行监测，并公布监测结果。同时，新标准也对环境应急要求进行了规定，要求贮存设施所有者或运营者编制突发环境事件应急预案，定期开展培训和演练，并配备必要的应急人员、装备和物资。

（4）《危险废物焚烧污染控制标准》（GB 18484—2020）

《危险废物焚烧污染控制标准》规范了危险废物的焚烧处理过程及管理，旨在减少环境污染。该标准于 2020 年发布，2021 年 7 月 1 日正式实施，取代了之前的 GB 18484—2001 版本。标准适用于除易爆和具有放射性以外的危险废物焚烧设施，包括设计、环境影响评价、竣工验收以及运行过程中的污染控制管理。标准规定了危险废物焚烧设施的选址原则、焚烧基本技术性能指标、大气污染物的排放限值、焚烧残余物的处置原则以及相应的环境监测要求。

新标准对焚烧设施的选址提出了更严格的要求，确保其能在稳定环境中运行，避免对生态保护红线区域和敏感区域造成不利影响。技术要求方面，新标准调整了焚烧物的配伍和焚烧设施排放污染物的监测要求，加强了对 CO 等污染物排放的控制，以实现更全面的环境保护。新标准补充了在线自动监测装置和助燃装置的要求，强化了焚烧设施的运行监控，提高了设施运行的透明度和可靠性。此外，新标准完善了污染物控制指标和排放限值，取消了对焚烧设施规模的划分，删除了特定废物的专用焚烧设施污染控制要求，这表明标准更趋向于通用性和灵活性，以适应不同类型的焚烧设施和废物处理需求。

这些修订旨在更有效地控制危险废物焚烧过程中的环境污染，推动焚烧技术的发展和应用，为实现环境的可持续发展提供坚实的法规支持。

（5）《医疗废物处理处置污染控制标准》（GB 39707—2020）

《医疗废物处理处置污染控制标准》于 2020 年 12 月 24 日发布，并于 2021 年 7 月 1 日实施。该标准涵盖了医疗废物处理处置设施的选址、运行、监测等关键环节，并针对废物接收、贮存及处理处置过程提出了具体的生态环境保护要求。

标准强调了医疗废物处理处置单位在收集、运输、贮存过程中的操作规范，包括使用符合要求的周转箱/桶、执行危险废物转移联单管理制度以及确保运输车辆的合规性。在贮存环节，要求设施应具备防渗、易于清洗消毒的特性，并配备废水收集与处理系统。此外，标准对消毒处理和焚烧过程提出了严格的技术性能指标，包括高温段温度、烟气停留时间、烟气含氧量等，旨在确保废物得到有效处理，减少对环境和公共健康的风险。

排放控制方面，标准规定了消毒处理设施和焚烧设施的废气污染物排放限值，并对重金属、二噁英类等污染物的监测提出了具体要求。同时，明确了焚烧残渣、废水处理污泥等固体废物的管理规定，以及废水和噪声的排放标准。

环境监测要求中，强调了医疗废物处理处置单位应建立企业监测制度，制订监测方案，对污染物排放状况进行自行监测，并公布结果。此外，标准还规定了县级以上生态环境主管部门负责监督实施，并在必要时采用在线自动监测数据作为判断排污行为是否符合标准的依据。

6.4.2 固体污染废物的"三化"原则

自1996年4月1日起，我国开始实施《中华人民共和国固体废物污染环境防治法》，历经2013年、2015年、2016年三次修正，2004年第一次修订和2020年第二次修订，于2020年9月1日起实施。本法确立了固体废物污染防治的"三化"原则，即"减量化、资源化和无害化"，任何单位和个人都应当采取措施，减少固体废物的产生量，促进固体废物的综合利用，降低固体废物的危害性。根据这些原则，我国确立了固体废物管理体系的基本框架。

（1）减量化

减量化一般指减少固体废物的产生量或危害性。这里包括两个方面，其一是数量的减少，其二是固体废物对环境的危害性质下降。也就是说，通过适宜的手段最大限度地合理开发和利用资源与能源，减少固体废物数量或体积，降低危险废物的有害成分、减轻或清除其危险特性等，从"源头"直接减少或减轻固体废物对环境和人体健康的危害。

（2）资源化

资源化是指将废物直接作为原料进行利用或者对废物进行再生利用。自然界并不存在绝对的废物，所谓废物只是失去原有使用价值而被弃置的物质，并不是永远没有使用价值。现在不能利用的，也许将来可以利用。这一生产过程的废物，可能是另一生产过程的原料，所以固体废物有"放错地方的原料"之称。

目前，发达国家出于资源危机和治理环境的考虑，已把固体废物资源化纳入资源和能源开发利用之中，逐步建立起一个新兴的工业体系——资源再生工程。日本、西欧各国的固体废物资源化率已达80%以上，2021年我国大宗工业固体废物综合利用率为56.8%，其中，煤矸石的综合利用率达到72.1%，粉煤灰达到71.4%，冶炼渣达到62.7%，工业副产石膏达到72.3%，农产物秸秆达到86%以上。在发改委发布的关于"十四五"大宗固体废物综合利用的指导意见中指出，到2025年，要做到新增大宗固废综合利用率达到60%，存量大宗固废有序减少的目标。

2023年，全国一般工业固体废物综合利用量为$2.57×10^9$ t，综合利用率为60.05%。农业固体废物综合利用率也取得显著成效。其中，禽畜类污超过78%，秸秆稳定在86%以上，农膜回收率稳定在80%以上。

（3）无害化

固体废物一旦产生，首先应采取资源化措施，发挥其经济效益，这是上策。但是，由于科学技术水平或其他条件的限制，总会有些固体废物无法或不可能利用。对于这样的固体废物，尤其是其中的有害废物，必须进行无害化处理，避免造成环境问题和公害。

无害化是指经过适当的处理或处置，使固体废物或其中的有害成分无法危害环境，或转化为对环境无害的物质，这个处置过程即为固体废物的无害化。常用的方法有填埋法、焚烧法、堆肥法、拆解法、化学法等。

> **专栏——"无废城市"**
>
> "无废城市"是以创新、协调、绿色、开放、共享的新发展理念为引领,通过推动形成绿色发展方式和生活方式,持续推进固体废物源头减量和资源化利用,最大限度减少填埋量,将固体废物环境影响降至最低的城市发展模式。
>
> 2019年1月,国务院办公厅印发《"无废城市"建设试点工作方案》。2019年4月30日,生态环境部公布11个"无废城市"建设试点,包括深圳市、包头市、铜陵市、威海市、重庆市(主城区)、绍兴市、三亚市、许昌市、徐州市、盘锦市、西宁市。同时,雄安新区、北京经济技术开发区、中新天津生态城、南平市光泽县、赣州市瑞金市参照"无废城市"建设试点一并推动。
>
> 《"无废城市"建设试点工作方案》明确了六项重点任务。一是强化顶层设计引领,发挥政府宏观指导作用;二是实施工业绿色生产,推动大宗工业固体废物贮存处置总量趋零增长;三是推行农业绿色生产,促进主要农业废弃物全量利用;四是践行绿色生活方式,推动生活垃圾源头减量和资源化利用;五是提升风险防控能力,强化危险废物全面安全管控;六是激发市场主体活力,培育产业发展新模式。

6.4.3 固体废物处理处置技术

我国《固体废物鉴别标准 通则》(GB 34330—2017)规定固体废物处理是指通过物理、化学、生物等方法,使固体废物转化为适于运输、贮存、利用和处置的活动。固体废物处置是指将固体废物焚烧和用其他改变固体废物的物理、化学、生物特性的方法,达到减少已产生的固体废物数量、缩小固体废物体积,减少或者消除其危险成分的活动,或者将固体废物最终置于符合环境保护规定要求的填埋场的活动。

固体废物处理技术包括焚烧、热解、固化、好氧堆肥和厌氧消化等技术。通过对固体废物的处理,达到减量化、资源化和无害化的目的。

固体废物在进行处置和处理以前,通常会进行预处理,预处理方法主要包括分选、破碎、压实、脱水等工序。适当的预处理,有利于固体废物的收集运输,并且不易滋生鼠蝇和引发火灾。因此,预处理是重要且具有普遍意义的工序。

6.4.3.1 焚烧

焚烧是目前最常用的固体废物高温处理技术之一,是指以一定量的过剩空气与被处理的有机废物在焚烧炉内进行氧化燃烧反应,废物中的有毒有害物质在高温下氧化、热解而被破坏的高温热处理技术。焚烧炉主要有机械式炉排炉、流化床焚烧炉、回转式焚烧炉、静态热解焚烧炉。

焚烧是对有机废物的深度氧化过程,适用于处置有机废物,但也可以利用焚烧对无机废物进行高温熔融固化处理,使重金属等有害成分固定在熔融固化体内。

(1) 固体废物焚烧处理技术的优点

① 该处置中有机物的最终分解产物是 CO_2 和水,净化后可以直接排入大气,可以彻底分解有害有机物。因此,高温焚烧可最大程度地减少固体废物的残留量,最大程度达到无害化处理,从而极大地减少占地面积,有效地保护土地资源。这一优势对于人口密度大、土地资源宝贵的地区尤为重要。

② 焚烧采用全封闭式工厂化处理模式,可以最大程度地控制固体废物在运输、贮存和加料过程中可能造成的污染物泄漏。

③ 焚烧过程中产生的热量可回收利用，从而使无法进行物质再生回收的固体废物实现能量再生。

（2）固体废物焚烧处理技术的不足

① 焚烧技术的复杂性导致对人员素质和技术管理有较高的要求。

② 对设备和污染控制的要求很高，处理成本远高于其他处理处置技术。

③ 焚烧处理对废物的性质有一定的限制，一般适用于处理有机废物。

④ 由于固体废物的复杂性和成分的不稳定性，以及焚烧产物的复杂性，污染物控制具有较大的难度。焚烧炉烟气中含有 SO_2、NO_x 和 H_2S 等酸性气体以及重金属、二噁英等污染物。

6.4.3.2 热解

固体废物在无氧或者缺氧的条件下，高温分解成燃气、燃油等物质的过程称为热解。

不同于仅有热能回收的焚烧处理，热解技术可产生便于储存运输的燃气、燃油等。适合热解技术应用的固体废物主要包括废塑料、废橡胶、废油和油泥、有机污泥等。城市生活垃圾、农林废弃物的热解技术也在研究发展之中。用热解法处置有机固体废物是较新的方法，随着社会能源危机的加剧，其逐渐成为一种更有前途的处理方法。

热解技术的主要优点包括：

① 无机物可以直接回收，有机物所含能量可以被有效回收利用。

② 是一种缺氧反应，产生的废气少，排放的废气也少，尾气经多级净化处理，废气经一般处理，均能达到排放标准，有利于减轻对环境空气的污染。

③ 废物中的硫、重金属等有害成分，大部分可以被固定在炭黑中，减少环境污染。

④ 残渣可进行填埋处置，填埋处置占地面积只有传统填埋占地的 20%～30%，且传统填埋的预处理过程也可以省去。

6.4.3.3 固化

固化是通过向废物中添加固化基材，使有害成分固定或包容在惰性固化基材中的一种无害化处理技术。固化技术通常较多应用于危险废物处置前的预处理。理想的固化产物应具有良好的抗渗透、机械特性、抗浸出、抗干湿、抗冻融等特性。这样，固化产物可直接在安全填埋场处置，也可用作建筑基础材料或道路的路基材料。按固化剂的不同，固化方法可分为水泥固化、塑性材料固化、熔融固化和自胶结固化等。

（1）水泥固化

水泥固化是基于水泥的水合和水硬胶凝作用对废物进行固化处理的一种方法，该法将废物和普通水泥混合，形成具有一定强度的固化体，从而达到减少危险成分浸出的目的。水泥固化法对含高毒重金属废物的处理特别有效，固化工艺和设备比较简单，设备和运行费用低，水泥原料和添加剂便宜易得，对含水量较高的废物可以直接固化。

固化体的强度、耐热性、耐久性好，有的固化产品可作路基或建筑物基础材料，固化产品经过沥青涂覆能有效地减少污染物的浸出。水泥固化体的浸出率较高，固化体增容大是水泥固化的主要缺点。

> **专栏——金隅北水水泥固化协同处置废物**
>
> 水泥固化技术在固体废物处理领域中扮演着关键角色，特别是在处理危险废物时，它提供了一种安全、高效的处置方法。将危险废物与水泥混合，利用水泥的化学和物理特性，将废物中的有害物质稳定化，形成坚硬的固化体，从而有效防止有害物质的迁移和泄漏。

金隅北水水泥窑协同处置工艺通过预处理系统，将各种危险废物转化为适合水泥窑处置的形式。例如，工业污泥、废漆渣等经过浆渣制备系统处理后，与水泥混合，形成稳定的固化体。废液经过废液处理系统，与水泥反应生成稳定的化合物，进一步降低其环境风险。

此外，该工艺还包括了替代燃料制备系统，将废纸、废塑料等转化为可燃物质，用于水泥窑的燃烧过程，既减少了废物的体积，又实现了能源的回收利用。污泥搅拌系统和飞灰处理系统则进一步确保了废物的均匀混合和稳定固化。该工艺不仅提高了危险废物的处置效率，还通过高温焚烧过程，实现了废物的无害化和减量化。同时，该工艺对烟气进行特殊处理，采用高温高尘工艺路线和专用脱硝催化剂，有效控制了烟气中的污染物排放，保护了环境。

综上所述，金隅北水的水泥窑协同处置工艺是水泥固化技术在固体废物处理中的一个成功应用，它不仅解决了危险废物的安全处置问题，还促进了资源的循环利用，对环境保护和可持续发展具有重要实践价值。

（2）塑性材料固化

塑性材料固化法属于有机型固化处理技术，根据使用材料的性能该技术可划分为热固性塑料包容和热塑性材料包容两种方法。热固性塑料是指在加热时会从液体变成固体并硬化的材料。

该法的主要优点是引入较低密度的物质，所需要的添加剂数量也较小。热固性塑料包容可对所有有害废物颗粒进行包封，在适当选择包容物质的条件下，可以达到十分理想的包容效果。此方法的缺点是操作过程复杂，热固性材料自身价格高昂。由于操作中有机物易挥发，容易引起燃烧起火，所以通常不能在现场大规模应用。

（3）熔融固化

熔融固化技术主要是将有害废物和细小的玻璃质混合，经混合造粒成型后，在高温下熔融，待有害废物的物理和化学状态改变后，降温使其固化，形成玻璃固化体，借助玻璃体的致密结晶结构，确保重金属的稳定。熔融固化的优点是可以得到高质量的建筑材料，缺点在于熔融固化需要将大量物料加温到熔点以上，需要的能源和费用都是相当高的。

（4）自胶结固化

自胶结固化是利用废物自身的胶结特性来达到固化目的的方法。该法将含大量硫酸钙和亚硫酸钙的废物，如磷石膏、烟道气脱硫废渣等，在一定的温度下煅烧，然后与特制的添加剂和填料混合成稀浆，经过凝结硬化过程即可形成自胶结固化体，固化后的废物更便于运输、利用和处置。自胶结固化法的主要优点是工艺简单，不需加入大量添加剂，固化体具有抗渗透性高、抗生物降解和污染物浸出率低的特点。缺点在于此种方法只限于含大量硫酸钙的废物，应用面较为狭窄。

6.4.3.4 好氧堆肥

堆肥是利用自然界微生物的分解能力，对有机废物进行无害化、资源化处理的技术。堆肥化是指在充分供氧的条件下，利用好氧微生物分解固体废物中有机物的过程。

在有氧条件下，好氧菌通过自身的生命活动，把被吸收的一部分有机物氧化成简单的无机物，同时释放出可供微生物生长活动所需的能量，而另一部分有机物则被合成新的细胞质，使微生物不断生长繁殖，产生更多生物体。好氧堆肥可实现废物的减量化、资源化、无害化，最终产物主要是 CO_2、水、热量和腐殖质。

6.4.3.5 厌氧消化

厌氧消化是指在无氧或者缺氧的条件下，利用厌氧菌微生物的作用使废物中可生物降解的有

机物转化为 CH_4、CO_2 和稳定物质的生物化学过程。

通过厌氧微生物的生物转化作用，可将大部分可降解有机质分解，转化为能源产品 CH_4（或称沼气），所以有时厌氧消化也被称为沼气发酵或甲烷发酵技术。

为了使沼气发酵持续进行，必须提供和保持各种微生物生长繁殖所需的条件。产甲烷细菌是完全厌氧的，少量的氧也会严重影响其生长繁殖。因此，沼气发酵需要在一个完全隔绝氧的密闭消化池内进行。

6.4.3.6 填埋

填埋是指按照工程理论和土木标准将固体废物掩埋覆盖，并使其稳定化的最终处置方法，一般分为卫生填埋和一般工业固体废物填埋两种。

（1）卫生填埋

卫生填埋适于处置一般固体废物和城市生活垃圾。用卫生填埋来处置城市垃圾，不仅操作简单，施工方便，费用低廉，还可回收 CH_4 气体。因此，卫生土地填埋法已在国内外得到广泛采用。

为防止对环境造成污染，要根据填埋地点环境条件采取适当而必要的防护措施，以达到被处置废物与环境生态系统最大限度的隔绝。

安全填埋是一种改进的卫生填埋方法，主要用于处置危险废物，是危险废物的主要处置方法，对防止填埋场地产生二次污染的要求更为严格。

（2）一般工业固体废物填埋

一般工业固体废物填埋场、处置场，适用于处理未被列入《国家危险废物名录》或经鉴别判断不具有危险特性的工业固体废物。

6.5 固体废物资源化技术

固体废物"资源化"，是指从固体废物中回收有用的物质和能源，促进物质循环，创造经济价值的技术和方法。它包括物质回收、物质转换和能量转换。我国固体废物"资源化"研究起步较晚，在 20 世纪 90 年代才将八大类固体废物"资源化"列为国家的重大技术经济政策。

我国的资源和能源压力随经济发展而愈发紧张，充分利用固体废物开展"资源化"，对于转变经济增长方式，提高企业经济效益，推动循环经济发展，贯彻科学发展观具有重要的现实意义。

6.5.1 矿业固体废物资源化技术

我国是矿产资源大国和矿业大国，在矿产资源开采和选矿过程中会产生固体废物。矿业固体废物包括矿山开采和矿石冶炼过程中所产生的废弃物。矿山开采所产生的固体废物又分为两大类：一类是尾矿，即在选矿加工过程中产生的固体废物，其储存场地称为尾矿库；另一类是剥离废石，即在开采矿石过程中剥离出的岩土物料。

据《全国矿产资源节约与综合利用报告（2019）》，截至 2018 年底（不完全统计），我国尾矿累计堆存量已达 2.07×10^{10} t，而 2018 年全国综合利用尾矿总量约为 3.35×10^8 t，综合利用率约为 28%，比 2017 年提高 5.6 个百分点。《我国矿产资源节约与综合利用报告（2020）》显示，尾矿排放量呈下降趋势，综合利用率逐年提高。另据《2020 中国环境统计年鉴》，2019 年我国矿业行业的工业固体废物排放量约为 2.0×10^9 t，占全行业工业固废排放量的 45.74%；矿业行业的工业固体废物综合利用量为 6.3×10^8 t，占全行业工业固体废物综合利用量的 27.15%。

对大宗固体废弃物，国家历来十分重视，我国把资源综合利用纳入了生态文明建设总体布局，不断完善法规政策、强化科技支撑、健全标准规范，推动资源综合利用产业发展壮大。

6.5.1.1 尾矿资源化

尾矿是采矿企业因开采条件限制或矿石品位较低而被放弃的"残留物"，但同时又是潜在的二次资源，当技术、经济条件允许时，可再次进行开发。对其进行有效的开发利用，可以节约资源、保护环境、提高矿山经济效益，有利于资源合理配置和矿区环境的可持续发展。

尾矿资源化的主要途径包括：

① 从尾矿中回收有价金属和矿物。将尾矿破碎、筛分、研磨、分级，再经重选、浮选或生物浸提等工艺流程，分级选出有价金属。在有价金属成分含量很低的情况下，可作水泥或其他建材原料。例如，从锡尾矿中回收 Sn、Cu 及一些其他伴生元素；从铅锌尾矿中回收 Pb、Zn、W、Ag 等元素；从铜尾矿中回收萤石精矿、硫铁精矿等。

② 尾矿作为井下充填材料。将矿中的有用成分提取后，将剩余的尾矿废物制备成填充料并输送到井下采空区，这是堆存尾矿废料的一种方法，能显著减少地表尾矿的堆放量，甚至能取消地表尾矿库；同时通过对地下采空区的填充，能有效消除矿山采空区的安全隐患，减少地质灾害。

③ 尾矿生产建筑材料。尾矿的主要组分是富含 SiO_2、Al_2O_3、$CaCO_3$ 等资源的非金属矿物，可以通过现有的成熟工艺加工成一种或若干种建筑材料，如水泥、灰砂砖、加气砌块或各种建筑砖，有的含有微量金属成分，可生产微晶玻璃。

④ 尾矿用于制作肥料、改良土壤。有些尾矿中含有植物生长所需要的多种微量元素，经过适当处理可制成用于改良土壤的微量元素肥料。

6.5.1.2 煤矸石资源化

煤矸石是采煤和选煤过程中产生的固体废物，是一种在成煤过程中与煤伴生的含碳量较低、比煤坚硬的黑色岩石，煤矸石的产生量约占原煤量的 15%。煤矸石中所含的元素种类较多，SiO_2 和 Al_2O_3 含量最高，还有一些 Fe_2O_3、CaO、MgO、SO_3 等。迄今为止，煤矸石资源化的主要途径主要包括：

① 利用煤矸石生产建筑材料。煤矸石成分复杂，主要包含 Si、Ca、Al、Fe、Mg 的氧化物和某些稀有金属，与黏土的成分具有很大的相似之处，可以成功地替代所需要的酸性氧化物制备生产水泥、砖瓦及轻骨料等建筑材料。煤矸石在水泥工业中已经大量被应用，技术比较成熟。常被用作生产水泥的原材料。煤矸石砖以煤矸石为主要原料，一般占坯料的 80% 以上，经破碎、粉磨、搅拌、压制、成型、干燥、焙烧，制成矸石砖。每万标块煤矸石砖比黏土砖约节省 1t 标煤。另外，煤矸石制备微晶玻璃也是煤矸石有效利用的一个新方向，在制备高端建筑产品的同时来解决煤矸石堆存带来的环境问题。

② 填充采煤塌陷区。利用煤矸石对塌陷区进行填充、复垦，既能处理煤矸石，减少煤矸石占地，又能恢复塌陷区土地利用价值，这是综合治理和恢复矿区生态环境的有效途径。目前，对于地下采空塌陷区常采用煤矸石浆体充填技术，该技术集成了传统的离层注浆、采空区治理、灌浆防灭火以及长距离管道输送等技术，实现了充填与采煤作业相互平行、互不干扰、随采随充，适用于矸石量大、运距长以及综放采煤工艺的矿井，能在实现固废处理的同时，助力煤矿提质增效，从根本上完成绿色矿山建设。

③ 发电和供热。煤矸石发电和供热是煤矸石综合利用的重要途径之一，也是实现社会、环

境、经济效益相统一的最有效途径。依据煤矸石的发热量可以采用全煤矸石发电或者煤矸石与煤泥混合发电两种方式。在煤炭企业上规模的非煤产业项目中,煤矸石发电项目占有绝对比重。2013 年,全国煤矸石电厂装机容量已达 2.8×10^7 kW 以上,每年发电消耗矸石量约 1.4×10^8 t,年发电量 1.6×10^{11} kW·h,相当于减少原煤开采 4.2×10^7 t。截至 2019 年底,依靠煤矸石发电的电厂装机容量已达到 3×10^7 kW 以上,煤矸石电厂年消耗煤矸石量达到 1.51×10^8 t,占煤矸石利用总量的 28.8%,回收利用能量折合标煤 4.7×10^7 t。

6.5.2 冶金及电力工业废渣资源化技术

冶金工业废渣主要包括高炉渣、钢渣、铁合金渣、赤泥等,电力工业废渣主要包括粉煤灰及燃煤炉渣等。

6.5.2.1 高炉渣资源化

高炉渣是指冶炼生铁时从高炉中排放出来的废物。高炉渣的化学成分,主要包括 SiO_2、Al_2O_3、CaO、MgO、Fe_2O_3,依据 CaO 与 SiO_2 的比值,将高炉渣划分为碱性、酸性、中性矿渣。

高炉渣资源化的主要途径包括:

① 用作建筑材料。高炉渣属于硅酸盐材料的范畴,适合于加工制作水泥、碎石、混凝土、骨料等建筑材料。

② 显热回收。炉渣的显热回收方式大致分为两类:一类是利用循环空气回收炉渣显热,然后通过余热锅炉以蒸汽形式回收显热;另一类是将高温炉渣注入容器内,在容器周围用水循环冷却,以蒸汽形式回收炉渣显热。

③ 提取有价组分。通过冶金工艺可以从复合矿高炉冶金渣中提取 Ti、Al、Fe、SiO_2 等有价成分。

6.5.2.2 钢渣资源化

钢渣是炼钢过程中排出的一种副产品,主要由生铁中的 Si、Mn、P、S 等杂质在熔炼过程中氧化生成的各种氧化物以及这些氧化物与溶剂反应生成的盐类所组成。钢渣的产生量一般占粗钢产量的 15%~20%,2012 年全世界产生的钢渣量约 1.8×10^8 t。目前日本钢渣有效利用率已达到 95% 以上,美国、德国达 98% 以上。

经过多年的建设,对钢渣进行了合理资源化,2021 年我国钢渣产生量为 1.3×10^8 t,其中高炉渣产生量为 2.3×10^8 t,比上年下降 0.79%;含铁尘泥产生量为 4.0×10^7 t,比上年增长 4.59%。钢渣利用率达到 99.15%,比上年增长 0.08 个百分点;高炉渣利用率为 99.38%,比上年提高 0.15 个百分点;含铁尘泥利用率为 99.89%,比上年提高 0.07 个百分点。

钢渣资源化的主要途径包括:

① 用作冶金原料。钢渣含有 10%~30% 的 Fe,40%~60% 的 CaO,约 2% 的 Mn,将钢渣回收用作冶金原料,既可利用渣中 Fe、Fe_2O_3、CaO、MgO、MnO、稀有元素等有益成分,提高钢铁生产的质量和产量,又能降低生产成本。

② 用作建筑材料。由于钢渣的后期强度较高,配加部分水泥熟料,利用熟料早期强度高的优势,制成的钢渣水泥具有强度好、耐磨、抗渗等优点;钢渣具有相对密度大、强度高、耐磨等特点,可以用作筑路材料。钢渣含 FeO、CaO、SiO_2 等化合物,也可生产砖、砌块等建材。

③ 其他方面的应用。钢渣有一定的碱性和较大的比表面积,具有化学沉淀和吸附作用,可

用作吸附剂处理废水。钢渣含 Ca、Mg、Si、P 等元素，可用来生产磷肥、硅肥，还可以用作土壤改良剂。

6.5.2.3 粉煤灰资源化

粉煤灰是煤粉经高温燃烧后形成的一种类似火山灰质的混合材料，是燃煤电厂等企业稳定排出的固体废物。近年来，我国的能源工业稳步发展，发电能力年增长率为 7.3%。随之而来的是燃煤电厂每年排放的粉煤灰量逐年增加，从 1995 年的 1.25×10^8 t 到 2022 年的 8.3×10^8 t，约占世界粉煤灰总产量的一半，给我国的国民经济建设及生态环境造成巨大的压力。同时，我国又是人均占有资源储量有限的国家，粉煤灰的综合利用、变废为宝、变害为利已成为我国经济建设中一项重要的技术经济政策，是解决我国电力生产环境污染与资源缺乏之间矛盾的重要手段，也是电力生产技术发展所要完成的任务之一。2022 年我国粉煤灰综合利用率达到了 80%，相较于 2020 年 78% 的利用率提高了 2%。经过开发，粉煤灰在建工、建材、水利等领域得到广泛应用。

粉煤灰资源化的主要途径包括：

① 制作水泥和混凝土。粉煤灰是一种理想的混凝土掺和料。在常温有水存在的情况下，粉煤灰中的无定形 SiO_2 和 Al_2O_3 能与碱金属和碱土金属发生"凝硬反应"，因此粉煤灰是一种优良的水泥和混凝土掺合料。

② 制作建筑材料。用粉煤灰制砖，工艺简单，速度快，用灰量大。可以利用粉煤灰制成大型砌块和板材，还可用于烧结制品、铺筑道路、构筑坝体、工程回填等。另外，粉煤灰还可用于制作轻质骨料。

③ 用作农业肥料和土壤改良剂。粉煤灰具有良好的物理化学性质，可广泛应用于改造重黏土、生土、酸性土和盐碱土。粉煤灰含有大量 Si、Ca、Mg、P 等农作物所必需的营养元素，故可作农业肥料用。

④ 用于回收煤炭资源、回收金属物质、分选空心微珠。利用浮选法，在含粉煤灰的灰浆水中加入浮选药剂，然后采用气浮技术，使煤粒黏附于气泡上，再上浮与灰渣分离达到回收煤炭的目的。粉煤灰含有 Al_2O_3、Fe_2O_3 和大量稀有金属，可以从中回收有用金属。空心微珠质量小、强度高、耐高温和绝缘性好，可用作塑料的理想填料、轻质耐火材料和高效保温材料，用于石油化学工业及军工领域。

⑤ 用作环保材料。利用粉煤灰可制造分子筛、絮凝剂和吸附材料等环保材料；粉煤灰还可用于处理含氟废水、电镀废水、重金属离子废水和含油废水；粉煤灰中含有的 Al_2O_3、CaO 等活性组分能与氟生成配合物或生成对氟有絮凝作用的胶体离子；粉煤灰中还含有沸石、莫来石、炭粒和硅胶等，具有无机离子交换特性和吸附脱色作用。

6.5.3 农业固体废物资源化技术

农业有机固体废物是指农业生产过程中产生的有机固体废物，主要包括作物秸秆、畜禽粪污等。农业固体废物主要成分为糖类、纤维素、木质素、淀粉、蛋白质，属于典型的有机质。

6.5.3.1 秸秆资源化技术

农作物秸秆是世界上数量最多的一种农业生产副产品，由于农作物秸秆资源的利用既涉及广大农村的千家万户，也涉及整个农业生态系统中土壤肥力、水土保持、环境安全以及再生资源有效利用等可持续发展问题，近年来已引起世界各国的普遍关注，并越来越成为可持续农业的重要方面。《全国农作物秸秆综合利用情况报告》数据显示，2021 年我国农作物秸秆利用量为 6.47×10^8 t，综合利用率达 88.1%，较 2018 年增长 3.4 个百分点。

秸秆资源化的主要途径包括以下几种：

① 秸秆还田。秸秆含有丰富的有机质和 N、P、K、Ca、Mg、S 等有效肥力元素，所以秸秆还田一直是农民处理秸秆的一个重要方法。同时，秸秆还田有恢复和制造土壤团粒结构、固定和保存氮素养料以及促进土壤中难溶性养料溶解等作用。

② 秸秆饲料化。秸秆饲料利用技术，目前主要是以秸秆养畜、过腹还田的方式进行。未经处理的秸秆不仅消化率低，粗蛋白含量低，而且适口性差，采食量也不高，饲养牲畜的效果不好。微生物处理、青贮法、氨化法、热喷法等秸秆处理方法，可以提高饲料中蛋白质的含量，易于牲畜消化，促进牲畜生长，提高饲料的利用率。

③ 秸秆能源化。秸秆能源化主要方式有秸秆生产固体成型燃料，从而直接燃烧；秸秆生产热解气；秸秆厌氧发酵生产沼气等。

④ 秸秆的其他应用。秸秆可用于生产乙醇、可降解餐具、羧甲基纤维素钠，还可利用其特殊的结构构造生产吸附脱色材料、保温材料、吸声材料等。这些都是综合利用农业秸秆，提高其附加值的有效方法。

> **专栏——黑龙江省秸秆综合利用方案**
>
> 黑龙江省为提升农业废弃物的资源化利用，特别制定了《黑龙江省秸秆综合利用工作实施方案（暂行）》。该方案明确了 2023 年秸秆综合利用率目标超过 95%，其中北大荒农垦集团的利用率更是达到 98% 以上。同时，秸秆还田率也被设定为 68% 以上，以促进土壤肥力的恢复和生态平衡。方案强调科学规范的秸秆还田技术，分区域、分作物推广，提高还田覆盖率和到位率。此外，方案还鼓励秸秆的多元化利用，如饲料化、生物质能源转化和编织加工，以延伸产业链并促进农业的可持续发展。
>
> 为确保秸秆资源的有序供应，方案要求地方政府统筹规划秸秆资源，指导企业、村集体等签订合作协议，明确责任，建立利益联结机制。同时，方案还注重规范秸秆的打包、离田操作，提高作业质量，并通过社会化服务降低成本。通过这些措施，黑龙江省的秸秆综合利用方案不仅提升了资源利用效率，也为农业可持续发展提供了有力支持。

6.5.3.2 畜禽粪污资源化技术

畜禽粪污虽然是一类污染物，但其本身固有的特点，使它同时也成为宝贵的资源。畜禽粪污除含有丰富的有机物质外，还含有作物所需的营养元素 N、P、K 等，因此畜禽粪污是一种肥料资源。畜禽粪污中的粗蛋白含量几乎比畜禽采食饲料中的粗蛋白含量高 50%，含有 8%~10% 的氨基酸和粗脂肪，因此畜禽粪污也是一种饲料资源。畜禽粪污中含有大量的有机碳，可将畜禽粪污同秸秆等农业废物一起进行厌氧发酵产生沼气，因此畜禽粪污又是一种燃料资源。

2023 年，我国对养殖大县开展整县推进粪污综合利用项目，大型规模养殖场全部配套粪污处理设施装备，全国畜禽粪污综合利用率达到 78%。《"十四五"土壤、地下水和农村生态环境保护规划》中提出，"十四五"要着力提升秸秆农膜回收利用和畜禽粪污资源化利用水平，到 2025 年，全国畜禽粪污综合利用率达到 80% 以上。

畜禽粪污资源化的主要途径包括：

① 肥料化利用。畜禽粪污的肥料化再利用模式主要有直接施用、栽培食用菌利用和堆腐后施用三种情况。目前，加入的辅料主要为含碳量较高的秸秆及无机肥料、石膏等。畜禽粪污堆腐后施用是目前最为常用的肥料化方法。

② 饲料化利用。畜禽粪污中含有未消化的粗蛋白、粗纤维、粗脂肪和矿物质等，经过适当

处理杀死病原菌后，能提高蛋白质的消化率，改善适口性，可作为饲料来利用。目前，畜禽粪污的饲料化主要利用模式有直接喂养、干燥法和热喷法等。用鸡粪混合垫草直接饲喂奶牛的方式已被许多西方国家所采用。在饲料中混入上述粪草饲喂奶牛，其效果与饲喂豆饼饲料的效果相同，此方法简便易行，效果也较好，但要做好卫生防疫工作，避免疫病的发生和传播。

③ 能源化利用。能源化利用主要有直接燃烧、乙醇化利用、沼气化利用、发电利用和热解技术利用等。沼气化利用在我国应用较为广泛，即利用受控制厌氧菌的分解作用，将粪污中的有机物转化成简单的有机酸，然后再转化为 CH_4 和 CO_2。

> **专栏——畜禽粪污集中处理低碳循环利用示范工程**
>
> 2019—2020 年间，江西省农业农村厅推广畜禽粪污资源化利用示范工程，该工程以沼气生物天然气为主要处理方向，通过"源头减量—过程控制—末端利用—资源循环"的技术路径，实现了畜禽粪污的高效转化和资源化利用。该示范工程采用了连续厌氧发酵技术，通过全量化处理养殖粪污，辅以稻秆、猪粪调整碳氮比，实现了沼气发酵浓度 6% 以上的稳定运行。这一技术显著提升了有机进料负荷率和容积产气率，单位容积产气率由 $0.75m^3/(m^3 \cdot d)$ 提高到 $1.43m^3/(m^3 \cdot d)$。通过梯级降压供气技术，实现了沼气长距离、大规模的稳定供应，满足了集镇居民对清洁能源的需求。
>
> 江西省在 92 个县（市、区）建立了 1365 个示范区，通过集中处理的方式，对接区域内多家畜禽养殖场和种植大户，建立了"减量化生产、全量化处置、无害化处理、资源化利用"相结合的运行机制。示范工程还通过沼渣沼液的深加工，转化为有机肥，减少了化肥的使用，提升了土壤肥力，改善了农业生态环境。
>
> 江西省的这一示范工程不仅在技术上取得了突破，更在生态效益和经济效益上实现了双赢，为其他地区的畜禽粪污资源化利用提供了宝贵的经验和示范。2020 年，依托该技术的"区域沼气生态循环农业发展模式"，被列入《国家生态文明试验区改革举措和经验做法推广清单》（发改环资〔2020〕1793 号），作为国家生态文明试验区绿色循环低碳发展先进经验模式，向全国进行推广。

6.5.4 城市生活垃圾资源化技术

随着经济发展和人民生活水平的提高，城市垃圾的产生量越来越大，构成也发生很大变化，可回收利用的资源越来越多，使从废物利用中获利成为可能。

(1) 再生资源的回收利用

城市垃圾是丰富的再生资源源泉，所含成分（按重量）分别为废纸约 40%、金属 3%~5%、厨余 25%~50%、塑料 1%~2%、织物 4%~6%、玻璃约 4% 以及其他物质，大约 80% 的城市垃圾是潜在的原料资源。

从城市垃圾中回收各种材料资源，既可处理废物，避免环境污染，又可开发资源，降低成本，此方式已越来越引起人们的重视。目前，在城市中大力开展生活垃圾分类收集与袋装化，并创造和开发机械化的高效率处理方法，为再生资源的回收利用创造了良好条件。

> **专栏——我国垃圾分类工作实施现状**
>
> 根据国家统计局《中国统计年鉴 2023》的数据，2022 年全国生活垃圾清运量达到 2.44×10^8 t，这一数字反映出我国城镇生活垃圾量每年以 5%~8% 的速度增长，尽管 2022 年增长有所放缓，但总体趋势仍呈上升态势。

面对全球垃圾产生量快速增长的挑战，中国已采取了一系列前瞻性措施以促进生活垃圾分类和处理。2020年12月发布的《关于进一步推进生活垃圾分类工作的若干意见》和《"十四五"城镇生活垃圾分类和处理设施发展规划》等政策文件，明确了垃圾分类的总体目标和具体量化指标。这些政策旨在建立完善的生活垃圾分类法律法规体系，提升垃圾分类和处理能力，以及提高资源化利用率至60%左右，确保到2025年底，分类收运能力达到$7.0×10^5$ t/d，焚烧处理能力占城镇生活垃圾处理能力的65%左右。

先行城市如上海和北京已通过立法和政策推动，取得了显著成效。上海自《上海市生活垃圾管理条例》实施以来，可回收物回收量、有害垃圾分出量和湿垃圾分出量均显著增加，而干垃圾处置量则大幅下降。北京实施《北京市生活垃圾管理条例》后，家庭厨余垃圾分出量增长至每日4246 t，是实施前的13倍。这些先行城市通过制度化和规范化措施，提高了公众参与度和分类准确率，为其他城市提供了宝贵的经验和示范。

然而，垃圾分类的具体实施在各地城市之间仍存在明显差异。在一些中小城市及农村地区，由于资金、宣传教育、分类设施建设等方面的限制，垃圾分类推进仍显缓慢，公众参与和分类效果有待提升。这一现状提示我们，尽管取得了一定进展，垃圾分类工作仍需持续地努力和创新，以实现全国范围内的普及和深入。

（2）热能回收

城市垃圾中的有机成分比例逐渐上升，不少国家的城市垃圾中有机成分占60%以上，其中废纸、塑料、旧衣物等热值较大。利用焚烧法处理垃圾不仅能够处理废物，同时可以利用焚烧过程产生相当量的热能。

专栏——鲁家山垃圾焚烧发电厂

鲁家山垃圾焚烧发电厂，即北京首钢生物质能源项目，位于北京市门头沟区鲁家山石灰石矿南区矿区内，是亚洲最大的垃圾焚烧发电项目，2013年试运行。鲁家山垃圾焚烧发电厂拥有4台日处理能力750 t的往复式机械炉排焚烧炉、4台每小时72 t卧式余热锅炉、两套30兆瓦空冷汽轮发电机组。焚烧厂日处理垃圾3000 t，年处理生活垃圾$1×10^6$ t，可处理北京市西部地区经分类分选后的垃圾，占北京日产出全部垃圾的1/8，年发电高达3.8亿度，转化的电能将输入华北电网，为城市居民供电；焚烧垃圾产生的余热还将用于周边居民供热$3.49×10^{14}$ J，供热面积约$1.0×10^6$ m²，相当于节约$1.4×10^5$ t标准煤，年减排温室气体的CO_2当量为$4.0×10^5$ t。

（3）堆肥处理

生活垃圾含有大量的有机物，尤其是餐厨垃圾。无论从环境保护，还是从资源循环利用的角度出发，堆肥技术都是处理餐厨类有机废物的最佳方式之一。

习题与思考题

1. 固体废物的定义是什么？
2. 固体废物的危害有哪些？
3. "三化"原则指什么？具体含义是什么？

4. 固体废物的主要处理、处置技术有哪些？
5. 什么是固体废物的减量化？并提出至少两种日常生活中可以实施的减量化措施。
6. 列举至少三种常见的固体废物类型，并简述每种废物的一般处理方法。
7. 简述水泥固化废物的基本原理，并列举两个可能影响水泥固化废物效果的因素。
8. 请列举三种常见的城市生活垃圾资源化技术，并简述每种技术的基本应用。
9. 选择一种固体废物处理技术（如填埋、焚烧、生物降解等），评估其对当地环境（包括空气、土壤、水源）可能产生的短期和长期影响。
10. 如何识别一种物质是否属于危险废物？
11. 在管理危险废物时需要遵循哪些法规？
12. 探讨将固体废物转化为能源（如通过垃圾发电）的技术和方法。
13. 请简述冶金及电力工业废渣的两种资源化技术，并讨论它们如何有助于减少环境影响。
14. 秸秆有哪些能源化利用方式？请列举至少一种，并简述其工作原理。

参考文献

[1] 赵由才，牛冬杰，柴晓利，等.固体废物处理与资源化[M].3版.北京：化学工业出版社，2019.
[2] 章骅，何品晶.固体废物处理与资源化技术实验[M].北京：高等教育出版社，2022.
[3] 颜湘华，王兴润.无机化工废渣污染特征与污染风险控制[M].北京：化学工业出版社，2024.
[4] 杨慧芬，张强.固体废物资源化[M].2版.北京：化学工业出版社，2013.
[5] 陈德珍.固体废物热处理处置技术[M].上海：同济大学出版社，2020.
[6] 马文超.固体废物处理与污染控制[M].北京：北京大学出版社，2023.
[7] 蔡峰，徐海.我国固体废物处置的现状及进展[J].现代盐化工，2022，49（1）：84-85.
[8] 王海军，王伊杰，李文超，等.全国矿产资源节约与综合利用报告（2019）[R].北京：地质出版社，2019.
[9] 国家统计局，生态环境部.2020年中国环境统计年鉴[M].北京：中国统计出版社，2022.
[10] 国家统计局，生态环境部.2021年中国环境统计年鉴[M].北京：中国统计出版社，2023.
[11] 国家统计局，生态环境部.2022年中国环境统计年鉴[M].北京：中国统计出版社，2024.
[12] 赵由才，牛冬杰，周涛.固体废物处理与资源化[M].北京：化学工业出版社，2023.
[13] 边炳鑫，李哲，解强.煤系固体废物资源化技术[M].北京：化学工业出版社，2019.
[14] 张文启，饶品华，潘健民.环境与安全工程概论[M].南京：南京大学出版社，2012.
[15] 林静雯.环境保护概述[M].沈阳：东北大学出版社，2014.
[16] 庞素艳，于彩莲，谢磊.环境保护与可持续发展[M].北京：科学出版社，2015.
[17] 楼紫阳，唐红侠，王罗春.危险废物控制原理[M].北京：化学工业出版社，2022.
[18] 边炳鑫，张鸿波，赵由才.固体废物预处理与分选技术[M].2版.北京：化学工业出版社，2017.
[19] 杜祥琬.固体废物分类资源化利用战略研究[M].北京：科学出版社，2019.
[20] 白玛旺堆，吴晓凤，齐炜红，等.中国固体废物中镉检测能力现状与检测方法分析[J].中国环境监测.2023，39（3）：32-40.
[21] 张伟男，吴丹，苏闽，等.固体废物管理的信息瓶颈与突破：风险导向固体废物环境审计模式构建与应用[J].科技管理研究，2022，42（7）：190-195.

第 7 章　物理环境

> **本章要点**
>
> 1. 噪声污染的来源、分类、特性、危害及控制技术；
> 2. 热污染的来源、危害和控制技术；
> 3. 电磁辐射的来源、特性、危害和控制技术；
> 4. 光污染、放射性污染的来源、特性、危害和控制技术；
> 5. 振动污染的来源、特性、危害和控制技术。

物理性污染是指由物理因素引起的环境污染，如噪声、振动、放射性污染、电磁辐射、光污染、热污染等。物理性污染程度是由声、光、热等在环境中的量决定的。与化学性污染相比，物理性污染具有如下特点：①物理性污染是能量污染，随着距离增加，污染衰减很快，因此污染具有局部性，区域性和全球性污染较少见。②物理性污染在环境中不会有残余的物质存在，一旦污染源消除，物理性污染也随即消失。

7.1　噪声污染

声音在人们的日常活动中起着十分重要的作用，可以帮助人们借助听觉熟悉周围环境、向人们提供各种信息、让人们交流思想。但是，有些声音会使人感到烦躁不安，影响人的工作和健康，这些声音称为噪声。噪声可能是由自然现象产生的，也可能是由人们活动形成的。噪声可以是杂乱无序的宽带声音，也可以是节奏和谐的乐音。当声音超过人们生活和社会活动所允许的限度时，其就成为噪声污染。

7.1.1　噪声的来源及分类

噪声的种类很多，按照声源主要分为交通噪声、工业噪声、建筑施工噪声和社会生活噪声几大类。

（1）交通噪声

交通噪声是城市噪声的主要组成部分，主要来自汽车、火车、飞机、轮船等交通工具的启停及行驶过程，具有流动性强、污染面广、难以控制等特点，这部分噪声约占城市噪声的 25%～75%。

（2）工业噪声

工业噪声约占城市噪声的 7%～39%，其中包括空气动力性噪声、机械性噪声和电磁性噪声等。工业噪声主要来自工厂的机器和高速设备，如金属加工机床、锻压、铆焊设备、燃烧加热炉、风动工具、冶炼设备、纺织机械、球磨机、发动机、电动机等。与交通噪声不同，工业噪声的影响一般是局限性的，地点固定，涉及范围较小，但总体强度大。

(3) 建筑施工噪声

建筑施工噪声主要来自打桩机、搅拌机、推土机、运料车等设备。通常，此类噪声源5m内声强可达90dB（A）以上。

(4) 社会生活噪声

社会生活噪声主要来自集会、娱乐、商业、学校操场（高音喇叭）等，包括电声性噪声、声乐性噪声和人类语言性噪声等。此类噪声主要由电能转换而来，约占城市噪声的13%～52%，其特点是分布范围广泛，受害人群主要为噪声源周围居民。

7.1.2 噪声的特性

噪声对周围环境造成不良影响，形成噪声污染，其特点包括：

① 噪声判断具有主观性。对噪声的感受因个人的感觉、习惯等而不同，因此噪声有时是一个主观的感受，任何声音都可能成为噪声。

② 噪声具有瞬时性，无残余污染物，不会累积。噪声源停止运行后，噪声污染即消失。

③ 噪声只会造成局部性污染，一般不会造成区域性和全球性污染。

④ 噪声具有隐蔽性。一般不直接致命或致病，危害是慢性而间接的。

7.1.3 噪声的危害

噪声的危害主要体现在两个方面：一方面是对人体的危害，另一方面是对设备和建筑物的损坏。

7.1.3.1 噪声对人体的危害

噪声对人的影响可分为两种：听觉影响、心理—社会影响。听觉影响包括听力损失和语言交流干扰，心理—社会方面的影响包括睡眠干扰、工作效率影响等。

(1) 听力损失

听力损失是噪声对人体危害的最直接表现，人耳暴露在噪声环境前后的听觉灵敏度的变化称为听力损失。听力损失可能是暂时性的，也可能是永久性的。暂时性听力损失包括暂时性阈值偏移（TTS），永久性听力损失包括听觉创伤和永久性阈值偏移（PTS）。

因噪声导致的永久性听力丧失，开始和发展过程是缓慢的、不知不觉的，因暴露受到影响的人可能注意不到。

(2) 语言交流干扰

在嘈杂的环境中，噪声会干扰人们交流的能力。很多噪声即使没有达到引起听力损伤的程度，也会干扰语言交流。这种干扰或屏蔽效应同说话者与听者间距离及说话频率等因素有关。

(3) 睡眠干扰

在嘈杂的环境中，噪声使人心烦意乱、无法入睡而得不到良好的休息。长期干扰睡眠会造成失眠、健忘、记忆力减退，甚至出现神经衰弱等症状。

(4) 工作效率影响

当工作需要用到听觉信号、语言或非语言时，任何强度的噪声当足以妨碍或干扰人们对这些信号的认知时，该噪声将影响工作效率。

不规律的噪声爆发比稳定的噪声更具破坏性。1000～2000Hz以上的高频噪声对工作效率的影响比低频噪声更严重。与简单工作相比，复杂工作更可能受到噪声的不良影响。

(5) 视力影响

噪声不仅影响听力，还影响视力。长时间处于噪声环境中的人很容易产生视觉疲劳、眼痛、眼花和视物流泪等眼损伤现象。同时，噪声还会使色觉、视野发生异常。

(6) 对儿童和胎儿的发育影响

噪声会使孕妇产生紧张反应，引起子宫血管收缩，以致影响供给胎儿发育所必需的养料和氧气。噪声还会影响胎儿的体重。此外，因儿童发育尚未成熟，组织器官十分娇嫩和脆弱，无论是胎儿还是婴儿，噪声均可损伤其听觉器官，使听力减退或丧失。噪声还会影响少年儿童的智力发展。

7.1.3.2 噪声对设备和建筑物的损坏

除上述影响外，噪声还可能损坏物质结构。140dB（A）以上的噪声可使墙体震裂、砖瓦震落、门窗破坏，甚至使烟囱及古老的建筑物倒塌，使钢产生"声疲劳"而损坏。

噪声在强度为140dB（A）时对轻型建筑物开始有破坏作用。1970年德国韦斯特堡城及其附近曾因强烈的轰鸣声而发生378起建筑物受损事件，大部分是玻璃损坏、石板瓦掀起、合页及门心板损坏等。

当噪声强度超过150dB（A）时，会严重损坏电阻、电容、晶体管等元件从而使自动化、高精度的仪表失灵。当特强噪声作用于火箭、宇航器等机械结构时，由于受声频交变负载的反复作用，会产生声疲劳使材料断裂。当火箭发出的低频噪声引起空气振动时，会使导弹和飞船产生大幅度偏离，导致发射失败。

在特高强度的噪声［160dB（A）以上］影响下，不仅建筑物受损，发声体本身也可能会因声疲劳而损坏，并使一些自动控制和遥控仪表设备失效。

7.1.4 噪声污染的控制

噪声污染由声源、传播途径和接受点三个基本环节组成。因此，噪声污染控制必须把这三个环节作为一个系统进行研究。

(1) 噪声源控制

控制声源是降低噪声最根本和最有效的方法。声源控制，即从声源上降噪，是通过研制和选择低噪声的设备、采用改进机器结构的设备、改变操作工艺方法、提高加工精度或装配精度等措施，使发声体变为不发声体或降低发声体的声功率，将噪声控制在所允许范围内的方法。

(2) 噪声传播途径控制

虽然从声源处控制最为有效，但由于技术和实施条件的限制，这种降噪措施往往难以实现。因此，最常用的是在传播途径上进行控制。

① 采用隔声装置将噪声源与接收点分离开，该方法可降低噪声 20～50dB（A）。

② 在噪声传播通道上的墙壁、隔声罩内表面等处铺设吸声材料，使一部分声能被吸声材料吸收并转化成热能，该方法可降低噪声 3～10dB（A）。

③ 在声源与接收点之间安装消声器，使声能在通过消声器时被损耗，达到降噪的目的，该方法常可使噪声降低 15～30dB（A）。

④ 在机器表面或壳体上涂抹阻尼材料，或采用高阻尼材料来抑制振动，该方法可降低噪声 5～10dB（A）。

⑤ 采用减振器、橡胶垫等将振源与机器隔离开，减弱外界激励力对机器的影响以降低噪声，此类方法的降噪量一般为 5～25dB（A）。

(3) 噪声接收点控制

在高噪声环境中工作的人员，必须采取个人防护措施，主要是利用隔声原理来阻挡噪声传入人耳，如采用护耳器、控制室等个人防护措施。这类措施适宜应用在噪声级较强、受影响人员较少的场合。个人防护是一种经济而又有效的措施。

7.1.5 环境噪声标准

环境噪声不但干扰人们工作、学习和休息，使正常的工作生活环境受到影响，而且还危害人们的身心健康。噪声对人的影响既与噪声的物理特性有关，也与噪声暴露时间和个体差异有关。因此，基于对听力的保护，对人体健康的影响，对人们的困扰，以及经济、技术条件的可能性，规定了噪声排放的允许限值。

（1）声环境质量标准

环境噪声标准制定的依据是环境基准噪声，各国大多参考 ISO 推荐的基数（如睡眠为 30dB）作为基准，根据不同时间、不同地区和室内噪声受室外噪声影响的修正值，以及本国具体情况来制定。我国《声环境质量标准》（GB 3096—2008）中环境噪声限值见表 7-1。

表 7-1　环境噪声限值　　　　　　　　　　　　　　　　单位：dB（A）

类别		昼间	夜间	备注
0 类		50	40	康复疗养区等特别需要安静的区域
1 类		55	45	居民住宅、医疗卫生、文化教育、科研设计、行政办公等需要保持安静的区域
2 类		60	50	以商业金融、集市贸易为主要功能，或居住、商业、工业混杂，需维护住宅安静的区域
3 类		65	55	以工业生产、仓储物流为主要功能，需防止工业噪声对周围环境产生严重影响的区域
4 类	4a 类	70	55	高速公路、一级公路、二级公路、城市快速路、城市主干路、城市次干路、城市轨道交通（地面段）、内河航道两侧区域
	4b 类	70	60	铁路干线两侧区域

（2）工业企业厂界环境噪声排放标准

为控制工业企业的噪声对厂区外环境的污染，我国制定了《工业企业厂界环境噪声排放标准》（GB 12348—2008），规定厂界噪声的限值。该标准适用于工厂极有可能造成噪声污染的企事业单位的边界，各类厂界噪声标准限值见表 7-2。

表 7-2　厂界噪声标准限值　　　　　　　　　　　　　　单位：dB（A）

功能区类别	时段		备注
	昼间	夜间	
0	50	40	疗养区、高级别墅区、高级宾馆区等特别需要安静的区域
1	55	45	以居住、文教机关为主的区域
2	60	50	居住、商业、工业混杂以及商业中心区
3	65	55	工业区
4	70	55	交通干线道路两侧区域

注：对于夜间突发噪声，标准中规定对频繁突发噪声其峰值不准超过标准值 10dB（A），对偶然突发噪声峰值不准超过标准值 15dB（A）。

(3) 工业企业噪声卫生标准

《工业企业设计卫生标准》（GBZ 1—2010），规定的噪声标准是指人耳位置的稳态 A 声级或非稳态噪声的等效声级。该标准适用于工业生产车间或作业场所，针对新建和改建的企业有不同的噪声标准（表 7-3），另外还列出了职业性噪声暴露和听力保护标准（表 7-4）。该标准可保证 90% 以上的工人不致耳聋，绝大多数工人不患上血管和神经系统疾病。

表 7-3 新建改建企业噪声标准

每个工作日接触噪声时间/h	8	4	2	1	1/2	1/4
改建企业允许噪声 A 声级/dB	90	96	96	99	102	105
新建企业允许噪声 A 声级/dB	85	88	91	94	97	100

注：A 声级最高不得超过 115dB。

表 7-4 职业性噪声暴露和听力保护标准

连续噪声暴露时间/h	8	4	2	1	1/2	1/4	1/8	最高限
允许噪声 A 声级/dB	85～90	88～93	91～96	94～99	97～102	100～105	103～108	115

7.2 热污染

热污染是指人类生产和生活中排放出的废热造成的环境热化，损坏环境质量，进而影响人类生产、生活的一种增温效应，当其达到损害环境质量的程度，便成为热污染。随着社会生产力的发展，能源消耗迅速增加，在能源转化和消费过程中不仅产生直接危害人类的污染物，而且还产生对人体无直接危害的 CO_2、水蒸气和热废水等。

7.2.1 热环境与热量来源

热环境又称环境热特性，是指提供给人类生产、生活及生命活动生存空间的温度环境，主要是指自然环境、城市环境和建筑环境的热特性。太阳能量辐射创造人类生存空间大的热环境，而各种能源提供的能量则对人类生存的小的热环境作进一步调整，使之更适宜于人类的生存。除太阳辐射的直接影响外，热环境还受许多因素如相对湿度和风速等的影响，是一个反映温度、湿度和风速等条件的综合性指标。如表 7-5 所示，热环境可分为自然热环境和人工热环境。

表 7-5 热环境的分类

名称	热源	特征
自然热环境	太阳能	热特性取决于环境接收太阳辐射的情况，并与环境中大气同地表间的热交换有关，也受气象条件的影响
人工热环境	房屋、火炉、机械、化学等设备	能防御、缓和外界环境剧烈的热特性变化，创造更适于生存的热环境

地球是人类生产、生活和生命活动的主要空间，其热量来源主要有两大类：一类是天然热源，另一类是人为热源。天然热源即太阳，它以电磁波形式不断向地球辐射能量。人为热源即人类在生产、生活和生命过程中产生的热量。

(1) 天然热源

太阳表面的温度约为 6000K。太阳辐射通量（或称太阳常数）是指地球大气圈外层空间垂直于太阳光线束的单位时间接收的太阳辐射能量，大约为 $8.15J/(cm^2 \cdot min)$。其中，35% 被大气层反射回宇宙空间，18%被大气层吸收，47%照射到地球表面。

影响地球接收太阳辐射的因素主要有两方面：一是地壳以外的大气层，二是地表形态。太阳辐射中到达地表的主要是短波辐射，其中距地表 20~50km 的臭氧层主要吸收对地球生命系统构成极大危害的紫外线，而较少量的长波辐射被大气下层中的水蒸气和 CO_2 所吸收。

大气中的其他气体分子、尘埃和云，则对太阳辐射起反射和散射作用，大的微粒主要起反射作用，小的微粒对短波辐射的散射作用较强。地表形态决定吸收和反射太阳辐射能量之间的比例关系，不同的地表类型差异较大。地表在吸收部分太阳辐射的同时，也会对太阳辐射起反射作用，且吸热后温度升高的地表也同样以长波的形式向外辐射能量。

(2) 人为热源

自然环境的温度变化较大，而满足人体舒适要求的温度范围又相对较窄。为了维系人类生存较为适宜的温度范围，创造良好的热环境，除太阳辐射能外，人类还需各种能源产生的能量。可以说，人类的各种生产、生活和生命活动都是在人类创造的热环境中进行的。热环境中的人为热量来源主要包括以下几种。

① 机械热能。大功率的电机装置在运转过程中，以副作用的形式向环境释放热能，如电动机、发电机和电器等。

② 反应热能。放热的物理、化学反应过程，如化工厂的化学反应炉和核反应堆中的化学反应。

③ 密集人群释放的辐射能量。一个成年人对外辐射的能量相当于一个 146W 的发热器所散发的能量。

7.2.2 典型的热污染及其危害

(1) 水体热污染

当人类排向自然水域的温、热水使受纳水域的温升超过一定限度时，就会破坏该水域的自然生态平衡，导致水质变化，威胁水生生物的生存，进而影响人类对该水域的正常利用，这种现象即为水体热污染。

工业冷却水是水体热污染的主要热源之一，水体热污染以电力行业为主，其次为冶金、化工、石油、造纸和机械行业排放的循环冷却水。这些行业排出的废水含有大量废热，排入地表水体后会导致水温急剧升高，从而影响环境和生态平衡。

核电站也是水体热污染的主要热量来源之一。一般轻水堆核电站的热能利用率为 31%~33%，而剩余的约 2/3 的能量都以热（冷却水）的形式排放到周围环境中。

(2) 大气热污染

大气热污染主要是由城市大量燃料燃烧过程中产生的废热、高温产品、炉渣和物理化学反应产生的废热等引起的。

随着能源消耗的加剧，越来越多的副产物 CO_2、水蒸气和颗粒物被排放到大气中，其中 CO_2 和水蒸气可以吸收从地面辐射的能量，颗粒物可以吸收从太阳辐射来的能量，加之人类活动向大气中释放的能量发出的长波辐射，使大气温度不断升高，因此产生大气热污染。

7.2.3 热污染的危害

7.2.3.1 热污染对大气的危害

随着人类社会生产能耗的不断增加，排入大气的热量日益增多，对大气造成有害影响。目前关于大气热污染的研究主要集中在城市热岛效应和温室效应两方面。

(1) 热岛效应

在人口稠密、工业集中的城市地区，人类活动排放的大量热量与其他自然条件共同作用致使城区气温普遍高于周围郊区，称为城市热岛效应。城市热岛效应的不利影响主要表现在以下四个方面：

① 使城区冬季缩短，霜雪减少，有时甚至出现城外降雪城内雨的现象，加剧城区夏季高温天气，降低劳动者的工作效率，且易造成中暑甚至死亡。

② 给城市带来暴雨、飓风、云雾等异常的天气现象，即"雨岛效应""雾岛效应"。其中，"雨岛效应"是指夏季经常发生市区降雨，远离市区却干燥的现象。

③ 加剧城市能耗和水耗。为了降低室温和提高空气流通速度，人们普遍使用空调、电扇等电器装置，从而加大耗电量。

④ 形成城市风。由于城市热岛效应，市区空气受热不断上升，周围郊区的冷空气向市区汇流补充，这种城乡间空气的对流运动，被称为"城市风"，在夜间尤为明显。在城市热岛中心上升的空气在一定高度向四周郊区冷却扩散下沉以补偿郊区低空的空缺，这样就形成一种局部环流，称为城市热岛环流。结果，扩散到郊区的废气、烟尘等污染物质重新聚集到市区上空，难以向下风向扩散稀释，从而加剧城市大气污染。

此外，城市热岛效应还会导致火灾多发，局部地区水灾，为细菌病毒等的滋生提供温床，甚至威胁到一些生物的生存并破坏整个城市的生态平衡。

(2) 温室效应

温室效应是大气层的一种物理特性。太阳短波辐射可以透过大气射至地面，而地面升温后释放的长波辐射又被大气中的 CO_2 等物质所吸收，从而使地表与低层大气温度升高。此时，大气中的 CO_2 就像温室中一层厚厚的玻璃，使地球变成一个大暖房。大气中的 CO_2 浓度增加，会阻止地球热量的散失，使地球发生可感觉到的气温升高，这就是有名的"温室效应"。

温室效应使地表升温、海水膨胀和两极冰雪消融，海平面由此而升高，有可能淹没大量的沿海城市，此外台风、海啸、酷热、旱涝等灾害也会频频发生。目前，对温室效应的贡献 CO_2 约为70%，CH_4 约为24%，N_2O 约为6%。

7.2.3.2 热污染对水体的危害

① 威胁水生生物生存。火力发电厂、核电站和钢铁厂冷却系统排出的热水，以及石油、化工、造纸等工厂排出的废水均含有大量废热。这些废热排入地面水体之后，使水温升高，导致水中溶解氧减少，水体处于缺氧状态，从而使鱼等水生生物受到威胁。水温升高又使水生生物新陈代谢加快，需要更多的氧。水生生物在热效力作用下，会因发育受阻而加快死亡。所以，在有钢铁厂、电厂排水的河流中极少有鱼。

② 加剧水体富营养化。热污染可使河湖港汊水体严重缺氧，引起厌氧菌大量繁殖，有机物腐败严重，水体发黑发臭。当水温超过30℃时，硅藻会大量死亡，而绿藻、蓝藻迅速生长繁殖并占据绝对优势。此外，还会促进底泥中营养物质的释放，导致水体离子总量特别是N、P含量增高，加剧水体富营养化。

③ 引发流行性疾病。河水温度上升给一些致病微生物提供了温床，使它们得以滋生、泛滥，导致疾病流行，危害人类健康。1965年澳大利亚曾流行过一种脑膜炎，后经科学家证实，其祸根是一种变形原虫，根源是发电厂排出的热水使河水温度增高，导致这种变形原虫在温水中大量滋生，造成水源污染。

④ 增强温室效应。水温升高会加快水体的蒸发速度，使大气中的水蒸气和 CO_2 含量增加，从而增强温室效应，引起地表和大气下层温度上升，影响大气循环，甚至导致气候异常。

7.2.4 热污染的控制

7.2.4.1 节能技术与设备

（1）热泵

热泵是将热由低温位传输到高温位的一种装置，具有高效、节能、环保的特点。它利用机械能、热能等外部能量，通过传热工质将低温热源中无法利用的潜在热量和生活生产中排放的废热集中传递给要加热的物质。

热泵的热量主要来源于空气、水、地热和太阳能等。其中，以各种废气、废水为热源的余热回收型热泵，一方面可以节能，另一方面可以直接减少人为热的排放，从而减轻环境热污染。与直接用电加热相比，采用热泵可节电 80% 以上；对于 100℃ 以下的热量，采用热泵比锅炉供热可节约燃料 50%。

（2）热管

热管是利用密闭管内工质的蒸发和冷凝进行传热的装置，由美国 Los Alamos 国家实验室的 G. M. Grover 于 1963 年发明。常见的热管由管壳、吸液芯和工质（传递热量的液体）三部分组成。热管的一端是蒸发端，另一端是冷凝端。当一端受热时，毛细管中的液体迅速蒸发，蒸气在微小的压力差下流向另外一端，并释放出热量，重新凝结成液体，液体再沿多孔材料靠毛细作用流回蒸发段。如此循环，各种分散的热量便可集中起来。

与热泵相比，热管不需要从外部输入能量，具有极高的导热性和良好的等温性，而且热传输量大，可远距离传热。目前，热管已广泛用于余热回收，在工业锅炉、空气预热器和利用废热加热生活废水等方面均得到应用。此外，在太阳能集热器、地热温室等方面都取得了较好的效益。

（3）隔热材料

设备及管道在使用中会不断向周围环境散发热量，逸散的能量数目有时相当巨大，因此通过隔热材料进行保温，不仅能节约能源，还可在一定程度上减少热污染。此外，在高温作业环境中使用隔热材料，还能显著降低对人体的伤害。

隔热材料按其内部组织和构造的差异，可以分为以下三类：

① 多孔纤维质隔热材料，由无机纤维制成的单一纤维毡布或几种纤维复合而成的毡布，具有热导率低、耐热性能好的特点。

② 多孔质颗粒类隔热材料，如膨胀蛭石、膨胀珍珠岩等。

③ 发泡类隔热材料，包括有机类（聚氨酯泡沫、聚乙烯泡沫等）、无机类（泡沫玻璃、泡沫水泥等）和有机无机混合类（由空心玻璃微球或陶瓷微球与树脂复合热压而成的闭孔泡沫材料）三种。

近年来研究出许多新型的隔热材料，一般用于特定的环境中，如用于高温的空心微珠和碳素纤维等。

（4）空冷技术

工业过程中遇到的冷却问题，大多采用水冷方式解决，而排放的冷却水正是造成水体热污染的主要污染源。采用空冷技术不仅可节约水资源，而且有助于控制水体热污染。但是，空冷技术耗电量大，会提高能源的消耗量，因此在能源丰富而水资源缺乏的地区比较适用。

7.2.4.2 温室气体 CO_2 固定和捕集技术

CO_2 是一种主要的温室气体,为了减少 CO_2 的排放量和大气中 CO_2 含量,通常采用 CO_2 固定技术和捕集技术。

(1) CO_2 固定技术

CO_2 在特殊催化体系下,与其他化学原料发生化学反应,从而可固定为高分子化合物。该技术的关键是利用适当的催化体系使惰性 CO_2 活化,从而作为碳或碳氧资源加以利用。目前,CO_2 的活化方式主要有生物活化、配位活化、光化学辐射活化、电化学还原活化、热解活化及化学还原活化等。

(2) CO_2 捕集技术

CO_2 的捕集和封存(CCS)是利用吸附、吸收、低温及膜系统等较为成熟的工艺技术将废气中的 CO_2 捕集下来,并进行长期或永久性的储存。目前,正在大力开发的碳捕集技术主要有三种,即燃烧后捕集、燃烧前捕集和富氧燃烧捕集。

① 燃烧后捕集,指利用化学吸收剂的 CO_2 吸收性能,在化石燃料燃烧后的烟气中分离捕集 CO_2。

② 燃烧前捕集,指化石燃料在燃烧前分离捕集 CO_2,该技术被寄望与整体煤气化联合循环电厂(IGCC)整合,以实现高效、低碳的绿色能源转换。

③ 富氧燃烧捕集,指化石燃料在接近纯氧的环境中燃烧,并辅以烟气循环,该技术得到的烟气主要成分为 CO_2 和 H_2O。

7.3 电磁辐射

电磁辐射是以电磁波的形式向空间环境中传播能量的现象或过程,人类工作和生活的环境充满了电磁辐射。电磁辐射污染是指电磁辐射对环境造成的各种电磁干扰和对人体有害的现象。

7.3.1 电磁辐射污染的来源

电磁辐射污染主要来源于两个方面:一是天然电磁辐射污染源,二是人为电磁辐射污染源。

(1) 天然电磁辐射污染源

天然的电磁辐射污染是由自然现象引起的(表7-6),最常见的是雷电。雷电除可能对电气设备、飞机、建筑物等直接造成危害外,还会在广泛区域产生从几千赫兹到几百兆赫兹极宽频率范围内的严重电磁干扰。火山喷发、地震和太阳黑子活动等引起的磁爆等都会产生电磁干扰。天然电磁辐射污染对短波通信的干扰极为严重。

表7-6 天然电磁辐射污染源分类

分类	来源
大气与空气污染源	自然界的火花放电、雷电、台风、高寒地区飘雪、火山喷发等
太阳电磁场源	太阳黑子活动与黑体辐射等
宇宙电磁场源	银河系恒星的爆发、宇宙间电子移动等

(2) 人为电磁辐射污染源

人为电磁辐射污染源产生于人工制造的若干系统、电子设备与电气装置,主要来自广播、电视、雷达、通信基站及电磁能在工业、科学、医疗和生活中的各种应用设备。人为电磁场源，按频率不同又可分为工频场源与射频场源。在工频场源（数十至数百赫兹）中，以大功率输电线路所产生的电磁辐射污染为主，同时也包括若干种放电型场源。射频场源（0.1～30MHz）主要指在无线电设备或射频设备工作过程中所产生的电磁感应与电磁辐射。射频电磁辐射频率范围宽，影响区域大，对近场区的工作人员能产生危害，是目前电磁辐射污染环境的重要因素。

7.3.2 电磁辐射污染的特性

① 危害性。电磁辐射的危害性主要表现在对环境和人类两个方面，而后者最值得关注。电磁辐射危害对环境的影响主要表现在电磁干扰危害、对危险物品和武器弹药易造成引爆引燃危险，容易对生态造成危害。在日常生活用品中，许多电器如电视机、微波炉、电脑、荧光灯、电磁炉、手机等都会产生电磁辐射。过量的电磁辐射会对人体生殖系统、神经系统和免疫系统造成直接伤害，是心血管疾病、糖尿病、癌突变的主要诱因。同时，其能直接影响儿童组织发育和骨骼发育，造成视力下降，严重者可导致视网膜脱落。

② 潜伏性。电磁辐射污染属于能量流污染，这一污染很难被人感知，部分电磁辐射污染的危害性仍然未被人们所认识，因此，电磁辐射污染的危害存在潜伏性。

③ 隐蔽性。日常生活中，很多家用电器都会产生辐射，其中微波炉、手机以高频辐射为主，电视机、空调、电脑等以低频辐射为主。当微波炉使用一段时间后，由于使用频繁或其他原因，可能出现炉门松动现象，此时会产生较强的微波能量泄漏，或由于使用不当，弄脏炉门接触表面，使之接触阻抗变大，极容易产生高强度泄漏，一般可超标几倍乃至十几倍之多。因此，电磁辐射污染常常被人们所忽视，具有一定的隐蔽性。

7.3.3 电磁辐射污染的危害

7.3.3.1 电磁辐射对装置、物质和设备的干扰

① 射频辐射对通信、电视机的干扰。射频设备和广播发射机振荡回路的电磁泄漏，以及电源线、馈线和天线等向外辐射的电磁能可以干扰位于这个区域范围内各种电子设备的正常工作。空间电波可使信号失误，图形失真，控制失灵，以至于无法正常工作。电视机受到射频辐射的干扰会使图像出现活动波纹或斜线，图像不清楚，影响收看效果。

还应指出，电磁波不仅可以干扰和它同频或邻频的设备，而且还可以干扰比它频率高得多的设备，也可以干扰比它频率低得多的设备，因此必须严加防范。

② 电磁辐射对易爆物质和装置的危害。电磁辐射可以使火药、炸药及雷管等具有较低燃点的物质发生意外爆炸。许多常规兵器采用电气引爆装置，如遇高电平的电磁感应和辐射，可能造成控制机构的误动，从而使控制失灵，发生意外爆炸。例如，高频辐射强场能够使导弹制导系统控制失灵，电爆管的效应提前或滞后。

③ 电磁辐射对挥发性物质的危害。挥发性液体和气体，如酒精、煤油、液化石油气等易燃物质，在高电平电磁感应和辐射作用下，可发生燃烧，特别是在静电危害方面尤为突出。

7.3.3.2 电磁辐射对人体健康的危害

电磁辐射对人体健康的危害与辐射源、周围环境及受体差异有关。电磁辐射主要是频率（波长）、电磁场强度、与辐射源的距离、波形、照射时间和累积频次等因素影响人类健康。电磁辐射尤其是微波对人体健康有不利影响，主要表现在以下几个方面。

① 电磁辐射的致癌作用。大部分实验动物经微波作用后，癌症发生率上升。调查表明，在

2mGs（1Gs=10^{-4}T）以上电磁场中，人患白血病的概率为正常的 2.93 倍，患肌肉肿瘤的概率为正常的 3.26 倍。一些微波生物学家的实验表明，电磁辐射会促使人体内的遗传基因微粒——染色体发生突变和有丝分裂异常，致使某些组织出现病理性增生过程，使正常细胞变为癌细胞。

② 对视觉系统的影响。眼组织含有大量的水分，易吸收电磁辐射，而且眼的血流量少，故在电磁辐射作用下，眼球的温度易升高。而眼球温度升高是产生白内障的主要条件。长期低强度电磁辐射的作用，可引起视觉疲劳，令眼感到不舒适和干燥。强度 100mW/cm^2 的微波照射眼睛几分钟，就可使晶状体出现水肿，严重的则成为白内障。强度更高的微波，则会使视力完全消失。

③ 对生殖系统和遗传的影响。长期接触超短波发生器的人，男性可出现性机能下降、阳痿，女性则易出现月经周期紊乱，破坏排卵过程，影响生育能力。高强度的电磁辐射可以产生遗传效应，使睾丸染色体出现畸变和有丝分裂异常。若妊娠妇女在早期或在妊娠前，接受短波透热疗法，可能使其子代出现先天性出生缺陷（畸形婴儿）。

④ 对血液系统和机体免疫功能的影响。在电磁辐射的作用下，周围血象可出现白细胞不稳定，主要是下降倾向，红细胞的生成受到抑制，出现网状红细胞减少等情况。电磁辐射会使身体抵抗力下降。动物实验和对人群受辐射作用的研究与调查表明，在电磁辐射作用下人体的白细胞吞噬细菌的百分数和吞噬的细菌数均下降。此外，受电磁辐射长期作用的人，其抗体形成受到明显抑制。

⑤ 引起心血管疾病。受电磁辐射作用的人常发生血流动力学失调，血管通透性和张力降低。高强度电磁辐射连续照射全身时，人多数出现心动过缓症状，少数呈现心动过速。受电磁辐射作用的人出现血压波动，开始升高，后又恢复至正常，最后出现血压偏低；迷走神经发生过敏反应，房室传导不良。此外，长期受电磁辐射作用，更早、更易促使心血管系统疾病的发生和发展。

⑥ 对中枢神经系统的危害。神经系统对电磁辐射的作用很敏感，受其低强度反复作用后，中枢神经机能会发生改变，出现神经衰弱综合征，主要表现有头痛、头晕、无力、记忆力减退、睡眠障碍、易激动、白天打瞌睡、心悸、胸闷、多汗、脱发等，尤其是入睡困难、无力、多汗和记忆力减退更为突出。

⑦ 对胎儿的影响。世界卫生组织认为，计算机、电视机、移动电话等产生的电磁辐射对胎儿有不良影响。孕妇在怀孕期前三个月尤其要避免接触电磁辐射。

7.3.4 电磁辐射污染的控制

7.3.4.1 电磁辐射污染防护措施

根据电磁辐射污染的特点，必须采取防重于治的策略。首先要减少和控制污染源，使辐射量在规定的限值内，其次要采取相应的防护措施，保障职业人员和公众的人身安全。具体体现在以下几方面。

① 执行电磁辐射安全标准。严格执行《电磁环境控制限值》标准，在满足本标准限值的前提下，鼓励产生电场、磁场、电磁场设施（设备）的所有者遵循预防原则，积极采取有效措施，降低公众曝露。

② 采取防护措施。为了减少电子设备的电磁泄漏，防止电磁辐射污染环境，危害人体健康，必须从城市规划、产品设计、电磁屏蔽和吸收等角度着手，采取标本兼治的方案防护和治理电磁污染。

③ 加强宣传教育，提高公众认识。鉴于当前电磁辐射对人体健康的危害日益严重，特别是这种看不见、摸不着、闻不到的危害不易为人们察觉，往往会被忽视。因此，广泛开展宣传教

育，提高人们防护意识非常必要。

7.3.4.2 电磁辐射污染防治技术

① 广播、电视发射台的电磁辐射防护。广播、电视发射台的电磁辐射防护首先应该在项目建设前，以《电磁环境控制限值》为标准，进行电磁辐射环境影响评价，实行预防性卫生监督，采取包括防护带在内的预防性防护措施。对于已建成的发射台对周围区域造成的较强场强，一般可考虑以下防护措施。

a. 在条件许可的情况下，采取措施，减少对人群密集居住方位的辐射强度，如改变发射天线的结构和方向角。

b. 在中波发射天线周围场强大约为 15V/m，短波场强为 6V/m 的范围设置一片绿化带。

c. 调整住房用途，将在中波发射天线周围场强大约为 10V/m，短波场源周围场强为 4V/m 范围内的住房，改为非生活用房。

d. 利用建筑材料对电磁辐射的吸收或反射特性，在辐射频率较高的波段，使用不同的建筑材料，如用钢筋混凝土或金属材料覆盖建筑物，以衰减室内场强。

② 微波设备的电磁辐射防护。为了防止和避免微波辐射对环境污染而造成公害，影响人体健康，在微波辐射的安全防护方面，主要措施有以下三方面。

a. 减少辐射源的直接辐射或泄漏，合理地使用微波设备，以减少不必要的伤害。

b. 屏蔽和吸收。为了防止微波在工作地点的辐射，可采用反射型和吸收型两种屏蔽方法。

c. 微波作业人员的个体防护。必须进入微波辐射强度超过照射卫生标准的工作环境的操作人员，可采取穿微波防护服、戴防护面具、戴防护眼镜等措施。

③ 高频设备的电磁辐射防护。高频设备电磁辐射防护的频率范围一般是指 0.1～300MHz，其防护技术有电磁屏蔽、接地技术及滤波等几种。由于感应电流和频率成正比，低频时感应电流很小，所产生的磁场不足以抵消外来电磁场，因此电磁屏蔽只适用于高频设备。

7.3.4.3 环境静电污染防治

频率为零时的电磁场即为静电场。静电场中没有辐射，然而高压静电放电也能引燃易燃气体和易燃物品，对人体健康、电子仪器等产生重大危害。当静电积累到一定程度并发生放电，且能量超过物质的引燃点时，就会引发火灾。

防止和消除静电危害，控制和减少静电灾害的发生，主要可从三个方面入手：一是尽量减少静电的产生；二是在静电产生不可避免的情况下，采取加速释放静电的措施，以减少静电的积累；三是当静电的产生、积累都无法避免时，应积极采取防止放电着火的措施。

专栏——电子雾

苏联曾发生过一起震惊世界的电脑杀人案。国际象棋大师尼古拉·古德科夫与一台超级电脑对弈时，突然被电脑释放的强大电流击毙。后经一系列调查证实，杀害古德科夫的罪魁祸首是外来的电磁波，电磁波干扰了电脑中的程序，导致超级电脑动作失误而突然放出强电流。

据测试，电脑、电子游戏机以及各种电子电气设备在使用过程中，都会发出各种不同波长和频率的电磁波。这种电磁波充斥在空间，形成一种被称为"电子雾"的污染源，它看不见、摸不着、闻不到，因而很容易被忽视，但已确确实实构成对人类生存环境的新的威胁。

"电子雾"能扰乱周围敏感的电子控制系统，造成各种意外事故，这方面的案例不胜枚举。例如，日本曾有10多名工人死在机器人手下，就是由于外来电磁波使机器人内部的程序发生紊乱，以致动作失灵，误伤工人。

7.4 光污染

早在20世纪初期,天文学家在天文观测过程中就发现,由于城市室外照明光掩盖了天空中的星星所发出的微弱光线,使观测活动变得非常困难,于是提出了"光污染""光害"的概念。现在,夜间的路灯、楼宇照明灯、汽车灯、户外广告和大型公共场所的灯光,以及白天大厦玻璃、大理石墙面的日光反射等对人们的工作、生活都造成了不良影响。随着经济的快速发展,光污染问题日益凸显,已成为全球不可忽视的污染之一,不仅对人类的健康造成严重危害,更对生物多样性和生态系统产生深远影响。

光污染是现代社会中伴随着新技术的发展而出现的环境问题。当光辐射过量时,就会对人们的生活、工作环境以及人体健康产生不利影响,即光污染。

狭义的光污染指干扰光的有害影响。干扰光是指在逸散光中,由于光量和光方向,使人的活动、生物等受到有害影响,即产生有害影响的逸散光。逸散光指从照明器具发出的,使本不应是照射目的的物体被照射到的光。广义光污染指由人工光源导致的违背人的生理与心理需求或有损于生理与心理健康的现象,包括眩光污染、光泛滥、视屏蔽、射线污染、视单调、频闪等。

7.4.1 光污染的来源

随着我国现代化城市建设的不断发展,特别是越来越多的城市大量兴建玻璃幕墙建筑和实施"亮化工程""光彩工程",使城市的光污染问题日益突出,主要表现在以下两个方面。

① 现代建筑物形成的光污染。随着现代化城市的日益发展与繁荣,一种新的都市光污染正在威胁着人的健康。城市建筑物采用大面积镜面式铝合金装饰的外墙、玻璃幕墙,使人仿佛置身于镜子的世界,方向难辨。在日照强烈的季节里,这些装饰材料的光反射系数很强,完全超过了人体所能承受的极限。

② 夜景照明形成的光污染。随着夜景照明的迅速发展,特别是大功率高强度气体放电光源的广泛使用,使夜景照明亮度过高,形成人工白昼,使人昼夜不分,严重影响人们的工作和休息。

7.4.2 光污染的分类

根据不同的分类原则,光污染可以分为不同的类型。国际上一般将光污染分为三类,即白亮污染、人工白昼和彩光污染,其中彩光污染又分为激光污染、红外线污染、紫外线污染。

白亮污染指建筑物外部用大块镜面或钢化玻璃、大理石装饰造成的,超出肉眼所能承受的亮度,会强烈刺激眼球的白花花的光束。研究表明,长期在白亮污染下工作和生活的人会产生心焦气躁、失眠多梦、情绪易怒、浑身乏力等类似神经衰弱的症状。

人工白昼污染指夜幕降临后一些仍营业的场所以商业利益为目的进行的过度照明。由于夜晚的强光反射将夜空照得如同白昼,给入夜的人们造成影响,还会伤害鸟类和昆虫,如强光可能影响昆虫在夜间的正常繁殖过程。

彩光污染具体是指舞厅、夜总会、夜间游乐场所的黑光灯、旋转灯、荧光灯和闪烁的彩色光源发出的彩光所形成的光污染,其紫外线强度远远超出太阳光中的紫外线。

7.4.3 光污染的特性

光污染属于物理性污染,只要存在就会显现,一旦停止即消失,因此需要及时采取防范措施。比如，强烈的光照反射到正在行驶的车内时，由于司机们很难确定它在何时出现，即使预知有，也不易及时采取措施，导致司机暂时性目盲或产生错觉，从而对路上的行人和司机本身的人身安全造成威胁。

随着强光反射角度的变化，侵害也跟着改变，并随距离的增加而迅速减弱。因此对于光污染的认定与测量存在着复杂性和不稳定性。

光的污染行为不可以通过分解、转化等方式清除或削弱，所以对于这种新型污染来说最好的应对方法应以预防为主，如在规划设计时就考虑可能会产生的光污染，将光污染消灭在源头，它的治理就会变得相对容易。

7.4.4 光污染的危害

光污染的危害主要体现在以下几个方面。

(1) 对人体健康的影响

不同的光对人体的影响有一定的差异。

① 对人体眼睛的危害。人体受光污染危害最直接的是眼睛，瞬间的强光照射会使人们出现短暂性失明。普通光污染可对人眼的角膜和虹膜造成伤害，抑制视网膜感光细胞功能的发挥，引起视疲劳和视力下降。长时间在白亮污染环境下工作和生活的人，白内障的发病率高达45%。

② 对大脑神经的危害。光污染会干扰大脑中枢神经，使人感到头昏目眩，出现恶心呕吐、失眠等症状，甚至还会使人出现食欲下降、情绪低落、身体乏力等类似神经衰弱的症状。

③ 对免疫系统的危害。彩光污染源的黑光灯所产生的紫外线强度远高于太阳光中的紫外线，且对人体有害，影响持续时间长。人如果长期受到这种照射，可诱发流鼻血、牙齿脱落、白内障，甚至导致白血病和其他癌变。

(2) 对生态系统的破坏

光污染不仅影响人类，而且也会影响到动植物的生存，产生生态破坏。

很多动物受到过多人工光线的照射时，会影响它们的生活习性和新陈代谢，引发一些怪异的行为。人工白昼会伤害鸟类和昆虫。研究发现，一只小型广告灯箱一年可以杀死35万只蝴蝶等蛾类昆虫，这会导致大量鸟类因失去食物而死亡，破坏正常的食物链和生态平衡。鸟类在迁徙期最易受到人工光的干扰。它们在夜间是以星星定向的，城市的照明光却常使它们迷失方向。强光可能影响昆虫在夜间的正常繁殖、幼虫发育和蛹滞育过程。

同样，光污染也会扰乱植物的昼夜节律，影响其发芽、开花、休眠、落叶等生长过程，进而影响到整个生态系统的平衡。例如强烈的光照会提高周围的温度，对草坪和植被的生长不利。紧靠强光灯的树木存活时间短，产生的氧气也少。过度的照明还会导致农作物抽穗延迟、减收。

(3) 对交通系统的影响

各种交通线路上的照明设备或附近体育场和商业照明设备发出的光线都会对车辆的驾驶产生影响，足够的亮度，均匀分布的照明，会降低交通的不安全性。但是眩光会对正在行驶的汽车司机造成短暂的目盲或幻觉，导致工作效率低下，甚至引发交通事故等不良后果，特别是在湿滑或结冰的晚上驾车时，眩光反射对肉眼的刺激会大大增加。

在烈日照射下，司机和行人会遭到玻璃幕墙反射光的影响，视觉功能受到影响，增加交通的危险性。同时，眼睛受到强烈刺激时极易引起视觉疲劳，导致司机出错，发生意外交通事故。机动车夜间行驶照明用的车前灯也会产生眩光，影响对面行驶的车辆，容易发生交通事故。

(4) 对天文观测的影响

天文观测依赖于夜间天空的亮度和被观测星体的亮度，夜空的亮度越低，就越有利于天体观察的进行。各种照明设备发出的光线经空气和大气中悬浮尘埃的散射后，夜空亮度增加，对天体观察造成不利的影响。2004年，南京紫金山天文台由于光的过度照射导致观测数据难以精准而被迫部分搬迁，2008年上海天文台也同样因光污染影响，观测基地重新选址。

7.4.5 光污染的防治

① 加强夜景照明生态设计。首先，夜景建设必须适度，明确夜间灯光的主要功能是照明，而后才是美化。照明只需要一定的光线强度即可，过亮会干扰车辆和行人，甚至破坏生态环境。美化夜景需要柔和、温馨的灯光，如果太刺激会令人不适。夜景照明应根据需要而设计，充分考虑环境因素。

② 加强对城市玻璃幕墙的建设管理。为防止玻璃幕墙产生有害反射光，在城市人群密集的地段及交通干道两侧和居民区内应尽量少采用玻璃幕墙。在十字路口、丁字路口不宜采用玻璃幕墙，避免反射光直接进入驾驶员视线方向。在低层人眼视线能触及的地方，玻璃幕墙不要面积太大，最好不出现亮点和小凹面。玻璃幕墙的颜色要与周围环境颜色相协调。

③ 加强对建筑物装修材料的管理。选择建筑物装修材料时，应服从环境保护的要求，尽量选择反射系数低的材料，减少使用玻璃、大理石、铝合金等反射系数高的材料。

④ 加强城市规划和管理。防治光污染关键在于加强城市规划管理，在发展城市夜景照明时务必考虑光污染问题，合理布置光源，做到未雨绸缪，防患于未然，使它起到美化环境的作用而不是造成光污染。在工业生产中，在有红外线及紫外线产生的工作场所，应适当采取安全措施，如可采用可移动屏障将操作区围住，以防止人员受到有害光源的直接照射。

⑤ 采取必要的个人防护。个人防护光污染的最有效措施是保护眼部和裸露皮肤勿受光辐射的影响，例如可佩戴护目镜和防护面罩。

7.5 放射性污染

放射性是一种不稳定的原子核自发地发生衰变的现象，在放射的过程中同时释放出射线，具有这种性质的物质叫作放射性物质。放射性物质种类很多，U、Th和Ra就是常见的放射性物质。放射性物质衰变时可从原子核中释放出对人体有危害的α射线、β射线、γ射线、X射线等。

放射性污染主要是指因人类的生产、生活活动排放的放射性物质所产生的辐射超过放射环境标准而危害人体健康的一种现象。随着核能、核素在诸多领域中的应用，放射性废物的排放量在不断增加，已对环境和人类构成严重威胁。世界各国高度重视对放射性废物的处理与处置，进行了大量研究工作。目前，放射性废物的处理与处置技术有了很大发展，并在不断得到完善。

7.5.1 放射性污染的来源

放射性污染源按其来源可分为天然辐射源和人工辐射源。

(1) 天然辐射源

在人类历史过程中，天然本底辐射持续不断地对人们产生影响。天然本底辐射的主要来源有：宇宙辐射，地球表面的放射性物质，空气中存在的放射性物质，地面水系中含有的放射性物质和人体内的放射性物质。

(2) 人工辐射源

对人类影响最大的是人工辐射源。人工辐射源主要来源于以下四个方面。

① 核工业。核工业包括原子能电站、原子能反应堆、核动力舰艇等，它们在运行过程中排

放含各种核裂变产物的"三废",特别是发生事故时,将会有大量放射性物质泄漏到环境中,造成严重的污染事故。

② 核试验及航天事故。核试验及航天事故包括大气层核试验、地下核爆炸冒顶事故及外层空间核动力航天事故等。其核裂变产物包括 200 多种放射性核素,如 ^{89}Sr、^{90}Sr、^{131}I、^{137}Cs、^{14}C、^{239}Pu 等,还有核爆炸过程中产生的中子与大气、土壤、建筑材料中的核素发生核反应形成的中子活化产物,如 ^{3}H、^{14}C、^{32}P、^{42}K、^{55}Fe、^{59}Fe、^{56}Mn 等,以及剩余未发生反应的核素如 ^{235}U、^{239}Po 等。

③ 工农业、医学、科研等部门排放的废物。工农业、医学、科研等部门对放射性核素的使用日益广泛,排放的废物是主要的人工辐射源之一。例如,医学上使用包括 ^{60}Co、^{131}I 在内的几十种放射性核素,发光钟表工业应用放射性核素作长期的光激发源,科研部门利用放射性核素进行示踪试验等。

④ 放射性矿的开采和利用。在稀土金属和其他共生金属矿开采、提炼过程产生的"三废"中含有 U、Th、Rn 等放射性核素,会造成所在地区的局部污染。

7.5.2　放射性污染的特性

① 长期危害性。放射性污染一旦产生和扩散到环境中,会不断地对周围发出放射线,永不停止。放射性废物中的放射性活度只能随着时间推移而衰减。自然条件下的阳光、温度无法改变放射性同位素的放射性活度,人们也无法用任何化学或物理手段使放射性同位素失去放射性。除尚在研究的分离—嬗变技术外,尚无有效的方法予以消除,只能利用自然衰变的方法使其减弱。

② 难处理性。放射性废物中的放射性物质不但会对人体产生内外照射的危害,同时放射性的热效应会使废物温度升高。因此,处理放射性废物必须采取复杂的屏蔽和封闭措施,并应采取远距离操作及通风冷却措施。

③ 处理技术复杂性。某些放射性核素的毒性比非放射性核素大许多倍,因此放射性废物处理比非放射性废物处理要严格困难得多。废物中放射性核素含量非常小,同时也含有多种放射性污染物,一般都处在高度稀释状态,但其净化要求极高,因而要采取极其复杂的处理手段进行多次处理才能达到要求。

④ 对人类作用有累积性。放射性污染通过发射 α、β、γ 或中子射线对人体造成伤害,α、β、γ、中子等辐射都属于致电离辐射,能够直接引起介质电离或通过次级过程引起电离。经过长期深入研究,已经探明致电离辐射对于人(生物)危害的效果(剂量)具有明显的累积性。尽管人或生物体自身对辐射伤害有一定的修复功能,但其修复效果极弱。极少的放射性同位素污染发出的很少剂量的辐照剂量率如果长期存在于人身边或人体内,就可能通过累积对人体造成严重危害。

7.5.3　放射性污染的控制

射线的危害有近期效应和远期效应两大类。原子弹爆炸时的高强度和医疗中的大剂量射线辐射会导致白血病和各种癌症的产生,属于近期效应。而通常所指的环境放射污染,是指长期接受低剂量辐射,对机体造成慢性损伤的远期效应或潜在效应。如长期接受低剂量辐射,数年或几十年之后可能出现白血病、白内障、恶性肿瘤、生长发育迟缓和生殖系统病变等情况,甚至可能把生理病变遗传给子孙后代。

7.5.3.1 放射性辐射的防护

辐射防护的目的在于完全防止非随机性效应,并限制随机性效应的发生率。放射性辐射的防护按照辐射类型可分为外照射的防护和内照射的防护。

(1) 外照射的防护

外照射的防护方法主要包括时间防护、距离防护和屏蔽防护。

① 时间防护。在具有特定辐射剂量的场所,工作人员所受到的辐射累积剂量与人在该场所停留的总时间成正比。所以,工作人员应尽量做到操作快速、准确或采取轮流操作方式,熟练掌握操作技能,缩短受照时间,这是实现防护的有效办法。

② 距离防护。距离防护是指通过远离放射源,以达到防护目的的方法。点状放射性污染源的辐射剂量与污染源到受照者之间的距离的平方成反比,距离辐射源越近接受的辐射剂量越大,所以工作人员应尽可能远离放射源进行操作。

③ 屏蔽防护。屏蔽防护是指在放射源和人体之间放置能够吸收或减弱射线强度的材料,以达到防护目的的方法。根据各种放射性射线在穿透物体时被吸收和减弱的原理,可采用屏蔽材料来吸收降低外照射剂量。对 α 射线,戴上手套,穿好鞋袜,不让放射性物质直接接触到皮肤即可;对 β 射线,用一定厚度(一般几毫米)的铝板、塑料板、有机玻璃和某些复合材料即可完全屏蔽;具有强穿透力的 γ 射线和 X 射线是屏蔽防护的主要对象,屏蔽时应采用具有足够厚度和容重的材料,如铝、铁、钢或混凝土构件等;对中子源衰变产生的中子射线,一般采用含硼石蜡、水、聚乙烯、锂、铍和石墨等作为慢化及吸收中子的屏蔽材料。

(2) 内照射的防护

工作场所或环境中的放射性物质一旦进入人体,就会长期沉积在某些组织或器官中,既难以探测或准确监测,又难以排出体外,从而造成终身伤害。因此,必须严格防止内照射的发生。主要通过防止呼吸道吸收、防止胃肠道吸收和防止由伤口吸收等措施进行防护。

防护方法有:制定各种必要的规章制度;工作场所通风换气;在放射性工作场所严禁吸烟、吃东西和饮水;在操作放射性物质时要戴上个人防护用具;加强对放射性物质的管理;严密监视放射性物质的污染情况,发现情况尽早采取措施,防止污染范围扩大;布局设计要合理,防止交叉污染等。

7.5.3.2 控制污染源

放射性污染的防治首先必须控制污染源,核企业厂址应选择在人口密度低、抗震强度高的地区,保证事故一旦发生居民所受的伤害最小,更重要的是要将核废料进行严格处理。

① 放射性废液处理。处理放射性废液的方法有化学处理、离子交换、吸附法、膜分离法、生物处理、蒸发浓缩等。根据放射性比活度的高低、废水量的大小及水质的不同,可选择上述一种方法或几种方法联合使用,达到理想的处理效果。

② 放射性废气处理。放射性污染物在废气中存在的形态包括放射性气体、放射性气溶胶和放射性粉尘。对于放射性气体,可用吸附或者稀释的方法处理;对于放射性气溶胶,通常可用除尘技术进行净化;对于放射性粉尘,通常用高效过滤器过滤、吸附等方法处理,使空气净化后经高烟囱排放。如果放射性活度在允许限值范围,可直接由烟囱排放。

③ 放射性固体废物的处理和处置。放射性固体废物种类繁多,分为湿固体和干固体两大类。湿固体包括蒸发残渣、沉淀泥浆和废树脂等,干固体包括污染劳保用品、设备、废过滤器芯、活性炭等。为了减容和适于运输、贮存和最终处置,要对含放射性固体废物进行焚烧、压缩、固化或固定等处理。

> 专栏——日本福岛核电站事故
>
> 2011年3月11日日本东北太平洋地区发生里氏9.0级地震,继发生海啸。受大地震影响,福岛第一、二核电站遭到极为严重的破坏,大量放射性物质泄漏到外部。2011年4月12日,日本原子能安全保安院根据国际核事件分级表将福岛核事故定为最高级7级。
>
> 福岛第一核电站排水口附近海域的放射性碘浓度达到法定限值的3355倍,核电站周围20km范围内居民全部疏散,附近海域将长时间禁止渔船作业。驻日美军横须贺与厚木两处军事基地都检测到核泄漏辐射。
>
> 事故后,人们从福岛第一核电站附近土壤和植物中首次检测出微量放射性Sr-89和Sr-90。结果显示,土壤中的放射性活度Sr-89最高为260Bq/kg,Sr-90最高为32Bq/kg。植物样本中Sr-90的放射性活度最高为5.9Bq/kg。

7.6 振动污染

振动是自然界最普遍的现象之一。各种形式的物理现象,如声、光、热等都包含振动。人的生命活动也离不开振动,心脏的搏动、耳膜和声带的振动,都是人体不可缺少的功能。声音的产生、传播和接收也离不开振动。

振动污染是指振动超过一定的界限时,对人体健康和设施产生损害,对人的生活和工作环境形成干扰,或使机器、设备和仪表不能正常工作。与噪声污染一样,振动污染带有强烈的主观性,是一种危害人体健康的感觉公害。

随着社会的发展,接触振动作业的人数日益增多,振动污染导致的职业危害也越来越引起人们的重视。目前,从事声学、力学、机械制造等专业的科技人员大多都会对振动有一定研究。

7.6.1 振动污染源

振动污染按其来源分为自然振动和人为振动。自然振动包括地震、海浪和风等,人为振动包括运转的各种动力设备、建筑施工使用的一些设备、运行的交通工具、电声系统中的扬声器、人工爆破等。

自然振动带来的灾害难以避免,只能加强预报以减小损失。人为振动源主要包括工厂振动源、道路交通振动源、工程振动源、低频空气振动源等。

① 工厂振动源。在工业生产中的振动源主要有旋转机械、传动轴系、管道振动、往复机械等,如锻压、切削、铸造、破碎、风动、球磨以及动力等机械和各种输气、液、粉的管道。工厂振动主要是由工厂中的大型冲压机器运行产生的。

② 道路交通振动源。道路交通振动源主要有铁路振源和公路振源。比如在铁路、地铁、汽车行驶中都会产生振动。对周围环境而言,铁路振源呈间歇性振动状态,而公路振源则受到车辆的种类、车速、公路地面结构、周围建筑物结构和离公路中心远近等因素的影响。

③ 工程振动源。工程施工现场的振动源主要是打夯机、打桩机、碾压设备、水泥搅拌机、爆破作业以及各种大型运输机车等。施工振动主要来自工地上电钻打眼、气锤打桩、采矿爆破、爆破拆除、打夯、深基坑或隧道开挖以及一般的重型机械施工活动。

④ 低频空气振动源。低频空气振动是指人耳可听见的100Hz左右的低频振动,如玻璃窗、门产生的低频空气振动,这种振动多发生在工厂。

7.6.2 振动污染的特性

① 主观性。振动污染带有强烈的主观性，是一种危害人体健康的感觉公害。振动本身不像大气污染物那样对人体产生很大的影响，适度的振动有时反而会使身体感到舒适、安稳。因此，振动污染的这一特性不仅使振动污染问题复杂化，也有碍于防治政策的顺利实施。

② 局部性。振动污染与噪声污染一样是局部性污染。振动传递时，会随距离增大而衰减，仅在振动源邻近的地区产生影响。

③ 瞬时性。振动污染不像大气污染物那样随气象条件改变而改变，其不污染环境，是瞬时性能量污染。如地震过程中，振动只是简单通过在地基内的物理变化传递，随传递距离增大而逐渐衰减消失。在环境中无残留污染物，不累积，振源停止振动，污染即刻消失。

7.6.3 振动污染的危害

① 振动对生理的影响。振动对人类生理的影响主要体现在损伤人的机体，引起循环系统、消化系统、神经系统、呼吸系统、代谢系统、感官等出现各种急症，损伤脑、肺、消化系统、心、肝、肾、关节、脊髓等。

② 振动对心理的影响。人们在感受到振动的情况下，心理上一般会产生烦躁、不愉快的感受。人对振动的感受很复杂，往往是包括若干其他感受在内的综合性感受。如当人们看到电灯摇动或水面晃动，听到门、窗发出声响，会判断出房屋在振动。

③ 振动对工作效率的影响。振动会引起人体心理和生理的不利变化，从而导致工作效率降低。具体而言，振动会产生视力减退，反应能力下降和语言交谈障碍，妨碍肌肉运动和增加复杂工作错误率等不利影响。

④ 振动对机械设备的影响。振动使机械设备本身产生疲劳和磨损，缩短机械设备的使用寿命，甚至使机械设备中的构件发生刚度和强度破坏。对于机械加工机床，如振动过大会使加工精度降低。飞机机翼的颤振、机轮的摆动和发动机的异常振动，都有可能造成飞行事故。

⑤ 振动对建筑物的影响。从振源发出的振动，以波的形式通过地基传播到周围建筑物的基础、楼板或其相邻结构，可引起它们的振动，并产生辐射声波，引起结构噪声。由于固体声衰减缓慢，可传播到很远的地方，所以常常导致构筑物破坏，如构筑物基础和墙壁的龟裂、墙皮的剥落、地基变形/下沉、门窗翘曲变形等，严重时可使构筑物坍塌，影响程度取决于振动的频率和强度。共振的放大作用，其放大倍数可达数倍到数十倍，会带来更严重的振动破坏和危害。

7.6.4 振动污染的控制

振动传播与声传播一样，由振动源、传递介质和接收者三个要素组成。

环境中的振动源主要有：工厂振源（往复旋转机械、传动轴、电磁振动等）、交通振源（汽车、机车、路轨、路面、飞机、气流等）、建筑工地（打桩、搅拌、风镐、压路等）以及地震等。传递介质主要有：地基地坪、建筑物、空气、水、道路、构件设备等。接收者除人群外，还包括建筑物及仪器设备等。因此，振动污染控制的基本方法也就分为三个方面，振源控制、传递过程中振动控制及对接收者采取控制。

（1）振源控制

① 采用振动小的加工工艺。强力撞击在机械加工中经常见到，强力撞击会引起被加工零件、机械部件和基础的振动。控制此类振动最有效的方法是改进加工工艺，即用不撞击方法代替撞击方法，如用压延替代冲压、用焊接替代铆接、用滚轧替代锤击等。

② 减少振源的扰动。振动的主要来源是振动源本身的不平衡力（激励力）引起的对设备的激励。因此，改进振动设备的设计和提高制造加工装配精度，使其振动最小，是最有效的控制方法。

（2）传递过程中振动控制

① 加大振动源和受振对象之间的距离。振动在介质中传播，由于能量的扩散和介质对振动能量的吸收，振动一般随着距离的增加而逐渐减弱，所以加大振源与受振对象之间的距离是控制振动的有效措施之一。

② 设置隔振沟。振动的影响主要是通过振动传递来达到的，减少或隔离振动的传递是控制振动的有效方法之一。在振动机械基础的四周开设一定宽度和深度的沟槽（隔振沟），里面填充可以减少振动传递的松软物质（如木屑等），是以往常采用的隔振措施之一。

③ 采用隔振器材。在设备下安装隔振元件，隔振器是目前工程上应用最为广泛的控制振动的有效措施。安装这种隔振元件后，能真正起到减少振动与冲击力的传递的作用。只要隔振元件选用得当，隔振效果可达85%～90%以上。

（3）对接收者采取控制

对接收者采取控制主要是指对精密仪器、设备采取的措施，一般方法有：

① 采用黏弹性高阻尼材料。对于一些具有薄壳机体的精密仪器，宜采用黏弹性高阻尼材料增加其阻尼，以增加能量耗散，降低其振幅。

② 保证精密仪器、设备的工作台刚度。精密仪器、设备的工作台应采用钢筋混凝土制成的水磨石工作台，以保证工作台本身具有足够的刚度和质量，不宜采用刚度小、易晃动的木质工作台。

习题与思考题

1. 什么是噪声？
2. 噪声的危害有哪些？试列举1～2个环境噪声的事例。
3. 什么是热污染？热污染的危害有哪些？
4. 简述电磁辐射对人体的危害。
5. 简述光污染的危害。
6. 简述放射性污染的防护措施。
7. 简述振动污染的危害及其控制措施。
8. 如何减少噪声污染带来的不良影响？
9. 分析热污染对气候变化的影响，并讨论提高能源效率在减少热污染中的作用。
10. 简述光污染的一个防治措施，并解释其工作原理。
11. 考虑到光污染对天文观测的影响，提出一些创新的解决方案来保护夜空的黑暗，同时不影响城市照明需求。
12. 振动污染可能对建筑物造成哪些影响？请简要说明。
13. 简述热污染如何影响水体生态系统。
14. 列举至少三种可能产生振动污染的工业设备或活动。
15. 简述一种电磁污染防治技术，并解释其如何减少电磁污染。

16. 探讨放射性污染对环境和公共健康的潜在威胁，并讨论如何通过政策和技术手段来加强放射性污染的控制。

17. 讨论在现代社会中，如何平衡电磁技术的发展与电磁辐射对人类健康的潜在风险。

参考文献

[1] 何德文. 物理性污染控制工程 [M]. 2版. 北京：中国建材工业出版社，2023.
[2] 王宝庆. 物理性污染控制工程 [M]. 北京：化学工业出版社，2020.
[3] 付旭东，杜亚鲁，冉谷. 环境监测与环境污染防治 [M]. 哈尔滨：东北林业大学出版社，2023.
[4] 杜翠风，宋波，蒋仲安. 物理污染控制工程 [M]. 2版. 北京：冶金工业出版社，2018.
[5] 奚旦立，孙裕生. 环境监测 [M]. 5版. 北京：高等教育出版社，2019.
[6] 林海，李晔，徐晓军，等. 矿业环境工程 [M]. 长沙：中南大学出版社，2010.
[7] 赵晓亮，金大瑞. 物理性污染控制 [M]. 北京：中国矿业大学出版社，2019.
[8] 黄勇，王凯全. 物理性污染控制技术 [M]. 北京：中国石化出版社，2013.
[9] 冯苗锋. 噪声污染防治技术与发展：吕玉恒论文选集 [M]. 北京：化学工业出版社，2023.
[10] 王中琪，杨秀政. 现代辐射污染与环境防护 [M]. 北京：化学工业出版社，2014.
[11] 章丽萍. 环境保护概论 [M]. 北京：煤炭工业出版社，2013.
[12] 刘朝阳. A2重污染行业最严格环境管理制度研究 [M]. 广州：中山大学出版社，2016.
[13] 王灿发，侯登华. 光污染与健康维权 [M]. 武汉：华中科技大学，2020.
[14] 高大文，梁红. 环境工程学 [M]. 哈尔滨：哈尔滨工业大学出版社，2017.
[15] 吴波. 环境保护生活伴我行 肆虐地球的灾难——环境污染 [M]. 北京：现代出版社，2012.
[16] 中国环境监测总站. 物理环境监测技术 [M]. 北京：中国环境科学出版社，2013.
[17] Cao M, Xu T, Yin D Q. Understanding light pollution: recent advances on its health threats and regulations [J]. Journal of Environmental Sciences Volume, 2023, 127: 589-602.
[18] 张好好，任艳琦，秦贵军，等. 持续光照致昼夜节律紊乱小鼠糖脂代谢及多组织器官形态学的变化 [J]. 中华糖尿病杂志, 2023.15（8）: 755-762.
[19] 肖雪夫，岳清宇. 环境辐射监测技术 [M]. 哈尔滨：哈尔滨工程大学出版社，2015.
[20] 刘伟，邵超峰. 环境影响评价 [M]. 北京：化学工业出版社，2023.
[21] 任洪强. 环境工程原理 [M]. 北京：科学出版社，2021.
[22] 彭瑞云，赵黎. 电磁辐射对健康的影响及其防护 [M]. 北京：科学出版社，2021.
[23] 张祖增，陈科睿. 《环境噪声污染防治法》修订的规范分析 [J]. 环境污染与防治. 2022, 44（6）: 824-828.
[24] 姜依凡，贾卓越，王怡霖，等. 不同地区的光污染评价模型与实例研究 [J]. 数学的实践与认识. 2024, 54（3）: 54-62.
[25] 陆桂勇，刘礼祥，许光明，等. 城镇污水处理厂噪声污染防治案例分析 [J]. 中国给水排水. 2021, 37（8）: 114-119.

第 8 章　人口与环境

本章要点

1. 世界人口增长的特点和发展趋势；
2. 人口增长对土地、水、能源、生物资源和环境质量的影响；
3. 人口分布变化对环境承载力的影响；
4. 我国人口发展特征和控制政策。

人口是生活在特定社会、特定地域，具有一定数量和质量，并在自然环境和社会环境中同各种自然因素和社会因素组成复杂关系的人的总称。人口与环境，是人类社会发展过程中的一个永恒命题。人口与环境是既互相对立、又相互协调的矛盾统一体，贯穿于社会发展的每一个阶段，伴随着社会发展的始终。

8.1　世界人口的增长与特点

人口的自然增长，指一定时期内（通常为一年）出生人数与死亡人数的差值。死亡人数大于出生人数为负增长。一个地区人口的自然增长，是由出生率和死亡率共同决定的。人口自然增长率，是反映人口发展速度和制定人口计划的重要指标，它表明人口自然增长的程度和趋势。

2022 年联合国发布的《世界人口展望 2022》指出，预计到 2030 年，世界人口将达 85 亿，到 2050 年增长至 97 亿，预期到 2080 年增长至峰值，达到 104 亿，并将维持这一水平到 2100 年。报告还指出，2022 年世界人口最多的两个地区是东亚和东南亚，这两个区域自 20 世纪中期以来人口迅速增长，预计在 2034 年左右达到 24 亿的最大值，而中亚和南亚的人口将在 38 年后的 2072 年左右达到 27 亿的峰值，世界人口、资源、环境的压力之大可想而知。

8.1.1　世界人口增长的特点

(1) 世界人口增长速度放缓

最近几百年间，世界人口增长迅速，呈现指数增长形式，主要标志为人口倍增期越来越短，这种状况称为"人口爆炸"。《世界人口展望 2020》报告显示，1950 年全球人口达到 25 亿，之后 1987 年突破 50 亿，1999 年超过 60 亿，2011 年 11 月达到 70 亿。从 50 亿人口开始，每增长 10 亿分别用了 12 年、12 年，基本保持匀速。联合国在 2022 年 11 月 15 日宣布世界人口达到了 80 亿，从 70 亿到 80 亿人口用了 11 年。而《世界人口展望 2022》报告显示，目前全球人口增速放缓，许多国家的生育率近几十年来显著下降，世界人口增长率在2020年降至1%以下，为1950年以来首次。预计在2022年至2050年间，61个国家或地区的人口将减少1%或更多。

(2) 世界增长人口极不均衡

世界人口不断增长，但在不同地区人口增长极不平衡，呈现两极分化的态势。发达国家人口增长速度缓慢，或已停止增长，而在许多发展中国家人口增长速度仍然很快，特别是在最不发达国家。联合国人口基金会《2020年世界人口状况报告》显示，2020年世界总人口为77.95亿，2015—2020年的人口年平均增长率是1.1%。其中，较发达地区人口为12.73亿，平均增长率为0.3%，欠发达地区人口为65.21亿，平均增长率为1.3%，最不发达国家人口为10.57亿，平均增长率为2.3%。

联合国发布的《世界人口展望2022》报告显示，在今后至2050年间，超过一半的全球人口增长将集中在刚果（金）、埃及、埃塞俄比亚、印度、尼日利亚、巴基斯坦、菲律宾和坦桑尼亚这8个国家。进一步而言，发展中国家当前和未来的人口增长率也都明显高于发达国家（表8-1）。因此，所谓世界人口问题，可以说就是发展中国家的人口问题。这种情况进一步加大发展中国家和发达国家之间的贫富差距，而且还将进一步加剧世界人口同资源、环境之间的矛盾。

表8-1 世界人口增长情况

地区	世界人口数量/亿				增长率/%		
	1998年	2003年	2020年	2050年	1998—2003年	2003—2020年	2020—2050年
世界	59.01	63.01	77.95	97.35	6.8	23.7	24.9
非洲	7.49	8.51	12.76	24.89	13.6	49.9	95.1
亚洲	35.85	38.28	45.96	52.90	6.8	20.1	15.1
欧洲	7.29	7.26	7.33	7.10	−0.4	1.0	−3.1
南美洲	5.03	5.43	6.46	7.62	8.0	19.0	18
北美洲	3.05	3.26	3.83	4.25	6.9	17.5	11
大洋洲	0.30	0.32	0.40	0.57	6.7	25	42.5

资料来源：《2020年世界人口状况报告》。

(3) 年龄结构两极分化

人口年龄结构可分为年轻型人口、成年型人口和老年型人口三种类型。目前，世界人口的年龄结构两极分化，经济发达地区的人口基本老化，发展中地区人口处于年轻型。发展中国家年轻型人口比例相对较高，如2008年尼日利亚14岁以下儿童人口占比42.8%，印度14岁以下儿童人口占比32.2%。发达国家儿童比例则明显降低，法国为18.2%，英国为17.7%。2018年，全球65岁及以上人口数量有史以来首次超过5岁以下儿童。预计到2050年，65岁以上人口将是5岁以下儿童的两倍多，并将超过15至24岁的青少年和青年人数。这表明，发达国家人口老龄化问题已经比较突出。

无论是人口老龄化，还是人口比较年轻，人口问题都会给社会发展带来一些不利的影响。年龄构成为年轻型时，青少年人口的迅速增长，给上学、就业带来很大压力。不仅如此，数量巨大的幼儿、少年一到成熟年龄即进入生育期，就会成为人口增长的一个现实潜在因素。另外，人口老龄化势必带来一些经济后果，无论从生产角度，还是从消费角度来看，都会影响整个社会的经济生活，如社会负担系数（被抚养人口与劳动人口的比值）加大，社会福利、社会保险和老年医疗等费用增加以及一系列社会问题。

> **专栏——韩国：全球首个"零生育率"国家**
>
> 韩国统计局数据显示，2018年，韩国的总和生育率仅为0.98（总和生育率是指该国家或地区的妇女在育龄期间，每个妇女的平均生育子女数），成为全球唯一一个总和生育率跌破1的国家。2019年，韩国的总和生育率延续了之前的下降趋势，仅为0.92，创下了有史以来的最低水平，几乎等同于零生育率。2020年为0.84，在198个国家和地区中排名倒数第一。而为了维持一个国家的人口稳定，通常生育率至少应当达到2.1的更替水平。专家对此作出分析，如果这种情况维持下去，韩国将在5年后进入人口减少期。
>
> 2019年世界总和生育率约为2.4，这个比率约为1950年的一半。国际顶尖医学期刊《柳叶刀》上的一项研究表明，随着生育率的持续普遍下降，预测世界人口可能会在2064年达到约97亿人的峰值，然后在2100年下降到约88亿人。与此同时，世界劳动人口比例、各国经济发展以及自由移民都将发生翻天覆地的变化。亚洲、中欧和东欧将成为人口缩减速度最快的地区，中国、日本、韩国、意大利等23个国家和地区的人口数量将减少为原来的一半。根据该预测，未来非洲和阿拉伯的人口将成为未来人口的主力军，欧洲和亚洲的影响力也将随着人口的减少而变弱。

（4）城市人口膨胀

随着人口激增和工业发展，人口不断向城市集中，使城市人口日益增加，大城市迅速扩展，造成城市人口膨胀。无论是在发达国家还是发展中国家，城市的人口增长速度都远远大于农村地区。表8-2列出了世界城市人口发展状况。

表8-2 世界城市人口发展状况

年份	城市数(超过100万人口)/个	年份	城市数(超过100万人口)/个
1800	1	1980	234
1850	3	1995	380
1900	16	2020	532
1950	115	2025	650（预测）

1900年世界城市人口只有2亿，占世界总人口的1/8，到2009年城市人口超过农村人口，2018年城市人口42亿，占世界总人口的55%。1950年至1995年，发达国家城市居民人口增长37%，欠发达国家则增长一倍以上，而在最不发达国家，城市居民人口增加了两倍以上。预计到2025年，非洲和亚洲将快速城市化，世界超过100万人口的城市数将达到650个，世界70%的人口会居住在城市，全球城市人口大为增加。

2018年联合国更新《世界城市化展望》，该报告指出，到2050年，城镇化的发展以及世界人口增长将使城市人口再增加25亿，其中近90%的增长发生在亚洲和非洲。目前城市化程度最高的地区包括北美（82%人口居住在城市）、拉丁美洲和加勒比地区（81%）、欧洲（74%）和大洋洲（68%）。亚洲地区的城市化程度已经接近50%，但非洲仍只有43%的人口生活在城市。未来世界城市人口规模的增长将高度集中在印度、中国和尼日利亚三国中，预计到2050年，印度将增加4.16亿城市居民，中国2.55亿，尼日利亚1.89亿。

就全世界而言，城市在日益增多，但城市化趋势在发达国家和发展中国家是不同的。发达国家城市化水平已趋于基本稳定,城市人口与农村人口比例相对平衡。发展中国家城市化水平正逐步提高,城市人口现在以几乎两倍于整个人口增长的速度激增,导致城市基础设施严重不足,产生了许多城市问题。

8.1.2 世界人口增长的原因

人口增长的原因不能一概而论。总体来讲,有社会原因、经济原因、传统原因、社会保障体制的原因等。有些观点认为,由于科学技术的进步和生产力的发展,生活条件得到改善,医疗卫生水平提高,人均寿命延长,人口死亡率降低,从而导致人口增长率增高,这才是人口急剧增长的原因。

在当今世界,增加的人口主要集中在发展中国家,特别是最不发达国家。如尼日尔、巴林、赤道几内亚、乌干达等,他们的 2020 年人口年度增长率分别为 3.77%、3.62%、3.41%、3.27%,全都是位于亚洲和非洲的国家。发展中国家人口增长较快的主要原因有以下几方面。

(1) 经济发展需求因素

不发达国家,工业化程度低,农业生产落后,需要大量的劳动力。在这种状况下,人口就非常重要,尤其是作为主要劳动力的男性。但是,与经济落后相关的是婴幼儿死亡率高,每 10 个甚至 5 个婴儿中就有 1 个在周岁内夭折,而且 5 岁以下幼儿死亡率也很高。因此,这些国家和地区必须生育足够多的孩子才能保证孩子的成年,以获得足够的劳动力。同时,在不发达的地区,廉价劳动力有时是当地经济增长的重要支柱,人们认为只有人口多了才会富裕起来,才能创造更多的财富。

(2) 文化观念因素

人口增长率高的国家人们的知识文化水平低,文盲率高,他们的传统观念是结婚生子就是一生,这种观念造成了生育率的提高;由于文化水平不高,认识不够,不易接受避孕和节育的科学知识,也是造成高生育率的原因之一;文化落后地区往往盛行早婚、早育、多育,从而缩短世代差距,呈现高出生率。

相反,在发达国家,女性有很高的自我意识,并且大部分女性参与工作,这也在一定程度上降低了发达国家的出生率。此外,发达国家的居民观念更加先进,更加强调优生优育。

(3) 社会和宗教因素

在不发达地区和国家,妇女地位一般较低,在生育问题上没有决定权。有些宗教奉行多妻多育,反对人工流产和绝育手术,这也是许多发展中国家妇女生育率高的原因。

(4) 医疗卫生因素

在全球医疗条件极大提升、死亡率大大降低的背景下,不发达国家的国家实力较弱,所以国家对于人民层面的社会保障水平就较为低下,很多还并没有完善,也就容许人民多生多育以保障未来家庭生活,并且发展中国家生存压力较小,养育孩子成本较低。

相反,在一些发达国家,国家的社会保障体系完善,人们不用再担心需要"养儿防老",此外,发达国家的社会生存压力较大,养育成本高,因此导致生育率下降,人口增长率下降。

综合以上因素,造成了全球人口增长。

8.1.3 世界人口发展趋势

据联合国统计,世界人口从 10 亿增长到 20 亿用了一个多世纪,从 20 亿增长到 30 亿用了 32 年,而从 1987 年开始每 10 年左右就增长 10 亿,世界人口正以前所未有的速度增长,图 8-1 为世界人口每增长 10 亿所经历的时间,可以看出,从人类出现开始,前 10 亿人口增长需要近 300

万年，之后分别经历 130 年、30 年、16 年、11 年、12 年、12 年，到 2011 年世界人口达到 70 亿人。据《世界人口展望 2024》，预计到 2024 年底，世界人口总数为 82 亿。

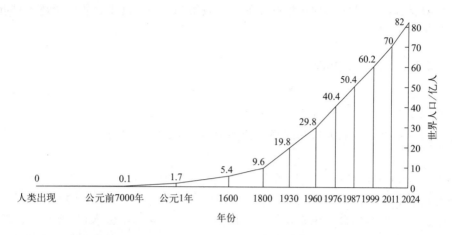

图 8-1　世界人口每增加 10 亿所经历的时间

专栏——世界人口日

　　1987 年 7 月 11 日，南斯拉夫的一名婴儿降生，被联合国象征性地认定为地球上第 50 亿个人，并宣布地球人口突破 50 亿大关。联合国人口活动基金会（UNFPA）倡议将这一天定为"世界 50 亿人口日"。1990 年，联合国决定将每年 7 月 11 日定为"世界人口日"，以唤起人们对人口问题的关注。

　　2011 年 7 月 11 日是第 22 个世界人口日，我国国家人口和计划生育委员会将人口日主题确定为"关注 70 亿人的世界"。2011 年 10 月 31 日凌晨，成为象征性的全球第 70 亿名成员之一的婴儿在菲律宾降生。虽然人类的寿命延长、健康状况得到改善，世界各地的夫妇选择少生孩子，但仍然存在着严重的不平衡。

　　根据《2021 世界人口状况报告》，2015 年至 2020 年，世界年平均人口变化率为 1.1%，总人口较 2020 年增加约 8000 万人。其中，中国较 2020 年人口增长约 0.34%，占世界人口的 18.3%；印度人口大约有 13.93 亿人，较 2020 年增长 0.97%，增长率约为我国的三倍，因此不久的将来，印度将超越我国成为世界人口最多的国家。

　　据统计，新增人口几乎（每 100 人中有 97 人）都来自欠发达国家，其中有些国家已难以满足现有人口的生存需要，贫富差距日益扩大。受食品安全、水资源短缺和与气候有关疾病的威胁的人口数量之巨可谓前所未有。同时，许多富裕和中等发达国家面临着低生育率、人口减少和老龄化问题。

8.2　我国的人口发展特征与应对政策

　　人口问题事关国计民生、事关长远发展。人口既是经济社会发展的根本目的，也是经济社会发展的基础要素。促进人口长期均衡发展、积极应对人口变化带来的挑战，对于保持经济社会持续健康发展意义重大。2021 年的第七次全国人口普查主要数据显示，我国人口既有总量的平稳增长，也有人口质量的稳步提升。与此同时，性别结构改善、城镇化率持续提高，这些积极变化体现出我国人口工作取得显著成效。与此同时，当前我国人口发展中也面临一些结构性矛盾，如劳动年龄人口和育龄妇女规模下降、老龄化程度加深、总和生育率较低、出生人口数量走低等。

人口问题始终是我国面临的全局性、长期性、战略性问题。为加强人口发展的前瞻性、战略性，我国有针对性地制定了一系列积极有效的人口政策和各项计划生育管理措施，使我国在人口控制方面取得了举世瞩目的成绩。

8.2.1 我国人口的现状和特点

从总的人口数量、质量、结构来看，我国劳动力资源依然丰富，人口红利继续存在，特别是随着人口素质的提高，人口红利逐步向人才红利转变，将为促进经济发展方式转变、产业结构升级、全要素生产率提高，推动人口和经济社会持续协调，进而实现健康发展、高质量发展，提供动力。

(1) 人口基数大，人口增长速度减慢，新增人口数仍巨大

国家统计局数据显示，2021年、2022年、2023年末我国人口数目分别为14.13亿、14.12亿、14.10亿。2019年全国总出生人口1465万，2020年全国总出生人口1200万，2021年全国总出生人口1062万，2022年全国总出生人口956万，2023年全国总出生人口902万，虽然人口增长速度减慢，但是由于我国人口基数大，每年新增的人口数仍然巨大。

(2) 自然增长率呈整体下降趋势

1959年至1961年间，中国由于受严重自然灾害的侵袭，1960年的人口自然增长率只有－4.6‰，受诸多因素影响，1963年出生率陡增到43.37‰，当年全国出生人口高达2959万，也是近代历史上，自然增长率最高的一年，此后的十年时间里，出生人口都在2500万以上。20世纪70年代，由于我国施行了计划生育政策，人口过快增长的趋势得到有效抑制，近些年份的人口自然增长率见表8-3。

表8-3 近些年中国人口自然增长率一览表

年份	1960	1963	1971	1982	1999	2014	2015	2016	2017	2018	2019	2020	2021	2022	2023
增长率/‰	－4.6	33.5	23.4	15.7	8.2	6.7	4.9	6.5	5.6	3.8	3.3	1.4	0.3	－0.6	－1.5

国家统计局公布的人口数据显示，我国2022年人口自然增长率仅为－0.60‰，是近年来首次出现负增长；2023年人口自然增长率为－1.48‰，已连续两年为负增长。专家预测，随着国家相关生育支持政策体系的构成和政策出台，人口自然增长率也许会迎来小的增长。

(3) 总和生育率低于敏感警戒线

总和生育率的定义是指平均每对夫妇生育的子女数。国际上通常以2.1作为人口世代更替水平，也就是说，考虑到死亡风险后，平均每对夫妇大约需要生育2.1个孩子才能使上下两代人之间人数相等。通常把低于1.5的生育率称为"很低生育率"，总和生育率1.5左右是一条"高度敏感警戒线"，一旦降至1.5以下，就有跌入"低生育率陷阱"的可能。

据国家统计局数据，中国总和生育率从1970年之前的6左右，降至1990年的2左右，再降至2010年后的1.5左右，2020年跌破1.3，2023年降至约1.02，不足更替水平的一半，在全球主要经济体中位居倒数第二，仅高于韩国的0.73，应加大力度放开并鼓励生育。

(4) 人口老龄化

按照国际对老龄化社会的衡量标准，2000年，我国65岁及以上人口比重达到7%，0～14岁人口比重为22.9%，老年型年龄结构初步形成，我国开始步入老龄化社会。

同时，劳动年龄人口从2011年开始连续三年出现净减少，从数据上看，2011年为9.40亿，

2012 年为 9.37 亿，2013 年为 9.34 亿，2014 年为 9.16 亿，占总人口的比重为 67.0%。2014 年，60 岁及以上人口比重已上升到 15.5%，65 岁以上人口比重已达到 10%。

2016 年全面放开二孩政策在一定程度上增加了低年龄段人口比重，但不会逆转我国的老龄化趋势。截至 2023 年底，全国 60 岁及以上老年人口达 2.90 亿，占总人口的 21.1%，比 2021 年上升了 2.2 个百分点；65 岁及以上老年人口达 2.2 亿以上，占总人口的 15.4%，比 2021 年上升了 1.2 个百分点。

中国发展研究基金发布的《中国发展报告 2020：中国人口老龄化的发展趋势和政策》预测，2035 年到 2050 年将是我国人口老龄化的高峰阶段，到 2050 年我国 65 岁以上的老年人口将达 3.8 亿，占总人口比例近 30%；60 岁及以上的老年人口将接近 5 亿，占总人口比例超 1/3。

(5) 性别比例失调

国际上一般以 100 个女性对应男性的比值来检验一个国家或民族的性别比。

我国出生婴儿性别比一直处于较高水平。据国家统计局数据，2008 年出生性别比为 120.56，2009 年出生性别比为 119.45，这是"十一五"以来出现的首次下降。国家统计局报道，2014 年的出生性别比为 115.88，实现了自 2009 年以来的连续第六次下降。据《第七次全国人口普查公报》数据，2020 年我国出生人口性别比为 111.3，已经比十年前下降了 6.8，尽管男女比例失调情况有所好转，但是依据国家统计局公布的 2022 年数据，全国男性比女性仍多 3237 万人，男女比例失调问题仍值得关注。

(6) 人口流动加快，城市化速度加快

20 世纪 90 年代是我国国内人口流动最为活跃的时期，全国流动人口从 1993 年的 7000 万增加到 2000 年的 1.4 亿。根据 2020 年第七次全国人口普查数据，2020 年流动人口达到 3.8 亿人，比 2010 年流动人口增加 1.5 亿人，增长 69.73%。同 2010 年第六次全国人口普查相比，城镇人口增加 2.36 亿人，农村人口减少 1.64 亿人，城镇人口比重上升 14.21 个百分点。这说明农村人口向城市流动的速度在不断加快，越来越多的农村居民转变为城镇居民，当然这与户籍制度的改革有很大的关系。户籍制度的改革，在很大程度上预示着我国未来人口城镇化的速度将进一步加快。

农村人口流向城镇有助于我国城乡社会、经济的发展，但同时也会带来新的环保问题需要解决。城镇人口过度集中，会对城镇的基础设施造成巨大压力，使城镇住房紧张、交通拥挤，同时密集的人口会产生更多的垃圾，使得环保工作的规模和体量均存在需要快速增长以适应发展的状况。

(7) 人口素质有待继续提高

随着我国社会经济的迅速发展，物质文化水平的不断提高，我国的人口素质有了明显提高。但从总体上看，我国的人口素质还是比较低的。

全国人口 2004 年普查与人口抽样调查结果显示，我国有 14 亿多人口，而受过高等教育的人口比例为 5.42%，远低于发达国家和发展中国家的平均水平。2004 年城镇和乡村文盲率分别为 4.91%、10.71%。2020 年我国人口的平均受教育年限为 9.91 年，相比 2010 年，平均受教育年限均有所提升。历年来人口平均受教育年限和教育基尼系数的变动见表 8-4 所示。

表 8-4　1964—2020 年我国人口平均受教育程度构成、受教育年限及教育基尼系数

教育指标	1964	1982	1987	1990	1995	2000	2005	2010	2020
平均受教育年限/年	2.92	5.33	5.81	6.43	6.86	7.85	8.02	9.08	9.91
教育基尼系数	0.61	0.44	0.39	0.34	0.31	0.25	0.26	0.27	0.22

续表

教育指标		1964	1982	1987	1990	1995	2000	2005	2010	2020
受教育程度构成/%	文盲/半文盲	56.8	34.5	28.6	22.2	18.3	11.0	11.7	4	3
	小学	35.3	30.8	32.9	34.6	34.1	30.4	27.0	29	27
	初中	5.8	23.8	27.6	30.3	33.5	39.7	40.5	42	37
	高中	1.6	10.0	9.7	11.0	12.1	14.4	14.4	15	16
	大学(大专及以上)	0.5	0.9	1.2	1.9	2.8	4.6	6.5	10	17

资料来源：相应年份人口普查资料或抽样调查资料计算。

由我国《第七次全国人口普查公报》可知，2020年我国高中以上文化程度的人口占总人口的比例为33%。同2010年第六次全国人口普查相比，每10万人中具有大学文化程度的由8930人上升为15467人，具有高中文化程度的由14032人上升到15088人，具有初中文化程度的由38788人下降到34507人，具有小学文化程度的由26779人下降为24767人。我国受过初中以上教育的人口数正在逐年增大。虽然2020年与2010年相比文盲人口减少1691万人，文盲率下降1.41个百分点，但仍有3775万的文盲人口，因此还应不断提高我国的人口素质。

(8) 人口分布不平衡

我国人口分布不均衡主要表现在以下两个方面：

① 地理分布不均。由于自然环境条件限制，我国目前仍有1/10的地区无人居住。我国人口高度集中在东南部地区，而西北部人口很稀少。2020年第七次人口普查结果中的地区人口比例，东部地区占39.93%，中部地区占25.83%，西部地区占27.12%，东北地区占6.98%。区域分布差距逐年加剧，东部人口密度不断增加，而资源环境的承载力趋近临界点。东南部地区土地面积占国土面积的48%，人口却占全国人口的94%，人口密度很高；西北部地区土地面积占国土面积52%，人口却只有6%，人口密度相对较小。从海陆关系来看，我国人口分布具有从沿海向内地由稠密逐渐变稀疏的特点。

总之，我国人口地理分布的上述特征与世界人口地理分布情况基本一致，即由沿海到内地，由平原向山地、高原，人口逐渐稀疏，这是由人类生存对环境的要求所决定的。同时，这种分布趋势也是与经济发展的布局相适应的。

② 农村人口比例较大。我国是一个农业大国。第七次人口普查的结果显示，城镇人口为9.02亿人，占63.89%，居住在农村的人口为5.10亿人，占36.11%。据统计，世界农村人口占世界总人口的40%，美国农业人口占总人口不到2%，我国农村人口占全国总人口的比例远大于发达国家。

8.2.2 我国的人口控制政策

人口控制是我国长期以来非常重视的问题之一。控制人口对我国经济的快速发展和环境保护都具有重要意义，这不但可减轻国家负担，改善人民居住水平，还可有效保护现有自然资源，防止生态环境进一步恶化。我国人口控制包括控制人口数量和提高人口素质两方面。

为了应对人口变化带来的新挑战，国家提出优化生育政策，增强生育政策包容性，优化人口结构，拓展人口质量红利，提升人力资本水平和人的全面发展能力等国家层面政策。

(1) 实施计划生育政策，控制人口数量

我国20世纪70年代初期开始实行计划生育政策，提倡晚婚、晚育、少生、优生，从而有计划地控制人口，初衷就是为了控制人口过快增长。经过30多年的艰苦努力，我国在20世纪中后期实现了人口再生产类型的历史性转变,妇女总和生育率从 20 世纪 70 年代的 5.8 下降到目前的 1.8,比其他发展中人口大国提前约半个世纪进入世界低生育水平国家的行列,实现了人民生活总体达到小康水平的目标。根据人口专家推算,到 1998 年底,由于计划生育的因素少生了 3 亿多人;到 2005 年底,少生了 4 亿多人。在 30 多年计划生育期间,我国人口增长迅速的势头终于得到有效遏制,既缓解了人口对资源环境的压力,又使经济、人民生活水平、人口素质得以提高。

(2) 实施单独二孩生育政策,促进人口长期均衡发展

随着我国计划生育政策的实施,我国的人口形势也发生了重大转变,生育率较低带来了人口老龄化加速、劳动力短缺、男女性别失衡等问题,家庭养老及抵御风险能力也随之降低。

针对人口形势发生的变化,综合多方面考虑,我国于 2013 年 11 月,十八届三中全会通过的《中共中央关于全面深化改革若干重大问题的决定》对外发布,其中提到"坚持计划生育的基本国策,启动实施一方是独生子女的夫妇可生育两个孩子的政策",这标志着"单独二孩"政策将正式实施。这是我国进入 21 世纪以来生育政策的重大调整完善,是国家人口发展的重要战略决策,有利于我国经济持续健康发展,有利于社会和谐稳定发展,有利于促进人口长期均衡发展。

(3) 全面实施二孩生育政策,应对人口老龄化

2015 年 10 月,党的十八届五中全会会议决定:坚持计划生育的基本国策,完善人口发展战略,全面实施一对夫妇可生育两个孩子政策。积极开展应对人口老龄化行动。图 8-2 为我国近年从 2011 年到 2023 年人口出生率的变化情况。二孩政策于 2016 年 1 月 1 日全面实施,政策实施后,在 2016 年迎来一个人口出生率的小高峰,其后逐年下降。2020 年我国人口出生率仅 8.52‰,首次跌破 10‰;人口自然增长率(出生率-死亡率)仅为 1.45‰,均创下了 1978 年来的新低,人口增长速度再次放缓。

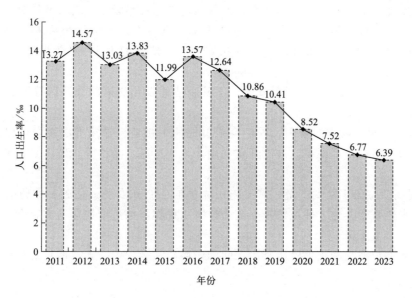

图 8-2 2011—2023 年我国人口出生率的变化情况

应对人口老龄化,是全面放开实施两孩政策的重要目标。国家卫生健康委员会主任指出:这次政策的实施,将有利于优化人口结构、增加劳动力的供给、减缓人口老龄化的压力、促进人口的均衡发展,有利于促进经济持续健康发展、促进全面建成小康社会的第一个百年奋斗目标的实现,也有利于更好地落实计划生育基本国策,促进家庭的幸福和社会的和谐。

全面两孩等决策部署和政策措施,已经促进了出生人口数量回升;医疗服务体系的覆盖面不断扩大,人口健康水平的提高为经济社会发展提供了重要的人力资源保障。

(4) 全面实施三孩政策,积极改善我国人口结构

我国第七次人口普查数据表明,2020 年我国育龄妇女总和生育率为 1.3,已经处于较低水平,非常接近国际上公认的"低生育陷阱"。2021 年 5 月 31 日,中共中央政治局召开会议指出,进一步优化生育政策,实施一对夫妻可以生育三个子女政策及配套支持措施,有利于改善我国人口结构、落实积极应对人口老龄化国家战略、保持我国人力资源禀赋优势。2021 年 6 月,我国颁布了关于优化生育政策促进人口长期均衡发展的决定,明确提出要实施三孩生育政策及配套支持措施。国家提倡适龄婚育、优生优育,一对夫妻可以生育三个子女。

《中国人口普查年鉴 2020》数据显示,2020 年出生人口中一孩占比 45.8%,二孩占比 43.1%,三孩占比 11.1%。2021 年三孩政策开始全面实施,三孩占比有所提升,升至 14.5%。2022 年作为三孩政策实施的完整周年,出生人口中三孩及以上占比进一步提升,从上年的 14.5% 提高至 15%。

8.3 人口增长对自然环境的压力

人口增长对自然环境的影响过程十分复杂,既有人口增长对自然环境的直接影响,也有通过多种途径对自然环境的间接影响。

8.3.1 人口增长对土地资源的压力

土地资源是人类赖以生存的基础,但日益增长的人口对粮食等农产品的需求不断增加,但粮食产量的增加速度赶不上人口增长的速度,世界粮食供应日趋紧张,人口增长对土地资源的压力也越来越大。由于人口的增长,人均土地逐年下降:世界人均耕地面积从 1950 年的 0.47 hm^2,下降到 1988 年的 0.27 hm^2,2011 年仅为 0.25 hm^2。造成这种情况的主要原因有以下几个方面:

① 由于人口不断增长,城乡不断发展,工矿企业建设和交通路线开辟等原因,占用了大量的耕地资源。

② 为了解决对粮食需求的压力,人们高强度地使用耕地,导致土壤表层被侵蚀,土壤肥力下降。同时,为了增加耕地面积,过度开发利用森林、草原、湖泊等,破坏生态平衡,最终可能导致土地沙化。

③ 为了提高单位面积粮食产量,需要施用大量的化肥和农药。化肥和农药的过量使用会造成土壤板结、水体富营养化、环境污染、抗药性害虫种类与数量增加等不良后果,反而可能使农林牧副渔业的总产量下降。

上述原因使人口增长和土地资源减少之间的矛盾越来越尖锐,人口增长对土地资源的压力也越来越大。

8.3.2 人口增长对水资源的压力

受人口增长、污染以及气候变化等因素影响,全球水资源短缺压力不断增大。据统计,过去 20 年间,全球人均淡水供给量减少 20% 以上。《2020 年粮食及农业状况》报告显示,当前全球 32 亿人口面临水资源短缺问题,约有 12 亿人生活在严重缺水和水资源短缺的农业地区,超过 60% 的灌溉农田高度缺水。随着人口的持续增长,全球人均可用淡水资源持续下降。

(1) 淡水资源总体不足

水是陆地上一切生命的源泉。充足、可靠的淡水供应对健康、粮食生产和社会经济发展至关重要。地球上的淡水资源并不丰富。虽然地球超过 2/3 的地表被水覆盖，但人类能够利用的淡水资源只有 1%，可直接取用的仅有 0.01%。淡水资源主要来自大气降水，陆地每年降水量为 $1.1×10^{14}$ m^3，而可被人类利用的只有 $7000km^3$。即使加上通过修坝拦洪每年所控制的 $2000km^3$ 左右，人类有可能利用的淡水也不过 $9000km^3$。

(2) 人均水资源不足

由于人口分布极不均匀，降水量的分配无论从空间上还是时间上也都极不均匀，因此，世界上许多地区淡水不足。人类对水资源的依赖程度越来越大，每年消耗的水资源总量远远超过其他任何资源的使用量，使本来就不丰富的淡水资源更加紧张。世界上许多国家正面临着水资源危机。我国属于严重缺水的国家，人均拥有水资源量仅为 $2201m^3$，不足世界平均水平的 1/3，而且用水效率低。

8.3.3 人口增长对能源的压力

能源是人类社会赖以生存和发展的重要物质基础。在过去 50 年里，全球能源需求的增长速度是人口增长速度的两倍，到 2050 年，随着发展中国家人口的增加和生活的改善，能源消耗将会更多。当前使用的能源多属于不可再生资源，储量是有限的，而世界能源消耗必然是增长的趋势，因此能源危机是世界性的，是不可回避的。在未来 50 年中，能源需求增幅最大的地区将是经济最活跃的地区。

虽然中国能源丰富，总量大，但人均占有量却很少。中国人均能耗从 1978 年 0.5t 标准煤到上升到 2011 年 2.6t 标准煤，再到 2020 年的 3.53t 标准煤，欧洲国家人均能耗约为 8t 标准煤，美国高达 10t 标准煤，我国人均能耗低于国外。随着我国国内生产总值的增加和人民生活水平的提高，能源需求量会大幅度上升。人口增长必然会加剧全球和我国能源供给长期紧张的情况。

8.3.4 人口增长对生物资源的压力

生物资源是指在目前的社会经济技术条件下，人类可以利用与可能利用的生物。在生物不断进化的过程中，地球上形成了丰富的生物资源。生物物种的灭绝在过去大多是自然发生的，但近 400 年来，人类活动对生态的影响日益加剧，导致大量人为的物种灭绝。人口迅猛增长，人类为满足粮食需求而扩大耕地面积，对自然生态系统及生存在其中的生物物种产生直接威胁。过度开发、毁林、农业生产等人类活动造成物种生境的破碎化，栖息地环境的岛屿化；人类经济发展伴随的环境污染加剧以及外来物种入侵等都加快了物种灭绝的速度。

以森林资源为例，人口增长使森林资源的供需矛盾尖锐化。为了满足人类需求的不断增加，保证人们对衣、食、住、行的要求，不断冲破自然规律进行掠夺性开发，全球的森林已受到无可控制的退化和毁灭的威胁。热带地区每年有 $7.50×10^6 hm^2$ 原始森林和 $3.5×10^6 hm^2$ 成熟林被砍光。20 世纪 90 年代，亚洲的森林以每年 $7.8×10^5 hm^2$ 的速度减少。预计亚非拉不发达地区森林面积 21 世纪将减少 40%，木材蓄积量将减少 39%。砍伐森林不仅使森林面积减少，更有可能导致生态平衡破坏、水土流失、土地荒漠化、生物多样性减少等一系列问题。

8.3.5 人口增长对环境质量和环境承载力的压力

人口的急剧增长以及人民生活水平的提高，能源消耗需求急剧增加，进而增大对资源环境的消耗和压力。当今存在的种种环境问题，大多是人类活动与环境承载力之间出现冲突的表现。当人类社会经济活动对环境的影响超过环境所能支持的极限，就会出现的一系列环境问题。

人口的增加缩短了化石燃料的耗竭时间，同时由于生产和生活中燃烧煤炭、石油、天然气等，生产的污染物质（CO_2、NO_x、SO_x）及废热增加，从而导致酸雨、光化学烟雾等区域大气环境问题的严重化以及温室效应、臭氧层破坏等全球性问题的出现。随着人口增长，必然产生更多的生活和工业废物，排入江、河、湖、海的污染物将进一步增加，邻近城市和人口稠密地区的水体将进一步恶化。同时，固体废物也要占据更多的土地，生活垃圾处理压力也会增大，对人类生活产生不利的影响。

加之热带雨林被大面积砍伐，使大气中 CO_2 浓度增加，引起温室效应，使全球气候变暖，而且导致干旱、暴雨、洪灾等灾害事件的增加，毁坏大面积森林和湿地，引起海平面上升，甚至导致极地冰帽融化，异常气候会加速森林的破坏。

8.4 我国人口发展特征与可持续性发展

人口问题始终是我国面临的全局性、长期性、战略性问题。随着经济社会发展，人们的生活方式和生育观念发生转变，低生育以及由此带来的少子化、老龄化是世界各国，尤其是发达国家普遍面临的问题。当前我国人口发展呈现少子化、老龄化、区域人口增减分化的趋势性特征，必须全面认识、正确看待我国人口发展新形势，既要看到世界人口发展的大趋势也要看到我国国情的特殊性，既要看人口总量也要看人口质量，既要看人口也要看人才，不能简单把人口数量的增减、年龄结构的变化等同于人口优势或劣势；要主动适应我国人口发展新常态，认清人口红利向人才红利转变的巨大潜力，着力锻造我国人口发展新优势，提高人口质量。

8.4.1 构建政策支持体系，全面鼓励生育

（1）实施人口高质量发展是历史必然

二十届中央财经委员会第一次会议指出：要着眼强国建设、民族复兴的战略安排，完善新时代人口发展战略，认识、适应、引领人口发展新常态，着力提高人口整体素质，努力保持适度生育水平和人口规模，加快塑造素质优良、总量充裕、结构优化、分布合理的现代化人力资源，以人口高质量发展支撑中国式现代化。要以系统观念统筹谋划人口问题，以改革创新推动人口高质量发展，把人口高质量发展同人民高品质生活紧密结合起来，促进人的全面发展和全体人民共同富裕。

会议还强调，要深化教育卫生事业改革创新，把教育强国建设作为人口高质量发展的战略工程，全面提高人口科学文化素质、健康素质、思想道德素质。

（2）构建生育支持政策体系

我国老龄化、少子化、不婚化在"十四五"时期扑面而来，将影响中国经济社会长远发展。生育政策调整是最根本、最重要的供给侧结构性改革之一，放开并鼓励生育大势所趋。当今社会已经基本形成共识，开始关注生育问题，我国一直在积极探索和完善生育政策，逐步形成和出台了较完善的生育支持政策体系，鼓励生育，积极应对少子化问题，以适应社会的可持续发展。

全国都在积极探索并有初步成效，例如可以从以下方面具体实施：对于有孩家庭实行差异化的个税抵扣及现金补贴、购房补贴等政策；加大托育服务供给，大力提升0～3岁入托率，并发放补贴；进一步完善女性就业权益保障，并对企业实行生育税收优惠，加快构建生育成本在国家、企业、家庭之间合理有效的分担机制；加大教育医疗投入，给予有孩家庭购房补贴，降低抚养直接成本；加强保障非婚生育的平等权利；建立男女平等、生育友好的社会支持系统，比如男

女平等的育产假等；完善辅助生殖顶层设计，给有需求家庭定向发放辅助生育补贴券，促进合理需求充分释放等。例如，全国各省份普遍设立 60 天以上的延长产假，15 天左右的配偶陪产假，5 至 20 天的父母育儿假，各省份产假均延长至 158 天以上。

(3) 大力发放生育补贴，切实减轻家庭养育孩子负担

为了适应人口的发展特征，我国持续探索实施育儿补贴政策，以促进人口高质量发展。例如，为了减轻了家庭生育养育支出负担，我国从 2022 年开始已将 3 岁以下婴幼儿照护纳入个人所得税专项附加扣除，2023 年将扣除标准从每个子女每月 1000 元提高到 2000 元；国家和地方也积极出台政策支持生育。国家医保局在医保药品目录调整中，将符合条件的生育支持药物纳入医保支付范围。

我国各地方也都在积极探索和实施生育补贴及积极政策。例如云南、宁夏实现省级层面政策覆盖，自 2023 年起，云南对生育二孩、三孩的家庭分别发放 2000 元、5000 元的一次性补贴，每年发放 800 元的育儿补贴到 3 周岁；宁夏对生育二孩、三孩的家庭发放 2000 元、4000 元的一次性补贴，对三孩家庭每月给予不少于 200 元的补贴至孩子满 3 周岁；江西从 2024 年 1 月 1 日起，住院分娩不再设置起付线，二级及以下医疗机构报销 100%、三级医疗机构报销 90%。自 2024 年 7 月 1 日起，浙江省将参加职工基本医保的灵活就业人员和领取失业金人员纳入生育保险范围，并享受生育医疗费用和生育津贴待遇。这些政策和措施有助于提振生育水平、提升人力资本、增强经济社会活力。

相信经过一系列长短结合的措施，我国生育率能触底回升，人口结构有望逐步改善，从而实现人口长期健康均衡发展。

8.4.2 加强教育，提高人口素质

中国式现代化是人口规模巨大的现代化，是人类发展史上的一个全新课题，其艰巨性和复杂性前所未有。二十届中央财经委员会第一次会议上，习近平总书记强调要研究并解决好以人口高质量发展支撑中国式现代化的问题。

(1) 加强现代化教育，适应国家发展

人口发展是关系中华民族伟大复兴的大事，必须着力提高人口整体素质，以人口高质量发展支撑中国式现代化；把教育强国建设作为人口高质量发展的战略工程，全面提高人口科学文化素质、健康素质、思想道德素质。

坚持系统观念，统筹推进育人方式、办学模式、管理体制、保障机制改革，坚决破除一切制约教育高质量发展的思想观念束缚和体制机制弊端，全面提高教育治理体系和治理能力现代化水平，为进一步提高人口综合素质，必须加快推进教育现代化，建设教育强国。

一是要遵循人力资本提升规律，持续推进教育普及程度，构建优质基本公共教育服务体系，积极探索创新型人才培养模式。二是要使优质教育适应国家经济发展方式转变和产业结构调整的要求。

(2) 着力提高整体人口素质

我国已建成世界上规模最大的教育体系，教育的发展保障了 14 亿多中国人民的受教育权，教育普及水平实现历史性跨越，各级教育普及程度达到或超过中高收入国家平均水平。实践证明，教育是提升人力资源水平最直接、最有效的途径。例如：2010 年前后，我国劳动力人口出现"刘易斯拐点"，但中国经济蓬勃向前的动力并没有削弱，其中一个重要原因就是中国以短短二十多年的时间就建立起世界上规模最大的普及化高等教育体系，大幅提高了人民的知识素养和受教育年限，劳动力人口总体上实现了由量向质的跃升。

全面贯彻党的教育方针，落实立德树人根本任务；聚焦办好人民满意的教育，筑牢国民教育体系基础；继续延长新增劳动力人均受教育年限，赋予人力资本以更多的知识和技能；构建优质资源共享的教育生态体系，使教育从政策层面从规模扩张转向内涵发展。

（3）着力提高人口整体素质

必须着力提高人口整体素质，全面提高人口科学文化素质、健康素质、思想道德素质。教育强国建设，要坚持中国特色社会主义教育发展道路，发展素质教育，坚持德智体美劳全面发展，着力培养一代又一代在社会主义现代化建设中可堪大用、能担重任的时代新人。

在思想道德素质教育上，把立德树人贯穿学校教育全过程。大力弘扬劳模精神、工匠精神等社会风尚和敬业风气，造就一支有理想、有担当、懂技术、善创新的产业工人队伍。

在科学文化素质教育上，既要夯实学生的知识基础，也要激发学生崇尚科学、探索未知的兴趣，培养其探索性、创新性思维品质，实现从知识导向转向能力导向培养。

在健康素质上教育，抓住青少年黄金期，加强体育锻炼，让孩子们茁壮成长。

进一步加强科学教育和工程教育，健全家庭、学校、政府、社会相结合的教育体系；倡导终身学习，强化终身教育，建设全民终身学习的学习型社会、学习型大国；教育理念要从学校教育转向终身教育，形成强化育人功能、以终身发展为本的教育体系；加强拔尖创新人才自主培养，加快建设世界重要人才中心和创新高地。

8.4.3 加强人才培养，推动技术进步

人才红利是指一国凭借充足的人才数量、优良的人才质量、合理的人才结构使得劳动参与率和劳动生产率大幅提高，促进经济结构优化升级，从而收获更高质量的经济增长。目前，我国正处于人口红利尚未消失、人才红利正在形成的阶段。随着我国人口特征的变化，需要多措并举对冲人口变化负面影响，从而推进人口红利向人才红利转变，为中国经济增长注入更大动力，更好地支撑中国式现代化行稳致远。

（1）培养创新型人才，释放人才红利

创新型人才是指具有创新意识、创新精神、创新思维、创新知识、创新能力并能够通过自己的创造性劳动取得创新成果的人，创新型人才能够在某一行业或者某一领域为社会发展作出创新贡献。

党的二十大报告指出，必须坚持科技是第一生产力、人才是第一资源、创新是第一动力，深入实施科教兴国战略、人才强国战略、创新驱动发展战略，开辟发展新领域新赛道，不断塑造发展新动能新优势。推动人口红利向人才红利转变，有助于形成素质优良、总量充裕、结构优化、分布合理的现代化人力资源，为全面建成社会主义现代化强国提供有力的人才保障。

在推进人口红利向人才红利转变的当前，大力培养创新型人才是必由之路，关键领域人才培养是突破口。培养创新型人才是一个系统工程，涉及教育、文化、政策等多个方面，要培养具有国际竞争力的青年科技人才后备军。培养创新型人才具体体现在：一是优化教育体系，推行跨学科教育，鼓励实践创新；注重培养学生的批判性思维、创造性思维、跨学科思维，培养兼具创新特质和实践应用能力的复合型人才。二是营造良好创新氛围，倡导开放包容的文化氛围；加大政策扶持力度，制定和实施有利于创新型人才发展的政策，完善激励机制，为创新型人才提供广阔的发展空间和良好的待遇；要加强知识产权保护，激发人才的创新活力。三是要积极实施人才引进政策，并为他们的创业和创新提供政策支持和全方位保障。

（2）调整产业结构，实现人尽其才

产业结构高度化，又称产业结构高级化，是指从低水平、低科技含量产业，向高水平、高科

技含量产业升级的过程。发挥人才红利要使高素质群体人尽其才、才尽其用。这些年，我国劳动力素质的整体层次在不断提高，需要产业结构及时转型升级，并产生对高素质劳动力的需求，那么将会促成结构型人口红利；如果产业结构转型升级不及时，则会对劳动力提升自身人力资本产生巨大负激励，从而陷入"产业结构层次低——对高素质劳动力需求缺乏弹性——劳动者降低提升人力资本努力"的恶性循环。

加快产业结构优化升级，促进新旧动能接续转换，是高质量发展题中之义。近年来，我国产业结构正在实现向合理化和高度化的转变。国家统计局初步核算，2023年我国第一产业增加值89755亿元，比上年增长4.1%；第二产业增加值482589亿元，比上年增长4.7%；第三产业增加值688238亿元，比上年增长5.8%。我国制造业也将实现跨越式发展，加快实现由"制造大国"向"制造强国"转变。面对劳动生产率大幅提升、智力劳动占比上升的趋势，要大力发展现代服务业和新兴产业，使产业结构和劳动力结构互相匹配，使各层次劳动力作用充分发挥，努力形成人才成长、科技创新、产业发展的良性循环，促进我国的人才红利越积越厚。

技术进步速度在一定程度上决定了国家发展的边界，加快技术进步可以有效对冲人口减少和结构变化的负面影响。

8.4.4 实施老龄事业工程，应对人口老龄化趋势

积极应对人口老龄化顺应人口老龄化、高龄化加重趋势，积极推进养老服务体系建设，努力实现老有所养、老有所为、老有所乐的老年友好型社会，构建老龄社会新发展模式。

（1）应对老龄化问题阶段性成就

"尊老爱老是中华民族的优良传统和美德。一个社会幸福不幸福，很重要的是看老年人幸福不幸福。"党的十八大以来，党中央提出实施积极应对人口老龄化国家战略的重大部署，我国老龄事业取得历史性成就，基本社会保险进一步扩大覆盖范围，企业退休人员养老保险待遇和城乡居民基础养老金水平不断提升，全国各类养老服务机构和设施显著扩容，居家社区养老服务发展迅速，机构养老服务稳步推进，人均预期寿命提高至77.9岁，老年人权益保障持续加强，"银发经济"新业态不断涌现。为了满足广大老年人的美好晚年生活，农村养老服务水平不高、居家社区养老和优质普惠服务供给不足、专业人才特别是护理人员短缺等问题还要下大力气解决。

（2）加大社会保障统筹，实现老有所依

当前我国过度依赖基本养老保险第一支柱（占比85%），企业年金和职业年金、个人购买的商业健康保险和商业养老保险所代表的第二和第三支柱占比较低。为应对社会老龄化问题，应加快推动社保全国统筹，发挥养老保障体系中第二、三支柱的重要作用，实现多层次积累，多渠道筹集全国社会保障基金，探索拓宽新的资金来源渠道，做大做强国家社会保障战略储备。

（3）健全养老服务模式，实现老有所养

一方面，创新居家社区养老服务，探索"社区+物业+养老服务"模式，增加居家社区养老服务有效供给，进一步规范发展机构养老，扩大养老保险覆盖面，大力发展职业年金，探索通过资产收益扶持制度等增加农村老年人收入。另一方面，完善老年人健康支撑体制机制，提高老年人健康服务和管理水平，布局若干区域老年医疗中心，加快建设老年友善医疗机构，加强失能老年人长期照护服务和保障，深入推进医养结合。建设老年友好型社会，大力发展"互联网+养老"的智慧养老服务体系，推进适老化改造，保障老年人高质量、有尊严的退休生活。

（4）构建终身学习体系，探索老年人灵活就业途径

倡导终身学习理念，构建老有所学的终身学习体系，鼓励企业留用和雇佣年长劳动力，推进渐进式延迟退休政策。

鼓励和支持适龄老年人"发挥余热"。充分发挥低龄老年人在志愿服务、社区治理等方面的作用，在学校、医院、社区家政服务等单位探索适合老年人灵活就业的模式，为有劳动意愿的老年人提供职业技能培训和创新创业指导服务。

（5）探索养老金融支持体系，大力发展银发经济

随着社会老龄化问题逐渐凸显，国家鼓励加大养老产业金融支持探索，优化养老服务供给，打造高质量的为老服务和产品供给体系。

另外国家鼓励大力发展"银发经济"。支持老年产品关键技术成果转化、服务创新，积极开发适合老年人使用的智能化、辅助性以及康复治疗等方面的产品，大力发展养老相关产业融合的新模式新业态，开发老年人健康保险产品。

（6）加强老年人权益保障

加强老年人权益保障普法宣传，提高老年人运用法律手段保护权益的意识，建立适老型诉讼服务机制，打造老年宜居环境，实施中华孝亲敬老文化传承和创新工程，营造良好敬老社会氛围。

习题与思考题

1. 世界人口增长有什么特点？
2. 世界人口的发展趋势有哪些？
3. 人口增长对自然资源的影响有哪些？
4. 目前我国的人口特点有哪些？
5. 简述我国人口控制的对策。
6. 人口增长下如何实现可持续性发展？
7. 如何理解国家对于计划生育政策的调整？
8. 人口增长如何影响粮食供应与粮食安全？
9. 城市化进程如何影响人口与环境的关系？
10. 简述人口老龄化对环境的影响。
11. 结合你所在地区的人口与环境问题，提出一个具体的环境改善计划或政策建议。
12. 人口增长对土地资源利用有何影响？
13. 贫困和人口增长如何相互影响？在发展中国家，如何减少贫困并控制人口增长？
14. 如何理解国家对于计划生育政策的调整？

参考文献

[1] 宋伟. 环境保护与可持续发展[M]. 北京：冶金工业出版社，2021.
[2] 邵超峰，鞠美庭. 环境学基础[M]. 3版. 北京：化学工业出版社，2021.
[3] 方淑荣，姚红. 环境科学概论[M]. 3版. 北京：清华大学出版社，2022.
[4] 张慧敏. 环境学概论[M]. 北京：清华大学出版社，2022.
[5] 魏智勇，赵明. 环境与可持续发展[M]. 北京：中国环境科学出版社，2023.
[6] United Nations, Department of Economic and Social Affairs. How certain are the United Nations global population projections [R]. New York: UN, 2019.
[7] United Nations, Department of Economic and Social Affairs. World Population Prospects 2019 [R]. New York: UN,

2019.
[8] United Nations, Department of Economic and Social Affairs. World Population Prospects 2020 [R]. New York: UN, 2020.
[9] United Nations, Department of Economic and Social Affairs. World Population Prospects 2022 [R]. New York: UN, 2022.
[10] United Nations, Department of Economic and Social Affairs. World Population Prospects 2024 [R]. New York: UN, 2024.
[11] United Nations Population Fund. State of World Population 2023: 8 Billion Lives, Infinite Possibilities [R]. New York: UNFPA, 2023.
[12] United Nations Population Fund. State of World Population 2020: Against My Will: Defying the Practices that Harm Women and Girls and Undermine Equality [R]. New York: UNFPA, 2020.
[13] United Nations Population Fund. State of World Population 2021: My Body Is My Own [R]. New York: UNFPA, 2021.
[14] United Nations, Department of Economic and Social Affairs. World Urbanization Prospects 2018 [R]. New York: UN, 2018.
[15] 国家统计局，国务院第七次全国人口普查领导小组办公室．第七次全国人口普查公报 [R]．北京：国家统计局，2021．
[16] 中国发展研究基金会．中国发展报告 2020：中国人口老龄化的发展趋势和政策 [R]．北京：中国发展研究基金会，2020．
[17] 国家统计局．中国统计年鉴 2023 [M]．北京：中国统计出版社，2023．
[18] 国家林业和草原局．中国森林资源报告（2014—2018）[R]．北京：中国林业出版社，2019．
[19] 国务院发展研究中心．2023 年中国发展报告 [R]．北京：中国发展出版社，2023．
[20] 原新．积极推进适应人口新常态的全面治理 [J]．国家治理，2024（4）：39-44．

第 9 章　食品生产与环境

本章要点

1. 我国粮食安全的现状及其重要作用；
2. 化肥污染和农药污染的危害及其控制措施；
3. 我国粮食发展的思路和战略；
4. 我国水产品养殖的发展现状及面临的挑战；
5. 我国畜牧业生产中畜禽粪污的污染防治方法。

1974 年，联合国粮农组织在世界粮食大会上通过了《世界粮食安全国际约定》，第一次提出了"食品安全"的概念，粮食安全问题引起了国际社会的普遍关注。这即广义的食品安全，以持续提高人类的生活水平，不断改善环境生态质量，使人类社会可持续、长久地存在与发展。经过近 30 年的发展，目前，"食品安全"的含义主要包括以下几个方面。

① 从数量的角度，要求人们既能买得到、又买得起需要的基本食品。
② 从质量的角度，要求食品营养全面、结构合理、卫生健康。
③ 从发展的角度，要求食品的获取注重生态环境的保护和资源利用的可持续性。

由此看来，食品安全问题是一个系统工程，需要全社会各方面积极参与才能得到全面解决。

通常，一个国家的食品安全现状用食品安全指数来衡量。《全球食品安全指数报告》是由英国《经济学人》智库发布，依据世界卫生组织、联合国粮农组织、世界银行等机构的官方数据，通过动态基准模型综合评估全球多个国家的食品安全现状，并给出总排名和分类排名。2021 年的报告从食品可负担性、可供应度、质量和安全、自然资源和复原力四大维度，通过 58 项关键指标评估了 113 个国家的食品安全状况，其中爱尔兰在该食品安全指数报告中排名第 1，中国位居第 42 位。

本章食品主要指粮食、水产品以及畜产品等。

9.1　粮食生产与环境

随着人口的不断增多，粮食问题成为人类目前面临的一个重大问题。1983 年 4 月，联合国粮农组织粮食安全委员会将粮食安全定义为："粮食安全的最终目标应该是：确保所有人在任何时候既能买得到又能买得起他们所需要的基本食品"。1996 年 11 月，世界粮食首脑会议对这一定义又加入了质量上的需求："只有当所有人在任何时候都能够在物质和经济上获得足够、安全和富有营养的粮食,来满足其积极和健康生活的膳食需求及食物喜好时,才实现了粮食安全"。

联合国机构 2024 年发布的《世界粮食安全和营养状况》报告中指出,全球消除饥饿的步伐不仅没有前进,反而出现了倒退,食物不足的水平与 15 年前相当。具体来说,每 11 个人中就有 1 个人食不果腹,这一比例在非洲尤为严重,每 5 个人中就有 1 个人面临吃饭难的问题。这份报告还警告说,各国在减少饥饿方面的严重进展不足,难以实现预期目标,也就是很难在 2030 年实现可持续发展目标中的零饥饿目标。

9.1.1 全球粮食安全的现状

(1) 粮食数量仍然短缺,全球饥饿人数不断增加

尽管 1996 年的世界粮食首脑会议和 2000 年的联合国千年峰会,都提出在 2015 年之前将世界饥饿人口减半的目标,但 21 世纪以来全球饥饿人口数量有增无减。到 2014 年全球仍有 8.05 亿人口处于饥饿状态,粮食安全问题不容忽视。联合国有关机构发布的《2023 年世界粮食安全和营养状况》报告显示,目前全球有 7.33 亿人处于饥饿状态。另联合国五个相关机构联合发布报告称,2022 年全球有 6.91 亿至 7.83 亿人面临饥饿,中位数高达 7.35 亿,与 2019 年 12 月相比,全球增加了 1.22 亿饥饿人口。

(2) 全球粮食和人口分布不均衡,分配和消费结构性失衡

长期以来,世界粮食产量一直徘徊在每年 2×10^9 t 左右,而世界人口却以每年 1.3% 的速度增长。目前,发达国家的人口保持在 12 亿左右,生产的粮食接近全球粮食产量的一半,而全球新增加的人口几乎都来自发展中国家,人口的非均衡增长造成粮食分配与消费的结构性失衡。受一些国家粮食安全的影响,全球粮食危机进一步加深。全球经济一体化,各国的发展联系日益紧密,一些国家的粮食安全状况必然会影响到其他国家的粮食安全状况,对世界粮食安全造成极大的影响,加深全球粮食危机,从而引发社会动荡和政治危机。如 2023 年全球 59 个国家和地区的近 2.82 亿人面临严重的突发性饥饿问题,比 2022 年增加了 2400 万人,其中一半以上的食物不足人群集中在亚洲;1/3 以上处于非洲;还有一小部分在拉丁美洲及加勒比区域;非洲是饥饿人数增幅最大的区域,食物不足人数占总人口的 19.7%,是其他区域的两倍多。

(3) 经济发展不平等导致粮食安全不平等加剧

全球发展的不平衡和不平等在粮食安全领域不断凸显。冷战结束后,伴随着全球化加速,全球经济不平等也急剧增大,南北发展赤字和贫富差距持续扩大。与之相应,粮食安全不平等在全球各地区之间、各国之间、不同性别之间的差距也在扩大。

一方面,发展中国家饥饿人口不断增加。与 2021 年相比,2022 年非洲饥饿人数增加了 1100 万。另一方面,全球粮食安全呈现出波动的性别差异,例如,2020 年女性中度或重度粮食不安全发生率比男性高 10%,而 2019 年这一数据只有 6%;但是 2022 年男女之间的粮食不安全差异已经从 2021 年的 3.8 个百分点缩小到 2022 年的 2.4 个百分点。再者,全球营养摄入也不平衡。2022 年,4500 万 5 岁以下儿童受消瘦困扰,但全球 5 岁以下儿童中约有 5.6% 受肥胖困扰。随着全球治理机制向更加平等、公正方向的改革陷入僵局,全球粮食安全领域的不平等将继续扩大。

9.1.2 粮食安全的重要意义

粮食是国家的根本,对于一个国家来说,粮食充足至关重要。粮食是国家的战略物资,是人民的生活必需品。真正的经济基础是粮食储备,没有粮食,就无从谈国家的稳定。基本温饱无法解决,其他的发展就只是空中楼阁。

粮食安全是世界和平与发展的重要保障，是构建人类命运共同体的重要基础，关系人类永续发展和前途命运。作为世界上最大的发展中国家和负责任大国，中国始终是维护世界粮食安全的积极力量，中国积极参与世界粮食安全治理，加强国际交流与合作，坚定维护多边贸易体系，落实联合国 2030 年可持续发展议程，为维护世界粮食安全、促进共同发展作出了积极贡献。

粮食安全具体体现在以下几方面。

(1) 政治意义

粮食是治国安邦的基础，是稳定时局的利器，"为政之要，首在足食"。一定的粮食储备对稳定人民心理具有重要作用。1985 年 6 月，德国的《每日报》发表一篇名为《粮食代表着力量》的文章，指出：粮食是极为重要的原料和战略武器，这是其他任何物质都比不了的。

(2) 军事意义

粮食是战争的必需品。古人云："兵马未动，粮草先行"。粮食是世界性的备战备荒战略物资。事实证明，只有储备了充裕的粮食，才能在战争和自然灾害面前立于不败之地。

(3) 经济意义

农业的健康发展是国民经济健康发展的基础，粮食安全又是农业健康发展的基础。粮食是粮农的重要经济来源，也是很多工业产品的原料，因此充足的粮食供应，对国民经济长期稳定发展意义重大。

健康发展的农业可以促进其他经济的发展；还可以提供足够的就业岗位；同时，粮食安全对于稳定市场价格尤为重要。粮价的稳定是物价稳定的前提，粮食安全对于抑制通货膨胀、物价稳定都有着重要作用。

9.1.3 粮食安全面临的挑战

粮食安全问题是多种因素长期积累下来的结果，抛开固有的传统因素，当今粮食安全问题面临着前所未有的新挑战。

(1) 自然灾害对粮食安全的威胁

近年来，极端天气对粮食生产的影响越来越引起人们的关注。全球生态环境的恶化使气候变化更加无常，自然灾害的发生频率明显增加。

自 2003 年以来，全球主要产粮国家，如澳大利亚、加拿大、乌克兰等国连续遭受自然灾害，粮食产量急剧下降。此外，持续的旱灾还波及欧盟、美国、阿根廷、印度、印度尼西亚、泰国、南部非洲等世界粮仓。加上各种原因造成的耕地面积不断减少，世界的粮食产量受到严重影响。虽然科技的发展与应用使粮食单产不断攀升，但增长速度明显放慢，已无法跟上粮食消耗速度的增加。有报告显示，在 2019 年 6 至 7 月间，南美的不规则降雨和异常高温导致了横跨危地马拉、洪都拉斯、萨尔瓦多和尼加拉瓜的"干走廊"连续第二年出现作物歉收。

(2) 全球变暖对粮食安全的挑战

由气候变暖引起的严重干旱、洪涝、冰雪等灾害，导致了世界粮食减产。2020 年，澳大利亚和美国的土地质量退化严重，在土地退化指数上分别位列第 81 位和 63 位。另外，2020 年挪威和瑞典等国农业生产的波动也证明了气候变化对食品生产构成了威胁，此外有 49 个国家的农业生产比 2019 年同期有所下降。

在极端气候频发和食品需求持续增加的双重压力之下，对于能够耐受极端气候、低用水量、适应贫瘠土壤生长的主要作物品种的需求也越来越大。

(3) 全球金融危机对粮食安全的挑战

全球性金融危机发生，不稳定因素增加。2008 年的世界金融危机影响了世界粮食市场，增加了世界粮食市场的不稳定性,加深了全球粮食危机。金融危机对世界粮食安全的影响主要体现在生产和消费两个方面。在生产方面,金融危机的出现使得世界重要的粮食生产国——美国和一些欧洲国家等出现了信贷紧缩,使得粮食生产者无法及时获得生产所需的贷款,进而会影响下一年度粮食作物的种植,给粮食生产前景增加了很大的不确定性。而消费方面,经济疲软会减少人们对肉类的消费,增加对粮食的消费。

(4) 世界生物能源工业的快速发展,加速粮食供求矛盾

在石油价格暴涨和人们对生态环境保护日益重视的局面下,许多国家致力于开发生产以农作物为生产原料的生物燃料,粮食市场的供给因对农作物需求量的加大而日渐紧张。联合国粮农组织报告称,近年来生物燃料生产几乎"吃掉"近 1×10^8 t 谷物。联合国粮农组织专家警告说:"一些国家将粮食转化为燃油的做法是一种'反人类罪',因为这种做法加剧了全球范围内粮食短缺,并且推高了粮食价格,让更多的贫困人口难以承受。"

9.1.4 粮食生产与环境污染

目前,世界各国主要通过开垦荒地和施用农药化肥两种途径来提高粮食产量。但是,农业可持续性对维系食品安全和维持农民生产力至关重要,这些措施都给农业可持续性带来了不可忽视的影响。

9.1.4.1 化肥污染与危害

据联合国粮农组织统计,在农业增产份额中化肥的贡献约占 40%~60%。化肥在促进农业生产,保障粮食安全方面发挥了巨大作用,但随着化肥用量的不断增加,相应的环境问题也在不断出现。

① 对土壤环境污染。化肥的矿质原料和生产过程中混入的杂质大多是重金属、有毒有害化合物以及放射性物质,它们会随着化肥进入土壤并逐渐累积,成为土壤污染的主要污染物质。石灰型氮肥(含氰化钙)会产生双氰胺、氰酸等有害物质,抑制土壤的硝化作用,导致作物不能得到足够的氮素,造成土壤污染。氮肥的使用还会改变土壤原有的结构和特性,造成土壤板结,有机质减少。磷肥中还含有一定量的 Cd,每年随磷肥进入土壤的镉量约为 $0.7g/hm^2$,它会随着食物链进入生物体内导致人畜中毒,酸性土壤会加剧这种传递效应。此外,化肥中还含有 As、Cr、Cu、Pb、Hg 等重金属,都会破坏土壤的生态环境,造成土壤污染。

② 对水体环境污染。化肥的过量使用是导致水体富营养化的重要原因。过剩的化肥及营养通过径流、吸附、侵蚀、淋溶等途径进入水体,使得水生生物大量繁殖,水中溶解氧大量减少,形成厌氧环境,造成水质恶化等不良影响。此外,有研究表明,地下水中的硝酸盐污染主要是由施氮肥过量造成的。含硝酸盐过高的地下水若被人畜饮用,会对其健康造成严重危害。

③ 对大气环境污染。施肥过程中排放到大气中的 NH_3、N_2O、NO_x 等,是造成大气污染的重要原因之一。特别是 N_2O 气体,它在对流层内较稳定,但当上升至同温层后,在光化学作用下,N_2O 会与 O_3 发生双重反应,大量消耗 O_3,破坏臭氧层,导致地面接收紫外线增加,这对动物、植物、微生物都会产生影响,尤其会引起皮肤癌的患病率增高。

9.1.4.2 农药污染和危害

(1) 农药对水体的污染

农药对水体的污染主要来自以下几个方面:农药生产厂向水体排放生产废水,农药喷洒时随风飘落至水体,环境介质中的残留农药随降水、径流进入水体。另外,农药容器和用具的洗涤亦会造成水体污染。

进入水体的农药，因性质的差异，存在状态也不相同。例如，溶解度很小的有机氯农药，主要吸附于水体中的悬浮颗粒物或泥粒上，水体中农药质量分数较小，通常以 ng/kg 计。水中溶解度较大的农药，如有机磷或氨基甲酸酯类农药，水体农药质量分数可能达到 μg/kg 甚至 mg/kg 级。农药对不同层次水环境的污染程度也不相同。一般以田沟水与浅层地下水污染最重，但污染范围较小。河水污染程度次之，但因农药在水体中的扩散与农药随水流运动而迁移，其污染范围较大。自来水和深层地下水因经过净化处理或土壤吸附过滤，污染程度相对较小。

(2) 农药对大气的污染

农药污染大气的途径，主要来源于地面或飞机喷雾或喷粉施药，生产、加工企业废气直接排放，残留农药的挥发等。大气中的残留农药悬浮物或被大气中的飘尘所吸附，或以气体或气溶胶的状态悬浮在空气中。空气中残留的农药，随着大气的运动而扩散，使污染范围扩大，如有机氯农药等。

农药对大气污染的程度与范围，主要取决于农药性质（蒸气压）、施药量、施药方法以及施药地区的气象条件（气温、风力等）。通常，大气中的农药质量分数极微，一般在 10~12ng/kg 以下，但在农药生产厂区或在温室内施药，其周围大气中的农药质量分数会高达正常值的数倍至数十倍，局部地区甚至更高。

(3) 农药对土壤的污染

农药污染会改变土壤的结构和功能，引起土壤理化性如 pH、氧化还原电位、阳离子交换量、土壤孔隙度的改变。同时，被农药长期污染的土壤会出现明显酸化，土壤养分（P_2O_5、N、K）也会随污染程度的加重而减少。

土壤农药污染也会造成土壤生物的死亡。杀虫剂对蚯蚓具有较强的致死效应，低剂量药液即可导致蚯蚓数量的减少。农药污染会导致土壤中的酶类在不利环境条件下被摧毁或钝化。

因农药的性质、土壤的性质以及农药用量和气象条件不同，农药在土壤中的残留和迁移行为有很大差别。农药对土壤的残留和污染主要集中在 0~30cm 深度的土壤层中。土壤受农药的污染程度和范围，与种植作物种类、栽培技术和施用农药种类和数量有关。通常，栽培水平高或复种指数高的土壤，农药用量也大，土壤农药残留也就高。果园的施药量一般较高，土壤中农药残留污染的程度也最为严重。另外，很多农药性质稳定，在土壤中降解缓慢，残留期长的农药，其造成的土壤污染要更严重。

(4) 农药对人体健康的危害

环境中的农药通常是通过皮肤、呼吸道、消化道等途径进入人体，并对人体健康产生危害的，这种毒性危害可分为三类。依据农药性质和种类可以产生急性中毒、慢性中毒、三致性。三致性是指致突变、致癌和致畸。国际癌症研究机构根据动物实验确证，18 种广泛使用的农药具有明显的致癌性，16 种显示有潜在的致癌危险性。

> **专栏——农药对人体的潜在危害**
>
> 农药主要可以分为有机磷类农药、拟除虫菊酯类农药和有机氯农药三类。
>
> 有机磷类农药，作为神经毒物，会引起人体神经功能紊乱、震颤、精神错乱、语言失常等表现，能引起迟发性多发神经病的有机磷类农药以甲胺磷毒性为最严重，其他依次为乐果、氧乐果、敌敌畏、稻瘟净、杀螟硫磷、马拉硫磷、甲基对硫磷、敌百虫等。
>
> 拟除虫菊酯类农药，一般毒性较大，有蓄积性，中毒表现症状为神经系统症状和皮肤刺激症状。有研究表明，拟除虫菊酯类农药还可能通过引起对细胞的氧化损伤，干扰细胞内外各种信号传导网络，经由不同途径启动细胞凋亡，在分子与细胞水平上对不同的靶器官造成毒性作用。

> 六六六、滴滴涕等有机氯农药，残留期长，随食物途径进入人体后，主要蓄积于脂肪中，其次为肝、肾、脾、脑中，将引起慢性中毒。中毒者主要表现为食欲不振，上腹部和肋下疼痛、头晕、头痛、乏力、失眠、噩梦等。接触高毒性的氯丹和七氯等，还会出现肝脏肿大、肝功能异常等症状。此外，有机氯农药还会通过人乳传给婴幼儿，引发下一代病变。

9.1.5 我国粮食安全的现状

粮食安全是国家发展的根基命脉，关系着国家的各方面发展。我国有着较高的粮食储备率，对于应对突发事件有着坚实的物质保证。我国粮食总量基本平衡，但是结构性矛盾突出，仍需警惕粮食安全问题。

据《中国的粮食安全》白皮书（2019 年）报告，我国人口占世界的近 1/5，粮食产量约占世界的 1/4。我国依靠自身力量端牢自己的饭碗，实现了由"吃不饱"到"吃得饱"并且"吃得好"的历史性转变，从长期来看，我国的粮食安全具有以下特点。

(1) 粮食产量稳步增长

① 人均占有量稳定在世界平均水平。2023 年，我国人均粮食占有量达到 493kg 左右，比 1996 年的 414kg 增长了 19%，比 1949 年新中国成立时的 209kg 增长了 136%，高于世界平均水平。

② 单产显著提高。2010 年我国平均每公顷粮食产量突破 5000kg。早在 2018 年，我国稻谷、小麦、玉米的每公顷产量分别比世界平均水平分别高 50.1%、55.2%、6.2%。2023 年每公顷粮食产量达到 5845kg，比 1996 年的 4483kg 增加了 1362kg，增长 30%以上，同年稻谷、小麦、玉米的每公顷产量分别为 7137kg、5781kg、6532kg，较 1996 年分别增长 14.8%、54.8%、25.6%。

③ 总产量连上新台阶（图 9-1）。2018 年产量近 6.6×10^8t，比 1996 年的 5×10^8t 增产 30% 以上，比 1978 年的 3×10^8t 增产 116%，是 1949 年 1.1×10^8t 的近 6 倍，到 2023 年，我国粮食总产量为 6.9×10^8t，已经连续 9 年稳定在 6.5×10^8t 以上，比 2022 年增长 1.3%。

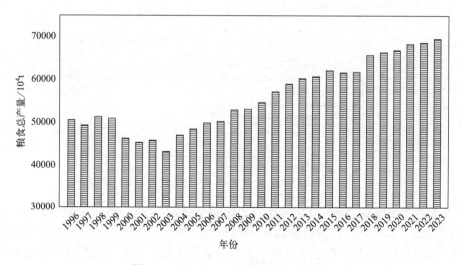

图 9-1　1996—2023 年我国粮食总产量

(2) 谷物供应基本自给

① 实现谷物基本自给。2023年，我国谷物产量 6.4×10^8 t，占粮食总产量的90%以上，比1996年增加 1.9×10^8 t。目前，我国谷物自给率超过95%，为保障国家粮食安全、促进经济社会发展和国家长治久安奠定了坚实的物质基础。

② 确保口粮绝对安全。近几年，我国稻谷和小麦产需有余，完全能够自给，进出口主要是品种调剂。2001年至2018年年均进口的粮食总量中，大豆占比为75.4%，稻谷和小麦两大口粮品种合计占比不足6%，2023年年均进口的粮食总量中，大豆占比超六成，稻谷和小麦两大口粮品种合计占比不足6%。

(3) 粮食储备能力显著增强

① 仓储现代化水平明显提高。2023年全国共有粮食标准仓房完好仓容超 7.0×10^8 t，较2014年增长了36%；全国实现低温、准低温储粮仓容 2×10^8 t，气调储粮仓容 5.5×10^7 t；国有粮库储粮周期内综合损失率控制在1%的合理范围内。仓容规模进一步增加，设施功能不断完善，安全储粮能力持续增强，总体达到了世界较先进水平。

② 物流能力大幅提升。2017年，全国粮食物流总量达到 4.8×10^8 t，其中跨省物流量为 2.3×10^8 t。粮食物流骨干通道全部打通，原粮散粮运输、成品粮集装化运输占比大幅提高，粮食物流效率稳步提升。

③ 粮食储备和应急体系逐步健全。在大中城市和价格易波动地区，建立了10~15天的应急成品粮储备。应急储备、加工和配送体系基本形成，应急供应网点遍布城乡街道社区，在应对地震、雨雪冰冻、台风等重大自然灾害和公共突发事件等方面具有重要作用。

(4) 居民健康营养状况明显改善

① 膳食品种丰富多样。2018年，油料、猪牛羊肉、水产品、牛奶、蔬菜和水果的人均占有量分别为24.7kg/人、46.8kg/人、46.4kg/人、22.1kg/人、505.1kg/人和184.4kg/人，比1996年都有不同程度增长。居民人均直接消费口粮减少，动物性食品、木本食物及蔬菜、瓜果等非粮食食物消费增加，食物更加多样，饮食更加健康。图9-2为油料、猪牛羊肉、水产品、牛奶的人均占有量对比。图9-3为蔬菜和水果的人均占有量对比。

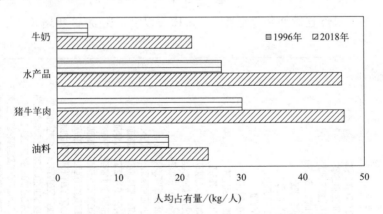

图9-2 油料、猪牛羊肉、水产品、牛奶的人均占有量（新华社发）

② 营养水平不断提高。国家卫生健康委监测数据显示，我国居民平均每标准人日能量摄入量2172kcal（1cal=4.1868J），蛋白质65g，脂肪80g，碳水化合物301g。城乡居民膳食能量得到充足供给，蛋白质、脂肪、碳水化合物三大营养素供能充足，碳水化合物供能比下降，脂肪供能比上升，优质蛋白质摄入增加。

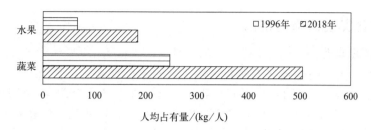

图 9-3 蔬菜和水果的人均占有量（新华社发）

（5）贫困人口吃饭问题有效解决

有效解决了贫困人口吃不饱的问题，重点贫困群体健康营养状况明显改善。2018年，贫困地区农村居民人均可支配收入达10371元人民币，收入水平的提高，增强了贫困地区的粮食获取能力，贫困人口粮谷类食物摄入量稳定增加。贫困地区青少年学生营养改善计划广泛实施，婴幼儿营养改善及老年营养健康试点项目效果显著，儿童、孕妇和老年人等重点人群营养水平明显提高，健康状况显著改善。

专栏——优质粮食工程"六大提升行动"方案

为了深入推进优质粮食工程、做好粮食市场和流通，国家粮食和物资储备局于2021年制定了粮食绿色仓储、粮食品种品质品牌、粮食质量追溯、粮食机械装备、粮食应急保障能力、粮食节约减损健康消费等"六大提升行动"方案。

① 粮食绿色仓储提升行动。围绕保障国家粮食安全战略，紧扣绿色、生态、环保、节能要求，提升储备粮食质量，结合当地实际需求，因地制宜推广应用绿色储粮技术，全面提升仓储设施的储藏功效性能，加强储备环节精细化管理。

② 粮食品种品质品牌提升行动。通过优化粮食品种结构、推进粮食种植标准化、建立合作联结机制等，引导优质粮食种植；通过强化标准引领、推动全链条品质提升、丰富优质产品供给等，提升粮油产品品质。

③ 粮食质量追溯提升行动。进一步配备现代化仪器设备、改进配套设施，提高智能化、信息化水平，持续提高粮食质量安全及品质保障能力，切实提升储备粮质量，增加绿色优质粮食产品有效供给，更好保障国家粮食安全。

④ 粮食机械装备提升行动。提高优质粮油加工装备自主化水平，夯实粮机装备产业研发技术基础，支持粮机装备制造企业技术升级改造，提升粮机装备绿色环保节能制造水平，强化粮机装备制造信息化应用能力，建设粮机装备研发测试平台体系，鼓励粮食企业应用自主研发的先进适用粮机装备、促进自主研发关键装备示范应用、建设高水平粮机装备技术创新联盟和创新中心等。

⑤ 粮食应急保障能力提升行动。坚持政府主导、统筹资源、平急结合、高效管用的原则，整合现有粮食应急加工、储运、配送、供应等资源，有效利用社会资源，进一步优化布局结构，完善应急功能，提升区域应急保障能力。

⑥ 粮食节约减损健康消费提升行动。支持引导农户科学储粮，积极推广适宜农村新型经营主体需要的储粮装具，最大限度减少农户粮食产后损失；充分发挥粮食产后服务中心作用，为农户提供粮食清理、烘干、储存、加工、销售等服务，助农产后减损增收；深入开展绿色仓储提升行动，改造和新建一批高标准仓容，提升粮食仓储硬件设施技术水平，促进仓储环节节约减损。

9.1.6 我国粮食安全面临的挑战

(1) 消费需求总量大

① 人口数量基数大。随着经济发展和人民生活水平的提高,粮食消费需求总量不断增加,粮食消费结构不断升级。截至 2022 年底,我国有 14.11 亿人,2021 年中国粮食消费 8.25×10^8 t,预计到"十四五"末为 9×10^8 t,并有可能在 2025—2030 年达到粮食需求高峰。

② 消费结构升级。"十四五"期间,我国将进入高收入国家行列,每年新增城镇人口 1000 多万人,将带动消费进一步升级。由于人口增加和消费结构升级,预计到 2030 年前后,我国的谷物需求将达到峰值 7.1×10^8 t,即每年需增产 100 多亿斤。其中,口粮消费稳中略增,新增需求主要集中在饲料粮上。对粮食数量和质量安全提出了新的挑战。

(2) 农业耕地资源紧缺

随着现代化进程加快和城镇化的推进,土地沙漠化、土壤退化、环境污染等问题出现,导致耕地持续减少。十年来我国耕地保护工作取得了明显成效,耕地减少的势头得到初步遏制,实现了国务院确定的 2020 年耕地保有量 18.65 亿亩的目标,守住了耕地红线,但是人均耕地面积只有 $0.007 km^2$(2021 年),土地资源还是紧缺。

(3) 农田水利设施投资不足

随着社会发展,生活、工业、生态用水需求增加,农业用水空间进一步缩小。我国是自然灾害最频发的国家之一,改善粮食生产环境,建设农业水利设施,对于保障我国粮食安全具有十分重要的作用和意义。水利建设虽然投资多,但是随着国民经济迅速发展和人民生活水平的不断提高,农业水利设施明显相对滞后,且具有很大的脆弱性。

目前农田水利设施因资金等问题,一般抗灾减灾能力不强,到 2022 年完成 10 亿亩高标准农田建设存在资金缺口。

(4) 农业技术和机械化需要提高和突破

较高单产水平上进一步突破新品种和新技术的难度越来越大,种业发展仍然存在投入不足、创新能力不强、低水平同质化竞争问题,进一步提高农业综合机械化率存在水稻播种、山地机械化等方面的短板。

专栏——农业"四补贴"政策

我国的农业补贴政策主要包括种粮农民直接补贴、农资综合补贴、农作物良种补贴和农业机械购置补贴,简称为"四补贴"。"四补贴"顺应我国经济社会发展的形势变化,深受亿万农民群众的热烈欢迎,对连续增产增收、巩固发展农业农村好形势,起到了重要支撑保障作用。

① 种粮农民直接补贴。是指国家为了保护种粮农民利益、调动种粮积极性、提高粮食产量和促进农民增收,给种粮农民的一项政策性补贴,简称粮食直补。具体补贴标准按照粮食播种面积、三年平均粮食产量、粮食商品量各占一定比例进行计算分配确定。

② 农资综合补贴。是指国家对农民购买农业生产资料(包括化肥、柴油、农药、农膜等)实行的一种直接补贴制度。要求建立和完善农资综合补贴动态调整机制,根据化肥、柴油等农资价格表,遵循"价补统筹、动态调整、只增不减"的原则,及时安排农资综合补贴资金,合理弥补种粮农民增加的农业生产资料成本,新增部分重点支持种粮大户。

③ 农作物良种补贴。是指国家对农民选用优质农作物品种而给予的补贴,目的是支持农民积极使用优良作物种子,提高良种覆盖率。

④ 农业机械购置补贴。是指鼓励农民购买先进适用的农业机械,加快推进农业机械化进程,提高农业综合生产能力,促进农业增产增效、农民节本增收。

9.1.7 我国粮食生产发展战略

党的十八大以来,国家始终高度重视粮食安全问题,提出"确保谷物基本自给、口粮绝对安全"的新粮食安全观,确立了"以我为主、立足国内、确保产能、适度进口、科技支撑"的国家粮食安全战略。坚持立足国内保障粮食基本自给的方针,实行最严格的耕地保护制度,实施"藏粮于地、藏粮于技"战略。走出了一条中国特色粮食安全之路。

(1) 能力提升战略

提升粮食综合生产能力是确保我国粮食安全的基础。通过立法划定基本粮田面积,明确粮田损毁恢复责任,大力改造中低产田,完善农田水利基础设施,逐步增加高产稳产粮田的面积。加强耕地质量建设,弥补耕地数量不足。增加物质投入,提高化肥、农药等投入品的利用效率,推广旱作节水技术,缓解用水矛盾。积极推进规模化、机械化、标准化生产,充分发挥农机装备在抗旱防涝、争抢农时、降低成本、减少损耗等方面的作用,提高劳动生产率和土地产出率。构建功能完备的生物灾害预警与区域防控支持体系,提高农业灾害预警测报能力,逐步建立农业灾害财政直接救助和农业保险补偿有机结合的灾害救助体系。

(2) 科技突破战略

依靠科技突破资源约束瓶颈,是促进粮食发展的关键。重点加快粮食科技创新体系建设,全面推进原始创新、集成创新、引进吸收消化再创新,着力提升农业科技成果的供给能力和技术转移能力。创新激励机制,加强人才培养,促进科技向产业聚集,技术向产品聚焦。大力增加粮食生产科技储备,培育优质超级品种。加快农技推广体系改革和建设,积极推行科技入户,推进高产、高效和标准化栽培技术的普及应用,提高粮食生产的综合效益,稳定增加种粮农户的经济收益。

(3) 分区分级战略

实行分区目标管理,建立分级责任制度,是落实粮食发展战略目标的重要保障。依据粮食发展的总体目标,按照不同区域的自然与社会经济条件,科学划分功能区,明确功能定位,落实中央与地方分级管理责任,采取差别扶持政策,协调运用财政补贴和价格调节机制,共同促进粮食生产,确保粮食的潜在生产能力转化为现实生产力。

(4) 替代引导战略

发展粮食替代产业,拓展食物来源,是保障粮食安全的重大选择。在稳步提高主要粮食作物生产能力的基础上,研发储备应急技术,着力挖掘非粮食物品种替代潜力,着力发展畜牧业、水产业、园艺产业。合理开发丘陵、山地、滩涂,充分利用海洋、草原、内陆水域等国土资源,扩大食物生产领域。倡导健康消费,广泛开展食物营养与人类健康方面的科普宣传,引导群众科学调整食物消费结构,从多方面缓解粮食供需矛盾。

(5) 市场调节战略

科学利用国内外贸易空间,平抑粮食市场波动,是实现我国粮食安全目标的有效手段。合理调整粮食储备制度和能力布局,稳定粮食最低收购价制度,采取更为稳健的国内粮食存储流通措施,调节粮食市场供需。积极发挥期货市场规避价格风险和稳定生产者预期的作用。灵活运用国际贸易规则,适时利用国际市场进行品种调剂和总量调节。实施积极开放、稳健合理的粮食进出口贸易政策。重视资源替代,鼓励有条件的企业参与境外粮食开发,最大限度地补充国内粮食供给。

> **专栏——《中华人民共和国粮食安全保障法》**
>
> 《中华人民共和国粮食安全保障法》是一部旨在保障粮食有效供给、确保国家粮食安全的法律,共包含11章74条,内容涵盖总则、耕地保护、粮食生产、粮食储备、粮食流通、粮食加工、粮食应急、粮食节约、监督管理、法律责任和附则。这部法律的出台背景和实施,标志着中国在粮食安全领域迈出了重要一步,旨在通过法律手段确保国家粮食安全,提高防范和抵御粮食安全风险的能力,维护国家安全和社会稳定。
>
> 《中华人民共和国粮食安全保障法》的出台,是对现有粮食安全法律法规体系的补充和完善。在该法出台前,中国已有涉及粮食安全的法律法规,如《中华人民共和国农业法》《中华人民共和国乡村振兴促进法》《中华人民共和国土地管理法》等,但这些法律法规在体系上不够系统完善,内容相对分散。制定《中华人民共和国粮食安全保障法》,旨在将利国惠民、强农惠农的粮食安全保障措施以法律形式固定下来,发挥法治在固根本、稳预期、利长远的作用。
>
> 此外,该法还强调了粮食质量安全的重要性,规定了构建科学合理、安全高效的粮食供给保障体系,包括提升粮食质量安全。承储政府粮食储备的企业或其他组织应执行储备粮食质量安全检验监测制度,保证政府粮食储备符合规定的质量安全标准。同时,粮食生产经营者应严格遵守有关法律法规的规定,执行有关标准和技术规范,确保粮食质量安全。政府应依法加强粮食生产、储备、流通、加工等环节的粮食质量安全监督管理工作,建立粮食质量安全追溯体系,完善粮食质量安全风险监测和检验制度。

9.2 水产养殖与环境

水产品是海洋和淡水渔业生产的水产动植物产品及其加工产品的总称,主要通过捕捞和养殖获得。水产品原料主要包括:鱼、虾、蟹、贝、藻类、海参等几大类别。

水产品安全主要指水产品不能含有损害或者威胁人体健康的有毒有害物质,比如微生物、寄生虫、重金属、兽药残留、农药残留和其他有机污染物。

水产品是人们摄入高品质蛋白的重要来源。与畜禽蛋白相比,水产蛋白肉质更嫩,而且脂肪含量较少,更有利于人体健康。除能够提供高质量、易消化的蛋白质与人体必需的氨基酸外,水产品也富含人体必需的脂肪、维生素与矿物质。水产品的摄入能够显著改善贫困国家及发展中国家不发达地区以植物食品为主食的膳食结构,同时其富含的不饱和脂肪酸也有利于人体心脑血管系统功能的维持及婴幼儿发育。

1995年联合国粮农组织在全国渔业部长级会议和世界渔业大会上,将水产品列入人类食物的重要组成部分,并且突出强调了维护渔业安全对保障世界粮食安全的重要性。

9.2.1 水产品安全现状

9.2.1.1 全球水产品生产现状

联合国粮农组织发布报告指出,2018年,全球捕捞和水产养殖产量达到近 1.79×10^8 t 的历史最高纪录。2018年以前的六十年间,全球捕捞和水产养殖业总体上处于上升趋势,产量以年平均 3.1% 的速度递增。2020年全球水产养殖产量估计减少了 1.3%,而 2022 年全球捕捞和水产养殖产量达到近 2.23×10^8 t,预计水生动物产量到 2032 年将增长 10%,达到 2.05×10^8 t。

据不完全统计，全球水产品产量十大国分别为：中国 6500 多万吨/年、印度尼西亚 2000 多万吨/年、印度 1000 万吨/年、越南 640 万吨/年、美国 530 多万吨/年、俄罗斯近 500 万吨/年、日本 440 多万吨/年、菲律宾 420 万吨/年、秘鲁近 400 万吨/年、挪威 350 多万吨/年。其中，中国水产养殖产量占比最高，水产养殖种类超 300 种，是水产养殖第一大国，从 2008 年起养殖产量一直占世界养殖总产量的 60% 以上。2020 年，中国水产养殖产量 5200 多万吨，人均年有量 46kg，是世界平均水平的 2 倍。目前多数国家仍处于以捕为主的发展模式，主要养殖品种为草鱼、鲢鱼、罗非鱼、鲤鱼、鳙鱼、喀拉鲃等，主要捕捞品种为秘鲁鳀、阿拉斯加鳕鱼和鲣鱼。

9.2.1.2 我国水产品生产现状

我国是世界渔业大国，水产养殖产量占世界养殖总产量的 2/3，不仅为人们提供了大量优质蛋白质，还为国家粮食安全提供了重要保障。同时，水产品质量安全不仅对本国民生保障、社会和谐稳定至关重要，对于我国的国际关系也具有一定影响。

(1) 我国是渔业生产大国

我国作为一个水域大国，大陆架渔场占世界已开发大陆架渔场面积的 1/4，有着十分丰富的渔业资源，其中海域大陆架渔场面积高达 $1.33 \times 10^6 km^2$，海水可养面积 $2.6 \times 10^4 km^2$，鱼虾蟹藻等生物资源丰富，数量可观。我国海域辽阔，从北到南有四大海区渔场，分别为渤海渔场、舟山渔场、南海近海渔场和北部湾渔场，其中我国最大的渔场——舟山渔场水产资源丰富，共有鱼类 365 种，并以大黄鱼、小黄鱼、带鱼和墨鱼（乌贼）四大经济鱼类为主要渔产，其中，大黄鱼的历史最高年产量达 $1.016 \times 10^5 t$，小黄鱼的历史最高年产量达 $2.9 \times 10^4 t$，带鱼的历史最高年产量达 $2.144 \times 10^5 t$，乌贼的历史最高年产量达 $2.96 \times 10^4 t$，历史最高总年产量达 $5.006 \times 10^5 t$。

我国的水产品养殖业在世界市场上占据重要地位。2023 年我国水产品产量达到 $7.1 \times 10^7 t$，同比增长 3.64%，占世界养殖水产品总量的 60% 以上，是世界上唯一水产品养殖量超过捕捞量的渔业国家。我国水产品的主要来源包括淡水养殖、海水养殖、海洋捕捞等。2023 年，全国水产养殖面积为 $7.624 \times 10^6 hm^2$，同比增长 7.28%。其中，海水养殖面积为 $2.214 \times 10^6 hm^2$，同比增长 6.77%；淡水养殖面积为 $5.409 \times 10^6 hm^2$，同比增长 7.48%；养殖产量为 $5.809 \times 10^7 t$，同比增长 4.39%；捕捞产量为 $1.306 \times 10^7 t$，同比增长 0.47%；海水产品产量为 $3.585 \times 10^7 t$，同比增长 3.64%；淡水产品产量为 $3.531 \times 10^7 t$，同比增长 3.65%。

(2) 我国是一个水产品贸易大国

根据海关统计，2023 年，我国水产品进口量为 $6.762 \times 10^6 t$、进口额 237.74 亿美元，同比分别增长 4.52% 和 0.28%；水产品出口量为 $3.798 \times 10^6 t$，出口额 204.63 亿美元，同比分别下降 5.35% 和 11.15%。与 1984 年相比，2023 年我国水产品进出口量分别增长了 43 倍和 33 倍，进出口额分别增长了 335 倍和 70 倍。大幅发展的水产品国际贸易不仅拓宽了我国的渔业市场，也丰富了国内的水产品供应种类。

(3) 我国居民日常生活对水产品需求持续增长

近年来，随着人民生活水平的提高，我国居民对高质量蛋白的需求也日益增长，国家统计局数据显示，全国居民水产品人均消费量从 2013 年 10.4kg 提升到 2018 年的 11.4kg。并且，水产品消费呈现出明显的地域差异，东部和沿海地区居民对水产品的消费更多，而西北、华北地区消费量仅为全国平均水平的 50%~60%。

9.2.2 水产养殖与环境污染

水生生物具有极易富集危害因子的特点，有毒物质可通过食物链从低等生物向高等生物转移,最终毒害位于食物链顶端的人类。特别是海洋水产品,它们的养殖环境更易受到重金属、石油、病毒的污染,对人体健康产生的不良影响更大。水产品的质量极大程度上受养殖环境的影响,同时,不合理的养殖方式也会造成对水环境的污染。水产养殖方式分为投饵型和不投饵型,并不是所有的养殖方式都会对水生态环境带来负面影响,只有高密度、不合理的投饵型养殖方式才会对环境造成污染,科学合理的养殖方式反而对水生态环境有净化修复的作用。

9.2.2.1 环境对水产养殖的影响

(1) 水体 pH

pH 值是评价养殖水质的一个重要指标,酸性水可使鱼血液 pH 值下降,降低血液的载氧能力,使血液中 O_2 分压降低,造成缺氧症。碱性过强的水则会腐蚀鱼类的鳃组织。浮游植物对营养物质的吸收利用也受水体 pH 值影响。低 pH 值会抑制硝酸盐还原酶的活性,可能导致植物缺氧;高 pH 值则会妨碍藻类对 Fe、C 的利用。当 pH 值降至 6 以下时,一些大型枝角类便无法生存,许多有益微生物的活动也受阻抑,固氮活性下降,有机物分解矿化速率降低,物质循环效率降低。如果 pH 值超出生物的生理极限范围,会迅速杀死生物。因此,各国渔业用水标准中对此指标都作了规定,其 pH 值范围大都定为 6.5~8.5。

(2) 重金属

水产品重金属污染在全球范围内都是一个普遍的食品安全问题。水体的重金属污染极其复杂,常见的污染物种类有 Hg、Pb、Cu、Zn、As 等重金属类以及氰化物、氟化物等。

养殖水体被重金属污染后,水产养殖品种通过鳃的呼吸作用不断吸收水中重金属,摄食时重金属通过饵料进入鱼体,鱼体表与水体的渗透交换作用也会在鱼体内富集重金属。重金属进入鱼体后会进入到细胞中,造成活性氧防御能力降低,损伤机体。

另外,鱼类对重金属有着极强的生物富集作用,试验证明,当水中汞含量达 0.001~0.01mg/L 时,通过小球藻→水蚤→金鱼的食物链转移浓缩,35d 后鱼体中的 Hg 含量可高达水体中的 800 倍。鱼在含 Hg 水中生存时间越长,体内的 Hg 浓度越高,并且鱼体表面黏液中的微生物有很强的甲基化作用,能把无机汞转化为甲基汞,因此,鱼类体中的 Hg 几乎都以毒性极强的甲基汞形式存在,对人体的危害性更强。

人类吃了含重金属的水产养殖品种,会在体内逐步富集重金属,造成急、慢性中毒,进而造成疾病、发育不完全、畸形等严重后果。

(3) 溶解氧

养殖水体对溶解氧有严格的要求。连续 24h 中,水中溶解氧必须保持 16h 以上大于 5mg/L,其余任何时候不得低于 3mg/L,当溶解氧低于 3mg/L 就会对鱼类的摄食、消化及健康带来较大影响;当溶解氧低于 1mg/L,大部分鱼类就会出现浮头现象,持续下降会造成缺氧窒息死亡。而浮游生物的呼吸作用和水中有机物的氧化分解要消耗大量溶解氧,这极易造成水体中氧含量不足,使水产品"泛塘"。

此外,当水体中 NH_3-N 和亚硝酸盐的浓度超标时,也会影响水产品的生存和生长,轻者导致水产养殖品种生长缓慢,吃食量减少,免疫力和抵抗力下降,造成致病菌入侵,发生病害。重者会有急性、慢性中毒或死亡等现象发生。

9.2.2.2 水产养殖对环境的影响

在水产养殖过程中,鱼药残留与病原微生物繁殖是两个最主要的污染源头,一直威胁着渔业的正常生产活动与经济发展,此外,高密度养殖所导致的水体富营养化也在威胁着水生态环境的平衡。

(1) 鱼药残留

鱼药残留的定义是指水产品的任何可食部分中鱼药的原型化合物或（和）其代谢产物，并包括与药物母体有关的杂质在其组织、器官等中蓄积、贮存或以其他方式保留的现象。

鱼药残留的影响有：

① 污染生态环境。残留在环境中的鱼药及其代谢物，在多种环境因子的作用下，还可产生转移、转化再次进入水产动植物体内蓄积，而残留于环境中的抗菌类药物若不被及时降解，会破坏水质、土壤中微生物的平衡，引起生态环境失衡，造成环境污染等。

② 引起人类变态反应。有研究表明，滥用鱼药导致水产品中药物残留，在进入人体后，可能引起变态反应。如经常使用的磺胺类、四环素类及某些氨基糖苷类抗生素，都是极易引起变态反应的药物。严重时，甚至造成危及生命的综合征，如磺胺类药物可能会引起人类的皮炎、白细胞减少、溶血性贫血和药热等综合征。

③ 产生抗药性。鱼药中常含有一定量的抗生素等药物，当人类长期食用后，容易产生抗药性，进而影响一些人类疾病的治疗效果。

④ 产生"三致"危害。某些鱼药及其代谢物会产生致癌、致畸和致突变的三致作用，如过去水产育苗中经常使用的化学药品孔雀石绿，有强致癌作用，我国目前已明文禁止使用。

专栏——鱼药残留的危害

2005年6月5日，英国《星期日泰晤士报》报道：英国食品标准局在英国一家知名的超市连锁店出售的鲑鱼体内发现孔雀石绿。有关方面将此事迅速通报给欧洲国家所有的食品安全机构，发出食品安全警报。

孔雀石绿分子式为 $C_{23}H_{25}ClN_2$，是人工合成的有机化合物，是一种有毒的三苯甲烷类化学物，既是染料，也是杀菌和杀寄生虫的化学制剂。孔雀石绿进入人体或动物机体后，会通过生物转化，还原代谢成脂溶性的无色孔雀石绿，具有高毒素、高残留和致癌、致畸、致突变作用，严重威胁人类身体健康；并且孔雀石绿一旦进入养殖水体，将在水产品中终身残留，并且无法完全消除，无公害水产养殖领域国家明令禁止添加。

为进一步规范水产养殖户的经营行为，守护老百姓餐桌上的安全，我国农业农村部曾多次下发严查孔雀石绿等禁用药物问题的通知和文件，在全国范围内严查违法经营、使用孔雀石绿的行为。2021年公布的数据显示农业农村部对全国产地水产品兽药残留监测抽检合格率为99.9%。

---

(2) 微生物污染

水产品与其他肉类产品相比，微生物更易在其体内繁殖，各种致病菌、病毒和寄生虫会寄生于水产品的肠道、皮肤、肌肉等部位，当人们生食这类"带病"的水产品时便很可能患上食源性疾病，极大地影响消费者健康。如金黄色葡萄球菌，是导致毒素型细菌性食物中毒案例最多的病原菌。人和动物都是金黄色葡萄球菌的主要宿主，当水产品加工者手部有化脓的疮疖或伤口并接触水产品时，非常容易发生金黄色葡萄球菌污染事件。

(3) 水体富营养化

在养殖过程中，因养殖密度不断提高，以及大量投喂外源性饵料，使得残饵和水生动物排泄物在水体中大量蓄积，造成养殖水体中N、P等营养物质不断累积，浓度不断升高，当浓度达到一定限值，在水流缓慢和适宜的温度条件下就会形成养殖水体富营养化。

水体富营养化具体危害有：有害藻类迅速繁殖，产生大量藻毒素；水体发黏致使水体纳氧力降低，溶氧严重不足；有害寄生虫大量繁殖；氨氮、亚硝酸盐、硫化氢等有毒有害物质大量沉积，造成养殖对象亚硝酸盐中毒。

9.3 畜产养殖与环境

畜产品是农产品中一个很重要的组成部分，主要包括肉（猪、牛、羊、禽、兔等）、蛋（鸡、鸭、鹅、鹌鹑等禽蛋）、奶（牛奶、羊奶、马奶等）、蜂产品（蜂蜜、蜂王浆、蜂花粉等）以及其他副产品（动物内脏）。据估计全球人类食物中 16% 的能量和 36% 的蛋白质由动物性食品提供。

畜产品安全涉及很多危害因素，如农药残留、兽药残留、重金属污染、动物疫病传播、微生物污染、化学物质污染和残留，同时还包括诸如营养、食品质量、标签标注等问题，畜产品安全可以理解为以上危害因素不会对人、动植物和环境造成危害和潜在危害。本书中所涉及的畜产品安全主要包括畜禽养殖环节的安全，不涉及畜产品的流通环节和加工环节。

9.3.1 畜产品安全现状

随着人们生活水平的提高，对畜产品的需求量急剧上升。为了提高动物生产水平和饲料转化效率，饲养过程中广泛使用了抗生素、动物性饲料、生长促进剂、瘦肉精等物质。伴随而来的畜产品质量安全问题也愈发突出，一旦畜产品出现安全问题，不仅影响社会经济的发展，同时也危害人体健康。由于在饲养过程中的滥用药剂、添加剂等，所导致的牛海绵状脑病、霉菌毒素中毒、抗生素耐药性等曾在部分国家蔓延。20 世纪 80 年代中期至 90 年代中期，在英国发生的牛海绵状脑病，属于畜产品安全事件。

我国畜牧业整体竞争力稳步提高，动物疫病防控能力明显增强，绿色发展水平显著提高，畜禽产品供应安全保障能力大幅提升，畜牧业发展为经济社会稳定发展提供了有力支撑。农业农村部发布 2023 年国家农产品质量安全例行监测（风险监测）结果数据显示，畜禽产品抽检合格率为 99.2%，畜产品质量安全多年持续保持着较高水平，全国生鲜乳违禁添加物连续 14 年保持"零检出"。

（1）兽药残留

所谓兽药残留是指给动物用药后会在细胞或器官内产生药物原型、代谢产物和药物杂质的蓄积或贮存。兽药残留对人体的危害有多种：如致癌、发育毒性、体内蓄积、免疫抑制、致敏和诱导产生耐药菌株等。其作用是慢性的、长期的和累积性的，往往易被人们所忽视。

近年来，畜牧业的快速发展使兽药在畜牧业中的应用日益广泛，其在降低发病率与死亡率、促生长、提高饲料利用率和改善产品品质方面的作用是十分明显的，已成为现代畜牧业中不可缺少的物质基础。但是兽药的不当使用无疑会导致动物体内的滞留或蓄积，并以残留的方式进入人体及生态系统。动物食品中的兽药残留已成为影响畜产品质量安全的主要因素，而兽药使用不当成为兽药残留的重要来源之一。

（2）饲料问题

近年来，国际上不少国家和地区不断出现畜产品食品安全问题的恶性事件，食源性疾病发病率不断上升，食品污染事件时有发生。

① 不按规定使用饲料添加剂。部分养殖户一味地追求经济效益，给动物饲喂大量的饲料添加剂，如饲喂适量的尿素能给反刍动物提供优质的蛋白质，但如果饲喂过多，尿素酶与尿素在瘤胃中反应后立刻分解成 NH_3，导致 NH_3 中毒。我国的饲料法规明确规定禁止在饲料和动物饮用

水中添加激素、镇静剂等药物。

② 过量添加微量元素添加剂。在饲料中适量添加 Cu、Zn 和 As 等微量元素，不但可以促进动物生长，还能提高动物的生产性能。但是，若过量添加微量元素则会使微量元素在畜禽肝脏等组织中沉积，引起畜禽中毒，影响畜产品安全。另外大量未被吸收的微量元素会随畜禽的粪尿排泄到体外，严重污染环境，危害人类健康。

9.3.2 畜产品质量安全面临的挑战

现代畜牧业由于大量使用农业投入品（饲料添加剂、兽药等），使得动物生产变得复杂，也使得畜产品质量安全受到了更多的挑战。

(1) 动物疫病威胁

近年来，畜禽动物疫病暴发愈加频繁，且涉及的传染范围越来越大。随着农产品国际进出口贸易的进行，国外的畜禽传染病也可能被传入国内，对国内养殖业造成巨大影响。

(2) 生态环境威胁

畜牧业的开展离不开水源和牧草的支撑，但近年由于环境质量的恶化，水质变差，土壤重金属污染严重，不仅影响了自然生态环境质量，使牧草、水源以及土壤受到严重污染，还给基层畜牧业发展造成了严重的影响，危害人类健康及畜禽动物的生长，最终影响到畜产品的质量及品质。

(3) 农药与兽药威胁

现代农业中为实现产业规模化与效益最大化，防治病虫害，一些化学农药、兽药和抗生素等经常被大量使用，常导致农作物和畜禽动物体内出现药物残留的现象，使畜产品质量安全受到了挑战。

9.3.3 畜产品生产与环境污染

近年来，随着规模化畜禽养殖业的迅速发展，不同规模的养殖场不断涌现，原本潜在的由畜禽养殖带来的环境污染问题也日益显现，并且随着人们环保意识的增强而日益突出。环境污染会导致国民和社会财富的巨大浪费，而大规模集约化养殖场又是我国今后发展畜牧业的方向，因此养殖场的环境污染控制关系到畜牧业能否可持续发展。目前我国的畜产品生产过程中主要的污染源是畜禽粪污，此外传染疫病的暴发也是畜禽业生产中一个需要格外注意的问题。

9.3.3.1 动物粪污对环境的影响

我国是畜牧业大国，畜牧总量常年位居世界前列，在国民经济中占有极其重要的地位。近年来，畜禽粪污成为农业面源污染的主要来源。这些粪污极易对周边环境及养殖环境产生污染。特别是在散户养殖模式中，养殖设备较为落后，没有相应的粪污处理设备，导致粪污直接排放，造成对水体、空气和土壤的直接污染，从而引发人畜疾病。

由于我国养殖规模化程度逐年提升，单场出栏 100 万头以上的超大规模猪场频现，畜禽粪污处理压力剧增，种养结合成为行业呼吁的解决之道。

资料显示，2015 年我国畜禽粪污产生量约为 5.687×10^9 t（包括粪便、尿液及冲洗污水），到 2021 年，全国畜禽粪污年产量下降至 3.05×10^9 t，与 2015 年相比降幅达 19.7%。

(1) 对水体环境的污染

畜禽粪污中含有大量的有机质、N、P、K 等污染物，常会随养殖场冲洗废水进入江河湖泊水体中。通过畜禽排泄物进入水体的 COD 量已超过生活和工业污水 COD 排放量的总和。高浓度的畜禽有机污水排入江河湖泊中，使得水体富营养化，导致水体溶解氧被快速消耗，藻类过度繁殖，鱼虾类及其他水生动物死亡，水质恶化。此外，畜禽粪污中常含有重金属元素以及抗生素等，这些一旦进入土壤污染地下水，极有可能引发地下水中硝酸盐浓度超标，受污染的水体往往难以处理，有时甚至会造成持久性污染。

（2）对大气环境的污染

动物粪尿分解会产生一定量的硫醇、H_2S、有机胺、苯酚、挥发性有机酸、粪臭素等上百种有毒有害物质，不仅会造成周围空气污染，为动物疫病的传播提供了有利条件，同时排放出的恶臭气体会影响周围居民的正常生活生产活动和身体健康。粪污处理产生的 CH_4 和 N_2O 还会造成温室效应的加重。在由人类活动造成的温室气体排放中，畜牧业占据 15%。经联合国粮农组织测算，全球畜牧业排放的温室气体所引发的升温效应相当于 $7.1×10^9$ t 的 CO_2。

（3）对土壤环境的污染

畜禽养殖对土壤的污染主要表现在过量施用畜禽粪污作为肥料造成的土壤结构失衡和有害物质在土壤中的累积。动物粪污常作为农用肥，来改善土壤质量和提高农作物产量，但未经合规处理的粪污中含有超标的病原微生物和抗生素药物残留。规模化养殖的粪污排放量大，远远超出了土壤的承载能力，无法及时被消纳的粪污会造成土壤结构失衡，过度地还田施用还会导致土壤中的 N、K、P 等养分过剩，从而阻碍农作物的生长。这些污染物不仅会污染农作物，还会沉积在土壤环境中，产生深远的污染问题。此外，过量的畜禽粪污堆放还会占据过多的空间。

> **专栏——我国养殖粪污污染现状**
>
> 畜禽养殖过程中，每天都会产生大量粪尿等污染物。据测算，一头 100kg 左右的商品猪日排粪量可达 2.5kg，日排尿量约 3kg，一个万头生猪养殖场日排泄物高达 150t。一头大约 450kg 的肉牛每天产生约 26.8kg 的粪污，一头同等重量的奶牛可产粪污 36.29kg。据第二次全国污染源普查测算，目前我国畜禽粪污年产量在 $3.05×10^9$ t，是 2019 年工业固体废物产生量的 86%。按 70% 的收集系数计算，年需处理畜禽粪污量达 $2.135×10^9$ t。畜禽粪污排放已经成为农业的首要污染源，畜禽养殖业排放物化学需氧量达到 $1.268×10^7$ t。
>
> 数据显示，2010 年全国畜禽粪污的综合利用率仅为 37%，随着"十二五"和"十三五"期间全国加大畜禽养殖规模化的建设和畜禽粪污的治理力度，畜禽粪污的综合利用情况得到改善。农业部数据显示，目前我国畜禽粪污综合利用率达到 75%，规模养殖场粪污处理设施装备配套率达到 93%。在 2021 年 12 月 29 日生态环境部、农业农村部等七部委联合印发的《"十四五"土壤、地下水和农村生态环境保护规划》中，明确强调"十四五"要着力提升畜禽粪污资源化利用水平，计划到 2025 年，全国畜禽粪污综合利用率达到 80% 以上。

9.3.3.2 畜禽粪污污染防治措施

（1）粪污肥料化技术

肥料化技术可以最大限度地除去粪污中的各种潜在危害，是目前应用最为广泛的无害化处理方法。动物粪污中含有 N、P 等微量元素及有机物等作物生长所必需的物质，并具有化学肥料所不具有的改善土壤结构等效用。由于传统堆肥技术占地面积大、周期长，不能控制畜禽粪污臭气等缺点，限制了其在规模养殖中的应用与推广。而工厂化生产模式的高温好氧堆肥以其有机物分解速度快、发酵时间短、最大限度杀灭病原菌等优点，成为畜禽粪污堆肥的首选方式。

高温堆肥即将各种堆肥材料集中在一起，通过人工控制水分、温度、pH 值等因素，在厌氧、好氧或厌氧好氧交替的条件下对粪污进行腐解，最终转变成有机肥。高温堆肥是目前世界上较先进且粪污处理效果较好的方式之一。

(2) 粪污资源化技术

畜禽粪污还可以作为一种生物质能源,经过开发利用可以节约和替代原生资源,减少对不可再生资源的依赖,实现资源可持续利用。1t 干物质畜禽粪污,含有相当于 0.375t 标准煤的能量,因此畜禽粪污资源化成为处理畜禽粪污的主要途径之一。目前常用的方法有沼气法、发电利用法等。

沼气法即利用厌氧发酵的原理将粪污中臭气、病原菌等除去或杀死并产生清洁能源的一种方法,常用在较大规模的养殖场。所生产的沼气可以作为能源用于燃烧发电,副产品可作为肥料还田利用,最终实现沼气、沼液、沼渣综合及有效利用。

发电利用法即将畜禽粪污集中起来进行燃烧并释放出热能,利用热能进行发电的一种方法,其可以有效地实现能源的转换与利用,并且减少了不可再生能源的消耗,燃烧后产生的灰分还可以加工成优质复合肥。

沼气法虽然在我国应用较广泛,然而转换率有待提高;发电利用法在我国尚未得到广泛推广,因而还需要进一步提高转换率并加大推广力度。

(3) 粪污饲料化技术

畜禽粪污含有丰富的粗蛋白、粗纤维、粗脂肪,以及矿物质元素如 Ca、P 等,因此畜禽粪污再生饲料化成为畜禽粪污资源利用的途径之一。目前粪污的饲料化技术主要有干燥法、青贮法、生物法等。

干燥法即运用自然或人工干燥的方式,将粪污与其他物质(如麦麸等)混合后进行干燥,干燥过程中可杀灭病原微生物、虫卵等,达到饲料的生产要求。

青贮法将牲畜粪污与高碳水化合物含量的蔬菜、谷类和玉米秸秆一起放入青贮窖中,经过一段时间的厌氧发酵后,将其压实、密封并直接喂给牲畜。青贮法可以减少粗蛋白的流失,并能杀死其中的微生物,使营养更均衡。

生物法是指用粪污饲喂蚯蚓、蛆等生物,然后把蚯蚓等进行加工,进而将粪污间接转化为动物蛋白以饲喂动物的一种方法。蚯蚓粉等是优质的蛋白来源,且相比于鱼粉、骨粉等更经济实惠,是一种物美价廉的动物饲料。

 习题与思考题

1. 粮食安全的定义及其重要性是什么?
2. 简述我国粮食安全的现状。
3. 农业化肥污染的主要危害及防治方法有哪些?
4. 农药污染的主要危害有哪些?
5. 我国实现粮食安全生产的途径是什么?
6. 水产养殖中病原微生物的防治方法有哪些?
7. 我国畜产养殖对环境的主要影响是什么?
8. 请简述食品污染物的分类和来源。
9. 降低蔬菜硝酸盐积累的措施有哪些?
10. 请结合实际谈谈如何合理科学施用肥料和提高肥料利用效率。
11. 环境会对水产养殖产生哪些影响?

12. 请简述过度施用化肥对环境的污染。
13. 请列举我国畜禽粪污污染的防治措施，并简要介绍其中一条防治措施。

参考文献

［1］ 亚洲环境会议《亚洲环境情况报告》编辑委员会．亚洲环境情况报告（第一卷）［M］．周北海，张坤民，译．北京：中国环境出版社，2005．
［2］ 任肖嫦，王圣．中国水产品出口结构分解及动力研究［M］．山东：中国海洋大学出版社，2021．
［3］ 许银，曹喆．生态保护与环境污染防治［M］．北京：中国环境出版社，2024．
［4］ 张铁亮．农业环境监测战略与政策［M］．北京：中国农业出版社，2021．
［5］ 亚洲环境会议《亚洲环境情况报告》编辑委员会．亚洲环境情况报告（第二卷）［M］．周北海，邵霞，张坤民，等译．北京：中国环境出版社，2014．
［6］ 张守明．畜产品质量安全法规及抽样技术［M］．北京：中国农业科学技术出版社，2019．
［7］ 亚洲环境会议《亚洲环境情况报告》编辑委员会．亚洲环境情况报告（第三卷）［M］．周北海，邵霞，郑颖，等译．北京：中国环境出版社，2015．
［8］ 林洪．水产品安全性［M］．2版．北京：中国轻工业出版社，2019．
［9］ 中华人民共和国环境保护部．化肥使用环境安全技术导则［S］．北京：中国环境科学出版社，2010．
［10］ 中华人民共和国环境保护部．农药使用环境安全技术导则［S］．北京：中国环境科学出版社，2010．
［11］ 袁杨，杨红艳．我国生物农药发展历程及应用展望［J］．南方农业，2022，16（11）：59-63．
［12］ 李志江，王宇航，向涛，等．近10年中国化肥投入格局演变及展望［J］．农业展望，2022，18（5）：46-53．
［13］ 窦丽，颜士平．过度施肥对土壤的污染及化肥减量增效技术分析［J］．农业开发与装备，2024（2）：169-171．
［14］ 张筱滢．畜牧养殖环境污染的原因及有效对策［J］．畜禽业，2023，34（2）：9-11．
［15］ 王翠艳．农业面源污染综合防治技术的目标与措施［J］．农业工程技术，2021，41（23）：43-44．
［16］ 佘磊，姜珊，姜彩红，等．我国畜禽养殖环境管理进程及展望［J］．农业环境科学学报，2021，40（11）：2277-2282，2272．
［17］ 刘玉莹，范静．我国畜禽养殖环境污染现状、成因分析及其防治对策［J］．黑龙江畜牧兽医，2018（8）：19-21．
［18］ 武淑霞，刘宏斌，黄宏坤，等．我国畜禽养殖粪污产生量及其资源化分析［J］．中国工程科学，2018，20（5）：103-111．
［19］ 谢志扬．我国畜产品消费的影响因素和变化以及发展趋势［J］．江苏农业科学，2019，47（15）：339-342．
［20］ 中华人民共和国国务院新闻办公室．《中国的粮食安全》白皮书［M］，北京：人民出版社，2019．
［21］ 农业农村部渔业渔政管理局．2023全国渔业经济统计公报［R］．北京：中华人民共和国农业农村部，2023．

第 10 章 能源与环境

1. 能源的分类以及世界能源结构和能源消耗利用存在的问题；
2. 太阳能、风能、水能、地热能等可再生能源的利用；
3. 节能技术、方法和工程节能技术的分类；
4. 我国能源消耗对环境的危害及解决措施。

两次石油危机使"能源"这一术语成了人们议论的热点。在全球经济高速发展的今天，能源安全已上升到国家安全的高度，许多国家都制定了以能源供应安全为核心的能源政策。

能源，亦称能量资源或能源资源，是可产生能量（如热能、电能、光能和机械能等）或可做功的物质的统称，也指能够直接取得或者通过加工、转换而取得有用能的各种资源。能源是现代工业社会必要的基础条件，可以说人均能源消耗量是衡量现代化国家人民生活水平的主要标准。但也必须意识到，人类大量消耗能源不仅付出了巨大的环境代价，还引起地球上化石能源供应量不足的问题。当今世界，能源和环境，已成为全世界共同关心的问题。

10.1 能源的分类

能源种类繁多，而且经过人类不断研究与开发，更多新型能源已开始为人类所利用。根据不同的划分方式，能源可分为不同类型，主要有以下几种分法。

10.1.1 按来源分类

按照来源划分可以分为地球以外的能源和地球本身蕴藏的能源。

（1）地球以外的能源

地球以外的能源主要是指太阳能。太阳能是太阳中的氢原子核在超高温条件下聚变释放的巨大能量。人类所需能量的绝大部分都直接或间接地来自太阳。除了直接辐射，太阳能还为风能、水能、生物能和矿物能等的生成提供基础。如煤炭、石油、天然气等化石燃料是由古代埋在地下的动植物经过漫长的地质演变形成的，实质上是由古代生物固定下来的太阳能。

（2）地球本身蕴藏的能源

地球本身蕴藏的能源通常指与地球内部的热能有关的能源和与原子核反应有关的能源，如地热能、原子核能等。

地球内部为地核,地核中心温度约2000℃,可见,地球上的地热资源储量也很大。温泉和火山爆发喷出的岩浆即地热的表现。

10.1.2 按获得的方式分类

按获得的方式能源可分为一次能源和二次能源,一次能源又被称为天然能源,二次能源又被称为人工能源。

(1) 一次能源

一次能源一般是指直接取自自然界并不改变形态的能源,如煤炭、石油、天然气、水能、太阳能、风能、地热能、海洋能、生物能。其中,煤炭、石油和天然气三种能源是一次能源的核心,是全球能源的基础。

(2) 二次能源

二次能源是指一次能源经人为加工转换后而成的能源产品。如电力、煤气、蒸汽以及石油制品等。

10.1.3 按是否再生分类

按照是否可以再生,能源又可分为可再生能源和不可再生能源。

(1) 可再生能源

可再生能源指可长期提供或者能在较短周期内可再产生的能源。常见的太阳能、风能、水能、海洋能、生物质能和地热能等都是可再生能源。

目前,可再生能源主要应用在:太阳能/水能/生物质能发电、供热/供冷、交通燃料以及偏远乡村的能源供应。其中,用可再生能源来发电是其最主要、规模最大的应用。近年来,已有许多国家实现了高比例水能发电,有的国家水能发电占比甚至超过50%,例如冰岛100%、挪威96%、巴西85%、新西兰73%、哥伦比亚70%等。

(2) 不可再生能源

不可再生能源是指一旦消耗掉就很难再生的能源。煤炭、石油和天然气等是不可再生能源,它们在自然界中经过亿万年方能形成,短期内无法恢复。

10.1.4 按使用类型分类

按使用类型,能源可分为常规能源和新型能源。

(1) 常规能源

常规能源是指已被人类使用多年,目前仍在大规模使用的能源。例如:一次能源中可再生的水力资源,不可再生的煤炭、石油、天然气等资源。目前,常规能源占能源消费总量的90%以上。

(2) 新型能源

新型能源指近年来开始被利用或正在着手开发新使用方法的能源。新型能源是相对于常规能源而言的,主要包括太阳能、风能、地热能、海洋能、生物能、氢能和核能等能源。

10.1.5 按是否产生环境污染分类

根据消耗后是否造成环境污染,能源可分为清洁能源和污染型能源。

(1) 清洁能源

清洁能源,即绿色能源,是指使用时不排放污染物或者污染较小,可以直接用于生产生活的能源。主要包括水能、太阳能、风能等可再生能源，另外也包括核能这种不可再生能源。

（2）污染型能源

污染型能源主要是指在使用时会产生污染物质，对环境产生污染的能源，主要包括煤炭、石油等。

10.1.6 其他分类方法

另外，还有多种不同的划分方法。例如，依据能源是否能进入市场流通领域进行销售将能源划分为商品性能源（如煤炭、石油、天然气等）和非商品性能源（如秸秆等）；依据能源是否可以作为燃料将能源划分为燃料型能源（煤炭、石油、天然气等）和非燃料型能源（水能、风能、地热能等）等。

10.2 可再生能源

可再生能源指的是随着人类大规模开发和长期利用，在自然界中可不断再生、持续利用的资源，主要包括太阳能、生物质能、风能、水能、地热能和海洋能等。大多数可再生能源都是直接或间接来自太阳辐射，而太阳能可谓取之不尽，用之不竭，且不产生温室气体，无污染，是环境友好型的清洁能源。

10.2.1 太阳能

太阳能来自太阳辐射，是地球生命的能量来源，安全卫生，对环境无污染，不损害生态环境，因此太阳能属于环境友好型能源。

地球截取的太阳辐射能通量为 1.7×10^{14} kW，比核能、地热能和引力能储量总和还要大 5000 多倍。其中，约 30% 被反射回宇宙空间；47% 转变为热，以长波辐射形式返回太空；约 23% 是水蒸发、凝结的动力，以及风和波浪的动能；剩余不到 0.5% 是植物通过光合作用吸收的能量。地球每年接受的太阳能总量为 1×10^{18} kW·h，相当于 5×10^{14} 桶原油，是目前探明原油储量的近千倍，是世界年耗总能量的 1 万余倍。

目前，我国对太阳能的利用主要有太阳能集热器、太阳能热水器、太阳灶、太阳能制冷、太阳能光电转化等形式。一台截光面积 $2m^2$ 的太阳灶，每年可节约 1t 左右的生物质燃料。一般家用太阳灶的功率为 500~1500W，聚光面积为 1~3m^2。由国际能源署 IEA 发布的《世界能源展望 2020》指出，光伏发电有可能成为新的"电力之王"。按照 IEA 的推算，2040 年底，太阳能光伏的年发电量将达到 4813TW·h，超过了与其最为接近的另一种清洁能源——陆上和海上联合风电。

10.2.2 生物质能

生物质能是指源于动植物，积累到一定量的有机类资源，是绿色植物通过叶绿素将太阳能转化为化学能储存在生物质内部的能量，主要包括薪柴、秸秆、稻草、稻壳、畜禽粪污及其他农业生产的废物等。生物质含有 C、H、O 及少量的 N、S 等元素，燃烧后会产生 CO_2、SO_x、NO_x 等污染气体，但排放量远低于化石能源。

地球每年经光合作用产生的物质有 1.73×10^{11} t，其中蕴含的能量相当于全世界能源消耗的 10~20 倍，但目前的利用率不到 3%。人类对生物质能的利用中，直接用作燃料的有农作物的秸秆、薪柴等，间接作为燃料的有农林废物、动物粪污、垃圾及藻类等，它们通过微生物作用生成沼气，或经热解法处理制造液体和气体燃料，也可制造生物炭。2010年底，全国农村户用沼气池总数达4000万户，占适宜农户的30%左右，年产沼气$1.55\times10^{10}\,\text{m}^3$；各类集约化畜禽养殖场和养殖小区沼气工程39510处，新建规模化养殖场和小区沼气工程4000处，年产$3.36\times10^8\,\text{m}^3$沼气。此外，我国已开发出多种固定床和流化床气化炉，以秸秆、木屑、稻壳、树枝为原料生产燃气。

据《2023年全球可再生能源现状报告》，2022年，生物能源提供了全球最终能源需求总量的6.5%，约占最终能源消费中所有可再生能源的55%。而在电力领域，生物能源的贡献在2022年达到约$7.0\times10^{11}\,\text{kW}\cdot\text{h}$。

10.2.3　风能

风能是大气沿地球表面流动而产生的，是由太阳辐射的一小部分能量转变成的动能。风力是自然现象引起的，不会给环境带来污染物质，因此风能也是一种清洁能源，不会造成环境污染。

风能的利用方式主要包括风力发电、风力提水、风力助航等。风力提水从古至今应用都比较广，是利用风能来灌溉，可为农业的生产、灌溉、畜牧提供能源。风力助航可节约燃油和提高航速。

到2023年，全球新增风电装机容量达到创纪录的116GW，同比增长12.5%，累计装机达到1047GW。其中，陆上风电新增装机102GW，同比增长超过40%，累计装机容量达到910GW；海上风电新增装机为14GW，占全球新增装机的12%，累计装机为137GW。

到2023年，陆上风电新增并网容量达到75GW，累计达到305GW，亚太地区持续引领全球风电发展，陆上风电新增装机容量占全球的65%。其次是欧洲（15%）、北美洲（10%）、拉丁美洲（5%）和非洲与中东地区（5%）。中国、美国、德国、印度、西班牙在全球新增装机排名中位列前五，五国新增装机容量占比达到全球的77%。作为全球最大的风电市场，中国2023年陆上风电新增并网容量为75GW，累计达到305GW。

10.2.4　水能

水能是指自然水体的动能、势能和压力能等所具有的能量资源。狭义的水能资源指河流水能资源；广义的水能资源包括河流水能、潮汐水能、波浪能和海洋热能资源。水能利用的主要方式是水力发电，水力发电作为一种清洁能源，有助于减少温室气体排放，从而减缓全球气候变暖。

近年来全球水力发电量持续增长，2021年，电力需求随经济的强劲复苏增加明显，全球水力发电量为$4.275\times10^{12}\,\text{kW}\cdot\text{h}$，同比上升5.9%；2022年全球水力发电量为$4.3342\times10^{12}\,\text{kW}\cdot\text{h}$，较2021年增加了约2%；而2023年全球水力发电量为$4.2402\times10^{12}\,\text{kW}\cdot\text{h}$，同比下降1.9%（表10-1）。

表10-1　全球水力发电总量前10位国家/地区

排序	2021年发电量		2022年发电量		2023年发电量	
	国家/地区	$10^8\,\text{kW}\cdot\text{h}$	占比/%	国家/地区	$10^8\,\text{kW}\cdot\text{h}$	占比/%	国家/地区	$10^8\,\text{kW}\cdot\text{h}$	占比/%
1	中国	13000	30.4	中国	13031	30.1	中国	12260	28.9
2	加拿大	3808	8.9	巴西	3984	9.2	巴西	4287	10.1
3	巴西	3628	8.5	美国	4271	9.9	加拿大	3642	8.6
4	美国	2577	6.0	加拿大	2585	6.0	美国	2363	5.6
5	俄罗斯	2145	5.0	俄罗斯	7976	4.6	俄罗斯	2009	4.7

续表

排序	2021年发电量			2022年发电量			2023年发电量		
	国家/地区	10^8 kW·h	占比/%	国家/地区	10^8 kW·h	占比/%	国家/地区	10^8 kW·h	占比/%
6	印度	1603	3.8	印度	1749	4.0	印度	1492	3.5
7	挪威	1431	3.4	挪威	1276	2.9	挪威	1361	3.2
8	东非	780	1.8	越南	959	2.2	越南	809	1.9
9	日本	776	1.8	日本	748	1.7	日本	745	1.8
10	越南	759	1.8	瑞典	697	1.6	瑞典	660	1.6

资料来源：《世界能源统计年鉴 2024》《世界能源统计年鉴 2023》《世界能源统计年鉴 2022》。

世界上最大的电站是水力发电站，其次是核电站。我国水力发电在电力供应中最为突出，居世界领先地位。2021 年在全球年发电量前 10 位水电站中，我国占 5 位，发电量最大的是三峡大坝，年平均发电 8.82×10^{10} kW·h。具体见表 10-2。

表 10-2 2021 年世界最大常规水力发电站前 10 位

排名	大坝名称	国家	河流	装机容量/MW	年均发电量/(TW·h)	竣工时间	总库容/10^8 m³
1	三峡大坝	中国	长江	22500	88.2	2006	393
2	白鹤滩	中国	金沙江	16000	64.1	2021	206
3	伊泰普大坝	巴西、乌拉圭	巴拉那河	14000	90.0	1991	290
4	溪洛渡大坝	中国	金沙江	13860	64.0	2013	126
5	贝洛蒙大坝	巴西	欣古河	11233	39.5	2019	—
6	古里大坝	委内瑞拉	卡罗尼河	10233	51.0	1986	1350
7	图库鲁伊大坝	巴西	托坎廷斯河	8370	32.4	1984	458
8	大古力	美国	哥伦比亚河	6809	21.6	1942	118
9	向家坝	中国	金沙江	6448	30.8	2012	51
10	龙潭大坝	中国	红水河	6426	18.7	2009	273

注：1 MW = 1000 kW；1×10^8 kW = 0.1 TW。

10.2.5 地热能

地热能是地球内部蕴藏的热能，它源于地球内部的熔融岩浆和放射性物质衰变。地热资源的利用对环境会产生一定污染，主要表现在大气污染、水污染、CO_2 的排放、周边土壤与地下水受污染等方面。地热能的应用主要有以下几方面。

① 开发潜力较大的地热能一般在偏远山区，可输送性较低。输送高温热水的极限距离约 100 km，输送天然蒸汽的极限距离大约为 1 km，故一般是使地热能就地转变成电能。② 直接向生产工艺流程供热，如蒸煮纸浆、蒸发海水制盐、海水淡化、烘干食品和食糖精制、石油精炼、生产重水、制冷和空调等。③ 向生活设施供热，如地热采暖等。④ 农业用热，如土壤加温、地热温室栽培以及利用某些热水的肥效等。⑤ 提取某些地热流体或热卤水中的矿物原料。⑥ 医疗保健，这是人类最古老也是一直沿用至今的医疗方法。地热浴对治疗风湿病和皮肤病有特效。

地热能的利用可分为地热发电和直接利用两大类。对于不同温度的地热流体可能利用的范围为：200～400 ℃时直接发电及综合利用，150～200 ℃时用于双循环发电、制冷、工业干燥、工业热加工，100～150 ℃时用于双循环发电、供暖、制冷、工业干燥、脱水加工、盐类回收，50～

100℃时用于供暖、温室、家用热水、工业干燥，20~50℃时用于沐浴、水产养殖、饲养牲畜、土壤加温、脱水加工。

10.2.6 海洋能

海洋能是海洋中海水所具有的能量，通常包括波浪能、潮汐能、温差能、海流能和盐差能。这些能源在利用过程中基本不会对环境造成污染，因此也属于清洁能源。海洋能利用形式主要有潮汐发电、海流发电、波浪发电、海洋温差发电、盐差发电等。

根据全球可再生能源权威平台 REN21 发布的《全球可再生能源现状报告》数据，2020年，海洋发电在新能源发电装机容量中所占比例最小，仅有 0.02%，且大多数海洋发电项目侧重于规模相对较小的示范项目和不到 1MW 的试点项目；到 2023 年，该报告数据显示，行业整体实现了从理论研究和小型试验向大型化工程样机示范的突破，兆瓦级漂浮式波浪能发电平台、新型后弯管式波浪能发电系统、小温差宽负荷温差能发电透平等多个技术方向取得了引领性成就。

截至 2021 年底，我国潮汐发电装机总容量已超过 1×10^4 kW，我国的潮汐发电量，仅次于法国、加拿大，居世界第三位。英国已建成 750kW 规模的商业波浪发电站并网发电，我国已在广东汕尾建设 100kW 规模的振荡水柱式波浪发电站。始华湖潮汐发电站已经在韩国投入运行，装备有 10 台发电机合并发电容量达 254MW，略高于位于法国兰斯的潮汐能发电站（240MW），是目前世界规模最大的潮汐发电厂。

10.3 世界能源结构

目前，世界能源结构仍是以化石能源为主，但呈现逐年下降的趋势；核能、太阳能、水能等清洁能源和新能源逐渐得到开发利用。

10.3.1 化石常规燃料为主

(1) 煤炭燃料发展的历史必然

18 世纪 60 年代，始发于英国的第一次工业革命，开启了使用机器代替手工劳动的时代，蒸汽机作为动力机被广泛使用。作为蒸汽机最初燃料来源的木材逐渐不能满足市场需求，煤炭作为新型的、热值更高的能源闪亮登场，这也是历史的选择，人类进入燃烧煤炭获取蒸汽的蒸汽机时代，煤炭生产和消耗得到了迅猛发展。

另外，19 世纪初，从煤中冶炼出的焦炭得到更多应用，这也使得煤炭的利用水平上升到了一个新高度，随着越来越多的炼钢厂使用燃煤，更多的人也加入到对煤炭的研究中去，这进一步提升了煤炭利用率，使其逐步成为当时社会最重要的能源。

(2) 石油燃料发展的历史必然

19 世纪 60 年代后期，第二次工业革命使人类进入电气时代，随着科技、经济的发展，优质、高效的能源石油在一次能源结构中的比例开始不断增加。图 10-1 为自 1965 年开始，全球一次能源消耗结构图。由图可知，自 20 世纪 60 年中期开始，石油消耗量开始超过煤炭，成为消耗量第一的能源，电力则成为最重要的二次能源。

(3) 天然气和新能源发展的历史必然

20 世纪第三次工业革命后，人类进入信息时代，此后，虽然能源总需求不断增加，但石油、煤炭所占比例缓慢下降，天然气比例上升，新能源（太阳能、风能、核能）、可再生能源近年也

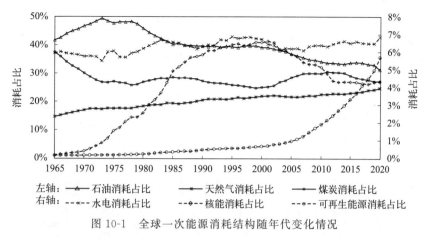

图 10-1 全球一次能源消耗结构随年代变化情况

逐步得到发展,形成了当前的以化石燃料为主,新能源、可再生能源并存的格局。据英国石油公司《世界能源统计年鉴2021》,2020年可再生能源、水力发电和核能在一次能源消耗中占比为16.9%,《世界能源统计年鉴2024》数据显示,2023年可再生能源、水力发电和核能在一次能源消耗中占比达到18.7%,比2020年增长了1.1个百分点,并且这一比例还将持续增加,具体数据见表10-3。

表 10-3 2020年、2023年全球各能源消耗量

年份	指标	可再生能源	水力发电	核能	煤炭	天然气	石油
2020	消耗量/EJ	31.71	38.16	23.98	151.42	137.73	173.73
	占比/%	5.7	6.9	4.3	27.2	24.7	31.2
2023	消耗量/EJ	51	40	25	164	144	196
	占比/%	8.2	6.5	4.0	26.5	23.2	31.6

10.3.2 能源消费结构随时间变化情况

英国石油公司《世界能源统计年鉴》统计了1965—2020年期间各种能源消费情况(图10-2)

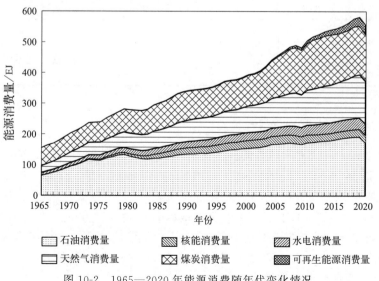

图 10-2 1965—2020年能源消费随年代变化情况

以及全球各地区 2009 年、2014 年、2019 年天然气消费情况（图 10-3），表明各区域天然气消费量整体呈上升趋势，这与各个国家的经济发展相关。

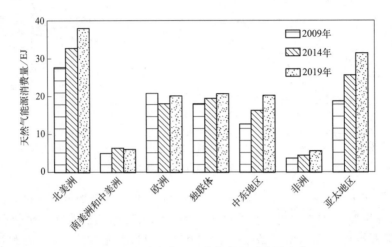

图 10-3 全球各地区天然气能源消费量变化

《世界能源统计年鉴》列举了不同年份能源消费占比情况（表 10-4），过去几十年，煤炭、石油和天然气三种化石燃料消费占比总量呈下降趋势。可再生能源、水能和核能在能源消费结构中稳步上升。由此可见，石油、煤炭和天然气等化石燃料仍然是世界能源的主体，但可再生能源和水能占比增加。

表 10-4 不同年份能源消费占比 单位：%

年份	化石类能源				其他能源		
	石油	煤炭	天然气	小计	核能	可再生能源和水能	小计
1973	48.4	27.3	18.3	94.0	0.8	5.2	6.0
1999	40.5	25.0	24.0	89.5	8.0	2.5	10.5
2000	38.3	25.3	23.6	87.2	6.3	6.5	12.8
2009	34.8	29.4	23.8	88.0	5.5	6.6	12.1
2019	33.1	27.0	24.2	84.3	4.3	11.4	15.7
2020	31.2	27.2	24.7	83.1	4.3	12.6	16.9
2023	31.6	26.5	23.2	81.3	4.0	14.0	18.7

10.3.3 能源消费结构区域变化

2020 年亚太地区、北美洲和欧洲的一次能源消费量分别为 253.26EJ、107.90EJ 和 77.15EJ（表 10-5），较 2019 年的 257.5EJ、116.58EJ 和 83.82EJ 有所下降。全球一次能源消费都不同程度下降，与经济技术的提高、单位能耗的降低有关。2021 年亚太地区、北美洲和欧洲分别为 272.15EJ、115.20EJ 和 83.01EJ；2022 年亚太地区最多达 277.60EJ，约占全球一次消费量的 46%，其次是北美洲一次性能源消费量为 118.78EJ，约占 19.7%。2023 年全球一次能源消费总量创下历史新高，达到 620EJ，亚太地区、北美洲和欧洲分别达到 291.77EJ、116.68EJ 和 77.85EJ，共消耗了全球能源消费总量的 78%。

表 10-5　2020 年全球各地区各能源消费情况

地区	能源消费情况	可再生能源	水力发电	核能	煤炭	天然气	石油	合计
北美洲	消耗量/EJ	7.04	6.22	8.35	9.91	37.11	39.27	107.90
北美洲	占比/%	6.52	5.76	7.74	9.18	34.39	36.39	100
欧洲	消耗量/EJ	8.94	5.82	7.44	9.4	19.48	26.07	77.15
欧洲	占比/%	11.59	7.54	9.64	12.18	25.25	33.79	100
南美洲	消耗量/EJ	2.75	5.87	0.23	1.48	5.24	10.62	26.19
南美洲	占比/%	10.50	22.41	0.88	5.65	20.01	40.55	100
非洲	消耗量/EJ	0.38	1.27	0.14	4.11	5.51	7.19	18.6
非洲	占比/%	2.04	6.83	0.75	22.10	29.62	38.66	100
中东	消耗量/EJ	0.17	0.23	0.07	0.38	19.88	15.71	36.44
中东	占比/%	0.47	0.63	0.19	1.04	54.56	43.11	100
独联体	消耗量/EJ	0.08	2.36	1.94	5.17	19.38	8.19	37.12
独联体	占比/%	0.22	6.36	5.23	13.93	52.21	22.06	100
亚太	消耗量/EJ	12.36	16.41	5.82	120.97	31.02	66.68	253.26
亚太	占比/%	4.88	6.48	2.30	47.77	12.25	26.33	100

① 北美洲和欧洲。该地区经济发达，核能、水电和可再生能源等新型能源在总能源消费中占比较高，这得益于这些区域的新能源开发利用技术较为成熟和发达。

② 南美洲。该地区经济欠发达，所以地区的核能消费占比不足 1%，又因其有丰富的水力资源，所以水力发电占比高达 22.41%。

③ 非洲。该地区经济相对不发达，再生能源、核能等技术发展相对不足，所以其能源消费结构仍然以煤炭、石油和天然气等化石能源为主，核能和再生能源占比较少。

④ 中东地区。该区域蕴含了丰富的石油和天然气资源，例如 2020 年伊朗、卡塔尔已经探明的天然气储量占世界第二和第三名，所以该区域的能源消费以石油和天然气为主；又因为中东地区的石油储量占到全世界已经探明储量的 61.5%，总量为 7420 亿桶，也是世界产油大国最集中的地方，所以中东地区的能源消费结构以天然气和石油为主，石油和天然气消费占比高达 97% 以上，而煤炭和其他能源消耗占比很少，仅为 2.3%。

⑤ 独联体国家。其中多个国家天然气和石油蕴藏丰富。据 2020 年数据，俄罗斯天然气储量全球第一，高达 3.74×10^{13} m³；哈萨克斯坦石油和天然气储量都接近全球第十位，土库曼斯坦天然气产量排第十二位，乌兹别克斯坦天然气储量和产量排第十五位左右。独联体区域天然气消费占比高达 52% 以上，其中俄罗斯能源消费中天然气占比达 55% 以上。

⑥ 亚太地区。该地区经济发展迅速，人口众多，能源尤其是石油资源匮乏，一次能源消费量居全球首位，其中 2020 年煤炭消费占比接近 48%。

不同区域，不同国家由于其经济技术发展水平不同，其蕴含能源数量和种类不同，所以不同地区的能源消费结构有大的不同，但是 2022 年后，随着全球经济的发展，一次能源消费量总体得到回升，如表 10-6 所示。

表 10-6　部分国家能源消费结构占比　　　　　　　　　　　　　　　　　单位：%

国家	年份	石油	天然气	煤炭	核能	水力等
美国	2010	38.6	27.0	22.8	8.7	2.9
	2018	38.8	30.9	13.9	7.9	8.5
	2019	39.1	32.2	12.0	8.0	8.7
	2021	38.0	32.2	11.3	7.9	10.5
	2022	37.5	33.2	10.4	7.7	11.3
法国	2010	36.2	15.9	4.2	38.4	5.3
	2018	32.1	15.6	3.6	37.5	11.3
	2019	32.5	16.2	2.8	36.8	11.7
	2021	30.2	16.6	2.9	36.7	13.6
	2022	33.9	16.7	2.8	32.0	14.6
德国	2010	39.3	24.2	24.5	10.5	1.5
	2018	34.5	23.0	21.6	5.1	15.9
	2019	35.6	24.3	17.5	5.1	17.5
	2021	32.6	25.9	17.6	4.9	19.1
	2022	34.6	22.7	18.8	2.5	21.4
英国	2010	37.4	39.2	14.9	7.9	0.6
	2018	39.8	35.8	4.0	7.3	13.0
	2019	39.6	36.0	3.3	6.4	14.6
	2021	34.2	38.6	3.2	5.7	18.3
	2022	36.5	35.1	2.9	5.9	19.7
俄罗斯	2010	19.7	55.2	13.0	5.8	6.3
	2018	21.6	54.5	12.1	6.1	5.7
	2019	22.0	53.7	12.2	6.3	5.9
	2021	23.2	51.8	11.4	6.7	6.9
	2022	23.0	51.9	12.4	6.5	6.2
日本	2010	42.6	17.0	23.4	13.4	3.6
	2018	40.5	22.1	26.5	2.3	8.6
	2019	40.3	20.8	26.3	3.1	9.4
	2021	38.0	20.6	27.2	3.0	11.3
	2022	38.5	20.0	27.3	2.6	11.6
韩国	2010	43.9	12.8	28.9	14.1	0.3
	2018	42.8	16.0	29.3	7.7	4.2
	2019	42.6	16.2	27.6	10.7	3.0
	2021	42.8	17.8	24.1	11.3	4.0
	2022	42.9	17.7	22.5	12.5	4.5

续表

国家	年份	石油	天然气	煤炭	核能	水力等
印度	2010	31.7	10.0	52.4	0.8	5.1
	2018	29.9	6.3	55.7	1.1	7.1
	2019	30.1	6.3	54.7	1.2	7.8
	2021	27.0	6.5	55.8	1.2	9.5
	2022	27.8	5.8	55.1	1.2	10.2
中国	2010	18.6	3.7	70.6	0.7	6.4
	2018	19.6	7.5	58.8	1.9	12.2
	2019	19.7	7.8	57.6	2.2	12.7
	2021	18.6	8.7	55.5	2.3	14.9
	2022	18.4	8.5	54.8	2.4	16.0

10.3.4 世界能源结构发展趋势

随着经济技术的发展,全球能源形势也正在发生巨大变化。清洁化、低碳化等特征是能源的发展趋势,人类将迎来第三次能源大转型,具体发展趋势有以下三点。

(1) 整体能源需求增长放缓,煤炭、石油、天然气和新能源将"四分天下"

中国石油经济技术研究院(ETRI)发布的《2050年世界与中国能源展望》指出,未来30年,一次能源增速远低于同期经济增速,全球将以36%的能源消费支撑170%的经济增长。

根据预判,全球一次能源需求在2050年将达到3×10^{10} t标准煤。如此巨大的能源需求是任何一种新能源在短期内都无法满足的,而化石燃料资源目前看依然较为丰裕,价格也比较低廉。有人估计,化石燃料按目前的开发利用强度和回收率,仍可供应全世界200多年。同时,化石燃料开发利用的技术也比较成熟,而建立适合新能源开发利用的新技术体系尚需较长时间。所以,世界能源理事会和国际应用系统分析研究所合作研究认为:在21世纪上半叶,石油、煤炭和天然气等化石燃料仍将是一次能源的主体。

美国能源信息署(EIA)预测,到2040年世界范围内除煤炭外其他燃料消费量均呈增加态势。ETRI在展望中认为,清洁能源将主导世界能源需求增长,到2050年,天然气、非化石能源、石油和煤炭将各占1/4,清洁能源占比将超过54%。

(2) 化石能源还将长期存在

石油作为化石能源中第一大能源,在展望期内仍将继续发挥主体能源的作用。

煤炭作为化石能源中第二大能源,根据国际上通行的能源预测,石油将在40年内枯竭,天然气将在60年内用光,但煤炭可以使用220年。同时,随着洁净煤技术的不断成熟,煤炭利用过程中所产生的环境问题将在一定程度上得到缓解,所以有学者预测,在21世纪中叶,由于石油和天然气的短缺,煤炭作为能源还将持续存在。但是,煤炭消费增长将急剧减缓。

天然气作为清洁能源,被大量用于替代煤炭来发电,另外在工业应用中也得到了迅速的发展,在传统领域继续保持增长,增速加快。EIA、国际能源署(IEA)预测,居民、商业、工业、交通增长中天然气的应用增长会比较快,发电部门的需求也将维持较大基数,预计到2050年,天然气需求量比2015年增长64%。

(3) 核能占比持续增加

2023年全球消耗的核能发电量为 2.737×10^{12} kW·h，较2022年增加2.17%。2011年核能发电量曾有所降低，近年来虽然数据有所波动，但整体上处于历史高位水平。在替代传统化石能源的可供选择的能源中，除可再生能源外，核能是人类未来能源的希望。

(4) 可再生能源成为未来主要发展方向

21世纪，以化石燃料为主体的能源系统将逐步转变成以可再生能源为主体的能源系统。2023年全球利用的可再生能源（包括风电、光伏、水电和生物质发电等）发电量为 8.988×10^{12} kW·h，从2015年至2023年，全球的可再生能源发电量持续稳步增加，年复合增长率为6.3%。

IEA预计，到2100年太阳能和生物质能等可再生能源将占世界一次能源的50%以上。

核能、氢能、可再生能源将逐步发展并最终成为主要能源，电力将成为主要的终端能源。

专栏——《全球核能发展报告》

2020年6月，国际能源署（IEA）发布了最新《全球核能发展报告》，报告中指出，2019年，全球核电新增装机容量5.5GW，永久关闭9.4GW，总装机容量达443GW。在新核电并网和开工建设方面，中国和俄罗斯仍处于领先位置，全球在建核反应堆中有20%在中国。

尽管核电仍然是世界上第二大低碳电力来源，但新核电厂建设却未达到可持续发展情景的目标值。报告根据目前的趋势，预测2040年核电装机容量将为455GW，远低于可持续发展情景设定的601GW。

报告还指出，由于政府需兼顾政治承诺、公众意见、气候目标和电力供应安全等层面，许多国家核能政策的不确定性依然较高，且全球对于核电产业的投资仍然不足，这些都正在阻碍核工业的发展。为推动核能产业建设，各国政府应将核项目视为具有战略意义的国家基础设施项目大力推广，同时通过电力市场改革降低核电风险，并在双边和多边协议的基础上，加强国际合作，促进核电产业设计标准化。

10.4 全球能源消耗利用对环境的影响

人类是环境的产物，又是环境的改造者。人类在同自然界的博弈中，不断地改造自然。同时又造成了对环境的污染和破坏。这种破坏表现在能源的勘探、开采、生产以及消费整个过程中，而且以一次能源中的常规能源对环境的影响尤其明显。

10.4.1 煤炭对环境的影响

(1) 对土地资源的影响

煤炭的开采需要占用大量的土地，因而对土地产生极大的破坏。

露天开采要剥离大量的地表覆盖层，破坏地表和植被，改变地貌形态，影响生态平衡，加剧矿区的风化侵蚀和水土流失。另外，排土场、厂房、住宅等附属设施以及剥离物的排放堆积均会占用大量土地，破坏自然景观和生态环境。

矿井开采会破坏矿井上部岩体应力平衡，引起地面下沉、断裂和塌陷。不仅如此，地面的下沉和塌陷还会影响和破坏地面上的建筑、道路、土地、河流以及地下水环境，造成严重的经济损失。

(2) 废水排放对环境的影响

煤矿区排放大量矿井水、洗煤水、生活污水及医院污水等，矿井水含有大量煤粉、砂、泥等悬浮物以及少量COD、硫化物和BOD等，洗煤水污染物主要是大量悬浮物和浮选油、絮凝剂、磁性物等添加物，这些废水排放到环境中会对水体环境造成很大的危害。

(3) 废气对环境的影响

煤炭开采过程中，煤矿矿井的排风、瓦斯排放以及煤矸石山的自燃都会排放出大量烟尘和 SO_2、CO 等有害气体，这些污染物若不加处理直接排放到大气，则会对大气环境质量造成影响。

另外，煤炭作为重要的化石能源，在燃烧过程中会生成大量 SO_2、NO_2 等酸性氧化物，这些物质溶于水后生成显酸性的物质，当雨水的pH值小于5.6时，会形成酸雨；煤的大量燃烧会放出大量的 CO_2 气体，进入大气后会加剧温室效应。同时，煤的大量燃烧会产生大量 SO_2、颗粒物等，从而形成雾霾。

(4) 固体废物排放对环境的影响

在煤炭开采和洗选加工过程中，会排出大量煤矸石等固体废物。煤矸石自燃会释放大量 CO、CO_2、SO_2 和 H_2S 等有毒有害气体。同时，由于大量煤矸石随意露天堆放，煤矸石中的有毒有害物质会随着大气降水和风化作用进入土壤和水环境中。

10.4.2 天然气、石油对环境的影响

(1) 开采过程中对环境的影响

石油在开采、消费过程中产生大量有害环境的污染物。石油开发是一项包含地下、地上等多种工艺技术的系统工程，主要包括物理勘探、钻井、测井、井下作业（试油、压裂、酸化、洗井、除砂等）、采油（气）、油气集输、储运等。在不同的生产阶段和不同的工艺过程中，会产生不同的污染源。不同过程所产生的污染源如表10-7所示。同样，在天然气的开采过程中，其产生的废水、废气和废渣对环境也会产生类似的影响。另外，一些非传统天然气的开采过程中，还会有有毒气体的释放，严重会引起人畜中毒。

表10-7 石油开发过程对环境的污染

污染过程	具体污染	污染过程	具体污染
地质勘探	爆炸、噪声	测井	放射性废气、固体废物、放射性废水、放射性废物
钻井	振动、噪声、固体废物、废水、废气	井下作业	固体废物、废液、噪声和振动、落地原油

(2) 对大气环境的影响

石油对大气的污染主要是由于油气挥发物与其他有害气体被太阳紫外线照射后，发生理化反应而导致的污染危害或者石油燃烧形成化学烟雾，其中含有致癌物和温室气体，会破坏臭氧层等。

石油能源产品在利用过程中的污染集中表现在汽车尾气方面，汽车尾气排放已成为城市空气污染的首要来源。

(3) 对土壤环境的影响

在石油开采、储存、运输等过程中，石油进入土壤，会破坏土壤结构，分散土粒，使土壤的透水性降低。其富含的反应基能与无机N、P结合，减少土壤有效P、N的含量，降低土壤质量。石油含有的多环芳烃，因其有致癌、致突变、致畸等毒性，并能通过食物链在动植物体内逐级富集，在土壤中的累积更具危害性。

(4) 对地下水的影响

石油对地下水的影响主要来源于石油开采、运输、装卸、加工和使用过程中的泄漏和排放。

这些活动不仅导致地下水位下降，还可能引起土壤盐碱化，破坏植被，进而影响地下水资源。泄漏和排放的石油及其他化学品，可能会导致地下水污染，影响水质和生物多样性，并有可能通过地下水进入食物链系统，对人类健康和生活造成严重影响。

（5）对海域环境的影响

石油开采、运输和使用过程中对海域环境的影响主要体现在海洋石油污染上，这是一种世界性的严重的海洋污染问题。石油及其炼制品（如汽油、煤油、柴油等）可以通过各种途径进入海洋，包括含油废水的排放、海上船舶压舱水和洗舱水的排放、油船遇难、输油管道和近海石油开采的泄漏等。据估计，每年约有600万吨的石油通过各种途径进入海洋。

石油入海后会发生一系列变化，包括扩散、蒸发、溶解、乳化、光化学氧化、微生物降解、沉降、形成沥青球等过程。这些变化对海洋生态系统造成严重影响，包括破坏海滨景观和浴场、阻碍大气与海水之间的气体交换、影响海洋植物的光合作用、干扰海洋生物的摄食、繁殖和生长发育、影响海洋渔业和养殖业。

此外，潜在的损害进一步扩展到事件发生地的生态系统中，存活下来的生物在受到冲击后的数年中，可能会受到毒物的影响，这一影响也将遗传给数种生物的后代。

10.4.3 核能对环境的影响

核能在开发利用中对环境的影响主要包括放射性物质释放、废热排放以及化学物质的排放，但这些影响相对较小，且核能作为一种清洁能源，对环境的影响总体上小于传统能源。但是世界已发生多起核污染事件，如日本福岛核电站、苏联切尔诺贝利核电站、美国宾夕法尼亚州萨斯奎哈纳河三哩岛核电站等一系列核事故，至今令人有些"谈核色变"，核能带来的环境问题也需关注。

核能在运行过程中会产生放射性物质，包括裂变产物和活化产物，这些放射性物质可能会对环境产生影响，尤其是对生物细胞及染色体可能造成基因突变等症状。对环境造成污染的放射性核素大多来自核电站排放的废物，如放射性废水、放射性废气和放射性固体废物。现代核电站通过严格的治理措施，如蒸发、离子交换、凝聚沉淀、过滤等方法处理放射性废液，确保排放的放射性水平达到安全标准。此外，还有铀矿资源的开发问题，若对铀尾矿处理不当，将会污染水体，甚至对自然和社会都造成严重影响。

一旦发生核事故或核泄漏，对人类和环境造成的影响都是灾难性的。只有加强核安全和辐射安全的管理，处理好放射性核废料，合理科学地利用核能，才能保证核能安全开发与利用。

> **专栏——国际核事故等级**
>
> 1990年，国际原子能机构（IAEA）起草并颁布了国际核事故分级标准（INES），旨在设定一个通用标准用于评估核事故的安全性影响程度。INES将核事故分为七级，灾难影响最低级别位于最下方，最大级别位于最上方。
>
> 分级原则采取指数增长的方式，最低级别为1级，最高级别为7级。所有事故等级又被划分为两个不同阶段，最低三个等级称为核事件，最高四个等级称为核事故。相比于地震级别的划分方式，INES的核事故等级评定缺少精密的数据评定，往往是通过事故造成的影响和损失来评估等级。事故分级如下。
>
> 第7级：大量核污染泄漏到工厂以外，造成巨大健康和环境影响。目前仅有两起——1986年切尔诺贝利核事故和2011年日本福岛第一核电站核事故。

第 6 级：一部分核污染泄漏到工厂外，需立即采取措施以挽救各种损失。仅一起——1957 年苏联克什特姆核事故。当时有 70~80t 核废料发生爆炸并散播至 800km² 的土地上。

第 5 级：有限的核污染泄漏到工厂外，需采取一定措施来挽救损失。有四起——1979 年美国三哩岛核事故，其余三起分别发生在加拿大、英国和巴西。

第 4 级：非常有限但明显高于正常标准的核物质散发到工厂外，或反应堆严重受损，或工厂内部人员遭受严重辐射。

第 3 级：很小的内部事件，外部放射剂量在允许范围内，或严重的内部核污染影响至少 1 名工作人员。如 1989 年西班牙凡德洛斯核事件，但最终反应堆被成功控制并停机。

第 2 级：对外部无影响，但内部可能有核物质污染扩散，或直接过量辐射员工，或操作严重违反安全规则。

第 1 级：对外部无任何影响，仅为内部操作违反安全准则。

10.4.4 水力发电对环境的影响

水力发电站是利用水的势能推动发电机工作而获得电能，在生产过程中对水质、大气的污染都比较小。水电站对环境的影响主要在于水库建设给自然界带来的影响，因为水库建设会破坏原有的生态结构，打破生态平衡，因此对自然界的影响不容忽视，主要表现在以下五个方面。

（1）对自然环境的影响

水电站的建设对自然环境的影响是多方面的，包括气候、地质和大气环境。

① 对气候的影响。水电站的修建，尤其是大型水库的形成，会改变局部地区的气候条件。水库蓄水后，下垫面由热容量小的陆地变为热容量大的水体，导致蒸发量增加，进而影响局部气候。具体表现为降水量减少，气温年、日温差变小，湿度和蒸发量增加，可能导致大雾天气增多，影响阳光入射，同时风力可能减弱山谷附近的狭管效应。

② 对地质的影响。大型水库的蓄水可能会诱发地震，因为水体压重增加地壳应力，水渗入断层可能增加断层之间的润滑程度，导致岩层中空隙水压力上升。此外，水库蓄水后，水位升高可能对库区周边地区的地下水位造成影响，增加库岸边坡滑坡的危险。

③ 对大气环境的影响。由于水力发电是清洁能源，使用水力发电代替传统的化石燃料发电方式，可以帮助减少温室气体的排放，降低空气污染，改善大气环境质量，这对于保护生态环境、促进可持续发展具有重要意义。

（2）对生物的影响

水电站水库的建设可能淹没大量的野生动植物，导致它们死亡或迁移，破坏原有的生态平衡。对陆生动物而言，水电站的建设可能会造成大量的野生动物被淹没、被迫迁徙、死亡，甚至灭绝。对水生动物而言，由于上游生态环境的改变，或者由于大量的野生动植物被淹没死亡，腐烂的动植物尸体耗尽水中的溶解氧从而受到影响，导致种群数量减少或灭绝。同时，由于上游水域面积的扩大，使某些生物（如钉螺）的栖息地点增加，为一些地区性疾病（如血吸虫病）的蔓延创造条件。

（3）对水体和水位的影响

对水位的影响：水电站的修建改变了下游河道的流量过程，存蓄了汛期洪水，截流非汛期的正常河水，导致下游河道水位大幅度下降甚至断流，引起地下水位下降，带来一系列环境生态问题。

对水体的影响：河流中原本流动的水在水库里停滞后会发生一些变化，如水体的物理化学性质改变，各层水的密度、温度、溶解氧不同，可能导致水体CO_2含量增加，影响水生生物的生存条件。

（4）对社会的影响

水力发电修建的水库既能发电，又能起到蓄水防洪作用，可改善水的供应和管理，增加农田灌溉。但同时也带来许多不利之处，如受淹地区城市搬迁，农村移民安置会对社会结构、地区经济发展等产生影响。如果规划不周，社会生产和人民生活安排不当，还会引起一系列社会问题。另外，自然景观和文物古迹的淹没与破坏，更是文化和经济上的一大损失。

（5）对经济的影响

水力发电作为一种清洁能源，具有可再生、无污染、运行费用低等特点，便于进行电力调峰，有利于提高资源利用率和经济社会的综合效益。除提供电力外，水力发电还能控制洪水泛滥，提供灌溉用水，改善河流航运，改善交通，电力供应和经济，特别可以发展旅游业和水产养殖。

此外，水力发电行业的发展还带动了相关制造业的发展，如水轮机及辅机制造行业，在我国电力需求的强力拉动下，进入了快速发展期，其经济规模及技术水平都有显著提高，水轮机制造技术已达世界先进水平。

综上所述，水电站的建设对自然环境的影响是复杂且多方面的，包括气候、地质、水位、水体和生物等方面。因此，在规划和建设水电站时，需要综合考虑这些影响，并采取相应的措施来减轻对环境的负面影响。

专栏——长江三峡水利枢纽工程对环境的影响

三峡水利枢纽工程简称三峡工程，是由宜昌市境内的长江西陵峡段，与下游的葛洲坝水电站构成的梯级电站。三峡水电站大坝高程185m，蓄水高程175m，水库长2335m，安装有32台单机容量为$7×10^5$kW的水电机组，是世界上最大的水力发电站和清洁能源生产基地。

三峡工程不但实现防洪、发电、航运等经济效益和社会效益，而且有利于加快长江中上游水电资源的开发和有效利用，有利于三峡库区经济发展和生态环境建设。

① 防洪功能。三峡大坝建成后，形成了巨大的水库，滞蓄洪水，使下游荆江大堤的防洪能力由防御十年一遇的洪水，提高到抵御百年一遇的大洪水，防洪库容为$7.3×10^9 \sim 2.2×10^{10}$ m^3。

② 发电。三峡水电站是世界最大的水电站，总装机容量$1.82×10^3$kW。这个水电站每年的发电量，相当于$4×10^7$t标准煤完全燃烧所发出的能量，年发电$8.468×10^{10}$ kW·h。对于供应华中、华东、华南、重庆等地区用电至关重要。

③ 航运。三峡工程位于长江上游与中游的交界处，地理位置得天独厚，对上可以渠化三斗坪至重庆河段，对下可以增加葛洲坝水利枢纽以下长江中游航道枯水季节流量，能够较为充分地改善重庆至武汉间通航条件，满足长江上中游航运事业远景发展的需要。通航能力从每年$1.0×10^7$t提高到$5.0×10^7$t。

④ 其他。长江三峡水利枢纽工程在养殖、旅游、保护生态、净化环境、开发性移民、南水北调、供水灌溉等方面均有巨大效益。

除了以上对自然环境的影响，还有对社会人文方面的影响。

10.5 节能与减排

节能就是能源消耗的节约,即从能源生产开始,一直到消费结束为止,在能源的开采、运输、加工、转换、使用等各个环节上减少损失和浪费,提高利用效率。

狭义上,节能是指节约煤炭、石油、电力、天然气等能源。从节约化石能源的角度来讲,节能和降低碳排放是息息相关的。广义上,节能包括除狭义节能内容外的节能方法,如节约原材料消耗,提高产品质量、劳动生产率,减少人力消耗,提高能源利用效率等。

节能技术已广泛应用于我们生产生活中,常见的节能减排通常在以下领域开展。

10.5.1 交通节能减排

中国交通节能措施主要包括建设光伏电站、推广绿色出行方式、优化运输组织结构、建设绿色交通基础设施、推广清洁低碳运输装备、引导绿色低碳出行方式、深化交通与能源融合发展等方面。

(1) 小汽车节能

小汽车节能已经被世界各国实施,并收到较好的节能效果和环境效益。小汽车节能技术主要有混合动力技术、高效燃烧技术、尾气燃烧净化技术、发动机技术和整车轻量化技术等,这些技术的应用可以减少燃料消耗和排放物的产生,降低对环境的影响。

(2) 建设光伏电站

通过在交通枢纽建设光伏电站,如京雄城际高铁站,为站房内部照明、空调等设施提供电力,利用清洁能源减少碳排放。

(3) 建设绿色交通基础设施,推广绿色低碳出行方式

通过建设绿色公路、绿色港口等,提高基础设施的能效;通过优化运输组织结构,推广清洁低碳的出行方式,如电动汽车、公共交通、骑行、步行等,减少对化石燃料的依赖,减少能源消耗。

(4) 推广清洁低碳运输装备

鼓励使用电动车辆、混合动力车辆等清洁能源交通工具,减少传统燃油车辆的使用。

10.5.2 家电节能减排

节能家电是人们生活中每天都能接触的技术产品,如高效节能灯、节能空调、节能冰箱。中国在家电节能减排方面采取了一系列措施,旨在通过技术创新、政策引导和市场机制推动家电行业的绿色转型,提高能源利用效率,减少碳排放,促进可持续发展,为实现碳达峰、碳中和目标贡献力量。

(1) 推广高效家电

中国鼓励使用节能空调、高效冰箱、节能洗衣机、高效炉灶和太阳能热水器等高效家电。这些家电采用先进的技术,如变频技术、智能温控、优化的隔热材料等,以降低能耗和提高能效。

(2) 技术创新

在家电技术创新方面,中国推动使用环保材料和高效技术,如 R410A 无氟新冷媒在空调中的应用,以及变频技术在冰箱、洗衣机等产品中的应用,以提高能效和减少对环境的负面影响。

(3) 绿色智造升级 能效标准与标识

在家电制造端,推动绿色智造升级,实现智能制造与绿色制造的结合,以提高资源利用效

率，减少废弃物排放。同时，中国实施了能效标识制度，为消费者提供产品能效信息，引导他们选择能效更高的产品，政府通过能效标准推动家电产品的能效提升。

（4）家电下乡和以旧换新政策

通过实施家电下乡和以旧换新政策，鼓励消费者更换能效更高的家电，促进家电行业的升级换代，减少能源消耗和碳排放。

10.5.3 能源的梯级利用

能源的梯级利用包括按质用能和逐级多次利用两个方面。

（1）按质用能

按质用能是尽可能不使用高质能源去做低质能源可完成的工作。在必须使用高温热源来加热时，要尽可能减少传热温差；在只有高温热源但只需要低温加热的场合下，则应先用高温热源发电，再利用发电装置的低温余热加热，如热电联产。

（2）逐级多次利用

逐级多次利用的原理是高质能源的能量不一定能够在一个设备或过程中全部用完，因为在使用高质能源的过程中，能源温度是逐渐下降的（即能质下降），而每种设备在消耗能源时，总有一个经济合理的使用温度范围。这样，当高质能源在一个装置中能质降至经济适用范围以外时，即可转至另一个能够经济适用这种较低能质的装置中去使用，使能源利用率达到最高水平。

10.5.4 建筑节能

建筑能耗有狭义和广义之分。狭义的建筑能耗是指建筑物在使用过程中所消耗的能量，包括供热、通风、照明、电器、开水供应，以及家庭炊事中的能耗等。广义的建筑能耗不但包括建筑物的使用能耗，还包括建筑材料在生产过程中的能耗和建筑物在修建过程中的能耗，与广义节能技术相对应的建筑节能技术即绿色建筑。建筑节能包括三个方面。

（1）建筑本体的节能

建筑本体的节能一般包括建筑规划与设计、围护结构的设计、建筑材料的使用等方面的节能。例如使用新型墙体材料等节能建筑材料和节能设备，安装和使用太阳能等可再生能源利用系统。国家要求房地产开发企业在销售房屋时，应当向购买人明示所售房屋的节能措施、保温工程保修期等信息，在房屋买卖合同、质量保证书和使用说明书中载明，并对其真实性、准确性负责。

（2）建筑系统的节能

建筑系统节能一般包括空调的采暖与制冷系统等设备的节能。例如新建建筑或者对既有建筑进行节能改造，应当按照规定安装用热计量装置、室内温度调控装置和供热系统调控装置。

（3）能源管理

通过规范管理的方式做到合理用能，即建筑物使用过程中用于供暖、通风、空调、照明、家用电器、输送、动力、烹饪、给排水和热水供应等方面的能耗。

10.5.5 余热利用

余热是在一定经济技术条件下，在能源利用设备中没被利用的能源即多余、废弃的能源，包括高温废气余热、冷却介质余热、废水余热、高温产品和炉渣余热、化学反应余热、可燃废气废液和废料余热以及高压流体余热等。余热的利用主要包括直接利用、间接利用、综合利用三个方面。

(1) 直接利用

利用余热预热空气，即利用高温烟道排气，通过高温换热器来加热进入锅炉或工业窑炉的空气，使燃烧效率提高，从而节约燃料；利用余热干燥，即利用各种工业生产过程中的排气来干燥加工的材料和部件，如陶瓷厂的泥坯、冶炼厂的矿料、铸造厂的翻砂模型等；利用余热生产热水和蒸汽，它主要是利用中低温的余热生产热水和低压蒸汽，以供应生产工艺和生活方面的需要，在纺织、造纸、食品、医药等工业以及人们生活上都需要大量的热水和低压蒸汽；余热制冷，即利用低温余热通过吸收式制冷系统来达到制冷的目的。

(2) 间接利用

利用余热间接发电，即用余热锅炉产生蒸汽，推动汽轮发电机组来发电；高温余热作为燃气轮机的热源，利用燃气轮发电机组来发电。如果余热温度较低，可利用低沸点工质，如正丁烷，来达到发电的目的。

(3) 综合利用

余热的综合利用是根据工业余热温度的高低，采用不同的利用方法，实现余热的梯级利用，以达到"热尽其用"的目的。例如，高温排气首先用于发电，发电余热再用于生产工艺用热，生产工艺余热再用于生活用热。

10.6 我国能源与环境

10.6.1 我国能源消费结构

能源是国民经济和社会发展的重要基础。新中国成立以来，我国能源事业实现了从百废待兴到快速发展，从"以煤为主"向"清洁化、多元化"发展，取得了历史性成就。新中国成立以来，我国逐步建成较为完备的能源工业体系。改革开放后，适应经济社会快速发展需要，我国推进能源全面、协调、可持续发展，成为世界上最大的能源生产消费国和能源利用效率提升最快的国家。党的十八大以来，我国能源发展进入新时代，可再生能源开发利用规模稳居世界第一，能源消费结构向清洁低碳加快转变。

近年来，随着能源总量不断发展壮大、用能方式加快变革，我国能源生产和消费结构不断优化。传统能源利用方式加快转变，清洁低碳转型步伐逐步加快。煤炭加工转化水平大幅提高，成品油质量升级扩围提速，重点领域电能替代初见成效。基于我国的煤炭、石油等资源储备情况，目前我国能源消费结构仍是以煤炭为主，石油和天然气占有一定比例。表10-8 为 2016—2023 年我国各种一次能源消费情况统计表。

表 10-8　2016—2023 年我国各种一次能源消费情况统计表　　　　　　单位：%

年份	煤炭	石油	天然气	一次电力及其他能源	合计
2016	62.2	18.7	6.1	13.0	100.0
2017	60.6	18.9	6.9	13.6	100.0
2018	59.0	18.9	7.6	14.5	100.0
2019	57.7	19.0	8.0	15.3	100.0
2020	56.8	18.9	8.4	15.9	100.0
2021	55.9	18.9	8.8	16.7	100.0
2022	56.2	17.9	8.4	17.5	100.0
2023	55.3	18.3	8.5	17.9	100.0

(1) 煤炭仍是我国第一大能源

我国"富煤、贫油、少气"的特点决定了煤炭在一次能源生产和消费中占据主导地位且长期内不会改变。目前我国煤炭可供利用的储量约占世界煤炭储量的 11.67%，位居世界第三。我国是当今世界上第一产煤大国，煤炭产量占世界的 35% 以上。我国也是世界煤炭消费量最大的国家，煤炭一直是我国的主要能源和重要原料，在能源消费构成中煤炭始终占一半以上。目前我国的煤炭消费结构日趋多元化并向关键行业集中，长期以来，电力、冶金、化工和建材四个行业是主要耗煤产业，四大行业煤炭消费量约占总消费量的 70%，其中电力行业煤炭消费量（动力煤）占总消费量的 50% 以上。

从能源消费结构来看，我国仍以煤炭消费为主。国家统计局数据显示，2020 年，我国煤炭消费量占能源消费总量的 56.8%，比 2019 年下降 0.9 个百分点；天然气、水电、核电、风电等清洁能源消费量占能源消费总量的 24.3%，比 2019 年上升 1.0 个百分点；石油约占我国能源消费总量的 18.9%，比 2019 年下降 0.1 个百分点；2022 年，我国煤炭消费量占能源消费总量的 56.2%，2023 年，我国煤炭消费量占一次能源消费总量的 55.3%，较 2022 年略有下降。

(2) 石油消费相对稳定

石油作为一种战略物资在我国国民经济发展中举足轻重，但同时我国石油资源十分紧缺，我国是全球第一大石油进口国，2023 年我国进口的原油为 5.64×10^8 t，约占原油消费总量的 77%。中国石油消费结构主要由工业、交通、化工等领域构成，其中工业和交通是主要的消费领域，合计占中国石油消费的一半以上。近年来，随着新能源的发展，传统石油消费受到了一定程度的冲击，但石油仍是中国重要的能源之一。2023 年我国石油消费量达到 7.56×10^8 t，同比增长 5.1%，为 2023 年一次能源消费总量的 18.3%，我国仍是全球第二大石油消费国。同时，成品油消费量也达到了 3.98×10^8 t，同比增长 9.1%。

总的来说，我国石油消费量持续增长，但增速有所放缓，成品油消费量可能达到峰值。

(3) 天然气发展迅速

我国是世界上最早发现和利用天然气的国家之一，在 13 世纪就开发了世界上第一个气田——自流井气田。2019 年我国天然气探明储量为 5.97×10^{12} m³，新增探明地质储量为 8.09×10^{11} m³，我国天然气资源勘探潜力大。

天然气能源在我国发展最快。1980 年我国天然气消费量为 1.87×10^7 t 标准煤，占当年能源消费总量的 3.2%，到 2016 年天然气消费量已达到 2.70×10^8 t 标准煤，占总量的 6.2%，2016 年天然气消费量为 1980 年的 14.42 倍。

天然气消费可以分为工业用气、城市燃气、天然气发电和化工用气，其中城市燃气和工业用气是拉动天然气消费增长的主要动力，2023 年全国天然气消费量达到 3.92×10^{11} m³，同比增长 7.6%，占 2023 年一次能源消费总量的 8.5%；当年中国液化天然气（LNG）进口量达 7.13×10^7 t，同比增长 12.6%，仍是世界最大液化天然气进口国。

在化石能源向清洁能源转型的过程中，天然气将承担起重要角色，甚至是主角的地位。

(4) 清洁能源占比持续增加

2023 年，水电、核电、风电、太阳能发电等在内的清洁能源消费量比重持续上升，随着技术的进步和政策的推动，清洁能源在能源消费中的占比有望进一步增加。

2023 年，全球新增风能与太阳能发电装机总容量高达 461GW，在太阳能新增 346GW 中有 1/4 来自中国，在风能新增 115GW 中有近 2/3 来自中国，凸显中国在可再生能源领域的领航地位。截至目前，中国的风能装机容量已相当于北美与欧洲之和。

10.6.2 我国能源利用与环境问题

纵观西方国家现代化的历程，基本都走过以牺牲环境和可持续发展为代价的资源消耗式的野蛮扩张阶段，例如英国依靠工业革命一跃成为当时最强国家，但是工业革命的后果就是严重的工业污染，从而诞生了伦敦——雾都，之后就一直着手治理污染。而中国是在绿水青山中实现永续发展，大力推进产业生态化、生态产业化，转变发展方式，让绿水青山源源不断地转化为金山银山。

但是，同世界各国一样，目前，我国能源的利用也会带来一系列环境问题。

(1) 开发过程对环境的影响

如煤炭开采利用过程中煤矸石、矿井水、煤层气（煤矿瓦斯），都是煤炭采选过程中的副产物，在现有技术条件下，尚无法避免此类副产物的产生排放，这些副产物将会造成一定的环境污染。经过几十年的努力，尽管我国煤矸石综合利用率已超过70%，但煤矸石每年仍以约 $5\times10^8\sim8\times10^8$ t/年的速度逐年增加，这一方面大量侵占了可使用土地，另一方面，矸石自燃排放大量烟尘和 SO_2，造成环境问题。再比如，在我国的许多矿区，地表沉陷严重，地下水位下降，地表植被生长受到影响，如果地下水位下降到植被所能达到的位置以下，地表将变成不毛之地，这也是一个需要重视的生态问题。

(2) 利用过程对环境的影响

单位GDP能耗，全称为单位国内（地区）生产总值能耗，是指一定时期内，一个国家（地区）每生产一个单位的国内（地区）生产总值所消费的能源。单位GDP能耗反映了单位国内生产总值所消耗的能源量，是衡量一个国家或地区经济发展与能源消耗关系的重要指标之一。通过降低单位GDP能耗，可以促进能源利用效率的提升和经济的可持续发展。单位GDP CO_2 排放量是指单位国内生产总值（GDP）所产生的 CO_2 排放量，这一指标用于衡量一个国家或地区经济发展与碳排放之间的关系，它反映了经济活动对环境的影响程度，是评估国家和地区碳排放强度的重要指标之一。

我国能源供给侧结构性改革持续推进，能源绿色低碳转型步伐加快，能效水平稳步提升，节能降耗成效显著。国家统计局数据显示，2021年，我国单位GDP能耗比2012年累计降低26.4%，年均下降3.3%，相当于节约和少用能源约 1.4×10^9 t标准煤。目前工业领域能源消耗量约占全国能源消耗总量的70%，加大工业余热回收，发展热泵技术等都是节能减排的有效手段。

另外，我国能源利用中还存在能源地区分布不均、能源生产与消费在地区上不平衡、人均能源消耗量低、能源利用率有待提高、能源消费构成不合理等问题，这些问题共同构成了我国能源利用的主要挑战，其中单位GDP能耗高是一个显著的问题。

(3) 处置过程对环境的影响

在能源的利用过程中，会产生大量的废弃物，如果处理不当，就会使人类赖以生存的环境受到破坏和污染。能源利用导致的工业"三废"排放依然是环保问题的主要来源。我国能源产生的污染物终端处置起步较晚，但是最近几年发展迅速。

近年，我国已建成大量的工业烟气、废水、固废、危险废物终端处置设施，统计数据显示，我国2020年工业企业废气、废水治理设施分别为 3.7×10^5 套和 6.8×10^4 套；一般工业固体废物年产生量为 3.68×10^9 t，综合利用量为 2.04×10^9 t，处置量为 9.2×10^8 t；城市生活污水处理率达到了97.5%；截至2021年底我国危险废物集中处置能力达到了 1.7×10^8 t/年。截至2023年底工业企业废气、废水治理设施分别为 4.4×10^5 套和 7.9×10^4 套；一般工业固体废物

年产生量为 4.28×10^9 t，综合利用量为 2.57×10^9 t，处置量为 8.7×10^8 t；城市生活污水处理总量为 6.41×10^{10} m³；我国危险废物集中处置能力达到了 2.1×10^8 t/年，各种处理能力都有了较大的提升。为了实现碳达峰碳减排的目标，还需逐步提升重点污染企业清洁生产水平，污染治理能力。

10.6.3 未来我国能源的需求分析

可持续发展是我国当今的发展战略，日益增长的能源需求与能源供给能力有限的矛盾越来越凸显，能源结构改变以及新能源开发成了我国未来能源方针的必然趋势。

根据我国政府制定的"十四五"能源规划，要求单位 GDP 能源消耗 5 年内累计降低 13.5%，单位 GDP CO_2 排放 5 年内累计降低 18%，并在 2030 年实现非化石能源消费占比 20% 的战略目标。要实现这个目标，需要大力发展以下能源。

（1）太阳能

太阳能的利用主要是指太阳能光伏发电和太阳能电池。随着我国国内光伏产业规模逐步扩大、技术逐步提升，光伏发电成本会逐步下降，未来国内光伏容量将大幅增加。预计到 2035 年，太阳能发电装机容量将达到 2×10^8 kW，发电量约为 2.8×10^{11} kW·h。在太阳能电池方面，我国太阳能电池制造业通过引进、消化、吸收和再创新，取得长足发展，在太阳能电池生产制造方面取得很大进展，将成为使用太阳能的大市场。

（2）风能

我国风能储量很大，分布面广，开发利用潜力巨大。风电已超过核电成为继火电、水电之后的我国第三大电源，2015 年底并网装机容量达到 1.29×10^8 kW，全年上网电量为 1.85×10^{11} kW·h，占总发电量的 3.2%；截至 2023 年底并网装机容量达到 4.41×10^8 kW，全年上网电量为 8.86×10^{11} kW·h，占总发电量的 9.5%。

预计到 2030 年，风电装机容量将达 7.96×10^8 kW，发电量占比约为 14.3%，风能作为新的清洁能源，近几年得到了较大的发展。

（3）水能

我国不但是世界水电装机第一大国，也是世界上在建规模最大、发展速度最快的国家，已逐步成为世界水电创新的中心。截至 2015 年底，我国常规水电装机规模达 3.19×10^8 kW，发电量达到 1.1264×10^{12} kW·h，占发电总量的 19.4%；截至 2023 年底，我国常规水电装机规模达 3.71×10^8 kW，发电量达到 1.28×10^{12} kW·h，占发电总量的 13.8%。

预计到 2030 年，我国水电装机容量将达到 5.06×10^8 kW，发电量占比约为 16.1%。随着我国经济进入新的发展时期，加快西部水力资源开发，实现西电东送，对于解决国民经济发展中的能源短缺问题、改善生态环境、促进区域经济的协调和可持续发展，将发挥极其重要的作用。

（4）核能

中国核能行业协会发布的历年《中国核能发展报告》显示，截至 2020 年 12 月底，我国大陆地区商运核电机组达到 48 台，总装机容量为 4.988×10^7 kW，仅次于美国、法国，位列全球第三。到 2022 年底，我国核电总装机容量占全国电力装机总量的 2.2%，发电量为 4.18×10^{11} kW·h，同比增加 2.5%，约占全国总发电量的 4.7%，核能发电量跃居世界第二；2023 年发电量达到 4.33×10^{11} kW·h，约占全国总发电量的 4.6%，相较于燃煤发电，2023 年我国核电发电相当于减少燃烧标准煤超过 1.3×10^8 t，年度等效减排 CO_2 约 3.4×10^8 t。

中国核能行业协会副理事长兼秘书长张廷克在"2024 春季核能可持续发展国际论坛"上表示，"预计到 2035 年，核能发电量在中国电力结构中的占比将达到 10% 左右，与当前的全球平均水平相当，相应减排CO_2约为9×10^8 t；到2060年，核电发电量占比达到18%左右，与当前经合组织国家平均水平相当。"未来我国对核能源的需求将随着对清洁能源需求的增加而增长，核电作为一种稳定可靠的基荷电源，将在实现"双碳"目标中发挥重要作用。

(5) 生物质能

我国拥有丰富的生物质能资源，理论上生物质能资源达5×10^9 t左右。现阶段可供利用开发的资源主要为生物质废弃物，包括农作物秸秆、薪柴、禽畜粪污、工业有机废物和城市垃圾等。"十三五"以来，我国生物质发电规模逐年上涨。根据国家能源局数据，截至2019年底，全国已投运生物质发电项目1094个，累计并网装机容量为2.25×10^7 kW；到2023年底，生物质累计并网装机容量为4.41×10^7 kW，全年发电量为1.98×10^{11} kW·h。自2019年，生物质能装机容量已连续四年位居世界第一。

生物质能作为国际公认的零碳可再生能源，在绿色发展进程中具有巨大的潜力和优势。在政策和产业的积极推动下，生物质将从传统的"售能"盈利模式转变为"生态价值+售能"模式。

(6) 氢能

在氢能领域，我国着重解决燃料电池发动机的关键技术。虽然这方面的技术已有突破，但还需要更进一步对燃料电池产业化技术进行改进、提升，使产业化技术更加成熟，提高我国在燃料电池发动机关键技术方面的水平。2018年，我国氢能产量约为2.1×10^7 t，换算热值约占终端能源总量的2.7%，到2023年，我国氢能产量约为3.55×10^7 t。我国已掌握部分氢能基础设施与一批燃料电池相关核心技术。氢能源及燃料电池产业战略创新联盟表示，预计到2050年，氢能在能源体系中的占比可以达到10%，氢能需求量接近6×10^7 t。

10.6.4 解决我国能源问题的主要措施

转变经济增长方式是一个关系我国经济能否健康成长的重要问题。转变的要求是从高投入、高能耗、高排放、低效益的经济增长方式转为低投入、低能耗、低排放、高效益的经济增长方式。从经济增长方式转变的情况可以看出，我国将加大力度控制能源的浪费，提高能源的利用效率，减少环境的污染。

(1) 节能降耗与新能源技术开发

近年来，我国的节能技术取得较大进步。通过自主研发和引进国外的先进技术和设备，已使国内许多行业从中受益，并形成良性发展的势头。总体来看，我国能源开发与节约工作取得重大进展，能源效率有所提高，但与发达国家相比，我国能源效率水平依然偏低。

① 洁净煤技术。洁净煤技术是指煤炭从开发到利用的全过程中，减少污染排放与提高利用效率的加工、燃烧、转化及污染控制等高新技术的总称。它将经济效益、社会效益与环保效益结合为一体，成为能源工业中国际高新技术竞争的一个主要领域。

② 节约石油和替代石油技术。主要节油技术有等离子无油点火、燃油乳化、燃油添加剂等，主要替代技术有甲醇替代石油、乙醇替代石油、天然气替代石油。

③ 电力节能技术。主要包括变频调速节能装置、新型电力变压器节能技术等。

④ 建筑节能技术。主要指建筑在选址、规划、设计、建造和使用过程中，通过采用节能型的建筑材料、产品和设备，执行建筑节能标准，加强建筑物所使用节能设备的运行管理，合理设计建筑围护结构的热工性能，提高采暖、制冷、照明、通风、给排水和管道系统的运行效率，以及利用可再生能源，在保证建筑物使用功能和室内热环境质量的前提下，降低建筑能源消耗，合理、有效地利用能源。

⑤ 可再生资源利用技术。我国有丰富的可再生资源，如风能、太阳能、地热能、海洋能等，

具有低污染、可再生等优点,现已经成为我国未来新能源发展与能源消费结构转型的重心。

(2) 能源结构优化

我国能源结构存在很大问题,煤炭用量过多,化石燃料依赖重,因此当务之急是应该优化能源结构。

《"十四五"规划和2035年远景目标纲要》对我国未来能源发展作出了总体部署安排,为优化能源结构、构建现代能源体系确定了行动路线图,具体安排为:

① 推进能源革命,建设清洁低碳、安全高效的能源体系,提高能源供给保障能力。

② 推动煤炭生产向资源富集地区集中,合理控制煤电建设规模和发展节奏,推进以电代煤。

③ 有序放开油气勘探开发市场准入,加快深海、深层和非常规油气资源利用,推动油气增储上产。

④ 加快能源清洁低碳转型。

加快发展非化石能源,大力提升风电、光伏发电规模,加快发展东中部分布式能源,有序发展海上风电,加快西南水电基地建设,安全稳妥推动沿海核电建设,因地制宜开发利用地热能,建设一批多能互补的清洁能源基地,将非化石能源占能源消费总量比重提高到20%左右。我国提出,非化石能源消费比重在2030年要达到25%左右,意味着接下来能源增量70%以上以非化石能源为主。"十四五"期间将进一步创新发展方式,加快清洁能源开发利用,推动非化石能源和天然气成为能源消费增量的主体,更大幅度提高清洁能源消费比重。

专栏——碳达峰碳中和

为应对气候变化这一人类共同面临的重大挑战,2015年12月巴黎气候大会通过了《巴黎协定》,为2020年后全球气候治理作出安排。《巴黎协定》的长期目标是"将全球平均气温较前工业化时期上升幅度控制在2℃以内,并努力将温度上升幅度限制在1.5℃以内"。

2020年9月底,中国提出要在2030年前实现碳达峰,到2060年实现碳中和的目标。接着,日本、韩国、加拿大等国也相继公布了本国的碳中和目标实现时间表。美国在2020年11月正式退出《巴黎协定》,2021年1月重返《巴黎协定》,并承诺2050年实现美国碳中和。

当前,全世界约有50个国家实现了碳达峰,其碳排放总量占全球排放量的36%左右。其中,欧盟在20世纪90年代基本实现了碳达峰,峰值为4.5×10^9 t;美国碳达峰时间为2007年,峰值为5.9×10^9 t。据估计,我国的碳达峰值约为1.06×10^{10} t。从实现碳达峰到实现碳中和,欧美发达国家基本都经历了50~70年,我国从碳达峰到碳中和的目标期限仅为30年。

 习题与思考题

1. 简述当今世界的能源结构特点。
2. 化石燃料的使用对环境会造成什么影响?
3. 试分析当今世界能源消耗与供应的特点。
4. 能源的分类有哪些?其对环境有怎样的影响?
5. 简述主要的清洁能源种类及其特征以及发展趋势。
6. 简述我国面临的能源问题。
7. 目前我国的能源问题有哪些解决措施?

8. 全球能源结构的未来趋势是什么?
9. 全球能源消耗与经济发展的关系是什么?
10. 未来的能源技术创新方向是什么?
11. 我国在能源转型中面临的主要挑战是什么?
12. 可再生能源的储能技术有哪些进展?

参考文献

[1] 伍光和,王乃昂,胡双熙,等.自然地理学[M].北京:高等教育出版社,2008.
[2] 颜文旭,惠晶.新能源发电与控制技术[M].北京:机械工业出版社,2024.
[3] 韩君.产业结构变动的能源消费效应与生态环境效应研究[M].北京:经济科学出版社,2023.
[4] 陈宏,张杰,管毓刚.建筑节能[M].北京:知识产权出版社,2019.
[5] 李润东,可欣.能源与环境概论[M].北京:化学工业出版社,2013.
[6] 田艳丰.能源与环境[M].北京:中国水利水电出版社,2019.
[7] 赵振宇,叶慧男,耿孟茹.中国省级天然气分布式能源开发环境评价及聚类分析[J].电力科学与技术学报,2022,37(4):175-182.
[8] 康红普,谢和平,任世华,等.全球产业链与能源供应链重构背景下我国煤炭行业发展策略研究[J].中国工程科学,2022,24(6):26-37.
[9] 徐良才,郭因海,公衍伟,等.浅谈中国主要能源利用现状及未来能源发展趋势[J].能源技术与管理,2010(6):155-157.
[10] 余建华.中国国际能源合作若干问题论析[J].同济大学学报,2011,22(2):58-64.
[11] 何铮,李瑞忠.未来20年中国能源需求预测[J].当代石油石化,2016,24(9):1-8.
[12] 国际能源署.世界能源展望2020[R].巴黎:国际能源署,2020.
[13] 英国石油公司.BP世界能源统计年鉴2021[R].伦敦:英国石油公司,2021.
[14] 中国石油经济技术研究院.2050年世界与中国能源展望[R].北京:中国石油集团,2018.
[15] 国际能源署.全球核能发展报告[R].巴黎:国际能源署,2020.
[16] 中国核能行业协会.中国核能发展报告2021[R].北京:中国核能行业协会,2021.
[17] 庞名立.全球和各国的最大发电站[EB/OL].中国电力网,(2020-02-17)[2022-02-15].http://www.chinapower.com.cn/informationzxbg/20200217/1297431.html.
[18] nerdata. World Energy & Climate Statistics-Yearbook 2024 [EB/OL]. https://yearbook.Enderdata.net.
[19] Energy Institute. The 2024 Statistical Review of World Energy [EB/OL]. https://www.energyinst.org/statistical-review.
[20] 水电水利规划设计总院.中国可再生能源发展报告2023年度[EB/OL].www.creei.cn/web/content.html?id=6460.
[21] 中华人民共和国生态环境部.2023中国生态环境状况公报[EB/OL].https://www.mee.gov.cn/hjzl/sthjzk/zghjzkgb/202406/P020240604551536165161.pdf.
[22] 中华人民共和国生态环境部.中华人民共和国节约能源法[EB/OL].https://www.mee.gov.cn/ywgz/fgbz/fl/201811/t20181114_673623.shtml.

第 11 章 自然资源开发利用与环境

> **本章要点**
>
> 1. 自然资源的定义、分类和自然资源开发产生的环境问题；
> 2. 森林资源的利用现状和保护措施；
> 3. 土地资源开发利用产生的环境问题和保护措施；
> 4. 矿产资源利用产生的环境问题和保护措施。

自然资源和环境是人类赖以生存、繁衍和发展的基本条件，是不可或缺的。许多环境要素，如水、动植物、矿产等，既是环境要素，又是人们生活和生产不可缺少的资源。人们在开发利用资源时，必须遵守客观规律，否则就会对环境造成不良影响，带来严重后果。

11.1 自然资源概述

11.1.1 自然资源的定义

自然资源的定义和分类是一个复杂且多维度的话题，涉及资源的天然存在、利用，以及其对人类福利的贡献。广义的定义是指凡是经过人类发现的，被输入生产过程，或直接进入消耗过程，变成有用途的，或能给人以舒适感，从而产生经济价值以提高人类当前和未来福利的物质与能量的总称。狭义的自然资源只包括实物性资源，即在一定社会经济技术条件下能够产生生态价值或经济价值，从而提高人类当前或可预见未来生存质量的天然物质和自然能量的总和。联合国环境规划署（UNEP）对自然资源的定义为在一定时间和一定条件下，能产生经济效益，以提高人类当前和未来福利的自然因素和条件。

11.1.2 自然资源的分类

自然资源的分类方法有很多种，按属性分类可分为森林资源、土地资源、矿产资源、水资源、生物资源、气候资源等。

（1）森林资源

森林资源是林地及其上所生长的森林有机体的总称，有广义和狭义之分。狭义的森林资源主要指以乔木为主的树木资源，广义的森林资源还包括林中和林下植物、野生动物、土壤微生物及其他自然环境因子等资源。森林资源不仅能为人类生产生活提供充足的木材，还有着调节气候、保持水土等生态功能，是地球上至关重要的资源之一，还是全球碳循环、水循环、土地利用变化和气候变化的重要影响因素。

不同国家、不同国际组织确定的森林资源范围不尽一致。按照中华人民共和国林业部《全国森林资源连续清查主要技术规定》，凡疏密度（单位面积上林木实有木材蓄积量或断面积与当地同树种最大蓄积量或断面积之比）在 0.3 以上的天然林；南方 3 年以上，北方 5 年以上的人工林；南方 5 年以上，北方 7 年以上的飞机播种造林，生长稳定，每亩成活保存株数不低于合理造林株数的 70%，或郁闭度（森林中树冠对林地的覆盖程度）达到 0.4 以上的林分，均构成森林资源。在联合国粮食及农业组织世界森林资源统计中，只包括疏密度在 0.2 以上的郁闭林，不包括疏林地和灌木林。

（2）土地资源

土地资源是指在一定技术经济条件下已经被人类利用的土地，是一个由地形、气候、植被、土壤、岩石和水文等因素组合而成的自然综合体，也是人类过去和现在生产劳动的产物，也包括可以利用而尚未利用的土地，具体是指可供农、林、牧业或其他人类活动利用的土地，是人类生存的基本资料和劳动对象，具有质和量两个内容。

土地资源还具有一定的时空性，在不同地区与不同历史时期的技术经济条件之下，所包含的内容可能是不大一致的。

（3）矿产资源

矿产资源是指存在于地壳中的自然化合物，是指经过地质成矿作用而形成的，天然赋存于地壳内部，或埋藏于地下或出露于地表，呈固态、液态或气态的，并具有开发利用价值的矿物或有用元素的集合体，其中具有开采价值的矿物称为矿产。矿产资源属于非可再生资源，其储量是有限的。

矿产资源具有分布不均衡性、不可再生性和动态发展性三大特点。矿产资源的分布不均衡性、不可再生性决定了矿产资源是有限的、稀缺的和可耗竭的；它的动态发展性决定了矿产资源的范畴会随着科学技术的发展而不断外延，过去一些不能被利用的物质，现在已经成为或即将成为重要的矿产资源。

世界已知的矿产有 160 多种，其中 80 多种应用较广泛。由于研究角度不同，矿产资源的分类体系各异。根据其特点和用途，矿产资源通常被分为四类：能源矿产、金属矿产、非金属矿产、水气矿产；根据矿产的成因和形成条件，可被分为内生矿产、外生矿产和变质矿产；根据矿产的物质组成和结构特点，可被分为无机矿产和有机矿产；根据矿产的产出状态，可被分为固体矿产、液体矿产和气体矿产。

（4）水资源

根据世界气象组织（WMO）和联合国教科文组织（UNESCO）的《国际水文学名词术语》中有关水资源的定义，水资源是指可利用或有可能被利用的水源，这个水源应具有足够的数量和合适的质量，并满足某一地方在一段时间内具体利用的需求。根据全国科学技术名词审定委员会公布的水利科技名词中有关水资源的定义，水资源是指地球上具有一定数量和可用质量能从自然界获得补充并可资利用的水。水资源在自然界中可以以流态、固态、气态形式存在。

水资源是被人类在生产和生活活动中广泛利用的资源，不仅广泛应用于农业、工业和生活，还用于发电、水运、水产、旅游和环境改造等。在各种不同的用途中，有的是消耗用水，有的则是非消耗性或消耗量很小的用水，而且对水质的要求各不相同。这是使水资源一水多用、充分发挥其综合效益的有利条件。此外，水资源与其他矿产资源相比，一个最大区别是：水资源具有既可造福于人类、又可危害人类生存的两重性。

（5）生物资源

生物资源是在目前社会经济技术条件下人类可以利用与可能利用的生物，包括动植物资源和微生物资源等。植物资源包括陆地、湖泊、海洋中的一般植物和一些珍稀濒危植物。动物资源包括陆地、湖泊、海洋中的一般动物和一些珍稀濒危动物。微生物资源是可以利用与可能利用的以菌类为主的微生物所提供的物质，在人类生活和工业、农业、医药诸方面能发挥特殊的作用。经典的生物资源是指当前人类已知的有利用价值的生物材料，泛义而论，对人类具有直接、间接或潜在的经济、科研价值的生命有机体都可称为生物资源，包括基因、物种以及生态系统等。

自然界中存在的生物种类繁多、形态各异、结构千差万别，分布极其广泛，对环境的适应能力强，在平原、丘陵、高山、高原、草原、荒漠、淡水、海洋中都有生物的分布。已经鉴定的生物物种约有 200 万种，据估计，在自然界中生活着的生物约 $2\times10^7 \sim 5\times10^7$ 种。它们在人类的生活中占有非常重要的地位，人类的一切需要如衣、食、住、行、卫生保健等都离不开生物资源。此外，它们还能提供工业原料以及维持自然生态系统稳定。

（6）气候资源

气候资源是指人类可以利用的太阳辐射所带来的光、热资源以及大气降水、空气流动（风力）等。气候资源对人类的生产和生活有很大影响，既具有长期可用性，又具有强烈的地域差异性。气候资源分为热量资源、光能资源、水分资源、风能资源和大气成分资源等，具有普遍性、清洁性和可再生性，已被广泛应用于国计民生的各个方面，在人类可持续发展中占据重要地位和作用。

气候资源概念的提出，其实已经包含了对气候资源基本属性的认定，即气候资源是一种自然资源。认定气候资源是一种自然资源，是因为它具有自然资源的三种基本属性，即自然性、社会性和价值性。但是，由于目前我国环境保护与自然资源法学研究界对气候资源还没有给予关注，研究者寥寥可数，因此还没有形成"气候资源"的意识。

11.2 森林资源的开发利用

11.2.1 森林资源的重要作用

森林资源是地球上最重要的资源之一，它不仅能够为生产和生活提供多种宝贵的木材和原材料，还能够为人类经济生活提供多种物品；更重要的是森林能够调节气候、保持水土、防止和减轻旱涝、风沙、冰雹等自然灾害；另外，森林还有净化空气、消除噪声等功能；同时森林还是天然的动植物园，哺育着各种飞禽走兽和生长着多种珍贵林木和药材。森林可以更新，属于可再生的自然资源，也是一种无形的环境资源和潜在的"绿色能源"。

对森林资源的利用随着人类社会的发展而不断变化。在原始社会，人类主要以从森林中采集果实和狩猎为生。在封建社会，人类对森林资源的利用是柴木并用，从森林中樵采柴炭作为能源，同时采伐木材做建筑材料。进入资本主义社会后，随着工业化的发展，煤炭和石油代替木材成为主要能源，森林资源主要作为建筑用材和制造家具等生活用品的材料。到了当代，由于滥伐木材破坏森林，形成生态灾难，人们逐渐认识到保护森林的重要性，从而展开对森林整体的永续利用。森林资源已经不仅是生产木材和林副产品的生物资源，而是作为森林环境资源（包括森林所涵养的水资源、森林气候资源和森林景观）开发利用，这对发展工农业生产、旅游、保健起着越来越重要的作用。

11.2.2 全球森林资源现状

到 2020 年底，全球森林总面积为 $4.06 \times 10^9 \text{hm}^2$，约占全球陆地总面积的 31%（按全球陆地面积 $1.49 \times 10^{10} \text{hm}^2$ 计算）。全球森林空间分布如表 11-1 所示。整体而言，全球森林分布沿纬度呈条带状分布，主要集中分布在南美洲和中非及东南亚的热带地区、俄罗斯和加拿大的北部地区，以及太平洋沿岸和大西洋沿岸一带。

从各大洲来看，全球六大洲的森林覆盖现状差异明显，亚洲森林覆盖面积最大，为 $1.02 \times 10^9 \text{hm}^2$，占全球森林覆盖总面积的 25%；其次是南美洲和北美洲，森林覆盖面积分别为 $8.44 \times 10^8 \text{hm}^2$ 和 $7.53 \times 10^8 \text{hm}^2$，分别占全球森林覆盖总面积的 21% 和 19%；森林覆盖面积最小的是大洋洲，仅有 $1.85 \times 10^8 \text{hm}^2$，占比为 5%，这与大洋洲陆地面积较小有关。

从森林覆盖率来看，南美洲的森林覆盖率最高，达到 48.3%，其次是欧洲和北美洲，森林覆盖率分别是 46% 和 35.3%；再次是亚洲，森林覆盖率为 20%；非洲和大洋洲的森林覆盖率相对较低，分别为 21.3% 和 21.8%。

表 11-1 截至 2020 年底各大洲森林面积和占比一览表

地区	森林覆盖面积/10^3hm^2	占全球森林面积的比例/%	森林覆盖率/%
非洲	636639	16	21.3
亚洲	622687	15	20
欧洲	1017461	25	46
北美洲	752710	19	35.3
大洋洲	185248	5	21.8
南美洲	844186	21	48.3
全球	4058931	100	31.3

11.2.3 森林资源的过度开发和减少

随着经济的快速发展，城镇化和工业化也加快了发展的步伐，不合理开发利用森林资源的现象也越来越严重，人类的生态环境遭到了严重的破坏。联合国环境规划署 2001 年报告称，有史以来全球森林已经减少一半，主要原因是人类活动，近些年，通过生态环境建设，全球森林面积正在缓慢得到恢复。

森林面积变化的主要原因是发展中国家毁林开荒，将森林转变为农田和发展城镇等。森林资源的不合理开发主要有以下几点：

（1）砍伐林木

温带森林的开发历史很长，在工业化过程中，欧洲、北美等地的温带森林有 1/3 被砍伐掉。热带森林的大规模开发只有 30 年历史。欧洲国家进入非洲，美国进入中南美，日本进入东南亚，寻求热带林木资源，在这一期间，各发达国家进口的热带木材增长了十几倍，达到世界木材和纸浆供给量的 10% 左右。因此，全球森林面积减少不仅仅是某一个国家的内部问题，它已经成为一个全球问题。

(2) 开垦林地

在发展中国家,为了满足人口增长对粮食的需求,开垦了大量的林地,造成了对森林资源的严重破坏。

(3) 采集薪柴

全世界约有一半人口用薪柴作为炊事的主要燃料。据统计,每年有一亿多立方米林木从热带森林中运出并被用作燃料。随着人口的增长,对薪柴的需求量也相应增长,给森林带来的压力也越来越大。

(4) 大规模放牧

有一些国家和地区,尤其中南美洲地区,为了满足畜牧业的发展和畜禽养殖,砍伐和烧毁了大量森林,建设了大规模的牧场,给森林资源带来了压力。

(5) 自然原因以及空气污染等

在欧美等发达国家,空气污染导致的林木落叶等对森林退化产生了显著影响。另外,水土流失、洪灾和火灾都可能对林木产生影响,其中火灾的影响最为严重。例如2019年南美洲和大洋洲发生了两起大规模火灾,分别是亚马孙大火和澳大利亚山火。经过事故调查两起事故都很可能是天气原因引起的,在高温干燥的气候下,森林里的一些易燃植被率先"发难",如果一开始火势未被发现和控制,将有可能酿成大规模火灾。

11.2.4 森林资源过度开发和利用引起的环境问题

(1) 水土流失

当草原、森林被过度开发时,裸露的土地无法承受风吹雨打,雨水无法就地消纳导致顺势下流,冲刷土壤,造成水分和土壤的双重流失,不仅会导致土壤肥力下降,流沙淤积堵塞水库河道,更严重时还会引发水旱灾害,严重影响人类的生产生活。

(2) 环境恶化,灾情频发

森林资源具有调节气候、净化空气等生态功能,当森林被过度开发时,易发生一些空气污染和耕地面积减少等问题。当森林覆盖率降低到一定程度时,自然灾害开始频繁发生,极大威胁人类的生命财产安全。

(3) 生物多样性减少

当森林长时间处于不合理利用的状态时,极有可能转换土地类型,如森林变成荒漠。而森林作为各种飞禽走兽等生物的重要家园,一旦被毁,会使得当地大量动植物及微生物失去繁衍地和合适的生长条件,导致当地生物多样性减少,严重时甚至导致一些珍稀动植物的灭亡。

11.2.5 我国森林资源现状

我国森林资源现状表现为森林面积和覆盖率持续增长,但森林质量仍有待提高。

(1) 总量不足,分布不均匀

我国虽然国土幅员辽阔,但森林面积小、资源数量少,森林资源总量相对不足、质量不高、分布不均的状况仍然存在,生态产品短缺依然是制约我国可持续发展的突出问题。

2020年和2023年,我国分别完成人工造林和森林修复面积为 $6.77 \times 10^6 \, \text{hm}^2$ 和 $3.99 \times 10^6 \, \text{hm}^2$,截至2023年,全国森林面积为 $2.31 \times 10^8 \, \text{hm}^2$,森林覆盖率为24.02%,虽然这一数据

逐年在提高，但是仍旧较低。2023 年底，全国森林覆盖率为 24.02%，比 2020 年的 20.36% 上升了 3.66 个百分点，各省市中，以台湾和香港为最高，达 70%，而新疆、青海不足 1%。

我国森林资源还存在地区分布不均衡问题，全国绝大部分森林资源集中分布于东北、西南等边远山区和台湾山地及东南丘陵，而广大的西北地区森林资源贫乏。

（2）森林生态功能持续改善

近年，我国不断加强森林资源保护管理，森林质量不断提升，生态功能持续改善。1990 年到 2015 年，全球森林资源面积减少了 1.94×10^9 亩，而我国的森林面积增长了 1.12×10^9 亩。在森林面积增长的同时，我国林业产业总产值从 2001 年的 4.09×10^{11} 元增加到 2015 年的 5.94×10^{12} 元，15 年增长了 13.5 倍。数据显示，我国森林覆盖率已由 20 世纪 70 年代初的 12.7% 提高到 2023 年的 24.02%，森林面积达到 $2.31 \times 10^8 \text{ hm}^2$，森林蓄积 $1.94 \times 10^{10} \text{ m}^3$，面积和蓄积连续 40 多年保持"双增长"，成为全球森林资源增长最多的国家。

（3）加强森林的可持续经营

为了加强森林可持续经营，我国正在实施一系列措施来提升森林质量。例如，通过实施科学经营措施，促进森林质量提升和保持森林生态系统健康稳定，以在更高水平上持续发挥森林的生态、经济、社会等多种功能。此外，最新的调查结果显示，可用于造林的地块大部分在降雨线 400mm 以下的西北、华北地区，立地质量差、造林难成林，扩大森林面积的空间有限。这进一步强调了提高森林质量的重要性。

11.2.6 我国森林防护防治措施

（1）加强对人工林的培育

人工林具有生产周期短，速生丰产，且可与市场需求高度相符等优点，与天然林相比，它具有更高的经济效益，且对森林资源的破坏较小。此外，加强人工林的建设还可以有效缓解已经发生的生态破坏问题。图 11-1 显示了我国近年来每年人工造林面积情况。我国已通过种植人工林

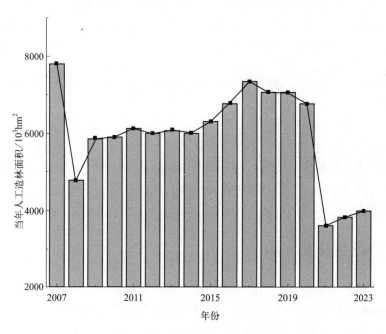

图 11-1　近年来人工造林面积汇总

工程使得20%的荒漠化土地得到了不同程度的治理，并有效保护了15.6亿亩天然林，促进了森林资源的快速良好恢复。

近年来，我国造林总面积有下降趋势，2019年我国造林总面积$7.07×10^6 hm^2$，同比下降3.14%；2020年我国造林总面积$6.77×10^6 hm^2$，同比下降4.24%，但我国仍是世界上人工造林最多的国家。

> **专栏——"三北"防护林工程**
>
> "三北"防护林工程是指在我国三北地区（西北、华北和东北）建设的大型人工林业生态工程。我国政府为改善生态环境，于1979年决定把这项工程列为国家经济建设的重要项目。工程规划期限为73年，分八期工程进行，已经启动第六期工程建设。工程建设范围囊括了三北地区13个省（自治区、直辖市）的725个县（旗、区），总面积$4.36×10^6 km^2$，占我国国土总面积的45%，在国内外享有"绿色长城"之美誉。
>
> 建设三北工程是改善三北地区生态环境、解决生态灾难的根本措施。三北地区在农田保护、水土保持、防风固沙等方面进行了广泛的探索，积累了一定的经验，不少地方取得了较好的效果。工程建设前，三北风沙区造林保存面积达$1.89×10^6 hm^2$，黄土高原水土流失区造林保存面积达$1.4×10^6 hm^2$，为大规模进行沙害、水患治理积累了经验。实践证明，"治水之本在于治山，治山之要在于兴林"是符合客观规律的，植树种草是解决生态灾难的根本措施，生态灾难只能用改善生态的办法来治理。
>
> 据国家林业和草原局资料，截至2020年8月，三北工程累计完成造林保存面积$3.01×10^7 hm^2$，工程区森林覆盖率由5.05%提高到13.57%；2021年三北工程共完成营造林1343.8万亩。

(2) 提高森林资源的实际利用率

在林业生产中，运用先进的科学技术提高林产品的生产效率，可以大幅提高森林资源的利用率，从而降低森林开发的负荷，保障森林生态职能的正常工作。具体的措施有：对于皆伐迹地，主要实施人工更新；对于择伐迹地，主要实施天然更新，有效加强迹地补植；对于适宜种植人工林的荒山野地，要秉持适地适树的原则，实施有计划的人工造林。要转变之前以天然林为主的资源利用方式，转为以人工林为主要砍伐对象的资源利用方式，以促进生态建设的良好发展。

(3) 创新发展森林资源利用模式

对森林资源的开发利用要根据当地森林的主要特点，具体问题具体分析，充分发挥当地森林资源优势，进行有效且科学的开发与利用。借助先进的科学技术，不断进行产业转型，摒弃粗放的开发利用模式，向科学可持续的开发利用模式转变，如林草、林粮、林药等立体经营模式，以及森林公园森林旅游模式等。

11.3 土地资源的开发利用

土地资源的分类有很多种方法，在我国，普遍采用地形分类与土地利用类型分类两种。按照地形分类，土地资源可以分为高原、山地、丘陵、盆地和平原，这种分类展示了土地利用的自然基础。按照土地利用类型分类，土地资源可以分为农用地，草地，林地，工矿、交通、居民点用地等。比较宜开发利用土地有宜垦荒地、宜林荒地、宜牧荒地、沼泽滩涂水域等；暂时难利用土地有戈壁、沙漠、高寒山地等。这种分类着眼于土地的开发与利用，着重研究土地利用所能带来的经济效益、社会效益与生态环境效益。

11.3.1 土地资源开发利用引起的环境问题

（1）生物多样性遭到破坏

随着工业化与城镇化进程的不断推进，建筑用地面积不断增加，耕地面积不断减少，近年来，开展了一系列填海造田等耕地扩张工程，对原生植被、次生植被造成了很大的破坏，使得原有生态系统变得脆弱，破坏了当地生态环境，动植物的生物多样性都受到了很大影响，导致生物物种减少和生物链平衡被打破。长此以往，单一植被难以维持生态系统的平衡，会产生病虫害猖獗等问题，自然和谐也随之被破坏。

（2）土壤污染

在土地资源开发利用的过程中，由于污水浇灌、化肥农药过度使用等不合理的土地利用方式，不可避免地会引入过量的重金属和有机污染物进入土地环境中，最终破坏土壤的结构，使得土壤肥力下降，甚至改变土壤的酸碱度，影响后续土地资源的持续利用。土壤污染很难从根本上治理，一旦发生，仅仅依靠切断污染源的方法很难进行修复，具有治理污染成本高、周期长、难度大等特点，严重威胁着自然生态环境和社会经济生活。

（3）土地退化

土地退化是指土壤资源质量的降低，在耕地上常表现为农作物产量的下降和农产品品质的降低，严重时会导致土地荒漠化、土壤盐渍化等现象。过度的开荒垦殖和放牧活动，会破坏土地表面植被的生长，并改变土地的物理形态，使得土壤有机质含量减少，土壤坚实度增加，从而使农业生态系统受到破坏。

11.3.2 我国土地资源特点

我国土地资源总量丰富，但人均贫乏。随着人口的增加和经济的发展，土地资源形势需重视。我国土地资源利用存在以下问题。

（1）土地辽阔，总量巨大，但人均量偏低

2021年第三次全国国土调查主要数据公报数据显示，我国耕地19.18亿亩，园地3.03亿亩，林地42.6亿亩，草地39.7亿亩，湿地3.52亿亩，城市和工矿用地5.30亿亩，交通运输用地1.43亿亩，水域及水利设施5.44亿亩。以2019年底为标准时点，我国耕地总面积约19.18亿亩，全国人均耕地面积仅有1.36亩，尚不足世界平均水平的50%。

我国耕地面积居世界第4位，林地居第8位，草地居第2位，但人均占有量很低。世界人均耕地$0.37hm^2$，我国人均仅$0.09hm^2$；人均草地世界平均为$0.76hm^2$，我国为$0.35hm^2$。发达国家$1hm^2$耕地负担1.8人，发展中国家负担4人，我国则需负担8人，其压力之大可见一斑。

（2）地域跨度大、区域差异显著

我国地跨赤道带、热带、亚热带、暖温带、温带和寒温带，其中亚热带、暖温带、温带合计约占国土面积的71.7%。从东到西又可分为湿润地区（占32.2%）、半湿润地区（占17.8%）、半干旱地区（占19.2%）、干旱地区（占30.8%）。由于地域和区域不同，导致土地数量和质量也不同。我国耕地主要分布在东部季风区的平原和盆地地区。北方的耕地类型以旱地为主，南方的耕地类型以水田为主。我国东北、西南和东南山区气候湿润，森林茂密，因此是我国三大宜林地区。我国的高原、高山和大盆地主要分布在西部地区，这里处于内陆，气候干燥，分布着面积广大的草地。此外，由于我国西部地势高峻、气候干燥、自然环境恶劣，形成了大面积的沙漠、戈壁、石山、高寒荒漠、永久积雪和冰川等目前条件下难以利用的土地。

(3) 难以开发利用土地比例较大

我国有相当一部分土地是难以开发利用的。在全国国土面积中，沙漠占7.4%，戈壁占5.9%，石质裸岩占4.8%，冰川与永久积雪占0.5%，加上居民点、道路占用的8.3%，不能供农林牧业利用的土地占全国土地面积的26.9%。

此外，还有一部分土地质量较差。在现有耕地中，涝洼地占4.0%，盐碱地占6.7%，水土流失地占6.7%，红壤低产地占12%，次生潜育性水稻土为6.7%，各类低产地合计5.4亿亩。从草场资源看，年降水量250mm以下的荒漠、半荒漠草场有9亿亩，分布在青藏高原的高寒草场约有20亿亩，草质差、产量低，约需60~70亩甚至100亩草地才能养1只羊，利用价值低。全国单位面积森林蓄积量只有79m^3/hm^2，为世界平均值的71.8%。

11.3.3 我国土地资源保护措施

我国土地的基本国策是"十分珍惜、合理利用土地和切实保护耕地"。这一政策体现了国家对土地资源的重视和管理原则，土地资源的可持续利用和保护，以应对人口众多、耕地资源相对不足的国情。这一国策要求各级人民政府采取全面规划和管理措施，保护和开发土地资源，制止非法占用土地的行为，并实施土地用途管制制度，严格控制农用地转为建设用地，保护耕地总量动态平衡。

(1) 科学合理规划

通过合理规划和区分利用土地种类，确保农业生产与生态环境的协调发展。保护农田、湿地、森林等生态脆弱区域，避免大规模土地开垦和大型农业项目的建设，以减少生态环境的破坏。保护耕地和永久基本农田，优化耕地布局，加强耕地保护的法律和行政措施，严肃查处违法占用耕地行为。

(2) 植树造林，防治土壤侵蚀

土地资源保护的根本措施是植树造林，对已开发利用的土地资源，要坚持因地制宜、合理耕种、保护培养，并要节约用地，要防治土地沙化、盐碱化；对已开垦的土地，如山地、海涂等必须进行综合调查研究，做出全面安排和统筹规划，使海涂得到合理的开发和利用。

目前我国仍有较大面积的土地被侵蚀，可以通过建设水土保持工程、坡面治理工程、沟道治理工程和小型水利工程等，缓解并治理土壤侵蚀问题。此外，农业用地可以采用一些农业技术措施如横坡耕作、沟垄种植、水平犁沟、筑埂作垄等以保持水土，缓解土壤侵蚀程度。

(3) 科技创新，加强土地节约集约化利用

我国作为农业大国，耕地面积居世界第三，用全球7%的耕地养活了近20%的人口，因此我国耕地一直处于超负荷的使用状态，造成了土地质量降低的后果。为了保护土地资源，可通过优化产业布局、提高土地的质量和利用效率，实现土地的集约化利用、种业创新、化学肥料农药减施、高效节水、农业废弃物资源化利用等措施，通过科技创新，实现和强化可持续发展的土地保护工作。

（4）加强监测和执法监督

为保障我国土地资源的合理开发与利用，应加强自然资源执法监督力度，并加强对工业"三废"的治理，加大对工厂不合理排污的处罚力度，指导农户合理施用化肥和农药，严格控制土地污染源的引入。

加强耕地质量的监测与评价工作，尽快建立和完善全国耕地质量调查监测与评价系统，以保护我国耕地质量和安全。同时制定和完善相关的法律法规来规范土地利用行为，遏制任何破坏土地资源的行为，建立良好的国土资源管理模式。

11.4 矿产资源的利用

矿产资源综合利用是指对矿产资源进行综合找矿、综合评价、综合开采和综合回收的统称。其目的是使矿产资源及其所含有用成分最大限度地得到回收利用，以提高经济效益，增加社会财富和保护自然环境。

11.4.1 全球矿产资源现状

迄今为止，全世界已发现的矿产种类高达两百多种，其中包括各类能源矿产、金属矿产、非金属矿产和水气矿产等。但放眼全球，由于矿产资源与地质背景、成矿条件密切相关，因此全球矿产资源分布极不均匀，表 11-2 显示了截至 2019 年底重要矿产资源的主要分布国家情况。

表 11-2 重要矿产资源的主要分布国家一览表

矿产资源	主要分布国家
石油	沙特阿拉伯、俄罗斯、伊朗、伊拉克、科威特、阿联酋、利比亚等
铁矿	巴西、俄罗斯、加拿大、澳大利亚、乌克兰、印度、中国等
煤矿	中国、美国、印度、俄罗斯、澳大利亚、南非、波兰、德国等
铜矿	智利、美国、澳大利亚、俄罗斯、赞比亚、秘鲁、刚果（金）等
铝矿	几内亚、澳大利亚、巴西、牙买加、印度、中国、喀麦隆、苏里南等
铅锌矿	美国、加拿大、澳大利亚、中国、哈萨克斯坦等
锡矿	印度尼西亚、中国、泰国、马来西亚、玻利维亚等
锰矿	南非、乌克兰、澳大利亚、巴西、印度、中国等
金矿	南非、俄罗斯、加拿大、美国、中国、巴西、澳大利亚等
金刚石	澳大利亚、刚果（金）、博茨瓦纳、俄罗斯、南非等
盐矿	中国、美国、俄罗斯、德国、加拿大、英国、印度、法国、墨西哥等

由于各个国家和地区的经济发展与工业化进程的不同，世界各国对于其国内矿产资源的利用程度是不同的，加上各区域的地质条件和开发能力的差异，导致当今世界矿产资源的潜在资源量巨大，特别是发展中国家由于开发程度低于发达国家，因此资源潜力巨大，是未来矿产资源开发利用的主要地区。在全球的矿产勘探中，巴西的深水油田和陆上油气田勘探取得较大进展，我国

的火烧云铅锌矿、土耳其的红马登铜金矿、智利的阿尔图拉斯金矿、澳大利亚的蒙蒂铜金矿、厄立特里亚的克鲁里钾盐矿、安哥拉的鲁洛金刚石矿等都属于少见的世界级矿床。

《世界能源统计年鉴2024》显示，2023年底全球石油日均产量为9.64×10^7桶，其中美国、沙特阿拉伯、俄罗斯联邦和加拿大分别占比20.1%、11.8%、11.5%和5.9%；全球天然气产量为$4.06\times10^{12}\ m^3$，其中美国、俄罗斯联邦、伊朗、中国分别占比25.5%、14.4%、6.2%和5.8%；全球煤炭资源探明储量为179EJ，全球分布下中国、印度、印度尼西亚、美国分别占比51.9%、9.3%、8.8%、6.6%，这一分布情况与2020年基本持平。

11.4.2 我国矿产资源现状

我国是世界上疆域辽阔、成矿地质条件优越、矿种齐全配套、资源总量丰富的国家，是具有自己资源特色的一个矿产资源大国。根据《中国矿产资源报告2023》，截至2022年底，我国已发现173种矿产，其中，能源矿产13种，金属矿产59种，非金属矿产95种，水气矿产6种。

矿产资源是国民经济的重要基础，是人类社会发展的主要源泉。据统计，我国90%以上的能源和80%以上的工业原料都来自矿产资源，年消耗矿物原料超过6×10^9 t。2020年一次能源生产总量为4.08×10^9 t标准煤，较上年增长2.8%；消费总量为4.98×10^9 t标准煤，增长2.2%，能源自给率为81.9%。2020年能源消费结构中煤炭占56.8%，石油占18.9%，天然气占8.4%，水电、核电、风电等非化石能源占15.9%。但由于经济发展的需要，目前我国矿产资源依然面临着严峻的形势，主要有以下几点：

(1) 矿产丰富但人均低

虽然我国矿产资源门类比较丰富，部分矿种储量居世界前列，但人均占有量为世界人均占有量的58%，曾居世界第53位。有些重要矿产资源人均占有量大大低于世界人均占有量。比如，我国人均铁矿资源量仅为世界人均量的34.8%。

2019年，除钨、钼、锑、锡、稀土、石墨等6种矿产外，我国油气、铁、铜、铝、镍等15种战略性矿产的资源储量占全球比重均低于20%，尤其是影响能源安全的石油，储量仅占全球总量的1.5%，煤炭的储量也仅占全球总量的13.2%。

(2) 矿产分布不均衡

我国地域辽阔，一些重要矿产的分布具有明显的地区差异，如：煤集中分布于新疆、山西、陕西、内蒙古四省区，占全国保有储量的60%以上；磷矿集中分布于云南、贵州、四川、湖北四省，占全国保有储量的70%；铁矿集中于辽宁、河北、山西、四川四省，占全国保有储量的60%；此外，还有一些大型矿床分布在我国边远地区如新疆、内蒙古的煤，西藏、内蒙古、新疆的铬，西藏的铜、铁，青海的盐湖资源等。

(3) 贫矿多富矿少

我国矿产资源贫矿较多，富矿稀少；大宗矿产贫矿多富矿少，如铁、锰、铝、铜、金、硫、磷、铀等以贫矿居多。如铜矿，平均地质品位只有0.87%，远远低于智利、赞比亚等世界主要产铜国家。

我国共生、伴生矿多，单一矿少。例如铜矿资源中单一型铜矿只有27.1%，伴生铜矿占72.8%。铅锌矿中，单一铅矿床资源量只占总资源储量的32.2%；单一锌矿床所占比例相对较大，占总资源储量的60.45%。

(4) 矿产资源综合利用率低

自 20 世纪 80 年代初以来，虽然我国矿产资源综合利用取得了长足进步，但矿产资源综合利用率偏低，有色金属为 35% 左右，黑色金属为 30%～40%。

(5) 部分战略性矿产资源对外依存度高

从数量上看，我国 2/3 以上的战略性矿产资源储量在全球均处于劣势，需要进口。其中石油、铁矿石、铬铁矿，以及 Cu、Al、Ni、Co、Zr 等对外依存度已经超过 70%。

我国从菲律宾进口的镍矿占总进口量的 96%。我国铝土矿进口量超过 50%，主要依赖于几内亚、澳大利亚。重要战略资源铬 90% 出口自南非、哈萨克斯坦和印度。Cr 作为我国一种重要的战略资源，近年来消费量居世界第一位。

专栏——中国稀土战略

稀土是镧（La）、铈（Ce）、镨（Pr）、钕（Nd）、钷（Pm）、钐（Sm）、铕（Eu）、钆（Gd）、铽（Tb）、镝（Dy）、钬（Ho）、铒（Er）、铥（Tm）、镱（Yb）、镥（Lu）、钪（Sc）和钇（Y）共 17 种元素的总称，因不可再生、分离提纯和加工难度较大等原因而异常珍贵。

稀土有工业"维生素"之称，由于其具有优良的光电磁等物理特性，能与其他材料组成性能各异、品种繁多的新型材料，其最显著的功能就是大幅度提高其他产品的质量和性能。当前，随着全球经济的发展和新兴行业的需要，稀土已被广泛运用于军事、新能源、医疗等领域之中，并且起着不可替代的作用，具有极高战略价值。

现今，真正能够使用的稀土矿数量不多，主要集中在中国、美国、澳大利亚、俄罗斯等国家。美国地质调查局数据显示，2019 年全球稀土储量为 1.2×10^8 t，其中中国储量达 4.4×10^7 t，占全球总量的 37.96%（图 11-2）。

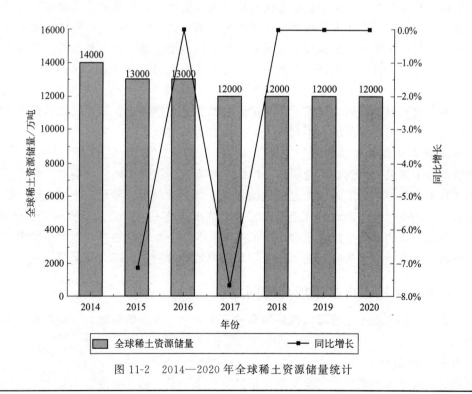

图 11-2 2014—2020 年全球稀土资源储量统计

> 中国是世界上稀土资源最丰富的国家，素有"稀土王国"之称，总保有储量 TR_2O_3 约 $9×10^7 t$。有数据显示，2019年，中国稀土的开采量达到了 $1.32×10^5 t$，是全球稀土开采总量的62.86%，在全球排第一。虽然我国是稀土资源最丰富的国家，但长期以来，环境保护问题、附加值低等原因一直制约着我国稀土产业的发展。为了改变这一现象，2020年1月10日成立了中国科学院稀土研究院。该院围绕稀土绿色、高效、均衡、高值化利用的核心科学与技术问题开展全链条创新研究，研发绿色采选冶和资源高效利用新技术，开发新材料、拓展新应用、培育新产业、提高附加值、加强生态环境保护，保障中国稀土产业的绿色可持续发展。

(6) 矿产资源需求持续增加

我国对矿产资源需求的持续旺盛。目前，我国矿产资源的消费量相当于工业化国家消费量的总和，且我国大部分战略性矿产需求尚未达到峰值。据预测，我国钢铁、煤炭等少数矿产品需求将在"十四五"期间进入峰值平台，铜、铝等大多数矿产品将在"十五五"期间进入峰值平台，锂、钴、稀土等战略性新兴产业矿产品需求峰值在2035年后将陆续到来。

11.4.3 采矿所引起的矿山环境问题

依据问题性质将矿山环境问题划分为"三废"问题，地面变形问题，矿山排（突）水、供水、生态环保三者之间的矛盾问题，沙漠化和水土流失等问题。矿产资源的开发利用带来的环境问题，一部分是在采、选矿过程中产生的，另一部分是在利用过程中产生的。

(1) 露天采矿造成的环境问题

露天采矿作为煤矿开采当中最为普遍的开采方式，以其经济优势始终在煤矿开采当中扮演着重要角色。但同时，露天采矿矿区通常会占据大量土地进行采矿施工，周边的土地常由于遭到过度采矿的影响而破坏严重。露天采矿会直接破坏当地原始地表，是开采方式中破坏力最为严重的一种，会直接改变地表形态和生物种群。露天采场的采坑边帮稳定性差，采坑内无植被，容易造成滑坡、水土流失，干燥季节易造成尘土飞扬；排土场占用土地，岩石易崩落、滑塌，造成水土流失，干燥季节尘土飞扬等。此外，露天采矿过程中会有酸性液体流出，不仅会污染周边土壤，还会严重污染地表水。露天采矿还会带来不少的飞尘等弥漫在空气当中，对大气环境造成破坏，不利于周边居民身心健康发展。煤矿开采当中还会产生大量的硫化合物，长此以往这些化学物质的排放会产生一系列的连锁反应，不利于人、动植物等的健康。

(2) 地下开采造成的环境问题

矿产资源地下开采引发的矿山地质环境问题主要有地面沉降塌陷、地裂缝、泥石流等，其产生的原因是开采活动、采矿工程改变地形地貌和岩土体力学平衡，导致岩土体变形、断裂、脱离母体，在重力作用下迅速运动而造成地质灾害。矿坑水排放不仅会造成地面塌陷、破坏建筑物、危害农田、影响河流和交通干线，还会使地表水漏失和地下水资源枯竭，影响植物生长，人畜饮水困难，引起井下流沙、溃决等。地下采空区易造成地表开裂、沉降、塌陷等。

11.4.4 矿产利用过程中带来的环境问题

矿物资源在利用过程中主要带来的环境影响是工业"三废"的排放，下面以有色金属为例来具体说明。

(1) 废气的排放

有色金属工业产生的废气，成分复杂，治理难度大。采、选工业废气主要为工业粉尘，冶炼废气主要含 S、F、Cl 等，加工废气含酸、碱和油雾等，有的还含有 Hg、Cd、Pb、As 等，治理困难。有色金属工业排放的 SO_2 与电力工业相比虽然总量要小得多，但有色金属工业排放的 SO_2 一般浓度高，因此，大型企业在 $5\times10^4 \sim 1\times10^5$ km、中小型企业在 $1\sim2$ km 范围内，人、畜、植被和土壤都会受到污染和影响。

(2) 废水的排放

有色金属工业废水中含有有害元素和重金属，有些未经妥善处理就直接排放。每年有色金属工业废水外排 Hg、Cd、Pb、As 等有毒物的数量较多，致使矿山周边的河流、湖泊受到污染，水资源、水环境受到破坏。

(3) 固废的排放

一般来说，有色金属在矿石中的含量相对较低，生产 1t 有色金属会产生上百吨甚至几百吨固体废物。而且，有色金属工业产生的固体废物回收利用率很低，约为 8%。固体废物不但占用土地资源，往往还占用农田、耕地，破坏植被，而且其渗滤液水中有毒有害元素超标，对环境的破坏很大。大量的固体废物往往是泥石流的来源，直接威胁人民生命财产安全。图 11-3 显示了 2018 年矿业相关行业的一般工业固体废物产生量。

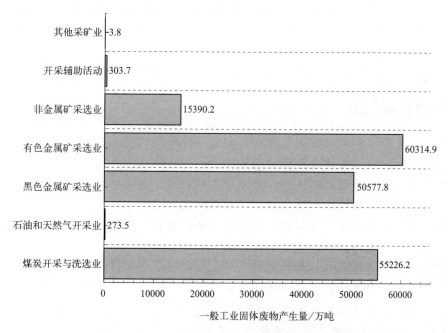

图 11-3　矿业相关行业的一般工业固体废物产生量

11.4.5　矿产资源污染防治措施

(1) 固体废物的治理和利用

矿山尾矿、废石综合治理的关键问题是综合回收利用，相关部门与企业应坚持以"资源化、减量化和无害化"为原则，采用先进技术和合理的工艺对尾矿进行再选，最大限度地回收尾矿中可以被再利用的组分，同时进一步减少尾矿数量。大力发展尾矿废物的新型利用方向，如将尾矿作为建筑材料的原料，用尾砂修筑公路、路面材料、防滑材料、海岸造田等。此外，对于废弃的尾矿堆积场，可以在其表面覆土造田，种植农作物或植树造林，以修复被破坏的生态环境。

(2) 废水的治理

处理煤矿资源开发过程中的废水问题时，首先应明确会产生水污染的环节，从源头上采取对应措施来减少废水的产生。而针对已排放的污水，目前国内外矿区废水处理方法主要分为化学处理、物理处理及生物处理等，其中最常用的工艺方法包括中和法、微生物法、氧化还原法、人工湿地法及膜分离技术等。同时，应加大废水可再生回收的力度，将处理达标后的废水用于一些冲洗、绿化等环节，缓解水资源紧张的现状。

(3) 土地复垦

土地复垦是指在矿山生产建设过程中，对因挖损、塌陷、压占等原因破坏的土地采取整治措施，使其恢复到可供利用状态的活动，对于保护环境和缓解耕地供需矛盾非常必要。矿山土地复垦一般有两种方法：一是采后复垦；二是交替复垦，即矿山复垦规划与开采规划同时考虑。目前我国矿山复垦的发展方向是推广交替复垦，及时控制矿区的环境破坏，通过因地制宜种植优势植物，提高绿化程度和林木覆盖面积，提高土地利用价值，推进矿区生态环境的良性演变。

(4) 法治建设

加强法规和制度的建设，全面推进矿产资源开发利用的环境保护工作；制定矿山环境保护规划，科学、有序地开展矿山环境保护与治理；实施矿山环境恢复与土地复垦保证金制度；依靠科技进步，提高矿产资源开发利用的效率，贯彻"两种资源、两个市场"战略，减缓矿山环境压力。

习题与思考题

1. 什么是自然资源？请列举出几种常见的自然资源。
2. 简述对环境影响较大的自然资源的特征。
3. 简述我国森林资源的破坏情况以及保护措施。
4. 简述我国土地资源的破坏情况以及保护措施。
5. 简述我国矿产资源开发对环境的影响或者破坏情况。
6. 什么是自然资源的可持续开发利用？
7. 如何实现能源资源的可持续利用？
8. 自然资源开发利用的基本原则是什么？
9. 森林资源开发对气候变化有哪些影响？
10. 为什么要加强对天然气开发的环境监管？
11. 如何实现矿产资源开发的绿色转型？
12. 如何在城市化过程中保护自然资源？

参考文献

[1] 李广贺. 水资源利用工程与管理 [M]. 北京：清华大学出版社，1998.
[2] 邱定蕃. 有色金属资源循环利用 [M]. 北京：冶金工业出版社，2006.
[3] 张琦. 中国土地储备开发模式与比较研究 [M]. 北京：北京师范大学出版社，2011.
[4] 谭术魁. 土地资源学 [M]. 上海：复旦大学出版社，2011.
[5] 吴普特. 中国旱区农业高效用水技术研究与实践 [M]. 北京：科学出版社，2011.
[6] 郭强. 民生中国：生态环境的困局与未来 [M]. 昆明：云南教育出版社，2013.

［7］ 杨京平．环境与可持续发展科学导论［M］．北京：中国环境科学出版社，2014.
［8］ 余敬．重要矿产资源可持续供给评价与战略研究［M］．北京：经济日报出版社，2015.
［9］ 赵烨．环境地学［M］．2版．北京：高等教育出版社，2015.
［10］ 国土资源部信息中心．世界矿产资源年评［M］．北京：中国地质大学出版社，2016.
［11］ 郝兴中，祝德成，宋晓媚．地球馈赠 矿产资源［M］．济南：山东科学技术出版社，2016.
［12］ 卢昌义，陈进才．现代环境科学概论［M］．3版．厦门：厦门大学出版社，2020.
［13］ 刘文华，徐必久．中国环境统计年鉴［R］．北京：中国统计出版社，2019：4-5.
［14］ 英国石油公司．BP世界能源统计年鉴2021［R］．伦敦：英国石油公司，2021.
［15］ 自然资源部中国地质调查局国际矿业研究中心．全球矿业发展报告（2020—2021）［R］．北京：自然资源部，2021.
［16］ 杜群，车东晟．新时代生态补偿权利的生成及其实现——以环境资源开发利用限制为分析进路［J］．法制与社会发展，2019，25（2）：43-58.
［17］ 王海军，薛亚洲．我国矿产资源节约与综合利用现状分析［J］．矿产保护与利用，2017（2）：1-5，12.
［18］ 徐志，马静，贾金生，等．水能资源开发利用程度国际比较［J］．水利水电科技进展，2018，38（1）：63-67.
［19］ 张合林，王亚晨，刘颖．城乡融合发展与土地资源利用效率［J］．财经科学，2020（10）：108-120.

第 12 章　环境污染与公众健康

1. 大气污染对健康的影响；
2. 水污染对健康的影响；
3. 土壤污染对健康的影响；
4. 环境污染的健康风险评价方法。

工业生产、农业生产等人类活动导致大量的有害物质或因子排放进入环境，并在环境中扩散、迁移、转化，当排放量超过环境本身的自净能力时，环境质量便向不良方向发展，造成环境污染。造成环境污染的有害物质或因子称为污染物。污染物能够通过各种途径接触人类并危害到我们的健康和生存。工业革命以来，无节制的污染物排放，导致环境污染事件频发，对公众健康造成严重的危害。20 世纪 50 年代以来，英国伦敦烟雾事件、日本横滨哮喘病事件、光化学烟雾事件、水俣病和痛痛病事件等的爆发，引起全世界对环境污染与公众健康问题的重视。

根据不同目的和研究角度，环境污染可分为多个不同类型。根据环境要素可分为：大气污染、水体污染、土壤污染等；根据污染物性质可分为生物污染、化学污染和物理污染（光污染、热污染、噪声污染、放射性污染、电磁污染等）；根据污染物形态可分为废气污染、废水污染、固体废物污染、噪声污染以及辐射污染等；根据污染产生原因可分为工业污染、农业污染、交通污染、生活污染等；根据污染涉及范围可分为全球性污染（如温室效应）、区域性污染、局部污染等；根据污染物生成过程又可分为自然生成物与人工合成物、一次污染物与二次污染物等。环境污染对人类健康的影响具有一些独有的特征，其中主要包括复杂性、潜伏性、综合性、广泛性、累积性、持续性等。

12.1　大气污染与健康

清洁的空气是一切生物生存的基础。人通过呼吸与外界进行气体交换，从空气中吸收 O_2，呼出 CO_2，以维持生命。一个成年人通常每天呼吸两万多次，吸入 $10\sim15m^3$ 空气。大气组分可分为恒定组分、可变组分和不定组分三种。恒定组分指 N_2、O_2 以及氩气等稀有气体，其中 N_2 和 O_2 分别占空气体积的 78.09% 和 20.95%。可变组分指空气中的 CO_2 和水蒸气，在空气中的含量随地区、季节、气象等因素的变化而变化。美国国家海洋和大气管理局莫纳罗亚气象台监测显示，2019 年 5 月大气中 CO_2 的浓度已经超过了工业化前水平，达到 0.0415%，并且仍在上升。水蒸气的含量因地点和气候条件的不同而有很大差异，但通常情况下，其含量小于4%。不定组分指煤烟、尘埃、SO_x、NO_x 及 CO 等，与人类活动直接相关。

世界卫生组织和联合国环境署发表的一份报告指出："空气污染已成为全世界城市居民生活中一个无法逃避的现实"。大气污染物主要通过呼吸道进入人体，小部分污染物也可以沉降至食物、水体或土壤，通过进食或饮水，经消化道进入体内，儿童还可能因直接食入尘土而由消化道摄入大气污染物。另外，有些污染物可通过直接接触黏膜、皮肤进入体内。经过各种途径，大气污染对健康的危害包括以下三方面：

① 急性危害。大气污染物的浓度在短期内急剧升高，可使当地人群因吸入大量的污染物而引起急性中毒，按其形成原因可分为烟雾事件和生产事故。根据烟雾形成的原因，历史上发生的烟雾事件可分为煤烟型烟雾事件、光化学烟雾事件和复合型烟雾事件。

② 慢性危害。大气污染物导致的慢性危害包括影响呼吸系统、影响心血管系统、引起癌症、降低机体免疫力、引起变态反应等。

③ 间接危害。大气污染还可通过温室效应、臭氧层破坏、酸雨等对人体健康造成间接危害。大气层中 CO_2 等温室气体能吸收地表发射的热辐射，有使大气增温的作用，称为温室效应。气候变暖有利于病原体及有关生物的繁殖，从而引起生物媒介传染病的分布发生变化，扩大其流行的程度和范围，加重对人群健康的危害。气候变暖还会使空气中的一些有害物质如真菌孢子、花粉等浓度增高，导致人群中过敏性疾患的发病率增加。平流层底部臭氧层中的 O_3 几乎可全部吸收来自太阳的短波紫外线，使人类和其他生物免遭紫外线辐射的伤害。而大气污染物中 N_2O、CCl_4、CH_4、溴氟烷烃类以及 CFCs 等可进入平流层，破坏臭氧层。臭氧层破坏形成空洞后，减少了对短波紫外线和其他宇宙射线的吸收和阻挡功能，造成人群中皮肤癌和白内障等发病率的增加。SO_2 和 NO_x 气体可被氧化剂或光化学产生的自由基氧化转变为硫酸和硝酸，使降水 pH 值降低至 5.6 以下，形成酸雨。酸雨能够增加土壤中有害重金属的溶解度，加速其向水体、植物和农作物的转移，对人体健康的潜在危害升高。

12.1.1 颗粒污染物对健康的危害

12.1.1.1 颗粒污染物对健康危害的主要影响

颗粒污染物（下称颗粒物）对健康的危害主要包括对呼吸系统、心血管系统、神经系统、免疫系统、生殖发育的影响，以及致癌性和遗传毒性。

① 对呼吸系统的影响。呼吸系统是颗粒物直接接触的靶器官。进入呼吸道的颗粒物可以刺激和腐蚀肺泡壁，使呼吸道防御机能受到破坏，肺功能降低，呼吸系统症状如咳嗽、咳痰、喘息等发生率增加，导致呼吸系统疾病包括慢性支气管炎、肺气肿、慢性阻塞性肺病、哮喘等的入院数增加以及患病率和死亡率升高。

② 对心血管系统的影响。大量研究表明，颗粒物是导致不良心血管健康效应的重要空气污染物之一。颗粒物的长期或短期暴露可引起人群中心血管系统疾病的急诊人数和入院数增加以及死亡率升高，相应的心血管系统疾病主要包括心肌缺血、心肌梗死、心律失常、动脉粥样硬化等。呼吸系统释放的细胞因子和趋化因子进入血液循环，引发循环系统的系统性炎症反应。同时，颗粒物暴露可对人体的凝血功能、血管功能和心脏自主神经功能产生显著影响。

③ 对神经系统的影响。大气颗粒物对神经系统的影响是各种效应和因子相互作用的复杂结果，毒性效应很多，包括神经元损伤、炎性因子和神经递质变化等。颗粒物对神经系统影响的流行病学研究表明，颗粒物暴露可导致缺血性脑血管病、认知功能损害等对神经系统功能的影响。

④ 对免疫系统的影响。颗粒物进入机体后，可通过对固有免疫系统（黏膜系统、体液分子和固有免疫细胞）和适应性免疫系统（包括细胞免疫、体液免疫和细胞因子）的影响，损伤免疫系统功能，降低机体的免疫能力，从而使一系列疾病的患病风险增加。目前认为颗粒物免疫毒性的可能机制包括氧化损伤机制、细胞凋亡机制以及钙稳态失衡机制。虽然有关颗粒物的免疫毒性研究已经取得了一定进展，但是由于颗粒物来源、化学组分的多样性以及免疫系统的复杂性，对颗粒物免疫毒性机制的了解仍有不明确之处。

⑤ 对生殖发育的影响。美国国家环境保护局（USEPA）在 2009 年发布的《颗粒物综合科学评价》报告中指出，部分研究显示大气 $PM_{2.5}$ 长期暴露与生殖发育危害之间存在因果关系。颗粒物对生殖发育的影响主要表现为出现不良妊娠结果（早产、流产、死胎、低出生体重等）、导致妊娠期暴露滞后效应（胚胎和胎儿发育迟缓、发育异常等）、影响生育能力（生殖细胞数量减少、功能降低、不孕不育等）以及发生妊娠并发症。

⑥ 致癌性和遗传毒性。2013 年 10 月，国际癌症研究机构（IARC）根据充分的流行病学研究、动物实验研究以及致癌机制研究证据，将大气颗粒物评价为"明确的人类致癌物"。其中，于诸多癌症中，颗粒物暴露与肺癌的关系最为密切。

12.1.1.2　颗粒物健康影响的相关因素

颗粒物健康影响的相关因素主要包括颗粒物的化学组分、颗粒物的浓度、人群易感性等因素。

① 颗粒物的化学组分。颗粒物的健康影响与其化学组分是密切相关的，不同化学组分的颗粒物所引起健康危害的类型和能力有所不同。$PM_{2.5}$ 中对血压水平有重要影响的化学组分为有机碳（OC）、元素碳（EC）、Ni、Zn、Mg、Pb、As、Cl^- 和 F^- 等；对心血管生物指标有重要影响的化学组分为 Zn、Co、Mn、Al、NO_3^-、Cl^-、OC 等；对肺功能有重要影响的化学组分为 Cu、Cd、As 和 Sn。上述在大气 $PM_{2.5}$ 健康效应中起关键作用的化学成分主要来源于二次硝酸盐/硫酸盐、扬尘、燃煤排放、二次有机颗粒物、交通排放、冶金排放等。

② 颗粒物浓度。我国开展的 $PM_{2.5}$ 对健康影响的研究显示，$PM_{2.5}$ 暴露可导致全病因死亡率及居民心肺系统疾病死亡率增加，且暴露-反应关系基本上不存在阈值。由于我国大气颗粒物的浓度水平较高、变化范围较宽，因此颗粒物暴露导致人体健康影响的暴露-反应关系更为复杂，可能出现非线性的关系。

③ 人群易感性。颗粒物对人群的健康影响与人群易感性也有密切关系。不同的年龄、身高体重、健康状况、遗传因素、生活方式等均会对颗粒物的健康效应产生影响，儿童、孕妇、老年人、本身患有疾病的人群均属于易感人群。与成人相比，儿童正处于生长发育的关键时期，发育中的机体对大气颗粒物的危害更为敏感，并且儿童单位体重接触的污染物量较成人更多，因此更容易受到颗粒物的影响。孕妇在妊娠期生理特征发生特殊变化，肺泡通气量增加、需氧量增加，并且胎儿细胞的快速繁殖以及器官形成均使其对颗粒物影响的易感性增加。

12.1.1.3　颗粒物健康效应机制

颗粒物健康效应机制主要包括以下几方面：

① 颗粒物进入肺组织，引起局部氧化应激和炎症反应，氧化应激可损害生物膜脂质、蛋白质和 DNA，与炎性因子共同作用会导致呼吸道受损伤，引起肺功能降低及呼吸系统疾病发生率增加。

② 颗粒物刺激肺部产生的炎性因子与通过肺毛细血管进入血液循环的超细颗粒物及其组分，可改变循环系统的氧化应激状态和炎性水平，促进炎性因子、趋化因子、黏附分子的表达，引起

系统性炎症反应,后者可能对各组织器官产生不良影响。

③ 系统氧化应激及炎症反应可进一步引起血液的高凝状态、内皮功能紊乱、血管舒缩异常、自主神经功能紊乱等,引起对心血管系统的损伤。

④ 进入系统循环的超细颗粒物或其组分,还可对心血管系统、神经系统等产生直接毒性作用。

⑤ 颗粒物刺激细胞释放活性氧,氧化损伤组织细胞,引起细胞增殖和分裂紊乱,可能导致细胞发生恶性转化。

12.1.2 气态污染物对健康的危害

12.1.2.1 SO_2 的危害

SO_2 是一种无色有刺激性的气体,对人体的危害如下:

① 刺激呼吸道。SO_2 易溶于水,当其通过鼻腔、气管、支气管时,多被黏膜中水分吸收阻留,变成亚硫酸、硫酸和硫酸盐,使刺激作用增强。

② SO_2 和悬浮颗粒物的联合毒性作用。SO_2 和悬浮颗粒物一起进入人体,气溶胶微粒能把 SO_2 带到肺深部,使毒性增加 3~4 倍。此外,当悬浮颗粒物中含有 Fe_2O_3 等金属成分时,可以催化 SO_2 氧化成酸雾,吸附在微粒的表面,被带入呼吸道深部。硫酸雾的刺激作用比 SO_2 强约 10 倍。

③ 促癌作用。动物实验证明 $10mg/m^3$ 的 SO_2 可加强致癌物苯并[a]芘的致癌作用。在 SO_2 和苯并[a]芘的联合作用下,动物肺癌的发病率会高于单个致癌因子的发病率。

④ 其他作用。SO_2 进入人体时,血中的维生素便会与之结合,使体内维生素 C 的平衡失调,从而影响新陈代谢。SO_2 还能抑制、破坏或激活某些酶的活性,使糖和蛋白质的代谢发生紊乱,从而影响机体生长发育。

12.1.2.2 NO_x 的危害

NO_x 是大气中主要的气态污染物之一,包括多种化合物,如 N_2O、NO、N_2O_2、N_2O_3、N_2O_4、N_2O_5 等。其中,NO、NO_2 是大气中含量较多且构成污染的主要氮氧化物,能刺激呼吸器官,引起急性和慢性中毒,直接影响和危害人体健康。NO_x 较难溶于水,因而能侵入呼吸道深部细支气管及肺泡,并缓慢地溶于肺泡表面的水分中,形成亚硝酸、硝酸,对肺组织产生强烈的刺激及腐蚀作用,引起肺水肿。亚硝酸盐进入血液后,会与血红蛋白结合生成高铁血红蛋白,引起组织缺氧。一般情况下,当污染物以 NO_2 为主时,对肺的损害比较明显,NO_2 与支气管哮喘的发病也有一定的关系;当污染物以 NO 为主时,高铁血红蛋白症和中枢神经系统损害比较明显。在 NO_2 污染区内,人体呼吸机能下降,呼吸器官发病率增高。

流行病学研究表明,呼吸系统疾病、心血管疾病和局部缺血性心脏病发病率和死亡率的升高与大气中 NO_2 水平的升高有关。毒理学研究也表明,不同浓度的 NO_2 可以导致动物的肺、脾、肾、肝等脏器受损,引起呼吸道疾病,导致血液改变和免疫功能的下降等。同时,大气中的 NO_x 会增加受体人群患糖尿病、超重肥胖的风险。

12.1.2.3 O_3 的危害

O_3 是光化学烟雾的代表性物质,氧化性极强。近地面 O_3 的生成非常复杂,是一种二次污染物,能对地球上的生命包括人类、动物、植物和微生物等产生危害。由于具有高反应性和微溶于水的特性，O_3 的主要暴露途径为呼吸道吸入。O_3 进入呼吸道后，能刺激和氧化呼吸道黏膜和肺细胞，降低呼吸道防御机能，使呼吸道疾病发病率增加，甚至使死亡率增加。同时，作为强氧化剂，O_3 能够形成氧化物和自由基，这些氧化物和自由基可通过血液进入全身循环系统，进一步导致心血管疾病危害。

O_3 与大气颗粒物污染的联合效应。50%以上的 $PM_{2.5}$ 来自化学反应转化，且转化能力和大气氧化能力有很大的关系，O_3 浓度高，大气氧化能力强，颗粒物转化生成快，$PM_{2.5}$ 中二次转化的成分就多，而 $PM_{2.5}$ 的高浓度又给 O_3 的生成提供了反应的表面，进一步加速了 O_3 的生成，两种污染的紧密联系形成了大气的复合污染。

12.1.3 雾霾对健康的危害

雾在气象学上的定义为：近地面空气中的水汽凝结成大量悬浮在空气中的微小水滴或冰晶，导致水平能见度低于 1km 的天气现象。中国气象局《地面气象观测范围》中将霾定义为：大量极细微的干尘粒等均匀地浮游在空中，使水平能见度小于 10km 的空气普遍浑浊现象，使远处光亮物体微带黄、红色，使黑暗物体微带蓝色。2010 年颁布的《中华人民共和国气象行业标准》则给出了更为技术性的判识条件：当能见度小于 10km，排除了降水、沙尘暴、扬沙、浮尘等天气现象造成的视程障碍，且空气相对湿度小于 80%时，即可判为霾。

雾和霾的区别在于，雾是由水汽组成的，水汽遇冷就结雾，雾中所含凝结核颗粒直径大，有几个或十几个微米。霾，也称灰霾，是空气中灰尘、硫酸、硝酸、OC 等的混合物。霾粒子分布比较均匀，粒子的尺度比较小，从 $0.001\mu m$ 到 $10\mu m$，平均直径 $1\sim 2\mu m$。同时，雾和霾在一定情况下可以相互转化。

雾霾天气，空中浮有大量尘粒和烟粒等有害物质，会对人体的呼吸道造成伤害。尤其是细颗粒污染物 $PM_{2.5}$，表面积大，易携带大量有毒有害物质，经呼吸道进入人体肺部深处并随血液循环，一旦被人体吸入，对人体产生的危害更大。$PM_{2.5}$ 会刺激并破坏呼吸道黏膜，使鼻腔变得干燥，破坏呼吸道黏膜防御能力。同时，雾霾天气会导致近地层紫外线减弱，容易使得空气中病菌的活性增强，再由细颗粒物携带进入呼吸系统的深处，造成感染。雾霾中传统关注的多环芳烃及过渡金属（如 Fe、Zn、Cu、Ni、V）可引起活性氧的产生和炎性因子的释放，与颗粒物引起的心肺损伤密切相关。健康成人志愿者暴露于浓缩大气颗粒物中后，可观察到肺部炎症反应，表现为肺泡灌洗液中中性粒细胞上升、血液纤维蛋白原升高等。

霾和细颗粒污染物损害健康的生理和生化机理主要是：颗粒物进入肺组织，引起局部氧化应激和炎症反应，氧化应激可损害生物膜脂质、蛋白质和 DNA，与炎性因子共同作用导致呼吸道损伤，引起肺功能降低及呼吸系统疾病发生率增加以及血液流变能力改变。同时，雾霾天气时，空气中悬浮着粉尘、烟尘以及尘螨等，支气管哮喘患者吸入这些过敏原，就会刺激呼吸道，出现咳嗽、气闷、呼吸不畅等哮喘症状。

12.1.4 居住环境空气污染对健康的危害

室内空气污染与健康的关系已经成为世界各国政府和公众的关注焦点之一。现代人每天有 80%以上的时间是在室内环境中度过的，即使在农村，人们在室内度过的时间也不会少于 50%，因此，室内环境污染成为人体暴露于环境空气污染物的主要途径之一，具有成分复杂、暴露水平低、作用时间长、协同作用等特点。

室内空气污染物可分为以下三类：

① 化学性污染物。室内空气中化学性污染物品种繁多，来自家用燃料燃烧的化学性污染物包括：CO、CO_2、多环芳烃（3,4-苯并芘）、SO_2、氮氧化物、颗粒物（PM_{10} 和 $PM_{2.5}$）、烹调油烟。来自建筑装饰装修的化学性污染物包括：甲醛、VOCs、苯系物等。来自人类相关活动化学性污染物包括：CO_2、NH_3、喷雾剂、O_3 等。室内化学性空气污染物中以 CO、甲醛、多环芳烃、颗粒物对健康的影响最为明显。

② 物理性污染物。室内环境中有害的物理因素主要指放射性，属于电离辐射污染。

③ 生物性污染物。室内温度和湿度较高，以及密闭性好、通风不良、使用空调等因素，极易导致室内微生物的滋生和传播。

居住环境室内空气污染会对人体造成重大健康影响，包括癌症（肺癌、鼻咽癌和白血病）、严重的过敏性疾病（哮喘、过敏性肺炎）、严重的呼吸系统感染性疾病（军团菌病、非典型病原体肺炎、流行性感冒）、CO 中毒、慢性阻塞性肺病等。呼吸系统健康效应包括肺功能的急慢性改变，呼吸道症状的发生概率增加，慢性支气管炎、哮喘、肺气肿、呼吸系统感染等；甲醛、VOCs、尘螨、霉菌等能够导致过敏性哮喘、过敏性鼻炎、过敏性肺炎、过敏性皮炎、多重化学物质敏感症等免疫系统健康效应；SO_2、甲醛、VOCs、环境烟草烟雾等室内主要污染物易引起皮肤和黏膜刺激；CO、甲醛、VOCs、环境烟草烟雾等污染物可对感觉神经系统产生作用；环境烟草烟雾和 CO 对心血管症状、心血管疾病的发病率和死亡率产生影响；多环芳烃（苯并[a]芘）、环境烟草烟雾、苯、氡等污染物具有致癌性。

12.2 水污染与健康

日趋严重的水污染现状已对人类的生存环境乃至身体健康造成不利影响。世界权威机构调查显示，在发展中国家，各类疾病中有 80% 是因为饮用了不卫生的水而传播的。全球每年因饮用不卫生的水而导致死亡的人数在 2000 万。因此，水污染被称作"世界头号杀手"，也是国际上最关注的公共卫生问题之一。

居民通过饮用、食用、洗涤、娱乐等活动直接或间接接触被污染的水体后，可能会引起与水有关的疾病发生和流行，对人体健康造成危害。水污染物的直接暴露主要通过饮水经消化道进入体内或通过与水的接触经皮肤进入体内，也可以通过水汽溶胶被吸入体内。水污染物的间接暴露途径包括：通过废水灌溉农田污染土壤，再由土壤经农作物被人摄入；被水生生物摄入，在其体内累积并经食物链的生物放大效应富集后被人摄入，如重金属和有机氯农药等持久性有机污染物。

12.2.1 化学性污染对健康的危害

水环境中的化学污染物不仅种类众多，而且毒性、在水中的浓度和空间分布也各有不同。我国根据如下原则筛选出水环境优先控制污染物：①具有较大的产生量或排放量，并在环境中广泛存在；②毒性效应大，即急性毒性较大或具有严重的慢性毒性；③水中难降解，在生物体中有累积性，有水生生物毒性；④国内已具备一定基础条件，可以监测，能够进行控制排放的污染物。20 世纪 80 年代末，我国在对环境中污染物进行大量调查研究的基础上，提出了水环境优先控制污染物清单，如表 12-1 所示。

表 12-1　我国水环境优先控制污染物

类别	污染物
挥发性氯代烃	二氯甲烷、三氯甲烷、四氯化碳、1,2-二氯乙烷、1,1,1-三氯乙烷、1,1,2,2-四氯乙烷、三氯乙烯、四氯乙烯、三溴甲烷
苯系物	苯、甲苯、乙苯、邻二甲苯、间二甲苯、对二甲苯
氯代苯类	氯苯、邻二氯苯、对二氯苯、六氯苯
多氯联苯	多氯联苯
酚类	苯酚、间甲酚、2,4-二氯酚、2,4,6-三氯酚、五氯酚、对硝基酚
硝基苯类	硝基苯、对硝基甲苯、2,4-二硝基甲苯、三硝基甲苯、对硝基氯苯、2,4-二硝基氯苯
苯胺类	苯胺、二硝基苯胺、对硝基苯胺、2,6-二氯硝基苯胺
多环芳烃类	萘、荧蒽、苯并[b]荧蒽、苯并[k]荧蒽、苯并[a]芘、茚并[1,2,3,c,d]芘、苯并[ghi]芘
酞酸酯类	酞酸二甲酯、酞酸二丁酯、酞酸二辛酯
农药	六六六、DDT、敌敌畏、乐果、对硫磷、甲基对硫磷、除草醚、敌百虫
丙烯腈	丙烯腈
亚硝胺类	N-亚硝基二乙胺、N-亚硝基二正丙胺
氰化物	氰化物
重金属及其化合物	As 及其化合物、Be 及其化合物、Cd 及其化合物、Cr 及其化合物、Cu 及其化合物、Pb 及其化合物、Hg 及其化合物、Ni 及其化合物、Tl 及其化合物

持久性有毒污染物（PBTs）指具有持久性、生物累积性和潜在危害人体健康、环境安全特征的有毒物质。PBTs 来源广泛，以人工合成的居多，曾广泛使用的有机氯农药（如 DDT、艾氏剂）是 PBTs 的一个重要来源，一些工业产品（如多氯联苯、多溴联苯醚、六溴环十二烷、全氟碳化物）是另一个主要的 PBTs 来源，此外，在人类生产生活过程中，有机物的不完全燃烧也会产生 PBTs，如多环芳烃、二噁英和呋喃。由于 PBTs 具有疏水性，容易在水体沉积物的有机质中以及生物体内的脂质中积累，PBTs 能对水生食物链的顶级掠食者（人体和食鱼的鸟类、哺乳动物）造成最大的毒害风险。另外，PBTs 由于本身的理化特性，往往容易从一个环境介质迁移到另一个环境介质，可通过长距离大气传输到千里以外的地区。

12.2.1.1　水中重金属污染与健康

重金属具有高毒性、持久性、难降解性等特点。重金属污染水体可产生以下几种危害：不易消失，可通过食物链的生物放大作用在生物体内富集，增加对人类的危害；可在微生物的作用下，转化为毒性更强的金属有机化合物，毒性大大增加；易沉积，会在水体底泥中累积，造成长期污染和二次污染。

重金属可通过直接饮用被重金属污染的水，或食用被污染的农产品和水产品，通过食物链威胁人体健康。重金属进入人体后不易排出，逐渐蓄积，可导致机体急慢性中毒甚至远期危害。

① 急性中毒。重金属 Hg、Pb、Cd 等对大多数酶的活性都有强烈的抑制作用。低浓度时可作用于酶蛋白的巯基、羧基和咪唑基，从而抑制酶的活性；高浓度时可使酶蛋白变性失活，造成强烈毒性。重金属引起急性中毒多见于职业暴露或误服。

② 慢性中毒。重金属污染水体后，由于受到稀释，往往呈现低浓度长期污染的特点，但可通过食物链富集，经过较长时间累积后出现中毒症状。

③ 远期危害。一些重金属具有遗传毒性作用、致癌作用和致畸作用。例如：长期饮用含 As 量高的水可增加皮肤癌的发病率。某些金属能在底泥、悬浮物和水生生物体内蓄积，人体若长期

暴露，不仅有可能诱发癌症，甚至导致后代畸形。

水环境中影响人体健康的重金属主要有 As、Hg、Cd、Cr、Pb。As 中毒是一种严重危害人类健康的疾病，主要由饮用水摄入暴露引起。As 可导致人体急性、慢性中毒，急性砷中毒者可出现中枢神经系统功能障碍、消化道和呼吸道病变甚至快速死亡。As 的慢性毒作用十分广泛，可蓄积至全身各组织器官，表现为皮肤、呼吸系统、消化系统、泌尿系统、血液系统、神经系统、心血管系统、呼吸系统、免疫功能和生殖发育损害，其中皮肤损害较为敏感，临床表现突出。As 的慢性毒作用可分为致癌效应和非致癌效应。IARC（国际癌症研究机构）将无机砷确认为致癌物。

Hg 的使用与排放不当会造成严重的环境污染并危及人体健康与生态安全，1950 年日本水俣病事件引起全世界范围内的广泛关注。人类暴露于 Hg 的健康危害风险主要由甲基汞引起。甲基汞中毒临床表现为神经中毒症状，急性、亚急性中毒的典型症状为末梢感觉减退、视野向心性缩小、听力障碍、共济失调症（水俣病综合征）；慢性甲基汞中毒开始症状轻微或不典型，随着累积量增加会出现典型神经中毒症状。动物研究和体外试验结果支持 Hg 具有神经毒性、肾脏毒性、生殖毒性和免疫毒性。未来对 Hg 危害的关注主要集中在长期低剂量甲基汞暴露引起的健康损伤风险。同时，由于 Hg 具有长距离传输特征，国际社会必须通过区域和国际合作的方式控制其潜在危害。再者，由于 Hg 的污染排放源众多，控制环境污染需要社会多个部门的共同参与。

Cd 暴露主要来源于饮食和吸烟，其中食物链是 Cd 进入体内并在组织器官中累积的主要途径，食物链中的 Cd 主要来自土壤。Cd 进入体内后排出极缓慢，生物半衰期长达 20～40 年，从而使人体某些器官的 Cd 含量随着年龄的增长而增加。因此，即使长期生活在 Cd 含量较低的大气中，或食用含有低浓度 Cd 的食物或饮水，都有产生严重疾病甚至死亡的风险。Cd 主要对肾脏和骨骼产生毒性，被 IARC 确认为 I 类致癌物。Cd 经消化道引起急性中毒的主要表现是恶心、呕吐和腹泻，较严重者伴有头痛、眩晕、大汗和上肢感觉障碍甚至抽搐。长期摄入过量 Cd 可引起慢性 Cd 中毒，肾脏和骨骼是 Cd 的主要靶器官，其中肾脏损伤是慢性 Cd 暴露对人体的主要危害。

Cr 在水体中主要以 Cr(III) 和 Cr(VI) 的形式存在，因其不能被微生物分解并且能通过食物链在生物体内富集，成为人体健康的潜在危险因素。水溶性的 Cr 主要通过皮肤接触、经口摄入及经呼吸道吸入三种方式进入人体。职业人群主要通过呼吸道吸入和皮肤接触暴露，一般人群主要通过食物及饮水经消化道摄入。急性经口 Cr 中毒的患者会出现腹痛、呕吐、腹泻症状。Cr 的危害中最引人关注的是遗传毒性和致癌性。

Pb 污染的食物、饮水是成人主要的 Pb 摄入来源。Pb 可对人的神经系统、消化系统、生殖系统、内分泌系统以及免疫系统造成危害，其中神经毒性最受关注，被列为高毒性重金属。WHO 认为 Pb 是环境中对儿童健康威胁最大的金属元素，高浓度 Pb 暴露易引起儿童 Pb 中毒，不但可造成中毒性脑病，还可引起脊髓运动细胞损害，导致运动功能、体位平衡功能失调。

12.2.1.2 水中农药污染与健康

20 世纪 80 年代以前，我国主要生产、使用有机氯农药。由于这类农药化学性质稳定、在环境中不易降解和代谢，而且具有远距离迁移能力和很高的毒性，因此逐渐用有机磷农药取代。有机氯农药和有机磷农药都具有累积性、持久性、半挥发性和高毒性的特点。

DDTs 和 HCHs 是人类使用历史长、残留量大、危害生态环境较严重的两类，脂溶性高、疏水性强，进入水环境中后易吸附在悬浮颗粒物上，最终残留于沉积物中，因而水体沉积物被认为是 DDTs 和 HCHs 的主要环境归宿之一。水环境中的 DDTs 和 HCHs 能通过水生生物的摄取，发生生物富集和生物放大，对人体造成的危害主要是通过饮食摄入途径。有机氯农药暴露与恶性肿瘤（乳腺癌、肝癌等）发生有关，母体暴露有机氯农药可引起母体生殖功能、胎儿发育障碍。

有机磷农药可经皮肤、消化道和呼吸道进入人体，随血液分布到全身脏器，在脏器内与胆碱酯酶形成磷酰化胆碱酯酶，从而抑制乙酰胆碱酯酶的活性，导致乙酰胆碱大量累积，胆碱能使神经过度兴奋，引起相应中毒症状，严重患者可因昏迷和呼吸衰竭而死亡。而长期低剂量暴露可能诱导肿瘤发生、生殖毒性、神经行为功能异常。慢性有机磷暴露在一些人群中会引起神经精神障碍，临床表现为认知缺陷、情绪变化、慢性疲劳、自主神经功能障碍、外周神经病和椎体外系症状。IARC 已将敌敌畏、马拉硫磷、甲基对硫磷、敌百虫列为可能（2B类）或可疑（3类）的人致癌物。

12.2.1.3　水中邻苯二甲酸酯污染与健康

邻苯二甲酸酯（PAEs）又名酞酸酯，为人工合成的有机化合物，工业中主要用作塑料的增塑剂。PAEs 在塑料及其他制品中呈游离状态，随着时间的推移，极易转移进入环境和人体。大多数 PAEs 难溶于水，在水中主要通过生物转化的方式降解。食品摄入是人体最主要的 PAEs 暴露途径，PAEs 还可以通过呼吸、饮水和皮肤接触进入人体。诸多研究表明，我国一些重要的河流、湖泊以及许多城市的地下水、水源水和饮用水都受到了 PAEs 的污染。由于 PAEs 污染普遍存在，人类不可避免地从子宫内生命孕育的开始就暴露于 PAEs 化合物。PAEs 暴露可能导致一系列的不良健康效应，如危害胎儿发育、干扰青少年性发育、损伤成人生殖功能、影响血液激素水平以及导致全人群肥胖、胰岛素抵抗。

12.2.1.4　水中多环芳烃污染与健康

多环芳烃（PAHs）是指两个或两个以上苯环以稠环形式连接形成的碳氢化合物。环境中的 PAHs 主要由有机物的不完全燃烧产生，通常以混合物的形式存在。目前世界各地各种环境介质（空气、水体、沉积物、土壤、食品、生物体）都不同程度遭到 PAHs 的污染。由于 PAHs 具有低脂溶性、疏水性，进入水体的 PAHs 绝大部分进入非水相特别是有机物中，或吸附于颗粒物上，因此水体沉积物是其主要的环境归宿。当沉积物与上覆水体发生交换时，被污染的沉积物又会成为水体再次污染的污染源，因此 PAHs 可以通过沉积物与上覆水体间反复的沉降-悬浮过程迁移到很远的地方。水环境中的 PAHs 可以通过生物富集和食物链传递作用进入鱼类、贝类水生生物体中，因而污染的水体还会通过水产品间接影响人类健康。

PAHs 可导致人体急性、慢性中毒。PAHs 对人体的急性毒性取决于暴露的程度、途径，也受个体健康状况和年龄的影响。职业暴露于高浓度 PAHs 可导致眼睛不适、恶心、呕吐和腹泻，引起皮肤刺激和炎症，造成哮喘患者肺功能受损、冠心病患者血栓形成。长期低剂量 PAHs 暴露能够诱导癌症发生，也可能对生殖、发育和免疫功能产生不良影响，提高心肺病患者死亡的风险。

12.2.1.5　水的硬度与健康

水的硬度指溶于水中的钙、镁盐类的总含量，常以碳酸钙的质量浓度（mg/L）来表示。长期饮用软水的人群，突然饮用硬度极高的水会出现腹泻和消化不良等胃肠道功能紊乱症状和体征。现有研究表明，硬水对泌尿系统结石的形成可能具有促进作用；同时，心血管疾病与饮用水硬度之间的关系也备受关注。因此，我国《生活饮用水卫生标准》（GB 5749—2022）规定硬度不得超过450mg/L。

12.2.1.6　硝酸盐与健康

硝酸盐本身相对无毒，但被摄入后在胃肠道中某些细菌的作用下，可还原成亚硝酸盐。亚硝酸盐被吸收后，能与血红蛋白结合形成高铁血红蛋白，后者不再有输氧功能，因而可造成缺氧，严重时可引起窒息死亡。婴幼儿特别是6个月以内的婴儿对硝酸盐尤为敏感，摄入过量硝酸盐时易患高铁血红蛋白血症，也称蓝婴综合征。亚硝酸盐还能通过胎盘进入胎儿体内，对胎儿有致畸作用。同时，硝酸盐转化为亚硝酸盐后，极易与胺合成亚硝胺，亚硝酸盐在胃肠道的酸性环境中也可以转化为亚硝胺。亚硝胺是一种在动物试验中已经被确认为致癌物质，可引起肝癌、肾癌、食管癌、膀胱癌等。

12.2.1.7　饮用水消毒副产物与健康

饮用水消毒使用的消毒剂，能与水中其他成分反应，形成消毒副产物，其中一些消毒副产物被证实具有遗传毒性、致癌性或生殖发育毒性。氯化消毒生成的氯化副产物包括三卤甲烷、卤乙酸、卤代腈、卤代醛等，其中不少物质具有致突变性和/或致癌性。流行病学调查表明，长期饮用氯化自来水人群的膀胱癌、胃癌、结肠癌的发病率较高，对生殖和生长发育也有一定的影响。二氧化氯消毒副产物包括有机副产物和无机副产物，其中有机副产物主要包括酮、醛或羧基类物质，无机副产物主要有亚氯酸盐和氯酸盐。亚氯酸盐能影响血液红细胞，导致高铁血红蛋白血症。臭氧消毒副产物包括甲醛、溴酸盐等具有潜在毒性的物质，其中甲醛被IARC归类为可能的致癌物，溴酸盐具有明显的遗传毒性。

12.2.2　生物性污染对健康的危害

世界卫生组织制定的《饮用水水质准则》指出，微生物污染是最常见、最普遍的饮用水健康危险。污染水体的微生物种类很多，主要有病毒、细菌、寄生虫等。在一定时间内，病原微生物可在水环境中保持其生物活性，尤其是芽孢、孢子或卵等，对不利环境有较高的抵抗能力，可在环境中长期生存。同时，由于水体的流动性比较大，涉及范围广，病原微生物进入水体后，通过饮用或者身体接触等途径，易造成疾病的传播和流行。通过饮用或接触被病原体污染的水，或食用被这种水污染的食物而传播的疾病，称介水传染病。水中常见的生物性污染如表12-2所示。

表12-2　水中常见的生物性污染物

污染物分类	典型污染物
病毒	脊髓灰质炎病毒、柯萨奇病毒、腺病毒、诺如病毒和肝炎病毒等
细菌	肠道细菌(如大肠菌群)和病原菌(志贺菌、沙门菌、霍乱弧菌和结核菌等)
寄生虫	组织阿米巴、麦地那龙线虫、蓝氏贾第鞭毛虫、血吸虫以及肠道的钩虫、蛔虫、鞭虫、姜片虫、蛲虫、猪带绦虫、牛带绦虫、短膜壳绦虫、细粒棘球绦虫等

12.2.2.1　水中病毒污染

按通俗的分类方法，水中病毒可分为肠道病毒和非肠道病毒两类。肠道病毒是水环境中最常见和水病毒学研究最多的一类病毒，能在肠道中增殖，并能侵入血液产生病毒血症，引起各种临床综合病症，在粪污和污水中可存活数月。脊髓灰质炎病毒是一种重要的肠道病毒，人感染发病后常出现发热和肢体疼痛，主要病变在神经系统，部分患者可引发麻痹，严重者可留有瘫痪后遗症，是一种急性传染病。此病多见于小儿，所以又名小儿麻痹症。另外，柯萨奇和埃可病毒也是常见的肠道病毒，主要侵害少儿。感染者可从鼻咽分泌物及粪污排出此病毒，食物和水容易被粪污污染，因此，经口摄入是主要的传播途径。

非肠道病毒主要包括肝炎病毒、轮状病毒、诺如病毒、星状病毒、人类腺病毒等。介水传播的肝炎病毒包括甲型肝炎病毒和戊型肝炎病毒，分别引起甲型肝炎和戊型肝炎。甲型肝炎病毒对一般化学消毒剂的抵抗力强，在干燥或冰冻环境下能生存数月或数年，紫外线照射 1h 或蒸煮 30min 以上可将其灭活，氯和二氧化氯等消毒剂可以灭活水中的甲型肝炎病毒。轮状病毒是引起全球儿童性腹泻最常见的病因之一，据估计，全球每年患轮状病毒肠胃炎的儿童超过 1.4 亿，造成数十万儿童死亡。轮状病毒对各种理化因子有较强的抵抗力，在粪污中可存活数日或数月，且该病毒耐酸碱，在 pH 值为 3.5~10.0 时都具有感染性。诺如病毒是引起儿童及成人急性腹泻暴发和散发的最常见病原之一，临床症状包括呕吐、腹部绞痛、腹泻、头痛和发热等。星状病毒是引起婴幼儿、老年人和免疫缺陷患者急性腹泻的重要病原体，由于在电镜下呈星形，故命名为星状病毒。人类腺病毒的 6 个亚组中，F 组称为肠道腺病毒，是除轮状病毒外引起婴幼儿病毒性腹泻的主要病原体之一，被认为与幼儿园、学院和医院中散发腹泻和暴发腹泻有关。

病毒感染者（人或动物）的粪污、尿液或呕吐物等含有大量的病毒。这些排泄物可以污染江、河、湖、海及地下水等水环境，再通过饮用水、水产品、娱乐用水和农业灌溉等途径感染人或动物。饮用水被病毒污染可以导致人类感染肝炎和急性胃肠炎等疾病；水（海）产品被病毒污染也可以导致肝炎和腹泻，尤其是贝类；娱乐用水（如游泳池水）被腺病毒污染后可导致接触者患眼结合膜炎（红眼病），这与游泳池水消毒不彻底有关；农业污水喷雾灌溉时，若污水中含有大量的病毒，喷洒在农作物上后，可以存活几天或几十天，如果生食蔬菜或加工、消毒不彻底，则很容易导致感染发病。

污水（尤其是生活污水）是水环境中病毒的主要来源，其病毒含量取决于人群的卫生水平、社会经济水平、病毒性疾病的流行和季节等因素。地表水中的病毒主要来源为人和动物的粪污及含有病毒的污水，其病毒含量与承受的污水量和稀释能力有关，承受污水量越多，病毒含量越高。地表水的病毒污染有以下几个特点：①污染源多，来源各异；②病毒被水长距离携带；③病毒常结团或吸附于水中固体物质上，水中的平均浓度难以预测感染剂量；④部分病毒凝聚成小团块，增加了水介质的不均匀性；⑤病毒在水中的分布是离散的，而不是均质的。地表水和污水的溢流、自然渗透都可导致地下水的病毒污染。病毒可随水流在土壤中迁移，迁移距离与土壤种类和结构、pH 值、病毒类型、降水量和水的流速等因素相关。同时，受病毒污染的江河水和污水直接排放是海洋病毒污染的主要来源，但由于海水的稀释能力强，病毒含量相对较低，在海湾和沿岸海水中较高。

12.2.2.2 水中细菌污染

目前，已知有二十多属几十种细菌能经水直接或间接对人类致病，这些细菌主要通过吸入或接触（游泳、洗浴、潜水）等途径传播。其中，大多数水源性病原菌主要感染胃肠道，也能引起人的呼吸道、皮肤伤口的感染，人和动物感染后会再次通过粪污感染水环境。多数水源性病原菌在水体中不能生长和繁殖，但有一些水源性病原菌，如军团菌属、类鼻疽伯克菌和非典型分枝杆菌能在水和土壤中生长。水中常见的细菌主要包括弧菌属、沙门菌属、埃希菌属、志贺菌属、弯曲杆菌属、耶尔森菌属、军团菌属、螺杆菌属、钩端螺旋体属、假单胞菌属、不动杆菌属、气单胞菌属、伯克霍尔德菌属、克雷伯菌属、分枝杆菌属、肠杆菌属、葡萄球菌属、芽孢杆菌属、冢村菌属和蓝细菌等。

① 弧菌属。弧菌是一大群氧化酶阳性、菌体小、弯曲成弧形的革兰氏阴性菌,来自淡水环境的霍乱弧菌、副溶血性弧菌和创伤弧菌具有致病性,以霍乱弧菌和副溶血性弧菌最为重要。霍乱弧菌产毒菌株产生的不耐热肠毒素会引起霍乱感染,最初的症状是肠蠕动增加,接着会产生稀的、水样和片状黏液"米汤样"粪污,患者每天失水可达10～15L。霍乱弧菌非产毒菌株可引起自限性胃肠炎、伤口感染和菌血症。卫生条件差引起的水污染是弧菌传播的主要原因,通常以粪-口途径传播。霍乱弧菌对氯等消毒剂高度敏感,因此,饮用水消毒严格的国家很少有霍乱的暴发。

② 沙门菌属。沙门菌是一群无芽孢和荚膜、兼性厌氧的革兰氏阴性直杆菌。沙门菌广泛存在于环境中,通过污水排放、家畜和野生动物等粪污污染进入水系统,各种食物、乳和蛋也易受污染。研究显示,80%的活性污泥和58%受污染的地表水中可能含有沙门菌。由于沙门菌广泛存在,通过与发病或带菌动物直接接触,摄入被污染而未煮透的食品、未消毒的牛奶和受污染的水均可感染沙门菌。沙门菌可通过粪-口传播,非伤寒血清型菌株的感染主要通过人与人接触,摄入各种受污染的食物和带菌动物等方式。伤寒株的感染与受污染的水和食物有关,但直接人传人较罕见。沙门菌感染可引起4种典型的临床症状:胃肠炎或食物中毒型(从温和到暴发性腹泻、恶心和呕吐)、菌血症或败血症型(峰形热,血液培养阳性)、伤寒或肠热型(发热、无腹泻)和无症状带菌型。

③ 埃希菌属。埃希菌属是一类无芽孢、兼性厌氧革兰氏阴性杆菌,属肠杆菌科,是人和温血动物肠道中的正常菌群,其中,大肠埃希菌(俗称大肠杆菌)是临床最常见和最重要的菌种。大肠埃希菌一般不具有致病性,是肠道中重要的正常菌群,能为宿主提供一些有营养作用的合成代谢产物,但当宿主免疫力下降或细菌侵入肠道外组织器官后,即可成为条件性病原菌,引起肠道外感染。如当大肠埃希菌进入尿道、血液和大脑等部位,会引起尿道感染、菌血症和脑膜炎等严重疾病。人和动物感染主要通过粪-口传播,人传染人和直接接触动物可感染发病,受污染的水和食物起间接传播作用,也可通过污染伤口感染。致病性大肠埃希菌可通过娱乐用水和受污染的饮用水发生水源性传播。但所有大肠埃希菌对消毒剂都较敏感,常用的净化消毒处理均能有效消除和杀灭该菌。

④ 志贺菌属。志贺菌是一种无芽孢、不运动的革兰氏阴性杆菌,为肠杆菌科成员,能在有氧或无氧的环境下生长。人和灵长类动物是志贺菌的唯一自然宿主,细菌寄居在宿主的肠上皮细胞内。志贺菌病主要发生在卫生条件差的人口稠密区,多发生在托儿所、监狱和精神病院等。志贺菌是典型的肠道病原菌,能够引起严重的肠道疾病,包括细菌性痢疾。该细菌主要通过粪-口传播,也可通过人与人接触、污染的食物和水传播。由于志贺菌在水环境中特别不稳定,若该菌在饮水中存在则表明受到粪污污染。志贺菌致病性较强,多暴发流行,因此控制该菌的流行具有重要的公共健康意义。但志贺菌对消毒剂较为敏感,常用的净化消毒处理能有效消除和杀灭该菌。

⑤ 弯曲杆菌属。弯曲杆菌为革兰氏阴性,微需氧,呈弧形、"S"形或螺旋形杆菌,是引起全世界急性胃肠炎的最重要病原之一。污染的食物和水是该菌属主要的传染源,在淡水、海水、生活污水和污水处理厂的未处理水都可分离出该菌。弯曲杆菌感染多为散发,较少有暴发,是许多发展中国家夏秋腹泻的主要病原。粪-口是其主要的传播途径,人传染人罕见,动物传染给人较为普遍。

⑥ 耶尔森菌属。耶尔森菌是氧化酶阴性、过氧化酶阳性、兼性厌氧的革兰氏阴性杆菌或球杆菌。耶尔森菌属主要传播方式是粪-口传播,偶尔经污染的水和食物传播,主要的传染源是食物,尤其是肉类和肉制品、牛奶和乳制品。人与人以及动物与人之间的直接传播可发生,特别是

宠物。耶尔森菌感染常表现为急性胃肠炎，伴腹泻、发热和腹痛。耶尔森菌对消毒剂敏感，通过保护水源免受人和动物排泄物污染，对水进行充分净化消毒处理可有效降低病原性耶尔森菌的数量。耶尔森菌可能会在水中固体表面形成生物膜，因此防止饮水系统细菌生物膜的形成是防止水源性病原菌传播的有效措施之一。

⑦ 军团菌属。军团菌是一类需氧、无芽孢、革兰氏阴性杆菌，属军团菌科，在自然界中普遍存在，是河、小溪和蓄水池等许多淡水环境中的自然微生物区系成员。军团菌一般为水源性病原，冷却塔、热水系统和公共喷泉等设备与感染暴发有关。由于军团菌在环境中普遍存在，易侵入饮水系统。在水分配系统中，污泥、污垢、锈、藻类或泥渣残留等有利于细菌的生长，因此保持水流动和清洁可降低细菌的生长。

⑧ 螺杆菌属。螺杆菌属是一类能运动、微需氧，在37℃生长而27℃不能生长的革兰氏阴性螺旋形杆菌，原归于弯曲杆菌属。人是幽门螺杆菌的主要宿主，主要栖居于胃的表面。幽门螺杆菌的准确传播方式仍不清楚，流行病学显示感染可能是多种途径，包括胃-口、口-口、粪-口、动物、食品和水。受污染的饮用水可能是潜在传染源，最近研究显示幽门螺杆菌暴发可能与公共供水系统有关，在水质和卫生差的国家，会增加粪-口传播的比例。该菌对氯化消毒敏感，保护水厂和水源免受人排泄物污染和充分消毒可控制该菌的传播，提高卫生和生活条件可降低发病率。

⑨ 钩端螺旋体属。钩端螺旋体是一种革兰氏阴性好氧螺旋菌。感染钩端螺旋体的途径多种多样，其能通过破损皮肤快速侵入机体，也能通过口腔、鼻子和眼黏膜进入机体引起感染，还可通过水和土壤间接传播。水源性钩端螺旋体病一般是通过接触受污染的地表水引起感染，但钩端螺旋体对消毒剂敏感，保护饮水分配系统免受洪水污染，严格执行标准化消毒可有效控制饮用风险。

⑩ 假单胞菌属。根据水的污染来源可将细菌污染分为自源性细菌（水中固有细菌）污染和外源性细菌污染。自源性细菌污染是由于水质发生富营养化，造成水中固有细菌的大量繁殖，从而引起细菌污染。外源性细菌污染是指水中的病原菌来源于人和动物粪污。水中细菌的污染源众多，包括污水、农业和城市地表径流、暴雨、洗浴者脱落、船、植物残存物（如悬浮物）、被污染的地下水、土壤、沉积物和沙、人和动物粪污污染等。其中，污水、人和动物粪污是水中细菌性病原的主要来源。

⑪ 不动杆菌属。不动杆菌广泛分布于外界环境，主要存在于水体和土壤中，易在浴盆、肥皂盒等潮湿环境中生存，能从土壤、海水、淡水、河口、污水、饮用水、自来水管网系统、污染的食物、人和动物的皮肤和黏液以及临床环境中分离到本菌。海水和淡水被公认为是不动杆菌的自然来源。该细菌为共栖型细菌，属非发酵条件性病原菌，当机体抵抗力降低时易引起机体感染，是引起医院内感染的重要条件性病原菌之一。不动杆菌能引起各个器官和系统的感染，如败血症、尿道感染、眼感染、脑膜炎和皮肤感染等。该细菌能被氯制剂灭活，与莫拉菌属、分单胞菌属和假单胞菌属等其他异养菌的灭活率相似。

⑫ 气单胞菌属。气单胞菌存在于水、土壤和食物（特别是肉、鱼和奶）中，能从河水、湖水、瓶装水、海水和家用自来水设备等环境中分离到本菌，在废水中的浓度较高。日常暴露途径包括摄入污染的水和食物，伤口接触水或土壤，大部分感染是直接暴露感染，存在交叉感染现象，特别是免疫缺陷者。

⑬ 伯克霍尔德菌属。与水环境相关的伯克霍尔德菌属主要为类鼻疽伯克霍尔德菌。大多数人感染该菌是通过破损的皮肤直接接触含有病原菌的水或土壤。感染途径包括吸入含有病原菌的尘土或气溶胶，食用被污染的食物和水，吸血昆虫叮咬或人与人直接接触也可感染发病。由于饮

用水消毒不严，一些地方可通过饮用水传播暴发类鼻疽。

⑭ 克雷伯菌属。克雷伯菌属为水环境中的自然栖生菌，能在纸厂废水、织物整理厂、甘蔗加工厂等富营养的水体中繁殖。在饮用水分配系统中能生长，也能在淋浴器喷头中存活，健康人和动物能通过粪污排泄克雷伯菌。因此，很容易在生活污水中检测到该菌。克雷伯菌能导致医院交叉感染，也可通过污染的水传播，医院气雾治疗也是一个潜在的感染途径。对一般人群来说，克雷伯菌不会引起水源性肠道疾病。在饮水中一般存在于水分配系统中的生物膜上，具有一定健康风险。克雷伯菌对消毒剂敏感，通过充分处理可以防止该菌进入水分配系统中，通过去除水中的 OC、限制水在分配系统中的滞留时间、维持消毒成分的浓度可有效减少该菌形成的生物膜。

⑮ 分枝杆菌属。分为结核型（典型）分枝杆菌和非结核型（非典型）分枝杆菌。非结核型分枝杆菌广泛存在于环境中，能在各种合适的水环境、饮用水管网、出水管和污泥中繁殖，尤其在生物膜上繁殖较好。其中，水是非结核型分枝杆菌的主要储存库，自来水厂是非结核分枝杆菌的传染源，目前对控制饮水中分枝杆菌的有效措施仍然有限。非结核型分枝杆菌感染途径主要是吸入、接触和摄入受污染的水和食物，能引起骨骼、淋巴结、皮肤软组织、呼吸道、肠道和泌尿道等多种组织器官的疾病，表现出原因不明的肺病、骨髓炎、布鲁里溃疡、脓毒性关节炎。

⑯ 肠杆菌属。肠杆菌生化特征与克雷伯菌属相似，对人类影响较大的种类为阴沟肠杆菌、产气肠杆菌和阪崎肠杆菌等。阴沟肠杆菌存在于人和动物肠道、医院环境、皮肤、水、污水、土壤和肉中；产气肠杆菌大多可从水中分离得到，但有些株也能从呼吸道、伤口和粪污样本中分离得到；阪崎肠杆菌发现于婴儿配方奶粉中，是导致婴儿和早产儿脑膜炎、败血症和坏死性结肠炎的主要病原体。

⑰ 葡萄球菌属。葡萄球菌在环境中分布广泛，主要分布在动物皮肤和黏膜上，属人皮肤的正常菌群，20%～50%的成人鼻咽部存在该菌。在胃肠道中偶尔检测到葡萄球菌，在污水、自来水厂也可检测到。游泳池、温泉池和其他娱乐等水体主要由人污染。手口接触是最常见的传播途径，卫生差会引起食物污染。金黄色葡萄球菌等是人正常菌群最普通的成员，能在多种组织中扩散和繁殖，同时能产生胞外酶和毒素。细菌在组织中繁殖后会引发长疖、皮肤化脓、术后伤口感染、肠道感染、败血症、心内膜炎、骨髓炎和肺炎等。金黄色葡萄球菌比大肠埃希菌对余氯有更高的抵抗性，但仍然可通过净化和消毒处理控制该菌。

⑱ 芽孢杆菌属。芽孢杆菌广泛存在于土壤和水等自然环境中，属异养菌中的一部分，在大多数饮用水厂都能检测到。人通过摄入细菌或细菌产生的毒素感染芽孢杆菌，与各种食物，特别是米、面、蔬菜，以及鲜奶和肉制品有关。饮水处理厂的水即使经过了严格净化消毒处理后仍能经常检测到芽孢杆菌，这是因为芽孢对各种不利因素有较强的抵抗力。

⑲ 冢村菌属。冢村菌属主要作为环境腐生菌存在于土壤、水以及活性淤泥的泡沫中，主要侵袭免疫受损的患者。在饮用水中，冢村菌以异氧菌群表示。饮用水供应系统中检出过冢村菌，但其意义不明，没有证据表明水中存在该菌与疾病有关。

⑳ 蓝细菌。蓝细菌原名蓝藻或蓝绿藻，分布极广，普遍生长在淡水、海水和土壤中，并且在极端环境中也能生存。过量的氮、磷引起的水富营养化会加速细菌的生长繁殖。蓝细菌的主要危害是其产生的毒素，暴露人群会增加患原发性肝癌风险，其主要暴露途径是通过饮用水和娱乐性接触，皮肤直接接触和雾化也是可能的暴露途径。常规饮用水处理程序（凝集、沉淀、过滤和消毒）能有效去除蓝细菌，不会残存大量的藻毒素，这种处理方法能有效防治毒素的急性效应。

除导致人体感染发病外，水源性病原细菌会产生毒素，如蓝细菌产生的藻毒素和神经毒素，对人类健康造成潜在危害。

12.3 土壤污染与健康

随着工业化发展、城镇化进程的加快，向土壤排放的污染物量逐渐升高。当污染物的数量和排放速度超过了土壤的自净速度，土壤环境中原有的动态平衡便被打破，从而导致土壤环境质量的恶化，形成土壤污染。土壤污染是污染物摄入人体、影响人体健康的重要途径，它不仅导致土壤的组成、结构和功能发生变化，同时会进一步影响植物的正常发育，造成有害物质在植物体内累积，导致农产品质量降低，通过食物链进一步影响鱼类和野生动物、畜禽的发展和人体健康。土壤污染的影响与人类生活和健康的关系极为密切，因此，了解土壤污染的发生、类型、污染物的种类以及危害具有重要的意义。

12.3.1 土壤污染物的健康影响途径

按污染物的性质，土壤污染物一般可分为有机污染物、重金属、放射性元素和病原微生物。土壤污染对健康的影响途径包括直接影响和间接影响。

12.3.1.1 直接影响途径

土壤污染对健康的直接影响途径包括土壤摄入、土壤吸入和皮肤接触。

（1）土壤摄入

人类在室外活动时，会通过口腔与空气直接接触或手与口腔接触而有意或无意地食入少量土壤。

（2）土壤吸入

土壤中的细颗粒物质、细菌、病毒、霉菌以及一些有毒害的挥发性有机物会通过大气被人体吸入，引起支气管炎、呼吸道不适及癌症等疾病。同时，土壤中的某些放射性元素衰变释放出同位素气体，对人的身体健康有一定致病作用。

（3）皮肤接触

土壤中的有毒有害物质和皮肤接触，严重时容易导致一些不良病症，如贫血、胃肠功能失调、皮肿等。皮肤表面还会吸附一些有毒物质，如杀虫剂、PAHs、PCBs，部分物质会深入皮肤影响人体健康。

12.3.1.2 间接影响途径

（1）土壤-大气-人体

土壤中含有的有害气体，如甲烷等，可通过与外界空气的气体交换进入大气；土壤环境中的挥发性污染物（如酚、氨、硫化氢等）可以直接蒸发进入大气。同时，地面的尘土和堆积的垃圾被风扬起时，可将化学性污染物和生物性污染物转移入大气。这些有害物质可经呼吸道、消化道进入人体，危害人体健康。

（2）土壤-水（水生物）-人体

土壤中污染物可通过如下几种途径转移到人体：

① 地表水径流。土壤中污染物通过雨水冲刷、淋洗进入地表水体，尤其是雨水或灌溉水流过农田后形成的径流。

② 地下水。土壤中的污染物随土壤水向下渗漏，当达到渗透区时，污染物就很容易在地下

含水层中转移。地下水源一旦受到污染,污染物将会在长时间内存在并累积。

③ 水生生物或植物。进入地表水的污染物,除通过饮用水直接进入人体外,还可以被水中的水生生物或水生植物所摄取,并在生物体内大量地蓄积,最终通过食物链进入人体。

(3) 土壤-食物-人体

通过对土壤中有害物质的富集,食物链对人类健康产生的影响要比水和大气更严重。在不同地域的土壤中,矿物质含量各不相同,人体对矿物元素摄入量的多少对人体的健康有着重要的影响。此外,土壤中的难降解有机质(如 DDT 等农药),性质稳定、脂溶性强,能够通过动植物累积和生物放大作用在人体中赋存,危害人体健康。

12.3.2　土壤污染物对人类作用的影响因素

土壤污染物可从多种途径侵入人体,对人类健康的危害是隐秘、间接而复杂的。其对人类危害的程度与多种因素有关,取决于污染物的种类、特性、理化性状、进入人体的剂量、持续作用时间、个体敏感性等因素。其中,最主要的因素为剂量、作用时间和个体差异。

(1) 剂量

土壤污染物对人体的危害程度,首先取决于污染物进入人体的剂量。人类对不同的污染物有不同的剂量-反应关系。非必需元素、有毒有害物质等进入人体的剂量达到中毒限值时,即可对机体造成危害,甚至发展为疾病。人体必需元素剂量与反应关系较为复杂,剂量过多或过少都可能对机体造成危害。

(2) 作用时间

多种污染物在人体内有富集作用,因此,随着人体暴露于污染物时间的延长,污染物在体内的富集量和危害性也随之增加。此外,污染物在体内的富集量还与摄入量及污染物本身的生物半衰期两个因素有密切关系。污染物摄入量大,生物半衰期长,持续作用时间长,污染物在体内的富集量大,对人类的危害性也大。

(3) 个体差异

个体的年龄、性别、生理和心理状态、健康和营养状况、遗传因素等,均可影响人体对污染物的反应。由于个体差异,对某种污染物特别敏感的群体即为高敏感人群。其中,儿童因身心发育未健全,妇女因月经期、孕期某些生理调节功能的降低,往往对污染物的毒性反应较为敏感。

12.4　环境污染的健康风险评价

近些年,环境污染对人类造成的健康问题越来越受到重视。20 世纪 70 年代以来,环境健康风险评价问题逐步受到重视,相关研究理论、方法和技术逐渐趋于成熟。

12.4.1　环境健康风险评价的基本概念

12.4.1.1　环境健康的定义

《欧洲环境与健康宪章》最早将环境健康定义为"由环境要素所决定的人类健康和疾病"。韩国《环境健康法》规定,环境健康是指调查、评估、预防和控制环境污染以及有毒化学品("环境风险因子")对公众健康和生态系统的影响。

12.4.1.2　健康风险的定义

风险的概念定义不一,部分学者将其定义为"遭受损失、损害、毁害的可能性",也有学者将其定义为"不良结果"或"不期望事件发生的概率"。健康风险是指在一定条件下，环境中有害因素导致暴露人群中出现不良健康效应（伤病、死亡）的概率。

12.4.1.3　环境健康风险的定义

环境健康风险指环境污染（生物、化学和物理）对公众健康造成不良影响的可能性，对这种可能性进行定性或定量的估计称为环境健康风险评估。也有学者将环境健康风险定义为由自发的自然原因和人类活动（对自然或社会）引起的，通过环境介质传播对人群健康造成危害或者累积性不良影响的概率及其后果。

12.4.1.4　环境健康风险评价的定义

环境健康风险评价是把环境污染与人体健康联系起来的一种评价方法，主要通过估算有害因子对人体产生不良影响的概率，以评价暴露在该因子下人体健康所受的影响。也可以说，环境健康风险评价是从定性和定量两个方面对这些不良健康反应进行估计和评定的过程，即长期累积的一些化学物质导致的人体健康不良影响的轻重程度和发生概率的估计。

环境健康风险评价是以环境毒理学、人群流行病学、环境和暴露资料等方面的知识为基础，评价特定剂量的环境污染对人体、动植物或生态系统造成损害的可能性及其严重程度，评价结果主要用于：①环境污染的预测、预警；②确定重点防护人群；③建立相关的卫生标准；④利于环境监测和管理。

健康风险评价的意义在于：①正确评价化学污染物对人类健康的综合影响，预测在特定环境因素暴露条件下，暴露人群中终身发病和死亡的概率；②比较评价各种有害化学物或其他环境因素的危险度，区别问题的轻重缓急，提高化学品管理的总体效应；③提出环境中有害化学物及致癌物的可接受浓度，为制定卫生标准、进行卫生监督、确定防治政策等方面提供重要依据。

12.4.2　环境健康风险评价方法

美国是最早关注环境健康风险的国家之一，其在1976年制定的《致癌物健康风险评估暂行程序和指南》是健康风险管理领域的第一个重要里程碑。1983年美国科学院（NAS）提出健康风险评价（HRA）的概念，并定义为："健康风险评价是描述人类暴露于环境危害因素之后，出现不良健康效应的特征"。1997年美国发布的《环境健康风险管理框架》成为世界各国最具影响力的风险管理框架。经过40余年的发展，逐渐成熟完善。以环境健康风险评估结果作为支撑依据，美国先后修订了《安全饮用水法》《清洁水法》《清洁空气法》中环境介质所含污染物的等级设置，以支撑工业污染物排放源的管理。

在美国环境健康风险评估框架的基础上，加拿大、澳大利亚、日本、欧盟等国家和地区也制定了适合自身国情的环境健康风险评估框架。2000年，加拿大制定了《健康风险辨识、评估和管理决策框架》，主要关注人群健康评估方法的整合和基于评估成果的措施制定。2002年澳大利亚颁布《环境健康风险评估：环境危害的人类健康风险评估指南》，并制定了标准的环境风险评估方法，包括问题识别、危害评价、暴露评价、风险表征和风险管理等过程。日本环境健康工作的重点是环境污染对健康带来的影响及公害健康损害补偿问题，而欧盟主要关注化学物质排放导致的风险。

我国学者通过总结国内外实践经验，提出我国环境健康风险管理应紧密围绕重点区域、重点行业和重点污染物，开展以解决实际问题为导向的环境风险评估，并建立完善的环境健康风险评估技术规范体系。2017年我国发布了《环境与健康现场调查技术规范　横断面调查》（HJ 839—2017）、《环境污染物人群暴露评估技术指南》（HJ 875—2017）、《暴露参数调查技术规范》（HJ

877—2017）等一系列环境健康风险评估的规范指南，作为我国环境健康风险管理工作的基础指导。2020年，生态环境部发布《生态环境健康风险评估技术指南 总纲》（HJ 1111—2020），规定了生态环境健康风险评估的一般性原则、程序、内容、方法和技术要求，其中主要程序包括方案制定、危害识别、危害表征、暴露评估和风险表征。

目前，健康风险评价常见方法有 NAS 四步法、MES 法、生命周期分析等。美国国家科学院（NAS）和美国环境保护局（EPA）出版的红皮书《联邦政府风险评价管理》是健康风险评估的指导性文件。

12.4.2.1　NAS 四步法

1983 年美国红皮书《联邦政府的风险评价：管理程序》提出风险评价"四步法"，成为多国环境风险评价的指导性文件，主要包括①暴露评估：确定是否存在暴露及暴露的程度；②危害识别：确定是否发生健康危害及不良健康效应的类型和特点；③剂量-效应（或反应）关系评估：在危害识别的基础上，定量评价其危害；④风险特征分析：估计可能产生健康危害的程度。此方法适用于污染物质对人体长期慢性危害的风险评估，不适用于环境污染突发事故的风险评估。

12.4.2.2　MES 法

MES 法是指通过特定危害时间发生的后果（S）、人体暴露于危险环境的频繁程度及时间（E）和控制措施状态（M）三个要素衡量健康风险程度的方法，即：

$$R = L \cdot S = M \cdot E \cdot S$$

其中，L 为特定危害性事件发生的可能性，主要取决于 E 和 S 两个因素。按暴露时间长短和暴露频率可将 E 分为不同等级，每种等级赋予相应的分数值，如连续暴露、工作时间暴露、每周一次暴露等；同样，可根据控制措施有无和完整程度，将其划分为多个级别；根据疾病的发生率、伤亡人数或设备财产损失，将事故发生后果划分为多个级别。以此计算危害发生的风险，并根据风险值的大小，评价风险发生的可能性。

12.4.2.3　生命周期分析

生命周期分析（LCA）指对产品系统的环境行为从原材料开采到废弃物的最终处置进行全面的环境影响分析和评价，是一种重要的决策和可持续发展支持工具，被纳入 ISO 14000 环境管理标准体系。国际环境毒理学和化学学会将 LCA 定义为对某种产品系统或行为相关的环境负荷进行量化评价的过程。它首先通过辨识和量化所使用的物质、能力和对环境的排放，然后评价这些使用和排放的影响。评价包括产品或行为的整个生命周期，即包括原材料的采集和加工、产品制造、产品营销、使用、回收、维护、循环利用和最终处理，以及涉及的所有运输过程。利用污染物生命周期分析方法，通过归趋分析-效应分析-危害分析，研究排放物通过不同介质和途径对人体健康的影响，定量计算污染物对人体健康的危害。

12.4.2.4　风险表征方法

常用的健康风险主要从致癌风险和非致癌风险两个角度进行表征。

（1）非致癌风险

对于非致癌物质，常通过计算参考剂量（RfD）衡量风险的水平，暴露剂量低于 RfD 时可能不产生有害健康的效应，随着超过 RfD 的频率和幅度的增加，在人群中发生有害效应的概率也随之增加。假设 RfD 水平对应的健康危害风险为 10^{-6}，评价非致癌污染物健康风险的数学模型可表示为：

$$P = \frac{D}{\text{RfD}} \times 10^{-6}$$

式中，D 为非致癌污染物的单位体重日均暴露剂量；P 为发生特定健康危害的终身风险。

在污染场地风险评价中，非致癌化合物危害商（HQ）也是一种常用的风险表征方法，即日均暴露剂量 D 与化学物质 RfD 的比值，公式表示为：

$$\text{HQ} = \frac{D}{\text{RfD}}$$

若 HQ<1，表示非致癌风险在可接受范围内；若 HQ>1，则表示风险不可接受。

（2）致癌风险

对于致癌化合物，USEPA 推荐的方法是利用数学模型确定出风险的上界而不估算真实的风险，基于这种认识，常用线性多阶段模型来确定风险上界：

$$P = 1 - \exp(-qD)$$

式中，P 为患癌风险增量；D 为化学致癌物的单位体重日均暴露剂量；q 为致癌强度系数。目前世界多数国家采用 10^{-6} 作为可接受癌风险的评价标准。

在超级基金计划场地风险评估中，$10^{-6} \sim 10^{-4}$ 的风险水平被认为是可接受风险水平的范围，并规定这一范围作为污染场地修复的依据。国际辐射防护委员会（ICRP）推荐 5×10^{-5} 为最大可接受风险水平。

习题与思考题

1. 环境污染对人类健康的影响有哪些特征？
2. 什么是"三致"作用？
3. 大气颗粒物对健康的影响因素和效应机制是什么？
4. 土壤污染对人体健康的影响途径和因素有哪些？
5. 环境污染的健康风险有哪些评价方法？

参考文献

[1] 陈庆锋，付英，卢艳，等. 环境污染与健康[M]. 北京：化学工业出版社，2014.
[2] 郝吉明，马广大，王书肖. 大气污染控制工程[M]. 3版. 北京：高等教育出版社，2010.
[3] 郭新彪，杨旭. 空气污染与健康[M]. 武汉：湖北科学技术出版社，2015.
[4] 郭宇. 中国城市空气质量预报与预警系统研究进展[J]. 环境科学与技术，2023，46(1)：123-129.
[5] 张晓峰. 中国大城市空气污染对人体健康的影响研究[D]. 北京：清华大学，2023.
[6] 张莹. 我国典型城市空气污染特征及其健康影响和预报研究[D]. 兰州：兰州大学，2016.
[7] 生态环境部. 中国生态环境状况公报2023[R]. 北京：中华人民共和国生态环境部，2024.
[8] 王海燕. 雾霾与人体健康[M]. 北京：科学出版社，2022.
[9] 徐东群. 居住环境空气污染与健康[M]. 北京：化学工业出版社，2004.
[10] 生态环境部. 中国环境状况公报2022[R]. 北京：中华人民共和国生态环境部，2023.
[11] 生态环境部. 中国生态环境状况公报2023[R]. 北京：中华人民共和国生态环境部，2024.
[12] 生态环境部. 重金属污染防治行动计划2021—2025[R]. 北京：中华人民共和国生态环境部，2022.
[13] 鲁文清. 水污染与健康[M]. 武汉：湖北科学技术出版社，2015.
[14] 周宜开，王琳. 土壤污染与健康[M]. 武汉：湖北科学技术出版社，2015.
[15] Hou D, O'connor D, Igalavithana A D, et al. Metal contamination and bioremediation of agricultural soils for food safety

and sustainability [J]. Nature Reviews Earth & Environment, 2020 (1): 366-381.

[16] 严春丽,李金,段云松,等.沘江流域土壤和农作物重金属污染分布特征[J].环境科学导刊,2020,39(4):43-47.

[17] 旭日干,庞国芳.中国食品安全现状、问题及对策战略研究[M].北京:科学出版社,2015.

[18] 覃焱,韦燕燕,顾明华.中国市售大米重金属含量及健康风险评估[J].食品工业,2020.

[19] National Research Council. Risk assessment in the federal government: managing the process [M]. DC: National Academies Press, 1983.

[20] 张华.环境污染健康风险评估与管理技术[M].北京:中国环境科学出版社,2022.

[21] 李明.现代风险分析与安全评价[M].北京:化学工业出版社,2021.

[22] National Academies of Sciences, Engineering and Medicine. Integrating Science and Judgment in Risk Assessment: A Guide for Decision Makers [M]. Washington, DC: National Academies Press, 2020.

[23] Guinee JB. Handbook on life cycle assessment operational guide to the ISO standards [J]. The International Journal of Life Cycle Assessment, 2002, 7(5): 311-313.

[24] USEPA, Risk-assessment guidance for superfund. Human health evaluation manual (Part A) [R]. Washington, DC: Office of emergency and remedial response, 1989.

第13章 生态学基础

> **本章要点**
>
> 1. 生态学的含义、发展历史和研究内容；
> 2. 生态系统的概念及系统内物质循环和能量流动；
> 3. 我国的生态问题及走可持续发展道路的意义；
> 4. 生态学环境保护实践的实例应用。

13.1 生态学的含义及其发展

13.1.1 生态学的概念

生态学一词源于希腊文 oikos（意为"栖息地""住处"），后缀 logos 为"学科"或"论述"的意思。因此，从字义来看，生态学是研究关于生物与其居住环境的一门科学。此外，生态学与经济学为同一词源，在词义上有共同点，所以也有学者把生态学称为自然经济学。

1866 年德国生物学家 E. Haeckel 在其所著的《普通生物形态学》一书中首次提出"生态学"，他认为"生态学是研究生物与环境之间相互关系的科学"。此后，又有许多生态学家对生态学的含义和概念提出不同的定义，但所提的定义均未超出 Haeckel 定义的范围。

20 世纪 50 年代以后，生态学不再局限于动植物范围内，逐渐超出生物学的概念，研究范围也越来越广，进入到生态系统时期。美国著名生态学家 E. P. Odum（1971）在其所著的《生态学基础》中定义"生态学是研究生态系统的结构和功能的科学"，在其后《生态学》（1997）中认为生态学是综合研究有机体、物理环境、人类社会的学科，强调人类在生态学过程中的作用。我国生态学学会创始人马世骏（1980）认为，生态学是"研究生命系统和环境系统间相互作用规律及其机理的科学"。由此可见，在不同发展阶段，生态学具有不同的定义，但由 E. Haeckel 定义的"生态学"普遍为科学家们所采用。

13.1.2 生态学的发展历史和发展趋势

生态学是人们在认识自然界的过程中逐渐发展起来的。生态学的发展大致可以分为四个时期：萌芽时期、建立时期、巩固时期和现代生态学时期。

（1）萌芽时期

16 世纪前是生态学的萌芽时期。人类在和自然的博弈中，认识到环境和气候对生物生长的影响，以及生物和生物之间关系的重要性。在我国的古农书和古希腊的一些著作中已有记载。战国时期的《管子·地员篇》详细介绍了植物分布与水文地质环境的关系；秦汉时期确定二十四节气，反映了农作物和昆虫等生物现象与气候之间的联系。在欧洲，亚里士多德在《自然史》一书中把动物分为陆栖、水栖等大类，还按食性分为肉食、草食、杂食及特殊食性四类。古希腊的 Theophrastus（公元前 370—285）注意到气候、土壤和植被生长与病害的关系，同时还注意到不同地区植物群落的差异。这些文献都孕育着朴素的生态学思想。

(2) 建立时期

17～19 世纪末是生态学的建立时期。这一时期，生态学作为一门学科开始出现。例如，R. Boyle 在 1670 年发表的低气压对动物影响的试验，标志着动物生理生态学的开端。1798 年 T. Malthus(1766—1834) 在《人口论》中分析了人口增长与食物生产的关系。1807 年德国学者 A. Humboldt 通过对南美洲热带和温带地区的植物及其生存环境的多年考察写成《植物地理学》一书，分析了植物分布与环境条件的关系。1840 年，B. J. Liebig 发现植物营养的最小因子定律。1859 年，达尔文出版了著名的《物种起源》，提出生物进化论，对生物与环境的关系作了深入探讨。1866 年，H. Haeckel 首次提出生态学定义，标志着生态学的诞生。到 19 世纪末，生态学已正式成为一门独立的学科。

(3) 巩固时期

20 世纪初至 50 年代是生态学的巩固时期。这一时期，植物和动物生态学得到长足的发展，各种著作和教材相继出版。在动物生态学方面，20 世纪初关于生理生态学、动物行为学和动物群落学等的研究取得较大进展。20 世纪 20～50 年代，开始了种群研究，并将统计学引入生态学，如 A. J. Lotka（1925）提出了种群增长的数学模型。这一时期出版的动物生态学专著和教科书有：《动物生态学》（C. Elton，1927）、《实验室及野外生态学》（V. E. Sheljord，1929）、《动物生态学纲要》（费鹤年，1937）等。1949 年，W. C. Allec 等合著的《动物生态学原理》出版，被认为是动物生态学进入成熟时期的标志。在这一时期，植物生态学的研究也得到重要发展，出版的专著有《植物群落学》（B. H. Sukachev，1908）、《植物社会学》（Braun-Blaquet，1928）、《植物生态学》（J. E. Weaver，1929）等。其间形成了几个著名的植物生态学派：以群落分析为特征的北欧学派、以植物区系为中心的法瑞学派、以植物演替为中心的英美学派、以植物群落和植被为中心的苏联学派。

该时期的另一重要特征是生态学从描述、解释走向机理研究。1935 年 Tansley 提出了生态系统的概念，标志着生态学进入以研究生态系统为核心的近代生态学发展阶段。R. L. Lindeman（1942）提出了著名的"1/10 定律"，发展了"食物链"和"生态金字塔"理论，为生态系统研究奠定了基础。

(4) 现代生态学时期

进入 20 世纪 60 年代，生态学得到快速发展。一是因为生态学自身的学科积累已到了一定程度，形成了自己独特的理论体系和方法论。二是高精度的分析测试技术、电子计算机技术、遥感技术和地理信息系统技术的发展，为现代生态学的发展提供了物质基础和技术条件。三是社会的需求。由于工业的高度发展和人口的大量增长，出现了许多全球性的人口、环境、资源、能源等问题。这些问题的解决都需要借助生态学理论，因而生态学引起社会各界的兴趣，从而促进了现代生态学的发展。

现代生态学的发展特点和趋势主要表现在以下几个方面：

① 研究层面向更宏观与更微观的方向发展。传统的生态学以个体、种群、群落为主要研究对象，现代生态学已发展到生态系统、景观和全球水平。近几十年来，一系列国际研究计划大大

促进了以生态系统生态学为基础的宏观生态学的发展。特别是最近 20 年来，把生态系统的研究与全球变化联系起来，形成了全球生态学理论。现代生态学在向宏观方向发展的同时，在微观方向也取得不少进展，20 世纪末分子生态学的产生是最重要的标志之一。分子生态学是以分子遗传为标志研究和解决生态学和进化问题的学科。用分子生态学的方法来研究生态学的现象，大大提高了生态学的科学性。

② 研究手段不断更新。传统生态学侧重对研究对象的描述，现代生态学已广泛应用野外自计电子仪器（测定光合、呼吸、蒸腾、水分状况、叶面积、生物量及微环境等）、同位素示踪（测定物质转移与物质循环等）、稳定同位素（用于生物进化、物质循环、全球变化等）、遥感与地理信息系统（用于时空现象的定量、定位与监测）、生态建模（从生态生理过程、种群、斑块、生态系统、景观到全球）等技术，这些技术支持了现代生态学的发展。

③ 应用生态学迅速发展。自 20 世纪 60 年代以来，人口危机、能源危机、资源危机、环境危机等日益严重，而生态学被认为是解决这些危机的科学基础。生态学与人类环境问题的结合成为 20 世纪 70 年代后生态学最重要的研究领域，与人类生存密切相关的许多环境问题都成为现代生态学研究的热点，生态学越来越融合于环境科学中。

13.1.3 生态学的研究内容和研究方法

13.1.3.1 研究内容

现代生态学具有明显的时代特色，除保持原有的研究领域外，还涌现出一批新的研究方向和热点问题，包括全球变化、可持续发展、生物多样性、湿地生态学、景观生态学、脆弱与退化生态学、恢复与重建及保护生态学、生态系统健康、生态工程与生态设计、生态经济与人文生态学等新兴研究领域。这些研究领域是以全球变化为起点和主题，以恢复与重建为内容和手段，以可持续发展为目标相互交织在一起而构成的一个"生态学三角形研究框架"，其他研究热点大多是围绕这三个中心展开的（图 13-1）。

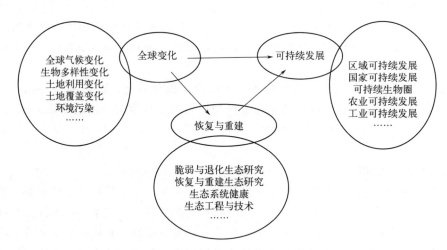

图 13-1 现代生态学研究的热点问题

（1）全球变化

全球变化研究主要集中在以下几个方面：①全球变化的科学性问题；②全球变化的幅度及其生态效应的预测研究；③温室效应气体释放机理研究；④生态系统碳汇估测；⑤全球变化高新技术产业的开发与利用研究；⑥全球变化陆地样带研究。

(2) 可持续发展

近年来，国内外的一些学者致力于建立可持续发展的指标体系研究，一致认为判断和测度可持续发展能力包括五个方面的内容，即资源承载力、区域生产力、环境缓冲能力、进程稳定能力、管理调节能力。目前，可持续发展领域的研究多停留在概念或内涵的定性探讨上，可操作性差。今后，可持续发展研究主要集中在以下几个方面：①可持续发展的内涵、发展观等探讨；②可持续发展的量化研究；③可持续发展模式与规划研究。

(3) 生物多样性

生物多样性是人类社会得以存在和持续发展的物质基础和必要保证。研究主要包括以下几个核心领域：①生物多样性的起源、维持与丧失；②生物多样性的生态系统功能；③生物多样性的编目、分类及其相互关系；④生物多样性评价与监测；⑤生物多样性保护、恢复与持续利用。

13.1.3.2 研究方法

从 20 世纪 50 年代开始，生态学研究方法趋向专门化，针对不同对象和问题，设计了各种专用的方法技术；另外，还强调系统化，表现为对各类生态系统制定出生态综合方法程序。生态学研究的专门化与系统化同时并进，彼此汇合，是学科方法体系日趋成熟的标志。

(1) 原地观测

原地观测是指在自然界原生境对生物与环境关系的考察。生态现象的直观第一手资料皆来自原地观测。生态学研究对象种群和群落均与特定自然生境不可分割，生态现象涉及因素众多，形式多样，相互影响又随时间不断变化，观测的角度和尺度也不尽相同，迄今尚难以或无法使自然现象全面地在实验室内再现。因此，原地观测仍是生态研究的基本方法。原地观测包括野外考察、定位观测和原地实验等方法。

① 野外考察。野外考察是考察特定种群或群落与自然地理环境空间分异的关系。野外考察首先要划定生境边界，然后在确定的种群或群落生存活动空间范围内，进行种群行为或群落结构与生境各种条件相互作用的观察记录。

种群水平的野外考察项目包括个体数量（或密度）、水平或垂直分布格局、适应形态性状、生长发育阶段或年龄结构、物种的生活习性行为、死亡等。群落水平的考察项目主要包括群落的种类组成、物种的生活型或生长型、生物习性和行为，以及各种植物种群的多度、频度、显著度、分布格局、年龄结构、生活史阶段、种间关联等。同时，考察种群或群落的主要环境因子特征，如生境面积、形状、海拔高度、气候因子、水、土壤、地质、地貌等。

② 定位观测。定位观测是考察某个体或某种群或群落结构功能与其生境关系的时态变化。定位观测先要设立一块可供长期观测的固定样地，样地必须能反映所研究的种群或群落及其生境的整体特征。定位观测时限取决于研究对象和目的。若观测种群生活史动态，微生物种群的时限只要几天，昆虫种群是几周至几年，脊椎动物从几年到几十年，多年生草本和树木要几十年到几百年，而如要观测群落演替，则需时限更长。观测种群或群落功能或结构的季节或年度动态，时限一般是一年或几年。除野外考察的项目之外，定位观测还要增加数量变动、生物量增长、生殖率、死亡率、能量流、物质流等结构功能过程的定期测定。

③ 原地实验。原地实验是在自然条件下采取某些措施获得有关某个因素的变化对种群或群落及其他诸因素的影响。例如，在牧场进行围栏实验，可获得牧群活动对草场中种群或群落的影响；在森林、草地群落或其他野外环境，人为去除其中的某个种群或引进某个种群，从而辨识该种群对群落及生境的影响；或进行捕食、施肥、灌溉、遮光、改变食物资源条件，以了解资源供应对种群或群落动态的影响和机制；在田间人工小岛上接种昆虫，观测昆虫的自然死亡因子与死亡率。

原地或田间的对比实验是野外考察和定位观测的一个重要补充，不仅有助于阐明某些因素的作用和机制，还可作为设计生态学受控实验或生态模拟的参考或依据。

（2）受控实验

受控实验是在模拟自然生态系统的受控生态实验系统中研究单项或多项因子相互作用，及其对种群或群落影响的方法技术。

随着现代科学技术的进步，实验生物材料和生物测试技术的完善，近年来受控实验的规模和生态系统模拟水平正在日趋扩大和完备。20 世纪 70 年代在海洋生态学研究中创造了一种受控生态系统技术，是用一个巨大的塑料套在浅海里围隔出一个从海面到海底的受控水柱，在其中进行持续的，包括生物及环境在内的多项受控实验。然而，受控生态实验无论如何都不可能完全再现真实的自然，总是相对简化的，并存在不同程度的干扰。因此，模拟实验取得的数据和结论，最后都需要回到自然界中去进行验证。

（3）生态学研究的综合方法

生态学研究的综合方法是指对原地观测或受控生态实验的大量资料和数据进行综合归纳分析，从而表达各种变量间存在的相互关系，反映客观生态规律性的方法。

① 资料归纳和分析。对生态现象观测的资料涉及多种学科领域，众多因素的变量集和各种变量（属性）的类型不同、量纲不一、尺度悬殊。为了便于归纳分析，首先，要对数据进行适当处理，包括对数据类型的转化，主要是把二元（定性）数据转化为定量数据，或者反之，以使数据类型一致。其次，是对不同量纲的数据进行数值转换，如将原始数值转换为对数、例数、角度、概率等，以求更合理地体现各类数据之间的数量关系，使数据具有一定的分布形式（如正态分布）或一定的数据结构（如线性结构）。为了加强数据间线性关系，可进行数据的标准化或中心化，如把各项数据的绝对值转换为相对值（比值），使变量的取值在 0～1 之间，从而获得数据的几何意义。

② 生态学的数值分类和排序。数值分类是 20 世纪 50 年代以后发展起来的客观分类群落及种内生态类型的方法。分类的对象单元是样地，所以样地的大小、数量和物种数量特征（属性）的测计都要按照规范化的方法。各种属性的原始数据须经过处理，建立 N 个样地 P 个属性的原始数据矩阵，再计算群落样地两两之间的相似系数或相异系数，列出相似系数矩阵，最后按一定程序进行样地的聚类或划分，得出表征同质群落类型的树状图。数值分类技术的最大特点是原地调查抽样、数据处理、计算分类程序的规范化，具有较强的客观性和可重复检验的特性。

③ 生态模型与模拟。生物种群或群落系统行为的时态或空间变化的数学概括，统称为生态模型。广义的生态模型泛指文字模型和几何模型。生态数学模型仅仅是对生态系统的抽象，每个模型都有其一定的限度和有效范围。生态学系统建模，并没有绝对的法则，但必须从确定对象系统过程的实际出发，充分把握其内部相互作用的主导因素，提出适合的生态学假设，再采用恰当的数学形式来加以表达或描述。

13.2　生态系统的概念与功能

13.2.1　生态系统的概念

地球上的森林、草原、湖泊、海洋等自然环境的外貌千差万别，生物的组成也各不相同，但它们有一个共同特征，即其中的生物与环境共同构成一个相互作用的整体。生态系统是指一定时间和空间范围内，生物群落与非生物环境通过能量流动和物质循环所形成的一个相互影响、相互作用并具有自调节功能的自然整体。它是由英国植物生态学家 Tansley 于 1935 年首先提出的，20 世纪 50 年代得到广泛关注，60 年代后逐渐成为生态学研究的中心。生态系统也被简单地表述为：生态系统＝生物群落＋非生物环境。

苏联植物生态学家 V. N. Sukachev 曾于 1944 年提出生物地理群落的概念，即在地球表面上的一个地段内，动物、植物、微生物与其地理环境组成的功能单位。生物地理群落强调在一个空间内，生物群落中各个成员和自然地理环境因素之间是相互联系在一起的整体。实际上，生物地理群落和生态系统是同义语。

生态系统的范围可大可小，通常可根据研究目的和对象而定。最大的生态系统是生物圈，可看作全球生态系统，包括地球上的一切生物及其生存条件。地球上的任何一个生态系统都具有以下共同特点：①是生态学上的一个结构和功能单位，属生态学上的最高层次。②内部具有自调节、自组织、自更新能力。③具有能量流动、物质循环和信息传递三大功能。④营养级数目有限。⑤是一个动态系统。

生态系统生态学是以生态系统为对象，研究生态系统的组成要素、结构与功能、发展与演替，以及人为影响与调控机制的生态科学。当前，人类与环境的关系问题，如人口增长、资源的合理开发利用等已成为生态学研究的中心课题，而所有这些问题的解决都有赖于生态系统结构与功能、生态系统的演替、生态系统的多样性和稳定性以及生态系统对于人类干扰的恢复能力和自我调节能力的研究。生态系统生态学是现代生态学发展的前沿，在促进自然资源的可持续利用和保护人类生存环境中发挥着极为重要的作用。

13.2.2 生态系统的能量流动

地球上所有生态系统的最初能量都来源于太阳。太阳辐射以电磁波的形式投射到地球表面，在日地平均距离上，地球表面大气外层垂直于太阳射线的每平方厘米面积上每分钟接受的太阳辐射能是一定值，为 8.12J，也称为太阳常数。进入大气层的太阳辐射能，只有 47％左右到达地球表面，而到达地球表面的太阳辐射只有可见光、红外线、紫外线能起到生物学作用。到达地球表面的总辐射，一般只有 1％左右为植物光合作用所吸收，通过绿色植物的光合作用转化成生物产品中的化学能，这些能量在生态系统中进行传递，推动物质在生态系统中的流动和循环。这种能量的流动也遵循一定的原理。

(1) 严格遵循热力学定律

生态系统中能量的传递和转化都遵循热力学定律。热力学第一定律指出，自然界能量可以由一种形式转化为另一种形式，在转化过程中严格按当量比例，能量既不能消灭，也不能凭空创造。热力学第二定律指出，生态系统的能量从一种形式转化为另一种形式时，总有一部分能量转化为不能利用的热能而耗散。

根据热力学第二定律可知，能量在转换过程中常常伴随着热能的耗散，任何能量转换过程的效率都不可能达到 100％。在生态系统中，当太阳辐射能到达地球表面时，只有极小部分能量被绿色植物吸收并转化为化学能，大部分光能转变为热能离开生态系统进入太空。当进入生态系统中的能量在生产者、消费者和分解者之间进行流动和传递时，一部分能量转变为热而消散，剩余能量才用于做功，并合成新的生物组织作为潜能贮存下来。

(2) 生态系统中的能量流动是单向流

能量以光能的形式进入生态系统后，就不能再以光的形式存在，而是以热的形式不断地逸散到环境中。就总的能流途径而言，能量只是一次性流经生态系统，是不可逆的。因此，能量在生态系统中的流动是单向的，不能返回，因此称为能量流动。

(3) 能量流动逐级递减

从太阳辐射能到被生产者固定，经草食动物到肉食动物再到大型肉食动物，能量是逐级递减的。这是因为：①各营养级消费者不可能百分之百地利用前一营养级的生物量；②各营养级的同化作用也不是百分之百；③生物在维持生命过程中进行新陈代谢，总要消耗一部分能量，这部分能量变成热能而耗散掉。因此，生态系统要维持正常的功能，就必须有永恒不断的太阳能输入，用以平衡各营养级生物维持生命活动的消耗，只要这个输入中断，生态系统就会丧失其功能。由于能量每经过食物链的一个环节都有一定的损耗，所以，食物链不会很长，一般生态系统的营养级只有4～5级，很少有超过6级的。

(4) 能量质量逐渐提高

能量在生态系统流动中，会把较多的低质量能转化为另一种较少的高质量能。在辐射能输入生态系统的能量流动过程中，能的质量是逐步提高的。

(5) 能量流动速率差异

在生态系统中，能量流动速率与生态系统类型以及生物类型有密切关系。E. P. Odum 等曾用放射性磷（^{32}P）对一个弃荒地的生物群落进行研究，发现植食性动物在试验开始的前几天就累积了放射性磷，另外一些昆虫在2～3周时累积才达高峰。而捕食者直到试验后的第3周还没有出现同位素累积的高峰。

13.2.3 生态系统的物质循环

生态系统从大气、水体和土壤等环境中获得营养物质，通过绿色植物吸收，进入生态系统，被其他生物重复利用，最后再回归到环境中，这一过程称为物质循环，又称生物地球化学循环。这种循环可发生在不同层次、不同大小的生态系统内，乃至生物圈中。一些循环能沿着特定的途径从环境到生物体，再到环境中。那些生命必需元素的循环通常称为营养物质循环。

物质循环包括地质大循环和生物小循环。地质大循环是指物质或元素经生物体的吸收作用，从环境进入生物有机体内，然后生物有机体以死体、残体或排泄物形式使物质或元素返回环境，进入大气、水、岩石、土壤和生物五大自然圈层的循环。地质大循环的时间长，范围广，是闭合式循环。生物小循环指环境中元素经生物体吸收，在生态系统中被多层次利用，然后经过分解者的作用，再为生产者吸收利用。生物小循环时间短，范围小，是开放式循环。

13.2.3.1 物质循环的概念

(1) 库

库是指某一物质在生物或非生物环境暂时滞留（被固定或贮存）的数量。生态系统中的各个组分都是物质循环的库，可分为植物库、动物库、大气库、土壤库和水体库。库又可分为许多亚库，如植物库可分为作物、林木、牧草等亚库。在生物地球化学循环中，根据库容量的不同以及营养元素在库中的滞留时间和流动速率，可把物质循环的库分为两种类型：①贮存库，特点是库容量大，元素在库中滞留时间长，流动速率慢，一般为非生物成分，如岩石、沉积物等；②交换库，特点是库容量小，元素在库中滞留时间短，流动速率快，一般为生物成分，如植物库、动物库等。例如，在一个水生生态系统中，水体中含有磷，水体是磷的贮存库，浮游生物是磷的交换库。

(2) 流通率

流通率指在生态系统中单位时间、单位面积（或体积）内物质流动的量，$kg/(m^2 \cdot t)$。

(3) 周转率

周转率指某物质出入一个库的流通率与库中该物质的量之比。即：

$$周转率 = \frac{流通率}{库中该物质的量}$$

(4) 周转时间

周转时间是周转率的倒数。周转率越大，周转时间就越短。例如，大气圈中 N_2 的周转时间约近 100 万年；大气圈中水的周转时间为 10.5 天，即大气圈中所含水分一年要更新大约 35 次；海洋中主要物质的周转时间，Si 最短，约 8000 年，Na 最长，约 2.06 亿年。

13.2.3.2 物质循环的类型

物质循环可分为三种类型，即水循环、气体型循环和沉积型循环。

(1) 水循环

水是自然的驱使者，生态系统中所有的物质循环都是在水循环的推动下完成的。没有水循环就没有物质循环，就没有生态系统的功能，也就没有生命。

(2) 气体型循环

气体型循环的贮存库主要是大气和海洋。气体循环与大气和海洋密切相关，循环性能完善，具有明显的全球性。凡属于气体型循环的物质，其分子或某些化合物常以气体的形式参与循环过程。属于这一类循环的物质有 C、O 和 Cl 等。气体型循环与全球性的三个环境问题（温室效应、酸雨、臭氧层破坏）密切相关。

(3) 沉积型循环

沉积型循环的贮存库主要是岩石、沉积物和土壤。循环物质分子或化合物主要通过岩石的风化作用和沉积物的溶解作用，才能转变成可供生态系统利用的营养物质。循环过程缓慢，且是非全球性的。属于沉积型循环的物质有 P、S、Na、K、Ca、Mg、Fe、Cu、Si 等。

13.2.4 生态系统的稳定性

生态系统是一个动态的复杂系统，具有多个稳定的状态。单纯利用某一点的稳定性来判定系统的稳定性会掩盖系统的真实性，影响对系统的全面了解。生态系统稳定性的定义很多，绝大多数都可归纳为关于生态系统结构和功能的动态平衡的性质。MacArthur（1955）把稳定性定义为种群与群落抵抗干扰的能力，是一个比较笼统的概念。May（1973）和 Orians（1974）使生态系统稳定性概念具体化，认为生态系统稳定性包含系统对干扰反应的两个方面，即受干扰后生态系统抵抗干扰的能力，以及在干扰消除后生态系统的恢复能力。据 Volker 的统计，关于稳定性有163 个相关定义和 70 种不同的概念。通过比较，Volker 认为稳定性并不能直接定义，只能是通过其他的概念来表示，并认为稳定性包括恒定性、持久性和恢复力（弹性）三个方面。虽然他的研究改变了过去对稳定性定义的观点，但从本质上讲，恒定性和持久性都表示系统受到干扰后保持不变的能力。从模型角度看，有学者根据系统数学模型的局部稳定性、全局稳定性、Liapanov 稳定性或结构稳定性来判定生态系统的稳定性。

之后，有学者总结了稳定性的概念，其中包括三个类型：群落或生态系统达到演替顶极后出现的能够进行自我更新和维持，并使群落的结构、功能长期保持在一个较高水平、波动较小的现象；群落或生态系统在受到干扰后维持其原来结构状态的能力；群落或生态系统受到干扰后回到原来状态的能力。根据第一类型的稳定性，处于顶极状态的群落是稳定的。实践表明，顶极群落具有较高的抵抗力，但恢复力较小，所以处于顶极群落的系统只是处于一个比较平衡的状态，而演替中的群落处于非平衡状态,所以并不是传统意义上的稳定。

研究生态系统的稳定性,首先要理解系统受到干扰后的变化趋势。生态系统受到的干扰可能是正干扰也可能是负干扰,不同的干扰对生态系统影响不同。

生态系统是一个动态的复杂系统,在无干扰的情况下在一定范围内自由波动,即使受到微小的干扰也会通过其自组织能力而调节,以维持其原有的系统结构和功能。负干扰使生态系统趋向退化,当负干扰超过其承受的阈值时,生态系统的结构和功能就会发生变化,变为退化生态系统(图13-2曲线1),这种退化的生态系统在干扰消失后会缓慢恢复到退化前的状态。在正干扰的作用下,生态系统向更加优化的方向发展,进化形成新的生态系统。一般情况下,如果没有负干扰,进化的生态系统会维持其稳定状态,在干扰消除后不会退化到原有状态。生态系统恢复的内容之一就是在人为正干扰作用下使退化生态系统恢复到原有的健康生态系统(图13-2曲线2)。

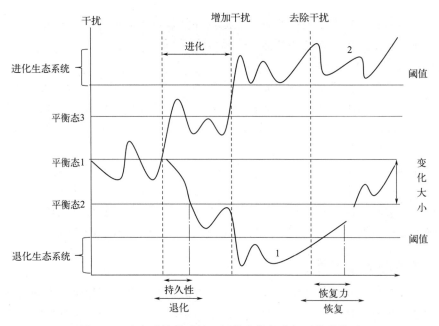

图13-2　生态系统敏感性、阈值和恢复力与干扰的关系

13.3　生态问题与可持续发展

13.3.1　全球生态问题

全球性环境问题的产生是多种因素共同作用的结果。长期以来,由于人类热衷于改造环境,从而导致各种环境问题,影响范围从区域扩展到全球,并给人类的生存和发展造成极大威胁。当前,威胁人类生存的主要环境问题可归纳为以下几个方面。

(1) 全球气候变化

人类活动产生大量 CO_2、CH_4、N_2O 等气体,当它们在大气中的含量不断增加时,即产生温室效应,使气候逐渐变暖。全球气候的变化会对全球生态系统带来威胁和严峻的考验,包括极地冰川融化、海水膨胀,从而导致海平面上升;使全球降雨和大气环流发生变化,导致气候反常,造成旱涝灾害;导致生态系统发生变化和遭到破坏,对人类生活产生一系列重大影响。

根据政府间气候变化专门委员会的预测，到 21 世纪中叶大气中 CO_2 等效含量将增加 0.056%，是工业革命前的 2 倍，届时全球气温将上升 1.5～4.5℃，海平面将升高 0.3～0.5m，许多人口密集地区将被海水淹没。到 21 世纪末期（2081—2100 年），大气中 CO_2 浓度可能增加到 $5.3×10^{-4}$～$9.7×10^{-4}$（每百万空气中 CO_2 分子的数量），这大约是工业革命前（$2.8×10^{-4}$）的 1.9～3.5 倍。为应对全球气候变化，1992 年工业化国家在巴西里约热内卢作出保证，稳定造成温室效应的气体排放量，但多数国家并未做到这一点。1997 年 12 月联合国气候变化框架公约参加国通过了《京都议定书》，目标是"将大气中的温室气体含量稳定在一个适当水平，防止剧烈的气候改变对人类造成伤害"，要求将 CO_2 排放量控制在较 1990 年排放量减少 5% 的水平。2015 年，《巴黎协定》在法国巴黎达成，取代了《京都议定书》的部分内容，旨在将全球平均温度升幅控制在远低于 2℃ 以内，并努力将其限制在 1.5℃ 以内。

（2）臭氧层破坏

臭氧层能吸收太阳的紫外线，从而保护地球上的生命免受过量紫外线的伤害，并将能量贮存在上层大气中，起到调节气候的作用。臭氧层是一个很脆弱的气体层，一些会和臭氧发生化学作用的物质进入臭氧层会破坏臭氧层，而地面受到紫外线辐射的强度也会随之增强。

大量观测和研究结果表明，南北半球中高纬度大气中的臭氧层已损耗 5%～10%，在南极的上空臭氧层损失高达 50% 以上，出现了臭氧层空洞。臭氧的减少使到达地面的短波紫外线（UV-B）辐射强度增强，导致人类皮肤病和白内障的发病率增高，植物的光合作用受到抑制，海洋中的浮游生物减少，进而影响水生生物的生存，并对整个生态系统构成威胁。

（3）生物多样性减少

生物多样性是指所有来源的形形色色的生物体，这些来源包括陆地、海洋和其他水生生态系统及其所构成的生态综合体，包括物种内部、物种之间和生态系统的多样性。在漫长的生物进化过程中会产生一些新的物种，而随着生态环境的变化，也会使一些物种消失。近年来，由于人口的急剧增加和人类对资源的不合理开发，加之环境污染等原因，地球上的各种生物及其生态系统受到极大冲击，生物多样性也受到很大损害。

据估计，由于人口增长和经济发展的压力，以及对生物资源的不合理利用和破坏，世界上每年至少有 5 万种生物物种灭绝，平均每天灭绝的物种达 140 个。

（4）酸雨危害

酸雨是指大气降水中 pH 值低于 5.6 的雨、雪或其他形式的降水，是大气污染的一种表现。酸雨对人类环境的影响是多方面的。酸雨降落到河流湖泊中，会妨碍鱼、虾的生长，导致鱼虾减少或绝迹；酸雨导致土壤酸化，破坏土壤的营养，使土壤贫瘠化；酸雨还危害植物的生长，造成作物减产或危害森林的生长；酸雨还腐蚀建筑材料，酸雨地区的一些古迹，特别是石刻、石雕或铜塑像的损坏程度超过以往数百年甚至千年。

（5）土地退化和荒漠化

全世界 80% 的人口以农业和土地为基本谋生资源，在许多热带、亚热带和干旱地区，土地资源已严重退化。全球退化土地估计有 $1.96×10^9 hm^2$（UNEP，1997），其中 38% 为轻度退化，46.5% 为中度退化，15% 为严重退化，0.5% 为极严重退化。根据联合国粮农组织（FAO）的最新数据，全球土地退化的情况仍在继续恶化。2015 年发布的《第二次全球土地退化评估》（GLAS 2015）估计全球退化土地面积为 $2.5×10^8 km^2$，占全球土地总面积的 20% 以上。根据联合国防治荒漠化条约（UNCCD）的数据，全球每年有大约 $2.4×10^9 hm^2$ 的土地遭受不同程度的退化。

人类活动，尤其是农业活动，是造成土地退化的主要原因。在北美，这类活动影响了不少于

52%的退化干旱地区，墨西哥北部以及美国和加拿大的大平原和大草原地区受到的影响最大。农业活动还在不同程度上造成发展中国家不同形式的土地退化。许多农村开发项目的目标都是增加农作物产量和缩短耕地休闲期，导致土壤营养的净流失，大大降低了土壤的肥力。同时，化肥、农药的大量施用，会对土地造成严重污染。

对森林的过量砍伐是造成土地退化的另一个原因。毁林导致土地退化情况最严重的地区是亚洲，其次是拉丁美洲和加勒比地区。如果植被全部或部分受损或消失，地球表面的反射率、地表温度和蒸发量都将发生改变。土壤的脆弱度和生态系统的复原力都会随着土地使用强度而发生变化，从而导致土地退化。

在草场、灌木林和牧场过度放牧也会导致土地退化。当前过度放牧面积已达 $6.8 \times 10^8 \text{hm}^2$，占退化干旱土地总面积的 1/3 以上，尤其是在东非和北非，牛的存栏量过大致使土地严重退化。

除与人类活动直接有关的土地退化原因外，降雨量和雨水蒸发量等重要气候因素的变化也是土地退化主要原因，而这些变化又与农业、城市发展及工业等行业强化使用土地相关。在干旱地区，退化土地总面积中有近一半是水土流失造成的。水土流失使非洲超过 $5 \times 10^7 \text{hm}^2$ 干旱土地严重退化。

（6）海洋污染与渔业资源锐减

海洋是生命之源，但由于过度捕捞，海洋的渔业资源正以超乎想象的速度减少，许多靠捕捞海产品为生的渔民正面临着生存危机。不仅如此，海产品中的重金属和一些有机污染物可能对人类的健康带来威胁。人类活动使近海区的 N 和 P 含量增加 50%～200%，过高的营养物质含量导致沿海藻类大量生长，波罗的海、北海、黑海、东中国海（东海）等海域经常出现赤潮，红树林、珊瑚礁、海草等遭到破坏，鱼虾产量锐减，渔业损失惨重。

专栏——海洋中的"微塑料"

有关海洋塑料垃圾的最早报道是在 20 世纪 70 年代，目前在大西洋、太平洋、极地和深海都已发现存在塑料碎片污染。塑料是海洋垃圾的主要组成部分，约占海洋垃圾的 60%～80%，在某些地区甚至达到 90%～95%，并且以每年递增的趋势增长。据报道全球每年生产的塑料超过 $3 \times 10^8 \text{t}$，其中约有 10% 的塑料会进入海洋，而事实上我们所消耗的每一片塑料最终都有可能进入大海。

海洋中的塑料在太阳辐射下可发生光降解和破碎，形成粒径<1cm 甚至更小的碎片。2004 年 Thompson 和 Russell 使用微塑料描述小尺寸的塑料，此后关于微塑料的研究引起越来越多科研人员的关注。

微塑料指粒径<5mm 的塑料碎片，其化学性质较为稳定，可在海洋环境中存在数百至数千年。海洋中飘浮的微塑料不仅能够给各种微生物提供生存和繁殖场所，还可以富集多种有毒化学物质。目前对微塑料潜在危害的研究刚刚起步，很多结果也仅仅限于实验室研究。

目前已知的微塑料来源包括陆源输入、滨海旅游业、船舶运输业和海上养殖捕捞业等。陆源塑料垃圾的输入是海洋塑料污染的主要来源之一，主要是人类生活中有意或者无意丢弃的塑料废弃物、被暴风雨冲刷到海洋的陆地上掩埋的塑料垃圾等。常用的一些洗涤剂、生活护肤品以及工业原料等均含有大量微塑料成分，这些微塑料颗粒在污水处理过程中由于颗粒小而难以去除，从而会随陆源垃圾输入进入海洋。水产养殖过程中丢弃的大量饲料垃圾袋也增加了海洋环境中的塑料量及其潜在污染危害。越来越多的渔船采用塑料渔网进行捕鱼，渔具更新导致大量的破旧塑料渔网被遗弃在海洋中。此外，突发的海上航运事故有时也会造成大量的塑料产品进入海洋。

近年来,我国不断加大对海洋垃圾的研究和治理力度,针对海洋垃圾的污染防治问题,我国已陆续出台和制定了《海洋环境保护法》《海洋倾废管理条例》和《防治陆源污染物污染损害海洋环境管理条例》等20余部配套法规。同时,我国在全国建立了海洋生态红线制度,将重要、敏感、脆弱的海洋生态系统纳入生态红线区管控范围并实施强制保护和严格管控。2013年,山东省率先实施"海洋生态红线"制度,计划至2020年,渤海海水水质达标率不低于80%,生态红线区陆源入海直排口污染物排放达标率100%。

(7) 人口爆炸,城市无序扩大

人口、资源、环境是困扰当今社会最严峻的问题,而人口问题则是这些问题中最关键的因素。人口的大量增加以及城市的无序扩大,使城市生活条件恶化,造成拥挤、水污染、卫生条件差、无安全感等一系列问题。

几千年来,人类文明的发展基本上是以消耗大量环境资源为代价换来的。这一过程使生态环境不断恶化,并累积形成许多重大的生态环境问题。

13.3.2 我国生态现状

(1) 大气质量持续改善

根据《2020年中国环境状况公报》,2014年,开展空气质量新标准监测的地级及以上城市161个,其中16个城市空气质量达标,占9.9%;145个城市空气质量超标,占90.1%。从各指标来看,SO_2年均浓度范围为$6 \sim 82 \mu g/m^3$,达标城市比例为89.2%;NO_2年均浓度范围为$16 \sim 61 \mu g/m^3$,达标城市比例为48.6%;PM_{10}年均浓度范围为$42 \sim 233 \mu g/m^3$,达标城市比例为21.6%;$PM_{2.5}$年均浓度范围为$23 \sim 130 \mu g/m^3$,达标城市比例为12.2%;O_3日最大8小时平均值第90百分位数浓度范围为$69 \sim 200 \mu g/m^3$,达标城市比例为67.6%;CO日均值第95百分位数浓度范围为$0.9 \sim 5.4 mg/m^3$,达标城市比例为95.9%。空气中的主要污染物以$PM_{2.5}$为主。

2020年,全国337个地级及以上城市中,202个城市环境空气质量达标,占全部城市数的59.9%;135个城市环境空气质量超标,占40.1%。六项污染物$PM_{2.5}$、PM_{10}、O_3、SO_2、NO_2和CO浓度分别为$33 \mu g/m^3$、$56 \mu g/m^3$、$138 \mu g/m^3$、$10 \mu g/m^3$、$24 \mu g/m^3$和$1.3 mg/m^3$。若不扣除沙尘影响,$PM_{2.5}$和PM_{10}平均浓度分别为$33 \mu g/m^3$和$59 \mu g/m^3$。以$PM_{2.5}$、O_3、PM_{10}、NO_2和SO_2为首要污染物的超标天数分别占总超标天数的51.0%、37.1%、11.7%、0.5%和不足0.1%,未出现以CO为首要污染物的超标天。

2014年,470个监测降水的城市(区、县)中,酸雨频率均值为17.4%。出现酸雨的城市比例为44.3%,酸雨频率在25%以上的城市比例为26.6%,酸雨频率在75%以上的城市比例为9.1%。降水pH年均值低于5.6(酸雨)、低于5.0(较重酸雨)和低于4.5(重酸雨)的城市比例分别为29.8%、14.9%和1.9%。

2020年,465个监测降水的城市(区、县)中,酸雨频率平均为10.3%。出现酸雨的城市比例为34.0%,酸雨频率在25%以上的城市比例为16.3%,酸雨频率在75%以上的城市比例为2.8%。全国降水pH年均值范围为$4.39 \sim 8.43$,平均为5.60。酸雨、较重酸雨和重酸雨城市比例为15.7%、2.8%和0.2%。酸雨污染主要分布在长江以南—云贵高原以东地区,主要包括浙江、上海的大部分地区,福建北部、江西中部、湖南中东部、广东中部、广西南部和重庆南部。

(2) 水体污染得到控制

20世纪以来,世界用水量大幅度增加。根据生态环境部《环境统计年报》,2019年,全国废水中化学需氧量排放量为 $5.67×10^6$ t，其中，工业源废水中化学需氧量排放量为 $7.72×10^5$ t，农业源化学需氧量排放量为 $1.86×10^5$ t，生活源污水中化学需氧量排放量为 $4.70×10^6$ t，集中式污染治理设施废水（含渗滤液）中化学需氧量排放量为 $1.4×10^4$ t。全国废水中 NH_3-N 排放量为 $4.63×10^5$ t，其中，工业源废水中 NH_3-N 排放量为 $3.5×10^4$ t，农业源 NH_3-N 排放量为 4000 t，生活源污水中 NH_3-N 排放量为 $4.21×10^5$ t，集中式污染治理设施废水（含渗滤液）中 NH_3-N 排放量为 3000 t。

2001—2020 年间，全国地表水污染状况不断改善（图 13-3 和图 13-4）。根据《2020 年中国环境状况公报》，2020 年全国地表水监测的 1937 个断面（点位）中，Ⅰ～Ⅲ类水质断面（点位）占 83.4%，劣Ⅴ类占 0.6%，主要污染指标为化学需氧量、TP（总磷）和高锰酸盐指数。长江、黄河、珠江、松花江、淮河、海河、辽河七大流域和浙闽片河流、西北诸河、西南诸河主要江河监测的 1614 个断面中，Ⅰ～Ⅲ类水质断面占 87.4%，劣Ⅴ类占 0.2%。西北诸河、浙闽片河流、长江流域、西南诸河和珠江流域水质为优，黄河流域、松花江流域和淮河流域水质良好，辽河流域和海河流域为轻度污染。112 个重要湖泊（水库）中，Ⅰ～Ⅲ类湖泊占 76.8%，劣Ⅴ类占 5.4%。

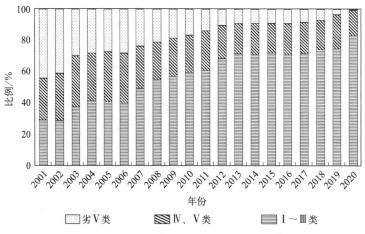

图 13-3　2001—2020 年我国七大水系水质状况

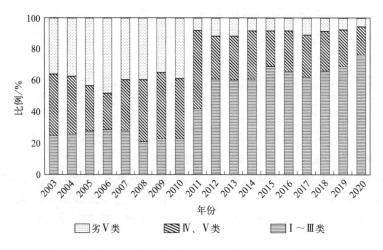

图 13-4　2003—2020 年我国湖泊（水库）水质状况

我国沿岸海域污染情况持续改善（图 13-5）。2001 年近海海水以三类和劣四类为主，四大海区中东海劣四类海水比例最高，为 52.0%，其次是渤海，为 38.5%。2020 年全国近海海域中，优良（一、二类）水质海域面积比例为 77.4%，劣四类为 9.4%。主要超标指标为无机氮和活性磷酸盐。

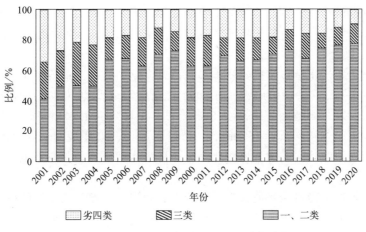

图 13-5　2001—2020 年我国近岸海域水质状况

> **专栏——《长江保护法》**
>
> 　　长江拥有独特的生态系统，是我国重要的生态宝库。鉴于长江流域生态环境状况的严峻形势，2016 年 3 月 25 日中共中央政治局审议通过《长江经济带发展规划纲要》，纲要从规划背景、总体要求、大力保护长江生态环境、加快构建综合立体交通走廊、创新驱动产业转型升级、积极推进新型城镇化、努力构建全方位开放新格局、创新区域协调发展体制机制、保障措施等方面描绘了长江经济带发展的宏伟蓝图，是推动长江经济带发展重大国家战略的纲领性文件。
>
> 　　长江经济带覆盖上海、江苏、浙江、安徽、江西、湖北、湖南、重庆、四川、云南、贵州 11 省市，面积约 $2.05\times10^{6}\ km^{2}$，人口和经济总量均超过全国的 40%，生态地位重要、综合实力较强、发展潜力巨大。
>
> 　　《长江保护法》自 2021 年 3 月 1 日起施行。作为我国第一部针对流域保护的专门法，《长江保护法》从生态系统的整体性和流域的系统性出发，将"生态优先、绿色发展""共抓大保护、不搞大开发"理念和要求贯穿始终，明晰了有关各方职责，压实了生态环境责任，加大了违法处罚力度，为有效根治"长江病"、全面推动长江经济带高质量发展提供了坚实的法律保障。
>
> 　　《长江保护法》和《环境保护法》《水污染防治法》《水法》等法律密切衔接、互为补充，共同形成了推动长江大保护更为完善、更为严格的法律体系。

（3）固体废物处置量大，存在城市噪声污染

2019 年，我国一般工业固体废物产生量为 $4.41\times10^{9}\ t$，综合利用量为 $2.32\times10^{9}\ t$，处置量为 $1.10\times10^{9}\ t$；工业危险废物产生量为 $8.126\times10^{7}\ t$，利用处置量为 $7.54\times10^{7}\ t$。生活垃圾处理场（厂）2438 家，生活垃圾填埋量 $2.0\times10^{8}\ t$，焚烧量 $1.3\times10^{8}\ t$；调查统计危险废物集中处理厂 1325 家，医疗废物集中处理厂 338 家，实际处置危险废物 $1.50\times10^{7}\ t$。

我国城市的环境噪声多数处于高声级，存在声环境超标现象。2020年，开展昼间区域声环境监测的324个地级及以上城市平均等效声级为54.0dB(A)。14个城市昼间区域声环境质量为一级，占4.3%；215个城市为二级，占66.4%；93个城市为三级，占28.7%；2个城市为四级，占0.6%；无五级城市。开展昼间道路交通声环境监测的324个地级及以上城市平均等效声级为66.6dB(A)。227个城市昼间道路交通声环境质量为一级，占70.1%；83个城市为二级，占25.6%；13个城市为三级，占4.0%；1个城市为四级，占0.3%；无五级城市。开展功能区声环境监测的311个地级及以上各类功能区昼间达标率为9.4%，夜间达标率为80.1%。

(4) 沙漠化得到遏制

我国土地荒漠化、沙化呈整体得到初步遏制，荒漠化、沙化土地持续减少。截至2009年底，全国荒漠化土地总面积$2.62\times10^6 km^2$，与2004年相比，全国荒漠化土地面积减少$12454 km^2$，年均减少$2491 km^2$；沙化土地面积净减少$8587 km^2$，年均减少$1717 km^2$；具有明显沙化趋势的土地面积减少$7608 km^2$，年均减少$1522 km^2$。受过度放牧、滥开垦、水资源的不合理利用以及降水量偏少等综合因素的共同影响，川西北高原、塔里木河下游等区域沙化土地处于扩展状态，但扩展的速度已趋缓。

尽管如此，土地沙化仍然是当前较为严重的生态问题。北方荒漠化地区植被总体上仍处于初步恢复阶段，自我调节能力仍较弱，稳定性仍较差，难以在短期内形成稳定的生态系统。人为活动对荒漠植被的负面影响尚未消除，气候变化导致极端气象灾害（如持续干旱等）频繁发生，对植被建设和恢复影响甚大，土地荒漠化、沙化的危险仍然存在。

(5) 水土流失得到控制

近年来，我国水土流失治理和控制取得了一定的成就。20世纪90年代末，我国水土流失面积$3.56\times10^6 km^2$，2021年我国水土流失面积为$2.67\times10^6 km^2$，较2020年减少0.69%。我国水土流失的重点地区集中在大兴安岭—太行山—雪峰山一线以西，青藏高原及蒙新干旱区以东的地区，同时也是我国生态环境脆弱带（气候干湿交替型）所在区域。从全国范围看，水土流失比较严重的地区从北到南主要有：西辽河上游、黄土高原地区、嘉陵江中上游、金沙江下游、横断山脉地区以及南方部分山地丘陵区，以西北地区较为严重，主要有陕西、甘肃、山西、内蒙古等。

但是，我国水土流失仍呈现分布范围广、面积大的特点，且侵蚀形式多样、类型复杂，水力侵蚀、风力侵蚀、冻融侵蚀及滑坡泥石流等重力侵蚀特点各异，相互交错，成因复杂，难以控制，水土保持仍面临较大压力。

(6) 森林资源有所提升

我国历史上曾是森林资源丰富的国家，但经历代的砍伐破坏，许多主要林区森林面积大幅度减少。据第八次全国森林资源清查（2009—2013年），全国森林面积$2.08\times10^8 hm^2$，森林覆盖率21.63%；活立木总蓄积$1.64\times10^{10} m^3$，森林蓄积$1.51\times10^{10} m^3$；天然林面积$1.22\times10^8 hm^2$，蓄积$1.23\times10^{10} m^3$；人工林面积$6.9\times10^7 hm^2$，蓄积$2.48\times10^9 m^3$。

第九次全国森林资源清查（2014—2018年）结果显示，全国森林面积$2.2\times10^8 hm^2$，森林覆盖率22.96%，其中人工林面积$7.95\times10^7 hm^2$，森林蓄积$1.76\times10^{10} m^3$，年固土量$8.75\times10^9 t$，年滞尘量$6.16\times10^9 t$，年吸收大气污染物量$4\times10^7 t$，年固碳量$4.34\times10^8 t$，年释氧量$1.03\times10^9 t$。

清查结果表明，我国森林资源呈现出数量持续增加、质量稳步提升、效能不断增强的良好态势。第八次和第九次清查间隔期内，森林资源变化有以下主要特点：①森林总量持续增长；②森林质量不断提高；③天然林稳步增长；④人工林快速发展；⑤森林采伐中人工林比重继续上升。

然而，我国森林覆盖率仍低于全球31%的平均水平，人均森林面积仅为世界人均水平的1/4，人均森林蓄积只有世界人均水平的1/7，生态产品短缺与日益增长的社会需求之间的矛盾还较为突出，林业发展还面临着较大的压力和挑战。

(7) 草原退化有所缓解

长期以来，对草原掠夺性的粗放经营破坏了草地生态平衡，使我国草地生态系统退化。20世纪70年代，草场面积退化率为15%，80年代中期已达30%以上，2007年退化率已达到57%。截至2014年，90%的天然草原出现不同程度的退化，北方草原的平均超载率达36%。根据《全国草原监测报告》，2014年全国天然草原鲜草总产量1.02×10^9 t，较上年减少3.18%。

2016年全国天然草原鲜草总产量1.04×10^9 t，载畜能力较上年增加0.93%，全国草原综合植被盖度为54.6%，重大生态工程区草原植被盖度比非工程区平均高出21个百分点，高度、鲜草产量平均增加46.1%和56.3%，草原植被状况明显改善；全国重点天然草原的平均牲畜超载率为12.4%，全国268个牧区半牧区县（旗、市）天然草原的平均牲畜超载率为15.5%，较2015年有所下降。

2019年全国大部分草原地区水热条件较好，全国草原植被长势好于多年平均，与2018年草原长势基本持平。综合植被盖度较2018年提高0.3个百分点；天然草原鲜草总产量较上年提高0.5个百分点。草原超载率持续下降，较上年低0.1个百分点。草原生态质量稳中向好，草原生态持续恶化的趋势得到一定程度的遏制。

(8) 生物多样性得到保护

生物多样性是生态系统稳定性的重要标志。它们与其物理环境之间相互作用所形成的生态系统，调节着地球上的能量流动，保证了物质循环，从而影响着大气构成，决定着土壤性质，控制着水文状况，构成了人类生存和发展所依赖的生命支持系统。物种的灭绝和遗传多样性的丧失，将使生物多样性不断减少，逐渐瓦解人类生存的基础。

我国的生物资源相当丰富，野生及人工培植的动植物种类很多，拥有高等植物近3万种，陆栖脊椎动物超过2300种。由于森林砍伐、草原退化、自然灾害等，大量野生动植物的生境受到破坏，属于我国特有的物种和国家重点保护的珍贵、濒危野生动物达312种，列入国家濒危植物名录的第一批植物已达354种，生物多样性逐渐减少。近年来，我国生物多样性保护取得一定成效，森林生物多样性总指数显著提升。

(9) 农村环境污染得到控制

1978年以前，农村环境污染主要是化肥、农药等；1978年以后，乡镇企业成为农村主要污染源。乡镇企业的发展使农村经济发生了巨大变化，但乡镇企业与农业环境连接紧密，排放的污染物直接威胁农田和作物，给农村带来生态环境的污染。

近年来，我国围绕农村改革发展大局，采取有力措施，推进农村环境保护工作，取得了明显成效，为促进农村经济社会发展提供了良好的环境保障。

(10) 自然灾害频繁

我国是自然灾害频次较多的国家，一些地区遭受干旱、洪涝、滑坡、泥石流、台风等灾害的袭击，地震灾害也时有发生，给人民生命财产造成严重损失。自公元前206—公元1949年的2155年内，我国发生过较大旱灾1056次，较大洪涝灾害1092次。几乎每两年就发生旱、涝灾害。1949年以后，灾害发生次数增多，频率加快，危害加重。研究表明，地球上每年的旱涝灾害，对生态环境构成了巨大威胁，其经济损失占各类自然灾害总损失的55%以上。旱涝灾害造成的经济损失，在我国自然灾害中也居首位。1991年夏季仅江淮流域的特大洪涝灾害，就造成直接经济损失800亿元；1998年长江、嫩江、松花江特大洪水，直接经济损失达1660亿元；

2008年汶川地震造成的直接经济损失达8451亿元。

> **专栏——"三线一单"**
>
> "三线一单",是指生态保护红线、环境质量底线、资源利用上线和环境准入负面清单。2017年12月,原环境保护部印发《"生态保护红线、环境质量底线、资源利用上线和环境准入负面清单"编制技术指南(试行)》(环办环评〔2017〕99号)。
>
> (1) 生态保护红线
>
> 指在生态空间范围内具有特殊重要生态功能、必须强制性严格保护的区域,是保障和维护国家生态安全的底线和生命线,通常包括具有重要水源涵养、生物多样性维护、水土保持、防风固沙、海岸生态稳定等功能的生态功能重要区域,以及水土流失、土地沙化、石漠化、盐渍化等生态环境敏感脆弱区域。
>
> (2) 环境质量底线
>
> 指按照水、大气、土壤环境质量不断优化的原则,结合环境质量现状和相关规划、功能区划要求,考虑环境质量改善潜力,确定的分区域、分阶段环境质量目标及相应的环境管控、污染物排放控制等要求。
>
> (3) 资源利用上线
>
> 指按照自然资源资产"只能增值、不能贬值"的原则,以保障生态安全和改善环境质量为目的,利用自然资源资产负债表,结合自然资源开发管控,提出的分区域分阶段的资源开发利用总量、强度、效率等上线管控要求。
>
> (4) 环境准入负面清单
>
> 指基于环境管控单元,统筹考虑生态保护红线、环境质量底线、资源利用上线的管控要求,提出的空间布局、污染物排放、环境风险、资源开发利用等方面禁止和限制的环境准入要求。

13.3.3 可持续发展问题

可持续发展是20世纪80年代提出的一个新概念。1987年世界环境与发展委员会在《我们共同的未来》报告中第一次阐述了可持续发展的概念,得到了国际社会的广泛认同。环境保护是可持续发展的重要方面。可持续发展的核心是发展,但要求在严格控制人口、提高人口素质和保护环境、资源永续利用的前提下进行经济和社会的发展。

走可持续发展的道路,促进人与自然的和谐,是人类总结历史得出的深刻结论和正确选择。在生态环境日益恶化、资源日益短缺的今天,可持续发展问题日益得到各方重视。党的十六大把"实施可持续发展战略,实现经济发展和人口、资源、环境相协调"写入党领导人民建设中国特色社会主义必须坚持的基本经验之中。2003年3月7日胡锦涛总书记在中央人口资源环境工作座谈会上指出,实现全面建设小康社会的宏伟目标,必须使可持续发展能力不断增强,生态环境得到改善,资源利用效率显著提高,促进人与自然的和谐,推动整个社会走上生产发展、生活富裕、生态良好的文明发展道路。同时,胡锦涛总书记对我国开展循环经济工作非常重视,他在会上强调,要加快转变经济增长方式,将循环经济的发展理念贯穿到区域经济发展、城乡建设和产品生产中,使资源得到最有效的利用。党的十八大报告中提出,大力推进生态文明建设,坚持节约资源和保护环境的基本国策,坚持节约优先、保护优先、自然恢复为主的方针,着力推进绿色发展、循环发展、低碳发展,形成节约资源和保护环境的空间格局、产业结构、生产方式、生活方式,从源头上扭转生态环境恶化趋势,为人民创造良好的生产生活环境，为全球生态安全作出贡献。党的二十大报告指出，坚持绿水青山就是金山银山的理念，坚持山水林田湖草沙一体化保护和系统治理，全方位、全地域、全过程加强生态环境保护，生态文明制度体系更加健全，污染防治攻坚向纵深推进，绿色、循环、低碳发展迈出坚实步伐，生态环境保护发生历史性、转折性、全局性变化，我们的祖国天更蓝、山更绿、水更清。

13.3.4 生态学的环境保护实践

随着经济全球化的进程加快，全球生态环境保护进入一个新的历史时期，已成为全球共同关注的热点问题，在国际政治经济生活中的重要性日益增加。生态环境保护关系全人类的共同利益，需要国际社会的共同努力。因此，需要运用经济、行政和法律手段并以国际法的形式约束国际社会成员，采取共同行动，协调处理生态环境保护问题，以实现全球社会经济的可持续发展。

（1）生态环保模范城——泉州

2007年2月初，泉州被正式授予"国家环境保护模范城市"称号。泉州市相继建成荷花池绿地、北环城河公园、石笋公园、江滨体育公园、鲤城江滨公园等各具特色的公园、广场绿地，城市公园及广场绿地快速增至50多个，新增城市公共绿地近$500hm^2$。泉州市的森林覆盖率高达58.7%，中心市区绿化覆盖率提高至39.46%，并建成50多个各类自然保护区，使泉州藏在绿色之中。其中，内沟河的改善与治理更是值得借鉴。长达28.79km的内沟河已实现日常保洁、定期清淤、岸渠功能修复，整日绿荫环绕，不再是水质恶臭、蚊蝇滋扰的旧模样，水质也达到并持续保持良好的水质标准。

全市共投入3亿多元资金，对385个水污染源项目进行治理。重点开展沿江工业污染源达标管理，重点监控污染企业按期新建或改造污染治理设施，还清污染旧账。出台的晋江、洛阳江流域水环境保护与污染控制计划，使工业、生活、农业、畜禽养殖业等流域污染源得到深入整治。

与此同时，泉州市生态经济产业也普遍打出节能牌。传统产业给泉州的经济发展带来诸多光环。然而，多年来支撑泉州经济高位增长的传统产业，总体竞争力不强。于是，泉州提出了发展"5+1"新兴产业，使泉州市的万元生产总值能耗和万元产值用电量呈现出下降趋势，单位生产总值能耗也持续低于全省平均水平。随后，严格控制高耗能、高污染行业过快增长，加快淘汰落后生产能力，推进能源结构调整，加快服务业和高新技术产业发展等一系列措施频频出台，十大重点节能工程、垃圾资源化利用项目等一批重点节能减排项目也付诸实施，使泉州市的经济发展与生态保护协调发展。

（2）丹江口库区生态环境保护实践

丹江口水库是一个开放的湖泊型水库，控制流域面积$9.5\times10^4 km^2$，于1973年建成初期规模，坝顶高程162m，正常蓄水位157m，相应库容$1.75\times10^{10} m^3$，后期大坝加高至176.6m，正常蓄水位170m，总库容$2.91\times10^{10} m^3$。作为全国最大的饮用水源保护区，南水北调中线工程的水源地，对丹江口水库的水质要求极高。

丹江口周边地区以矮山丘陵地为主，植被多为中幼、中龄林和低效林，植被覆盖率低，自然调节能力低下，生态环境较为脆弱。库区水土流失严重，2015年，水土流失面积$21861 km^2$，占土地总面积的25%，年土壤侵蚀量$1.69\times10^8 t$，侵蚀模数达$3572 t/(km^2 \cdot 年)$。库区面污染源年发生量为化学需氧量$2.2\times10^4 t$，NH_3-N 4000t，面源污染对水库水质造成严重的影响。2015年，丹江口水源区主要污染物排放量：化学需氧量$1.7\times10^5 t$，NH_3-N $2.23\times10^4 t$，TN $5.96\times10^4 t$，其中农业和农村的污染贡献比例分别为49%、43%、74%,已成为水源区主要污染源。丹江口水库为中营养水平,TN(总氮)浓度在1.3mg/L以上,入库河流TN浓度为2~10mg/L。丹江口库区曾经大部分属贫困山区,流域人口1259万人,农业人口占82%,贫困人口达296万人,40个县中有26个为国家级贫困县,区域经济社会发展与水源区生态环境保护矛盾突出。

针对上述情况,对丹江口水库开展了生态环境综合整治技术示范研究。研究过程中构建的示范区包括:面积190hm^{2}的五龙池清洁小流域综合示范区,面积200hm^{2}的丹江口水源涵养林定向恢复示范区,面积20hm^{2}的石鼓退化生态系统恢复示范区,面积10hm^{2}的郧西城关镇黄姜生态种植示范区。成果包括研发了库区高效水源涵养林定向恢复、库周退化生态系统恢复、库区面源污染生态控制、黄姜规模化生态种植等关键技术;构建了"疏、幼、残"林的恢复与重建、侵蚀沟植被恢复与重建、小流域面源防治与生态农业一体化综合发展等生态模式;探索出了库区生态系统综合整治模式及相应技术体系,示范工程有效配置了适用技术和模式,使示范区森林覆盖率提高15%以上,土壤侵蚀模数减少50%以上,TN输出得到明显削减,溪流水质提高一个级别,农业生产结构由传统作物种植调整为烟叶规模化生态种植。通过上述努力使得丹江口水库的生态问题得到改善,但库区农民的参与度不高,环保意识有待加强,生态环境保护任重道远。

专栏——南水北调中线

南水北调中线工程,是从长江最大支流汉江中上游的丹江口水库调水,在丹江口水库东岸河南省淅川县境内的工程渠首开挖干渠,经长江流域与淮河流域的分水岭方城垭口,沿华北平原中西部边缘开挖渠道,通过隧道穿过黄河,沿京广铁路西侧北上,自流到北京市颐和园团城湖的输水工程。

输水干渠地跨河南、河北、北京、天津四个省、直辖市。受水区域为沿线的南阳、平顶山、许昌、郑州、焦作、新乡、鹤壁、安阳、邯郸、邢台、石家庄、保定、北京、天津等十四座大中城市。重点解决河南、河北、北京、天津四省市的水资源短缺问题,为沿线十几座大中城市提供生产生活和工农业用水。供水范围内总面积$1.55×10^5 km^2$,输水干渠总长1277km,天津输水支线长155km。

丹江口大坝加高后,丹江口水库正常蓄水位达到170m,在此条件下可保证规划调水量。考虑2020年发展水平,在汉江中下游开展一定规模的补偿工程,以在调水到北方地区的同时,保证调出区的工农业发展、航运及环境用水。2014年12月12日下午2时32分,南水北调中线工程正式通水。

截至2020年6月3日,南水北调中线一期工程已经安全输水2000天,累计向北输水$3×10^{10} m^3$,已使沿线$6×10^7$人口受益。南水北调中线工程可极大地缓解我国中、北部地区的水资源短缺问题,为河南、河北、北京、天津四省市的生活、工业增加供水$6.4×10^9 m^3$,供给农业用水$3×10^9 m^3$。工程将极大地改善河南、河北、北京、天津四省市受水区域的生态环境和投资环境,推动我国中、北部地区的经济社会发展。

南水北调中线工程是一项宏伟的生态工程和民生工程。受水区年均缺水量在$6×10^9 m^3$以上,经济社会的发展不得不靠大量超采地下水维持,从而造成地下水大范围、大幅度下降,甚至部分地区的含水层已呈疏干状态。实施南水北调中线工程后,初期年均调水量$9.5×10^9 m^3$,后期根据需要将进一步扩大调水规模,可使受水地区的缺水问题得到有效解决,生态环境将得到显著改善。

习题与思考题

1. 简述生态学的概念以及生态学的研究内容和研究方法。
2. 什么是生态系统？举例说明生态系统的物质循环有哪几种类型。
3. 生态系统中物质循环与能量流动有何特点？
4. 简述生态系统的稳定性。
5. 什么是可持续发展？走可持续发展道路的意义是什么？
6. 查阅并讨论生态学的环境保护实践案例。

参考文献

[1] 卢升高. 环境生态学 [M]. 杭州：浙江大学出版社，2010.
[2] 胡荣桂，刘康. 环境生态学 [M]. 2版. 武汉：华中科技大学出版社，2018.
[3] 李洪远. 环境生态学 [M]. 3版. 北京：化学工业出版社，2022.
[4] 李永峰，唐利，刘鸣达. 环境生态学 [M]. 2版. 北京：中国林业出版社，2021.
[5] 尚玉昌. 普通生态学 [M]. 4版. 北京：北京大学出版社，2022.
[6] 周东兴. 生态学研究方法及应用 [M]. 哈尔滨：黑龙江人民出版社，2021.
[7] 柳新伟，周厚诚，李萍，等. 生态系统稳定性的理论框架与评估方法 [J]. 生态学报，2022，22（12）：1234-1240.
[8] 杨持. 生态学 [M]. 2版. 北京：高等教育出版社，2021.
[9] 尹炜，史志华，雷阿林. 丹江口库区生态环境保护的进展与挑战 [J]. 人民长江，2021，52（2）：56-59.
[10] 中华人民共和国生态环境部. 2023年中国生态环境状况公报 [R]. 北京：中华人民共和国生态环境部，2024.
[11] 中华人民共和国生态环境部. 2022年中国环境统计年报 [R]. 北京：中华人民共和国生态环境部，2023.
[12] 中华人民共和国生态环境部. 2022年中国生态环境统计年报 [R]. 北京：中华人民共和国生态环境部，2023.
[13] 国家林业和草原局. 中国森林资源报告 2014—2018 [M]. 北京：中国林业出版社，2019.
[14] 农业农村部. 2021年全国草原监测报告 [R]. 北京：农业农村部，2022.
[15] 中华人民共和国农业部. 2019年全国草原监测报告 [R]. 北京：中华人民共和国农业部，2019.
[16] 包木太，程媛，陈剑侠，等. 海洋微塑料污染现状及其环境行为效应的研究进展 [J]. 中国海洋大学学报（自然科学版），2020，50（11）：69-80.
[17] 黄雅屏，金昊. 中国流域治理问题探析及《长江保护法》初探 [J]. 湖北农业科学，2021，60（18）：161-165.
[18] 秦昌波，张培培，于雷，等. "三线一单"生态环境分区管控体系：历程与展望 [J]. 中国环境管理，2021，13（5）：151-158.

第14章 生物多样性

> **本章要点**
>
> 1. 生物多样性的含义、演化和价值；
> 2. 我国生物多样性的特点、现状和受损原因；
> 3. 生物多样性保护的战略目标和主要措施。

14.1 生物多样性概述

14.1.1 生物多样性的概念及其含义

20世纪下半叶，生命科学领域取得了巨大进展，特别是分子生物学的突破性成就，使生命科学在自然科学中的地位发生了革命性变化。很多科学家认为在未来的自然科学中，生物科学将成为带头学科，甚至预言21世纪是生物学的世纪。在生物科学诸多的分支中，保护生物多样性是生物科学最紧迫的任务之一，也是全球生物学界共同关心的焦点问题之一。现在，每天都有超过100多种生物物种面临灭绝的风险，其中很多生物在人类认识之前已经消亡了，对人类来说，这无疑是一个严峻的问题。

第二次世界大战以后，国际社会在发展经济的同时更加关注生物资源的保护问题，在拯救珍稀濒危物种、防止自然资源的过度利用等方面开展了很多工作。1948年联合国和法国政府创建世界自然保护联盟（IUCN），1961年世界野生生物基金会建立，1971年联合国教科文组织提出了著名的"人与生物圈计划"。1980年，由IUCN等国际自然保护组织编制完成的《世界自然资源保护大纲》正式颁布，该大纲对促进各国加强生物资源的保护工作起到极大的推动作用。

20世纪80年代以后，人们在开展自然保护的实践中逐渐认识到，自然界中各个物种之间、生物与周围环境之间都存在着密切联系。要拯救珍稀濒危物种，不仅要对所涉及物种的野生种群进行重点保护，而且要保护好它们的栖息地，即需要对物种所处的整个生态系统进行保护。

1992年，联合国环境与发展大会在巴西里约热内卢举行，大会上通过的《生物多样性公约》标志着全球性自然保护工作进入到一个新阶段，即从以往对珍稀濒危物种的保护转入到对生物多样性的保护。2010年是联合国大会确定的国际生物多样性年。为了更好地建立国际交流与专家间的合作，联合国还建立了生物多样性和生态系统服务政府间科学政策平台（IPBES）。

生物多样性是生物及其与环境形成的生态复合体以及与此相关的各种生态过程的总和，由遗传（基因）多样性、物种多样性和生态系统多样性三个层次组成。遗传（基因）多样性指生物体内决定性状的基因及其组合的多样性。物种多样性是生物多样性在物种上的表现形式，也是生物多样性的关键，它既体现生物之间及环境之间的复杂关系，又体现生物资源的丰富性。地球上已知生物约有 200 万种，这些形形色色的生物物种构成了生物物种的多样性。生态系统多样性指生物圈内生境、生物群落和生态过程的多样性。

14.1.2 生物多样性的演化

地球上迄今发现的最古老的岩石，年龄为 38 亿年，地球与太阳系的形成大约在 46 亿年前。

（1）前寒武纪（距今 46 亿～5.7 亿年前）

大约在 35 亿年前，地球上出现了原核生物。最早的原核生物可能是异养生物。距今 34 亿～31 亿年前，蓝藻类（蓝细菌）开始形成。蓝藻是能够进行光合作用的原核生物。大约在 20 亿年前，光合作用释放的氧气使大气层开始含有氧气，这可能导致许多厌氧生物的灭亡，但甲烷细菌以及它们的近缘种类仍然在无氧的环境中存留至今。由蓝藻和其他原核生物占优势的时代大约历时 20 亿年。

最早的真核生物大约出现在距今 15 亿～14 亿年前。真核生物的起源是生物演化史上的一个重大事件，因为伴随着真核生物的形成，染色体、减数分裂和有性繁殖开始出现。在前寒武纪（距今 8 亿～6.7 亿年前），真核生物中的真菌、原生动物以及藻类中的几个门便已形成了，动物与植物开始出现分化。到前寒武纪结束时，腔肠动物、环节动物和节肢动物等几个动物门开始形成。

（2）古生代

寒武纪（距今 5.7 亿～5.05 亿年前）：在距今 5 亿 9000 万年前，类型丰富多样的无脊椎动物的出现标志着寒武纪的开始。这个时期，以三叶虫为代表的节肢动物门以及腕足动物门、软体动物门、多孔动物门、棘皮动物门的许多纲开始形成。在距今 5.1 亿年前的海相沉积中，发现了最早的脊椎动物——甲胄鱼的外甲碎片。在寒武纪，所有动物的门都已经形成。

奥陶纪（距今 5.05 亿～4.38 亿年前）：这一时期发生了奥陶纪大辐射，许多动物门发生适应辐射，形成大量的纲和目。例如，棘皮动物门形成 21 个纲，腔肠动物门中珊瑚纲也开始出现。奥陶纪时期，无颌、无鳍的甲胄鱼大量出现并留下了完整的化石。

志留纪（距今 4.38 亿～4.08 亿年前）：生物多样性增加，无颌类出现多样化。同时，有颌类中的盾皮鱼开始出现。维管植物（蕨类）和节肢动物（蝎子、多足类）开始进入陆地。

泥盆纪（距今 4.08 亿～3.60 亿年前）：珊瑚和三叶虫发生大规模的适应辐射；头足类出现。无颌类和盾皮鱼达到多样性的高峰。泥盆纪被称为"鱼类的时代"，软骨鱼类和硬骨鱼类陆续起源并随后发生了适应辐射。与此同时，两栖类、苔藓、维管植物（蕨类、裸子植物）和昆虫起源于这个时期。

石炭纪（距今 3.60 亿～2.86 亿年前）：陆生孢子植物（蕨类）繁盛并形成大面积的森林，两栖动物的种类多样化，并出现最早的爬行类。昆虫发生适应辐射，一些原始的目（直翅目、蜚蠊目、蜉蝣目、同翅目等）大量出现。

（3）中生代

二叠纪（距今 2.86 亿～2.48 亿年前）：爬行动物出现并发生适应辐射，兽孔类成为占优势的类群；昆虫的各个类群多样化，形成蜻蜓目、半翅目、脉翅目、鞘翅目、双翅目等类群。菊石大量增殖。

三叠纪（距今 2.48 亿～2.13 亿年前）：菊石第二次大规模增殖，海洋无脊椎动物一些类群

（如双壳类）的多样性增加。裸子植物开始占优势。爬行类发生适应辐射，形成龟类、鱼龙、蛇颈龙和初龙类（进一步形成植龙、鳄类和恐龙）。早期哺乳动物出现。大陆开始漂移。

侏罗纪（距今 2.13 亿～1.44 亿年前）：恐龙多样化，翼龙、雷龙、梁龙、剑龙、三角龙等种类出现。原始鸟类（始祖鸟等）出现。古代哺乳动物、裸子植物占优势。大陆继续漂移。

白垩纪（距今 1.44 亿～0.65 亿年前）：大多数大陆分隔开来，恐龙继续适应辐射并在本期结束时灭绝。最早的蛇类出现并发生适应辐射。具有现代鸟类特征的黄昏鸟出现。被子植物和哺乳类开始多样化，有袋类与有胎盘类哺乳动物开始分化。

(4) 新生代

第三纪（距今 6500 万～200 万年前）：被子植物大规模多样化，并成为森林中占优势的组成成分。昆虫发生适应辐射，并形成大多数的现代科。脊椎动物的许多现代科已经形成。

第四纪（距今 200 万年前到现在）：冰川反复出现，大型哺乳动物（如剑齿虎、猛犸象、大型的美洲野牛等）灭绝，人类出现。

14.1.3 生物多样性的价值

生物多样性是地球生命的基础。其重要的社会经济伦理和文化价值无时无刻不在艺术、文学、兴趣爱好以及社会各界对生物多样性保护的理解与支持等方面反映出来。此外，它在维持气候、保护水源和土壤、维护正常的生态学过程中对人类做出的贡献更加巨大。对于人类来说，生物多样性具有直接价值、间接价值和潜在价值。

(1) 生物多样性的三种价值

① 直接价值：为人类提供食物、纤维、建筑和家具材料及其他生活、生产原料。

② 间接价值：具有重要的生态功能。在生态系统中，野生生物之间具有相互依存和相互制约的关系，它们共同维系着生态系统的结构和功能，为人类生存提供基本条件，保护人类免受自然灾害和疾病之苦。野生生物一旦减少，生态系统的稳定性就会遭到破坏，人类的生存环境也会受到影响。

③ 潜在价值：人类对野生生物做过比较充分研究的只是极少数，大量野生生物的价值目前还不清楚。一种野生生物一旦从地球上消失就无法再生，它的潜在价值也就不复存在。

生物多样性的价值是巨大的，是人类赖以生存的基础。它为人类提供着基本所需的食品、药物和工业原料。

(2) 生物多样性对于人类社会的重要作用

生物多样性对于人类社会的重要作用主要包括以下方面。

① 食用价值：生物多样性为人类提供丰富的食物来源，作为人类基本食物的农作物、家禽和家畜等均源自生物。

② 药用价值：生物多样性为人类提供丰富的药物资源。发展中国家 80% 的人口使用传统医药，多是动植物，如中药用到 5100 多个物种的动植物，世界上现有药品配方的一半来自野生生物。

③ 生态价值：维系自然界能量流动与物质循环、改良土壤、涵养水源。

④ 调节气候价值：生物多样性是维持生态系统平衡的必要条件，某些物种的消亡可能引起整个系统的失衡甚至崩溃。

⑤ 工业价值：人类利用生物多样性提供工业原料，如木材、纤维、橡胶、造纸原料、淀粉、油、树脂、染料、醋、蜡、杀虫剂和其他许多化合物。

⑥ 新品种培育价值：野生物种对于培育新品种是不可缺少的原材料，特别是随着近代遗传

工程的兴起和发展，物种的保存有着更深远的意义，如大熊猫数量目前不足 2000 只，保护它们的遗传基因多样性成了当务之急。

⑦ 艺术价值：多姿多彩的自然环境与生物给人类带来美的享受，是艺术创造和科学发明的源泉。艺术家们以生物为源泉创作出大量的艺术作品。

⑧ 科研价值：物种多样性对科学技术的发展是不可或缺的，仿生学的发展离不开丰富而奇异的生物世界。例如，飞机来自人们对鸟类的模仿，船和潜艇来自人们对鱼类和海豚的模仿，火箭升空利用的是水母、墨鱼的反冲原理。

⑨ 娱乐和旅游价值：人们采用不同的方式利用生物资源开展娱乐活动和旅游活动，如参观动物园和保护区、野外观鸟、赏花、森林浴等。

14.2 我国生物多样性的现状

我国是世界上生物多样性最为丰富的 12 个国家之一，拥有森林、灌丛、草甸、草原、荒漠、湿地等地球陆地生态系统，以及黄海、东海、南海、黑潮流域大海洋生态系统；我国拥有高等植物 34984 种，居世界第三位；脊椎动物 6445 种，占世界总种数的 13.7%；真菌种类 10000 多种，占世界总种数的 14%。

我国生物遗传资源丰富，是水稻、大豆等重要农作物的起源地，也是野生和栽培果树的主要起源中心。据不完全统计，我国有栽培作物 1339 种，其野生近缘种达 1930 个，果树种类居世界第一。我国是世界上家养动物品种最丰富的国家之一，有家养动物品种 576 个。

14.2.1 生物多样性的一般特点

1990 年，McNeely 根据一个国家的脊椎动物、昆虫中的凤蝶科和高等植物数目评定出 12 个"巨大多样性国家"，它们是墨西哥、哥伦比亚、厄瓜多尔、秘鲁、巴西、刚果（金）、马达加斯加、中国、印度、马来西亚、印度尼西亚和澳大利亚。这些国家合在一起占有上述类群中世界物种多样性的 70%。这就是按生物多样性我国排在第 8 位的由来。不管怎样，我国无疑是北半球国家中生物多样性最为丰富的国家，我国的生物多样性概括起来有下列特点。

(1) 物种高度丰富

我国有高等植物 30000 余种，仅次于世界高等植物最丰富的巴西和哥伦比亚，居世界第三位。我国的苔藓植物 2200 种，占世界总种数的 9.7%，分属 106 科，占世界科数的 70%；蕨类植物 52 科，约 2200～2600 种，分别占世界科数的 80% 和种数的 22%。裸子植物，全世界共 15 科 79 属约 850 种，我国有 10 科 34 属约 250 种，是世界上裸子植物最多的国家。我国被子植物约有 328 科 3123 属 30000 多种，分别占世界科、属和种数的 75%、30% 和 10%。

我国的动物也很丰富，脊椎动物有 6347 种，占世界总种数（45417）的 13.97%；鸟类 1244 种，占世界总种数的 13.1%；鱼类 3862 种，占世界总种数（19056 种）的 20.3%。

包括昆虫在内的无脊椎动物、低等植物和真菌、细菌、放线菌，因其种类更为繁多，目前尚难做出确切的估计。

(2) 特有属种多

辽阔的国土，古老的地质历史，多样的地貌、气候和土壤条件，形成多样的生境，加之受第四纪冰川的影响不大，这些都为特有属、种的发展和保存创造了条件，因此目前在我国境内存在大量的古老孑遗的（古特有属种）和新产生的（新特有种）特有种类。前者尤为人们所注意。例如，有活化石之称的大熊猫、白鱀豚、水杉、银杏、银杉和攀枝花苏铁等。高等植物中特有种最多，约17300种，占我国高等植物总种数的57%以上。

物种的丰富度虽然是生物多样性的一个重要标志，而特有性反映一个地区的分类多样性。我国生物区系的特有现象明显，说明我国生物的独特性。

(3) 区系起源古老

由于我国大部分地区在中生代已上升为陆地，第四纪冰期又未遭受大陆冰川的影响，所以各地都在不同程度上保留着白垩纪、第三纪的古老残遗成分。例如，松杉类植物出现于晚古生代，在中生代非常繁盛，第三纪开始衰退，第四纪冰期分布区大为缩小，全世界现存7科，我国有6科。被子植物中有很多古老或原始的科属，如木兰科的鹅掌楸、木兰、木莲、含笑，及我国特有科水青树科、伯乐树（钟萼木）科等，都是第三纪残遗植物。

我国陆栖脊椎动物区系的起源也可追溯至第三纪上新纪的三趾马动物区系。该区系后来演化为南方的巨猿动物区系和北方的泥河湾动物区系，前者又进一步发展成为大熊猫-剑齿象动物区系，后者发展成为中国猿人相伴动物区系。晚更新世以后，它们继续发展分化，到全新世初期，其面貌已与现代动物区系相似。秦岭以北的东北、华北、内蒙古以及新疆、青藏高原与辽阔的亚洲北部、欧洲和非洲北部同属于古北界，南部在长江中下游流域以南，与印度半岛和中南半岛以及附近岛屿同属东洋界。

我国现时的动植物区系主要是就地起源，但与热带的动植物区系有较密切的关系。许多热带的科、属分布于我国的南部。不少植物如猪笼草科、龙脑香科、虎皮楠科（交让木科）、马尾树科、四数木科等为与古热带共有的古老科；动物如双足蜥科和巨蜥科，鸟类中的和平鸟科、燕鸥科、咬鹃科、阔嘴鸟科、鹦鹉科、犀鸟科，以及兽类中的狐蝠科和树鼩科、懒猴科、长臂猿科、鼷鹿科和象科等来源于热带。

我国植物区系中多单型属和少型属，也反映出我国生物区系的古老性特点。这类属大多数是原始或古老类型。我国3875个高等植物属中，单型属占38%，特有属中单型属和少型属占95%以上；2200多种陆栖脊椎动物中不少为古老种类，其中著名的种有羚牛、大熊猫、白鱀豚、扬子鳄、大鲵等。

(4) 栽培植物、家养动物及其野生亲缘的种质资源异常丰富

我国有7000年以上的农业开垦历史，很早就开发利用、培育繁殖自然环境中的遗传资源，因此我国的栽培植物和家养动物的丰富程度是世界上独一无二的。人类生活和生存所依赖的动植物，不仅许多种起源于我国，而且我国还保有大量的野生原型及近缘种。

在动物方面，我国是世界上家养动物品种和类群最丰富的国家，包括特种经济动物和家养昆虫在内，我国共有家养动物品种和类群1938个。在我国的家养动物中，还拥有大量的特有种资源，即在长期的人工选择和驯养之后，在产品经济学特征、生态类型和繁殖性状以及体型等方面形成独特的、丰富的变异，成为世界上特有的种质资源。

在植物方面，原产我国及经培育的资源更为繁多。例如，在我国境内的经济树种有1000种以上，其中干果枣树、板栗、饮料茶、涂料漆树等都是我国特产。我国也是野生和栽培果树的主要起源和分布中心，果树种类居世界第一。我国是水稻的原产地之一，有地方品种5万个；我国是大豆的故乡，有地方品种2万个。我国还有药用植物11000多种，牧草4215种，原产我国的重要观赏花卉超过30属2238种。各经济植物的野生近缘种数量繁多，大多尚无精确统计。例如，世界著名栽培牧草在我国几乎都有其野生种或野生近缘种，中药人参有8个野生近缘种，贝母的近缘种多达17个，乌头有20个。

(5) 生态系统丰富多彩

就生态系统来说，我国具有地球陆生生态系统的各种类型（森林、灌丛、草原和稀树草原、

草甸、高山冻原等），且每种包括多种气候型和土壤型。我国的森林有针叶林、针阔叶混交林和阔叶林。以乔木的优势种、共优势种或特征种为标志的类型主要有212类。

我国竹类有36类。灌丛的类别更多，主要有113类，其中分布于高山和亚高山垂直带，适应于低温、大风、干燥和常年积雪高寒气候的灌丛，主要有35类；暖温带落叶灌丛类型最多，主要有55类；亚热带常绿和落叶灌丛主要有20类。这些均为森林破坏后所形成的次生灌丛。热带肉质刺灌丛在我国分布有限，约有3种。

草原分草甸草原、典型草原、荒漠草原和高寒草原，共55类。草甸可分为典型草甸（27类）、盐生草甸（20类）、沼泽化草甸（9类）和高寒草甸（21类）。

我国沼泽有草本沼泽（14类）、木本沼泽（9类）和泥炭沼泽（1类）。我国的红树林，系热带海岸沼泽林，主要有18类。荒漠分为小乔木荒漠、灌木荒漠、小半灌木荒漠及垫状小半灌木荒漠，共52类。

此外，高山冻原、高山垫状植被和高山流石滩植被主要有17类。淡水生态系统类型和海洋生态系统类型尚无精确统计。

(6) 空间格局繁复多样性

我国生物多样性的另一个特点是空间分布格局的反复多样性。从北到南，跨寒温带、温带、暖温带、亚热带和北热带，生物群域包括寒温带针叶林、温带针阔叶混交林、暖温带落叶阔叶林、亚热带常绿阔叶林以及热带雨林。从东到西，在北方随着降水量的减少，针阔叶混交林和落叶阔叶林向西依次更替为草甸草原、典型草原、荒漠草原、草原化荒漠、典型荒漠和极寒荒漠；而南方的东部亚热带常绿阔叶林和西部亚热带常绿阔叶林在性质上有明显的不同，发生了不少同属或不同属的物种代替。在地貌上，我国是一个多山的国家，山地和高原占有广阔的面积，如按海拔计算，海拔500m以上的国土面积占全国面积的84%以上，500m以下还分布着大面积的低山和丘陵，平原不到10%。

我国山地还有两个突出特点：①垂直高差大。位于中尼边境的珠穆朗玛峰海拔8848m，而新疆吐鲁番盆地的艾丁湖，湖面在海平面以下154m。我国西部分布有不少极高山和高山，中部也有少数高山和中山，因此，地势崎岖，起伏极大。②汇集多种走向。我国山脉有四个主走向，东西走向、南北走向、东北西南走向和西北东南走向，加上其他走向的山脉，相互交织形成网络，从而形成了极其繁杂多样的生境，为物种提供了各种各样的隐蔽地和避难所，使得无论自然灾害还是人为干扰，总有鱼蟹生物种得以隐蔽、躲避而生存下来。这也是我国生物物种高度丰富的重要原因。

复杂的地形造就了复杂的格局，特别是西部多山地区，短距离内分布着多种生态系统，汇集着大量物种。横断山脉是突出代表，许多山峰海拔超过5000～6000m，一般也在4000m左右，与邻近河谷相对高差达2000m以上，形成了"高山深谷"。结合太平洋东南季风和印度洋西南季风的影响，成为最明显的物种形成和分化中心，不仅物种丰富度极高，而且特有现象也极为突出。我国高等植物、真菌、昆虫的特有属、种，大多分布在这里，如位于喜马拉雅山和横断山交汇处的南迦巴瓦峰（海拔7782m），南坡在短距离内就分布着以羯布罗香、东京龙脑香为主的低山常绿季风雨林（600m以下），以千果榄仁、蕈树为主的低山常绿季风雨林（600～1100m），以瓦山锥、红锥、西藏栎为主的中山常绿阔叶林（1100～1800m），以薄叶桐、西藏青冈为主的中山半常绿阔叶林（1800～2400m），以喜马拉雅铁杉组成的中山常绿针叶林（2400～2800m），以苍山冷杉及其变种墨脱冷杉组成的亚高山常绿针叶林（2800～4000m），以革叶杜鹃灌丛及草甸组成的高山灌丛草甸（4000～4400m），直到以地衣、苔藓以及以少数菊科、十字花科、虎耳草科等科植物组成的高山冰缘带（4400～4800m）。

14.2.2 生物多样性受威胁现状

《中国生物多样性保护战略与行动计划（2023—2030年）》显示，我国生物多样性受威胁状况如下：

（1）生态系统脆弱且面临退化

森林生态系统不够稳定，乔木纯林占比较高，乔木林质量整体仍处于中等水平。草原生态系统不同程度退化，总体仍较为脆弱。沙化和水土流失问题依然严峻，部分河道、湿地、湖泊生态功能降低或丧失，自然岸线缩减现象依然普遍。

（2）受威胁物种比例较高

《中国生物多样性红色名录》评估结果显示，高等植物受威胁物种（包括极度濒危、濒危和易危物种）4088种，占被评估物种总数的10.39%；脊椎动物（除海洋鱼类外）受威胁物种1050种，占被评估物种总数的22.02%。

（3）遗传资源保护难度加大

随着工业化城镇化进程加快、气候变化以及农业种养方式的转变，遗传资源地方品种消失风险加剧，种群数量和区域分布不断发生变化，野生近缘植物资源减少明显，保护难度加大。

14.3 生物多样性损失及其原因

14.3.1 生物多样性损失

随着社会生产的不断发展，作为人类生存基础的生物多样性受到越来越严重的威胁。世界自然保护联盟发布的《2004年濒危物种红色名录》表明，1/3的两栖类动物、1/2以上的龟类、1/8的鸟类和1/4的哺乳动物正在面临生存威胁。自2000年以来，全球原始森林面积每年减少约$6\times10^6 hm^2$。1970—2000年，内陆水域物种数下降约50%，海洋和陆栖物种数下降约30%。总之，面临灭绝危险的物种越来越多，在过去20年中所有鸟类生物群落均出现了退化现象，两栖类和哺乳动物等类群可能比鸟类退化更严重；在高等生物类群中，有12%~52%的物种面临灭绝的危险。

14.3.2 生物多样性损失的主要原因

生物多样性的丧失，既有自然发生的，也有非自然发生的，但就目前而言，人类活动（特别是近两个世纪）无疑是生物多样性损失的最主要原因。

（1）自然原因

自然原因包括物种本身的生物学特性和环境突变：①物种本身的生物学特性是指，物种的形成与灭绝是一种自然过程，化石记录多数物种的限定寿命平均为100万~1000万年。物种对环境的适应能力或变异性、适应性比较差，在环境发生较大变化时难以适应，因此而面临灭绝的危险。例如，大熊猫濒危的原因除气候变化和人类活动以外，与其本身食性狭窄、繁殖能力低等身体特征有关。②环境突变（天灾），如地震、水灾、火灾、暴风雪、干旱等自然灾害。

（2）人为原因

由于人类对生物多样性的重要性认识不够，同时过去又过于重视经济发展，导致生境破坏时有发生。对生物资源开发过度、环境污染严重、对外来物种入侵问题重视不够等，都是导致生物多样性减少的主要原因。

14.3.2.1 生境的丧失、碎片化和退化

栖息地破坏和碎片化已成为一些兽类数量减少、分布区缩小和濒临灭绝的主要原因。伐木和占地是生境破坏的两大主要原因。天然林的大幅度减少直接威胁到从苔藓、地衣到高等物种的生存。此外，伐木也是导致森林火灾的一个主要原因。以农业和建设为目的对森林、湿地和草原的占用是生境破坏的另一个原因。

生境碎片化指一个面积大而连续的生境被分割成两个或更多小块残片并逐渐缩小的过程。人类的多种活动都可能导致生境的碎片化，如铁路、公路、水沟、电话网络、农田以及其他可能限制生物自由活动的隔离物，使动物的活动受到限制，从而影响其觅食、迁徙和繁殖，导致动植物种群数量下降甚至局部灭绝。生境的碎片化还有助于外来物种的入侵，进而威胁到原有物种的生存。

生境退化则是生境部分失去原有功能，如过度放牧等使草场严重退化，引起草原生物生理机能衰退，从而对其生存构成威胁。

14.3.2.2 掠夺式的过度开发

许多生物资源对人类具有直接的经济价值。随着人口的增加和全球商业化体系的建立和发展，人类对生物资源的需求迅速上升，结果导致对这些资源的过度开发，并使生物多样性下降。

当商业市场对某种野生生物资源有较大需求时，通常会导致对该种生物的过度开发，典型的事例是人类对海洋鲸类的猎捕活动与鲸类数量的消长之间的关系。

14.3.2.3 环境污染

（1）水体污染

水体污染能够对水生生物生命周期的任何发展阶段产生亚致死或致死作用，影响它们的捕食、寻食和繁殖。其中，亚致死的水体污染对水生生物多样性的影响更为突出。

（2）土壤污染

土壤污染通常会使当地植被退化，甚至变成不毛之地，同时土壤动物也会变得稀少甚至绝迹，其生物多样性比未受污染区显著下降，如矿区、尾矿堆积地、矿区废弃地以及垃圾填埋废弃地都少有树木生长。

（3）空气污染

人类排放到大气中的各种有毒有害物质均能对生物体产生不同程度的伤害，并对生态系统构成危害。经各种途径进入空气的 SO_2、NH_3、O_3 等可直接杀死生物，来自冶炼厂废气中的有毒金属能直接毒害植物。臭氧空洞、酸雨以及 CO_2 等温室气体所引发的温室效应等造成的生物多样性损害和减少越来越受到国际社会的关注和重视。

（4）外来物种入侵

外来物种入侵对生物多样性造成很大威胁。入侵方式主要有三种：一是为农林牧渔业生产、城市公园和绿化、景观美化、观赏等目的而有意引进或改进，如水葫芦、空心莲子草、福寿螺、清道夫（一种鱼）等；二是随贸易、运输、旅游等活动传入的物种，即无意引进，如因船舶压舱水、土等带来的新物种；三是靠自身传播能力或借助自然力而传入，即自然入侵，如在西南地区危害深远的紫茎泽兰、飞机草等。在全球濒危物种植物名录中，35%～46%是部分或完全由外来物种入侵引起的。

14.4 生物多样性保护

对于人类来说,生物多样性具有直接使用价值、间接使用价值和潜在使用价值。许多植物是人类可利用的良药和食物,如三七、当归、红枣等。森林对于调节气候和气温都起着极大的作用。动物为人类提供了肉食、皮毛、医药。因此,保护生物多样性,就是保护人类自己。

我国在保护生物多样性方面取得了一定成绩。自然保护区是保护物种及其生境的有效方法,我国已建立数目众多的保护区。在法律制度方面,《自然保护区条例》已实施多年,但在法律效力上位阶较低。

2021年,中共中央办公厅、国务院办公厅印发了《关于进一步加强生物多样性保护的意见》,并发出通知,要求各地区各部门结合实际认真贯彻落实。2022年,最高人民法院发布《中国生物多样性司法保护》和生物多样性司法保护典型案例,为全面推进环境资源审判工作,加强生物多样性司法保护指明了方向。

14.4.1 建设自然保护区完善保护制度

保护生物多样性,最有效的方法之一是划定保护区。建立自然公园和自然保护区已成为世界各国保护自然生态和野生动植物免于灭绝并得以繁衍的主要手段。我国的神农架、卧龙等自然保护区,对金丝猴、熊猫等珍稀、濒危物种的保护和繁殖发挥了重要作用。在1992年的世界国家公园保护区会议上,通过了"把陆地面积的10%划定为保护区"的目标。

自然保护区是指对有代表性的自然生态系统、珍稀濒危野生动植物物种的天然集中分布、有特殊意义的自然遗迹等保护对象所在的陆地、陆地水域或海域,依法划出一定面积予以特殊保护和管理的区域。

自然保护区是一个泛称,因建立的目的、要求和本身所具备的条件不同,而有多种类型。不管保护区的类型如何,其总体要求是以保护为主,在不影响保护的前提下,把科学研究、教育、生产和旅游等活动有机地结合起来,使它的生态、社会和经济效益都可以得到充分展示。自然保护区有以下几种类型。

严格自然保护区:一片拥有出众或具代表性的生态系统、地质学或生理学上的特色或物种的陆地或海洋区域,可主要用作科学研究或环境监察。

荒野区:一大片未被人类活动所更动或只被轻微更动过的陆地或海洋区域,仍保留着其自然的特点和影响,没有永久性的或显著的人类聚居地,受到保护和管理以保存其自然状态。

国家公园:一片陆地或海洋的自然区域,包括保护一个或多个生态系统于现今及后代的生态完整性;禁止不利于该区域指定目的的开发或侵占;为精神的、科学的、教育的、休闲的以及参观的机会提供基础,所有机会必须是环境上及文化上兼容的。

自然纪念物:一片拥有一个或多个独特的自然或自然文化的特色区域,该特色因其固有的珍稀性、代表性、审美性等特质或文化上的重要性而具有突出或独特的价值。

生境/物种管理区:一片因管理目的而受到积极干预,以确保生物环境达到某物种需求的陆地或海洋区域。

陆地/海洋保护景观:一片陆地及合适的海岸、海洋区域,在该区域内人类与自然界的长时间互动使该区拥有重大审美的、生态的或有与众不同的文化价值的特征,并经常有高度的生物多样性。

资源管理保护区：一个区域拥有占优势的、未经更动的自然系统，设法确保生物多样性受到长期保护和维持，同时提供自然产物及服务的可持续性供应以满足社区的需要。

14.4.2　外来入侵物种防治和建立外来物种管理法规体系

外来物种入侵不仅对当地生物构成威胁，同时对经济和人体健康也带来不可估量的损失，因此一些国家对此进行了立法，如美国先后颁布或修订了《野生动物保护法》《外来有害生物预防和控制法》《联邦有害杂草法》等。

2004年，我国先后成立农业部外来入侵生物预防与控制研究中心和外来物种管理办公室，发布了《农业重大有害生物及外来生物入侵突发事件应急预案》，指导湖南省出台《湖南省外来物种管理条例》。

2013年，发布《国家重点管理外来入侵物种名录（第一批）》，收录了52种对生态环境和农林业生产具有重大危害的入侵物种，包括21种植物、27种动物和4种微生物。同期发布三批《中国外来入侵物种名单》和一批《中国自然生态系统外来入侵物种名单》，共收录入侵物种71种，其中有36种物种和农业部门发布的名录保持一致。

目前，我国正在制定生物安全法，拟将防控外来入侵物种纳入其中；相关部门正在积极推动出台《外来物种管理条例》，研究制定《国家重点管理外来入侵物种名录（第二批）》。

14.4.3　生态示范区建设

我国的生态示范区建设分为三个阶段进行：第一阶段（1996—2000年），为试点建设阶段，在全国建立生态示范区50个；第二阶段（2001—2010年），为重点推广阶段，在全国选取300个区域进行重点推广，建成各种类型、各具特色的生态示范区350个；第三阶段（2011—2050年），为普遍推广阶段，在全国广大地区推广生态示范区建设，使示范区的总面积达到国土面积的50%左右。

截至2003年底，国家环保总局共批准8批全国生态示范区建设试点484个，颁布了《生态县、生态市、生态省建设指标（试行）》，加强了生态系列创建活动的指导和管理力度。到2020年12月，生态环境部共组织开展、命名了262个国家生态文明建设示范市县和87个"绿水青山就是金山银山"实践创新基地。

14.4.4　国家合作与行动

在生物多样性问题上，世界各国一致认为，生物多样性问题不是局部的、地区的问题，而是全球性的问题。联合国有关组织、世界科学界和各国政府部门都认为国际合作是推进生物多样性保护的重要方面。为了更好地保护生物多样性，应积极开展国际合作，并制定相关的实施计划与细则，在必要的情况下制定相关行政法规或法律。

14.4.5　增强宣传和保护生物多样性

保护生物多样性，需要人们的共同努力。针对生物多样性的可持续发展这一社会问题，除发展外，更多的应加强民众教育，广泛、通俗、持之以恒地开展与环境相关的文化教育、法律宣传，培育本地化的亲生态人口。利用当地文化、习俗、传统、信仰、宗教和习惯中的环保意识和思想进行宣传教育。

一个物种的消亡往往是若干因素综合作用的结果。所以，生物多样性的保护工作也是一项综合性的工程，需要各方面的参与。

> **专栏——我国自然保护区**
>
> 　　国家划出一定的范围来保护珍贵的动植物及其栖息地已有很长的历史渊源，但国际上一般都把1872年美国政府批准建立的第一个国家公园——黄石公园看作是世界上最早的自然保护区。20世纪以来，自然保护区事业发展很快，特别是第二次世界大战后，自然保护区的数量和面积不断增加，并成为一个国家文明与进步的象征之一。
>
> 　　截至2013年，我国自然保护区面积约占国土面积的15%，其中32处国家级自然保护区被联合国教科文组织"人与生物圈计划"列为国际生物圈保护区，包括长白山自然保护区、卧龙自然保护区、鼎湖山自然保护区、锡林郭勒草原自然保护区、神农架自然保护区等。
>
> 　　鼎湖山自然保护区是我国第一个自然保护区，所处纬度是著名的"回归荒漠带"，唯有我国这一纬度才有郁郁葱葱的森林。鼎湖山自然保护区面积不大，却拥有非常丰富的动植物资源，代表植被是季风常绿阔叶林，高大挺拔，结构复杂，而且拥有热带雨林的某些特征，如板状根、大型木质藤本、绞杀植物及附生植物等。

> **专栏——美国黄石公园**
>
> 　　美国黄石国家公园，简称黄石公园，坐落于美国怀俄明州、蒙大拿州和爱达荷州的交界处，大部分位于美国怀俄明州境内，是世界上第一个国家公园，于1978年最早进入《世界遗产名录》。
>
> 　　黄石公园占地面积约8983km^2，其中包括湖泊、峡谷、河流和山脉，温泉和热泉随处可见。黄石公园以其丰富的野生动物种类和地热资源闻名，老忠实间歇泉是其中极负盛名的景点之一。公园内最大的湖泊是位于黄石火山中心的黄石湖，是整个北美地区最大的高海拔湖泊之一。公园地质构造复杂，大部分是开阔的火成岩高原地形，曾发生过强烈的火山活动。黄石公园是整个"大黄石生态系"的核心地区，而"大黄石生态系"是地球上保存最完整、面积最大的温带生态系。
>
> 　　黄石公园超级火山，是在黄石公园地底下潜伏着的一个地球最具破坏力的超级火山。火山整体以黄石湖西边的西拇指为中心，向东向西各24km，向南向北各80km，构成一个巨大的火山口。在火山口下面蕴藏着一个直径约为70km、厚度约为10km的岩浆库，这个巨大的岩浆库距地面最近处仅8km，并且还在不断地膨胀。

14.5　生物多样性保护优先领域与行动

　　《生物多样性公约》规定，每个缔约国要根据国情，制定并及时更新国家战略、计划或方案。1994年6月，经国务院环境保护委员会同意，原国家环境保护局会同相关部门发布了《中国生物多样性保护行动计划》。该行动计划确定的七大目标已基本实现，26项优先行动大部分已完成，行动计划的实施有力地促进了我国生物多样性保护工作的开展。

　　近年来，随着转基因生物安全、外来物种入侵、生物遗传资源获取与惠益共享等问题的出现，生物多样性保护日益受到国际社会的高度重视。目前，我国生物多样性下降的总体趋势得到一定程度的遏制，但资源过度利用、工程建设以及气候变化仍然影响着物种生存和生物资源的可持续利用。

　　为落实公约的相关规定，进一步加强我国的生物多样性保护工作，有效应对我国生物多样性保护面临的新问题、新挑战，原环境保护部于2011年会同20多个部门和单位编制了《中国生物多样性保护战略与行动计划》(2011—2030 年),提出了我国未来 20 年生物多样性保护总体目标、战略任务和优先行动。

> **专栏——《生物多样性公约》**
>
> 《生物多样性公约》是一项有法律约束力的公约,旨在保护濒临灭绝的植物和动物,最大限度地保护地球上多种多样的生物资源,以造福于当代和子孙后代。
>
> 公约于 1992 年 6 月 1 日由联合国环境规划署发起的政府间谈判委员会第七次会议在内罗毕通过,1992 年 6 月 5 日由签约国在巴西里约热内卢举行的联合国环境与发展大会上签署,1993 年 12 月 29 日正式生效,常设秘书处设在加拿大的蒙特利尔。联合国《生物多样性公约》缔约国大会是全球履行该公约的最高决策机构,一切有关履行《生物多样性公约》的重大决定都要经过缔约国大会的通过。
>
> 公约规定,发达国家将以赠送或转让的方式向发展中国家提供新的补充资金以补偿它们为保护生物资源而日益增加的费用,应以更实惠的方式向发展中国家转让技术,从而为保护世界上的生物资源提供便利;签约国应为本国境内的植物和野生动物编目造册,制订计划保护濒危的动植物;建立金融机构以帮助发展中国家实施清点和保护动植物的计划;使用另一个国家自然资源的国家要与那个国家分享研究成果、盈利和技术。
>
> 自 1994 年起,每两年数千名来自不同国家的代表齐聚缔约国大会,讨论如何保护生物多样性。2016 年 12 月,我国获得了 2020 年第十五次缔约国大会主办权,会议于 2021 年 10 月 11—15 日和 2022 年上半年分两阶段在昆明举行。

14.5.1 战略目标

(1) 近期目标

该行动计划提出到 2015 年,力争使重点区域生物多样性下降的趋势得到有效遏制。完成 8~10 个生物多样性保护优先区域的本底调查与评估,并实施有效监控。加强就地保护,陆地自然保护区总面积占陆地国土面积的比例维持在 15% 左右,使 90% 的国家重点保护物种和典型生态系统类型得到保护。合理开展迁地保护,使 80% 以上的就地保护能力不足和野外现存种群量极小的受威胁物种得到有效保护。

初步建立生物多样性监测、评估与预警体系、生物物种资源出入境管理制度以及生物遗传资源获取与惠益共享制度。

(2) 中期目标

该行动计划提出到 2020 年,努力使生物多样性的丧失与流失得到基本控制。生物多样性保护优先区域的本底调查与评估全面完成,并实施有效监控。基本建成布局合理、功能完善的自然保护区体系,国家级自然保护区功能稳定,主要保护对象得到有效保护。

生物多样性监测、评估与预警体系、生物物种资源出入境管理制度以及生物遗传资源获取与惠益共享制度得到完善。

(3) 远景目标

该行动计划提出到 2030 年,使生物多样性得到切实保护。各类保护区域数量和面积达到合理水平,生态系统、物种和遗传多样性得到有效保护。形成完善的生物多样性保护政策法律体系和生物资源可持续利用机制,保护生物多样性成为公众的自觉行动。

14.5.2 生物多样性保护优先区域

根据我国的自然条件、社会经济状况、自然资源以及主要保护对象分布特点等因素，将全国划分为8个自然区域，即东北山地平原区、蒙新高原荒漠区、华北平原黄土高原区、青藏高原高寒区、西南高山峡谷区、中南西部山地丘陵区、华东华中丘陵平原区和华南低山丘陵区。

综合考虑生态系统类型的代表性、特有程度、特殊生态功能，以及物种的丰富程度、珍稀濒危程度、受威胁因素、地区代表性、经济用途、科学研究价值、分布数据的可获得性等因素，划定35个生物多样性保护优先区域，包括大兴安岭、三江平原区、祁连山区、秦岭区等32个内陆陆地及水域生物多样性保护优先区域，以及黄渤海保护区域、东海及台湾海峡保护区域和南海保护区域等3个海洋与海岸生物多样性保护优先区域。

14.5.2.1 内陆陆地和水域生物多样性保护优先区域

（1）东北山地平原区

① 概况：本区包括辽宁、吉林、黑龙江省全部和内蒙古自治区部分地区，总面积约$1.24\times10^6\,km^2$，已建立国家级自然保护区54个，面积$5.67\times10^6\,hm^2$；国家级森林公园126个，面积$2.77\times10^6\,hm^2$；国家级风景名胜区16个，面积$6.48\times10^5\,hm^2$；国家级水产种质资源保护区14个，面积$4.9\times10^4\,hm^2$。生物多样性保护优先区域合计占本区面积的8.45%。本区生物多样性保护优先区域包括大兴安岭区、小兴安岭区、呼伦贝尔区、三江平原区、长白山区和松嫩平原区。

② 保护重点：以东北虎、远东豹等大型猫科动物为重点保护对象，建立自然保护区间生物廊道和跨国界保护区。科学规划湿地保护，建立跨国界湿地保护区，解决湿地缺水与污染问题。在松嫩-三江平原、滨海地区、黑龙江、乌苏里江沿岸、图们江下游和鸭绿江沿岸，重点建设沼泽湿地及珍稀候鸟迁徙地繁殖地、珍稀鱼类和冷水性鱼类自然保护区。在国有重点林区建立典型寒温带及温带森林类型，森林湿地生态系统类型，以及以东北虎、原麝、红松、东北红豆杉、野大豆等珍稀动植物为保护对象的自然保护区或森林公园。

（2）蒙新高原荒漠区

① 概况：本区包括新疆全部和河北、山西、内蒙古、陕西、甘肃、宁夏省（区）的部分地区，总面积约$2.69\times10^6\,km^2$，已建立国家级自然保护区35个，面积$1.98\times10^7\,hm^2$；国家级森林公园40个，面积$1.12\times10^6\,hm^2$；国家级风景名胜区7个，面积$6.83\times10^5\,hm^2$；国家级水产种质资源保护区14个，面积$6.31\times10^5\,hm^2$。上述合计占本区域面积的7.76%。本区生物多样性保护优先区域包括阿尔泰山区、天山-准噶尔盆地西南缘区、塔里木河流域区、祁连山区、库姆塔格区、西鄂尔多斯-贺兰山-阴山区和锡林郭勒草原区。

② 保护重点：按山系、流域、荒漠等生物地理单元和生态功能区建立和整合自然保护区，扩大保护区网络。加强野骆驼、野驴、盘羊等荒漠、草原有蹄类动物以及鸨类、蓑羽鹤、黑鹳、遗鸥等珍稀鸟类及其栖息地的保护。加强对新疆大头鱼等珍稀特有鱼类及其栖息地的保护。加强对新疆野苹果和新疆野杏等野生果树种质资源和牧草种质资源的保护，加强对荒漠化地区特有的天然梭梭林、胡杨林、四合木、沙地柏、肉苁蓉等的保护。整理和研究少数民族在民族医药方面的传统知识。

(3) 华北平原黄土高原区

① 概况：本区包括北京市、天津市、山东省全部以及河北、山西、江苏、安徽、河南、陕西、青海、宁夏等省（区）部分地区，总面积约 $9.5 \times 10^5 \mathrm{km}^2$，已建立国家级自然保护区 35 个，面积 $1.03 \times 10^6 \mathrm{hm}^2$；国家级森林公园 123 个，面积 $12. \times 10^6 \mathrm{hm}^2$；国家级风景名胜区 29 个，面积 $7.4 \times 10^5 \mathrm{hm}^2$。国家级水产种质资源保护区 6 个，面积 $2.3 \times 10^4 \mathrm{hm}^2$。上述合计占本区面积的 3.03%。本区生物多样性保护优先区域包括六盘山-子午岭区和太行山区。

② 保护重点：加强该地区生态系统的修复，以建立自然保护区为主，重点加强对黄土高原地区次生林、吕梁山区、燕山-太行山地的典型温带森林生态系统、黄河中游湿地、滨海湿地和华中平原区湖泊湿地的保护，加强对褐马鸡等特有雉类、鹤类、雁鸭类、鹳类及其栖息地的保护。建立保护区之间的生物廊道，恢复优先区内已退化的环境。加强区域内特大城市周围湿地的恢复与保护。

(4) 青藏高原高寒区

① 概况：本区包括四川、西藏、青海、新疆等省（区）的部分地区，面积约 $1.73 \times 10^6 \mathrm{km}^2$，已建立国家级自然保护区 11 个，面积 $5.63 \times 10^7 \mathrm{hm}^2$；国家级森林公园 12 个，面积 $1.36 \times 10^6 \mathrm{hm}^2$；国家级风景名胜区 2 个，面积 $9.90 \times 10^5 \mathrm{hm}^2$；国家级水产种质资源保护区 4 个，面积 $2.29 \times 10^5 \mathrm{hm}^2$。上述合计占本区面积的 33.06%。本区生物多样性保护优先区域包括三江源-羌塘区和喜马拉雅山东南区。

② 保护重点：加强原生地带性植被的保护，以现有自然保护区为核心，按山系、流域建立自然保护区，形成科学合理的自然保护区网络。加强对典型高原生态系统、江河源头和高原湖泊等高原湿地生态系统的保护，加强对藏羚羊、野牦牛、普氏原羚、马麝、喜马拉雅麝、黑颈鹤、青海湖裸鲤、冬虫夏草等特有珍稀物种种群及其栖息地的保护。

(5) 西南高山峡谷区

① 概况：本区包括四川、云南、西藏等省（区）的部分地区，面积约 $6.5 \times 10^5 \mathrm{km}^2$，已建立国家级自然保护区 19 个，面积 $3.39 \times 10^6 \mathrm{hm}^2$；国家级森林公园 29 个，面积 $8.31 \times 10^5 \mathrm{hm}^2$；国家级风景名胜区 12 个，面积 $2.17 \times 10^6 \mathrm{hm}^2$。上述合计占本区面积的 7.80%。本区生物多样性保护优先区域包括横断山南段区和岷山-横断山北段区。

② 保护重点：以喜马拉雅山东缘和横断山北段、南段为核心，加强自然保护区整合，重点保护高山峡谷生态系统和原始森林，加强对大熊猫、金丝猴、孟加拉虎、印支虎、黑麝、虹雉、红豆杉、兰科植物、松口蘑、冬虫夏草等国家重点保护野生动植物种群及其栖息地的保护。加强对珍稀野生花卉和农作物及其亲缘种种质资源的保护，加强对传统医药和少数民族传统知识的整理和保护。

(6) 中南西部山地丘陵区

① 概况：本区包括贵州省全部，以及河南、湖北、湖南、重庆、四川、云南、陕西、甘肃等省（市）的部分地区，面积约 $9.1 \times 10^5 \mathrm{km}^2$，已建立国家级自然保护区 45 个，面积 $2.19 \times 10^6 \mathrm{hm}^2$；国家级森林公园 119 个，面积 $7.73 \times 10^5 \mathrm{hm}^2$；国家级风景名胜区 36 个，面积 $8.86 \times 10^5 \mathrm{hm}^2$；国家级水产种质资源保护区 16 个，面积 $4.0 \times 10^4 \mathrm{hm}^2$。上述合计占本区面积的 3.71%。本区生物多样性保护优先区域包括秦岭区、武陵山区、大巴山区和桂西黔南石灰岩区。

② 保护重点：重点保护我国独特的亚热带常绿阔叶林和喀斯特地区森林等自然植被。建设

保护区间的生物廊道，加强对大熊猫、朱鹮、特有雉类、野生梅花鹿、黑颈鹤、林麝、苏铁、桫椤、珙桐等国家重点保护野生动植物种群及栖息地的保护。加强对长江上游珍稀特有鱼类及其生存环境的保护。加强生物多样性相关传统知识的收集与整理。

(7) 华东华中丘陵平原区

① 概况：本区包括上海市、浙江省、江西省全部，以及江苏、安徽、福建、河南、湖北、湖南、广东、广西等省（区）的部分地区，总面积约 $1.09 \times 10^6 km^2$，已建立国家级自然保护区 70 个，面积 $1.84 \times 10^6 hm^2$；国家级森林公园 226 个，面积 $1.49 \times 10^6 hm^2$；国家级风景名胜区 71 个，面积 $1.76 \times 10^6 hm^2$；国家级水产种质资源保护区 48 个，面积 $2.25 \times 10^5 hm^2$。上述合计占本区国土面积的 2.77%。本区生物多样性保护优先区域包括黄山-怀玉山区、大别山区、武夷山区、南岭区、洞庭湖区和鄱阳湖区。

② 保护重点：建立以残存重点保护植物为保护对象的自然保护区、保护小区和保护点，在长江中下游沿岸建设湖泊湿地自然保护区群。加强对人口稠密地带常绿阔叶林和局部存留古老珍贵动植物的保护。在长江流域及大型湖泊建立水生生物和水产资源自然保护区，加强对中华鲟、长江豚类等珍稀濒危物种的保护，加强对沿江、沿海湿地和丹顶鹤、白鹤等越冬地的保护，加强对华南虎潜在栖息地的保护。

(8) 华南低山丘陵区

① 概况：本区包括海南省全部，以及福建、广东、广西、云南等省（区）的部分地区，总面积约 $3.4 \times 10^5 km^2$，已建立国家级自然保护区 34 个，面积 $9.2 \times 10^5 hm^2$；国家级森林公园 34 个，面积 $1.95 \times 10^5 hm^2$；国家级风景名胜区 14 个，面积 $5.43 \times 10^5 hm^2$；国家级水产种质资源保护区 2 个，面积 $511 hm^2$。上述合计占本区国土面积的 2.91%。本区生物多样性保护优先区域包括海南岛中南部区、西双版纳区和桂西南山地区。

② 保护重点：加强对热带雨林与热带季雨林、南亚热带季风常绿阔叶林、沿海红树林等生态系统的保护。加强对特有灵长类动物、亚洲象、海南坡鹿、野牛、小爪水獭等国家重点保护野生动物以及热带珍稀植物资源的保护。加强对野生稻、野茶树、野荔枝等农作物野生近缘种的保护。系统整理少数民族地区相关传统知识。

14.5.2.2 海洋与海岸生物多样性保护优先区域

(1) 概况

我国海洋资源丰富，海洋沿岸湿地是鸟类的重要栖息地，也是海洋生物的产卵场、索饵场和越冬场。目前，我国已建成各类海洋保护区 270 处，其中国家级海洋自然保护区 100 余处，包括 71 处国家级海洋特别保护区（含 48 处国家级海洋公园）等，总面部达 $1.24 \times 10^5 km^2$，占管辖海域面积的 4.1%。

(2) 优先区域及保护重点

① 黄渤海保护区域。本区的保护重点是辽宁主要入海河口及邻近海域，营口连山、盖州团山滨海湿地，盘锦辽东湾海域、兴城菊花岛海域、普兰店皮口海域、锦州大、小笔架山岛，长兴岛石林、金州湾范驼子连岛沙坝体系、大连黑石礁礁群、金州黑岛、庄河青碓湾、河北唐海、黄骅滨海湿地，天津汉沽、塘沽和大港盐田湿地，汉沽浅海生态系、山东沾化、刁口湾、胶州湾、灵山湾、五垒岛湾、靖海湾、乳山湾、烟台金山港、蓬莱—龙口滨海湿地，山东主要入海河口及其邻近海域，潍坊莱州湾、烟台套子湾、荣成桑沟湾；莱州刁龙咀沙堤及三山岛、北黄海近海大

型海藻床分布区，江苏废黄河口三角洲侵蚀性海岸滨海湿地、灌河口、苏北辐射沙洲北翼淤涨型海岸滨海湿地、苏北辐射沙洲南翼人工干预型滨海湿地、苏北外沙洲湿地等，以及黄海中央冷水团海域。

② 东海及台湾海峡保护区域。本区的保护重点是上海奉贤杭州湾北岸滨海湿地、青草沙、横沙浅滩，浙江杭州湾南岸、温州湾海岸及瓯江河口三角洲滨海湿地、渔山列岛、披山列岛、洞头列岛、铜盘岛、北麂列岛及其邻近海域、大陈、象山港、三门湾海域、福建三沙湾、罗源湾、兴化湾、湄洲湾、泉州湾滨海湿地、东山湾、闽江口、杏林湾海域，东山南澳海洋生态廊道，黑潮流域大海洋生态系。

③ 南海保护区域。本区的保护重点是广东潮州及汕头中国鲎、阳江文昌鱼、茂名江豚等海洋物种栖息地，汕尾、惠州红树林生态系统分布区，阳江、湛江海草床生态系统分布区，深圳、珠海珊瑚及珊瑚礁生态系统分布区、中山滨海湿地、珠海海岛生态区、江门镇海湾、茂名近海、汕头近岸、惠来前詹、广州南沙坦头、汕尾汇聚流海洋生态区、惠东港口海龟分布区、珠江口中华白海豚分布区、广西涠洲岛珊瑚礁分布区、茅尾海域、大风江河口海域、钦州三娘湾中华白海豚栖息地、防城港东湾红树林分布区，海南文昌、琼海珊瑚礁海草床分布区，万宁、蜈支洲、双帆石、东锣、西鼓、昌江海尾、儋州大铲礁软珊瑚、柳珊瑚和珊瑚礁分布区，鹦哥海盐场湿地、黑脸琵鹭分布区，以及西沙、中沙和南沙珊瑚礁分布区等。

习题与思考题

1. 什么是生物多样性？
2. 生物多样性的价值有哪些？
3. 我国生物多样性的特点是什么？生物多样性受到了何种威胁？
4. 我国生物多样性保护的战略目标是什么？
5. 目前我国有哪些生物多样性保护区域？
6. 生物多样性损失的原因有哪些？如何保护生物多样性？
7. 举例说明我国生物多样性的保护措施。

参考文献

[1] 胡荣桂，刘康. 环境生态学 [M]. 2版. 武汉：华中科技大学出版社，2018.
[2] 林金兰，陈彬，黄浩，等. 海洋生物多样性保护优先区域的确定 [J]. 生物多样性，2013，21（1）：38-46.
[3] 李果，吴晓莆，罗遵兰，等. 构建我国生物多样性评价的指标体系 [J]. 生物多样性，2011，19（5）：497-504.
[4] 马建章，戎可，程鲲. 中国生物多样性就地保护的研究与实践 [J]. 生物多样性，2012，20（5）：551-558.
[5] 刘思慧，刘季科. 中国的生物多样性保护与自然保护区 [J]. 世界林业研究，2002，4（15）：48-53.
[6] 林育真，赵彦修. 生态与生物多样性 [M]. 济南：山东科学技术出版社，2013.
[7] 陈宝雄，孙玉芳，韩智华，等. 我国外来入侵生物防控现状、问题和对策 [J]. 生物安全学报，2020，29（3）：157-163.
[8] 吴青峰，洪汉烈. 环境中抗生素污染物的研究进展 [J]. 安全与环境工程，2010，17（2）：68-72.
[9] 莱尔·格洛夫卡，等. 生物多样性公约指南 [M]. 北京：科学出版社，1997.
[10] 张惠远，郝海广，张强，等. 生物多样性保护与绿色发展之中国实践 [M]. 北京：科学出版社，2021.
[11] 中华人民共和国生态环境部. 中国履行《生物多样性公约》第五次国家报告 [M]. 北京：中国环境出版集团，2014.

[12] 中华人民共和国生态环境部. 中国履行《生物多样性公约》第六次国家报告[M]. 北京：中国环境出版集团，2019.
[13] 中华人民共和国生态环境部. 国家生态文明建设示范区（2017—2020）[M]. 北京：中国环境出版集团，2020.
[14] 汪松，解焱. 中国物种红色名录：第一卷 红色名录[M]. 北京：高等教育出版社，2004.
[15] 刘文静，徐靖，耿宜佳，等. "2020年后全球生物多样性框架"的谈判进展以及对我国的建议[J]. 生物多样性，2018，26（12）：1358-1364.
[16] 贺祚琛. 全球生物多样性保护再提速[J]. 生态经济，2021，37（12）：1-4.
[17] 王毅，张蒙，李海东，等. 推进应对气候变化与保护生物多样性协同治理[J]. 环境与可持续发展，2021，46（6）：19-25.

第15章 工农业生态系统保护

本章要点

1. 工业生态系统的概念、组成、特征和进化；
2. 生态工业体系构建的原则和措施；
3. 生态工业园区的特征、分类、规划原则、规划内容和实施途径；
4. 农业生态系统的含义、组成、特点和结构；
5. 农业生态的环境问题和相应保护措施；
6. 生态农业的类型、发展模式和发展趋势。

15.1 工业生态系统保护

15.1.1 工业生态系统

工业生态系统是依据生态学、经济学、技术科学以及系统科学的基本原理与方法来经营和管理工业经济活动，并以节约资源、保护生态环境和提高物质综合利用为特征的现代工业发展模式，是由社会、经济、环境三个子系统复合而成的有机整体。工业生态系统是一批相关的工厂、企业组合在一起，它们共生共存，相互依赖。这个系统的最大特点是使资源的利用率达到最高，而将工厂、企业对环境的污染和破坏降到最低。

15.1.1.1 工业生态系统的组成

与自然生态系统相似，工业生态系统主要由生产者、消费者、分解者和非生物环境四种基本成分组成。与自然生态系统中的生物成分相仿，工业生态系统中的生产者、消费者和分解者具有以下特点：

① 生产者。工业系统中的生产者可分为初级生产者和高级生产者。初级生产者为利用基本环境要素（空气、水、矿物质等自然资源）生产初级产品，如采矿厂、冶炼厂、热电厂等；高级生产者进行初级产品的深度加工和高级产品生产，如化工、肥料制造、服装和食品加工等。

② 消费者。不直接生产"物质化"产品，但利用生产者提供的产品，供自身运行发展，同时产生生产力和服务功能等，如行政、商业、服务业等。

③ 分解者。把工业企业产生的副产品和"废物"进行处理、转化、再利用等，如废物回收公司、资源再生公司等。

15.1.1.2 工业生态系统与自然生态系统的相似性

（1）两者都包含物质循环和能量流动

工业生态系统也存在着物质、能量和信息的流动与储存，依据工业系统中物质、能量、信息流动的规律和各成员之间在类别、规模、方位上是否相匹配，在各企业部门之间构筑生态产业链，横向进行产品供应、副产品交换，纵向连接第二、三产业，把经济活动组织成"资源-产品-再生资源"反复循环流动过程，建立"生产者-消费者-分解者"的"工业生态链"，形成互利共生网络，实现物质闭路循环和能量多级利用。工业生态系统物质循环的"食物链"上有一个以上的消费者，其目标是将物质保留在更高的营养级上，尽量少供应给分解者。

（2）两者均存在"内在动力"

自然生态系统中各个物种存在的目的主要是生存和繁衍，工业生态系统中各个企业存在的主要目的在于降低成本、提高竞争力、获得最大利润、更好更有力地占领市场。企业会在回收与循环利用副产品及废物发生的费用，以及购买新原料和简单处置废物发生的费用之间权衡。各类产业或企业间具有产业潜在关联度仅仅是基础，市场价格链是推动工业生态系统循环的控制条件。绿色消费链是推动工业生态系统循环的充分条件，是把工业生态系统各成员连接起来的内在动力。但绿色消费链只是为工业生态系统形成和发展提供可能性，真正促使系统各成员连接在一起的是能给参与者带来一定利润的生态系统产业链，这些利润能够维持其生存或发展。

（3）两者的演化过程都是动态的

自然生态系统经历了一个由演替逐渐到达顶级状态的过程。工业生态系统中的企业也存在发展进化的过程。工业生态系统各成员通过合作与竞争实现共同进化，通过系统成员或子系统之间协同作用，使互相依存的各子系统交互运动、自我调节、协同进化，最后形成新的有序结构。工业生态系统一直处在变化之中，这种连续的变化可以称为工业生态系统的动态演替。

（4）两者都有一个"关键种"

自然生态系统中，群落或物种之间的相互作用强度是不同的，只有少数几个"关键种"对系统的结构、功能及动态起决定性作用。在工业生态系统中，也存在类似的关键物种——"关键种企业"，它们使用和传输的物质最多、能量流动的规模最为庞大，能为该工业生态系统其他成员提供关键性的利润。"关键种"企业在工业生态系统中有着举足轻重的地位，它拥有特殊的能力和资源，往往决定着整个企业生态系统的形成与完善，影响生态系统功能的发挥。

（5）两者的系统成员间都存在共生关系

自然生态系统内的共生关系指不同物种以相互获益关系生活在一起，形成对双方或一方有利的生存方式。工业共生是指不同企业通过合作，共同提高企业的生存及获利能力，同时实现对资源的节约和对环境的保护。根据生态学中的共生理论，共生能够产生"剩余"，不产生共生"剩余"的系统是不可能增值和发展的。企业共生也能产生"一加一大于二"的效果，这表现在共生企业竞争力的增强。

15.1.1.3 工业生态系统的双重性

工业生态系统兼有社会属性和自然属性两方面的特征。从自然属性看，工业作为复合生态系统的重要组成部分，既是复合系统持续的重要力量，又是复合系统遭受毁灭的力量，工业系统及其中人、组织的行为不能违背自然生态系统的规律，都应受到自然条件的负反馈约束和调节。从社会属性来看，工业系统中的人及其组织之间的关系是复杂的利益关系，人及其组织为了最大可能地获取经济利益往往会损害自然生态系统。

因此，构筑工业与生态和谐、持续的发展模式也必须从制度方面入手，对人及其组织的行为进行安排。工业生态系统的思想就是按照自然法则安排工业中的人及其组织的行为。这是构筑可持续发展大生物圈的前提。

工业生态系统的双重性指工业生态系统不仅受到生态学规律的约束，同时更受到市场经济规律的制约。人类通过社会、经济、技术力量干预物质、能量、技术的输入和产品的输出，在进行物质生产的同时，也进行经济再生产过程，不仅要有较高的物质生产量，而且也要有较高的经济效益。因此，工业生态系统实际上是一个工业生态经济系统，体现自然再生产与经济再生产交织的特性。一个生态学上合理而经济学上不合理的工业生态系统是无法生存的，市场调节对工业生态系统中企业的盛衰与成败以及整个系统的稳定性起着决定性作用。

所以，一个稳定运行的工业生态系统必然是经济学原理和生态学原理完美结合的结果。为此，人的主观能动性在提高工业生态系统运行效率方面应发挥积极作用，运用当代环境伦理道德观使企业在保证整个工业生态系统生态效率的前提下追求经济效益，决不能只为追求本企业的经济效益而损害系统的整体利益。

自然生态系统没有人的参与，不具有目的性。工业生态系统是一个由强烈自我意识的人为主体组成的社会经济系统，人们可以预测未来，然后采取行动，共同创造未来。在自然生态系统中，特殊物种的入侵或生态环境恶化会超出生态系统的自我调节能力，使生态系统逐渐走向衰退。工业生态系统则不同，由于该系统是人工社会经济系统，系统中各要素包括生态因子也都在人的控制之内，所以，当生态环境恶化之后，可以人为地对其进行控制，使工业生态系统得到改善。

15.1.2 生态工业体系构建

生态工业是一种根据工业生态学基本原理建立、符合生态系统环境承载能力、物质和能量高效组合利用以及工业生态功能稳定协调的新型工业组合和发展形态。在建立生态工业体系中，除工业生态学的理论和原理之外，还有另一个紧密相关的概念就是生态效率。生态效率的概念最早是1992年由世界可持续发展工商理事会（WBCSD）在其向里约联合国环境与发展大会提交的报告《改变航向：一个关于发展与环境的全球商业观点》中提出的。WBCSD将生态效率定义为："提供有价格竞争优势的、满足人类需求和保证生活质量的产品或服务，同时能逐步降低产品或服务生命周期的生态影响和资源强度，其降低程度要与估算的地球承载力相一致"。与工业生态学相比较，生态效率主要集中在单个企业的发展战略上，而工业生态学注重企业集团层次间、企业间、地区间甚至整个工业体系的生态优化。

生态效率是一个技术与管理的概念，关注如何最大限度地提高能源和物料投入的生产力，以降低单位产品的资源消耗和污染物排放。这可从两个并不相互排斥的方面来解释。①作为一种管理工具，以实现污染预防和废物最小化，并且提高效率、降低费用和提高竞争优势。这就是所谓的环境和发展的"双赢"途径。支持这种观点的人认为经济产出可能在资源投入恒定或减少基础上增加。②作为一种调整企业活动方向的措施，可以导致企业的商业文化、组织和日常行为的改变。支持这种观点的经济学家认为，经济产出应该保持恒定或下降，而资源投入应该大大减少。因此，从这个意义上来说，工业生态不过是生态效率在工业体系中的一个运用策略。

在一个稳定成熟的自然生态系统中，物质和能量都能得到高效利用，物质的循环是闭合的，不会产生"废弃物"。根据工业生态学的原理，生态工业的建设也应仿照自然生态系统，实现物质和能量的高效利用以及物质的闭路循环。

15.1.2.1 构建原则

(1) 企业共生原则

构建工业生态系统的企业共生原则指仿照自然生态系统食物链和食物网，使一家企业的废物（输出），变成另一家企业的原材料（输入），形成"共生工业链"，实现系统物质流和能量流综合协同的封闭循环。

1) 企业共生的来源、内涵与本质

生物学"共生"概念最早是由德国真菌学家德贝里（Anton de Bary）在1879年提出的，他认为共生是指"不同种属在一定时期内按某种物质联系而生活在一起"。虽然迄今还没有一个被广泛接受的共生定义，但生物学家并未对德贝里所提出的概念有多少异议，而是接受了他的解释：共生是一起生活，暗示生物体某种程度的永久性的物质联系，其实质是合作。

工业共生，首先是由丹麦卡伦堡公司出版的《工业共生》一书定义的："工业共生指不同企业之间的合作，通过这种合作，共同提高企业的生存和获利能力，同时，通过这种共生实现资源节约和环境保护"，在这里用来说明相互利用副产品的工业合作关系。

一些学者对这一概念进行了修正，工业共生的含义主要包括以下内容：

① 工业共生是工业企业模仿自然生态系统的组织创新模式。它模仿自然界生物种群的共生关系交互作用原理，在企业间建立起生产者-消费者-分解者食物链共生网络结构。

② 工业共生指企业之间广泛的内在必然联系。它不仅包含合作，同时也包括竞争和优胜劣汰；企业之间不仅包含物质流、能量流之间的副产品利用，而且包括信息流、人才流、技术流和知识创新流等方面的全面合作。

③ 工业共生是一个更大空间的合作网络，合作效益是合作的根本动力。它由企业间生产过程中的副产品合作，跨越到企业之间全方位合作，以及扩大到企业、社区与政府公共部门之间更广泛的企业共生网络合作。

2) 生态工业企业共生机制

① 资源循环代谢机制。生态工业园区（EIP）共生的物质基础在于共生单元质参量的兼容，它们着重相互利用副产品，通过这种合作，促进物质的循环利用和能量的梯级利用，形成高效的资源代谢机制，使资源使用最大化和环境污染最小化。

② 互惠互利、风险共担机制。EIP中生态产业链的良性运作，以关联企业长期合作为前提，建立健全"互惠互利、风险共担"的共生机制是关键。共生主体通过EIP能获取各自的利益，或共享基础设施、公共服务以降低生产成本，或实现副产品交换、资源互补以降低交易成本，或减少不确定性、降低风险，或知识共享、实现创新。

③ 信任沟通反馈机制。不确定性是EIP市场经济中存在并危及交易活动的常见问题。在生态产业链成长中，由于信息不对称或信息不充分以及系统和环境的动态变化，市场失灵表现尤为突出。在EIP运作过程中，存在着广泛、复杂、频密的内在联系，因此必然伴随着复杂的不确定性，因而需要建立一种良好的信任沟通机制。

3) 生态工业企业共生模式分析

① 关键种企业共生模式。"关键种"（key species）是1966年由Paine首次明确提出的。"关键种"概念及其依据的理论认为：生物群落内不仅存在着制约物种分布与多度的相互作用关系，而且还存在着起关键作用的物种，即"关键种"，它对其他物种的分布和多度起着直接或间接的调控作用，决定着群落的稳定性、物种多样性和许多生态过程的持续或改变。运用关键种理论选定"关键种企业"作为生态工业的主要种群，构筑企业共生体的模式，被称为关键种企业共生

模式。

② 对称型网络企业共生模式。对称型共生网络是指在 EIP 中，共生单元各个结点企业业务上处于平等地位，通过各结点之间物质、信息、资金、人才和副产品等资源的相互交流，形成网络组织的自我调节以维持组织的运行。

与关键种企业共生网络不同的是，园区内并没有一家是起主导作用的大企业，往往都是由中小企业甚至微型企业组织在一起的，任何一家企业都不能起支配性作用，它们可以同时与其他多家企业存在灵活多样的合作关系，企业之间不存在依赖关系，在合作谈判过程中处于平等地位，主要依靠市场调节机制来实现产业链接和价值链的增值。在市场机制的作用下，园区内各结点企业之间采取灵活的合作方式，链接结构简洁实用，废物循环周期短，企业间关系简单易于协调管理，这种模式有利于网络关系的迅速形成和发展。但是，这种模式产业链短，关联性低，结构较脆弱，稳定性较差，易受内外部环境影响，因此，企业间合作关系往往易于波动甚至断裂，对网络的稳定性和安全性构成严重威胁，管理难度加大。

③ 嵌套式企业共生模式。关键种企业共生模式和对称型网络企业共生模式是企业共生的两种较为极端的形式，前者依赖于某一关键种企业，而后者过于松散，难以形成主导生态产业链，成长性与稳定性受到制约。随着世界各国生态工业理论与实践的不断发展，一种介于这两种共生网络模式——嵌套式企业共生在实践中不断进化与发展。嵌套式企业共生是一种复杂网络组织模式，具备关键种共生网络模式和对称型共生网络模式的优点，是由多家大型核心企业即关键种企业和其相关联的中小企业通过各种业务关系而形成的多级嵌套网络模式。

（2）环境优化原则

美国 Porter 教授于 1991 年首次提出环境保护能够提升国家竞争力的主张。1995 年，Porter 和 Vander Linde 进一步详细解释了环境保护经由创新而提升竞争力的过程，这一主张被称为波特假说。波特假说的内涵主要包括以下几个方面：

① 环保与竞争力不一定相互抵消。传统经济学认为，环境保护造成经济的沉重负担，引起社会福利与私人成本之间的抵消。Porter 认为，将环保与经济发展视为相互冲突的简单二分法并不恰当；严格的环保可刺激企业技术创新并进而提高生产力，有助于国际竞争力的提升，两者之间并不一定存在抵消关系。Porter 还指出，只有在静态的模式下，环保与经济发展的冲突才无可避免，但国际竞争早已不是静态模式，而是一种新的建立在创新基础上的动态模式。因此，实施严格的环境保护不仅不会伤害国家的竞争力，反而对其有益。

② 以动态观点分析环境保护与竞争力的关系。Porter 认为，传统经济学之所以反对其观点，是因为其对企业竞争模式的假设与现实不符。传统经济学假设企业处于静态的竞争模式，而实际上，企业处在动态的环境中，生产投入组合与技术在不断变化，因而环境保护的焦点不在过程，而在最后形成的结果，必须以动态的观点来衡量环境保护与竞争力的关系。他指出，企业在从事污染防治过程中，开始可能因为成本增加而产生竞争力下降的现象，尤其是在国际市场上面对其他没有从事污染防治的国外企业，更可能表现出暂时的竞争力劣势。因此，Porter 认为设计适当的环保标准会激励企业进行技术创新，创新的结果不仅会减少污染，同时也会达到改善产品质量与降低生产成本的目的，进而增加生产力，提高产品竞争力。

③ 政府扮演的角色。长期而言，尽管环境保护会为企业带来正面效果，但由于企业面对短期成本及技术创新费用的递增，会产生不确定性与悲观的心理预期，因此需要借助政府管制来刺激企业从事创新。Porter 指出，只有在静态模式中，企业追求利润最大化的行为才能实现，而在现实中的动态竞争模式下，由于技术的不断变化，潜藏着无限创新与改进的空间，加上信息不对称及企业组织中管理无效率等问题，都使得企业很难作出真正最优的决策。一旦企业改进了技

并加强内部管理,企业就会获得更大的效益。政府的角色即在执行严格的环保标准,促使企业了解潜在的获利机会,改进生产组合,从而作出真正利润极大的最优决策。

④ 适当的环保标准。适当的环保标准能够促使企业的创新,而适当的环保标准至少应具备以下功能:显示企业潜在的技术改进空间;信息的披露与集中有助于企业实现进行污染防治的效益;降低不确定性;刺激企业创新与发展;过渡时期的缓冲器。总之,一个经过适当设计的严格环保标准,能使企业从更新产品与技术着手,虽然有可能会造成短期成本增加,但通过创新而抵消成本的效果,将使企业的净成本下降,甚至还有净收益。

15.1.2.2 构建措施

(1) 污染趋零排放

生态工业的最高目标是使所有物质都能循环利用,向环境中排放的污染物极少,甚至零排放。从环境友好的角度,这是生态工业推崇的、理想化的模式。污染零排放模式实际上是AT&T公司Allenby和Graedel提出的三个类型:第一种类型要求企业的能源和物质全部做到物尽其用,几乎不需要资源回收环节;第二种类型要求建立一个企业内部的资源回收环节,以满足资源回收;第三种类型要求对生产过程中的所有产出物进行循环利用,但这取决于外部的能量投入。很显然,实现这三种类型零排放的难度,第一种类型大于第二种类型,第二种类型大于第三种类型。目前,生态工业实现的零排放大多是第三种类型。

(2) 物质闭路循环

物质闭路循环是最能体现工业生态自然循环理念的策略。这种闭路循环应该在产品的设计过程中就加以考虑。但是,从技术经济合理的角度,物质的闭路循环应该是有限度的。一方面,过高的闭路循环会显著增加企业的生产成本,降低企业产品的市场竞争力。另一方面,与自然生态系统的闭路循环相反,生态工业系统的闭路循环会降低产品的质量。实际上,这就是工业闭路循环的物质性能呈螺旋形递减的规律。这就要求反过来寻找材料高新技术,使物质成分和性能在多次循环利用过程中保持稳定状态。

(3) 废物资源利用

有步骤地回收利用生产和消费过程中产生的副产品是工业生态学得以产生和发展的最直接的动因,也是生态工业的核心措施。生态工业要求把一些企业的副产品作为另一些企业的原料或资源加以重新利用,而不是把它作为"废物"废弃掉。这种回收利用过程是一种工业生态链的行为。相对污染零排放和闭路循环利用而言,资源重新利用在技术上比较容易解决。在世界各国的生态工业园区中,目前比较多的形态就是资源回收再生园(RRPs)。

(4) 消耗性污染降低

消耗性污染指产品在使用消耗过程中产生的污染。大部分产品随着产品完成使用寿命,其污染也就终止,有些产品(如电池)的污染在产品使用完后还继续污染。基于消耗性污染的严重性和普遍性,生态工业对于它们的主要策略就是预防。防止消耗性污染主要有三种手段。一是改变生产原料,从源头降低污染的潜在机会。二是在技术方法上回收利用。根据"分子租用"的概念,用户只购买产品的功能,而不购买产品的分子本身。三是直接用无害化合物替代有害物质材料,对某些危害或风险极大的污染物质禁止使用。

(5) 产品与服务的非物质化

生态工业中非物质化的概念指通过小型化、轻型化、使用循环材料和部件以及提高产品寿命,在相同甚至更少的物质基础上获取最多的产品和服务,或者在获取相同的产品和服务功能时,实现物质和能量的投入最小化。实际上,这就是资源的产出投入率或生产率最大化。促进产品和服务非物质化的主要手段有两种：第一种是通过延长产品的使用寿命降低资源的流动速度，从而达到物质的减量化要求；第二种是减少资源的流动规模，达到资源的集约化使用。需要指出的是，从工业化的进程来看，产品和服务的非物质化是有限度的，而且一般不存在非物质化程度与环境友好性成正比的关系。

（6）园区生态管理

生态工业园区是生态工业发展的最佳组合模式，而管理模式的选择将直接影响园区的生态工业特性。建立工业园区的生态管理体系可以从以下三个层次着手：第一个层次是产品层次，要求园区企业尽可能根据产品生命周期分析、生态设计和环境标志产品要求，开发和生产低能耗、低消耗、低（或无）污染、经久耐用、可维修、可再循环和能够进行安全处置的产品；第二个层次是园区的企业，尽可能在企业内部实现清洁生产和污染零排放，同时建立 ISO 14000 环境管理体系；第三个层次是园区层次，建立园区水平上的 ISO 14000 环境管理体系、园区 APPEL 计划、园区废物交换系统（WES）以及园区的生态信息公告制度等。这样，通过园区、企业和产品不同层次的生态管理，树立园区良好的环境或生态形象，为工业生态体系的可持续发展提供生态保障。

（7）管理制度完善

目前与生态工业有关的法规有两类：一是从正面提倡和要求建立生态工业；二是从反面约束和控制非生态工业副作用。实际上，两者都对生态工业的建立起到促进作用。欧盟于 1995 年开始实施纺织品和成衣环保法案。1996 年 12 月，欧盟开始执行 22 个大类的产品包装技术标准，内容涉及包装材料的循环再利用和废弃物不对环境产生危害等具体要求。

15.1.3 生态工业园区

15.1.3.1 生态工业园区的概念

工业园泛指分割和开发以供若干企业同时使用的大面积地域，一般具有某些可共享的基础结构，企业之间又有比较紧密的联系。工业园的类型包括出口加工区、工业群、商务园、办公园、科研园以及生物技术园等。现在，生态工业园也被列入其中。由于工业生态学自身尚不完善，生态工业园的定义也不统一，主要的四种定义如下。

定义一：生态工业园是保持自然与经济资源，减少生产、材料、能源、保险与治理费用和负债，提高操作效率、质量、工人健康和公众形象，提供来自废料利用及其规模收益机会的工业系统。

定义二：通过管理环境和资源利用的合作，寻求集体的环境和经济效益，这种利益大于所有单个企业利益的总和。这样的加工与服务商务社区（群体）即生态工业园。

定义三：生态工业园是商务（企业）群体，其中的商业企业互相合作，而且与当地的社区合作，以实现资源的有效共享、产业经济和环境质量效益，为商业企业和当地商业社区带来可平衡的资源。

定义四：生态工业园为一种工业系统，有计划地进行材料和能源交换，寻求能源与材料使用的最小化、废物最小化，建立可持续的经济、生态和社会关系。

上述定义和模式的提出是由研究者考察不同对象而形成的，但本质上没有大的区别。

15.1.3.2 生态工业园区的特征

同传统工业园相比，生态工业园具有以下特征：

① 主题明确，但不只是围绕单一主题而设计、运行，设计工业园的同时考虑社区；

② 通过毒物替代、CO_2 吸收、材料交换和废物统一处理来减少环境影响或生态破坏，但生态工业园不单纯是环境技术公司或绿色产品公司的集合；

③ 通过公共和层叠实现能量效率最大化；

④ 通过回收、再生和循环对材料进行可持续利用；

⑤ 在生态工业园定位的社区以供求关系形成网络，而不是单一的副产物或废物交换模式或交换网络；

⑥ 具有环境基础设施或建设，企业、工业园和整个社区的环境状况得到持续改善；

⑦ 拥有规范体系，允许一定灵活性而且鼓励成员适应整体运行目标；

⑧ 应用减废减污的经济型设备；

⑨ 应用便于能量和物质在密封管线内流动的信息管理系统；

⑩ 准确定位生态工业园及其成员市场，同时吸收能填补适当位置和开展其他业务环节的企业。

15.1.3.3　生态工业园区的类型

国内外的生态工业园并没有统一的模式，而是因地制宜，各具特色，但可从产业结构、原始基础、区域位置等不同的角度对生态工业园进行分类。

(1) 按产业结构分类

联合型生态工业园是以某一大型联合企业为主体的生态工业园，典型的如美国杜邦模式、贵港国家生态工业园等。对于冶金、石油、化工、酿酒、食品等不同行业的大企业集团，非常适合建设联合型的生态工业园。

综合型生态工业园内各企业之间的工业共生关系更为多样化。与联合型园区相比，综合型生态工业园需要更多地考虑不同利益主体之间的协调和配合。例如，丹麦的卡伦堡工业园是综合型生态工业园的典型。相对而言，大量传统的工业园适合朝综合型生态工业园的方向发展。

(2) 按原始基础分类

改造型生态工业园是指园区内已有大量企业通过适当的技术改造，在区域内建立了物质和能量的交换，丹麦卡伦堡工业园也是改造型园区的典型。

全新规划型生态工业园是在规划和设计基础上，从无到有地进行建设，主要吸引具有"绿色制造技术"的企业入园，并建造一些基础设施，使企业间可以进行物质、能量交换。南海生态工业园属于这一类型。这一类工业园投资大，建设起点高，对成员的要求也高。

(3) 按区域位置分类

实体型生态工业园的成员在地理位置上聚集于同一地区，可以通过管道等设施进行成员间的物质和能量交换。

虚拟型生态工业园不一定要求其成员在同一地区，它利用现代信息技术，通过园区的数学模型和数据库来建立成员间的物质、能量交换关系，然后再在现实中选择适当的企业组成生态工业网链。虚拟型生态工业园可以省去建园所需昂贵的购地费用，避免进行困难的工厂迁址工作，灵活性大，缺点是可能要承担较贵的运输费用。美国的 Brown-Sville 生态工业园和我国的南海生态工业园是虚拟型园区的典型。

15.1.3.4　生态工业园区规划设计原则及内容

(1) 规划设计原则

① 生态链原则。设计生态工业园必须首先考虑生态工业园成员间在物质和能量的使用上是

否形成类似自然生态系统的生态链或食物链,只有这样才能实现物质与能量的封闭循环和废物最少化。成员间市场规范的供需关系以及供需规模、供需稳定性均是影响生态工业园发展的重要因素,特别是废物、副产品的供需关系会影响到园区的废物再生水平。

② 整体性与个体性统一原则。生态工业园既追求工业园整体乃至整个区域的经济和环境效益,也追求成员自身的经济效益和环境绩效,因此,需要保证系统的整体性和成员个体性统一。从操作、运行和管理上,使物质和能量流动以及信息交流在整个园区内形成快捷、顺畅的网络,成员间以市场原则进行联系以体现个性。

③ 多样性原则。园区成员组成和相互间的联系要多样化,而且要有创新性,不能一成不变,这样才能保证工业生态系统的平衡和稳定发展。

④ 多功能性原则。经济、社会和环境的和谐是可持续发展的基础,是工业生态学的基本目标。因此,生态工业园必须兼备经济、社会和环境的多种功能和多重效益,才能实现工业生态学主旨。

⑤ 组织和联系的高效性原则。在追求经济成本和环境成本优势的市场里,仅仅是地域上的邻近不足以确保现代企业的竞争力。生态工业园的设计在于形成高效的工作系统,其内部有着很好的友邻关系。园区通道和管道应靠近副产物、废物或能量的供应者和利用者,并且在保证物资流通的同时要保证信息交流的顺畅。

(2) 规划设计内容

① 能源利用。有效的能源利用是削减成本和环境负担的主要战略。在生态工业园中,不仅单个公司能够寻求自身的电能、蒸汽或热水等使用的更大效率,而且在相互间可以实现"能量层叠",如蒸汽可在工厂与同一地区家庭用户间形成连接。

② 物质流动。把废物作为潜在的原料,在生态工业园的成员间相互利用或推销其他企业使用。不论成员个体或整个社区,都应当优化所有物质的使用和减少有毒物质的使用。生态工业园基础设施应当为成员提供中间产品转移的功能,提供库存场所和普通毒物的处理设施。因此,一种新观点认为可将生态工业园定位在多家资源再生公司附近,在其外围形成资源循环、再用、再加工的格局。

③ 水流动。同能量一样,对于水资源的使用应当实现"水层叠",但要经过必需的预处理。整个生态工业园所需用水的大部分应当在基础设施中流动和层叠,这样有利于提高水循环使用的效率。而且,生态工业园在设计时应当考虑建立收集和使用雨水的设施。

④ 管理与支持服务。要具有较传统工业园更复杂的管理和支持系统,以管理支持各企业之间副产物的交换,具有同区域副产物交换场所的联系和本区域范围内的远程通信系统。生态工业园还应包括如培训中心、日常保健中心、运输后勤办公室等。各公司可以通过这些服务的共享来进一步节省开支。

⑤ 其他。生态工业园还应有土地使用和景观学方面的设计内容,即对生态工业园的土地使用、建筑、基础设施、视觉效果、环境质量、绿化、土壤、水文、景观、照明、交通和周边环境等多方面加以考虑和设计。

15.1.3.5 生态工业园区的实施途径

国外工业生态学家们对生态工业园的实施提出了两种不同思路。

① 由下而上的方法。这种方法转型的对象是能够相互形成生态链的企业群。在瑞典、南非、荷兰、加拿大和美国都有类似的生态工业园项目。由下而上的方法最适用于"核心承租商"模式,即在一个或两个已有的或规划的"核心"承租商周围建设生态工业园。开发者要根据特定的

资源流动筛选出作为卫星企业的承租商，使生态工业园为卫星公司提供有明显效益的废物资源，而这些卫星公司可以利用这些废物进行产品生产。

② 由上而下的方法。该方法考虑的重心在于整个区域及其将来的发展变化，其中涉及多个层次的利害关系者，而且他们各自还有自身的发展要求。在这种方法中直接利益相关者起到核心作用，因此首先要分析他们的责任与利益所在。其次是将这些利益转变成可测量的标准并估计他们的相关性和权重。这些后来将进一步综合，再形成设计的方针。最终计划将在反复的规划、平衡过程后产生。

> **专栏——苏州国家生态工业示范园区**
>
> 园区自建区以来，确立了环境优先的理念，基础设施建设确立了"三高一低"的建设原则，即"高起点规划、高强度投入、高标准建设和最大限度地降低对环境不良影响"的原则，在"十一五"期间园区政府在努力提升节能减排水平的基础上，要求做到五个"100%"，即：全区域污水管网100%覆盖，污水100%收集，污水100%处理，尾水100%达标排放，污水处理中产生的污泥100%进行无害化、减量化和资源化处置。与此同时，通过充分发挥产业协同优势，整合污水处理、污泥处置、热电联产等产业链协同效应，探索走出了一条发展循环经济的新路。
>
> 在苏州工业园区的基础设施建设前期，园区政府就通过规划将污水处理厂、污泥处置厂和热电厂的地址规划到一起，既降低了中水以及污泥的运输成本，也为循环型基础设施建设奠定了基础。主要做法是：热电厂产生的余热蒸汽，通过管道输送至附近的污泥干化厂，干化厂利用蒸汽将污水厂产生的水处理污泥从含水率80%左右烘干至15%左右，从而具有一定热值，再返回给热电厂作为燃料继续用来发电和产生余热蒸汽；同时周边的污水厂在将污泥输送给干化厂处理的同时，还将产生的中水通过管道输送给干化厂和热电厂，作为冷却水使用，最大限度上实现了物质的减量、循环和再利用。

15.2 农业生态系统保护

15.2.1 农业生态系统

农业生态系统是由一定农业地域内相互作用的生物因素和非生物因素构成的功能整体，是人类生产活动干预下形成的人工生态系统。建立合理的农业生态系统，对于农业资源的有效利用、农业生产的持续发展以及维护良好的人类生存环境具有重要作用。

15.2.1.1 农业生态系统的组成

农业生态系统由农业环境因素、生产者、消费者和分解者四大基本要素构成。农业环境因素一般包括光能、水分、空气、土壤、营养元素和生物种群，以及人的生产活动等，由此构成一个连续不断的物质循环和能量转化系统。其中，太阳辐射能是一切生态系统能量的基本来源。

（1）生物组分

① 生产者：能利用简单的无机物合成有机物的自养生物。能够通过光合作用把太阳能转化为化学能，或通过化能合成作用，把无机物转化为有机物，不仅供给自身的发育生长，也为其他生物提供物质和能量。

② 消费者：是自然界中的一个生物群落，包括食草动物和食肉动物。异养型生物，顾名思

义，消费者不能直接利用太阳能来生产食物，只能直接或间接地以绿色植物为食获得能量。

③ 分解者：是生态系统中将动植物残体、排泄物等所含的有机物质转换为简单的无机物的生物。

(2) 环境组分

① 辐射：短波辐射、长波辐射（热辐射）、宇宙辐射、核辐射。

② 无机物质：与机体无关的化合物（少数与机体有关的化合物也是无机化合物，如水），与有机化合物对应，通常指不含 C 的化合物，但包括 C 的氧化物、碳酸盐、氰化物等，简称无机物。

③ 有机物质：有机化合物主要由 H、C 组成，通常指含 C 的化合物，但不包括 C 的氧化物、碳酸盐。有机物是生命产生的物质基础，所有的生命体都含有机化合物。生物体内的新陈代谢和生物的遗传现象，都涉及有机化合物的转变。

④ 土、水、空气。

15.2.1.2 农业生态系统的特点

① 社会性。农业生态系统作为一种人工生态系统，同人类的社会经济领域密切不可分割。大量的农产品离开农业系统，源源不断地进入社会经济领域，而大量的农用物资包括化肥、农药、农业机械等又作为辅助能量，源源不断地从社会经济领域投入农业系统。由此决定了农业生态系统的社会性，它不仅受自然规律支配，而且受社会经济规律的支配。

② 波动性。农业生态系统的生物种群构成，是人类选择的结果。只有符合人类经济要求的生物学性状诸如高产性、优质性等被保留和发展，并只能在特定的环境条件和管理措施下才能得到表现。一旦环境条件发生剧烈变化，或管理措施不到位，它们的生长发育就会由于失去原有的适应性和抗逆性而受到影响，导致产量和品质下降。

③ 综合性。农业生态系统结构因社会（人类）的需要、经济效益而发生变化，故实际上是社会-经济-自然生态系统组成的复合系统。所以，人们对农业生态系统的影响，可能是积极的建设作用，也可能是消极的破坏作用。

④ 选择性。农业是人类社会的一种生产活动，不但受自然规律的制约，经济因素也是一个重要的选择性因素。

⑤ 开放性。农业生态系统，为满足社会日益增长的需要，须对城市、工矿等提供大量的商品食物和工业原料。大量农畜产品输出使营养元素的回收和保持能力也不同。农畜产品输出的同时，必须有相应物质和能量的输入，以维持生态系统的稳定。

⑥ 经济性。农业生态系统中的农业生物具有较高的净生产力、较高的经济价值和较低的抗逆性。农业生态系统是在人类的干预下发展的，因而同自然生态系统下生物种群的自然演化不同，一些符合人类需要的生物种群可提供远远高于自然条件下的产量。如自然条件下绿色植物对太阳光能的利用率全球平均约仅 0.1%，而在农田条件下，光能利用率平均约为 0.4%，4500~6000kg/hm^2 的稻田或麦田光能利用率可达 0.7%~0.8%。

15.2.2 农业生态保护

15.2.2.1 农业生态的环境问题

农业活动是人类最早作用于自然生态系统的活动，它不但会改变当地的自然生态系统，而且有可能对生态环境产生影响。农业生态的环境问题主要包括化肥污染、农药污染、土壤退化、水土流失等方面。

(1) 化肥污染

化肥污染是农田施用化肥而引起水体、土壤和大气污染的现象。农田施用的任何种类和形态的化肥，都不可能全部被植物吸收利用。N、P和K的化肥利用率分别为30％～60％、3％～25％和30％～60％。未被植物及时利用的N化合物，若以不能被土壤胶体吸附的NH_3-N形式存在，就可能造成污染。

化肥污染引起的环境问题主要有：河川、湖泊、内海的富营养化，土壤污染导致物理性质恶化，食品、饲料和饮用水中有毒成分增加，大气中NO_x含量增加。

为防止化肥污染，不要长期过量使用同一种肥料，掌握好施肥时间、次数和用量，通过采用分层施肥、深施肥等方法减少化肥散失，提高肥料利用率。化肥与有机肥配合使用，可增强土壤保肥能力和化肥利用率，减少水分和养分流失，使土质疏松，防止土壤板结。进行测土配方施肥，增加P肥、K肥和微肥的用量，通过土壤中P、K以及各种微量元素的作用，降低农作物中硝酸盐的含量，提高农作物品质。

(2) 农药污染

农药污染指农药或其有害代谢物、降解物对环境和生物产生的污染。农药及其自然环境中的降解产物，会污染大气、水体和土壤，从而破坏生态系统，并引起人和动物、植物的急性或慢性中毒。

农药施用后，一部分附着于植物体上，或渗入植物体内残留下来，使粮、菜、水果等受到污染；另一部分散落在土壤上（有时则是直接施于土壤中）或蒸发、散逸到空气中，或随雨水及农田排水流入河湖，污染水体和水生生物。农药并非都有残留毒性问题，同一类型不同品种的农药对环境的危害也不一样。农药的不同剂型在土壤中流失、渗漏和吸附的物理性质并不相同，因而它们在土壤中的残留能力也有差异。

农药污染主要包括有机氯农药污染、有机磷农药污染和有机氮农药污染。人主要通过饮食的方式从环境中摄入农药。植物性食品中含有的农药的原因，一是药剂的直接沾污，二是作物从周围环境中吸收药剂。动物性食品中含有的农药是动物通过食物链或直接从水体中摄入的。环境中农药的残留浓度一般都很低，但通过食物链和生物富集，可使生物体内的农药浓度提高至环境浓度的几千倍，甚至几万倍。

由于农药的施用通常采用喷雾的方式，农药中的有机溶剂和部分农药会飘浮在空气中，污染大气。农田被雨水冲刷后会使农药进入江河，进而污染海洋。这样，农药就由气流和水流带到世界各地。残留土壤中的农药则可通过渗透作用到达地层深处，从而污染地下水。

农药的不当滥用，导致害虫、病菌产生抗药性。据统计，世界上产生抗药性的害虫从1991年的15种增加到1000多种。抗药性的产生造成用药量的增加，乐果、敌敌畏等常用农药的稀释浓度已由常规的1/1000提高到1/500～1/400，某些菊酯类农药稀释浓度由1/5000～1/3000提高到1/1000左右。

大量和高浓度使用杀虫剂、杀菌剂的同时，也会杀伤许多害虫天敌，破坏自然界的生态平衡，使过去未构成严重危害的病虫害大量发生。此外，农药也可以直接造成害虫迅速繁殖。

长期大量使用化学农药不仅会误杀害虫天敌，还会杀伤对人类无害的昆虫，影响以昆虫为生的鸟、鱼、蛙等生物。在农药生产、施用量较大的地区，鸟、兽、鱼、蚕等非靶生物伤亡事件也时有发生。

农药污染食品引起的中毒事件在生活中频频出现。人们进食残留有农药的食物后是否会出现中毒症状,取决于农药的种类及进入体内农药的量。如果污染程度较轻,人吃进的量较小时,往往不出现明显的症状,但有头痛、头昏、无力、恶心、精神差等一般性表现。当农药污染严重,进入体内的农药量较多时,可出现明显的不适,如乏力、呕吐、腹泻、肌颤、心慌等表现。严重者可出现全身抽筋、昏迷、心力衰竭等表现,可引起死亡。

要有效地减少农药污染带来的危害,就要采取科学的方法加以预防。控制污染,减少危害最根本的办法是加强对农药生产、流通和使用等环节的管理和监测。在这方面,有些国家已明文规定,要严格按照农药的使用范围、用药量、用药次数、用药方法和安全间隔期施药,防止污染农副产品,剧毒、高毒农药不得用于防治卫生虫害,不得用于蔬菜、瓜果、茶叶和中草药材。

(3) 土壤退化和水土流失

土壤是人类生存、兴国安邦的战略资源。随着工业化、城市化、农业集约化的快速发展,大量未经处理的废弃物向土壤系统转移,并在自然因素的作用下汇集、残留于土壤环境中。土壤污染退化表现出多源、复合、量大、面广、持久、毒害的现代环境污染特征,正从常量污染物转向微量持久性毒害污染物,尤其在经济快速发展地区。

水土流失是指人类对土地的利用,特别是对水土资源不合理的开发和经营,使土壤的覆盖物遭受破坏,裸露的土壤受水力冲蚀,流失量大于母质层育化成土壤的量,土壤流失由表土流失、心土流失而至母质流失,终使岩石暴露。

根据产生水土流失的"动力",分布最广泛的水土流失可分为水力侵蚀、重力侵蚀和风力侵蚀三种类型。水力侵蚀分布最广泛,在山区、丘陵区和一切有坡度的地面,暴雨时都会产生水力侵蚀,它的特点是以地面的水为动力冲走土壤。重力侵蚀主要分布在山区、丘陵区的沟壑和陡坡上,在陡坡和沟的两岸沟壁,其中一部分下部被水流淘空,由于土壤及其成土母质自身的重力作用,不能继续保留在原来的位置,分散地或成片地塌落。风力侵蚀主要分布在沙漠、沙地和丘陵盖沙地区,它的特点是由于风力扬起沙粒,离开原来的位置,随风飘浮到另外的地方降落,另外还可以分为冻融侵蚀、冰川侵蚀、混合侵蚀、风力侵蚀、植物侵蚀和化学侵蚀。

水土流失会导致土地生产力下降甚至丧失,还会造成河道、湖泊、水库淤积。污染水质影响生态平衡。水土流失则是水质污染的一个重要原因。

15.2.2.2 生态农业技术

生态农业技术是按照生态学原理和经济学原理,运用现代科学技术成果、现代管理手段以及传统农业的有效经验建立起来的,能获得较高的经济效益、生态效益和社会效益的现代化高效农业技术。

15.2.2.3 面源污染控制技术

根据农业面源污染本身的特殊性,结合实际情况,在控源减流的前提下,实行分区、分类控制和途径控制相结合,经济措施、政策措施和先进技术措施并举的综合治理策略。控源是指减少源头污染物的排放量,减流是指减少地表径流和地下渗漏量。

(1) 城乡过渡带面源污染控制

城乡接合部地区是我国经济发展迅速、农村城镇化进程最快的地带,是城市肉、蛋、奶、菜、果、花等农副产品的主要供应地区。因此,畜禽养殖和菜果花的种植成为城乡过渡带农业面源污染物的主要来源。

（2）农村面源污染控制

农村面源污染主要包括农村人和畜禽排泄物中的 N 和 P、随农田径流和淋洗移出的 N 和 P、水产养殖投入的饵料、农村生活污水和固体废物。与城乡过渡带面源的控制相比，农村源的控制相对比较困难，特别是人和畜禽排泄物的处理和利用难度更大。根据我国农村的具体情况，对农村面源污染应采用源头控制策略，具体控制策略可归纳为以下五个方面：①加快发展规模化养殖，特别是家禽的规模化养殖，这将便于粪污的集中处理，同时尽可能促使畜禽粪污还田。②在全流域范围内大力推广农田最佳养分管理，杜绝农田 N、P 肥料的过量施用，搞好土壤养分的管理，平衡养分的投入和产出，减少其流失量。③通过免耕、少耕、间套复种技术、"一退双还"工程、转换土地利用方式等措施搞好流域的水土保持工作，尽量减少水土流失。④对现有河网分步实施清淤，把河底污泥返回农田，实现农田 N 的良性循环。⑤因地制宜建立适合当地条件的污水、固体废物处理和回收系统。

15.2.2.4　土壤污染控制与修复

污染土壤修复技术的研究起步于 20 世纪 70 年代后期。在过去的 30 年间，欧、美、日、澳等国家纷纷制订了土壤修复计划，研究土壤修复技术与设备，积累了丰富的现场修复技术与工程应用经验，成立了许多土壤修复公司和网络组织，使土壤修复技术得到快速发展。我国从"十五"期间开始重视污染土壤的修复。近年来，顺应土壤环境保护的现实需求和土壤环境科学技术的发展需求，科学技术部、原环境保护部等部门有计划地部署了一些土壤修复研究项目和专题，有力地促进和带动了全国范围的土壤污染控制与修复科学技术的研究与发展工作。其间，以土壤修复为主题的国内一系列学术性活动也为我国污染土壤修复技术的研究和发展起到很好的引领性和推动性作用。土壤修复理论与技术已成为土壤科学、环境科学以及地表过程研究的新内容。土壤修复学已成为一门新兴的环境科学分支学科，也将发展成为一门新兴的土壤学分支学科。

（1）生物修复技术

土壤生物修复技术，包括植物修复、微生物修复、生物联合修复等技术，在进入 21 世纪后得到快速发展，成为绿色环境修复技术的重要组成部分。

自 20 世纪 80 年代问世以来，利用植物资源与净化功能的植物修复技术迅速发展。植物修复技术包括利用植物超积累或积累性功能的植物吸取修复、利用植物根系控制污染扩散和恢复生态功能的植物稳定修复、利用植物代谢功能的植物降解修复、利用植物转化功能的植物挥发修复、利用植物根系吸附的植物过滤修复等技术。其中，重金属污染土壤的植物吸取修复技术在国内外都得到了广泛研究，已应用于 As、Cd、Cu、Zn、Ni、Pb 等重金属以及与多环芳烃复合污染土壤的修复，并发展出包括络合诱导强化修复、不同植物套作联合修复、修复后植物处理处置的成套集成技术。近年来，我国的重金属污染农田土壤的植物吸取修复技术在一定程度上开始引领国际前沿研究方向。另外，开展了利用苜蓿、黑麦草等植物修复多环芳烃、多氯联苯和石油烃污染的研究工作，但有机污染土壤的植物修复技术田间研究还很少，对炸药、放射性核素污染土壤的植物修复研究则更少。

（2）微生物修复技术

一些微生物能以有机污染物为唯一碳源和能源或者与其他有机物质进行共代谢而降解有机污

染物。利用微生物降解作用发展的微生物修复技术是农田土壤污染修复中常见的一种修复技术。这种生物修复技术已在农药或石油污染土壤中得到应用。在我国，已构建了农药高效降解菌筛选技术、微生物修复剂制备技术和农药残留微生物降解田间应用技术；也筛选出大量的石油烃降解菌，复配了多种微生物修复菌剂，研制了生物修复预制床和生物泥浆反应器，提出了生物修复模式。近年来，开展了有机 As 和持久性有机污染物如多氯联苯和多环芳烃污染土壤的微生物修复技术开发工作，建立了菌根真菌强化紫花苜蓿根际修复多环芳烃的技术和污染农田土壤的固氮植物—根瘤菌—菌根真菌联合生物修复技术。

总体上，微生物修复研究工作主要体现在筛选和驯化特异性高效降解微生物菌株，提高功能微生物在土壤中的活性、寿命和安全性，修复过程参数的优化和养分、温度、湿度等关键因子的调控等方面。微生物固定化技术因能保障功能微生物在农田土壤条件下种群与数量的稳定性和显著提高修复效率而备受关注。通过添加菌剂和优化作用条件发展起来的场地污染土壤原位、异位微生物修复技术有：生物堆沤技术、生物预制床技术、生物通风技术和生物耕作技术等。目前，正在发展微生物修复与其他现场修复工程的嫁接和移植技术，以及针对性强、高效快捷、成本低廉的微生物修复设备，以实现微生物修复技术的工程化应用。

（3）物理修复技术

物理修复是指通过各种物理过程将污染物从土壤中去除或分离的技术。热处理技术是应用于工业企业场地土壤有机污染的主要物理修复技术，包括热脱附、微波加热和蒸汽浸提等技术，已应用于苯系物、多环芳烃、多氯联苯和二噁英等污染土壤的修复。

热脱附是直接或间接加热土壤中有机污染组分到足够高的温度，使其蒸发并与土壤介质相分离的过程。热脱附技术具有污染物处理范围宽、设备可移动、修复后土壤可再利用等优点，特别对多氯联苯这类含氯有机物，非氧化燃烧的处理方式可显著减少二噁英生成。欧美国家已将土壤热脱附技术工程化，广泛应用于高污染场地有机污染土壤的离位或原位修复，但诸如相关设备昂贵、脱附时间过长、处理成本过高等问题尚未得到很好解决。

土壤蒸汽浸提（SVE）技术是去除土壤中挥发性有机污染物（VOCs）的一种原位修复技术。它将新鲜空气通过注射井注入污染区域，利用真空泵产生负压，空气流经污染区域时，解吸并夹带土壤孔隙中的 VOCs 经由抽取井流回地上，再经活性炭吸附法以及生物处理法等净化处理，可排放到大气或重新注入地下循环使用。SVE 具有成本低、可操作性强、可采用标准设备、处理有机物的范围宽、不破坏土壤结构和不引起二次污染等优点。此法对苯系物等轻组分石油烃类污染物的去除率可达 90%。

（4）化学/物化修复技术

相对于物理修复，污染土壤的化学修复技术发展较早，主要有土壤固化-稳定化技术、淋洗技术、氧化还原技术、光催化降解技术和电动力学修复等。

固化技术是将污染物在污染介质中固定，使其处于长期稳定状态，是较普遍应用于土壤重金属污染的快速控制修复方法，对同时处理多种重金属复合污染土壤具有明显的优势。美国环保局将固化技术称为处理有害有毒废物的最佳技术。我国一些冶炼企业场地重金属污染土壤和 Cr 渣清理后的堆场污染土壤也采用这种技术。该技术具有工艺操作简单、价格低廉、固化剂易得等优点，但常规固化技术也具有以下缺点，如固化反应后土壤体积有不同程度的增加，固化体的长期稳定性较差等。而稳定化技术则可以克服这一问题，如近年来发展的化学药剂稳定化技术，可以在实现废物无害化的同时，达到废物少增容或不增容，从而提高危险废物处理处置系统的总体效率和经济性，还可以通过改进螯合剂的结构和性能使其与废物中的重金属等成分之间的化学螯合作用得到强化，进而提高稳定化产物的长期稳定性，减少最终处置过程中稳定化产物对环境的影响。

土壤淋洗修复技术是将水或含有冲洗助剂的水溶液、酸/碱溶液、络合剂或表面活性剂等淋洗剂注入污染土壤或沉积物中，洗脱和清洗土壤中的污染物的过程。淋洗废水经处理后达标排放，处理后的土壤可以安全再利用。这种离位修复技术在多个国家已被工程化，应用于修复重金属污染或多污染物混合污染介质。由于该技术需要用水，所以修复场地要求靠近水源，同时因需要处理废水而增加了成本。

土壤氧化-还原技术通过向土壤中投加化学氧化剂或还原剂，使其与污染物质发生化学反应来实现净化土壤的目的。通常，化学氧化法适用于土壤和地下水同时被有机物污染的修复。运用还原法修复对还原作用敏感的有机污染物是当前研究的热点。例如，纳米级粉末零价铁的强脱氯作用已被运用于土壤与地下水的修复。但是，目前零价铁还原脱氯降解含氯有机化合物技术的应用还存在诸如铁表面活性的钝化、被土壤吸附产生聚合失效等问题。

土壤光催化降解（光解）技术是一项新兴的深度土壤氧化修复技术，可应用于受农药等污染土壤的修复。土壤质地、粒径、氧化铁含量、土壤水分、土壤 pH 值和土壤厚度等对光催化氧化有机污染物有明显的影响。电动力学修复（简称电动修复）是通过电化学和电动力学的复合作用（电渗、电迁移和电泳等）驱动污染物富集到电极区，进行集中处理或分离的过程。电动修复技术已进入现场修复应用。近年来，我国先后开展了 Cu、Cr 等重金属污染土壤、菲和五氯酚等有机污染土壤的电动修复技术研究。电动修复速度较快、成本较低，特别适用于小范围的、黏质的、多种重金属污染土壤和可溶性有机物污染土壤的修复。

（5）联合修复技术

协同两种或以上修复方法，形成联合修复技术，不仅可提高单一污染土壤的修复速率与效率，而且可克服单项修复技术的局限性，实现对多种污染物复合污染土壤的修复，已成为土壤修复技术中的重要研究内容。

微生物-植物、动物（蚯蚓）-植物联合修复是土壤生物修复技术研究的新内容。筛选有较强降解能力的菌根真菌和适宜的共生植物是菌根生物修复的关键。种植紫花苜蓿可以大幅度降低土壤中多氯联苯浓度，根瘤菌和菌根真菌双接种能强化紫花苜蓿对多氯联苯的修复作用。利用能促进植物生长的根际细菌或真菌，发展植物-降解菌群协同修复、动物-微生物协同修复及其根际强化技术，促进有机污染物的吸收、代谢和降解将是生物修复技术新的研究方向。

发挥化学或物理化学修复的快速优势，结合非破坏性的生物修复特点，发展出的化学-生物修复技术是最具应用潜力的污染土壤修复方法之一。化学淋洗-生物联合修复是基于化学淋溶剂作用，通过增加污染物的生物可利用性而提高生物修复效率。利用有机络合剂的配位溶出，增加土壤溶液中重金属浓度，提高植物有效性，从而实现强化诱导植物吸取修复。化学预氧化-生物降解和臭氧氧化-生物降解等联合技术已应用于污染土壤中多环芳烃的修复。电动力学-微生物修复技术可以克服单独的电动技术或生物修复技术的缺点，在不破坏土壤质量的前提下，加快土壤修复进程。电动力学-芬顿联合技术已用于去除污染黏土矿物中的菲，硫氧化细菌与电动综合修复技术用于强化对污染土壤中 Cu 的去除。应用光降解-生物联合修复技术可以提高石油中多环芳烃的去除效率。

土壤物理-化学联合修复技术是适用于污染土壤异位处理的修复技术。溶剂萃取-光降解联合修复技术是利用有机溶剂或表面活性剂提取有机污染物后进行光解的一项新的物理-化学联合修复技术。例如，利用环己烷和乙醇将污染土壤中的多环芳烃提取出来后进行光催化降解，也可以利用光调节的 TiO_2 催化修复农药污染土壤。

15.2.2.5 水土流失的预防措施

（1）减少坡面径流量

在采取防治措施时，应从地表径流形成地段开始，沿径流运动路线，因地制宜，步步设防治理，将预防和治理相结合，以预防为主；治坡与治沟相结合，以治坡为主；工程措施与生物措施相结合，以生物措施为主，采取各种措施综合治理。充分发挥生态的自然修复能力，依靠科技进步，示范引导，实施分区防治战略，加强管理，突出保护；依靠深化改革，实行机制创新，加大行业监管力度，为经济社会的可持续发展创造良好的生态环境。

（2）强化造林治理

主要用于水土流失严重，面积集中，植被稀疏，无法采用封禁措施治理的侵蚀区，其治理技术要点是：适地、适树、营养袋育苗、整地施肥、高密度、多层次造林，争取快速成林、快速覆盖。对流失严重、坡度过陡、造林不易成功的陡坡地，应辅以培地埂、挖水平沟、修水平台地等工程强化措施。

（3）加强预防监督

《中华人民共和国水土保持法》明令规定"禁止在25°以上陡坡地开垦种植农作物"，并要根据实际情况，逐步退耕、植树种草、恢复植被或者修建梯田。因此，严格控制在生态环境脆弱的地区开垦土地，坚决制止毁坏林地、草地以及污染水资源等造成新的水土流失发生的行为。此外，各有关部门、企业在经济开发和项目建设时，要充分考虑对周围水土保持的影响，严格执行水土保持有关法律法规。

（4）兼顾生态效益与社会经济效益的关系

水土流失治理与水土等自然资源的开发利用要相结合。只有强调减蚀减沙效益与经济效益相结合，才能发动广大群众参与水土保持工作。但是，从水土流失地区可持续发展要求来看，除必须把土壤侵蚀减小到允许的程度外，还需要建立流域允许产沙量的考核指标。在小流域治理的规划与成果验收中，要突出减蚀减沙等生态效益，并把它落到实处。

（5）提高科学治理水平

实施科教兴水保的战略，提高水保科技含量，提高科学技术在水土保持治理开发中的贡献率，是达到高起点、高速度、高标准、高效益的有效途径，是加快实现由分散治理向规模治理、由防护型治理向开发型治理、由粗放型治理向集约型治理转变的重要措施。就目前情况看，科技投入少是一个突出的问题。因此，加强水土保持的科技投入和对水保人才的重视，是提高水土保持治理水平的关键之一。

15.2.3 生态农业

15.2.3.1 生态农业的类型

生态农业在不断发展中，因此还没有统一的成熟的分类方法。从目前我国发展趋势分析，生态农业主要有以下四种类型。

（1）立体农业生态系统

模拟天然生态系统的立体结构，设计建设具有立体层次的人工生态系统。由于立体农业生态系统能够比较充分地利用和转化太阳能，因此可提高经济效益，并增加生态系统的稳定性，从而提高环境效益。立体农业的类型很多，主要包括：①农作物的轮作、间作和套种。②农林间作。③林药间作。④茶胶间作。⑤种植业与食用菌栽培相结合。⑥农林牧相结合。

（2）物种共生农业生态系统

将植物栽培与动物养殖有机地组合于同一空间，形成物种共生的生态系统，更充分地利用物质和能量，提高经济效益和环境效益，以满足人类的需要。物种共生的生态系统目前主要包括四种，即稻田养鱼、莲塘养鱼、稻田养鸡和林蛙共生。

（3）物质和能量多层次利用的农业生态系统

物质和能量的多层次利用，可以提高资源的利用率和经济效益，还可以改善环境质量，其主要类型有：基塘生态系统、种植业与养殖业结合的生态系统、以沼气为纽带的物质多层次利用系统。

（4）多功能农工联营生态系统

综合利用农业生态学的理论和方法，实行种植业、养殖业、加工工业三者密切结合，建立多功能的农工联营生态系统，其生态效益、经济效益和社会效益都很明显，而且也很协调，值得大力推广，是乡镇企业的一个发展方向。主要类型包括：①农、林、牧、渔全面发展的农工联营生态系统。②以林、特产为主的农工联营生态系统。③以水产养殖为主的农工联营生态系统。④以粮食加工为主的农工联营生态系统。

15.2.3.2 生态农业的发展模式

生态农业模式是一种在农业生产实践中形成的，兼顾农业的经济效益、社会效益和生态效益，结构和功能优化了的农业生态系统。

（1）十大模式

这十大典型模式和配套技术是：北方"四位一体"生态模式及配套技术，南方"猪-沼-果"生态模式及配套技术，平原农林牧复合生态模式及配套技术，草地生态恢复与持续利用生态模式及配套技术，生态种植模式及配套技术，生态畜牧业生产模式及配套技术，生态渔业模式及配套技术，丘陵山区小流域综合治理模式及配套技术，设施生态农业模式及配套技术，以及观光生态农业模式及配套技术。

其中，"四位一体"生态模式是在自然调控与人工调控相结合条件下，利用可再生能源（沼气、太阳能）、保护地栽培（大棚蔬菜）、日光温室养猪及厕所四个因子，通过合理配置形成以太阳能、沼气为能源，以沼渣、沼液为肥源，实现种植业、养殖业相结合的能流、物流良性循环系统，这是一种资源高效利用、综合效益明显的生态农业模式。这种生态模式是依据生态学、生物学、经济学、系统工程学原理，以土地资源为基础，以太阳能为动力，以沼气为纽带，进行综合开发利用的种养生态模式。通过生物转换技术，在同地块土地上将节能日光温室、沼气池、畜禽舍、蔬菜生产等有机地结合在一起，形成一个产气、积肥同步，种养并举，能源、物流良性循环的能源生态系统。这种模式能充分利用秸秆资源，化害为利，变废为宝，是解决环境污染的最佳方式，并兼有提供能源与肥料、改善生态环境等综合效益，具有广阔的发展前景，为促进高产高效的优质农业和无公害绿色食品生产开创了一条有效的途径。

（2）模式的类型

① 时空结构型。这是一种根据生物种群的生物学、生态学特征和生物之间的互利共生关系

而合理组建的农业生态系统，使处于不同生态位置的生物种群在系统中各得其所，更加充分地利用太阳能、水分和矿物质营养元素，是时间多序列、空间多层次的三维结构，其经济效益和生态效益均佳。具体有果林地立体间套模式、农田立体间套模式、水域立体养殖模式、农户庭院立体种养模式等。

② 食物链型。这是一种按照农业生态系统的能量流动和物质循环规律而设计的一种良性循环的农业生态系统。系统中一个生产环节的产出是另一个生产环节的投入，使系统中的废弃物得到多次循环利用，从而提高能量的转换率和资源利用率，获得较大的经济效益，并能有效防止农业废弃物对农业生态环境的污染。具体有种植业内部物质循环利用模式、养殖业内部物质循环利用模式、种养加工三结合的物质循环利用模式等。

③ 时空食物链综合型。这是时空结构型和食物链型的有机结合，使系统中的物质得以高效生产和多次利用，是一种适度投入、高产出、少废物、无污染、高效益的模式类型。

15.2.3.3 生态农业的发展趋势

（1）世界生态农业发展趋势

① 生态农业将会成为 21 世纪世界农业的主导模式。当今社会，生态农业得到广大消费者、政府和经营企业的一致认可。在德国，生态牛肉要比常规方法生产的牛肉至少贵 30%，但消费者认为，由于生产生态牛肉需要付出较多的人力和财力，因此乐意支付这个价格。近年来，德国生态牛肉销售量增加了 30%。

生态农产品可以消除消费者对食品安全的担心，这是生态农业发展的最大市场动力。西欧是全球最大的生态农产品消费市场，2000 年生态农产品消费总额达到 95.5 亿美元，其消费额将会保持连年增长。

在政府方面，《欧洲共同农业法》有专门条款鼓励欧盟范围内的生态农业发展。欧盟各国也大都制定了鼓励生态农业发展的专门政策。例如，奥地利于 1995 年实施了支持生态农业发展的特别项目，国家提供专门资金鼓励和帮助农场主向生态农业转变。法国于 1997 年制定并实施了"有机农业发展中期计划"。2001 年在布鲁塞尔召开的欧盟农业部长会议将帮助养牛农民从现在的集约式经营向粗放式生态饲养转化列为七点建议的主要内容之一。德国农业部长建议欧盟在 10 年内使生态农业产值占整个农业生产的 20%。

在经营企业方面，美国有机农业商业联合会主席凯瑟琳·迪马特奥说："有机农产品已不再限于健康食品店，现在正不断涌进大型连锁超市。"2000 年春季，英国最大的销售连锁商冰岛公司宣布，该公司将把货架上的所有食品都换成生态农产品，而且价格和原来一样。这个举动随即在整个市场引起连锁反应。生态农业将成为世界农业的主流和发展方向。

② 生产和贸易的相互促进。20 世纪 90 年代以来，各国对食品卫生和质量的监控越来越严，标准越来越高，尤其是对与农产品生产和贸易有关的环保技术和产品卫生安全标准要求更加严格，食品生产的方式及其对环境的影响日益受到重视。这就要求食品在进入国际市场前由权威机构按照通行的标准加以认证，获得一张"绿色通行证"。目前，国际标准化委员会（ISO）已制定了环境国际标准 ISO 14000，与以前制定的 ISO 9000 一起作为世界贸易标准。所不同的是，后者侧重于企业的产品质量和管理体系，而前者侧重于企业的活动和产品对环境的影响。随着世界经济一体化及贸易自由化，各国在降低关税的同时，与环境、技术相关的非关税壁垒日趋严格。

③ 各国生态食品的标准及认证体系将进一步统一。现在，国际生态农业和生态农产品的法规与管理体系分为三个层次：一是联合国层次；二是国际非政府组织层次；三是国家层次。联合国层次目前尚属建议性标准。为了指导全球生态食品的发展，消除贸易歧视，今后各国生态食品标准将在以下三个方向迈向国际协调与统一：一是与国际食品法典委员会制定的有关食品标准以及国际质量认证组织、WTO 等制定的有关产品标准趋向协调、统一；二是非政府组织做好地区和国家之间标准的协调；三是地区和国际标准进一步得到互相认可，以削弱和淡化因标准歧视所引起的技术壁垒和贸易争端。

（2）我国生态农业发展趋势分析

生态农业将会成为世界农业的主导模式。进入 21 世纪，我国农业生产的任务和农业发展的背景都发生了很大变化。

一是经过多年的科学研究和广泛的农业实践，我国已经基本解决温饱问题，农业综合生产能力提高，农产品基本实现总量平衡，且丰年有余，农业生产主要目标正在从数量向质量转变。当前亟待解决的任务是如何通过调整农业生产的结构，引进和开发适用技术，提高农业生产效益，提高农产品的质量与食品安全，加强农产品的国际竞争力，发展农村经济，增强抵御自然灾害的能力。

二是农业资源环境形势依然严峻，但人民的环境意识普遍提高。我国在生态环境建设方面加大了投资和实施力度，我国正处在生态恢复全面推进阶段，改善农村和农业生态环境，促进农村社会的可持续发展是当前的一个主要任务。

三是科学技术的迅速发展，特别是以信息技术、生物技术为代表的高新技术，将会极大地促进生态农业的发展。与此同时，生态农业的发展也面临着这些高新技术应用所可能带来的一些新问题，因此，应当重视转基因技术、信息技术和其他技术对农业生态系统影响的研究，特别是针对其潜在的负面影响应及时采取防范措施。

四是 20 世纪 90 年代以来，各国对食品卫生和质量的监控越来越严，标准也越来越高，尤其是对与农产品生产和贸易有关的环保技术和产品卫生安全标准要求更加严格。目前，国际标准化委员会已制定环境国际标准，侧重于企业的活动和产品对环境的影响。我国加入世界贸易组织以来，农业问题对我国来说是最敏感和影响最明显的问题之一。

为了抓住机遇、应对挑战，我国生态农业应当努力实现以下几个方面的转变：①从追求生产产品数量向追求产品质量转变。②从面向国内一个市场向国际与国内多个市场转变。③从以单一的以生产功能为主向生产、生态等复合功能转变。④从农户小生产向大规模的农业企业化生产转变。生态农业已经在我国生态建设和社会经济可持续发展中发挥了重要作用，也应当在新时期发挥更大的作用。21 世纪是实现我国农业现代化的关键历史阶段，现代化的农业应该是高效的，生态农业应当"把生态农业建设与农业结构调整结合起来，与改善农业生产条件和生态环境结合起来，与发展无公害农业结合起来，把我国生态农业建设提高到一个新的水平"。

当前，随着农村小康社会建设进程的加快，城乡居民提高生活水平的需求，对生产环境与居住环境改善的需求，都使农产品的优质安全问题、农业与农村的生态问题变得更加突出。既要满足人口持续增长条件下的多样化食物消费需求，保障农产品质量和食物卫生安全，恢复、维护生命支持系统，又要控制农业的污染、农村的脏乱环境，有效遏制自然资源耗竭和生态环境日益恶化的趋势，消除生态赤字，不断提高生态承载力和环境容量，这些都对市场经济条件下发展生态农业提出了挑战，也提供了机遇。

> **专栏——生态示范园**
>
> （1）河北景县生态高效设施农业示范基地
>
> 项目建设地点在河北省衡水市景县广川镇。一期项目以肉羊养殖为核心，延伸上下产业链条，建设与之相配套的秸秆生物发酵饲料厂；为发酵饲料厂提供原料来源的玉米及饲草种植；蘑菇栽培（用蘑菇采摘后的菌渣生产微生物发酵饲料）；肉羊屠宰加工厂以及养殖过程中产生的羊粪尿为主要原料的生物菌肥加工厂等。同时在羊舍、蘑菇栽培大棚的棚顶安装太阳能电池板，引入"光伏发电"系统。将农业设施建设成"光伏大棚"，使现代农业和光伏发电有机结合，形成农业和光伏发电在空间利用、产品生产、生物技术和经济利益上的互补。
>
> 二期项目根据一期相关项目运营效果和流转土地规模，利用已建立的营销渠道和成功经验，将以上项目复制、放大，扩大种植、养殖规模。使肉羊养殖项目逐步实现自繁自育，并逐步增加绿色有机蔬菜设施种植项目。
>
> （2）惠州永记高科技农业生态园
>
> 永记生态园位于广东省惠东县大岭镇，于1997年由香港永记食品集团独家投资兴建，占地面积1000余亩，是惠州重点旅游项目之一。
>
> 永记生态园是一座集教学、会议、旅游、休闲、度假、娱乐、服务于一身的现代化生态农庄。通过引进国外高科技农业技术，并按照自然生态平衡的模式管理，进一步拓展了生态农业、观光农业的功能。
>
> 永记生态园采用高科技种植各式各样国内罕见的国外绿色蔬菜，产品销往海外各地。于2000年成为全国第一家成功通过ISO 9001国际质量管理体系认证的蔬菜种植企业；2001年省环保局授予"广东省生态示范园"称号；2003年获评为广东省无公害农产品生产基地。永记生态园所有景观设施项目采用澳大利亚直接进口的开放式建筑设计，具有浓厚的外国风情。

习题与思考题

1. 工业生态系统的组成有哪些？有什么主要特点？
2. 工业生态系统的构建原则是什么？
3. 生态工业园区的规划设计原则是什么？规划设计内容和实施途径有哪些？
4. 农业生态系统的组成和特点是什么？
5. 农业生态系统面临的环境问题有哪些？
6. 简述生态农业的主要发展模式。

参考文献

[1] 李素芹，苍大强，李宏. 工业生态学 [M]. 北京：冶金工业出版社，2007.
[2] 陆钟武. 工业生态学基础 [M]. 北京：科学出版社，2009.
[3] 李同升，韦亚权. 工业生态学研究现状与展望 [J]. 生态学报，2005，25（4）：872-875.
[4] 赵愈，于淼，李丽红. 生态工业园区发展模式及能值评价 [M]. 北京：化学工业出版社，2018.
[5] 刘光富，梅凤乔，海热提·吐尔逊. 再生资源生态工业园区建设与管理 [M]. 北京：科学出版社，2015.
[6] 陈梅，张龙江，苏良湖. 国家生态工业示范园区建设进展及成效分析 [J]. 环境保护，2021，49（20）：59-61.

[7] 苏州工业园区管理委员会. 发展循环经济为本 保护园区环境为先——苏州生态工业园区经济与环保同步并重发展侧记[J]. 环境教育, 2007 (7): 69-70.

[8] 曹志平. 农业生态系统功能的综合评价[M]. 北京: 气象出版社, 2002.

[9] 武兰芳, 欧阳竹, 唐登银. 区域农业生态系统健康定量评价[J]. 生态学报, 2004, 24 (12): 2742-2748.

[10] 李文华, 刘某承, 闵庆文. 中国生态农业的发展与展望[J]. 资源科学, 2010, 32 (6): 1015-1021.

[11] 肖国举, 张强, 王静. 全球气候变化对农业生态系统的影响研究进展[J]. 应用生态学报, 2007, 18 (8): 1877-1885.

[12] 中华人民共和国环境保护部, 国家统计局, 农业部. 第一次全国污染源普查公报[R]. 北京: 中华人民共和国环境保护部, 2010.

[13] 中华人民共和国生态环境部, 国家统计局, 农业农村部. 第二次全国污染源普查公报[R]. 北京: 中华人民共和国生态环境部, 2020.

[14] A. 韦策尔. 生态农业原理与实践: 引领面向可持续农业的系统转型[M]. 王丽丽, 王慧, 李刚, 等译. 北京: 科学出版社, 2021.

[15] 陈晓雯, 向明灯, 韩雅静, 等. 关于第二次全国污染源普查的回溯分析与优化[J]. 环境科学研究, 2021, 34 (8): 2018-2025.

[16] 周启星. 污染土壤修复原理与方法[M]. 北京: 科学出版社, 2004.

[17] 刘冬梅, 高大文. 生态修复理论与技术[M]. 哈尔滨: 哈尔滨工业大学出版社, 2017.

[18] 赵景联, 刘萍萍. 环境修复工程[M]. 北京: 机械工业出版社, 2020.

[19] 骆永明, 滕应. 中国土壤污染与修复科技研究进展和展望[J]. 土壤学报, 2020, 57 (5): 1137-1142.

第 16 章　城乡生态系统保护

本章要点

1. 城市生态系统的含义、功能和特点；
2. 城市生态系统面临的环境问题；
3. 城市生物多样性的含义、现状和保护措施；
4. 宜居城市构建的思路和实施途径；
5. 农村生态系统的含义、特点、功能和面临的环境问题；
6. 农村生态系统健康评价指标体系设计的原则和构建；
7. 生态村建设的内容和模式。

16.1　城市生态系统保护

16.1.1　城市生态系统

城市生态系统是指特定地域内的人口、资源、环境通过各种相互作用关系建立起来的人类聚居地或社会、经济、自然的统一体。简单来说，城市生态系统就是人为建立起来的自然环境与人类社会相结合的人工生态系统。其目的是寻求高度集中的人口及所从事的各种社会经济活动与自然环境的良好合作途径，以促进经济有序发展和生态系统的良性循环。城市生态系统具有生态系统的几个基本特征，但又与自然生态系统有一定差别。

城市生态系统是城市居民与周围生物和非生物环境相互作用而形成的一类具有一定功能的网络结构，也是人类在改造和适应自然环境的基础上建立起来的特殊的人工生态系统。它是由自然系统、经济系统和社会系统所组成的。

城市自然生态系统包括城市居民赖以生存的基本物质环境，如太阳、空气、淡水、林草、土壤、生物、气候、矿藏及自然景观等。城市经济生态系统以资源流动为核心，涉及生产、消费等各个环节，由工业、农业、建筑、交通、贸易、金融、科技、通信等系统所组成，它以物质从分散向高度集中的聚集，信息从低序向高序的连续积累为特征。城市社会生态系统以人为中心，以满足居民的就业、居住、交通、供应、医疗、教育、生活环境等需求为目标，还涉及文化、艺术、宗教、法律等上层建筑范畴，为城市生态系统提供劳力和智力支持。

16.1.1.1　城市生态系统的功能

城市生态系统的功能是指系统及其内部各子系统或各组成成分所具有的作用。城市生态系统是一个开放型的人工生态系统，它具有两个功能，即内部功能和外部功能。内部功能是指维持系统内部的物流和能流循环和畅通，并将各种流的信息不断反馈，以调节外部功能，同时把系统内部剩余的或并不需要的物质与能量输出到外部生态系统中去。外部功能是联系其他生态系统，根据系统内部的要求，不断从外部生态系统中输入和输出物质和能量，以保证系统内部的能量流动和物质流动正常运转。城市生态系统的功能表现为系统内外的物质、能量、信息、货币及人口流的输入、转换和输出。

城市作为复合生态系统，具有三种基本功能：①生产功能，即为人类提供丰富的物质产品、信息产品和知识产品。②社会消费功能，即为城市居民提供方便的生活条件和舒适的栖息环境。③还原功能，即通过物质和能量的代谢保证自然资源的永续利用和社会经济系统的协调、持续与稳定发展。总之，城市生态系统的三种功能是依靠生态系统各组分之间的人口流、物质流、能量流、信息流和资金流来实现的，如图16-1所示。

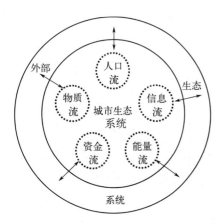

图 16-1 城市生态系统的功能

（1）人口流

城市生态系统是以人为主体的人工生态系统。城市人口流包括人口的自然增长和机械增长，以及由人类的生产活动、商业活动、消费活动、科研活动、文化活动、旅游活动、社交活动和日常生活活动引起的有规律和无规律的人口流动。城市中人口流是其他流的主导者和推动者，在城市生态系统中起着至关重要的作用。因此，城市人口的数量是社会经济与社会活动调控的基础。

（2）物质流

城市生态系统为了维持其自身的生存和发展，必须源源不断地从外界环境与周边生态系统中输入物质，同时也需源源不断地向外界输出物质。城市生态系统的物质流动量大、速度快、类型多，是一个巨大的物质储存库、转化库和交换库。城市生态系统的高度开放性以及频繁的物质交换与转化活动，使其保持动态的稳定性与可持续发展。

（3）能量流

自然生态系统的能量主要来自太阳辐射，而城市生态系统要维持其生产功能和社会消费功能，除直接或间接利用太阳能量以外，还必须源源不断地从外部系统输入大量的人工辅助能量，如煤炭、石油、电力、液化气等。这些人工能量在城市生态系统中流动、转移、使用和消耗，最终以热能的形式排入环境。

（4）信息流

城市是一个国家或地区的政治、经济、文化、教育、卫生和科学技术中心。在城市生态系统中，充满着各种各样的信息，如市场信息、金融信息、政策信息、文化信息、技术信息、新闻信息以及化学信息等。正是通过这些信息的流动，城市生态系统中的各个要素相互联系成一个有机的整体。通过信息流动与有序传播，可以调控城市各子系统中的物质、能量以及系统与外界环境之间的交换。

（5）资金流

资金流是社会经济活动的特有现象，是城市生态系统有别于自然生态系统的重要特征。城市生态系统中的资金流主要包括市场交换过程中的产品与资金互流，金融市场与银行中的资金流动，政府投资、奖励、罚款等的资金转移等。这些资金不仅频繁、大量地发生在城内生态系统内部，而且也发生在城市与外界系统之间，也正是通过这些资金流动，城市中社会经济活动得以有序进行。

16.1.1.2 城市生态系统的特点

城市生态系统是一个结构复杂、功能多样、巨大而开放的自然、社会、经济复合的人工生态系统。与自然生态系统相比，城市生态系统具有如下特点。

(1) 城市生态系统是以人为主体的生态系统

与自然生态系统相比，城市生态系统的主体是人类，而不是各种植物、动物和微生物。人类的生命活动是生态系统中能流、物流和信息流的一部分，人类具有其自身的再生产过程，又是城市生态系统中的主要消费者。

人类是城市生态系统的主宰者，其主导作用不仅仅在于参与生态系统的上述各个过程，更重要的是人类为了自身的利益对城市生态系统进行着控制和管理。人类的经济活动对城市生态系统的发展起着重要的支配作用。大量的人工设施叠加于自然环境之上，形成显著的人工化特点。城市生态系统不仅使原有自然生态系统的结构和组成发生"人工化"的变化，而且，城市生态系统中大量出现的人工技术物质如建筑物、道路公用设施等完全改变了原有自然生态系统的形成和结构。

(2) 城市生态系统是高度开放的生态系统

由于城市生态系统的主要消费者是人，其所消费的食物大大超过系统内绿色植物所能提供的数量。因此，城市生态系统所需求的大部分食物、能量和物质，要从其他生态系统（如农田、森林、草原、海洋等生态系统）人为地输入。同时，城市生态系统中的生产、建设、交通、运输等都需要能量和物质供应，这些也必须从外界输入，并通过加工、改造，如将煤、原油等转化为电力、煤气、焦炭、石油制品等，将原材料转化为钢材、汽车、电视机、塑料、纺织品等，以满足人类的各种需要。其中，能量在系统内通过人类生产和生活实现流通转化，逐级消耗，维持系统的功能稳定；而人类生产和生活所产生的产品和大量废弃物，大多不是在城市内部消化、消耗和分解的，必须输送到其他生态系统中。

城市生态系统除在物质和能量方面与系统外部有密切联系外，在人力、资金、技术、信息等方面也与外部系统有着强烈的交流，正是由于这种系统内外的流动，才使得城市生态系统成为人类生态系统的中心或主要部分。因此，城市生态系统的开放性远比自然生态系统高。

(3) 城市生态系统是一个功能不完全的生态系统

在城市生态系统中，人类一方面为自身创造舒适的生活条件，满足自己在生存、享受和发展上的许多需要，另一方面又抑制绿色植物和其他生物的生存与活动，污染洁净的自然环境，反过来又影响人类的生存和发展。人类驯化了其他生物，把野生生物限制在一定范围内，同时把自己圈在人工化的城市里，使自己不断适应城市环境和生活方式，这就是人类自身驯化的过程。人类远离自己祖先生活的那种"野趣"的自然条件，在心理上和生理上均受到一定影响。随着人们对人居环境要求的不断提高，在城市建设过程中，景观生态规划也日益受到重视。

城市生态系统内的生产者多是人类为美化、绿化城市生态环境而种植的花草树木，不能作为营养物质供城市生态系统的主体——人类使用。维持城市生态系统所需要的大量营养物质和能量，需要从其他生态系统输入。同时，城市生态系统的分解功能不完全，大量的物质能源常以废物形式输出，造成严重的环境污染。

(4) 城市生态系统是自我调节能力很薄弱的生态系统

自然生态系统受到一定程度的外界干扰时,可以借助于自我调节和自我维持能力维持生态平衡。城市生态系统受到干扰时,其生态平衡只有通过人类的正确参与才能维持。

自然生态系统中的物质和能量能满足系统内生物的需要,有自我调节、维持系统动态平衡的功能。而城市生态系统中的物质和能量要靠其他生态系统人工输入,不能自给自足,同时城市的大量废弃物也不能自我分解与净化,要依靠人工输送到其他生态系统中去。城市生态系统必须依靠其他生态系统才能存在和发展。

由于城市生态系统的高度人工化特征,不仅产生了环境污染,而且如城市热岛、逆温层、地形变迁、不透水地面等城市物理环境的变化破坏了原有的自然调节机能。与自然生态系统相比,城市生态系统由于物种多样性降低,能量流动和物质循环的方式、途径发生改变,使本身的自我调节能力降低。因此,其稳定性在很大程度上取决于社会经济的调控能力和水平,以及人类对这一切的认识,即环境意识、环境伦理和道德责任。

(5) 城市生态系统是多层次的复杂系统

城市生态系统是一个多层次、多要素组成的复杂生态系统。以人为中心,可将城市生态系统划分为三个层次的子系统。

① 生物(人)-自然(环境)系统:人与其生存环境,如气候、地形、食物、淡水、生活废弃物构成的子系统。

② 工业-经济系统:人的经济活动,如能源、原料、工业生产过程、交通运输、商品贸易、工业废弃物构成的子系统。

③ 文化-社会系统:人的社会文化活动,由社会组织、政治活动、文化、教育、娱乐、服务等构成的子系统。

以上各层次的子系统内部,都有自己的能量流、物质流和信息流,而各层次之间相互联系,构成一个不可分割的整体。

16.1.2 城市生态系统存在的问题

16.1.2.1 自然生态环境的破坏

生态环境破坏是指人类不合理地开发、利用自然资源和兴建工程项目而引起的生态环境的退化及其衍生的有关环境效应,从而对人类的生存环境产生不利影响的现象,如水土流失、土地荒漠化、土壤盐碱化、生物多样性减少等。环境破坏造成的后果往往需要很长的时间才能恢复,有些甚至是不可逆的。

16.1.2.2 土壤变化

土壤是一个复杂、多层次的开放性系统,其变化受各种环境和人为因素的共同影响,并处于不断地变化之中。

土壤变化是指土壤性状在时间上的变化动态。通常所提的土壤养分退化、生产力下降,土壤酸化、盐渍化、沙化及土壤熟化等都是土壤变化的不同表现形式,虽然其定义和出发点不同,但都属于土壤变化的范畴,反映出土壤是一个客观存在的动态自然实体。

就本身而言,土壤变化存在物理、化学和生物学变化。物理变化包括土壤结构、容重、水分和温度特征等性质以及土壤侵蚀方面的变化。化学变化包括土壤元素含量、形态和酸碱度等及其过程的变化。生物变化包括土壤动物、微生物种类和数量方面的变化。从土壤发育角度,土壤变化分为土壤熟化和土壤退化两种类型。土壤熟化是指土壤理化性状向土壤肥力和生产力提高的方向演变，土壤退化则是指土壤性状向着相反的方向发育、演化，即土壤肥力和生产力的下降。从系统状态变化看，土壤变化可分为非系统（随机性）变化、有规则的周期性（循环）变化和趋势性变化。随机性变化在时空上没有确定性规律可循，如土壤空气、微生物活性及一些人为过程等；周期性变化在时间上呈现反复性，如土壤温度日变化、月变化与年变化、土壤养分与微生物活动的季节性变化等，较易建模与预测；趋势性变化指在某一特定时段内土壤性状向某一方向发展，如土壤盐化、土壤熟化或退化过程中养分含量的变化等，较易建模，并有一定的精确度。总之，土壤变化趋势包括平衡趋势、剥蚀趋势和积累趋势三种类型。

16.1.2.3 环境污染

城市发展是经济社会发展的必然结果。由于经济的发展和社会的进步，未来城市人口数量将急剧增加，更多的农村人口进入城市。城市在发展过程中面临的环境污染问题主要有以下几个方面。

（1）消费型环境污染不断增加

随着城市化进程的加快和城市功能、结构的转化，城市常住人口和流动人口将继续保持快速增长的态势，城市面临的人口压力将更突出，同时随着人民生活水平的提高和消费升级，各类资源和产品的需求总量将大幅度提高，给原本趋紧的城市资源、环境供给带来更大的压力。水资源短缺，生活污水、垃圾等废弃物产生量的大幅度增加，机动车污染加剧等一系列城市环境问题，给城市环境保护工作带来了新的挑战。可以预见，随着城市化的快速发展和人口的不断增加，生活源将替代工业源成为城市首要污染源，消费行为和生活方式对城市环境的影响还将进一步显现，城市环境问题将发生根本性的变化。

（2）城市环境污染边缘化问题日益显现

在城市化工业污染防治过程中，许多城市相继关闭、迁出一些污染严重的企业，在实行技术改造和污染集中控制的基础上对城市工业布局进行调整。这样，一方面调整城市的功能和布局，改善城区的环境质量，另一方面也客观上造成城市工业布局向城市周边发展，出现城市工业污染边缘化趋势。

（3）机动车污染问题严峻

从大气环境来看，由于人民生活水平的提高，机动车特别是私家车数量快速增加，机动车尾气已成为城市空气污染的第一大污染源。预计，汽车和摩托车保有量将在未来的若干年内持续增长，机动车保有量的高速增长导致的城市空气污染已经成为城市发展面临的严峻问题。

（4）城市生态失衡问题日益严重

现代城市为钢筋水泥的建筑所构筑，城市的自然生态系统受到严重破坏，生态失衡问题严重。城市普遍存在地下水超采问题，由此引起的一系列城市生态环境问题十分严重。城市自然生态系统受到严重破坏，"城市热岛""城市荒"等问题突出。同时，城市自然生态系统的退化，进一步降低了城市自然生态系统的环境承载力，加剧了资源环境供给和城市社会经济发展的矛盾。伴随着城市人口的增加和城市规模的不断扩张，城市的自然生态系统将受到更为严重的威胁，如果不从城市发展规划上进行相应的管理和调整，合理开发和利用土地，城市的生态环境问题将更加严重。

16.1.3 城市生态系统的发展方向

16.1.3.1 城市的园林绿化

城市的园林绿化是指通过工程技术和艺术手段，采用改造地形种植树木花草、营造建筑和布置园林小路等方式，将园林艺术与城市生活相结合的环境绿化工程，如城市公园、植物园、小游园、动物园等都是园林绿化的工程范围。随着科技的发展和生态宜居城市的建设，城市园林绿化区还包括森林公园、名胜风景区、自然保护区和国家公园等游览区以及休养生息的度假区，这些都属于园林绿化的范围。

城市园林作为城市中具有生命的基础建设，在改善生态环境、提高环境质量方面有着不可替代的作用。20世纪70年代末，我国提出城市绿化"连片成团，点线面相结合"的方针，城市绿化由此进入快速发展阶段。20世纪80年代后，北方出现了以天津为代表的"大环境绿化"，南方出现了以上海为代表的"生态园林绿化"。近年来，我国城市园林绿化的研究主要集中在园林植物及风景园林两大方向。园林植物研究包括木本花卉、草坪及地被植物、盆景、切花与插花、园林植物资源、草本花卉、温室园艺与室内绿化、园林植物适应性与耐抗性、园林植物生理生态及快速繁育等；风景园林研究包括绿地规划设计、园林艺术、园林绿化管理等内容。

城市园林绿化发展要落实科学发展观，按照环境友好型、资源节约型社会的要求，把"生态优先、合理投入、因地制宜、科学建绿"的观念贯穿于管理、规划和发展的全过程，引导和促使城市园林绿化发展模式的转变，构建全新的城市园林绿化模式。城市园林绿化的发展原则包括：①提高土地使用效率。通过增加乔木种植数量、改善植物配置结构等有效措施，提高土地的单位产出效益。②提高资金使用效率。通过科学规划、合理设计、积极投入等管理措施，降低城市园林的养护成本。③政府主导、社会参与。发挥政府在政策保障、规划控制、理念引导、资源协调和技术推广等方面的作用，引导和推动全社会的广泛参与。④坚持生态优先、自然调节。绿地生态效益最大化是城市园林绿化追求的目标，只有将城市绿地与历史、文化、美学、科技相融合，才能实现城市园林绿化生态、景观、游憩、科教、防灾等协调发展。

16.1.3.2 城市生物多样性的保护

城市生物多样性是城市环境的重要组成部分，更是城市环境、经济可持续发展的资源保障，既是提高城市绿地系统生态功能的前提，也是城市绿化水平的重要标志。作为全球生物多样性的一个特殊组成部分，城市生物多样性是城市生物之间、生物与生境之间、生态环境与人类之间复杂关系的体现，是城市中自然生态环境系统生态平衡状况的一个简明的科学概括，体现了城市生物的丰富度和变异程度。

城市生物多样性保护的实质，可以分为三个层次：①在城市层次上，城市作为人类聚集中心，其生物多样性是为城市中人的生存、发展、休闲之需要而建立和维护城市生态系统高效、平衡的生态学标志。②在区域层次上，城市作为经济中心，具有特殊的地理背景。城市中的绿地与农耕生产无关，从这层意义上看，城市生物多样性保护是对城市中尚存的本地物种及其生境、生态系统的保护。③在全球层次上，城市作为科技与教育中心，有义务参与珍稀、濒危生物的保存、培育和宣传教育。这些都是需要城市承担的生物多样性保护义务。现阶段，城市生物多样性面临过度掠取、栖息地丧失、环境污染、气候变化、外来物种入侵等多方面的威胁。

城市生物多样性保护的主要目的是改善城市中人与自然、生物与生物和生物与无机环境这三重关系，促进生物遗传基因的交换，使对城市环境适应的物种增加，提高城市植物群落的稳定性与景观的异质性。同时，借助生物多样性的生态功能促进城市生态系统的修复与协调，改善或稳定城市生态环境，维护生态平衡，实现城市的可持续发展。

城市生物多样性保护的重点为：①通过城市生物多样性的保护与重建，改善人与绿地系统之间、绿地系统内部生物与环境之间的关系。在城市绿地中，人工促进"近自然"植物群落形成，实现其自我更新和演替，从而在经济意义上提高城市的自然生产力，在环境意义上修复人在城市中的生存环境，在社会意义上改变人对自然的观念以及索取自然的方式，从而为城市的可持续发展作出贡献。②依据城市地理分布的地带性及其在生态区系中的特殊生境条件，以自然迁徙物种的生境、本地特殊的生态类型为重点的生态层次的多样性保护。这种保护具有地域难以移植性和功能难以替代性，因此意义特殊。③借助城市植物园、动物园、苗圃等条件以及技术优势，以濒危、珍稀动植物移地保护、优势物种驯化为重点的物种层次的多样性保护。这种保护具有地域可移植性和功能可替代性，因此在城市中的意义是相对的、有条件的，宜根据城市的优势条件而定。

人类与生物多样性之间的关系主要体现在两大方面：一方面，主体意义的生物多样性，随着生物学的发展在不断增加而难以穷尽；另一方面，客观意义上的生物多样性，却随着人类的不平衡发展而迅速减少，人类在脆弱的大气圈内的生存风险随之增加，进一步利用地球生物资源的潜在机会也在被不断地扼杀。由此可见，认识或展示生物多样性与保护生物多样性有根本区别。在城市中，分类学意义上的物种数量增加，并不代表人与生物多样性关系的改善。人是自然的有机组成部分，其生存离不开自然，但人类社会的迅速发展具备毁灭自身生存环境的一切能力，所以必须限制人类对自然的破坏行为，并承担起维护和恢复自然环境的责任。

在经济发达的国家和地区，城市生物多样性的保护和建设备受重视，城市生物多样性水平已成为城市生态环境建设的一个重要标志。例如，法国巴黎、日本广岛以及中国香港都较早地开展了城市生物多样性保护和建设的研究与实践，成为城市生物多样性保护的成功范例。

许多城市都有明确的植物种类记录，如布鲁塞尔市有730多种植物（约为比利时植物区系的一半），柏林有园林植物1200多种，罗马有1400多种，上海园林植物总数约为800种，广州园林植物约1600种。

由于人口的增长和人类经济活动的加剧，生物多样性受到严重威胁，引起了国际社会的普遍关注。若要全面系统地、定量地研究城市生物多样性的影响，必须从以下几个方面入手：第一，进行系统研究，通过建立生态定位监测站，进行长期的定位监测，以获取系统化的资料，结合现代地理信息系统、遥感等技术手段，从时空梯度上更全面系统地研究；第二，开展人工模拟和人工促进"近自然"群落形成技术和原理研究；第三，建立统一的、科学的、符合城市特点的生物多样性测量标准和评估体系，以提高城市生物多样性研究成果的可比性，同时建立城市生物多样性保护的理论体系；第四，从立法着手，加强城市生物多样性保护的政策法规研究，同时提高城市规划者及市民的保护意识。

16.1.3.3 宜居城市的构建

1961年WHO总结了满足人类基本生活要求的条件，提出了居住环境的基本理念，即"安全性、健康性、便利性、舒适性"。国外对"宜居城市"的理解比较注重城市现有和未来居民生活质量的三大类因素，即宜居性、可持续性、适应性。关于宜居性，除关注城市的居住环境外，国外对居民参与城市发展的决策能力也很重视，并认为这是宜居性的重要表现之一；关于城市的可持续发展，追求的不仅是当前城市居民生活质量的高低，也重视城市的可持续发展潜力；另外，城市对危机和困难的可适应性也是宜居城市发展的重要内容。国内关于宜居城市的研究主要有吴良镛关于人居环境的研究，可以说，人居环境的理论和方法是宜居城市研究的重要基础。周志田等从生态角度出发认为：适宜人居住城市是一种遵循自然生态系统规律的人工生态系统的地域组织形式，并提出评价城市的宜居性时，需要考虑城市经济发展水平、发展潜力、安全保障条件、生态环境水平、居民生活质量水平、居民生活便捷度等方面。在"宜居城市"的条件中，既包含优美、整洁、和谐的自然和生态环境，也包含安全、便利、舒适的社会和人文环境。

简单来说，宜居城市指经济文化、社会环境协调发展的良好居住环境。宜居城市不仅可以满足居民的物质文化和精神生活的需求，还是能适应人类生活、工作和居住的城市。有人将宜居城市的理念简单归纳为"易居、逸居、康居、安居"八字。

关于如何构建宜居城市，国内外在近几十年来进行了不断探索，主要有以下几点。

(1) 追求优美的居住环境和便利的公共基础设施

不管是国外城市还是国内城市，在城市宜居性的建设上均体现出公众对宜居的基本要求，即优美的居住环境和便利的公共基础设施。温哥华、新加坡均在如何创建优美宜人的居住环境上下足了功夫，同时考虑了公共基础设施的便利性、人性化。国内城市的居住环境和公共基础设施建设相对滞后，但也都在城市建设的过程中通过不同的方式和手段力图建造宜人的生活空间，如生态社区、绿色社区、智能建筑等。

(2) 追求城市的个性化、特色化

宜居城市不是"千城一面"的景观，吸引人前往居住的魅力之一是城市的与众不同。所以，城市宜居性建设的主要特点之一就是城市特色建设，如温哥华参与建筑设计的建筑师均来自本地，他们充分尊重建筑物周围环境的尺度、材料和色彩，创作出的建筑作品具有明显的地方特征；新加坡以采用非对称形式，建起绿色的覆盖层，为风景点缀色彩，重视果树，建成公园网络，"软化"水泥建筑，绿化已垦土地等不同方式和手段锁定"花园城市"的特色。国内城市也是如此，上海在海派文化上下足了功夫，杭州大打"建设新天堂"的品牌，青岛"红瓦、绿树、碧海、青山、黄墙"的城市色彩是国内仅有的，大连"不求最大，但求最好"的城市经营策略独一无二，成都营造的是闲适的文化氛围，珠海则是塑造"海上云天，天下珠海"的城市品牌。

(3) 以生态城市建设为突破口

宜居城市的建设非一朝一夕之功，而且人们对宜居城市的判定标准又不尽相同，所以究竟该怎样去建设一个以宜居城市为目标的城市，到目前为止还是模糊的。但是，对生态城市的建设几乎都是认可的，而且城市的生态化也是城市可持续发展的主要内容之一。宜居城市应该是可持续的，更需要生态城市所带来的优美的自然环境，所以，几乎所有提出建设宜居城市口号的城市都会从生态城市建设入手。国外城市生态化建设已相对成熟，但他们依然在此基础上不断丰富其内容，美化其环境。国内的城市生态化建设具有明确的目标，即通过城市生态化建设创建宜人的居住、生活和生产空间。

专栏——伦敦绿带

英国伦敦是世界上最早利用植被控制城市发展的城市。最早把"绿带"概念纳入近代城市规划理论的是英国人 Ebenezer Howard。他在"田园城市"模式里，提出用公园、农田等将城市中的公共活动区和住宅区分开，将各个住宅区分开，将母城和卫星城镇分开。

1938 年英国在市郊环境保护组织的压力下制定了《绿带法》，用法律形式保护伦敦和附近各郡城市周围的大片地区，限制城市用地的膨胀。计划的绿带包括占地 14712km^2（占英国面积 13%）的 14 块绿化带及 164km^2 苏格兰的绿地。

绿带在限制城市盲目发展、保持城市传统特点、提供郊外游憩场所、改善城市生态环境、保护水源和为城市提供农副产品等方面具有积极作用。譬如，在海德公园里，松鼠自由出入林地，和平鸽自由翱翔；在摄政公园设立有苍鹭栖息区等，成功建立了多类型的混合生境。现在，伦敦中心区的公园有多达 40~50 种鸟类自然栖息繁衍，而伦敦市边缘只有 12~15 种。

16.2 农村生态系统保护

16.2.1 农村生态系统

农村生态系统是指在农村地域内以一定形式的物质与能量交换而联系起来的相互制约、相互作用的生命与非生命共同有机体，是由农田生态系统、森林生态系统、草原生态系统、水域生态系统以及其他自然的或人工的生态系统组成的复合生态系统。从组成上看，农村生态系统是一个复合系统，由自然生态子系统、农业生态子系统、村镇生态子系统三部分组成。

自然生态子系统是自然界选择、适应过程的产物。系统中的生物物种拥有环境所允许的最大限度的多样性。复杂的相互作用关系可有效地调控生物种群水平，使系统具有能够抵御外界变化的缓冲能力和较高的综合生产力。系统在动态中维持最大的复杂性和最高的生物量是自然生态系统的基本功能。可以说，自然生态子系统的能量流动是一个由绿色植物自我启动的自持续过程。能量转化为生物物质在系统中积累、流动，其中一部分在流动过程中散失于环境。各种生物营养元素随着地质循环和生物循环过程在生物体和土壤中富集。因此，自然生态子系统基本上受自然规律的制约，运行主要由太阳能与生物能支配，表现出较为强烈的自然节律性，与纯自然生态系统具有一定的相似性。

村镇生态子系统的属性与城市生态系统相接近，由乡镇及农村非农活动所组成，系统的演变与发展主要受人类社会的经济规律所主宰，化石能源是系统运行的主要能源。在这里，原有自然生态系统的结构与功能发生根本变化，人类的社会经济活动及人类自身的再生产成为影响生态系统的决定性因素，因此村镇生态子系统具有人工系统的典型特征。

农业生态子系统是自然与人类交互作用的结合区，它既受自然规律的制约，又受经济规律的支配。在农业生态子系统中，生产者和消费者在空间上是分离的，大量能量、养分随产品输出到系统之外，具有明显的开放性。每次作物收获或畜禽出栏就意味着能量流动的结束，系统的继续需要人类的投入来重新启动。如若能量流动出现间断，就会造成能量浪费，影响系统的能量转化效率和生产力。农业生产子系统中的持久性生物量降低会导致循环养分数量减少，自然维持系统养分平衡的能力很小。由于地面覆盖下降，还有相当数量的养分随淋溶、侵蚀而散失。对于人工选择的农业生物物种来说，尤其在产出水平较高的情况下，自然系统的资源条件与农业生物生长发育的资源需求不相适应。此外，自然循环过程也不能恢复转移或流失的能量和养分。

16.2.1.1 农村生态系统的特点

在农村生态系统中，自然生态子系统是基础，农业生态子系统是主体，村镇生态子系统则是不可缺少的重要组成。与农村生态系统这一特殊的结构相关联的是该系统本身的独特性，具体表现在如下几个方面。

① 目的性。农村生态系统是在自然生态系统的基础上，经过人类的改造而形成的适合人类生存的高级生态系统。人类经济活动贯穿于整个系统的运行过程之中，利益是该系统的核心目标。在这里，不仅系统的形态结构受到人工建筑物及其布局、道路与物质输送系统、土地利用状况等人为因素的影响，而且系统的营养结构以及各种物质能量与信息流并非按原始自然生态系统内各组成要素之间协同进化的自然规律所形成。农村生态系统内部由于人类的定向干预，一方面，会加速系统的演替过程，由于系统中物质能量与信息的总量已大大超过自然生态系统，从而提高了系统的生产力；另一方面，人类某些不正常或超强度的干预，

会造成生态环境的破坏，进而影响到整个系统整体功能的发挥。在人类发展的历史长河中，上述两方面的例证数不胜数。

② 非自律性。所谓自律性是指系统的行为独立于系统外部的流入或压力的程度。系统越封闭，自律性越高。对于纯自然生态系统而言，当处于良性循环状态时，系统的形态结构与营养结构比较协调，只要输入太阳能，依靠系统内部的物质循环、能量交换和信息传递便可以维持生态系统的持续发展。农村生态系统则不然，系统内部简单的食物链结构不复存在，取而代之的是一种复杂的生态-经济结构。农村生态系统仅仅依靠自然能（太阳能、生物能）已无法保持系统的正常运转，而必须从其他生态系统（如城市生态系统等）输入能量，并且系统产出也会以一定的形式（如农产品）向其他系统输出。特别是随着农村商品经济的发展，这种输入与输出可以说是农村生态系统维持生存的基本保障。

③ 自然节律性。农村是以农业生产为基础的社会经济实体，农业生态子系统是农村生态系统的主体结构。农业生产以动植物的再生产为基础，以开发利用光、热、水、土、气和各种营养元素为起点，其每个环节都包含着大量的自然过程，再加上农业生产布局具有大面积、分散的特点，深受自然界各因素的影响，表现出明显的自然节律性（如季节性）。这种自然节律性不仅使农村地区与农业有关的产前、产中、产后行业发生相应的变化，而且还会使农村地区人们生活、娱乐乃至社会活动受到一定的影响。自然节律性是农村生态系统内自然生态规律作用的直接结果，它表明系统内人类的一切经济活动必须被限定在特定生态规律的容许范围之内，以不破坏自然生态平衡为基本前提。

④ 地域差异性。我国疆域辽阔，地形地势复杂，又地处温、热两带，自然条件具有明显的地域差异。同是农村，不仅有南方与北方、湿润区与干旱区的不同，而且还有平原、山地、草原、高原等的区别。再加上我国农村各地区社会经济发展历史与水平的显著差异，在自然生态与社会经济规律综合作用下，农村生态系统在不同的地区出现不同的结构特点与功能属性。地域差异性的特点说明，要促使农村生态系统的正常运转，寻求经济的持续发展，必须遵循因地制宜的原则。

16.2.1.2 农村生态系统的功能

农村生态系统的功能主要体现在如下几方面。

① 供给功能。物质生产是农村生态系统最基本的功能。农村生态系统的生产除满足自然生态系统生存和演化的要求外，还要直接满足人类社会发展的需求。它为人类提供初级生产和次级生产的产品，维持人类社会的生产和发展。它在满足系统内农村居民生活需要的同时，也是城市生态系统赖以发展的物质基础。农村生态系统这种巨大的生产能力不仅保证城乡居民的基本生活需求，同时也为相关产业的发展提供大量的原材料，为社会经济快速发展提供重要的物质基础。

② 调节功能。农村生态系统为农村居民提供生活居住的空间，使居民享受绿色生活，是农村文化和经济发展的重要依托。农村作为一个社区单元，是农村居民安居乐业的场所。除本村居民外，农村也开始吸纳大量外来人口。农村丰富的旅游资源、独特的生产方式、自然景观、风土人情对城市人群及不同地域的人群具有强烈的吸引力，成为当代旅游业发展的一朵奇葩。

③ 文化功能。现代农村系统在维持人类文化的多样性和特有性，传统文化的传承，现代知识体系和教育体系的构建，发挥美学价值，提供灵感来源以及为都市生活提供休闲娱乐等方面都发挥着巨大作用。中华民族文化源远流长，而众多的民族文化，特别是我国众多少数民族的文化基本上都产生于农村地区，依存于当地农村地区特有的自然和历史人文环境。它们作为中国文化

的源头和根基，是民族精神和情感的重要载体，是中国人民代代相传的文化财富。

④ 生态功能。生态功能指农村生态系统保障区域安全、提供生态服务的功能，如调节气候、控制侵蚀、涵养水源、保持水土、净化环境、分解污染物，提供清新的空气、清洁的水源等。我国农村地区面积广袤，生态功能十分突出。除了世界上最多的粮食和各类农产品，农村生态系统还发挥了巨大的生态服务功能。

16.2.2 农村生态系统健康的基本内涵

16.2.2.1 生态系统健康概念的发展

著名土地伦理学家和环境保育家 Aldo Leopold 在 1941 年提出了土地健康的概念，认为健康的土地是指被人类占领而没有使其功能受到破坏的土地，把"土地有机体健康"作为内部的自我更新能力，指出土地的组成（土壤、水系、动植物等）是相互联系的，这种联系具有一定的稳定性和多样性。土地健康就是指所有生物区系自我更新的能力。新西兰土壤学会于 1943 年创建《土壤与健康》期刊，提出"健康土壤-健康食品-健康人群"的有机农业与持续生活的理念。其后，人们借鉴"土地健康"的概念，提出"生态系统健康"概念，并逐渐转向"生态系统健康"的研究。

20 世纪六七十年代，生态学得到迅速发展，Woodwell 和 Baret 提出"胁迫生态学"。最初的生态系统健康从自身概念出发，把生态系统看作一个有机体（生物），健康的生态系统具有恢复力，保持着内外稳定性。健康的生态系统对于干扰具有恢复力，有能力抵御疾病。Rapport 及其他一些学者认为：由于人类活动加剧，致使生态系统受到损害，对受害症状进行诊断需要多学科的合作研究，根植于生态系统受害症状的综合诊断，逐渐发展为生态系统健康的概念和原理。后来，逐渐强调生态系统为人类服务的特性，认为一个健康的生态系统包括以下特征：生长能力、恢复能力和结构。对人类社会利益而言，一个健康的生态系统是能为人类社会提供生态系统服务支持，如食物、纤维、饮用水、清洁空气，以及吸收和再循环垃圾的能力等。至今，生态系统健康已不单纯是一个生态学的定义，而是一个将生态-社会经济-人类健康三个领域整合在一起的综合理念，即生态系统健康应该包含两方面内涵：满足人类社会合理要求的能力和生态系统本身自我维持与更新的能力。

16.2.2.2 相关生态系统健康的基本内涵

由于城市化的快速扩张，乡村城市化进程的推进，农村生态系统具有农业生态系统、城市生态系统的双重特性。

（1）农业生态系统健康

农业生态系统是一个开放性的人工复合系统，有着许多能量与物质的输入与输出，其不但受自然规律的控制，也受经济规律的制约。由于人的主导作用，可以理解这种系统的结构为人的栖息劳作（包括地理环境、生物环境和人工环境）、区域生态环境（包括物资供给的"源"、产品废物的"汇"、调节缓冲作用的"库"）及社会环境（包括文化、组织、技术等）的耦合。农业生态系统健康指农业生态系统免受发生"失调综合征"、处理胁迫的状态和满足持续生产农产品的能力。一个健康的农业生态系统主要是指能够满足人类需要而又不破坏甚至能够改善自然资源的农业生态系统，目标是高产出，低投入，合理的耕作方式，良好的稳定性、恢复力和持续性，从活力、组织结构和恢复力三个方面构建农业生态系统健康评价指标体系，便于全面衡量农业生态系统的健康状况。健康的农业生态系统具有良好的生态环境与农业生物、合理的时空结构、清洁的生产方式，以及具有适度的生物多样性和持续农业生产力的一种系统状态或动态过程。

农业生态系统健康研究主要侧重于土壤质量和水质与农业生态系统健康的联系、农业生态系统健康的标准、害虫生态管理与杂草综合管理在农业生态系统健康中的作用、农业生态系统健康指示剂或物种的研究、转基因作物对农业生态系统健康的生态影响评价、农业投入政策对农业生态系统健康的影响、景观生态学在农业生态系统健康评价中的应用等。研究涉及农业生态系统健康的定义、评价方法、指示剂或物种以及相关影响因素等，已形成一个比较成熟的体系。近年来，关注的热点转向农业生态系统健康与食品安全、人类健康以及有关农业生态系统功能方面的研究。

（2）城市生态系统健康

城市生态系统是城市内有一定社会、经济、文化与政治背景的人群和其周围环境相互影响、相互作用的复杂关系的总和。因此，健康的城市生态系统不仅意味着为人类提供服务的生态系统（自然环境和人工环境组成）的健康和完整，也包括城市居住者（包括人群和其他生物）的健康和社会健康。马世骏认为，城市的自然及物理组分是其赖以生存的基础，城市各部门的经济活动和新陈代谢过程是城市生存发展的活力和命脉，人的社会行为及文化观点则是城市演替与进化的动力。此外，一些城市生态系统健康的概念框架是基于经济、环境和社会之间的相互关系提出的，还有基于三维要素（经济、环境和社会）的可持续性提出的。

（3）农村生态系统健康

与自然生态系统相比，农村生态系统是自然-人工复合生态系统，既具有自然生态系统的某些特点，也具有人工生态系统的特性。它不仅具有农业生态系统的功能，还履行重要的环境功能和文化教育功能，体现城市生态系统的一些特性。在不同的区域，农村生态系统包括的对象不完全相同，有的区域包括森林生态系统、草原生态系统、湖泊生态系统、河流生态系统等。农村生态系统是多种类型生态系统的复合体现。近年来，农村生态系统健康备受关注，然而，在农村生态系统及农村生态系统健康的内涵方面还未形成一个统一的认识。在分析相关研究的基础上，人们提出农村生态系统是指在不同区域范围的农村地域内，不同类型生态系统间的相互能量关系，以及农村人群和周围环境的相互影响与相互作用的总和。农村生态系统健康指农村生态系统能够实现农村环境健康目标、生态系统活力目标、农业生产与乡镇企业发展目标的能力。健康的农村生态系统具有稳定性和可持续性，所包含的各类生态系统通过相互补充而具有一定的自我调节能力和对胁迫受损的恢复能力。

16.2.2.3 农村生态系统健康评价的框架体系

（1）评价体系总体设计

生态系统健康评价的框架体系主要有三种表述方式：①采用综合性指标，即用一个或几个综合指数来反映生态系统的健康状况；②采用多要素、多层次的指标来进行评价；③采用诊断性指标或指示生物物种的方法来判断生态系统的健康状况。

农村生态系统健康评价应与农村生态系统所要体现的目标相一致，形成所体现目标的综合性指标，然后采用多要素、多层次的指标评价各个目标，进而综合成农村生态系统健康指数。初步设计包括环境健康目标、生态系统活力目标和功能目标三个主体目标，在目标层次的基础上，对每一主体目标分亚类和指标。

（2）评价指标选取原则

农村生态系统健康评价指标涉及多学科、多领域，因而种类、项目繁多，选取的指标体系应能完整准确地反映农村生态系统健康状况，能够对农村生态系统结构、功能、效益和人类胁迫进行监测,并寻求农村生态系统健康变化的原因。为此,筛选指标应该遵循以下原则。

① 综合性。应说明农村生态系统内部与系统和系统之间的相互联系、相互影响,从系统的结构、功能和效益等方面综合考虑。

② 空间尺度适合性。空间尺度涉及特定考虑下地区的空间大小,评价指标应该定向于合适的空间尺度。

③ 简明性和可操作性。指标概念明确,易测易得。评价指标的选择要考虑经济发展水平,从方法学和人力、物力上,均要符合特定地区的现状,同时还要考虑项目实施的技术能力,并且评价指标要可度量,数据便于统计和计算,有足够的数据量。

(3) 农村生态系统健康评价指标体系框架

在大量调研的基础上,参考前人的研究成果,人们初步构建了农村生态系统健康评价指标体系的基本框架。依据框架按评价的目标需要对大量的、各种形式的指标进行组织、调整,以便于应用。同时,也有利于根据新的需求和认识补充新的指标,进一步扩展和改进指标体系。

16.2.3 生态村建设的内容及模式

创建"生态文明村"是我国推进科学发展观、统筹城乡发展、开创"三农"工作新局面的光明之路,抓住了当前解决农村问题的关键,是推动农村物质文明和精神文明双向发展的有效载体,是提高农村整体文明程度,提升农民整体文明素质的创新务实之举,是寻求探索物质文明、政治文明、精神文明、经济文明、生态文明在农村协调发展的理想制度模式。

16.2.3.1 生态村建设的内容

(1) 环境污染治理

针对农村存在的环境问题,积极开展农村环境污染综合治理,重点抓好水污染治理、饮用水源保护、固体废物治理、人畜粪污污染治理和综合利用。加大农村环保执法力度,对污染和破坏农村环境的违法行为依法查处。对于高能耗、污染严重的乡镇企业进行环境污染状况评估,对不符合治污排污标准的厂矿企业停产整顿,达不到治污标准的企业必须关停。

(2) 生态经济建设

农业标准化融技术、经济、管理于一体,是"科技兴农"的载体和基础,是农业增长方式由粗放型向集约型转变的重要内容之一。全面推进农业标准化技术的推广,大力发展农村循环经济和推行清洁生产,把农村产业结构的调整和推广清洁生产工艺、实用治理技术、发展环保产业结合起来,全面推进农村生态环境建设。

从 20 世纪 70 年代开始,一些国家经历了探索生态型经济形态和经济发展模式的曲折过程。通过科技进步、生产工艺改进、结构调整、政府干预等途径,在实现经济增长的同时,持续降低资源消耗和废弃物排放,取得了明显的效果。这些国家进行了无污染的经济发展模式的科学研究、技术创新、经济社会试验和政府积极干预等实践,受到民众的欢迎和越来越多企业的响应,使生态经济成为新的经济形态。实践证明,把环境作为经济发展的要素,把保护和改善环境作为经济发展的目标之一,把环境因素纳入经济系统之内,实现经济、社会、环境三方面相互协调的可持续发展,最终不损坏环境并有利于环境改善是可以做到的。特别是新的科学技术革命为生态经济发展提供了先进的科技手段,产生了效益更高、污染更低的新工艺、新产业,展示了生态经济取代传统经济的必然趋势和广阔前景,从而引起人类发展观、消费观、健康观向生态型转变的重大观念变化。实现传统经济形态向生态经济形态转变,有效合理配置资源,发展循环经济,是建设和谐新农村的科学之路。

（3）人居环境建设

农村人居环境是由农村社会环境、自然环境和人工环境共同组成的，是对农村的生态、环境、社会等各方面的综合反映，是城乡人居环境中的重要内容，其规划对于指导农村经济、环境、社会协调发展以及区域整体协调发展具有重要的意义。

① 农村人居环境规划内容。村庄道路硬化：村庄之间、村庄内部的道路具有公共设施属性，是方便农民生活、提升居住质量、支撑农村经济社会发展最基本的硬件条件。

村镇生活垃圾污水治理：在社会主义新农村建设中，要将创建公共卫生放在重要地位，加强农村生活污水治理。

加强农居安全：在村庄整治中，应引导农房建设逐渐从单纯追求面积向不断完善功能转变，从单纯注重住房建设向注重改善居住环境转变，从简单模仿建筑和装修形式向更加注重安全和乡土特色转变，既满足抗震、通风、采光、保暖、消防、安全等建筑结构要求，也要适应现代农村发展，妥善考虑储藏、晾晒、团聚等方面的需要。

改善人居生态环境：充分利用村庄原有的设施和条件，按照公益性、急需性和可承受性的原则，改善农民最基本的生产生活条件，重点解决农村喝干净水、用卫生厕、走平坦路、住安全房的问题。

优先发展重点镇：重点镇对于带动现代农业、为农村特色产业服务、改善农村人居环境作用明显，需要加大资金、政策支持力度，优先支持重点镇基础设施和公共服务设施的建设，积极引导社会资金参与重点小城镇建设，改善人居生态环境，增强集聚产业和吸纳人口、繁荣县域经济的能力。结合农村经济社会发展和产业结构调整，推动现有规模较大的重点小城镇适度扩展行政权能，增强服务现代农业发展的能力，为周边农村提供服务。改善进城务工农民返乡就业创业条件，探索建设返乡创业园区，研究解决转移进城进镇农民的住房问题，推进农民带资进镇，引导农村劳动力和农村人口向非农产业和城镇有序转移。

② 城乡统筹与农村人居环境建设。城乡统筹是指在我国特定的工业化和城镇化进程中，统一规划城市与乡村经济社会的发展，特别是针对城乡关系失调的领域，通过制度创新和一系列的政策，理顺城乡融通的渠道，填补发展中的薄弱环节，为城乡协调发展创造条件。城乡统筹发展的直接目标是实现城乡一体化。对于农村地区而言，统筹城乡发展包含两个相互关联的内容，即城市与乡村无障碍的经济社会联系，以及农村地区本身的发展。

从农村人居环境体系的发展和与城镇关系来划分，依据村庄的地理位置、人口、经济特征、村庄特色，以及未来村庄发展前景等因素，可将农村人居环境的发展策略划分为并入城镇村庄、城镇周边村庄、集聚发展村庄、控制发展村庄和撤并发展村庄等不同类型。城乡统筹发展条件下的农村人居环境发展是属于引导性的发展策略，其实施需要一个长期的过程。该策略的核心作用是引导政府公共财政资源在农村建设中的投入方向，即依据规划所确定的村庄类型，确定政府投入村庄公共服务设施和市政基础设施的内容与强度。同时，通过策略实施的引导和村庄人居环境的改善，逐步引导村民向重点村庄聚集，提高村民的生活质量。

③ 农村人居环境建设的前景。"绿色住宅"作为一种新兴起的生态人居建筑理念已深入人心。注重居住环境的生态循环，节能环保成为"绿色住宅"的首要条件。其实，绿色住宅不单指个体的住宅，也包括整个体系。在新农村规划中，我们应当根据当地的自然环境，运用生态学、建筑学和植物学等的基本原理，处理好住宅建筑与整个周边环境的关系，使住宅和环境成为一个有机的结合体。以本地植物为基体，共同组成一个既适合人居住又不影响生态循环的系统，以达

到自然、建筑和人三者之间的和谐统一。在具体设计上，注重本地植物的运用和不同植物各方面之间的相互补充融合。

（4）生态文化建设

我国的农村生态环保问题，若没有广大农民的参与是不可能解决的。要不断加大环境宣传力度，逐步在农村普及环境科学知识，切实提高农村居民的环境保护意识，把保护环境变成人们的自觉意识和行动。同时，特别要注意提高环境污染产生者的环境意识，加强他们对污染危害的深刻认识，调动积极性，增强保护环境自觉性。要大力倡导绿色消费，积极创建生态示范区、环境优美乡镇、生态示范村和绿色学校，促使生活垃圾节约化、减量化、无害化和资源化，走经济、社会、生态并重的可持续发展道路，创造"村容整洁"的新农村。

生态文明是社会文明体系的基础，是人类遵循自然生态系统规律，以人与自然、人与人、人与社会和谐共生、全面发展、持续繁荣为基本宗旨的文化伦理形态。党的十九大指出，要加快生态文明体制改革，建设美丽中国。作为农业大国，建设农村生态文明是建设和谐新农村的基础和保障，是"三农"科学发展的方向和必然要求。必须牢固树立生态文明观，重视人与自然、人与人、人与社会的和谐，不断化解生态危机，全面推进农村生态文明健康、协调发展。

意识是行动的先导，农村生态文明建设既是维护"三农"的生态安全，也是为农民谋福祉，提高农民的生存质量和文明素养的务实之举。生态文化建设应做到：①大力提升农村基层干部的生态意识；②增强群众生态保护观念；③积极推进农村生态环境建设，提高农民生活质量；④切实制定好、实施好农村环境保护的法规条例；⑤加大对农村环境保护的技术和资金投入。

（5）生态文明村建设

统筹城乡发展，继续推进生态文明村的创建，主要包括以下几方面内容：

① 以样板为表率，深入推进生态文明村的创建。创建"生态文明村"是农村发展的目标和动力，是改变农村落后的生活方式、改善人居环境、推进农村小康社会建设的有效载体。要采取"政府推动，基层联动，经济驱动，示范带动"等措施，积极动员各个乡镇、村落广泛参与到生态文明村建设的实践中，进一步建立各级生态文明示范村，形成以点带线、以线带面、连片发展的农村新格局，使生态文明村逐步普及化、实际化。

② 进一步发展和完善生态文明村的硬件建设，加快"三农"发展步伐。以生态文明村为载体，加大对生态文明村硬件建设的投入，搞好农村道路硬底化建设，改善农村的投资环境，带动农业生态产业化发展，推动农村经济发展和农民收入的提高。进一步优化农村人居环境，提高农民的生态保护意识。通过创建生态文明村，建立和完善农村环境卫生状况，加快实施"四位一体"（养畜、厕所、沼气池、温室）工程建设，形成农村生产生活良性循环生态链；大力实施农村绿化工程，全面推广村庄绿化；加强农村"产业化"发展，拓宽增收渠道，增加农民经济收入。

③ 以创建生态文明村为载体，提升农民的文明程度和知识水平。创建生态文明村不只是村容村貌的巨变，更要注重农民思想观念的改变。要通过多种方式和手段开展生态文明知识的宣传活动，以"文明化、生态化、知识化"为目标，紧紧抓住"文化、科技、卫生'三下乡'"活动的契机，深入指导和帮助农民成为新时代有文化、有能力、讲文明的社会主义新型农民。

④ 大力加强农村生态文化建设，积极培育新农村文明乡风。文明乡风是生态文化的内在组成部分，直接体现着农村的人文精神，反映着农民的精神风貌。加强农村生态文化建设，培育生态文明乡风，是文脉的延续，更是文明的需求。

⑤ 牢固树立生态文化观念，发挥其引导启发作用。发展农村和谐文化，倡导生态文化理念，在农村干部群众中牢固树立生态文化意识，注重生态道德教育和义务教育。通过各种方式对农村干部群众进行生态文化的宣传、教育、培训，使农民充分认识生态文化对于农村经济社会以及自身生存发展的作用和意义，最终形成全体农民共同参与的生态行为习惯。

⑥ 着力完善农村生态文化基础设施建设。要营造良好的农村文化环境，规范农村文化大院，建设成为集娱乐、休闲、体育、培训为一体的综合性大院；完善各级生态文化建设的硬件设施，如垃圾分类箱、节水节电指示牌等标志性设施；建立生态文化教育基地，设置生态文化宣传栏，制作生态文化墙等，利用文化设施传播生态文化理念，倡导绿色文明的生活方式，开展各种各样积极健康、文明向上的文化活动，形成良好的生态文化氛围。

⑦ 开展生态文化创建活动，培育文明乡风。文明乡风是新农村的灵魂，农民是推动生态文化、培育文明乡风的实践者、创造者。真正做到用生态文化建设生态文明，就要讲实效、落实处，培育文明乡风，使崇尚和谐的生态文化内化为农民的思维方式和行为习惯。要搞好生态文化建设，培育文明乡风，就需以生态文化为主题，以丰富多彩的文化活动为载体，引导农民积极参与，在活动中认识，在活动中消融。培育出崇尚科学、遵纪守法、举止文明、保护环境、遵守公德、讲究卫生、尊老爱幼、善良诚实、亲睦和善、拾金不昧等新文明乡风，提升农村整体生态文明水平。

16.2.3.2 生态村建设模式

（1）生态农业主导型生态村

生态农业主导型生态村应成为西部地区主要的生态村模式。该类生态村主要根据当地的自然资源和农村环境状况，有选择地采用立体农业、有机农业、循环农业等不同的生态农业类型，如发展立体农业，发挥生物共生、互补优势，遵循生态经济原则，调整土地利用和生产结构，提高土地利用率和产出率，使农林牧副渔各业有机结合，提高农业综合生产力。随着生态农业技术的推广与生态农业经济的发展，原本影响当地农村环境的禽畜粪污、垃圾已变废为宝，实现资源化利用。原先因禽畜粪污与垃圾霉变、发酵而散发出的臭味不复存在，取而代之的是清新宜人的空气。此外，粪污、垃圾等农村废弃物的资源化利用，既可以改善农田生态和环境，又可以节约化肥农药的支出。

传统以农业生产为主的村庄，传统的耕作模式制约了经济的发展，土地利用率低，经济相对落后。该类型村庄规划及建设思路是：①改变单一的传统种植模式，发展立体农业、复合农业，如农果间作、果林间作。②坑塘绿化种、养、加结合，引进桑基鱼池、草基鱼塘等技术。③围村林带建设结合林下经济，林畜、林药、林菌综合经营，发展经济并带动村民造林绿化的积极性。④发展庭院经济，有条件的农家小院种瓜、种菜、种花草，通过进行无公害生产，既美化农家小院，又形成绿色蔬菜及水果的供应点。⑤结合社会主义新农村规划进行绿地系统规划，使村庄绿化点、线、面有机结合，道路、庭院、公共绿地、围村绿化有机联系，实现森林化种植，使村庄掩映在绿树丛林之中。

传统的以林业生产为主的村庄的特点是林业生产已形成一定规模，并成为村庄的主要经济支柱产业，但存在的问题是果木品种老化，品质优秀的新品种很少，土地利用方式单一，土地潜力未能挖掘，果品生产产业链条短，未形成产、供、销、深加工等一条龙的产业链条。该类村庄虽然已形成一定的产业基础，但较林业生态村的建设标准还有一定距离，需不断完善和改进。该类型生态村规划及建设思路是：①延长产业链条，果品生产与销售、深加工结合，形成一条龙式产业链条。②改良品种，重视新品种的研发，并适时引进品质优秀的新品种。③引进生物防治新技术，生产无公害产品，形成无公害生产基地。④发展林下经济，在林下开展种、养殖活动，充分挖掘土地潜力。⑤结合社会主义新农村规划进行绿地系统规划，使村庄绿化点、线、面有机结合，道路、庭院、公共绿地、围村绿化有机联系，实现森林化种植，使村庄掩映在绿树丛林之中。

生态农业园区是伴随着生态农业产业化进程而出现的一种产物，利用最新的生态农业技术，在一定的地区内以市场为导向，进行农业最新科技成果的试验、展示、推广与销售，综合组织科研、旅游、试验等多种功能，是传统农业向现代农业进行转变的方式之一，能够在保证生态效益和社会效益的同时提高农业生产的收益，并带动所在地区生态农业的整体发展。主要形式为农业生态生产园区、农业生态观光园区、农业生态示范园区等。

（2）旅游文化依托型生态村

旅游文化依托型生态村，以农事活动为基础，以农业生产经营为特色，将农业经营、民俗文化及旅游资源融为一体，吸引游客前来观赏、品尝、购物、体验、休闲和度假。这类生态村主要凭借区位优势与便利的交通条件，打生态农业旅游和生态民俗文化牌，通过营造美丽的自然风光与原汁原味的乡土文化来吸引游客。要做到这一点，客观上要求村庄景致宜人、富有特色，而且基础设施也要配套齐备。

该类村庄的共同特点是与旅游景区毗邻，部分村庄已形成较分散的服务区，为前来景区旅游的游客提供住宿、餐饮、购物等便利条件。这些服务多为自发行为，未形成一定规模，特色不强，村容村貌、卫生条件均较差，因此对游客的吸引力不强。因此，应规划综合分析该类村庄的环境条件、资源优势及区位优势，挖掘村庄的历史文化渊源，并分析与其毗邻的旅游景区的特色、经营模式及与村庄的空间关系，充分利用村庄所处的优越区位优势及自然、人文资源，营造良好的旅游环境吸引游客，形成与旅游景区经济互动发展的旅游服务区，进而带动景区及村落经济的整体发展。

该类型村庄的规划及建设思路主要是：①改造村落建筑外观，形成具有当地民居特色的村落风貌。②农家小院的绿化美化要体现农家特色，也要卫生整洁，养鱼池、果树、花草等是其主要构成元素，实践中要根据村庄所处位置的环境条件及旅游景区的特色进行设计及植物品种选择。③村中开辟公共绿地及活动场，为旅游者提供旅游活动场地，如举行地方特色的民俗活动，出售特色的农家工艺品；公共绿地内设手工艺品作坊，形成都市人喜好的各种"吧"。④村庄道路绿化是生态村建设的重点，道路绿化应结合村庄布局尽量自然，避免道路笔直、树木成行的城市化做法。⑤围村绿化是连接村庄与旅游景区的纽带，设计及建设要与景区风格保持一致，形成景区的缓冲带而不是边界分明、布局整齐、品种单一的分隔带。⑥结合社会主义新农村规划进行绿地系统规划，使村庄绿化点、线、面有机结合，道路、庭院、公共绿地、围村绿化有机联系，实现森林化种植，使村庄掩映在绿树丛林之中。

随着改革开放的不断推进，人们的生活水平不断提高，物质上获得了足够的满足，逐渐开始注重精神方面的需求。许多市民都怀有一种拥抱自然的迫切渴望，看惯了大城市的车水马龙与高楼大厦，希望能够返璞归真，享受淳朴天然的自然风光，农村的生态农业观光旅游正好迎合了这一需求。此外，发展农村生态观光旅游，能够调整农业产业链条上各环节之间的数量关系，重新组织农业产业规模化结构构成形式，有利于进行产业部门的平衡与协调，能够把当地的特色自然资源与特色人文资源转化成为特色的产品,进而推动地方经济进步,增加农民收入,促进生态农业产业化发展。

（3）特色产品开发型生态村

特色产品开发型生态村以发展特色产业为主,适合经济基础相对较好、村民思想观念较为先进且有独特优势资源的乡村。要依托本村的资源优势,开发出适合本村发展的特色产品。当特色产品做大做强后,形成优势产业,并带动本村其他产业的发展,以此提高村民的收入,改善人居环境。

如果把一个市场空间描述为力场,那么位于这个力场中的推进性单元就可以描述为增长极。增长极是围绕推进性的主导产业部门而组织的有活力的、高度开放的一组产业,它不仅能自身迅速增长,而且还能通过乘数效应推动其他部门增长,通过市场细分确定特色产业,将其作为带动地方经济发展的增长极,并对增长极进行规模化开发,再通过增长极的自身快速发展带动整个区域的发展,产生强大的增长极乘数连带效应。生态农业特色龙头产业应充分利用资源优势,以点带轴,以轴带面,先富带动后富,最终促进整个区域的全面发展。

（4）工业型生态村

工业型生态村的特点是具有较好的矿产资源,村办企业发达,经济状况良好,但开山采石破坏了生态环境,且矿产生产带来的扬尘污染较重,村庄生态环境恶劣。

该类型生态村规划及建设思路是:①对采石、采矿坑口进行生态恢复及景观重建,最大限度恢复因开山采石造成的环境破坏,美化环境。②个别地段采用客土或团粒结构喷播等生态抚育技术,加快对环境的治理和改善;在正在生产矿区及采石场周围种植宽窄不一的生态隔离带,选用滞尘树种,通过科学搭配形成隔尘障,有效改善村庄及周围的生态环境。③对裸露的荒山进行绿化,选择耐旱、耐瘠薄、适应性强的树木品种,仿自然群落式种植,逐步形成稳定植被群落。④有条件的村庄远期可向旅游方向发展,开展特色鲜明的工矿废弃地旅游。⑤结合社会主义新农村规划进行绿地系统规划,使村庄绿化点、线、面有机结合,道路、庭院、公共绿地、围村绿化有机联系,实现森林化种植,使村庄掩映在绿树丛林之中。

（5）社区型生态村

社区型村庄的特点是种植特色果木品种,以水果自由采摘为主,已开展农家乐主题的农业观光游,生态农庄初具规模。存在的问题是果品生产季节性强,品种单一,旅游的季节性也很强;旺季只有春季、五一、黄金周,时间不到一个月,其他季节土地基本闲置,土地利用率低,土地潜力未能很好挖掘;旅游兴奋点少而集中,缺乏长远考虑;基础设施差,缺少必要的旅游服务设施,旅游六要素"吃、住、行、游、购、娱"不配套,尤其相对落后的交通状况及卫生状况会极大影响游人的旅游兴趣。

该类型生态村规划及建设思路是:①增加旅游兴奋点,以绿色景观和田园风光为主题开展观光型乡村旅游,包括观光果园、休闲渔场、农业教育园、农业科普示范园等,成为汇休闲、娱乐和增长见识于一体的乡村旅游。②充实其他果木品种,如春季以樱桃为主,秋季以葡萄、枣为主,冬季可以种植冬枣、冬草莓等,尤其草莓可以与果树间作,增加土地的利用率。③策划各种"农家之旅"旅游活动,如樱桃节、葡萄节等。④完善各类基础服务设施,使交通便捷、服务全面,满足游人对旅游六要素的要求。⑤对村庄建筑风貌逐步改善,形成具有民居特色的农家院落。⑥结合社会主义新农村规划进行绿地系统规划,使村庄绿化点、线、面有机结合,道路、庭院、公共绿地、围村绿化有机联系,实现森林化种植,使村庄掩映在绿树丛林之中。

生态村以人为尺度,各种行为活动不损害生态环境,合理有序地开采和利用自然资源,能够可持续地进行长期的发展。一般认为,生态村普遍具备以下几个特征:人性化的规模、完善齐备的功能、不损害自然的农业活动以及和谐可持续的生活方式。生态村可以看作是生态园区的进一步扩大,通过以村为单位的整体生态化建设,以连带效应带动周边区域的整体发展。

> **专栏——国家级生态村:江阴市华西村**
>
> 被誉为"华夏第一村"的江阴市华西村,在2001年成为全国首个通过ISO 14001国际环境质量管理体系认证的村庄后,于2010年3月获批"国家级生态村"。
>
> 早在2000年,华西村就毅然关掉了年产值达2.5亿元、利润超过2千万元的染料化工厂、线材厂等三家企业。2007年,华西村党委提出了"既要增长GDP,又要削减COD"的目标,对此,集团公司将八个分散排放的企业改成集中排放,实行管网连通,统一到华西华新针织染整有限公司污水处理厂集中处理。随后,华西村又把处理后的一级达标废水,返回到生产工序中循环利用,通过对中水回用系统进行改造完善,将处理后的废水直接用于华西工业园区内各企业补充生产用水和设备冷却水,从而基本实现了工业废水的"零排放"。
>
> 为创建国家级生态村,华西村推行清洁生产,依托工业企业之间"唇齿相依"的优势,创建了"原料运输零费用""废物吃干用尽""废水梯级利用""废气制成增值产品"等20多种循环经济模式,一年节能降耗、增收节支效益就超过了5亿元。目前,华西村已基本实现了"三废"资源化梯级利用。
>
> 通过几年的农村环境综合整治,华西村已建成"万亩农林科技示范园区",既是一个以"粮、果、树、渔"汇聚的现代高科技农业区,又是一个四季飘香的生态旅游观光园,还是一个月月鲜花盛开、季季水果飘香的"天然氧吧"。华西村还投资近1000万元美化生活区,全村的绿化覆盖率超过40%,被评为"全国造林绿化先进村"。

习题与思考题

1. 什么是城市生态系统?城市生态系统的功能和特点有哪些?
2. 城市生态系统存在哪些问题?
3. 简述宜居城市构建的思路和实施方法。
4. 简述农村生态系统的概念、特点及功能。
5. 生态村建设主要包括哪几方面内容?
6. 生态村建设的主要模式有哪些?

参考文献

[1] 姜煜华,甄峰,魏宗财.国外宜居城市建设实践及其启示[J].国际城市规划,2009,24(4):99-104.
[2] 郑华,李屹峰,欧阳志云,等.生态系统服务功能管理最新进展[J].生态学报,2021,41(6):1989-1995.
[3] 苏美蓉,杨志峰,张迪.城市生态系统服务功能价值评估方法研究进展[J].环境科学与技术,2021,44(3):123-128.
[4] 郑曦.城市生物多样性[J].风景园林,2022,29(1):8-9.
[5] 黄越,闻丞.我国城市生物多样性保护和生态修复重点任务的转变[J].北京规划建设,2021,(5):10-13.
[6] 郝之颖.宜居城市建设实践与国际经验借鉴[J].国外城市规划,2021,26(3):55-60.
[7] 任致远.新时代宜居城市思考[J].中国名城,2021,35(3):1-5.
[8] 赵运林.城市生态学[M].2版.北京:科学出版社,2021.
[9] 李强,李武艳,赵烨,等.农村生态系统健康评价体系与应用案例[J].生态环境学报,2021,30(5):1234-1240.

［10］章家恩，骆世明. 农业生态系统健康评价指标体系构建［J］. 应用生态学报，2021，32（7）：2134-2140.

［11］朱跃龙，吴文良，霍苗. 生态农村发展模式与实践［J］. 生态经济，2021，37（2）：123-128.

［12］陈群元，宋玉祥. 我国农村生态环境问题与对策研究［J］. 生态经济，2021，37（4）：156-161.

［13］中华人民共和国水利部. 2022年中国水土保持公报［R］. 北京：中华人民共和国水利部，2023.

［14］中华人民共和国国家林业和草原局. 中国荒漠化和沙化状况公报［R］. 北京：中华人民共和国国家林业和草原局，2020.

［15］崔海鸥，刘珉. 我国第九次森林资源清查中的资源动态研究［J］. 西部林业科学，2020，49（5）：90-95.

［16］张正偲，潘凯佳，梁爱民，等. 戈壁沙尘释放过程与机理研究进展［J］. 地球科学进展，2019，34（9）：891-900.

［17］解淑艳，王胜杰，于洋，等. 2003—2018年全国酸雨状况变化趋势研究［J］. 中国环境监测，2020，36（4）：80-88.

［18］魏后凯，李劬，年猛. "十四五"时期中国城镇化战略与政策［J］. 中共中央党校（国家行政学院）学报，2020，24（4）：5-21.

第 17 章　生态文明理论与实践

本章要点

1. 生态文明的内涵；
2. 生态文明与原始文明、农业文明和工业文明的区别与联系；
3. 生态文明与物质文明、政治文明和精神文明的区别与联系；
4. 各国生态文明建设的主要内容和特点。

17.1 生态文明理论

17.1.1 生态文明的内涵

　　生态文明由生态和文明两个概念复合而来。其中，"生态"一词源于古希腊语，意思是"家"或者"我们的环境"。简单地说，生态就是指一切生物的生存状态，以及它们之间和它们与环境之间环环相扣的关系。生态的产生最早是从研究生物个体开始的，"生态"一词涉及的范畴越来越广，人们常常用"生态"来定义许多美好的事物，如健康的、美的、和谐的等事物均可冠以"生态"修饰。汉语"文明"一词，最早出自《易经》，曰"见龙在田、天下文明"（《易·乾·文言》）。在现代汉语中，文明指一种社会进步状态，与"野蛮"一词相对立。文明与文化这两个词汇有含义相近的地方，也有不同。文化指一种存在方式，有文化意味着某种文明，但没有文化并不意味着"野蛮"。汉语的文明对行为和举止的要求更高，对知识和技术的要求次之。英文中的文明"civilization"一词源于拉丁文"civis"，意思是城市的居民，其本质含义为人民生活于城市和社会集团中的能力。引申后意为一种先进的社会和文化发展状态，以及到达这一状态的过程，其涉及的领域广泛，包括民族意识、技术水准、礼仪规范、宗教思想、风俗习惯以及科学知识的发展等。简而言之，文明是指人类社会的开化程度和整体进步的状态。从人类社会实践活动来讲，文明则是人类改造自然、改造社会和自我改造的结晶。

　　21 世纪是生态文明的时代，这已成为全球的共识。但是，对于什么是生态文明，学者们的理解不尽相同。他们从各自不同的学科背景、理论视野以及关注点出发，提出了不同的生态文明定义。概括起来，主要有三种观点：一种观点从较为抽象的人类社会发展阶段的视角来定义生态文明，认为生态文明是人类社会继原始文明、农业文明、工业文明之后的一种新型文明形态或这种文明形态的新特征；另一种观点是从较为具体的角度，即生态文明的调节对象或构成要素的视角来定义生态文明；还有一种是从广义和狭义相区分的角度，即人类文明发展阶段和文明构成要素两者兼顾的角度来定义生态文明。

（1）从人类文明发展阶段角度定义的生态文明

这主要是从人类文明发展的支撑产业，即产业结构发展、优化的视角来定义生态文明。这一分析视角认为，人类文明的发展在经历以采集狩猎为特征的原始文明，以种植养殖为特征的农业文明以及以机器大工业生产为特征的工业文明之后，人类社会将进入以服务业为主体，以农业和工业的生态化为主要特征的生态文明新时代。生态文明必将开辟人类历史的新纪元，使人类的生产、生活方式发生质的改变。从人类文明发展阶段的角度来理解生态文明，主要有两种观点。一种观点认为，生态文明是人类文明发展的新阶段。从原始文明、农业文明、工业文明这一视角来观察人类文明形态的演变发展，可以说生态文明作为一种后工业文明，是人类社会一种新的文明形态，是人类迄今最高的文明形态。另一种观点认为，生态文明是人类未来文明的新特点。这种观点认为，生态文明并不是未来人类文明的全部，仅是未来文明的新特点。未来文明应是工业文明与生态文明相统一的文明。这是从我国现实国情出发对生态文明的深刻理解，指出了中国特色生态文明的鲜明特征，表明了当前经济建设和工业文明对于满足人民日益增长的物质文化需要的重要意义。

（2）从生态文明的调节对象或构成要素角度定义的生态文明

从生态文明的调节对象或构成要素来定义生态文明，由于对"生态""文明"的理解不同，因而产生出对生态文明不尽相同的定义。对于生态的理解，有狭义和广义之分：狭义的生态单指人与自然的关系；广义的生态不仅指人与自然的关系，而且指人与人、人与社会的关系，是自然生态与社会生态的统一。同样对于文明的理解，也有狭义和广义之分：狭义的文明特指精神文明成果；广义的文明则包括物质成果和精神成果的总和。因此，生态与文明这两个概念组合起来，就构成了不同层次的生态文明概念。第一个层次认为生态文明是调整人与自然关系的精神成果的总和。这是对生态文明概念最狭义的理解。其理论出发点是，生态特指人与自然的关系，文明特指精神文明。第二个层次认为生态文明是调整人与自然关系的物质成果和精神成果的总和。这一观点认为，凡是与处理人与自然关系相关的物质成果和精神成果都可以纳入生态文明的范畴。第三个层次认为生态文明是调整人与自然、人与人、人与社会关系的物质成果与精神成果的总和。这是一种对于生态文明最宽泛意义上的理解。这一定义的指向是与生态文明发展阶段概念的指向相通的，将生态文明定义为人类文明发展新阶段的所有物质成果与精神成果的总和。

（3）从广义和狭义区分的角度定义的生态文明

生态文明概念应从广义和狭义两个层面进行理解，既可理解为人类文明发展的某一阶段，也可理解为某一文明阶段的某种具体文明形式。从广义上讲，生态文明是人类文明发展的一个新阶段，即工业文明之后的人类文明形态。它是指人们在改造客观物质世界的同时，不断克服改造过程中的负面效应，积极改善和优化人与自然、人与人、人与社会的关系，建设人类社会整体的生态运行机制和良好的生态环境所取得的物质、精神、制度方面成果的总和。从狭义上讲，生态文明是与物质文明、精神文明和政治文明相并列的文明形式，重点在于协调人与自然的关系，强调人与自然的关系，强调人类在处理与自然关系时所达到的文明程度，核心是实现人与自然和谐相处、协调发展。生态文明也是对现有文明的整合与重塑。就文明的发展阶段来看，生态文明是原始文明、农业文明、工业文明之后的一个更高阶段。

从纵向看，生态文明是人类发展迄今为止最先进的文明形态，也是人类历史发展不可逆转的潮流。目前，人类文明正处于从工业文明向生态文明过渡的阶段。从横向来看，生态文明是现代社会的第四大文明领域，是与物质文明、精神文明和政治文明并列的文明形式，是协调人与自然关系的文明。

17.1.2 生态文明与原始文明、农业文明和工业文明

人类文明史大致分为三个阶段：采集-狩猎阶段、农业阶段和工业阶段。三大阶段的人类文明也被广泛地称为原始文明、农业文明和工业文明。当前，人类文明正发生着重大的转折，一个新型的文明正在人类的呼唤中姗姗走来，这就是生态文明。

17.1.2.1 生态文明与原始文明

原始文明是人类文明发展的萌芽阶段。据考证，这一阶段大约经历了几百万年的时间。这个时期，人与自然是浑然一体的，人类依赖自然为生，以石器、木棒等简单的工具进行生产，以树叶为衣，以洞穴为居，直接从自然界中获取生活资料。后来，人类发明了人工取火、弓箭等，出现了群居以及语言，具备了社会的最初形式，创造出人类最初的文明。

原始文明虽然使人类从动物界脱离出来，但并不等于使人类就此脱离了自然界的羁绊，从灾难深重的阴影中走出来。原始文明是人类文明史上经历最长的文明时代，在这一时期，生产力水平极其低下，人们对各种自然现象无法理解，逐渐形成了"图腾"崇拜，对大自然也就存在一种敬畏心理。在这一阶段，人与自然的关系是：人只能被动地适应自然、盲目地崇拜自然、顺从自然，人受制于自然，人寄生于大自然，始终以自然为中心。

17.1.2.2 生态文明与农业文明

按照美国人类学家摩尔根和德国思想家恩格斯的看法，真正的人类文明是从农业文明开始的。从本质上讲，农业文明所使用的生产和生活资料基本上属于可再生能源。然而，作为农业文明最基本的资源——土地，是有限的和稀缺的，当一个地区的人口增长达到一定限度，其赖以生存的土地就难以承载人口产生的压力。于是，人们开始毁林开荒，围湖造田，这种做法确实能够获得短期效益，但最终导致局部地区的水土流失、旱涝频繁、气候变异等生态灾难发生。

据历史考证，曾辉煌一时的古埃及文明、古巴比伦文明、古希腊文明、哈巴拉文明和玛雅文明之所以最终都难逃毁灭的命运，主要原因是过度开垦、放牧、砍伐、消耗。正如美国生态学家弗·卡特在《表土与人类文明》一书中所说："文明之所以会在孕育了这些文明的故乡衰落，主要是由于人们糟蹋或者毁坏了帮助人类发展文明的环境。"因此，农业文明的兴衰归根结底都与生态问题有关：当一个地域的生态环境有利于农业的发展时，农业文明最终繁荣起来；农业的繁荣促进人口的迅速增长，从而使生产和生活资料的需求量大大增加；由于原有的农业用地不能满足人口增长的需要，人们开始过度开垦，破坏该地域的生态环境，最终毁掉了农业赖以生存的环境，导致文明的衰落。这几乎成为农业文明不可逃脱的历史宿命。但从总体上讲，农业文明对于自然生态环境的破坏仍然是有限的和局部性的，它只能从表土的层面毁掉某一区域内农业生产赖以进行的环境条件，而不可能从整体上毁灭掉经历了亿万年演化而最终形成的整个地球的生态环境。而且，在农业文明时代，人们也能够通过迁移等行为方式来规避表土层面的生态危害。因此，农业文明时代的生态危机尽管会对某一区域的农业人口造成严重的灾难，但还不至于造成整个地球的变异或危及人类的生存。

在农业文明中，我国处于领先的位置，农业文明甚至决定了中华文化的特征。我国的文化是有别于欧洲游牧文化的一种文化类型，农业在其中起着决定作用。聚族而居、精耕细作的农业文明孕育了自给自足的生活方式、文化传统、农政思想、乡村管理制度等，与今天提倡的和谐、环保、低碳的理念不谋而合。历史上，游牧式的文明经常因为无法适应环境的变化，以致突然消失。而农耕文明的地域多样性、民族多元性、历史传承性和乡土民间性，不仅成为中华文化的重

要特征，也是中华文化之所以绵延不断、长盛不衰的重要原因。虽然农业文明一直延续到工业革命之前，但在工业文明时代，农业文明并没有消失，而且，只要人类存在，农业文明就会存在，只是其不再为主导而已。在以工业文明为主导的阶段，农业文明汲取着工业文明的成果，演变成现代农业文明。现代农业文明不仅满足了人类对食物的需求，还满足了人类对能源和其他资源的需求，同时也推动着经济增长和发展。

综上所述，农业文明时期，生产力水平相对于原始文明有了一定的发展，人类为了自身的生存与发展对大自然进行开发与改造，但由于当时的生产力水平并不高，人类使用的生产工具还比较简单，使用的能源也仅仅是人力、畜力、风力以及水力等可再生资源，并没有从根本上破坏自然生态系统的平衡。在这一阶段，人与自然的关系是：自然处于主导地位，人类处于从属地位，人与自然基本和谐。人类的一切行为都要依赖于自然界，但人类也在积极地利用自然为自身服务、改善自身生活水平。

17.1.2.3　生态文明与工业文明

人类文明以舒缓的步履走完了几千年的农业文明时代，进入了一个文明新纪元——工业文明。英国科学家瓦特改进蒸汽机，成为工业文明的显著标志。蒸汽机的使用使社会生产力获得飞跃式的发展，工业文明也以一日千里的速度进入人类视野。工业文明是以工业化为重要标志、机械化大生产占主导地位的一种现代社会文明状态。其主要特点大致表现为工业化、城市化、法治化与民主化、社会阶层流动性增强、教育普及、消息传递加速、非农业人口比例大幅度增长、经济持续增长等。

迄今为止，工业文明是最富活力和创造性的文明。与几千年的农业文明相比，工业文明前后仅仅用了200多年时间，创造的物质财富就大大超过了农业文明几千年的积累。而且，掌握先进生产力的人类，野心逐渐膨胀。

工业文明的优势是规模化生产，使人类商品迅速丰富，缺陷是对地球资源的消耗与自然环境的污染急剧加速。在这种掠夺性基础上，工业文明自然地呈现出不可持续性。与农业生产不同，工业生产能够做到生产资料的集约化生产，而且，工业生产的许多生产资料是不可再生的、在物质形式上是不可循环的。不可循环的经济，从物质形态上讲就是不可持续的。工业文明对大自然的掠夺注定了其天然具有不可持续性。

当代生态危机表明，以往的工业文明模式已不适应当代人类的实践，无法正确处理人与自然的关系。尽管人类可以采取某些措施阻止破坏自然生态的行为发生，但由于工业文明模式的内在局限和缺陷，不可能从根本上解决全球性的、整体性的生态危机。需要说明的是，人类必须结束的是一种产生危机的工业文明观，而不是就此终结工业文明的历史。生态文明对工业文明既有否定，也有承续。工业文明时代所创造的工业物质文明和精神文明成果仍然会充分继承和存在，只是工业文明时代关于人与自然关系的观念，特别是那些人类要主宰和控制自然的思想，需要进行根本性的改造。

17.1.2.4　生态文明——重寻人与自然和谐相处

生态文明是对传统的工业文明进行批判性反思的结果，是通过人类重塑自然权威，以尊重自然、维护自然、顺应自然为前提，以人与人、人与自然、人与社会和谐共生为宗旨，以建立资源节约型、环境友好型社会和与之适应的经济增长方式、消费方式为基础，以引导人们走持续发展、和谐发展的道路为着眼点的一种全新的文明形态。原始文明、农业文明和工业文明是在人类与自然力量对比处于不平衡条件下发展起来的，它们具有物质、理性与进攻性的特征。与之不同，生态文明是在人类具有强大改造自然的能力之后，合理运用自己能力的文明，强调感性、平衡、协调与稳定，反对工业文明以来形成的物质享乐主义和对自然的掠夺。

"天人合一"是我国古人追求的一种人与自然和谐的最高境界。可以从两方面来探讨：一是从大的生态环境，即天地（大宇宙）的本质与现象来看"天人合一"的内涵；二是从生命（小宇宙）的本质与现象来看"天人合一"的内涵。在道家看来，天是自然，人是自然的一部分。因此，庄子说："有人，天也；有天，亦天也。"天人本是合一的。但由于人类制定了各种典章制度、道德规范，使人类丧失了原来的自然本性，变得与自然不协调。人类修行的目的，便是"绝圣弃智"，打碎这些加于人身的藩篱，将人性解放出来，重新复归于自然，达到一种"万物与我为一"的精神境界。在儒家看来，天是道德观念和原则的本原，人心中天赋地具有道德原则，这种天人合一乃是一种自然的，但不自觉的合一。由于人类后天受到各种名利、欲望的蒙蔽，不能发现自己心中的道德原则。人类修行的目的，便是去除外界欲望的蒙蔽，"求其放心"，达到一种自觉地履行道德原则的境界。

21世纪的"天人合一"，我们可以这样理解："天"指的是整个自然，包括整个地球；"人"指整个人类社会，包括人类社会中的政治、经济、文化等。在人类的文明发展历程中，历经原始文明、农业文明、工业文明以及生态文明，人与自然的关系从最初的敬畏自然到改造自然、征服自然，再到现阶段我们想要实现的人地协调、生态文明的"天人合一"，追求的理想状态便是人与自然和谐相处。

17.1.3 生态文明与物质文明、政治文明和精神文明

党的十七大报告首次明确提出"生态文明"的概念，生态文明成为全面建设小康社会的奋斗目标之一，生态文明建设与经济建设、政治建设、文化建设、社会建设一起，共同成为中国特色社会主义事业总体布局的构成部分。

党的十八大报告把"大力推进生态文明建设"作为一个独立部分进行专题论述，提出努力建设美丽中国和天蓝、地绿、水净的美好家园，强调建设生态文明是关系人民福祉、关乎民族未来的长远大计。面对资源约束趋紧、环境污染严重、生态系统退化的严峻形势，必须树立尊重自然、顺应自然、保护自然的生态文明理念，把生态文明建设放在突出地位，融入经济建设、政治建设、文化建设、社会建设各方面和全过程，努力建设美丽中国，实现中华民族永续发展。十八大将以前的"四位一体"扩充为"全面落实经济建设、政治建设、文化建设、社会建设、生态文明建设'五位一体'总体布局"。

党的十九大报告中指出，坚持人与自然和谐共生。必须树立和践行绿水青山就是金山银山的理念，坚持节约资源和保护环境的基本国策，实行最严格的生态环境保护制度，形成绿色发展方式和生活方式，建设美丽中国，为人民创造良好生产生活环境，为全球生态安全作出贡献。

党的二十大报告中指出，大自然是人类赖以生存发展的基本条件。尊重自然、顺应自然、保护自然，是全面建设社会主义现代化国家的内在要求。必须牢固树立和践行绿水青山就是金山银山的理念，站在人与自然和谐共生的高度谋划发展。我们要推进美丽中国建设，坚持山水林田湖草沙一体化保护和系统治理，统筹产业结构调整、污染治理、生态保护、应对气候变化，协同推进降碳、减污、扩绿、增长，推进生态优先、节约集约、绿色低碳发展。

17.1.3.1 生态文明和物质文明、精神文明、政治文明的概念

（1）生态文明

生态文明是指人类文明发展的新阶段和新形态，是人们在改造客观物质世界的同时，不断克服改造过程中的负面效应，积极改善和优化人与自然、人与人、人与社会的关系，建设人类社会

整体的生态运行机制和良好的生态环境所取得的物质、精神、制度方面成果的总和。

(2) 物质文明

物质文明是指人类物质生活的进步状况，主要表现为物质生产方式和经济生活的进步。物质文明越高，表明人类离野蛮的状态愈远，依赖自然的程度愈小，控制自然的能力愈强。物质文明的高度发展给人类改造自然、征服宇宙、推动人类社会进步创造了优越的、必要的、先决的条件。

(3) 精神文明

精神文明指的是人类精神生活的进步状态。按性质，精神文明可以分为两大类。一类指科学教育、文化艺术、卫生体育事业的发展规模和水平，一类指思想、情操、理想、伦理、道德、风尚、习惯等社会意识形态的状况。前者直接同社会的物质生产相联系，直接反映物质文明的程度，直接为物质文明条件所制约；后者不直接同社会生产相联系，而是同社会经济制度的性质相联系。

(4) 政治文明

政治文明是指人类改造社会的政治成果的总和，是人类社会文明的重要组成部分，是人类政治活动的进步状况和发展程度的标志，它是与政治蒙昧和政治野蛮相对立的范畴。政治文明本质是一种回归主体性的文明，强调每一个公民都拥有参与管理国家事务的权利。党的十六大报告在一系列论述"民享"的基础上，提出政治文明，其核心意义就在于"民治"，也就是让公民真正成为能够决定自己命运的政治上的主人。

17.1.3.2 生态文明和物质文明、精神文明、政治文明的区别

首先，它们包含着各自不同的内容。物质文明是人们在改造客观世界的实践活动中形成的有益成果，表现为物质生产方式和物质生活的进步。政治文明是人们在政治实践活动中形成的有益成果，表现为社会政治制度和政治生活的进步。精神文明是人们在改造客观世界的同时改造主观世界中形成的有益成果，表现为社会精神产品和精神生活的进步。生态文明是人类在改造自然以造福自身的过程中，为实现人与自然之间的和谐所作的全部努力和所取得的全部成果，表征人与自然相互关系的进步状态。

其次，它们包含着各自不同的处理关系。物质文明体现人类在改造自然过程中处理的人与自然的关系。政治文明体现人类在改造社会过程中处理的人与人的关系。精神文明体现人类在改造主观世界的过程中处理的主观与客观、人与自我的关系。生态文明不仅体现在改造人与自然的关系，消除社会不公，使人与人的关系协调发展，而且还把许多新观念、新内容引进精神领域，全面推进人类文明的发展和进步。

17.1.3.3 生态文明和物质文明、精神文明、政治文明的联系

生态文明建设并非独立于三大文明之外再建设一种新的文明，而是在三大文明建设的实践中建设。因为现代生态危机源于近代工业文明在人与自然关系、经济利益与生态利益之间关系上认识和做法的根本性错误。自近代以来的人类工业文明，从价值导向、方针政策，到规章制度、行为规范，以及种种产品、设备、工作条件或生活环境等物质形态，无不渗透着人类中心主义等反自然或非生态化的思想观念及其消极影响。因此，要建设生态文明，就应对被近代工业文明所深深染污的三大文明从内容和形式上进行"生态化"改造，将生态文明的理念和要求由内而外地贯彻到人类的思想意识、方针政策、法律法规、规章制度、行为规范、生产方式、行为方式、生活方式等人类社会的一切方面和细节中，以生态文明的理念和精神来引导、规范、限制和制约三大

文明建设。

在物质文明的生态化建设方面，生态文明为物质文明建设明确规定了环保、节能、护生等生态化发展方向，要求物质生产力的职责不只是要认识自然、改造自然，而且要承担起保护自然、节省资源、健康卫生、创造美好环境的责任，即发展绿色生产力，不能再像过去那样以牺牲环境和资源为代价来换取经济的快速增长。特别是应当大力建设如循环经济那样全程控制污染物产生、最大限度利用资源的生态型经济，这是现代物质文明建设得以可持续发展的前提，以此来取代传统"三高一低"的线性经济模式。同时，还要向生态化方向调整产业结构，大力发展生态化的工业、农业、旅游业、信息业等产业，在消费上实现从以消费享乐主义为主导的消费模式向绿色、适度、可持续的生态型消费模式转变，开创出一条科技含量高、经济效益好、资源消耗低、环境污染少、人力资源优势得到充分发挥的新型工业化道路。按生态文明要求进行经济建设时，也许经济效益会暂时有所降低，但从长远或全局的角度来看无疑是利远大于弊的，为此也有必要制定和实施若干对企业有利的生态性激励政策和措施，将生态物质文明建设与市场经济建设有机结合起来。党的十七大报告就生态文明建设提出在2020年所要达到的要求："基本形成节约能源资源和保护生态环境的产业结构、增长方式、消费模式。循环经济形成较大规模，可再生能源比重显著上升。主要污染物排放得到有效控制，生态环境质量明显改善。生态文明观念在全社会牢固树立。"其中，除最后一句话之外，前面各项要求都可看作是对全面实现小康目标下物质文明建设生态化的基本要求。

在精神文明的生态化建设方面，应树立和倡导生态化的价值观和思维方式，并对传统工业文明的各种错误观念和思维方式进行变革。具体来说，应树立起人与自然的和谐发展观，代际代内发展上的平等观，尊重一切生命的生态伦理观，循环利用资源的资源观，全面注重经济、社会、生态诸方面效益的综合效益观，环保节约、适度消费、精神至上的可持续消费观，批判和破除奴役自然的人类中心主义、片面追求经济效益的狭隘政绩观，以及物本主义、消费享乐主义、物质主义等错误价值观念，用基于生态文明理念的思维方式取代过去那种片面追求功利而置资源和环境于不顾的思维方式，倡导以环保为价值取向的技术创新观，使生态文明理念成为全社会公认的社会责任意识。同时，在生态文明的理论研究和教育宣传上，还应注意继承、借鉴或发扬古代儒道释诸家以及西方文化当中合理的生态哲学思想，以此来破除自近代工业革命以来形成的种种非生态的错误观念和思维模式，如我国古代"天人合一"思想将人类看成是大自然的一部分，与自然万物构成一种相互作用、相互依存的整体性关系，人与自然环境应保持一种和谐关系，这对于我们破除人类中心主义等错误观念以及人天分立、主客二分的机械论思维方式，树立人与自然和谐发展的自然观，有着重要的方法论意义。

在政治文明（或制度文明）的生态化建设方面，应加快制定和大力实施有利于建设"资源节约型、环境保护型"社会的法律法规，坚持以生态文明理念来指导制度创新，努力建设"节约型政府"。节约型政府即生态型政府，即要"追求实现对一个政府的目标、法律、政策、职能、体制、机构、能力、文化等诸方面的生态化"。应随着生态文明的具体实践，与时俱进进行制度创新，建立健全各行业的职业生态行为规范乃至全社会公民的生态行为规范，特别要为循环经济以及生态农业、生态旅游业等生态产业及时制定有关的法律法规并严格监督实施。还应以科学发展观为指导，着重变革长期以来盛行的GDP干部考核制度，建立包括经济、生活、人文、环境、卫生等方面指标在内的绿色GDP考核制度，这对于纠正片面把GDP增长作为考核唯一标准的错误做法，矫正好大喜功、追求形象工程和短期效益的狭隘功利主义行为，有着重要的现实意义。

生态文明对三大文明不仅有着上述约束、限制的关系，它们彼此间还有着相互补充和支持的关系。

(1) 生态文明丰富和补充了三大文明建设的内容

从物质文明方面来说，以往工业文明建设片面注重经济发展，不考虑生态因素。按生态文明的新要求，物质文明建设的内容要生态化，在经济上增加与社会、环境、资源各方面协调发展的内容，在消费方式上增加环保、节能、减排、卫生、健康等绿色消费的内容，在生活环境上依照自然规律建设和优化健康、舒适、安全、人性化的环境空间等。

建设物质文明的主要途径，不能再局限于传统的工业经济建设和普通科技，要对农业、工业、服务业等不同行业，以及不同领域的科技工艺，进行产业链式、整体性、适应生态的协同升级。在产业布局上，要与自然地理或生物圈系统相适应，以生态农业、生态工业和生态服务为主。在生产交换体系上，要把环境成本内部化，凸显环境要素价值的重要性。在科技研发上，要注重科技本身的安全性、清洁性和高端性。如此遵从生态化的价值取向，是确保物质文明建设健康、可持续性发展的保证。

从精神文明方面来说，生态文明作为对近代工业文明反思和超越的结果，标志着人类处理人与自然关系的一种新视角、新思路和新行为模式，为人类发展提供了代际代内皆平等的可持续发展思想；使敬畏自然、关爱万物、环保节约等生态伦理成为人类道德建设的重要内容；使生态文明理念成为从观念创新到行为规范创新、从技术创新到制度创新的基本价值取向和指导原则；在科技创新中树立以满足生态保护、节约资源、替代能源、治理污染、清洁生产、回收废物、耐用型消费、人类健康等方面需要的全新价值取向；使得倡导适度、绿色、精神性的消费以及简约生活成为现代社会生活方式的重要内容；使得培育"生态人"成为学校教育和社会教育的新目标，从而大大丰富了精神文明的内容。

从政治文明方面来说，生态文明建设客观上要求政治文明与时俱进地为其制定相关的各项方针政策、规章制度和行为规范，特别是要建立涵盖经济、生活、人文、环境、卫生诸方面内容在内的绿色GDP干部业绩考核制度，并予以有效的监督，乃至建立"节约型"的政府及企事业机构，这构成政治文明为响应生态文明建设的要求所要增加、补充的新内容。同时，生态文明理念也促进政治文明内容的扩展，绿色政治的理念和思维业已成为政治文明的重要内容，人类在政治上的民主、平等、公正等意识也从人类扩展到动物界乃至一切生命领域，尊重和善待自然生命的生存权利成为人类应具有的社会责任意识，保护野生动物等生态性法律法规得以不断建立和完善。

生态文明时代的政治文明途径，也不再局限于工业文明背景下以财富标准划定的阶级分层与阶级革命，而是增添了新的环境意识驱动的环保要求和环境运动。在环境危害面前，虽然也有财富基础不同产生的应对差异，但总体来看没有完全保存者，人类在自然灾害侵袭时还相对脆弱。因此，这是一场环境议题"关心者"和"不关心者"之间的磨合。

(2) 三大文明建设也为生态文明建设提供了有力的支持

从物质文明方面来说，它为生态文明建设提供基础性的物质支持。现实中不少环保问题难以解决的重要原因之一，就在于"缺资金"或"无能力"。要解决环境污染等问题，人财物等方面的支持是必不可少的，特别是组织科研力量对生态化的新能源、新材料、新技术、新产品进行自主创新具有重要意义。建设生态经济也需要将生态建设与发展经济结合起来，实现环保与市场经济发展的良性互动和价值双赢。

从精神文明方面来说，它为生态文明建设提供不可或缺的精神动力、思想保证和智力支持。绿色消费、循环经济、可持续发展等新思想，本身就是有强烈社会责任意识的人士提出的。生态文明建设离不开且需要精神文明建设在价值观、世界观、认识论和方法论诸方面予以思想和精神上的大力支持。事实上，作为生态文明建设基本内容的生态文化和生态道德建设，其培育和建设始终离不开精神文明的思想引导和道义支撑。特别是以人为本的科学发展观，能够真正从人与自然、人与社会最合理的关系角度来考量问题，最有助于克服各种反自然、反生态的错误观念。精神文明可通过舆论宣传、思想教育等多种途径来提升人们的道德水平和文明程度，这同样可用于生态文明建设，有助于人们树立和强化可持续发展、绿色消费等生态理念。

从政治文明方面来说，它能够为生态文明建设提供强有力的制度保障和促进作用。政治文明具有决策民主、调控性强、督导性强、执行力强、影响面宽等特点，通过法律法规、行政强制、税收杠杆、舆论宣传、基层民主等手段，政治文明能够在目标、法律、政策、组织、机制等方面为生态文明建设提供强有力的保障与坚强后盾。

总之，生态文明是三大文明得以可持续发展的前提，彼此间有着相互影响、制约和促进的关系。它们的相辅相成和协调发展，共同促进着现代人类文明的可持续发展和进步。

17.2 生态文明建设实践

17.2.1 生态文明建设的国际实践

在人类文明经历工业化高速增长的同时，环境污染、资源枯竭、生态失衡等问题也凸显出来，成为阻碍人类发展前进的绊脚石。在严重的生态环境危机面前，最早享受工业文明成果的西方国家政府和民众开始深刻反思，逐渐从观念、制度和政策等层面进行探索，试图找到一条人与社会和谐发展的新道路。随着研究的深入，人们发现生态文明是一种适合解决人类活动与生态环境之间矛盾的新型文明形态，是社会发展的必然趋势。

17.2.1.1 美国的生态文明实践

在生态文明理论研究方面，美国一直走在世界前列，而且公众参与性也很强。1962年，美国海洋生物学家蕾切尔·卡逊出版了《寂静的春天》。正是这本不寻常的书，在世界范围内引起人们对野生动物的关注，唤起了人们的环境意识，同时引发了公众对环境问题的注意，促使各国政府开始关注环境保护问题。各种环境保护组织纷纷成立，从而促使联合国于1972年6月12日在斯德哥尔摩召开了"联合国人类环境会议"，并由与会国家签署了《人类环境宣言》。1970年4月22日的"地球日"活动，是人类有史以来第一次规模宏大的群众性环境保护运动，2000多万美国群众参与其中。作为人类现代环保运动的开端，它推动了西方国家环境法规的建立。美国相继出台了《清洁空气法》《清洁水法》和《濒危动物保护法》等法规。1970年的地球日还促成了美国国家环保局的成立，并在一定程度上促成了1972年联合国第一次人类环境会议在斯德哥尔摩的召开，有力地推动了世界环境保护事业的发展。

（1）美国生态文明实践的战略目标

美国的生态文明战略目标主要体现在可持续发展和环境保护两方面。具体有以下七个原则：保护原则、预防原则、公平原则、依靠科技原则、改进管理原则、合作原则以及责任原则。这七个原则囊括了治理污染的限度范围、手段工艺、管理过程和参与主体各个方面，有力保障了美国的生态文明实践。

（2）美国生态文明实践的特点

美国是典型的市场经济国家，利用市场手段解决环境问题是其最大的特点。美国的生态文明起点在于企业提出了扩大产品责任链和实施生态认证及有效实施措施。产品责任延伸制是指政府在产品的生产和消费环节中明确环境保护的责任，在责任明确之后，制造商、销售商和消费者各自肩负起自己应有的责任。同时，美国政府还鼓励包装物回收再利用以及旧货市场，对再生物质贴上生态标签控制其价格，以此来倡导生态消费。美国生态文明实践战略措施中，大部分是使用税收、补贴的形式对有利于环境保护的项目予以鼓励，对不利项目予以控制。美国政府在循环经济的发展中不进行过多干预，即使是干预，多半也是采用经济手段进行间接调控。

(3) 美国生态文明实践的特色政策——排污权交易

在美国生态文明实践中最富特色的一项政策便是 20 世纪 70 年代开始的排污权交易计划。它最先由美国经济学家戴尔斯于 1968 年提出，并首先被美国环境保护局用于大气污染源及河流污染源管理。面对 SO_2 污染日益严重的现实，美国环境保护局为解决通过新建企业发展经济与环保之间的矛盾，在实现《清洁空气法》规定的空气质量目标时提出了排污权交易的设想，引入了"排放减少信用"这一概念，并从 1977 年开始先后制定了一系列政策法规，允许不同工厂之间转让和交换排污削减量，这为企业的减排降费提供了新的选择。而后，德国、英国、澳大利亚等国家相继实行了排污权交易的实践。排污权交易是当前受到各国关注的环境经济政策之一。

排污权交易是指在一定区域内，在污染物排放总量不超过允许排放量的前提下，内部污染源之间通过货币交换的方式相互调剂排污量，从而达到减少排污量、保护环境的目的。它的主要思想就是建立合法的污染物排放权利即排污权（这种权利通常以排污许可证的形式表现），并允许这种权利像商品那样被买入和卖出，以此来进行污染物的排放控制。

排污权交易的具体做法有以下三点：

① 首先由政府部门确定一定区域的环境质量目标，并据此评估该区域的环境容量。

② 推算污染物的最大允许排放量，并将最大允许排放量分割成若干规定的排放量，即若干排污权。

③ 政府可以选择不同方式分配这些权利，并通过建立排污权交易市场使这种权利能合法地买卖。在排污权市场上，排污者从其利益出发，自主决定污染治理程度，从而买入或卖出排污权。

简单来说，按照这一计划，排放量低于法定标准的企业可获得排污削减信用，排污削减信用可用来补偿企业内部其他污染源的超标排放或者与其他企业进行交易，也可以储存起来将来用于公司的扩建或者出售给其他公司。

排污权政策虽好，但实践中也存在不少问题：

① 排污权交易以污染物总量控制为前提，而污染物排放总量应当基于当地环境容量也就是自净能力确定。但环境容量受多种不确定的因素影响，很难准确得出，因而实际确定的污染物总量只是一个目标总量，更多时候它表现为最优污染排放量（由边际私人纯收益和边际外部成本共同决定）。也就是说，如果排污权交易建立在最优污染排放量基础上，污染物排放总量极大可能超出环境容量，毫无疑问会对环境构成破坏。

② 环境标准和排放标准的进一步准确化是排污权交易顺利进行的必要条件。从形式上看，环境标准似乎体现了污染源之间的公平，但实际上对于不同的排污企业，可能因为背景水平、治理难度等的差异并未公平地分摊削减污染的负荷。现行排放标准对于新兴污染控制政策的改革甚至成为一种限制。

③ 排污权交易原则上禁止功能区之间排污许可证的转让，但在特殊情况下可以。这就是当环境污染压力大的地区向污染压力小的地区转让排污权时，适用两地环保部门协商制定的"兑换率"。然而，由于兑换率直接涉及两地的经济利益，因此达成一致是非常困难的，同时会增加政

府的管理成本。

④ 非排污者可以进入市场购买排污权，从理论上来说违反了污染者付费原则。这一问题实际上将一部分责任转嫁给无辜的非排污者，由于非污染者的原因减少了污染，意味着在环境自净能力许可范围内又可以多排放，极不公平，长此以往，后患无穷。

⑤ 未能适当考虑排污时间问题。为效果良好地满足短期环境标准，意味着除控制污染外还要控制时间。污染是一个复杂的问题，环境自净能力在不同时期、不同条件下有所不同。如果节省的排污权在同一时期使用，又恰好遇到自净能力差的时期，就等同于超标排放。

⑥ 排污权交易中有可能出现两类不相同的市场势力。第一种是定价污染源联盟，为了自己的经济利益，试图操纵许可价格。第二种是掠夺性污染源联盟，其试图把许可市场作为手段，减弱他们在生产和销售市场上遇到的竞争。也就是说，由于许可证数量有限，持有者会产生囤积、投机的行为，许可证还可能成为行业或地区生产垄断的一种方式。在对排污权交易进行立法加以规制时，很难对这些行为加以界定。标准过严，可能会影响当地经济发展；反之，不仅破坏环境，还会影响经济的长期发展。同时，在惩处这类囤积、投机行为，确定其法律责任时，只能处以经济和行政处罚，难以追究其刑事责任。

专栏——《寂静的春天》

《寂静的春天》1962年在美国问世时，是一本很有争议的书，是标志着人类首次关注环境问题的著作。它那惊世骇俗的关于农药危害人类环境的预言，不仅受到与之利害攸关的生产与经济部门的猛烈抨击，而且也强烈震撼了广大民众。作者是美国一位研究鱼类和野生资源的海洋生物学家，女作家蕾切儿·卡森，她以寓言开头，向我们描绘了一个美丽村庄的突变，并从陆地到海洋，从海洋到天空，全方位地揭示了化学农药的危害，是一本公认的开启了世界环境运动的奠基之作。

《寂静的春天》以一座"一年的大部分时间里都使旅行者感到目悦神怡"的虚设城镇突然被"奇怪的寂静所笼罩"开始，通过充分的科学论证，表明这种由杀虫剂所引发的情况实际上正在美国各地发生，破坏了从浮游生物到鱼类到鸟类直至人类的生物链，使人患上慢性白血病和各种癌症。作者认为，像DDT这种"给所有生物带来危害"的杀虫剂，"它们不应该叫作杀虫剂，而应称为杀生剂"；所谓的"控制自然"，乃是一个愚蠢的提法，那是生物学和哲学尚处于幼稚阶段的产物。她呼吁，可通过引进昆虫的天敌等"十分多种多样的变通办法来代替化学物质对昆虫的控制"。

专栏——《人类环境宣言》

为保护和改善环境，1972年6月5—16日在瑞典首都斯德哥尔摩召开了有各国政府代表团及政府首脑、联合国机构和国际组织代表参加的讨论当代环境问题的第一次国际会议。

会议通过了《人类环境宣言》，呼吁各国政府和人民为维护和改善人类环境，造福全体人民，造福后代而共同努力。为引导和鼓励全世界人民保护和改善人类环境，《人类环境宣言》提出和总结了7个共同观点，26项共同原则。

会议的目的是促使人们和各国政府注意人类的活动正在破坏自然环境，并给人们的生存和发展造成了严重的威胁。

会议号召各国政府和人民为保护和改善环境而奋斗，开创了人类社会环境保护事业的新纪元，这是人类环境保护史上的第一座里程碑。同年的第27届联合国大会，把每年的6月5日定为"世界环境日"。

17.2.1.2 日本的生态文明实践

第二次世界大战后日本的经济取得高速增长，但环境却受到极大破坏。日本地少人多，资源消耗量大，是一个极度依赖进口的国家。在此背景之下，日本政府提出了抛弃传统的经济运行方式，建立减少资源消耗、保护环境安全的循环型社会。

(1) 日本生态文明实践的战略目标

20世纪80年代末，日本提出了"环境立国"、建设"循环型社会"的战略目标。工业迅速发展带来了环境的极大污染，在20世纪发生的世界八大污染事件中，日本占据四席，分别为水俣病事件、痛痛病事件、四日市废气事件以及米糠油事件。为了治理污染，改善生态环境，实现经济的良性发展，日本提出建立"以可持续发展为基本理念的简洁、高质量的循环型社会"。

在20世纪末日本宣布实施"科技创新立国"战略，以能源、制造技术、社会基础建设和前沿科学技术为"四大推进领域"。日本把能源战略放在四大推进领域之首，可以看出其国家危机意识的强烈，同时也说明其保护环境的决心。

(2) 日本生态文明实践的法律体系

日本将2000年定为"资源循环型社会元年"，同年日本国会通过了六部法案，具体为《循环型社会形成推进基本法》、《固体废弃物处理和公共清洁法》(修订)、《资源有效利用促进法》(修订)、《建筑材料再生利用法》、《食品资源再生利用促进法》、《绿色采购法》。2001年通过《多氯联苯废弃物妥善处理特别措施法》，2002年还通过了《报废汽车再生利用法》。

目前，日本的循环经济立法是世界上最完备的，这也使日本成为资源循环利用率最高的国家。它的循环经济立法模式在立法体系上更有规划，先有总体性的基本法，再向循环经济具体领域层层推进，采取了基本法统率综合法和专项法的三层模式（表17-1和表17-2）。

表17-1　日本循环经济立法发展

时间	法律名称	时间	法律名称
1970年	《固体废弃物处理和公共清洁法》		《食品资源再生利用促进法》
1991年	《资源有效利用促进法》	2000年	《绿色采购法》
1993年	《环境基本法》		《建筑材料再生利用法》
1995年	《容器包装分类回收及再生利用促进法》	2001年	《多氯联苯废弃物妥善处理特别措施法》
1998年	《特定家用电器再生利用法》	2002年	《报废汽车再生利用法》
2000年	《循环型社会形成推进基本法》		

表17-2　日本循环经济立法体系

法律层次	法律名称	法律层次	法律名称
第一层——基本法	《环境基本法》	第三层——专项法	《食品资源再生利用促进法》
	《循环型社会形成推进基本法》		《绿色采购法》
第二层——综合法	《固体废弃物处理和公共清洁法》		《建筑材料再生利用法》
	《资源有效利用促进法》		《多氯联苯废弃物妥善处理特别措施法》
第三层——专项法	《容器包装分类回收及再生利用促进法》		《报废汽车再生利用法》
	《特定家用电器再生利用法》		

(3) 日本生态文明实践的特点——政府主导

日本政府在经济发展过程中一直走"强势政府"路线。政府对循环经济的发展进行指导和干预，在国家层面上颁布一系列法律，以法制形式贯穿循环型社会战略的实施，同时通过政府有关部门采取各种有效措施，支持参与循环经济发展的活动。政府的全面推动，是日本生态文明实践最重要的特点。由于有完善的法律作支撑，良好的政府作表率，日本的循环经济形成了政府、市场和社会三类主体在循环经济发展中的有机结合体。

17.2.1.3 新加坡的生态文明实践

新加坡长期坚持经济发展与环境保护并重的政策，并在两者产生矛盾冲突时，优先考虑生态环境保护，逐步建成了环境优美的"花园城市"。

（1）新加坡生态文明实践的战略目标

随着"花园城市"成为现实，20世纪90年代末新加坡政府提出了"花园中的城市"愿景，并且在"花园城市"基础上，注重生态自然的保护和连接城市环境的绿色空间，使其网络化和系统化，迈向世界级"花园中的城市"，使新加坡成为集花园、商业、宜居、旅游为一体的活力城市。

（2）新加坡生态文明实践的环境管理体制

新加坡由环境与水资源部和国家发展部共同负责环境保护，两部下辖的国家环境局、公用事业局和国家公园局，分别从污染防治、资源保护和生态建设三个方面推进环境保护，各负其责、分工协作、统筹协调、共同发展。新加坡为加强生态建设，由负责国家规划建设的国家发展部设立专门的法定机构国家公园局，负责执行花园城市政策，推进生态环境建设，规划建设及保护各类绿地和绿化基础设施，管理各类公园和自然保护区。新加坡已用良好的花园城市形象和优越的生产生活环境证明了这种环境管理体制的优越性。

（3）新加坡生态文明实践的特色——打造"花园中的城市"

新加坡"花园城市"拥有优化的布局结构和完善的绿化体系，是政府几十年努力积淀的"环境基础设施"。新加坡"花园城市"的称谓于20世纪80年代闻名于世，随着"花园城市"成为现实，90年代末新加坡政府提出了"花园中的城市"这一概念。"花园中的城市"是在"花园城市"基础上进一步增强城市绿化度和街景美观度，强化城市国家的身份特征，通过城市自然生态系统的保护和发展实现"花园城市"的升级。

"花园中的城市"最根本的含义是可持续发展，它是增加绿荫、水道和保护自然遗产的绿色发展，最少能源损耗的高效发展，以及零污染的清洁发展，最终实现经济增长长期化和生态环境可持续化的双重目标。迈向"花园中的城市"要坚持可持续发展的原则，实现经济机会、活力和优质生活在城市中的有机结合。具体来说，就是将目前矩阵式的公园绿地系统、绿化系统和扩大的水域空间相互连接，形成网络化、一体化、回归自然的生态空间。

优质的城市环境是对未来发展成本收益最优的投资，今天新加坡"花园城市"成果和"花园中的城市"愿景正是在领导人和政府的主导作用和基本理念指引下逐步实现的。"滨海南"综合功能发展区东临新加坡海峡，西靠新加坡最优美的城市园林杰作——"滨海湾花园"，是"花园中的城市"的重要组成部分。它不仅为人们提供近万套住房，还通过可持续发展原则设计的绿化美化、交通模式、建筑标准等基础设施为人们打造"花园中的城市"，成为城市绿色空间的有机组成。

17.2.2 生态文明建设的中国实践

全国各地结合自身情况，提出了自己的建设目标和发展模式。通过这些城市的建设和实践，丰富了生态文明的内涵，促进了生态文明理论的发展，也为我国今后生态文明建设的进一步发展提供了经验。

17.2.2.1 厦门的生态文明实践

自 1980 年设立以来，厦门经济特区在生态文明建设上成功探索出一条新路子。近十年来，厦门市连续获得"国家卫生城市""国家园林城市""国家环保模范城市"以及"联合国人居奖"等荣誉称号。厦门也因此被誉为"中国最温馨、最适宜居住的地方"。厦门的生态文明实践主要有以下几种措施。

（1）树立生态城市建设理念

结合厦门自身的文化特色及功能定位要求，逐步树立生态城市理念，突出"海在城中、城在海上"的自然特征，在进行城市形态建设及功能开发的基础上，构建支撑整个生态城市的土地利用模式及市域生态空间安全格局，逐步提高城市生态系统的整体水平。

（2）制度为先

1994 年，厦门市人大常委会根据全国人大授权获得地方立法权。第一个颁布的地方性法规就是《厦门市环境保护条例》。随着厦门城市建设发展，生态环境保护的任务不断加重，市人大常委会先后修订通过新的《厦门市环境保护条例》，出台《厦门市沙、石、土资源管理规定》等 20 多个地方性法规，为厦门生态城市建设提供了相应的法律保障。

（3）调整产业结构

厦门市委、市政府坚持"发展与保护并重，经济与环境双赢"原则，把环境保护与区划调整、产业布局调整、经济结构优化、削减污染物排放总量等工作结合起来。在招商引资的过程中，引进高科技、高效益、低污染、低消耗的项目，同时实行行业集聚，延伸产业链条，形成分工明确的工业区。同时，厦门市注重对传统产业的改造，发展循环经济，在废物资源化、水的梯级利用、生态型农业、清洁生产等方面树立了典范。

（4）生态修复

厦门积极开展生态保护和生态区域综合整治，按照"山水林田湖生命共同体"的系统观，把小流域综合治理作为统筹全市"五位一体"协调发展、提升城乡治理体系和治理能力现代化的重要抓手，对筼筜湖、厦门西海域、东海域进行综合治理，强化对区域环境及流域水资源的宏观调控，可持续地开发、利用和保护海域和流域水资源。

（5）全民参与

厦门积极倡导"同创生态文明、共享厦门颜值"活动，通过"共谋、共建、共管、共评、共享"，进一步增强社会的"共同家园"意识。基于政府、市场和市民的密切协作，厦门的生态文明建设呈良好态势，高颜值的厦门得以可持续体现。

17.2.2.2 扬州的生态文明实践

扬州市地处大运河与长江交汇处，区位和环境优势非常显著，是一座可以用"古""文""水""绿""秀"五字概括的历史文化名城。为了实现现代与传统相伴、古朴与华丽相依的城市发展特点，扬州选择生态城市建设的发展之路。扬州的生态城市建设的内容是：建设和培育一类天蓝、水清、地绿、景美、生机勃勃、吸引力高的生态景观；诱导一种集整体、协同、循环、自生的融传统文化与现代技术于一体的生态文明；孵化一批经济高效、环境和谐、社会适用的生态产业技术；建设一批人与自然和谐共生的富裕、健康、文明的生态社区。以上内容组成了扬州生态城市的基本构想。

（1）科学规划，构筑生态城市的基本发展框架

从生态环境、生态经济、生态社会三个方面制定扬州生态城市建设的规划，总体上形成主

城、城市发展区、市域三个层次的发展格局。同时，古城、水景观及植被生态的建设与保护是扬州生态城市建设的核心，使扬州城乡一体化前景逐步显现。

（2）技术创新，科技带动"生态产业"发展

结合 ISO 14000 认证，建立企业环境行为的诊断、评价及咨询以及生态产品孵化、开发与设计的企业生态转型孵化中心，逐步把扬州的产业调整、改造、发展为生态产业，实行生态效益与经济效益并重的运行模式，努力提高绿色 GDP 份额。

（3）加强城市生态景观建设

实施成河综合整治、城市生活污水集中处理及资源化利用、瘦西湖"活水"、生活垃圾资源化、电厂脱硫、历史文化名城保护、城市绿色屏障及生物多样性恢复、生态环境质量自动监控"八大工程"，进一步推进城市生态景观建设。

（4）倡导生态文化

简朴和谐的消费方式是扬州市民宝贵的生态财富。把这种生态观和现代科学技术相结合，总结成一种科学的生态文化并加以传播，是扬州生态城市建设的必由之路。

17.2.2.3　青海的生态文明实践

青海作为青藏高原重要核心区域，是黄河、长江、澜沧江的发源地，国家重要的生态安全屏障，也是北半球气候敏感启动区、全球生态系统调节稳定器和高寒生物自然物种资源库，生态地位特殊而重要，生态责任重大而艰巨，肩负着全面筑牢国家生态安全根基、持续改善生态环境质量、推动高质量发展的重大任务。青海最大的价值在生态、最大的责任在生态、最大的潜力也在生态。青海正加快生态文明高地建设，全方位推动更有力度、更高水平的生态文明建设。

（1）稳固三江源生态屏障

把三江源保护作为生态文明建设的重中之重，实施青藏高原生态安全屏障区重要生态系统保护和修复重大工程，推动长江源、黄河源、澜沧江源等生态保护和修复带系统治理，持续加强良好生态系统保护，加大退化草地、湿地、沙化土地治理力度，因地制宜开展生态补水，建立江河源守护人制度。

（2）建设泛共和盆地生态圈

泛共和盆地位于三江源生态保护区和青海湖自然保护区腹心区域，是"中华水塔"的重要组成部分，是维系青藏高原东北部生态安全的重要水系和控制西部荒漠化向东蔓延的天然屏障。为此，青海持续推进黄河干流区、青海湖流域生态保护和综合治理，加强黄河沿线、库区生态和水土流失治理，实施"三滩"生态综合治理，阻止荒漠化蔓延，增强集中式光伏项目生态治理功能。加强推进高原生态保护与生态旅游、生态畜牧业协调发展，加快海南藏族自治州国家可持续发展议程创新示范区建设。

（3）打造国家清洁能源产业高地

持续推进能源革命，大力发展光伏、风电、水电、地热等清洁能源，发展新能源制造产业，培育光伏玻璃、高效电池、配套组件等产业集群，实现风机整机省内制造，构建新能源汽车制造全产业链，加快推动实现汽车电动化和供暖清洁化。

（4）打造国际生态旅游目的地

充分挖掘自然人文生态资源，推进传统观光型旅游向生态体验型转变，大力发展高原极地旅游，打造三江源溯源之游、雪山探秘之游、国家公园生态体验之旅等世界级生态旅游精品线路。加快开发重要生态保护地生态旅游产品，建立特色旅游产品准入标准机制，建设一批世界级旅游景区、度假区和国家级旅游休闲城市、街区，创排体现人与自然和谐共生的优秀文艺作品。

(5) 建立健全生态产品价值实现机制

探索符合青海实际的政府主导、企业和社会各界参与、市场化运作、可持续的绿水青山转换和生态产品价值实现路径，推进生态产业化和产业生态化。

17.2.2.4 海南的生态文明实践

良好的生态环境是海南发展的最强优势和最大本钱，也是海南进一步改革发展必须越擦越亮的靓丽名片。海南作为国家生态文明试验区，坚决守住生态底线，坚持贯彻绿色发展理念，加快推进热带雨林国家公园建设，为全国生态文明建设提供了范例。

(1) 全面推动海南清洁能源岛建设

加快构建安全、绿色、集约、高效的清洁能源供应体系。大力推行"削煤减油"，逐步加快构建以清洁电力和天然气为主体、可再生能源为补充的清洁能源体系。同时加快推动新能源汽车发展和充电基础设施建设。接下来，海南将全面推动清洁能源岛建设，研究碳达峰、碳中和的能源发展路线，力争在2025年前实现碳达峰、2050年前实现碳中和。

(2) 加快热带雨林国家公园建设

建设海南热带雨林国家公园是海南建设国家生态文明试验区的三大标志之首。按照自然生态系统整体性、系统性及其内在规律实行整体保护、系统修复、综合治理，理顺各类自然保护地管理体制，构建以国家公园为主体、归属清晰、权责明确、监管有效的自然保护地体系。

(3) 加强水生态文明建设

全面推行河长制湖长制，出台海南省河长制湖长制规定，完善配套机制，加强对围垦河湖、非法采砂、河道垃圾和固体废物堆放、乱占滥用岸线等行为的专项整治，严格河湖执法。加强对南渡江、松涛水库等水质优良河流湖库的保护，严格规范饮用水水源地管理。

(4) 建立陆海统筹生态环境保护机制

坚持统筹陆海空间，重视以海定陆，协调匹配好陆海主体功能定位、空间格局划定和用途管控，建立陆海统筹的生态系统保护修复和污染防治区域联动机制，促进陆海一体化保护和发展。加强海洋生态系统和海洋生物多样性保护，开展海洋生物多样性调查与观测，恢复、修复红树林、海草床、珊瑚礁等典型生态系统。保护修复现有的蓝碳生态系统，并结合海洋生态牧场建设，试点研究生态渔业的固碳机制和增汇模式。

(5) 实施重要生态系统保护修复

实施天然林保护、南渡江/昌化江/万泉河三大流域综合治理和生态修复、水土流失综合防治、沿海防护林体系建设等重要生态系统保护和修复重大工程。同时实施生物多样性保护战略行动计划，构建生态廊道和生物多样性保护网络，加强对极小种群野生植物、珍稀濒危野生动物和原生动植物种质资源拯救保护，加强外来林业有害生物预防和治理，提升生态系统质量和稳定性。

专栏——国家生态文明试验区

国家生态文明试验区是承担国家生态文明体制改革创新试验的综合性平台。党的十八届五中全会和"十三五"规划纲要明确提出设立统一规范的国家生态文明试验区。福建、江西和贵州三省作为生态基础较好、资源环境承载能力较强的地区，被纳入首批统一规范的国家生态文明试验区，探索可在全国复制推广的成功经验。2019年1月，中央全面深化改革委员会第六次会议审议通过了《国家生态文明试验区（海南）实施方案》，海南也被纳入国家生态文明试验区，开展海南热带雨林国家公园体制试点。

国家生态文明试验区建设启动以来，福建、江西、贵州、海南等省份基于各自的生态优势和发展实际，在机制创新、制度供给、发展模式上大胆探索、先行先试，形成了90项可复制可推广的改革举措和经验做法，生态文明建设取得了阶段性成果——福建各类资源"一张图"管理、江西跨部门生态环境综合执法、贵州赤水河流域跨省生态补偿、海南以热带雨林国家公园为主体的自然保护地体系基本成型。各试验区率先构建起生态文明制度框架，建立起一批基础性制度，对推进我国生态文明体制改革起到了重要的示范引领作用。

习题与思考题

1. 什么是生态文明？生态文明与原始文明、农业文明和工业文明的区别是什么？
2. 生态文明与物质文明、政治文明和精神文明的区别和联系是什么？
3. 国外生态文明建设的实践对我国有何启示？
4. 举例说明我国生态文明建设的内容和特点。
5. 我国生态文明试验区的建设重点是什么？举例说明国家生态文明试验区建设的特色实践。
6. 简要指出我国与国际生态文明建设的联系与区别。

参考文献

[1] 胡锦涛. 坚定不移沿着中国特色社会主义道路前进 为全面建成小康社会而奋斗——在中国共产党第十八次全国代表大会上的报告[R]. 北京：人民出版社，2012.

[2] 习近平. 决胜全面建成小康社会 夺取新时代中国特色社会主义伟大胜利——在中国共产党第十九次全国代表大会上的报告[R]. 北京：人民出版社，2017.

[3] 习近平. 高举中国特色社会主义伟大旗帜为全面建设社会主义现代化国家而团结奋斗[N]. 人民日报，2022-10-26（001）.

[4] 王君，刘宏. 从"花园城市"迈向"花园中的城市"新加坡打造一体化自然生态空间[J]. 资源导刊，2020（1）：54-55.

[5] 汪松. 中外生态文明建设比较研究[J]. 黄河科技大学学报，2017，19（2）：99-103.

[6] 叶春民. 新加坡的环保优先实践[J]. 环境保护，2010（10）：72-73.

[7] 谭颜波. 国外生态文明建设的实践与启示[J]. 党政论坛，2018（04）：46-48.

[8] 王君，刘宏. 打造一体化自然生态空间[N]. 中国自然资源报，2019-11-16（006）.

[9] 魏敏. 同创生态文明 共享厦门颜值[N]. 厦门日报，2019-07-15（B03）.

[10] 厦门市人民政府. 厦门市人民政府关于印发厦门市生态文明建设"十三五"规划的通知[EB/OL]. （2017-01-28）. http：//www.xm.gov.cn/zfxxgk/xxgkznml/szhch/zsfzgh/201703/t20170313_1569476.htm.

[11] 江西省人民政府. 江西省生态文明建设领导小组关于印发《江西省国家生态文明试验区建设2020年工作要点》的通知[EB/OL]. （2020-02-28）. http：//www.jiangxi.gov.cn/art/2020/2/28/art_18218_1512851.html.

[12] 江西省山江湖开发治理委员会办公室. 践行绿水青山就是金山银山理念 开拓江西生态保护修复新境界[EB/OL]. （2020-05-22）. http：//mrl.drc.jiangxi.gov.cn/art/2020/5/22/art_24588_1826013.html.

[13] 罗津津，王心武. 海南生态文明建设成效显著[N]. 中国经济导报，2021-01-27（02）.

[14] 中华人民共和国中央人民政府. 中共中央办公厅 国务院办公厅印发《国家生态文明试验区（海南）实施方案》[EB/OL]. （2019-05-12）. http：//www.gov.cn/zhengce/2019/05/12/content_5390904.htm.

[15] 贵州省人民政府. 扬起生态贵州强劲风帆 贵州生态文明建设成就综述［EB/OL］（2018-07-07）. http：//www.guizhou.gov.cn/xwdt/gzyw/201807/t20180707_1399563.html.

[16] 杨达，康宁. 大扶贫、大数据、大生态："一带一路"绿色治理的中国经验［J］. 江西社会科学，2020，40（9）：194-203，256.

[17] 中共青海省委印发《关于加快把青藏高原打造成为全国乃至国际生态文明高地的行动方案》［N］. 青海日报，2021-08-30（001）.

第 18 章 可持续发展

本章要点

1. 可持续发展的含义、原则和基本内涵；
2. 循环经济的产生背景、特征和原则；
3. 清洁生产的产生背景、内涵和基本内容；
4. 清洁生产审核的目的、内容和立法特点；
5. 我国清洁生产的发展现状及存在问题。

18.1 概述

18.1.1 可持续发展概念

近代可持续发展思想的由来可追溯到 1972 年的第一次联合国人类环境会议，会议通过的《人类环境宣言》被认为是人类对于环境与发展问题思考的第一个里程碑，其中申明了共同的信念之一，即"为了这一代和将来的世世代代的利益，地球上的自然资源，其中包括空气、水、土地、植物和动物，特别是自然生态类中具有代表性的标本，必须通过周密计划或适当管理加以保护"。

可持续发展概念的明确提出，可追溯到 1980 年由世界自然保护联盟（IUCN）/联合国环境规划署（UNEP）和野生动物基金会（WWF）共同发表的《世界自然资源保护大纲》。1980 年国际自然保护同盟的《世界自然资源保护大纲》要求"必须研究自然的、社会的、生态的、经济的以及利用自然资源过程中的基本关系，以确保全球的可持续发展"。1981 年，美国布朗（Lester R. Brown）出版了《建设一个可持续发展的社会》，提出以控制人口增长、保护资源基础和开发可再生能源以实现可持续发展。

1987 年以布伦特兰夫人为首的世界环境与发展委员会（WCED）发表了报告《我们共同的未来》，正式使用可持续发展概念，并对之做出较系统的阐述，产生了广泛的影响。世界环境与发展委员会《我们共同的未来》中的可持续发展定义为："能满足当代人的需要，又不对后代人满足其需要的能力构成危害的发展。"有关可持续发展的定义有 100 多种，但归纳起来其理论基础内涵主要包括如下五个要素：①环境与经济的紧密联系。②代际公平。③代内公平。④生活质量提高与生态环境保护同步。⑤公众参与。

1992 年 6 月，联合国在里约热内卢召开的"环境与发展大会"，通过了以可持续发展为核心的《里约环境与发展宣言》《21世纪议程》等文件。随后，我国政府编制了《中国21世纪人口、环境与发展白皮书》，首次把可持续发展战略纳入我国经济和社会发展的长远规划。1997年党的十五大把可持续发展战略确定为我国"现代化建设中必须实施"的战略。可以说，可持续发展是一个集生态、环境、经济和政治于一体的综合性概念，而且随着人类对环境与发展问题认识的不断深入，可持续发展理论将会不断丰富和发展。

> **专栏——联合国环境与发展大会**
>
> 里约会议是1992年6月3—14日在巴西里约热内卢举行的联合国环境与发展大会。参加会议的有178个国家，17个联合国机构，33个政府组织的代表，103位国家元首和首脑。联合国秘书长发表演说，明确会议目的为推广"可持续发展"的观念。
>
> 会议取得重要成果，设定了地球宪章、行动计划、公约、财源、技术转让及制度六大议题，并通过了《里约环境发展宣言》（又称《地球宪章》）和《21世纪议程》，签订了《生物多样性公约》《气候变化框架公约》和《森林公约》等重要文件。在这次会议上，环境保护与经济发展的不可分割性被广泛接受，"高生产、高消费、高污染"的传统发展模式被否定；停滞多年的南北对话开始启动，在一些问题上表现出南北合作的诚意，国家主权、经济发展权等重要原则得到维护。发展中国家在一些会议上发挥了主导作用。
>
> 里约会议是继斯德哥尔摩会议之后，又一个里程碑式的环境会议。它最大的成功在于促进了各国政府把宽泛的政策目标转化为具体的行动，并在经济、行政以及制度等手段管理环境上作出了初步尝试。

18.1.2　可持续发展的三大原则

可持续发展理论，在社会方面主张代内公平分配且要兼顾后代人的需要，在经济方面主张建立在保护地球生态系统基础上的经济发展，在自然方面主张人与自然的和谐相处。

（1）公平性原则

可持续发展是一种机会、利益均等的发展，既包括同代内区际间的均衡发展，即一个地区的发展不应以损害其他地区的发展为代价，也包括代际间的均衡发展，即既满足当代人的需要，又不损害后代的发展能力。该原则认为人类各代都处在同一生存空间，对这一空间中的自然资源和社会财富应该拥有同等的享用权和同等的生存权。因此，可持续发展把消除贫困作为重要问题提出来，予以优先解决，给各国、各地区、世世代代的人以平等的发展权。

（2）持续性原则

人类经济和社会的发展不能超越资源和环境的承载力。在满足需要的同时必须有限制因素，即发展的概念中包含着制约的因素，因此，在满足人类需要的过程中，必然有限制因素的存在。主要限制因素有人口数量、环境、资源，以及技术状况和社会组织对环境满足眼前和将来需要能力施加的限制，其中最大的限制因素是人类赖以生存的物质基础——自然资源和环境。因此，持续性原则的核心是人类的经济和社会发展不能超越资源和环境的承载力，真正将人类的当前利益与长远利益有机结合。

（3）共同性原则

各国可持续发展的模式虽然不同，但公平性和持续性原则是共同的。可持续发展是超越文化与历史的障碍来看待全球问题的，讨论的问题关系到全人类，所要达到的目标是全人类的共同目标。虽因国情不同，实现可持续发展的具体模式不可能是唯一的，但无论富国还是贫国，公平性原则、协调性原则、持续性原则是共同的，各个国家要实现可持续发展都需要适当调整国内和国际政策。只有全人类共同努力，才能实现可持续发展的总目标，从而将人类的局部利益与整体利益结合起来。

18.1.3 可持续发展的基本内涵

2002 年，党的十六大把"可持续发展能力不断增强"作为全面建设小康社会的目标之一。2007 年，党的十七大报告中提出"必须坚持全面协调可持续发展，坚持生产发展、生活富裕、生态良好的文明发展道路，建设资源节约型、环境友好型社会，实现经济发展与人口、资源、环境相协调，使人民在良好的生态环境中生产生活，实现经济社会永续发展"。可持续发展是以保护自然资源环境为基础，以激励经济发展为条件，以改善和提高人类生活质量为目标的发展理论和战略。它是一种新的发展观、道德观和文明观。可持续发展的内涵可以归纳为如下几点：

① 突出发展的全面性。发展与经济增长有根本区别，发展是集社会、科技、文化、环境、数字经济以及创新驱动等多因素于一体的整体现象，是人类共同的和普遍的权利，发达国家和发展中国家都享有平等的发展权利。

② 发展的可持续性。人类的经济和社会的发展不能超越资源和环境的承载力。

③ 人与人关系的公平性。当代人在发展与消费时应努力做到使后代人有同样的发展机会，同一代人中一部分人的发展不应当损害另一部分人的利益。

④ 人与自然的协调共生。人类必须建立新的道德观念和价值标准，尊重自然，师法自然，保护自然，与之和谐相处。可持续发展把社会的全面协调发展和可持续发展结合起来，以经济社会全面协调可持续发展为基本要求，促进人与自然的和谐，实现经济发展和人口、资源、环境相协调，坚持走生产发展、生活富裕、生态良好的文明发展道路，保证一代接一代地永续发展。从忽略环境保护受到自然界惩罚，到最终选择可持续发展，这是人类文明进化的一次历史性转折。

专栏——《增长的极限》

《增长的极限》从 1972 年发表以来，近半个世纪过去了。本书由麻省理工学院研究小组担任具体研究工作，国际著名的智囊组织——罗马俱乐部，以及波托马克学会和麻省理工学院研究小组联合出版。

这份研究报告所提出的全球性问题，如人口问题、粮食问题、资源问题和环境污染问题（生态平衡问题）等，早已成为世界各国学者专家热烈讨论和深入研究的重大问题。书中提到以下几个观点：① 增长的极限来自地球的有限性。② 反馈环路使全球性环发问题成为一个复杂的整体。③ 全球均衡状态是解决全球性环发问题的最终出路。

书中的观念和论点，现在听来，不过是平凡的真理，但在当时西方发达国家正陶醉于高增长、高消费的"黄金时代"，对这种惊世骇俗的警告并不以为然，甚至根本听不进去。现在，经过全球有识之士广泛而又热烈的讨论，系统而又深入的研究，越来越多的人取得了共识。人们日益深刻地认识到：产业革命以来的经济增长模式所倡导的"人类征服自然"，其后果是使人与自然处于尖锐的矛盾之中，并不断地受到自然的报复。这条传统工业化的道路，已经导致全球性的人口激增、资源短缺、环境污染和生态破坏，使人类社会面临严重困境，实际上引导人类走上了一条不可持续发展的道路。

18.2 循环经济

循环经济即物质闭环流动型经济，指在人、自然资源和科学技术的大系统内，在资源投入、企业生产、产品消费及其废弃的全过程中，把传统的、依赖资源消耗的线性增长经济，转变为依靠生态型资源循环发展的经济。其目的是通过资源高效和循环利用，实现污染物低排放甚至零排放，保护环境，实现社会、经济与环境的可持续发展。循环经济是把清洁生产和废弃物的综合利用融为一体的经济，它要求运用生态学规律来指导人类社会的经济活动。

18.2.1 循环经济的由来

"循环经济"一词是美国经济学家波尔丁在20世纪60年代提出生态经济时谈到的。波尔丁受当时发射的宇宙飞船的启发分析地球经济的发展。他认为飞船是一个孤立无援、与世隔绝的独立系统，靠不断消耗自身资源存在，最终将因资源耗尽而毁灭。唯一使之延长寿命的方法就是实现飞船内的资源循环，尽可能少地排出废物。同理，地球经济系统如同一艘宇宙飞船。尽管地球资源系统要大得多，地球寿命也长得多，但也只有实现对资源循环利用的循环经济，地球才能得以长存。

循环经济思想萌芽可追溯到环境保护思潮兴起的时代，首先是在国外出现，经历了几十年的发展。在20世纪70年代，循环经济的思想只是一种理念，当时人们关心的主要是对污染物的无害化处理。20世纪80年代，人们认识到应采用资源化的方式处理废物。20世纪90年代以来，特别是可持续发展战略成为世界潮流的近些年，环境保护、清洁生产、绿色消费和废弃物再生利用等被整合为一套系统的以资源循环利用、避免废物产生为特征的循环经济战略。循环经济是与线性经济相对的，以物质资源的循环使用为特征。

18.2.2 循环经济的技术经济特征

传统经济是"资源—产品—废物"的单向直线过程，意味着创造的财富越多，消耗的资源和产生的废物就越多，对环境资源的负面影响也就越大。循环经济则以尽可能小的资源消耗和环境成本，获得尽可能大的经济和社会效益，从而使经济系统与自然生态系统的物质循环过程相互和谐，促进资源永续利用。

循环经济是对"大量生产、大量消费、大量废弃"这一传统经济模式的根本变革。循环经济把清洁生产和废物的综合利用融为一体，本质上是一种生态经济。它要求把经济活动组成一个"资源—产品—再生资源"的反馈式流程，其特征是低开采、高利用、低排放。

发展循环经济的主要途径包括资源的流动和资源的利用。

从资源流动的组织层面来看，主要是从企业小循环、区域中循环和社会大循环，亦称"点—线—面"这三个层面来展开：①以企业内部的物质循环为基础，构筑企业、生产基地等经济实体内部的小循环。②以产业集中区内的物质循环为载体，构筑企业之间、产业之间、生产区域之间的中循环。③以整个社会的物质循环为着眼点，构筑包括生产、生活领域的整个社会的大循环。

从资源利用的技术层面来看，主要围绕资源的高效利用、循环利用和废物的无害化处理这三条技术路径去实现：①资源的高效利用。依靠科技进步和制度创新，提高资源的利用水平和单位要素的产出率。②资源的循环利用。通过构筑资源循环利用产业链，建立起生产和生活中可再生利用资源的循环利用通道，达到资源的有效利用，减少对自然资源的索取，在与自然和谐循环中促进经济社会的发展。③废物的无害化排放。通过对废物的无害化处理，减少生产和生活活动对生态环境的影响。

18.2.3　3R原则及其发展

18.2.3.1　3R原则

循环经济要求以"3R原则"为经济活动的行为准则。3R原则为减量化（reduce）原则、再使用（reuse）原则和再循环（recycle）原则。

（1）减量化原则

减量化原则要求用较少的原料和能源投入来达到既定的生产目的或消费目的，因此要从经济活动的源头就注意节约资源和减少污染。在生产中，减量化原则常常表现为要求产品小型化和轻型化；在产品包装中，减量化原则要求应该追求简单朴实而不是奢华浪费，从而达到减少废物排放的目的。

（2）再使用原则

再使用原则要求制造产品和包装容器能够以初始的形式被反复使用。再使用原则要求抵制当今世界一次性用品的泛滥，生产者应将产品及其包装当作一种日常生活器具来设计，使其像餐具和背包一样可再次使用。再使用原则还要求尽量延长产品的使用期，而不是非常快地更新换代。

（3）再循环原则

再循环原则要求生产的产品在完成其使用功能后再变成可利用的资源，而非变成不可恢复的垃圾。按照循环经济的思想，再循环有两种情况：一种是原级再循环，即废品被循环用来生产同种类型的新产品，如报纸再生报纸、易拉罐再生易拉罐等；另一种是次级再循环，即将废物资源转化成其他产品的原料。原级再循环在减少原材料消耗上达到的效率要比次级再循环高得多，是循环经济追求的理想境界。

"3R"原则有助于改变企业的环境形象，使企业从被动转化为主动。典型案例就是杜邦公司研究人员创造性地把"3R原则"发展成为与化学工业实际相结合的"3R制造法"，以达到少排放甚至零排放的环境保护目标。他们通过放弃使用某些有害环境的化学物质、减少某些化学物质的使用量以及发明回收本公司产品的新工艺，在五年中使生产产生的固体废物减少15%，有毒气体排放量减少70%。同时，他们从废塑料如废弃的牛奶盒和一次性塑料容器中回收化学物质，开发出耐用的乙烯材料——维克等新产品。

18.2.3.2　4R原则

2004年10月，上海"世界工程师大会"提出了关于建设我国循环经济的四个基本原则，即4R原则——减量化（reduce）、再使用（reuse）、再循环（recycle）和再制造（remanufacture）。

再制造原则要求在基本不改变零部件的材质和形状的情况下，运用高技术再次加工，充分挖掘废旧产品中蕴含的原材料、能源、劳动付出等附加值，再制造后的质量要达到或超过新品，同时明显减少对环境的污染。

18.2.3.3　5R原则

2005年3月26～30日，在阿拉伯联合酋长国首都阿布扎比举行了"思想者论坛"大会，会上提出了5R循环经济的新经济思想。

5R 理念在传统 3R 理念的基础上，增加了再思考（rethink）与再修复（repair）原则。再思考原则要求改变旧经济理论，再修复原则要求建立修复生态系统的理念。

18.2.4　循环经济与传统经济的区别

传统经济是一种由"资源—产品—废物"所构成的物质单向流动的经济。在这种经济中，人们以越来越高的强度把地球上的物质和能源开发出来，在生产加工和消费过程中又把污染和废物大量地排放到环境中去，对资源的利用常常是粗放的和一次性的，即通过把资源持续不断地变成废物来实现经济的数量型增长，导致许多自然资源短缺与枯竭，并酿成灾难性的环境污染后果。与此不同，循环经济倡导的是一种建立在物质不断循环利用基础上的经济发展模式，它要求把经济活动按照自然生态系统的模式，组织成一个"资源—产品—再生资源"的物质反复循环流动的过程，使整个经济系统以及生产和消费的过程基本上不产生或只产生很少的废物，即只有放错地方的资源，而没有真正的废物。其特征是自然资源的低消耗、高利用和废物的低排放，从根本上化解长期以来环境与发展之间的尖锐冲突。

18.3　清洁生产

清洁生产是指由一系列能满足可持续发展要求的清洁生产方案所组成的生产、管理、规划系统。它是一个宏观概念，是相对于传统的粗放生产、管理、规划系统而言的。同时，它又是一个相对的动态概念，是相对于现有生产工艺和产品而言的，它本身仍需要随着科技进步不断完善而提高清洁水平。

18.3.1　清洁生产的产生背景

发达国家在 20 世纪 60 年代和 70 年代初，在经济快速发展的同时，忽视了对工业污染的防治，致使环境污染问题日益严重，公害事件不断发生。如日本的水俣病事件，对人体健康造成极大危害，生态环境受到严重破坏，社会反应非常强烈。环境问题逐渐引起各国政府的极大关注，并采取相应的环保措施和对策。例如增大环保投资，建设污染控制和处理设施，制定污染物排放标准，实行环境立法等，以控制和改善环境污染问题。

但是，通过多年的实践发现，这种仅着眼于控制排污口的办法，虽在一定时期内能起到一定的作用，但并未从根本上解决工业污染问题。其原因主要在于：

① 随着生产的发展以及人们环境意识的提高，工业污染物的种类检测越来越多，规定控制的污染物（特别是有毒有害污染物）排放标准也越来越严格，从而对污染治理与控制的要求也越来越高。为达到排放的要求，企业要花费大量的资金，即使如此，一些要求也难以达到。

② 由于污染治理技术有限，治理污染实质上很难达到彻底消除污染的目的。一般末端治理污染的办法是先通过必要的预处理，再进行生化处理后排放。有些污染物不能生物降解，不仅污染环境，甚至有时治理不当还会造成二次污染，有时只是将污染物转移，废气变废水，废水变废渣，废渣堆放填埋后会污染土壤和地下水，形成恶性循环，破坏生态环境。

③ 只着眼于末端处理的办法，不仅需要大量投资，而且使一些可回收的资源得不到有效的回收利用而流失，使企业原材料消耗增高，产品成本增加，经济效益下降，从而降低企业治理污染的积极性和主动性。

④ 末端处理在经济上已不堪重负。根据日本环境厅 1991 年报告，从经济上计算，在污染前采取防治对策比在污染后采取措施治理更为节省。例如，就整个日本的硫氧化物造成的大气污染

而言，排放后不采取对策所产生的受害金额是预防这种危害所需费用的 10 倍。对水俣病而言，其推算结果则为 100 倍。

据美国环保署统计，美国用于空气、水和土壤等环境介质污染控制的总费用（包括投资和运行费），1972 年为 260 亿美元（GNP 1%），1989 年猛增至 1200 亿美元（GNP 2.8%）。如杜邦公司，其产生废物的处理费用以每年 20%～30% 的速率增加，焚烧一桶危险废物可能要花费 300～1500 美元。

因此，发达国家通过污染治理实践逐步认识到防治工业污染不能只依靠末端治理，要从根本上解决工业污染问题，必须"预防为主"，将污染物消除在生产过程之中，实行工业生产全过程控制。20 世纪 70 年代末期以来，不少发达国家的政府和大型企业集团纷纷研究开发和采用清洁工艺，开辟污染预防的新途径，把推行清洁生产作为经济和环境协调发展的一项战略措施。

清洁生产的概念最早可追溯到 1976 年。当年，欧共体在巴黎举行"无废工艺和无废生产国际研讨会"，会上提出"消除造成污染的根源"的思想。1979 年 4 月欧共体理事会宣布推行清洁生产政策，1984 年、1985 年、1987 年欧共体环境事务委员会三次拨款支持建立清洁生产示范工程。清洁生产审核起源于 20 世纪 80 年代美国化工行业的污染预防审核，并迅速推广至全球。

根据《中国 21 世纪议程》的定义，清洁生产是指既可满足人们的需要又可合理使用自然资源和能源并保护环境的实用生产方法和措施，其实质是一种物料和能耗最少的人类生产活动的规划和管理，将废物消除在生产过程之中，或进行减量化、资源化和无害化。

清洁生产的定义包含两个全过程控制：生产全过程和产品生命周期全过程。对生产过程而言，清洁生产包括节约原材料与能源，尽可能不用有毒原材料并在生产过程中减少其数量和毒性；对产品而言，则是从原材料获取到产品最终处置过程中，尽可能将对环境的影响减小到最低。

> **专栏——清洁生产立法**
>
> 清洁生产的立法，西方发达国家走在了世界前列。例如，美国 1990 年颁布《污染预防法》，德国 1996 年颁布《封闭物质循环与废弃物管理法》，以立法的方式推进国家清洁生产。
>
> 为促进清洁生产，提高资源利用效率等，我国于 2002 年 6 月 29 日在第九届全国人民代表大会常务委员会第二十八次会议上通过《中华人民共和国清洁生产促进法》，自 2003 年 1 月 1 日起施行。
>
> 2012 年 2 月 29 日第十一届全国人民代表大会常务委员会第二十五次会议通过了《关于修改〈中华人民共和国清洁生产促进法〉的决定》，修正后的《中华人民共和国清洁生产促进法》自 2012 年 7 月 1 日起施行。这标志着我国环境污染治理模式和生产模式的重大变革，特别是清洁生产有了政策基础和法律保障。

18.3.2 清洁生产的内涵

从本质上来说，清洁生产就是对生产过程与产品采取整体预防的环境策略，减少或者消除它们对人类和环境的可能危害，同时充分满足人类需要，使社会经济效益最大化的一种生产模式。具体措施包括：不断改进设计；使用清洁的能源和原料；采用先进的工艺技术与设备；改善管理；综合利用；从源头削减污染，提高资源利用效率；减少或者避免在生产、服务和产品使用过程中污染物的产生和排放。清洁生产是实施可持续发展的重要手段。

清洁生产的观念主要强调三个重点：①清洁能源，包括开发节能技术，尽可能开发利用可再生能源以及合理利用常规能源。②清洁生产过程，包括尽可能不用或少用有毒有害原料和中间产品；对原材料和中间产品进行回收，改善管理、提高效率。③清洁产品，包括以不危害人体健康和生态环境为主导因素来考虑产品的制造过程甚至使用后的回收利用，减少原材料和能源使用。

清洁生产是生产者、消费者、社会三方面谋求利益最大化的集中体现：①从资源节约和环境保护两个方面，对工业产品生产从设计、产品使用后直至最终处置给予全过程的考虑。②不仅对生产而且对服务也要求考虑对环境的影响。③对工业废物实行费用有效的源头削减，一改传统不顾费用效益或单一末端的控制办法。④提高企业的生产效率和经济效益，与末端处理相比，成为受到企业欢迎的新事物。⑤着眼于全球环境的彻底保护，为人类社会共建一个洁净的地球带来希望。

18.3.3　清洁生产的基本内容

18.3.3.1　清洁过程控制

清洁生产的定义包含了两个清洁过程控制：生产全过程和产品周期全过程。对生产过程而言，清洁生产包括节约原材料和能源，淘汰有毒有害的原材料，并在全部排放物和废物离开生产过程以前，尽可能减少它们的排放量和毒性。对产品而言，清洁生产旨在减少产品整个生命周期过程中从原料的提取到产品的最终处置对人类和环境的影响。清洁生产思考方法与以往方法的不同之处在于：过去考虑对环境的影响时，把注意力集中在污染物产生之后如何处理，以减小对环境的危害，而清洁生产则是要求把污染物消除在它产生之前。

生命周期评价也称生命周期分析，是一种用于评价产品在其整个生命周期中对环境产生的影响的技术和方法，被认为是一种"从摇篮到坟墓"的方法。生命周期评价过程包括：①定义评价目的和评价范围。②预测在产品整个生命周期过程中输入和输出的详细情况，填写清单。整个生命周期过程包括原材料的获取、加工，产品的运输、销售、使用、储存、重复利用和使用后的最终处置。输入包括原材料和能源，输出包括废水、废气、废渣和其他向环境中释放的物质。这个过程称为生命周期的清单分析。③将清单分析所获得的资料用于考察生产过程对环境的影响，这个过程称为生命周期的影响评价。它考察生产过程中使用的原材料和能源以及向环境中排放的废物对环境和人体健康产生的实际和潜在影响。清单分析并不直接评价输入输出对环境影响，它只是为影响评价提供资料。影响评价将清单分析所获得的数据转化成对环境影响的描述。④对影响评价的结果进行进一步分析，评估改善环境质量的可能性，其目的在于减少全生命周期过程所造成的环境影响。

18.3.3.2　清洁生产目标

根据经济可持续发展对资源和环境的要求，清洁生产谋求达到两个目标：①通过资源的综合利用、短缺资源的代用、二次能源的利用，以及节能、降耗、节水、合理利用自然资源，减缓资源的耗竭。②减少废物和污染物的排放，降低工业产品的生产、消耗过程对环境的影响，降低工业活动对人类和环境的危害。

（1）实施产品绿色设计

企业实行清洁生产，在产品设计过程中，一要考虑环境保护，减少资源消耗；二要考虑商业利益，降低成本，减少潜在的责任风险，提高竞争力。具体做法包括，在产品设计之初就应注意未来的可修改性，易升级以及设计的多功能性，以减少固体废物污染。产品设计要达到只需要重新设计一些零件就可更新产品的目的，从而减少固体废物的产生。在产品设计时还应考虑在生产中使用更少的材料或更多的节能成分，优先选择无毒、低毒、少污染的原辅材料，防止原料及产品对人类和环境造成危害。

（2）实施生产全过程控制

清洁的生产过程要求企业采用少废、无废的生产工艺技术和高效生产设备，尽量少用、不用有毒有害的原料，减少生产过程中的各种危险因素和有毒有害中间产品；使用简便、可靠的操作方法，建立良好的卫生规范、卫生标准操作程序；组织物料再循环；建立全面质量管理系统（TQMS），优化生产组织，进行必要的污染治理，实现清洁、高效的生产。

（3）实施材料优化管理

材料优化管理是企业实施清洁生产的重要环节。选择材料，评估生命周期是材料优化管理的重要组成部分。企业在选择材料时会关心再使用与可循环性，其可通过减少污染和减少成本获得经济与环境收益；实行合理的材料闭环流动，主要包括原材料和产品回收处理过程的材料流动、产品使用过程的材料流动和产品制造过程的材料流动。

原材料的加工循环是由自然资源到成品材料的流动过程以及开采、加工过程中产生的废物的回收利用所组成的一个封闭过程。产品制造过程的材料流动，是材料在整个制造系统中的流动过程，以及在此过程中产生废物的回收处理循环过程。制造过程的各个环节直接或间接地影响材料的消耗。产品使用过程的材料流动是在产品的寿命周期内，产品的使用、维修、保养以及服务等过程和在这些过程中所产生废物的回收利用过程。产品回收处理过程的材料流动是产品使用后的处理过程，这部分材料主要包括：可重复利用的零部件、可再生的零部件、不可再生的废物。在材料消耗的环节里，都要将废物减量化、资源化和无害化，或消灭在生产过程之中，不仅要实现生产过程的无污染或不污染，而且生产出来的产品也要没有污染。

18.3.4 清洁生产审核

清洁生产审核，是审核人员按照一定的程序对正在运行的生产过程进行系统分析和评价的过程。审核人员通过对企业的具体生产工艺、设备和操作进行诊断，找出能耗高、物耗高、污染重的原因，掌握废物的种类、数量以及原因的详尽资料，提出减少有毒和有害物料的使用、产生以及废物产生的备选方案。经过对备选方案的技术经济及环境可行性分析，选定可供实施的清洁生产方案的分析和评估过程。

清洁生产审核是企业实施清洁生产的一种主要技术方法和工具，也是实施清洁生产的基础。由于世界各国对清洁生产经常使用不同的术语或表述，清洁生产审核在不同国家也有着不同的名称。例如，美国环保局最早针对有害废物的预防，建立了废物最小化机会评价，后来将这一技术方法推广为对一般污染物开展的污染预防审核；联合国环境规划署与联合国工业发展组织将其称为工业排放物与废物审核。我国自开展清洁生产工作以来，清洁生产审核一直是这项工作的核心内容之一。许多清洁生产项目都是首先从清洁生产审核入手，找出污染和浪费的原因，再制定相应的清洁生产方案。

清洁生产审核只是实施清洁生产的一种主要技术方法，这种方法能够为企业提供技术上的便利，但并不是唯一方法。对于一些生产过程相对简单明了的企业，清洁生产审核方法显得过于烦琐。因此，一般情况下，是否需要进行清洁生产审核由企业根据自己的实际需要决定。但是，对超标排放污染物和排放有毒有害物质的企业，必须实施强制性的清洁生产审核。

18.3.4.1 清洁生产审核的目的

清洁生产审核是一种对污染来源、废物产生原因及其整体解决方案的系统化分析和实施过程，旨在通过实行预防污染分析和评估，寻找尽可能高效率利用资源（如原辅材料、能源、水等），减少或消除废物产生和排放的方法。清洁生产审核是组织实行清洁生产的重要前提，也是组织实施清洁生产的关键和核心。持续的清洁生产审核活动会不断产生各种清洁生产方案，有利于在生产和服务过程中逐步实施，从而使其环境绩效实现持续改进。

通过清洁生产审核，核对有关单元操作、原辅材料、产品、用水、能耗和废物的资料，确定废物的来源、数量、类型及其削减目标，制定经济有效的削减对策，增进对由削减废物获得效益的认识，判定效率低的环节和管理不善的地方，提高经济效益、产品和服务质量。

18.3.4.2 清洁生产审核的主要内容

在产品的整个生命周期过程中都存在对环境产生负面影响的因素，因此环境问题不是仅存在于生产环节的终端，而是贯穿于与产品有关的各个阶段，包括原料的提取和选择，产品设计、工艺、技术和设备的选择，废物综合利用、生产过程的组织管理等各个环节，而这正是清洁生产的理念之一。清洁生产审核作为推动清洁生产的工具，也需要覆盖产品生命周期的各个阶段，从生产的准备过程开始对全过程所使用的原料、生产工艺，以及生产完工后的产品使用过程进行全面分析，提出解决问题的方案并付诸实施，以实现预防污染、提高资源利用率的目标。清洁生产的主要内容可分为三个部分：

（1）生产过程耗用资源审核

生产过程耗用资源审核主要包括以下方面：

① 能源审核，内容包括：企业清洁能源的利用情况，企业开发降低污染或杜绝污染的能源替代技术情况及其效果，企业能源的利用效率等。

② 原材料审核，内容主要是查明企业是否选用对环境无害的原材料，否则应分析企业所用原材料的毒性或难降解性；查明产出的产品对环境是否有危害及其危害程度；检查企业是否采取有效措施回收利用原材料及其回收利用程度。

③ 工艺技术审核，内容应包括检查企业是否不断进行工艺技术改造，以提高原材料利用效率，减少废弃物的排放；检查企业是否开发减污工艺流程，是否在生产工艺流程的上游进行污染控制；评价工艺技术改造的实际效果。

④ 设备审核，作为技术工艺的具体体现，设备的实用性及其维护、保养情况均会影响生产过程中废弃物的产生。因此，清洁生产审核应对设备的使用、更新、维护、保养情况进行审查。

（2）清洁产品审核

清洁产品，包括节约原材料和能源、少用昂贵和稀缺原料的产品，利用二次资源作原料的产品，使用过程中和使用后不会危害人体健康和环境的产品，易于回收、利用和再生的产品，以及易处置降解的产品。因此，清洁产品审核的内容包括：检查企业清洁产品的设计情况，选择最佳的设计方案；产品在生产过程中是否高效地利用资源；产品在使用过程中是否对用户及环境有不利的影响；产品在废弃后是否会使接纳它的环境受害；企业是否注意回收与利用技术的开发，变有害无用为有益有用；产品的包装物是否对环境有不利的影响及回收利用情况。

（3）清洁管理审核

任何管理的缺陷都是产生废物的重要原因。审核人员应检查清洁生产管理系统的建立健全及其运行的科学性、有效性；检查清洁生产管理内部控制制度的健全性、有效性；核实清洁生产主要技术经济指标的完成情况及其影响因素；检查清洁生产政策和措施的落实和效果。

18.4 我国清洁生产审核实践

我国推进清洁生产的过程大体可以分为三个阶段：

① 清洁生产的启动阶段。1992—1997 年是我国启动清洁生产的阶段，这个阶段的基本特征是以宣传示范推动清洁生产。

② 清洁生产的政策实践。1997—2003 年是清洁生产的政策实践阶段，这个阶段的基本特征是在继续清洁生产培训和审核示范活动基础上，转向促进建立清洁生产的政策机制。

③ 清洁生产的深化发展。2003 年至现在，随着《中华人民共和国清洁生产促进法》（以下简称《清洁生产促进法》）的颁布实施（2003 年 1 月 1 日），我国清洁生产进入一个新的阶段，这个阶段的基本特征是清洁生产正以多样性和内涵拓展的方式深化发展。在全面推行阶段，我国还制定了一系列政策措施和行动方案，如《"十四五"全国清洁生产推行方案》等，对清洁生产的目标、任务、措施和保障等方面进行了全面部署。这些政策措施和行动计划的实施，有力推动了我国清洁生产工作的深入开展和取得显著效果。

18.4.1 我国清洁生产立法的特点

1999 年 10 月，太原市颁布了《太原市清洁生产条例》。2002 年 6 月 29 日全国人大常委会通过《清洁生产促进法》，并于 2012 年 2 月 29 日进行修订，修订版自 2012 年 7 月 1 日起施行。这是我国针对清洁生产的专门性立法。但从实质意义上看，我国有关环境、能源与科技发展等的多项法律制度中已或多或少地包含了清洁生产的一些思想和立法内容。1989 年通过、2014 年修订的《环境保护法》，1995 年通过、2004 年和 2020 年两次修订的《固体废物污染环境防治法》，1995 年和 2000 年两次修订的《大气污染防治法》，1984 年颁布、2008 年修订的《水污染防治法》，1997 年制定、2007 年修订的《节约能源法》，以及一些自然资源法律中都有关于清洁生产的内容，或是有关清洁生产的原则性规定或明确规定，或是体现出清洁生产的某些要求。这些环境保护方面的法律已经对生产过程中产生的污染物的治理作了明确规定，并且制定并公布了一些强制性的标准，这对减少生产过程中产生的污染物对环境的破坏发挥了重要作用。

与这些法律不同，《清洁生产促进法》的立法目的要求减少和避免污染物的产生，而不是通常环境保护方面的法律所规定的对产生的污染物进行治理。我国已经提出在工业污染防治中"转变传统发展模式，积极推行清洁生产，走可持续发展道路"，表明我国环境战略与政策由注重污染物的"末端处理"转向注重污染预防、清洁生产。环境战略和政策的实施依赖于管理制度、法律法规的保障，依赖于经济刺激措施的推动和环境宣传、教育、合作、交流等措施的配合。

《清洁生产促进法》的出台使我国关于清洁生产的立法跨上一个新台阶，使我国清洁生产的实施有了基本的法律依据，更为我国清洁生产立法的进一步完善提供了一个支点。

《清洁生产促进法》的制定和实施对促进清洁生产，提高资源利用效率，减少和避免污染物的产生，保护和改善环境，保障人体健康，促进经济和社会的可持续发展都具有重大意义。《清洁生产促进法》使清洁生产最终取得了完整而系统的法律制度形式，具体贯彻落实了"经济建设和环境保护协调发展""预防为主、防治结合、综合治理"等基本原则，促进了我国环境保护法制的健全和发展。

18.4.2 《清洁生产审核暂行办法》的原则

自 2004 年 10 月 1 日起，我国施行《清洁生产审核暂行办法》。其对规范清洁生产审核行为提出了明确要求，体现了四项原则。

① 以企业为主体。清洁生产审核的对象是企业，是围绕企业开展的，离开企业，所有工作都无法开展。

② 自愿审核与强制审核相结合。对污染物排放达到国家和地方规定的排放标准以及总量控制指标的企业，可按照自愿原则开展清洁生产审核；对于污染物排放超过国家和地方规定的标准或者总量控制指标的企业，以及使用有毒、有害原料进行生产或在生产中排放有毒、有害物质的企业，应依法强制实施清洁生产审核。

③ 企业自主审核与外部协助审核相结合。企业对自身的产品、原料、生产工艺、资源能源利用效率、污染物排放以及内部管理状况比较熟悉，可根据对清洁生产审核方法和程序的掌握程度以及人员力量情况，全部或部分开展自主审核。如果企业没有能力自主审核，可寻求外部专家的指导和帮助。

④ 因地制宜、注重实效、逐步开展。各地区经济发展很不均衡，不同地区、不同行业的企业在工艺技术、资源消耗、污染排放等方面的情况千差万别，在实施清洁生产审核时应结合本地实际情况，因地制宜地开展工作。

《清洁生产审核暂行办法》明确了企业实施清洁生产审核的义务，对应强制性实施清洁生产审核的企业，规定了清洁生产审核的时限、审核结果的上报以及企业不履行清洁生产审核义务应承担的法律责任，从而推动企业依法实施清洁生产审核；明确了政府部门推行清洁生产审核的监督管理和服务的职责，提出了建立健全清洁生产审核服务体系、规范清洁生产审核行为的要求；明确了清洁生产审核的内容、程序和方法，指导和帮助企业按照相关的程序和方法正确开展清洁生产审核。这一办法的颁布实施，将有效克服清洁生产审核缺乏法律依据、服务体系不健全、审核行为不规范等问题，对全面推行清洁生产发挥重要作用。

18.4.3 清洁生产在我国的发展现状

自 2003 年《中华人民共和国清洁生产促进法》实施以来，我国陆续出台了一系列促进清洁生产的政策措施。将清洁生产作为促进节能减排的重要手段，工业领域清洁生产推行工作取得积极进展，具体体现在以下几个方面：

（1）不断出台清洁生产的政策文件

2003 年国务院办公厅转发了国家发展改革委等部门《关于加快推行清洁生产的意见》，对推行清洁生产做了整体部署，提出了加快结构调整和技术进步、提高清洁生产的整体水平，加强企业制度建设、推进企业实施清洁生产、完善法规体系、强化监督管理，加强对推行清洁生产工作的领导等重点任务。在总体部署下，出台了一系列政策文件来推动清洁生产。例如，《工业清洁生产推行"十三五"规划》（2016—2020 年）进一步明确了清洁生产的目标和措施。进一步完善了法规体系，强化了监督管理，包括更新了《清洁生产审核暂行办法》和《工业企业清洁生产审核技术导则》等标准。

（2）不断强化清洁生产的基础工作

建立了冶金、化工、轻工、有色、机械等行业清洁生产中心及清洁生产审核咨询服务机构，国务院有关部门共同组建了"国家清洁生产专家库"，为清洁生产审核、评估提供技术和智力支持。将清洁生产与污染物减排、重金属污染防治相结合，积极推动重点领域、重点企业的清洁生产培训和审核，并取得积极进展。据不完全统计，截至2014年，23.4%的规模以上工业企业负责人接受了清洁生产培训，规模以上工业企业的9%开展了清洁生产审核。

（3）进一步加大科技对清洁生产的支撑力度

发布了三批《国家重点行业清洁生产技术导向目录》，以目录为指南，引导冶金、机械、有色金属、石油和建材等重点行业的企业采用先进的清洁生产工艺和技术。通过国家科技计划和科技专项，积极支持重污染行业开展清洁生产技术研发与集成示范。

（4）利用中央财政清洁生产专项资金支持重大共性、关键技术的应用示范和推广

电解锰、铅锌冶炼、电石法聚氯乙烯、氮肥、发酵等行业重大关键共性清洁生产技术产业化示范应用取得进展，为全面推广应用奠定了技术基础。

（5）清洁生产促进节能减排取得了明显的效果

冶金、有色、化工、建材、轻工、纺织等重点行业的清洁生产审核工作有序推进，实施了一批清洁生产技术改造项目，有效提高了企业资源能源利用效率，大幅削减了污染物产生量。

《"十三五"节能减排综合工作方案》提出，到2020年全国万元国内生产总值能耗比2015年下降15%，能源消费总量控制在5×10^9 t 标准煤以内。全国COD、NH_4^+-N、SO_2、NO_x 排放总量分别控制在 2×10^7 t、2.07×10^6 t、1.58×10^7 t、1.57×10^7 t 以内，比2015年分别下降10%、10%、15%和15%。全国挥发性有机物排放总量比2015年下降10%以上。

习题与思考题

1. 什么是可持续发展？可持续发展的原则和基本内涵分别是什么？
2. 循环经济的由来是什么？有哪些技术经济特征？
3. 循环经济与传统经济的区别是什么？
4. 结合所学知识，分别举例说明"3R""4R""5R"原则的内容。
5. 清洁生产的内涵和目标是什么？
6. 什么叫清洁生产工艺？试举例加以说明。
7. 举例说明我国清洁生产的特点。

参考文献

[1] 张坤. 循环经济理论与实践[M]. 2版. 北京：中国环境科学出版社，2021.
[2] 王国印. 循环经济政策创新与实践[J]. 中国软科学，2022（2）：45-58.
[3] 陆学，陈兴鹏. 循环经济理论研究进展[J]. 中国人口·资源与环境，2022，32（4）：123-128.
[4] 孙晓峰，李键，李晓鹏. 中国清洁生产最新进展及未来趋势[J]. 环境科学与管理，2021，46（10）：205-209.
[5] 彭晓春，谢武明. 清洁生产与循环经济[M]. 2版. 北京：化学工业出版社，2021.
[6] 奚旦立，徐淑红，高春梅. 清洁生产与循环经济[M]. 2版. 北京：化学工业出版社，2014.
[7] 曲向荣. 清洁生产与循环经济[M]. 2版. 北京：清华大学出版社，2014.
[8] 毕俊生，慕颖，刘志鹏. 中国工业清洁生产最新进展与对策[J]. 节能与环保，2022（5）：5-8.
[9] 贾爱娟. 基于3R原则的循环经济标准体系研究[J]. 标准科学，2016（10）：26-30.
[10] 张治国. "5R"理论框架下的循环经济发展新模式探讨[J]. 科技创业月刊，2021（8）：120-123.
[11] 翟一杰，张天柞，申晓旭，等. 生命周期评价方法研究进展[J]. 资源科学，2021，43（3）：446-455.
[12] 李媛媛，葛晓华，王文静，等. 技术生命周期评价进展及其在碳中和领域应用趋势分析[J]. 环境工程技术学报，

2022,12（4）：10.
[13] 杨再鹏．循环经济实施过程与关键环节［J］．化工环保，2022（6）：210-215.
[14] 王煦．中国工业清洁生产现状与挑战［N］．中国经济时报，2022-09-05（006）．
[15] 陈瑛，滕婧杰，赵娜娜，等．''无废城市''试点建设的内涵、目标和建设路径［J］．环境保护，2019，47（9）：21-25.
[16] 徐军科，刘扬，边华丹．优化清洁生产审核方法促进经济绿色高质量发展研究［J］．环境科学与管理，2022，47（1）：169-173.
[17] 德内拉·梅多斯，乔根·兰德斯，丹尼斯·梅多斯．增长的极限［M］．李涛，王智勇，译．北京：机械工业出版社，2013.